国家科学技术著作出版基金资助出版

能量吸收：结构与材料的力学行为和塑性分析

余同希　卢国兴　张　雄　著

科学出版社

北　京

内容简介

本书论述结构和材料在静载荷和冲击载荷作用下的能量吸收。对于能量吸收装置的设计和材料的选择，结构受到意外撞击时的耐撞性和损伤的评估及减轻冲击的包装设计，都需要能量吸收性能方面的知识。对能量吸收性能的研究要求有材料工程、结构力学、塑性理论和冲击动力学等方面的知识。本书试图将这个领域最基本和最新的知识汇集在一起以便读者顺利地掌握基本概念，并将有关原理应用于其他工程问题。由于实际应用中的结构和材料门类繁多，本书主要关注基本概念、基本模型、研究方法及简单的结构元件和材料。在介绍这些内容时，重点放在阐述力学和物理行为及最常用的基本建模和分析方法上。对更为复杂的实际结构在撞击下的全面综合分析，如汽车车身和飞机机身的耐撞性分析，则超出本书的范围。

本书适合从事力学、材料、机械、土木工程、航空航天、车辆、包装等相关学科研究和设计的科技工作者、工程师、研究生及高年级本科生使用。

图书在版编目(CIP)数据

能量吸收：结构与材料的力学行为和塑性分析/余同希，卢国兴，张雄著. —北京：科学出版社，2019.10

ISBN 978-7-03-062360-7

I. ①能… II. ①余… ②卢… ③张… III. ①结构力学－塑性分析 IV. ①O342

中国版本图书馆 CIP 数据核字（2019）第 207212 号

责任编辑：孙寓明　李建峰/责任校对：高　嵘　刘　畅
责任印制：徐晓晨 /封面设计：苏　波

科学出版社出版
北京东黄城根北街 16 号
邮政编码：100717
http://www.sciencep.com

北京凌奇印刷有限责任公司印刷
科学出版社发行　各地新华书店经销
*
开本：787×1092　1/16
2019 年 10 月第　一　版　　印张：23 1/4
2020 年 4 月第二次印刷　　字数：599 000

POD定价：218.00元
（如有印装质量问题，我社负责调换）

前 言

经典的固体力学主要研究材料和结构在各种载荷条件下的应力、应变、变形、刚度、强度、韧性、稳定性和耐久性等；随着各类运载工具（如汽车、高速列车、舰船、飞行器、航天器等）的迅速发展，以及在特殊条件下工作的材料与结构（如核电站和海洋结构）的安全需求，科学家和工程师必须考虑结构与材料在静载荷及冲击载荷作用下的能量吸收行为。例如，对能量吸收装置的设计和材料的选择，对结构受到意外撞击时的损伤和耐撞性的评估，以及减轻冲击损坏的包装设计，都需要懂得能量吸收性能的知识和分析方法。对能量吸收性能的研究，要求具有材料工程、结构力学、塑性理论和冲击动力学等诸多领域的知识。在过去的几十年里，人们对这一领域的兴趣急剧增强，发表了大量研究结果；但有关文献相当分散，这对希望将相关原理和分析方法应用于实际问题的工程师，以及初次接触相关概念的研究者，都造成了很大的困难。本书旨在将这个领域的知识汇集在一起系统地整理和阐述。

本书作者着力整理了近年来世界各国学者在这一领域内的丰硕研究成果，并增加了在汽车设计、飞机机身设计和桥梁防护等方面的几个工程应用实例。本书定位于应用科学基础研究，同时，本书所传播的知识同高性能新材料的开发（如用于飞行器、航天器和着陆装置的高比吸能材料）及节能环保（支撑汽车轻量化及减轻环境灾害）有着密切的联系，并有直接的应用。

鉴于实际应用中的结构和材料门类繁多，难以囊括铺陈，本书将着眼于基本概念、基本原理和塑性力学分析方法，并以常用的工程材料和简单的结构元件为例来阐述能量吸收行为的特征。本书将重点放在力学行为和分析方法上，而更为实际的、复杂系统的全面综合分析，如汽车和飞机的耐撞性分析、人体在冲击载荷下的损伤等，则超出了本书的范围。本书虽然对一些问题给出了应用有关软件的计算结果，但没有将有限元商用软件的使用包括在内。

本书第 1 章扼要地介绍研究结构和材料能量吸收行为的工程背景，阐明碰撞能量吸收装置的一般要求。基于塑性力学和冲击动力学的有关知识，第 2 章介绍力学建模和理论分析的基本原理与方法。围绕能量吸收行为，第 3 章讨论量纲分析和小尺度模型试验的相关概念，同时介绍常规试验方法。

第 4～6 章应用第 2～3 章中介绍的基本原理，考察某些简单构件在不同加载条件下的能量吸收性能。这些结构包括圆环、圆环系统、薄壁管件和夹层结构，所有这些结构都容许经历塑性大变形，从而在变形过程中耗散掉外载做功所输入的能量。加载条件包括拉伸、压缩（轴向或横向）及压入等。这些简单构件也是工程中应用最广泛的能量吸收元件。

与第 4～6 章中研究的准静态加载下的简单构件不同，承受撞击的结构会呈现更为多样化的行为。第 7 章阐述碰撞条件下局部变形的特征和建模，惯性敏感结构的分析，以及运动的结构物对固壁的撞击。第 8 章研究伴有撕裂的塑性变形问题。这类问题也十分复杂，因为撕裂能量的量值很难确定，它随不同情况而变化，在较远区域，撕裂和弯曲/拉伸之间可能有交互作用。此外，金属结构和材料在能量吸收过程中容易发生韧性断裂，第 8 章也将对这一问题进行相关介绍。

第 9 章介绍五个特殊问题的塑性大变形分析，包括管件翻转、管件的鼻状成型、圆管的胀管、球壳的翻转及深海管道屈曲的传播。这些例子展现出稳态塑性变形模式和塑性变形传播的若干特点。

第 4～9 章讨论的都是金属结构，而第 10 章研究三类多胞材料的能量吸收性能，它们是蜂窝材料、泡沫材料（包括金属泡沫）、木材，相关的分析会运用第 2 章介绍的方法，在微结构层次对典型胞元进行塑性分析，然后将胞元的力学行为集结成多胞材料的整体响应。第 11 章对复合材料及其结构的能量吸收行为作概括，讨论复合材料管件、复合材料夹层板，以及纤维金属层合板和多胞纺织复合材料，详细描述它们的能量吸收机理，并与相应的金属结构进行比较，同时也会对解析方法得到的结果作介绍。

第 12 章包含五个工程实例研究：岩石滚落防护网，利用泡沫材料的包装设计，吸收行人头部撞击能量的汽车发动机罩盖设计，保护桥墩的柔性防撞装置，以及飞机结构适坠性分析和改进飞机底舱的能量吸收能力。通过这些代表性实例来说明前面各章阐述的原理和方法的工程应用。

由于作者水平有限，书中疏漏之处在所难免，敬请各位读者指正！

余同希（T.X.Yu）、卢国兴（G.Lu）、张雄（X.Zhang）
中国香港　　澳大利亚墨尔本　　中国武汉
2019 年 6 月

目 录

1 绪　论

本章从车辆耐撞性到人体防护，回顾对能量吸收结构和材料研究的工程背景，讨论以能量吸收为目的的结构设计和材料选择的一般原理。

1.1 车辆事故及其后果

1.1.1 车辆事故统计

现代世界极大地依赖各种交通工具。20 世纪以来，车辆的数目一直持续增长。仅在美国，根据国家统计与分析中心（National Center for Statistics and Analysis，NCSA）的数据，2015 年登记在册的车辆达 281 312 446 辆（较 2000 年增加 30%），而车辆行驶英里数（vehicle miles traveled，VMT）约为 3 095 373×10^6 mi①（较 2000 年增加 13%），美国 2015 年的人口约为 321 418 820，上述数字表明平均每 8 个人拥有 7 辆车，每辆车每年平均行驶约 11 000 mi。

技术进步不仅使运载器的数目和行驶里程不断增加，而且使其向更高速度和更大规模的方向（如大型卡车和飞机）发展。运载器本身就是昂贵的结构，一旦发生交通事故，不仅损坏运载器本身，对人体和环境的破坏将更为严重。

机动车交通事故是一个世界性的问题，严重威胁人的生命和健康，并且对社会造成严重的经济损失。例如，车辆碰撞所引起的 1～34 岁美国人的死亡数，比任何类型疾病和伤亡原因引起的死亡人数都要多。在美国，与交通运输有关的各种死亡中，公路交通相关的占 95%以上，而火车和飞机各只占约 2%。

根据 NCSA 发表的交通安全情况表（traffic safety fact sheets），2015 年美国约有 6 296 000 起警察报告的交通碰撞事故，其中 35 092 人死亡，约 2 443 000 人受伤。在这些事故中，有 32 166 起是致命的，另外有 4 548 000 起仅引起财产损失。在 2015 年车祸死亡的 35 092 人中，有 22 442 人是机动车驾驶人员，6 229 人是乘员，6 421 人是非乘员（行人或骑自行车者）。图 1.1 为美国 2015 年不同类型车祸的死亡人数百分比。

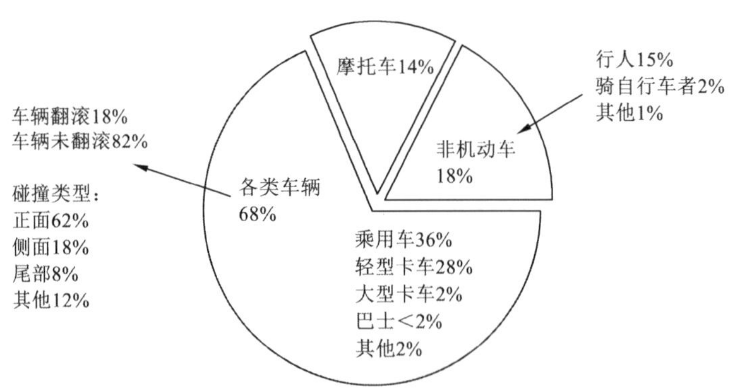

图 1.1 美国 2015 年不同类型车祸死亡人数百分比

图 1.2（a）和（b）为 2000～2015 年美国总的车祸死亡人数和每 1 亿 mi 行车里程的车祸死亡率的变化趋势。从图 1.2（b）中可以看出，每 1 亿 mi VMT 的车祸死亡率，由 2000 年的 1.53 逐渐减少至 2015 年的 1.13。

① 1 mi=1 英里=1.609 344 km

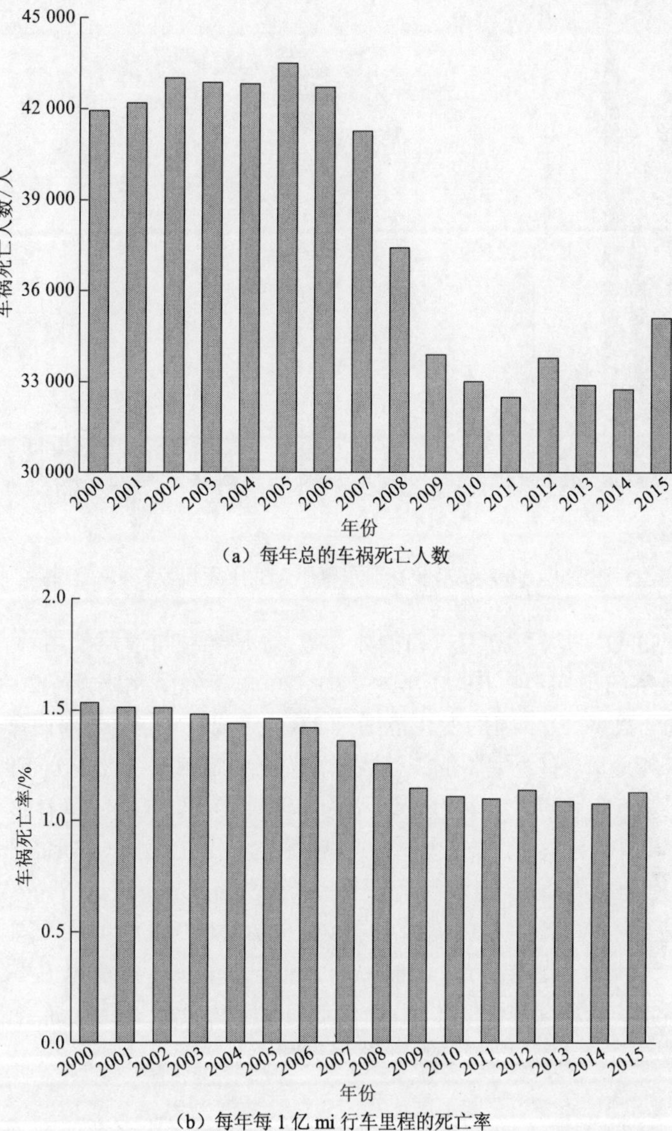

(a) 每年总的车祸死亡人数

(b) 每年每 1 亿 mi 行车里程的死亡率

图 1.2 2000～2015 年美国车祸死亡人数及车祸死亡率（NCSA 的数据）

虽然道路安全问题在世界各地都有，但是只有经济合作与发展组织（Organization for Economic Cooperation and Development，OECD）的成员国家可以得到较完整的统计数据。OECD 有超过 30 个成员国，每个成员国向设在德国的国际道路交通与事故数据库（International Road Traffic and Accident Database，IRTAD）定期提供道路安全统计数据。

每 10 000 辆登记在册车辆引起的年死亡人数（万车死亡率），是一种考虑了摩托化水平的用以比较道路死亡人数的数据。对于 OECD 国家，这个数字的平均数由 1990 年的 6.1 降至 2000 年的 2.9，而 2015 年降至 1.1。在 OECD 国家中，2015 年这个数字的变化范围为 0.3（挪威）～4.6（智利）。图 1.3 为一些 OECD 国家的每 10 000 辆登记在册车辆引起的年死亡人数及 OECD 国家的中值。

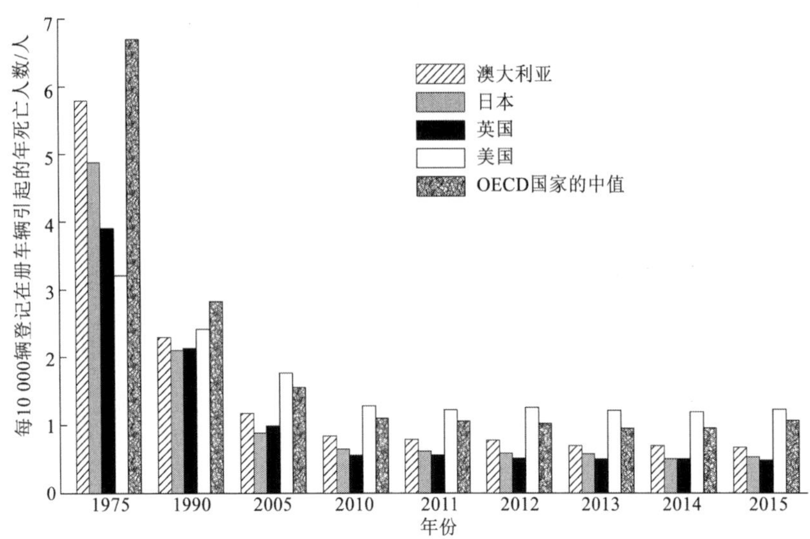

图 1.3 一些 OECD 国家每 10 000 辆登记在册车辆引起的年死亡数和 OECD 国家中值的变化趋势

另一个有意义的数字是每 10 万人口的死亡数，这是一种与道路使用者有关的公众安全危险的量度。这个数字的平均数在 1990 年为 17.1，2000 年降至 12.4，到 2015 年降至 5.8。在 OECD 国家中，这个数字 2015 年的变化范围是 2.3（挪威）～13.3（墨西哥）。

对于其他国家和地区，有不完整的统计数据。按照中国国家统计局公布的数据，在 2015 年有 58 022 人死于道路交通事故。和登记在册的车辆数相比，这个数字看起来比较高；但是如果同中国的 13 亿人口相比，就不太高了。另外，根据世界卫生组织（World Health Organization，WHO）2015 年的“全球道路安全状况报告”（*Global Status Report on Road Safety*），中国每 10 万人口的道路事故死亡率约为 18.8，仍远高于发达国家，如美国（10.6）、日本（4.7）、德国（4.3）和英国（2.9）。作为我国的特别行政区（special administrative region，SAR），在 2015 年 730 万人口的香港大约有 71 万辆登记的车辆，而当年有 117 人死于道路交通事故，每 10 万人口的道路事故死亡率仅为 1.6，香港的部分统计数据见图 1.4。

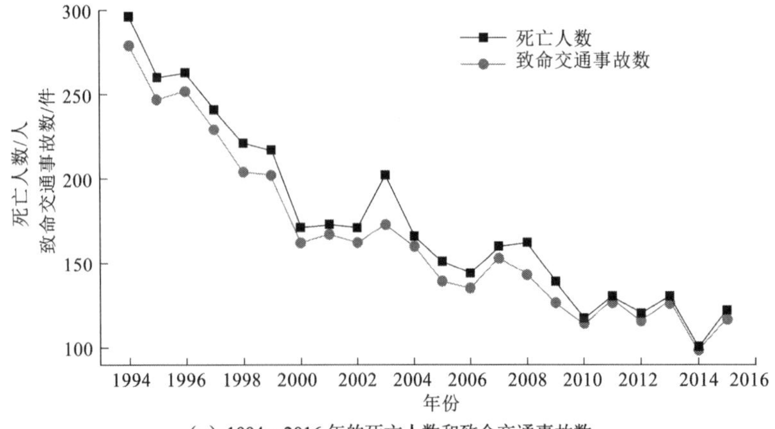

（a）1994～2016 年的死亡人数和致命交通事故数

图 1.4 香港的车祸死亡数及造成死亡的车祸类型

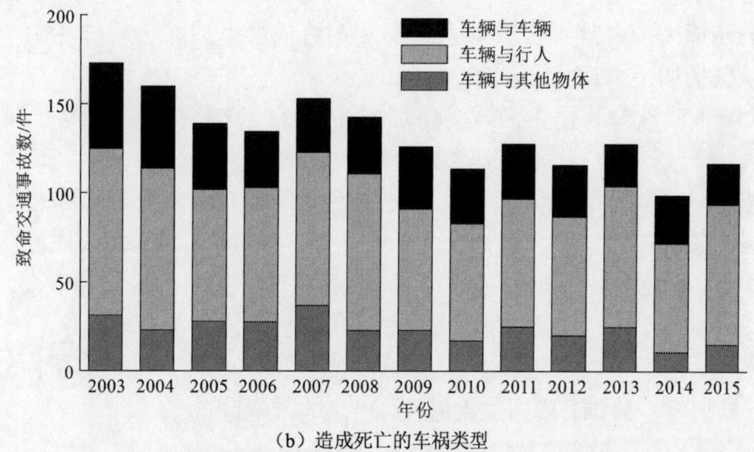

（b）造成死亡的车祸类型

图 1.4 香港的车祸死亡数及造成死亡的车祸类型（续）

道路车祸所造成的经济损失对每个国家来说都是惊人的。例如，根据澳大利亚道路运输和交通部门的数据，2016 年澳大利亚道路车祸造成的经济损失（单位为澳元）：造成重伤的约为 127.1 亿，造成死亡的约为 102 亿，造成轻伤的约为 8.7 亿，财产及其他损失约为 93.8 亿。加在一起，澳大利亚道路车祸造成总的年度损失大约为 331.6 亿澳元。

1.1.2 车辆事故的后果

众所周知，与其他碰撞事件一样，快速运动的车辆和运载器的碰撞是在非常短的时间间隔内发生的。首先，由于改变动量 mv 的需要，在碰撞面上出现一个在时间 t 内平均值为 F 的力。F 与 t 成反比，即 $F = mv / t$ 。于是，时间 t 越短，力 F 就越大（碰撞过程的详细分析见第 7 章）。这个很大的碰撞力会引起车辆及乘员的巨大加速度（实际上是减速度），特别是乘员没有被安全带约束住的头部。图 1.5 为一个典型碰撞中头部的加速度脉冲（又称加速度波形或碰撞波形），它显示了一个高速度和短持续时间（通常为 3～25 ms）的碰撞，以及快速加载和卸载的过程。

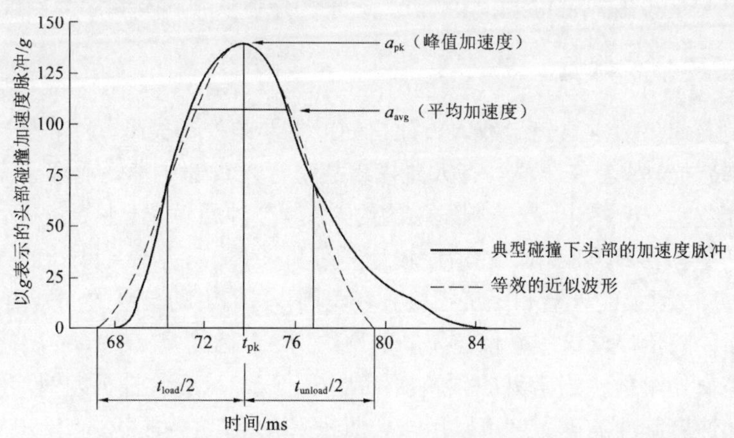

图 1.5 小汽车碰撞试验中典型的加速度脉冲（Zhou，2001）

图中 t_{load}、t_{unload} 分别为峰值左边的加载时间和右边的卸载时间；t_{pk} 为峰值时间

这个很大的碰撞力或者加速度会对人体和结构造成严重的伤害和破坏。一般来说，车辆碰撞的后果可以概括如下（Johnson，1990）：

（1）对人（或者偶然对其他生物体，如动物）的损伤，这是指对车辆乘员和（或）车辆外部的人（如行人、骑自行车的人等）造成的身体或心理的伤害；

（2）结构损坏，大多数是属于车辆结构发生的未预料的塑性变形和断裂，也包括由碰撞引起火灾而造成的破坏；

（3）货物损坏，如由货物移动引起的损坏，油箱触地导致油的溢出和泄漏；

（4）对环境的破坏，如对路边物体（树、柱子、护栏等）的损坏。

值得注意的是，由于车辆在碰撞事故中快速减速，乘员头部可能同车辆内部部件如支柱、边梁、顶棚或者风挡发生碰撞，称为二次碰撞，也是非常危险的。

1.1.3 人体对碰撞的忍受度

以车辆乘员为例，发生下列四种情况中的一种或多种，都可能会使人体在车祸中受伤（Carney III，1993）：

（1）不可接受的强减速度；

（2）乘员室被压溃；

（3）同车辆内部部件发生碰撞；

（4）被抛出车外。

为了评定车辆事故中人体损伤的严重程度，汽车制造业的研究实验室和一些国家政府交通部门资助的研究机构等进行了很多损伤生物力学研究，并在这个综合领域里取得了许多进展，为乘员及行人的危险程度提供了损伤判据（injury indicator）。损伤判据主要根据人体各部位的结构特点和加速度、力等指标计算得出，从而度量人体对碰撞载荷的承受情况和损伤风险（Gurdjian et al.，1953）。随着试验测量水平和数值模型等分析工具的不断完善，相关研究也提出了基于应力、应变分布的损伤判据，考察人体组织在局部的受力和变形情况，从而判断损伤水平（Yang et al，2006；Löwenhielm，1974）。下面将分别以颅脑及胸部为例进行说明。

1.1.3.1 颅脑损伤判据

颅脑损伤是交通事故中直接导致人员死亡的最主要的外伤类型，通常发生在车辆事故中乘员头部与内饰碰撞，或者在车辆与行人碰撞事故中行人头部与车辆前部碰撞。对严重头部损伤的年度估计数字分析指出，在美国发生的约 5 800 起涉及轿车、小货车和小型卡车的事故中，有 67%是严重损伤。颅脑损伤的治疗较为复杂和耗时，甚至会导致长期身体机能障碍和劳动能力丧失，造成巨大的社会和经济损失。在美国，由于机动车事故，每年约有 135 000 人因为脑部受伤而住院治疗。这些受伤住院的费用约为 3.7 亿美元（Carney III，1993）。

颅骨骨折是交通事故中最常见的颅脑损伤类型之一。以颅骨骨折为例，生物力学研究揭示人类颅骨对加速度脉冲的忍受度可以用一条曲线来表示，这条曲线最初是由 Lissner 等提出的，Patrick 等做了修正（Johnson et al.，1978）。这条曲线被称为韦恩州立大学忍受度曲线（Wayne State University tolerance curve，图 1.6），广泛用于汽车安全研究。它以前额与一个平整的不可压曲面碰撞时枕骨受到的平均加速度为依据，显示了引起颅骨破碎和脑震荡的头部加速度或者减速度（retardation）的水平。

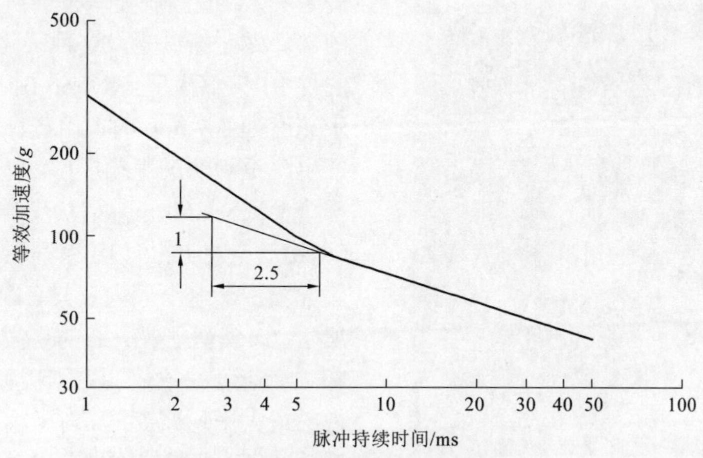

图 1.6　韦恩州立大学忍受度曲线

韦恩州立大学忍受度曲线是损伤严重性多种指数的基础。最通用的指数由 Gadd 提出，人体不同部位的忍受度用一个数字指标来表示。对于头部，Gadd 严重性指数（Gadd severity index，GSI）定义为（Johnson et al.，1982；Perrone，1972）

$$\mathrm{GSI}=\int_0^T a^{2.5}\mathrm{d}t<1\,000 \tag{1.1}$$

式中：a 为平动加速度（或减速度），以 g（重力加速度）为单位；t 为时间，ms；T 为加速度（或减速度）脉冲的总作用时间，ms。

后来 GSI 被头部损伤判据（head injury criterion，HIC）所替代，HIC 目前被认为是最好的头部损伤指标（Zhou et al.，1998；Chou et al.，1988），并被纳入美国联邦机动车安全标准（Federal Motor Vehicle Safety Standard，FMVSS）

$$\mathrm{HIC}=\max\left(t_2-t_1\right)\left(\frac{1}{t_2-t_1}\int_{t_1}^{t_2}a(t)\,\mathrm{d}t\right)^{2.5}<1\,000 \tag{1.2}$$

式中：t_1 和 t_2 分别为使 HIC 达到最大值的脉冲初始时刻和终止时刻；$a(t)$ 为合成平动加速度。以汽车乘员为例，计算 HIC 时，t_1 和 t_2 的时间差不能大于 36 ms。

通过对现有试验数值进行统计分析和拟合，可以得到 HIC 与颅脑损伤的关系，即一定 HIC 数值下可能发生颅骨骨折的概率。汽车设计中，通常把正面碰撞引起颅骨骨折的 HIC 阈值取为 1 000，表示如果 HIC 高于这个数值，汽车乘员（健康成人）就很有可能发生颅骨骨折等损伤。对儿童、老年人等，这个阈值可能会低一些。

HIC 作为颅脑损伤判据存在一定的局限性，它并不反映头部转动加速度或脑组织应力应变等因素，而转动加速度与应变分布被认为是引起脑组织弥散性损伤的主要力学因素（Takhounts et al.，2011；Zhang et al.，2004）。相应地，HIC 与颅骨破碎的关联性比较好，而与脑损伤的关联性就不那么好。但是在针对车辆乘员安全与行人保护的检验标准中仍然采用 HIC，因为还没有其他判据能够这样广为接受。

车辆事故中人体与车辆部件之间第一次碰撞后的运动学响应还将影响二次碰撞时的受伤风险，如车辆乘员与车辆内部结构间的二次碰撞、行人与路面的二次碰撞等。以车辆乘员为例，美国FMVSS强制要求车辆内部所有位置较高的部件做碰撞试验。这种试验中有一个4.5 kg的混III头部模型（hybrid III headform），它处于速度为6.7 m/s的自由飞行状态，这相应于产生严重损伤的平均速度。自由飞行的假人头部模型（headform）是从代表50百分位体型（即中等身材）的混III系列男性假人上取出的头部模型。这个假人及其有限元模型如图1.7所示。该模型主要关心的是假想乘员与车辆内部碰撞速度的数值，以及碰撞后乘员在10 ms内的最大平均减速度。对于乘员碰撞速度和随后减速度，推荐的阈值分别为12 m/s和20 *g*（Carney III，1993）。

图1.7 假人及其有限元模型（Zhou，2001）

1.1.3.2 胸部损伤判据

胸部损伤由惯性载荷、压缩量、黏滞性及其综合作用导致，损伤判据与不同的车辆事故类型中的载荷状况相关。早期对胸部碰撞损伤忍受度的量度是根据加速度或者力的，它们仍然是有效的。在正面碰撞事故中，胸部压缩量与损伤存在关联。对于成年人，压缩32%～40%是严重损伤的阈值。对于美国50百分位成年男性，最大许可的胸部压缩量是76 mm。

乘员危险性的另外一个重要量度是有关胸廓内器官的损伤。对肝脏、肾脏及脾脏的损伤可能危及人的生命。因此，在压缩判据之后，通用汽车公司提出了黏性判据（viscous criterion，VC）。VC数值（胸部变形速度乘以胸部压缩量）应当小于某个值。VC现在被普遍接受并在工业界使用，以及应用在欧洲经济委员会（Economic Cmmission of Europe，ECE）法规范围中。美国FMVSS依据脊椎的合成加速度与胸部压缩量最大值的加权平均来评定胸部损伤。

在侧面碰撞事故中，胸部损伤的严重程度可以通过胸廓损伤指数（thoracic trauma index，TTI）来衡量。它可以表示成如下形式（Hackney et al.，1984）

$$\mathrm{TTI} = 0.5(G_{\mathrm{r}} + G_{\mathrm{ls}}) \tag{1.3}$$

式中：G_{r}为上肋骨或者下肋骨加速度峰值中较大者，*g*；G_{ls}为下脊骨峰值加速度，*g*。

当TTI＜100时，损伤应该不会造成生命危险。关于胸部损伤的进一步讨论可以参看Viano等（1988）、Cavanaugh（1993）。

需要说明的是，与20世纪50年代以来汽车工业的快速发展相对应，目前的许多损伤生物力学研究主要关注车辆碰撞事故中的人体损伤。人体在运动、意外跌落、军事、航天等领域中产生碰撞损伤的机理也是相似的，这些领域在近年来受到越来越多的研究关注。例如，HIC作为颅脑损伤判据，也广泛应用于运动员头部损伤研究（Greenwald et al.，2008）中，并被国际汽车联合会（Fédération Internationale de I'Automobile，FIA）针对方程式赛车头盔等护具的评价方法所采纳。

1.2 能量吸收结构（材料）的应用

公众现在比过去任何时候都受到更为良好的教育，要求更高程度的个人和公共保护的呼声也日益高涨，并且强烈要求对机械的安全性采取更为严厉的法律保障措施。所有这些因素使公众更加熟悉最新的被动式安全装置的设计，并成为它们被广泛应用的先决条件。

20 世纪 70 年代以来，对用于耗散碰撞动能（或强动载荷引起的动能）的能量吸收结构和材料的研究与发展受到了重视，特别是在汽车和军事工业（Johnson et al.，1986，1977a）。下面概述它们在五个方面的应用。

1.2.1 能量吸收结构用于改进车辆的耐撞性

在设计和试验各种类型车辆时，耐撞性防护已经成为一个挑战性的课题。术语“耐撞性”（crashworthiness）指的是当车辆卷入或经历碰撞时响应性质的优劣。在碰撞事件后，车辆和（或）它的乘员及装载物的损伤越小，车辆的耐撞性就越高，或者说它的耐撞性能就越好（Johnson，1990）。

一些机动车车身结构的常用术语如图 1.8 所示。大多数车身框架是薄壁金属结构。车身前部的上梁和下梁是主要的碰撞能量吸收元件。对于较为轻微的前方或尾部碰撞，车辆的保险杠可能起作用，如在停车场内，车辆以较低速度同柱子等物体相撞（Johnson et al.，1983a，1983b）。

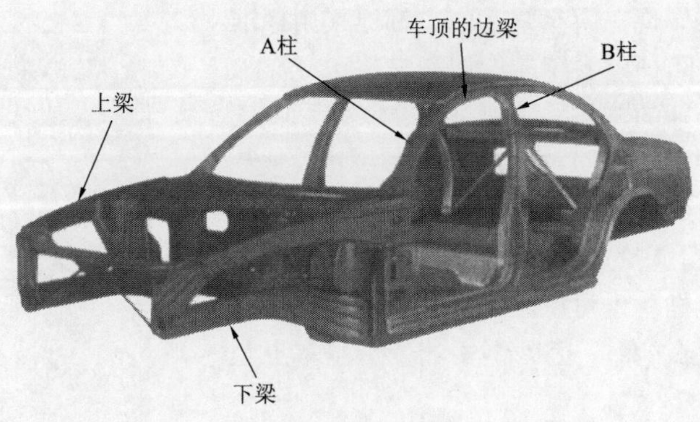

图 1.8　车身结构图（Zhou，2001）

参照图 1.8，A 柱、B 柱和车顶的边梁的设计是用来在碰撞事件中保持乘员室结构的完整性的。另外，在很快减速的情况下，它们也是乘员头部可能与之发生碰撞的地方。显然，如果头部直接与柱上的金属构件碰撞，就几乎不可能满足对力的限制性要求。柱上还必须有另外的软垫作为能量吸收器（Zhou，2001）。

当密集的车流通过一个复杂的道路系统时，对于驾驶员和乘员来说，侧面碰撞防护就变得非常重要（占所有严重碰撞的 13%），虽然这时前方和尾部的碰撞还是最重要的。这提出了一个特殊问题：对于许多轿车来说，侧向碰撞区域与人体之间没有距离可以缓冲这种撞击。有些厂家采用了强化的门和坚固的柱子用于承受 50 km/h 的碰撞，只允许撞击物适度闯入在驾驶员和乘员周围的小安全空间。新的设计还让座位、方向盘系统和其他车内构件有适当的能量吸收能力，使车辆在碰撞时整体能量吸收有所增加。

1.2.2 能量吸收结构用于高速公路的安全防护

最近几十年里，为了减少车辆碰撞引起的损失，研制了沿高速公路安装的各种类型的硬件。公路碰撞衰减系统通常设计成在迎面碰撞的条件下，使车辆逐渐减速从而安全地停下来，或者是在侧面碰撞情况下，使车辆改变方向以避免出现危险。谨慎地使用这些结构，减轻事故的影响，已经拯救了许多人的生命。

图 1.9 波形梁护栏系统

当今世界上最常使用的防护栏系统由安装在钢柱（管状或者槽形截面）或者木柱上的镀锌 W 形钢梁（波形梁）组成，见图 1.9。这些立柱埋在基础内。当车辆与安装在高速公路边的防护栏系统碰撞时，车辆的动能大部分将耗散在波形梁和立柱的变形上，基础移动和破碎也将耗散部分能量。

早期波形梁纵向护栏建造时带有未经加工的钝头。这种设计造成了许多严重的事故，其中有些是驶入歧路车辆的乘员室被波形梁截面的尖端所刺穿。关于护栏端部的处理已经做了许多研究（Carney III，1993），目的是使刺穿和翻车的事故尽量减少。现在所有发达国家都已采用标准或者法规来指导这些防护栏系统的设计和安装。

其他用于高速公路的防护系统有混凝土护栏和钢索安全栅栏。混凝土护栏的作用主要是改变那些驶入歧路车辆的方向，使之回到原来行驶的方向，同时当车辆被护栏下部斜面抬起时，它的部分动能将转化为势能。与道路平行的钢索安全栅栏也可以改变驶入歧路车辆的方向，但是没有耗散什么能量，因为钢索的变形基本上是弹性的。

公路上有些地点被认为是事故多发的“交通黑点”，如分叉口和急转弯处，在这些地方发生碰撞可能导致严重的后果。长期工程经验指出，在这些“交通黑点”安装特殊设计的能量吸收装置（如图 1.10 所示的康涅狄格州碰撞衰减系统）可以显著地减少碰撞引起的危险。出于类似的考虑，较早时候 Johnson 等（1981）曾设想利用螺旋弹簧弹塑性大变形的原理，设计一个车辆“捕捉”系统。

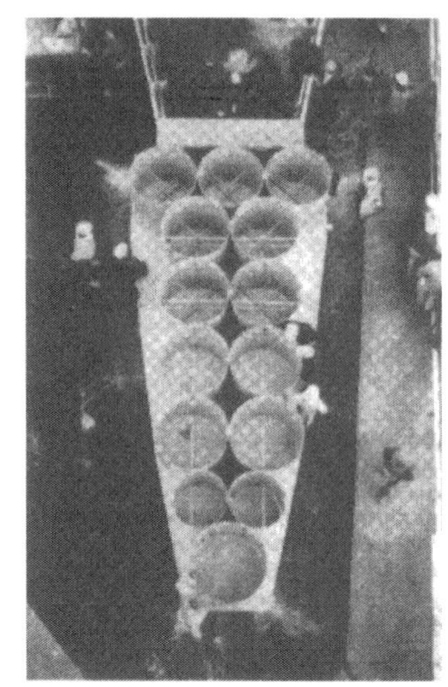

图 1.10 康涅狄格州碰撞衰减系统（Carney III，1993）

1.2.3 能量吸收结构用于工业事故的防护

1973 年英国曾报道过一起典型事故，一辆载有 29 人的煤矿矿井升降车，由于绞车过度绞吊而坠落于矿井底部，参看 Johnson 等（1978）。有很多种能量吸收装置适合用作矿井升降车的行程限制器。对于电梯井和铁路线终端也需要有类似的安全考虑。

在山区，从陡坡翻滚下来的岩石对于路过的人和车辆是危险的，特别是在雨天。在最危险的地方，可以安装吸收滚动岩石动能的防护系统，如利用金属环网塑性变形的方法，将在 12.1 节给出一个实例。

在采矿、建筑和农业机械设计中，落体防护结构（falling object protective structures，FOPS）和翻滚防护结构（roll-over protective structures，ROPS）是两个重要概念，因为这些机械通常在危险的环境中或者斜坡上工作。例如，驾驶室的顶棚被落下的岩石击中[图 1.11（a）]，或者在翻车事故中驾驶室被压向一侧[图 1.11（b）]。变形的驾驶室必须为驾驶员保留一个生存空间，因此驾驶室的结构必须在这些碰撞条件下能够吸收足够的能量。

Johnson（1983）曾经描述了由货车中的货物滚落碰撞造成的结构破坏。由于正面碰撞、快速转向或者路面损坏，火车、客车、公交车、卡车和加油车等都可能发生货物的滚落碰撞。类似于对 FOPS 和 ROPS 的安全考虑，为乘员保留一个生存空间是至关重要的。当滚落的货物包含危险物品时，应当防止容器被刺穿及随后引起的火灾和爆炸。因此，必须将结构材料是否具有足够的韧性和足够的能量吸收能力，作为主要的设计准则加以考虑。关于客车在交通事故中的安全性，应当特别注意在翻车事故中防止客车顶棚–立柱结构被压塌（Lowe et al.，1972）。

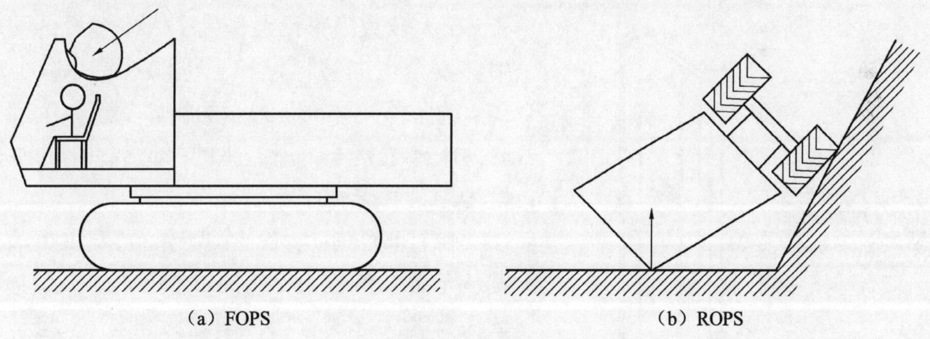

（a）FOPS （b）ROPS

图 1.11 防护结构简图

对于经常用于输送高压、高速液体的管道，研究能量吸收对于管道甩动防护也是极为重要的。在核能、电力和化学工业中，这是一个重大的安全问题。虽然在正常情况下这些管道的设计能够承受这种高压，但是在管道系统中总是由于出现过度的压力和压力波动而有可能产生危险。管道的失效可能由腐蚀、疲劳、蠕变和地震，甚至一件沉重的工具坠落而引发。

因此，为了满足安全管理的要求，设计者必须证明在高压下运行的管道系统能够对付突然破断而导致的灾难性后果。当一根管道破断时，从破裂截面处逃逸的高压液体射流对管道施加一个很大的横向破断的作用力（blowdown force），使该段管道迅速加速甩动和变形（图 1.12）。所以，高压管道对其他设备而言是一个潜在的危险。通常为了对付这种类型的问题，设计者要引入管道甩动限制器系统（Reid et al.，1980）。这种系统包括能量吸收器，它能够在甩动的管道击中任何邻近仪器或相邻管道之前，耗散掉它的动能。显然，为了设计这种限制器，设计者必须估计需要吸收的动能大小，这就要求了解管道的运动。近三十年来，学者进行了关于管道甩动现象的大量试验和模拟研究，可参看 Reid 等（1998，1996，1995，1989）。

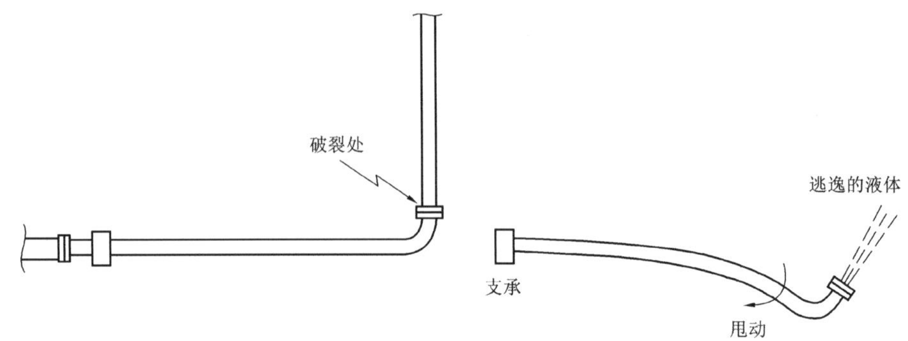

图 1.12 管道甩动示意图

1.2.4 能量吸收结构用于个人安全防护

各种辅助防护装置，如自行车头盔、安全帽和防弹背心，全都要求具有很高的能量吸收能力。在建筑工地，从高处坠落的物体，如小工具或者管子，可能会击中工人。例如，根据香港特别行政区政府劳工处提供的数据，1994～1997 年在香港报道的 67 549 起工地事故中，有 4 037 起是由坠落的物体引起的，并导致工人头部或颈部受伤。安全帽作为一种有效的防护装置，在大多数国家已经作为个人安全设备被广为采用。安全帽的塑料硬外壳可以承受并减少动能达 50 J 的坠落物体（即 5 kg 的物体从工人头部上方高度为 1 m 处落下）所产生的峰值载荷，同时部分能量为帽箍和壳体本身所耗散。

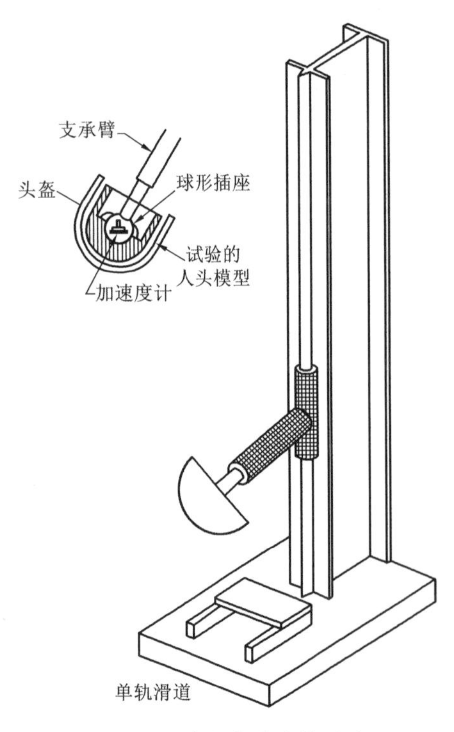

图 1.13 自行车头盔的试验

自行车头盔是另一个例子：当发生事故戴头盔者从车上跌落且头部与路面相撞时，头盔起了防护戴头盔者头部的作用。国际标准要求，将一个质量为 5 kg 的人头模型戴上自行车头盔，从 2 m 高处落在硬地面上（携带 100 J 的能量，如图 1.13 所示）时，人头模型的最大加速度不得超过 100 g。所以，与建筑工地的安全帽相比，自行车头盔要有更高的能量吸收能力。

在游戏与运动中，如足球、橄榄球、拳击、滑雪、滑冰、赛马和赛车，耐撞性和能量吸收的有关知识是十分重要的，对这些活动具有很大的安全价值。与应用于车辆一样，这里将完全相同的科学与技术应用于人体。

1.2.5 能量吸收结构/材料用于包装

包装作为一种保存和分发物品的重要方法，已经成为人们生活中不可缺少的部分。包装及良好的运输，可以将生产设备集中在原材料丰富的地区，从而发挥大规模生产的经济优势。由于有了防护包装，产品可以输送到主要消费地区。产品和包装相互依赖，不可能只考虑其中一个而不要另一个。

包装的一个基本作用当然是保护物品，免受运输和储存引起的外部损伤。例如，由产地输送一种粉末状的产品到使用地点，需要某种类型的容器，不仅要用它装运产品，而且还要保护产品不受外部损坏。包装还起着一种屏障作用，将保存的物品同外界污染和脏物分离开来。

外界对物品的损坏通常在运输或者储存时，由物品坠落或者被其他物体撞到所引起的。因此人们用各种材料，如软垫或者包裹物来包住物品。自古以来，常用的缓冲材料包括木屑（细刨花）、稻草麦秆（或蔗渣）、弄皱的或者切碎的废纸、多孔软填料和用胶液浸渍的毛发。纸张以多种形式广泛用于松散充填的衬垫。多孔软填料可以用一种便宜的皱纹纸制作，有各种厚度，不同的背衬、面层和凸印。这种材料约能吸收 16 倍于它的重量的水，或者 12 倍于它的重量的油。这对于装运液体物品是很重要的。波纹状纸板的多胞结构使之可以用于塞紧和缓冲。单面、单壁、双壁和蜂窝波纹可以用模具切割制成不同的形状，折叠制成弹簧垫和充填块。如果这种类型的包装材料是用再生纸制造的，那么这种衬垫就变得更加环保了。

虽然传统材料还在使用，所用数量不等，但是它们基本上已经被聚合物制造的缓冲材料所替代。聚合物缓冲材料可以加工制成更加精密的防护品。最为流行的聚合物类缓冲材料是泡沫材料。它是由塑料通过发泡形成多胞结构，使其密度显著减小。为了达到包装的目的，在加工过程中整个融化的树脂内气体逐渐弥散，随着加热这些气体会产生带孔洞的胞结构，这些胞可以长大至要求的尺寸，并随着材料冷却而固定在材料内部。这种过程适合于多种热塑性材料，可以生产出刚性和柔性的泡沫材料。

硬质泡沫材料是用反应注射成型（reaction-injection molding）法生产的工程结构材料。其包装应用包括包装箱、板条箱和大型托盘等。但是，硬质尿烷（urethane）泡沫还是一个用于就地发泡缓冲材料的专有名词。这些材料和技术已经广泛用于电子产品或者易碎物品的包装和缓冲，旨在吸收运输中的碰撞能量。同样，由聚乙烯（polyethylene，PE）或者聚乙烯对苯二甲酸酯（polyethylene terephthalate，PET）制成的发泡垫层，可以广泛用于易碎物品包装。关于使用泡沫材料的技术细节将在 12.2 节中说明，同时给出选择包装材料和尺寸的例子。

1.3 设计能量吸收结构和选择能量吸收材料

1.3.1 能量吸收结构的一般特点

在工作载荷下，传统结构（如用于土木工程和机器中的结构）只发生很小的弹性变形。这些结构通常要求在规定的载荷下具有一定的强度和刚度，所以材料的选择和结构设计主要是基于结构必须承受的弹性应力或者应变。失效多是因为疲劳、腐蚀，或者是因为长时间使用引起的材料老化。

需要注意，能量吸收结构设计和分析与传统结构设计和分析非常不同。能量吸收结构必须承受强动载荷，所以它们的变形和失效涉及几何大变形、应变强化效应、应变率效应及不同变形模式（如弯曲和拉伸）之间的各种交互作用。

由于这些原因，大多数能量吸收器是用韧性金属制成的，低碳钢和铝合金使用最广泛。而非金属材料，如纤维增强塑料和聚合物也普遍使用，特别是在对重量要求苛刻的情况下。

通常研究能量吸收结构行为是从准静态分析和试验开始的。准静态条件下的大变形特性包括显著的几何效应，这在动力加载下也出现。对于相对低速（如 50 m/s 量级）的结构碰撞，应变率对提高屈服应力和流动应力的效应，通常可以使用简单的基于平均应变率的 Cowper-Symonds 关系来分析，见 2.4.3 小节。

很多研究结果指出，有个别变形模式比其他模式对动力效应更为敏感，这会使在使用模型试验方法确定变形和失效时出现问题。这个问题将在 7.2 节叙述。

总而言之，耐撞性和碰撞防护是意义十分明确的课题，但缺乏足够深度的科学研究。另外，工程塑性力学和冲击动力学都是高度发展的学科，可以广泛地用来分析和预测韧性材料制成的能量吸收结构的性能。我们看到，分析能量吸收结构的目的和研究方法都与传统结构分析非常不同。这些将在第 2 章进一步详细描述。

1.3.2 一般原理

显然，由工程背景的讨论可以看出，能量吸收结构的设计和能量吸收材料的选择应当适合它们工作的特殊目的和环境。虽然在不同的具体应用实例中，这些设计和选择可能显著不同（见第 12 章），但是对于所有情况，这些设计和选择的目的都是要以可控制的方式或者以预定的速率耗散动能。因此，某些基本原理对于所有应用问题都是普遍适用的，可以作为准则。现将主要的基本原理说明如下。

1.3.2.1 不可逆能量转换

通过结构和材料变形所实现的能量转换应当是不可逆的，即结构和材料应当能够将大部分输入动能，通过塑性变形或者其他耗散过程转换成非弹性能，而不是以弹性方式将之储存。

为什么能量转换必须是非弹性的?如果初始动能（或者更一般地，由于强动载荷加载输入的能量）转换成结构的弹性应变能，那么，当结构达到它的最大弹性变形后，这个弹性应变能将会完全释放出来，随之产生的加速运动将引起对需要保护的人和结构的损伤。

例如，假定有一辆高速行驶的汽车与一个巨大的弹性弹簧发生碰撞。在第一阶段，弹簧弹性压缩，汽车减速[图 1.14（a）]，汽车的全部初始动能都转化成弹簧的弹性应变能。当弹簧达到它的最大弹性位移后，第二阶段开始，此时弹簧逐渐地从它的变形状态恢复，汽车将加速[图 1.14（b）]，最终全部弹性应变能都将转化回去，成为汽车的动能。其后果是汽车乘员在遭受一次严重的减速度后，又接着遭受一次严重的加速度。这可能对汽车乘员产生更为严重的伤害，因为在事故中，人员损伤将随着加速度或者减速度作用的时间历程增加而加重，见式（1.1）或式（1.2）。

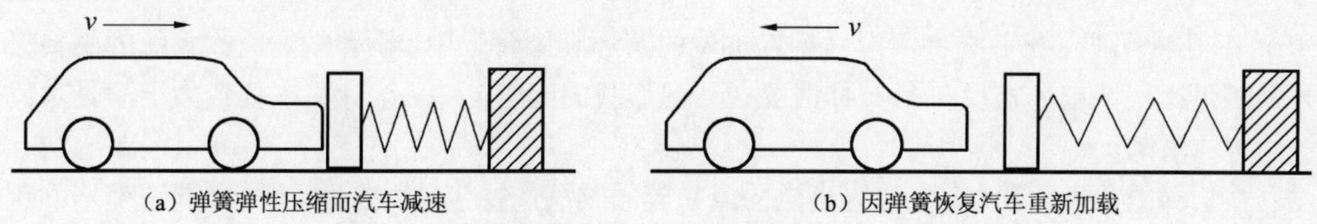

图 1.14 汽车同弹性弹簧碰撞

在结构和材料的大变形过程中，存在着多种形式的不可逆能量转换，如塑性耗散能、黏性变形能、摩擦或者断裂所耗散的能量。其中有些与宏观变形或者宏观断裂有关，而有些则与细观或者微观尺度机制有关。例如，聚合物基体的层状复合材料的层裂，通常不仅涉及宏观的层间断裂，而且还涉及基体的黏性变形，在纤维或基体界面处的微裂纹，以及开裂材料的内摩擦。在这些能量吸收机制中，本书的重点主要放在结构和材料塑性变形引起的能量吸收，因为这是韧性材料（如金属和聚合物）吸收能量最为有效的机制，并有广泛的实际应用。

1.3.2.2 受限制的、相当恒定的反作用力

能量吸收器的峰值反作用力应当保持低于一个阈值；在能量吸收结构大变形过程中，理想的反作用力应当尽可能保持恒定。

在大变形过程中，不仅要提供足够的总能量吸收能力，而且在碰撞时能量吸收结构（材料）的峰值力（还有加速度）应当低于引起损伤的阈值，反作用力应当维持恒定或者几乎恒定，以避免过高的减速速率。

当车内乘员用安全带约束固定不动坐着时，在发生碰撞时他所承受的加速度近似等于车辆本身的加速度。根据变分法不难证明，若给定车辆初始速度，如果碰撞过程中加速度 $a(t)$ 保持常数，式（1.1）给出的 GSI 为最小。换句话说，在碰撞中为了使所引起的损伤和破坏最小，来自碰撞结构的抵抗力应当保持恒定。在这个意义上，能量吸收器起了一类特殊的载荷限制器的作用；理想地说，它应具有一个近似矩形的力–位移特性。

1.3.2.3 较长的行程

如上所述，能量吸收结构的反作用力大小必须受到限制，并使之几乎为常数，而力所做的功等于其大小乘以沿力作用线发生的位移，也就是行程。所以，如果该结构要吸收的输入能量很大，行程应当足够长。

除考虑力 F 的值外，耐撞性还必须分析动能的耗散过程。当给定需要被耗散的初始动能时，时间 t 越长，力 F 就越小，这就引出了“以时间买距离”的概念——这是减少碰撞损伤或破坏所需要遵从的一个原则。将速度 v 均匀地减速至零需要距离 $vt/2$，在这个距离上 F 做功以耗散引起损伤的动能。力 F 作用的时间越长，所要求的制动力就越柔和，所遭受的损伤就越小。

根据这种考虑，行程（即沿加载方向结构的最大可变形距离）与结构特征尺寸之比，是对能量吸收结构效率的重要量度。例如，圆环或者圆管横向加载时，行程受到直径限制，所以当要求长的行程时，设计者就不得不增加圆环或圆管的直径，或者将几个圆环或几层圆管堆叠在一起（见第 4 章和第 5 章）。另外，当圆管轴向加载时，许可行程同它的总长度差不多（见第

6 章）。由此可见，在前一种情况（横向加载的圆环和圆管）中，设计能量吸收系统的主要努力是满足行程要求。相反在第二种情况（轴向加载的圆管）中，设计将主要致力于满足对反作用力的限制。

在选择能量吸收材料时，如为贵重的或易碎的物品选择包装材料时，行程（即可变形的距离）与材料原始尺寸之比变得极为重要。很明显，这个比值就是最大压缩比 Δ_{max}/h，这里 h 是包装层的原始厚度，Δ_{max} 是最大压缩距离。众所周知，这个比值受到材料的可压缩性［或者压缩中的耐久性（durability）］的限制，因此，普通的固体金属或者固体聚合物不可能有一个高的 Δ_{max}/h 比值。但是采用多胞材料，如蜂窝材料和泡沫材料，可以获得高得多的 Δ_{max}/h 比值。这是因为胞体中的大量空间为材料提供了很大的可压缩性（见第 10 章）。在这种情况下，Δ_{max}/h 可以与所选择的多胞材料的相对密度达到同一量级。

1.3.2.4 稳定的和可重复的变形模式

为了应付不确定的工作载荷，所设计结构的变形模式和能量吸收能力应当是稳定的和可重复的，以确保结构在复杂工作条件下的可靠性。

应当预料到，作用于能量吸收结构和材料的外部载荷，它们的量值、脉冲形式、方向和分布，都有很大的不确定性。因此，采用的结构和材料应当具有稳定的和可重复的变形模式，对上述的加载不确定性是不敏感的，同时又能确保所要求的能量吸收能力。

例如，高速公路上使用的波形梁护栏系统（图 1.9），或者碰撞衰减系统（图 1.10），可能受到一辆客车或者运货卡车以不同角度、在系统不同部位的碰撞。在设计和试验时，对所有这些不确定性组合下的最大力和总耗散能量的基本要求都必须满足。

1.3.2.5 重量轻，比能量吸收高

能量吸收元件应当本身是轻的，具有高的比吸能（即单位重量的能量吸收，详见 6.7 节）。这对于航空航天的运载工具（如飞机、直升机、人造卫星等）所携带的能量吸收器及个人安全装置是极为重要的。

当汽车制造者为了提高车辆的耐撞性改进设计时，他们必须仔细考虑可能增加的车辆重量，因为在当今轻量化的大趋势下，设计中增加任何重量都意味着更多的燃料消耗和对环境更多的污染。

对于各种个人防护装置来说，重量轻也是非常重要的设计参数。例如，当今市场上出售的自行车头盔通常的重量是 250～300 g，而重量低于 200 g 的新型头盔将会受到欢迎。

在用于能量吸收的多种候选材料中，由基体材料（如聚合物或者铝）和胞体内空气组成的多胞材料是特别令人感兴趣的。由于它的多孔性，同由其基体材料制成的实体相比，它的重量轻，如以单位重量的材料行为进行比较，它的刚度、强度或者其他机械性能都有优势。换句话说，同基体材料相比，机械性能方面的降低通常比重量的减少要轻微（Zhou，2001；Gibson et al.，1997）。此外，当它用于能量吸收时，胞状多孔特性正是所希望的，因为在压缩时，它可以给出一个很长的、几乎不变的平台应力。

1.3.2.6 低成本和容易安装

这些能量吸收装置的制造、安装和维护应当容易，成本低。

在当今竞争激烈的世界上，能量吸收装置的设计总是受到给定预算的限制。所以，所有的防护结构都必须在这些经济约束下运行。这对于能量吸收装置特别重要，因为它们通常是一次性使用的器件，即一旦产生过大变形，它们就要被舍弃和更换。

2 能量吸收能力的分析方法

为了提供分析材料和结构能量吸收能力的基本模型与工具，本章阐述材料行为的理想化模型，以及基本概念、原理和方法，还将讨论大变形效应和动载效应。

2.1 材料行为的理想化

2.1.1 材料拉伸的力学性质

为了描述外载作用下材料的变形行为，最直接的也是常用的方法是用圆柱形或者扁平试件进行简单拉伸试验（simple tensile test）。这种简单拉伸试验可以用于各种工程材料。例如，图 2.1（a）～（c）所示的应力–应变曲线，它们分别是关于低碳钢、铝合金和编织纺织复合材料的应力–应变曲线。

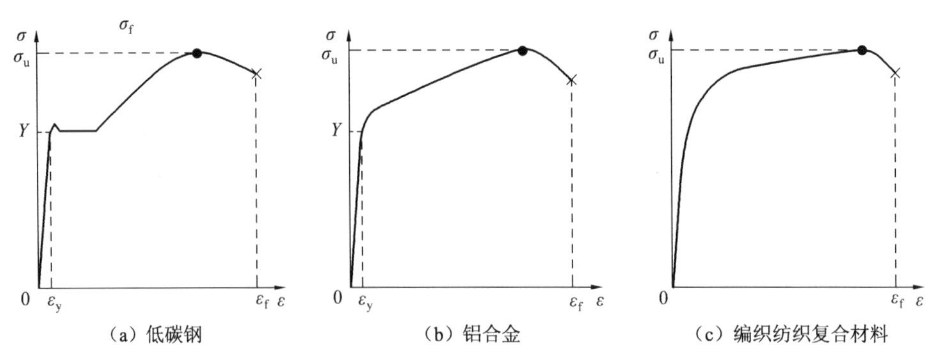

图 2.1 材料拉伸的应力–应变曲线

由图 2.1 可见，当应力较小时，多数工程材料都呈现出一个弹性阶段。处于线性弹性阶段的材料行为可以用两个材料常数描述：杨氏模量（Young modulus）E，它反映这个阶段应力–应变曲线的斜率；泊松比（Poisson's ratio）ν，它表示横向的负应变与纵向拉伸应变之比。

对于金属和聚合物材料，当施加的载荷达到某一水平时，材料进入屈服（yield）阶段。这不仅意味着材料开始偏离线性的应力–应变路径，而且标志着不可恢复的塑性变形的开始。低碳钢［图 2.1（a)］通常要经历一段持续的变形，而应力保持为屈服应力（yield stress）Y（在某些书中表示为σ_y）。但是对于其他多数材料来说，当变形继续进行时，需要增加应力。这种现象称为应变强化（strain-hardening）。对于某些材料［图 2.1（b)］，应变强化时的应力和应变关系可以近似地用线性或者幂次规律表示。

当材料试件最终被拉断时，塑性变形阶段结束。断裂前应力达到的最大值记为极限应力（ultimate stress）σ_u。当断裂发生时，对应的应变称为断裂应变（fracture strain），记为ε_f。这两个量［图 2.1（a)］分别代表材料在拉伸时的强度和韧性。

在简单压缩或者纯剪切下，大多数工程材料的力学行为都类似于它们在拉伸时的行为，虽然相关的材料常数可能是不同的。

2.1.2 理想化的材料模型

为了建立用于分析材料和结构能量吸收能力的适当的简单理论模型，首先应对材料力学行为进行理想化，使其应力–应变关系可以用简单的解析函数表示。

当变形（应变）很小时，可以采用线弹性材料模型，杨氏模量E和泊松比ν是描述材料行为的两个参数。材料屈服以后，如果应变强化不显著，则可以采用理想弹塑性模型（ideal elasto-plastic model），如图 2.2（a）所示。这里术语“理想弹塑性”意味着应变强化可以忽略，换句话说，从初始屈服直到断裂，虽然材料持续发生塑性变形，但应力一直保持为Y。

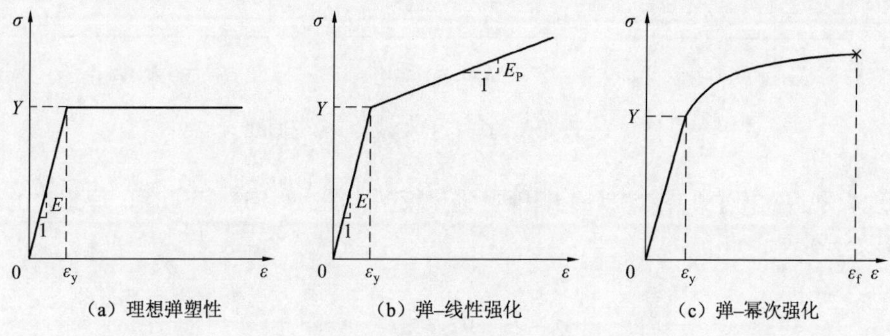

（a）理想弹塑性　（b）弹–线性强化　（c）弹–幂次强化

图 2.2　理想化的材料拉伸应力–应变曲线

如果在初始屈服以后，材料应变强化显著，则根据简单拉伸试验所得到的材料实际行为，可以考虑采用弹–线性强化（elastic-linear strain-hardening）模型［图 2.2（b）］，或者弹–幂次强化（elastic-power strain-hardening）模型［图 2.2（c）］。

对应于图 2.2（a）～（c）所示的模型，应力σ和应变ε之间理想化关系的分析表达式分别为

$$\sigma=\begin{cases}E\varepsilon, & \varepsilon\leqslant\varepsilon_y=Y/E\\ Y, & \varepsilon_y\leqslant\varepsilon<\varepsilon_f\end{cases}\tag{2.1}$$

$$\sigma=\begin{cases}E\varepsilon, & \varepsilon\leqslant\varepsilon_y=Y/E\\ Y+E_P(\varepsilon-\varepsilon_y), & \varepsilon_y\leqslant\varepsilon<\varepsilon_f\end{cases}\tag{2.2}$$

和

$$\sigma=\begin{cases}E\varepsilon, & \varepsilon\leqslant\varepsilon_y=Y/E\\ Y+K(\varepsilon-\varepsilon_y)^q, & \varepsilon_y\leqslant\varepsilon<\varepsilon_f\end{cases}\tag{2.3}$$

式中：ε_y为屈服应变（yield strain）；E_P为强化模量（strain-hardening modulus）；K和q（强化指数）是由试验测定的材料常数。

显然，如果$q=1$，$K=E_P$，则弹–幂次强化模型就和弹–线性强化模型一样了。

当用于能量吸收时，正如在第 1 章中所阐述的，材料、构件和装置通常都要经历塑性大变形。在这些情况下，塑性应变要比弹性应变大得多，所以在分析时，后者常可以被忽略。这相当于将杨氏模量取为无限大，所以在初始屈服之前，材料显示出刚性行为。于是，理想化的材料模型称为刚塑性模型（rigid-plastic model）。图 2.3（a）～（c）分别表示理想刚塑性模型（ideal rigid-plastic model）、刚–线性强化模型（rigid-linear strain-hardening model）和刚–幂次强化模型（rigid-power strain-hardening model）。

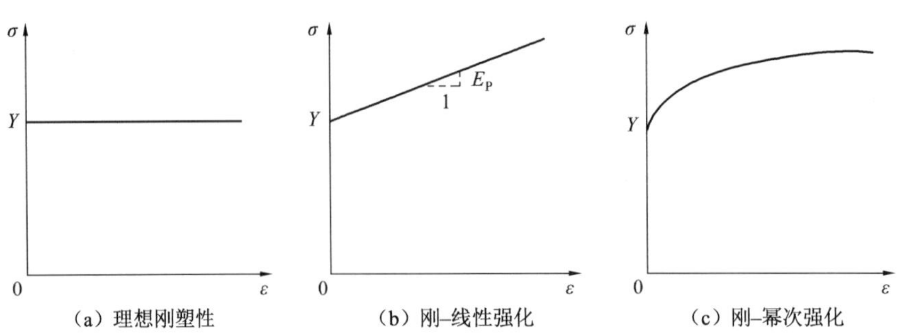

图 2.3 理想化的材料拉伸应力–应变曲线

对于理想刚塑性模型［图 2.3（a）］和刚–强化模型［图 2.3（b）和（c）］，理想化的应力–应变关系可以分别表示如下

$$\begin{cases} \sigma \leqslant Y, & \varepsilon = 0 \\ \sigma = Y, & 0 < \varepsilon < \varepsilon_f \end{cases} \tag{2.4}$$

$$\begin{cases} \sigma \leqslant Y, & \varepsilon = 0 \\ \sigma = Y + E_p\varepsilon, & 0 < \varepsilon < \varepsilon_f \end{cases} \tag{2.5}$$

和

$$\begin{cases} \sigma \leqslant Y, & \varepsilon = 0 \\ \sigma = Y + K\varepsilon^q, & 0 < \varepsilon < \varepsilon_f \end{cases} \tag{2.6}$$

2.1.3 塑性梁的弯矩–曲率关系

对于弹塑性材料制成的梁（或其他一维构件，如环和拱），如果作用的弯矩 M 是小的（$M<M_e$，M_e 为最大弹性弯矩），弯矩 M 和其轴线曲率 κ 之间的关系将是线性的，如果 $M>M_e$，则 M 和 κ 之间的关系是非线性的。实际的 $M-\kappa$ 关系可以通过适当的 $\sigma-\varepsilon$ 关系在梁的厚度上积分得到。

举一个典型例子，研究理想弹塑性材料制成的矩形截面梁（或其他一维构件，如环或拱），该梁沿厚度的应力分布如图 2.4（a）所示，它包括两个塑性区及它们夹着的一个弹性核。因此，梁的弯矩–曲率关系可以表示为（Yu et al.，1996）

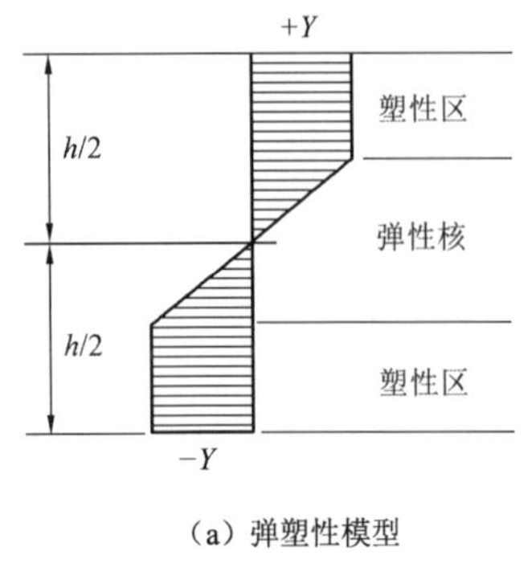

（a）弹塑性模型

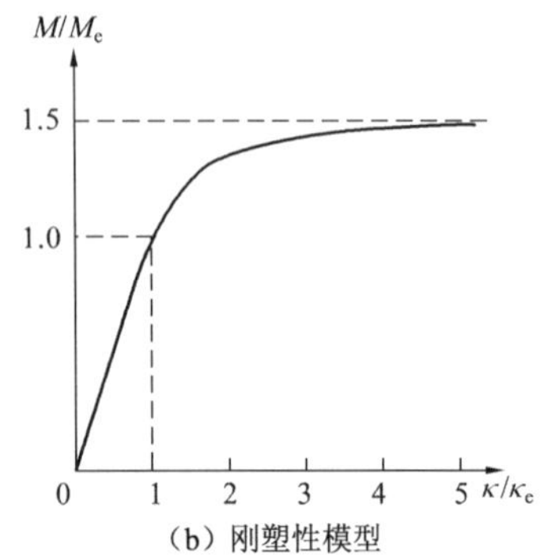

（b）刚塑性模型

图 2.4 理想塑性模型的力–位移关系

$$\frac{M}{M_e}=\begin{cases}\dfrac{\kappa}{\kappa_e}, & 0\leqslant M\leqslant M_e\\[2ex] \dfrac{3}{2}-\dfrac{1}{2}\left(\dfrac{\kappa_e}{\kappa}\right)^2, & M_e<M<M_p\end{cases} \tag{2.7}$$

式中：$M_e=Ybh^2/6$，为最大弹性弯矩（maximum elastic bending moment）；$\kappa_e=M_e/(EI)=M_e/(Ebh^3/12)=2Y/(Eh)$，为最大弹性曲率（maximum elastic curvature）；$M_p=Ybh^2/4$，为塑性极限弯矩（plastic limit bending moment）；b 和 h 分别为截面的宽度和厚度；I 为截面惯性矩。

式（2.7）可以重新写成无量纲形式

$$\bar{\varphi}=\begin{cases}\bar{m}, & 0\leqslant\bar{m}\leqslant 1\\[1ex] \dfrac{1}{\sqrt{3-2\bar{m}}}, & 1\leqslant\bar{m}<\dfrac{3}{2}\end{cases} \tag{2.8}$$

式中：$\bar{m}=M/M_e$ 和 $\bar{\varphi}=\kappa/\kappa_e$ 分别是无量纲弯矩和无量纲曲率。这个关系如图 2.4（b）所示。

一个重要的特殊情况是，当应力和应变之间采用理想刚塑性关系［图 2.3（a）和式（2.4）］时，如果梁的截面有非零曲率，则沿梁厚度的应力分布将只含有塑性区，如图 2.5（a）所示。因此，弯矩和曲率之间的关系可以用一个阶跃函数表示，如图 2.5（b）所示，即

$$\begin{cases}M\leqslant M_p, & \kappa=0\\ M=M_p, & \kappa>0\end{cases} \tag{2.9}$$

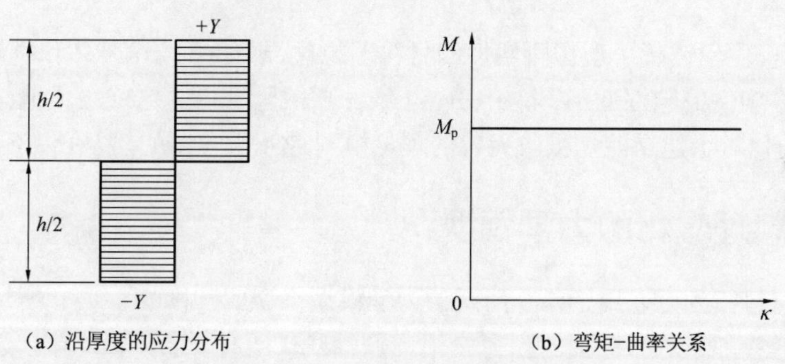

（a）沿厚度的应力分布　　（b）弯矩-曲率关系

图 2.5　理想刚塑性梁的弯曲

2.1.4 塑性铰和铰线

当梁（或其他一维构件，如环或拱）理想化为理想刚塑性梁时，它的塑性变形将集中在一个或者少数几个截面上，在这些截面上，所作用的弯矩达到了截面的塑性极限弯矩 M_p（如对于矩形截面有 $M_p=Ybh^2/4$）。这些截面称为塑性铰（plastic hinge）。任何数值大于 M_p 的弯矩，对于一个平衡构形（详见 2.2 节）来说都不是静力许可的（statically admissible）。另外，任何小于 M_p 的弯矩，都将不产生塑性变形。

因此，变形后的理想刚塑性梁（或者是环或拱）将只含有一个或者多个塑性铰。正如式（2.9）和图 2.5（b）所指出的，塑性铰处的曲率可以取任意值或者无限大。所以 M_p 作用的结果是，在塑性铰处将发生有限的相对转角 θ。

除了这些塑性铰，梁（或者环或拱）上所有梁段都将保持为刚性，其曲率维持不变（即 $\kappa=0$）。但是这些刚性段可以有平动和（或）转动，只要在所假设的变形机构中这些运动是运动许可的（kinematically admissible）（详见 2.2 节）。

从能量耗散的观点来考虑，当理想刚塑性梁变形时，能量耗散只发生在离散的塑性铰处。因此，梁上的总的能量耗散可以计算如下

$$W=\sum_{i=1}^{n}M_{\mathrm{p}}\left|\theta_i\right| \tag{2.10}$$

式中：n 为梁上塑性铰的总数目；θ_i 为第 i 个塑性铰处的相对转角。

对于板或者壳，理想刚塑性材料理想化导致它们的塑性变形集中在离散的塑性铰线（plastic hinge-line）上。沿着这些塑性铰线，单位宽度弯矩的数值必须等于 M_{o}，$M_{\mathrm{o}}=Yh^2/4$ 表示单位宽度的塑性极限弯矩（plastic limit bending moment per unit length）。注意，M_{o} 的单位是 N，而 M_{p} 的单位是 $\mathrm{N\cdot m}$。

与梁上塑性铰的特性类似，沿着板或壳上的塑性铰线可以有相对转动。因此，在板或壳上总的耗散能量可以计算如下

$$W=\sum_{i=1}^{n}M_{\mathrm{o}}\left|\theta_i\right|L_i \tag{2.11}$$

式中：n 为板或壳上总的铰线数；θ_i 为第 i 条塑性铰线处的相对转角；L_i 为第 i 条塑性铰线的长度。

可以看出，由于进行了理想刚塑性的材料理想化，n 维（对于梁、环和拱等，$n=1$；对于板、壳等，$n=2$）构件的塑性变形，集中在 $n-1$ 维的离散区域内。这就极大地简化了结构的塑性分析。这种简化对于建立能量吸收元件的理论模型是非常有用的，将在以下各节中可以看到。

2.1.5 材料理想化的力学模型

理想化材料行为可以用图 2.6 所示的力学模型来说明。图 2.6（a）所示的力学模型包含有一个线性弹簧和一对摩擦副。当力 F 沿弹簧轴线作用时，力 F 和位移 $\varDelta$ 之间的关系为

$$F=\begin{cases}k\varDelta, & \varDelta\leqslant\varDelta_{\mathrm{y}}=F_{\mathrm{y}}/k\\ F_{\mathrm{y}}, & \varDelta_{\mathrm{y}}\leqslant\varDelta<\varDelta_{\mathrm{F}}\end{cases} \tag{2.12}$$

式中：k 为弹簧常数；F_{y} 为相对运动开始时的临界摩擦力；$\varDelta_{\mathrm{y}}$ 为屈服位移；$\varDelta_{\mathrm{F}}$ 为最终位移。

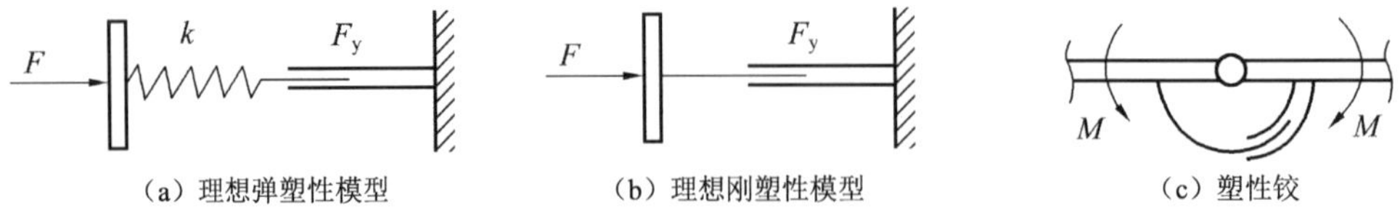

（a）理想弹塑性模型　（b）理想刚塑性模型　（c）塑性铰

图 2.6　材料理想化的力学模型

式（2.12）和式（2.1）之间清楚的相似性表明，图 2.6（a）所示的力学模型很适合代表理想弹塑性的材料行为。如果从图 2.6（a）所示的模型中将弹簧取走，即认为材料的弹性变形是可以忽略的，那么得到的力学模型［图 2.6（b）］就表示理想刚塑性的力学行为。

当研究梁的弯曲行为时，弯矩M和相对转角θ之间的理想刚塑性关系，可以类似地通过图 2.6（c）所示的力学模型说明。在这个模型中，两个刚性段通过一个铰连接，允许相对转动。模型中的角摩擦副要求有一个临界力矩M_p（不论是以顺时针还是以逆时针方向作用），才能产生非零的相对转动。

2.1.6 刚塑性理想化的适用性

从物理上说，材料行为的刚塑性理想化基于如下事实：弹性应变（对于金属结构一般不超过 0.002）要远小于发生在能量吸收构件中的塑性应变。但是，弹性变形总是之后发生的塑性变形的先导。无论结构是受到准静态载荷还是动态载荷，其变形的第一阶段总是弹性的。在塑性变形结束后，结构还必须经历一个回弹阶段从而达到它的最终构形。由于这些原因，刚塑性理想化的适用性需要彻底考察。

进行这种考察的一个简单方法是采用图 2.6 所示的一维力学模型，对理想弹塑性模型［图 2.6（a）］的响应和理想刚塑性模型［图 2.6（b）］的响应进行比较。

首先，假定力F准静态地作用于图 2.6（a）所示的理想弹塑性模型的左端。考察模型的变形过程，左端的位移从零开始逐渐增加至一个总的位移$\varDelta_{tl}^{ep}>\varDelta_y=F_y/k$，其中下标 tl 表示所产生的总的位移，上标 ep 表示弹塑性模型。相应地，力F首先从零增至$F_y(0<\varDelta<\varDelta_y)$，随后保持为$F_y(\varDelta>\varDelta_y)$。在这种弹塑性变形过程中，总的输入能量（也就是所做的功）为

$$E_{in}=\frac{1}{2}F_y\varDelta_y+F_y(\varDelta_{tl}^{ep}-\varDelta_y)=E_{max}^{e}+F_y\varDelta_p^{ep} \tag{2.13}$$

式中：$E_{max}^{e}=F_y\varDelta_y/2$，是模型所能储存的最大弹性能；$\varDelta_p^{ep}=\varDelta_{tl}^{ep}-\varDelta_y$，是位移的塑性（永久）分量［plastic（permanent）component］。

式（2.13）所给出的总输入能量E_{in}可以用图 2.7（a）中阴影面积表示。

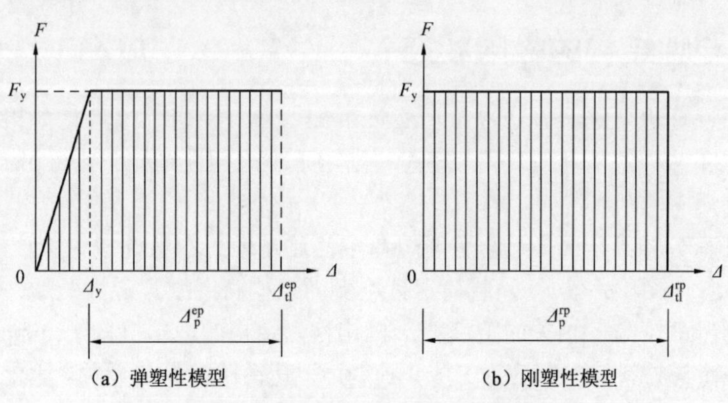

（a）弹塑性模型　（b）刚塑性模型

图 2.7 理想塑性模型的力–位移关系

其次，假定力F准静态地作用于图 2.6（b）所示的理想刚塑性模型的左端。在这种情况下，只有当力F的数值等于F_y时，变形才有可能发生。假定模型左端的最终位移为$\varDelta_{tl}^{rp}$，这里上标 rp 表示刚塑性模型，则变形过程中总的输入能量（即所做的功）为

$$E_{in}=F_y\varDelta_{tl}^{rp}=F_y\varDelta_p^{rp} \tag{2.14}$$

这里位移的塑性分量 $\Delta_{\mathrm{p}}^{\mathrm{rp}}$ 等于总位移 $\Delta_{\mathrm{tl}}^{\mathrm{rp}}$，因为弹性分量可以忽略。式（2.14）给出的总的输入能量 E_{in} 可以用图 2.7（b）中阴影面积表示。

假定有量值相同的能量输入这两个模型［即式（2.13）和式（2.14）中的 E_{in} 相等］，定义能量比（energy ratio）为

$$R_{\mathrm{er}}=\frac{E_{\mathrm{in}}}{E_{\max}^{\mathrm{e}}} \tag{2.15}$$

由式（2.13）和式（2.14）得

$$F_{\mathrm{y}}\Delta_{\mathrm{p}}^{\mathrm{rp}}=F_{\mathrm{y}}\Delta_{\mathrm{p}}^{\mathrm{ep}}+E_{\max}^{\mathrm{e}} \tag{2.16}$$

式（2.16）两边除以 E_{in} 得

$$1=\frac{\Delta_{\mathrm{p}}^{\mathrm{ep}}}{\Delta_{\mathrm{p}}^{\mathrm{rp}}}+\frac{E_{\max}^{\mathrm{e}}}{E_{\mathrm{in}}}=\frac{\Delta_{\mathrm{p}}^{\mathrm{ep}}}{\Delta_{\mathrm{p}}^{\mathrm{rp}}}+\frac{1}{R_{\mathrm{er}}} \tag{2.17}$$

或

$$\frac{\Delta_{\mathrm{f}}^{\mathrm{rp}}}{\Delta_{\mathrm{f}}^{\mathrm{ep}}}=\frac{R_{\mathrm{er}}}{R_{\mathrm{er}}-1} \tag{2.18}$$

所以，利用刚塑性模型预测塑性位移的相对误差为

$$\text{Error}=\frac{\Delta_{\mathrm{f}}^{\mathrm{rp}}-\Delta_{\mathrm{f}}^{\mathrm{ep}}}{\Delta_{\mathrm{f}}^{\mathrm{ep}}}=\frac{1}{R_{\mathrm{er}}-1}>0 \tag{2.19}$$

这表明刚塑性模型预测的塑性变形总是略大于相应的弹塑性模型，刚塑性模型引起的“误差”随着能量比 $R_{\mathrm{er}}=E_{\mathrm{in}}/E_{\max}^{\mathrm{e}}$ 的增加而减少。例如，如果在一个特殊结构问题中 $R_{\mathrm{er}}=10$，则刚塑性模型预测的塑性变形的“误差”大约是 11%，这对于大多数工程应用来说是可以接受的。

2.2 极限分析和界限定理

2.2.1 理想塑性结构的极限状态

根据经典塑性理论（Martin，1975；Prager et al.，1951；Hill，1950），如果在载荷作用下，材料的应变强化和结构的几何改变可以忽略，则对于理想塑性结构（ideal plastic structure）可以证明有如下性质。

（1）当外载荷分布给定时，无论是理想弹塑性还是理想刚塑性材料制成的结构都存在一个极限状态，在这个极限状态下，外载荷保持不变而结构将继续其塑性变形。相应的载荷称为极限载荷（limit load），与之相关的塑性变形机构称为结构的坍塌机构（collapse mechanism）。

（2）极限载荷与材料的屈服应力 Y 成正比，而与其杨氏模量 E 无关。因此，理想弹塑性结构和理想刚塑性结构的极限载荷相同，前提是它们有相同的构形和相同的屈服应力 Y。所以，结构的极限载荷和坍塌机构可以通过刚塑性分析方便地得到。

（3）结构的极限载荷与加载历史无关，于是极限载荷在载荷空间（load space）中形成一个极限曲面（limit surface）。载荷空间是一个 n 维空间，其坐标轴是作用在结构上或者结构截面上的 n 个广义力（载荷），而极限曲面是在载荷空间中的 $n-1$ 维曲面，它必定是外凸的，并将载荷空间的原点包含于其内部。极限曲面可以表示为

$$\Psi(Q_1, Q_2, \cdots Q_n) = 0 \tag{2.20}$$

式中：Q_i（$i = 1, 2, \cdots n$）为所作用的广义力（generalized force）；Ψ 是一个函数。

（4）当作用的载荷到达极限曲面上某点时，所研究的结构或截面将达到它的极限状态，在此状态下相关联的塑性变形服从正交流动法则，也就是广义塑性应变增量向量必须在该点正交于极限曲面。

2.2.2 弯曲和拉伸作用下的梁

为说明极限曲面和关联流动法则的几何意义，考虑一个理想刚塑性矩形截面梁，同时受到弯矩 M 和轴力 N 的作用，见图 2.8（a）。对于图 2.8（b）所示的应力分布，由于轴力作用，纵向应力的中性轴从梁的轴线偏离了距离 s。弯矩和轴力与 s 的关系为

$$\begin{cases} M = Yb\left[\left(\dfrac{h}{2}\right)^2 - s^2\right] \\ N = 2Ybs \end{cases} \tag{2.21}$$

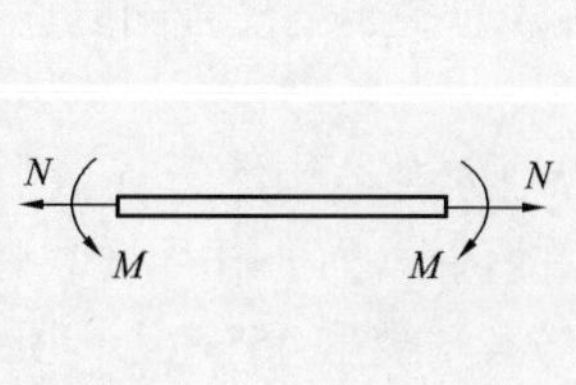

（a）受弯矩和轴力作用的梁

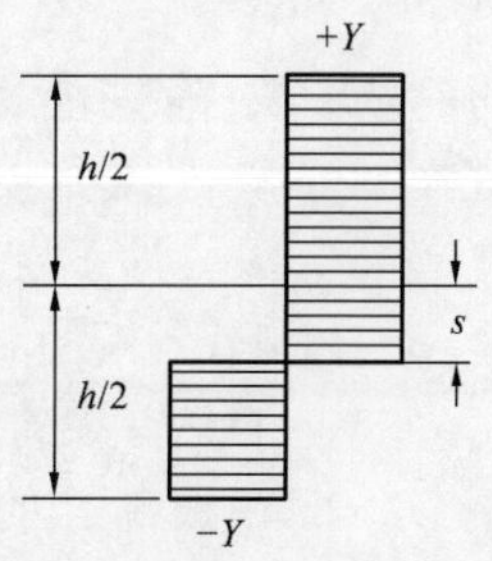

（b）塑性状态下应力沿厚度的分布

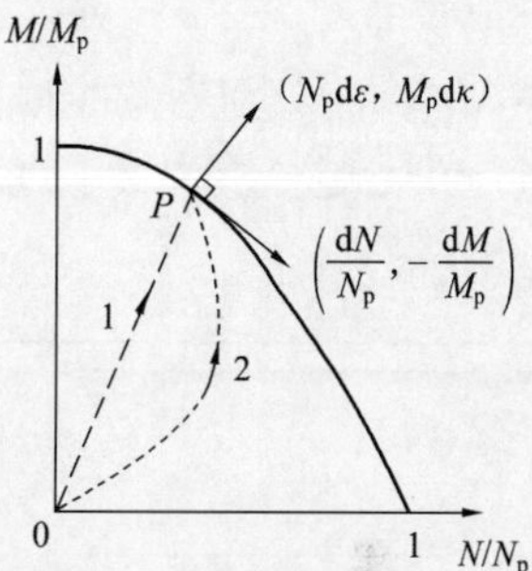

（c）（N, M）平面上的交互作用极限曲线

图 2.8 弯曲和拉伸作用下的梁

注意，在这个情况下，塑性极限弯矩和塑性极限轴力可以分别表示为 $M_p = Ybh^2/4$ 和 $M_p = Ybh$。于是，从式（2.21）的两个表达式中消去 s，可得（Yu et al., 1996; Chen et al., 1976）

$$\frac{M}{M_p} + \left(\frac{N}{N_p}\right)^2 = 1 \tag{2.22}$$

极限曲线是（N, M）平面上的一条抛物线，如图 2.8（c）所示。

不管沿着哪一条加载路径［如图 2.8（c）中的路径 1 或路径 2］，当广义力 M 和 N 到达极限曲线上的 P 点时，梁达到了它的极限状态。随后梁的塑性变形将遵循关联流动法则，即广义应变增量向量（$N_p d\varepsilon, M_p d\kappa$）必须沿着极限曲面的法线方向

$$\frac{N_p d\varepsilon}{M_p d\kappa} = -\frac{d(M/M_p)}{d(N/N_p)} \tag{2.23}$$

式中：$d\varepsilon$ 和 $d\kappa$ 分别为轴向应变增量和曲率增量。

对式（2.22）微分，可得式（2.23）的右边为

$$\frac{\mathrm{d}(M/M_\mathrm{p})}{\mathrm{d}(N/N_\mathrm{p})}=-2\left(\frac{N}{N_\mathrm{p}}\right) \tag{2.24}$$

联立式（2.23）和式（2.24），得

$$\frac{\mathrm{d}\varepsilon}{\mathrm{d}\kappa}=2N\frac{M_\mathrm{p}}{N_\mathrm{p}^2} \tag{2.25}$$

当塑性铰处于极限状态时，在有限长度的塑性铰处弯曲和拉伸组合的能量耗散增量为 $\mathrm{d}W=M\mathrm{d}\theta+\lambda N\mathrm{d}\varepsilon$，这里 λ 为塑性铰的有效长度（effective length）。λ 通常和梁的厚度 h 为同一量级，如 $\lambda\approx(2\sim5)h$（Stronge et al.，1993；Jones，1989b；Nonaka，1967）。于是，式（2.25）可以重新写成

$$\frac{\mathrm{d}\varepsilon}{\mathrm{d}\theta/\lambda}=2N\frac{M_\mathrm{p}}{N_\mathrm{p}^2} \tag{2.26}$$

由上述推导可以看出，在塑性铰处能量耗散的分配（即拉伸和弯曲耗散率之比）与塑性铰处的轴力成正比

$$\frac{\dot{W}_\mathrm{s}}{\dot{W}_\mathrm{b}}=\frac{N_\mathrm{p}\dot{\varepsilon}}{M_\mathrm{p}\dot{\kappa}}=\frac{N_\mathrm{p}\dot{\varepsilon}}{M_\mathrm{p}\dot{\theta}/\lambda}=2\left(\frac{N}{N_\mathrm{p}}\right) \tag{2.27}$$

式中：W_s、W_b 分别为弯曲和拉伸组合的能量耗散；有关量上方的点表示关于物理时间的速率，或者是在特定分析中关于过程参数的速率。

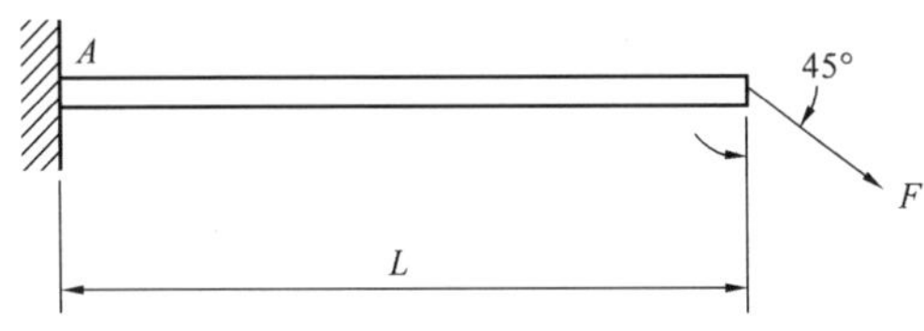

图 2.9　端部受倾斜力作用的悬臂梁

为了定量分析轴力对结构能量耗散的影响，考察图 2.9 所示的例子，力 F 作用在长为 L 的悬臂梁的端部，与其轴线呈 45°夹角。所以，在根部 A 的弯矩和轴力分别为 $M_A=FL/\sqrt{2}$ 和 $N_A=F/\sqrt{2}$。如果在截面 A 满足交互作用屈服准则，也就是

$$\frac{M_A}{M_\mathrm{p}}+\left(\frac{N_A}{N_\mathrm{p}}\right)^2=\frac{FL}{\sqrt{2}M_\mathrm{p}}+\frac{1}{2}\left(\frac{F}{N_\mathrm{p}}\right)^2=1 \tag{2.28}$$

则截面 A 在弯曲和拉伸联合作用下完全进入塑性，所以它被称为广义塑性铰（generalized plastic hinge）。

如果轴力的影响可以忽略，则由式（2.28）得出极限力 $F=\sqrt{2}M_\mathrm{p}/L$。因此，式（2.28）左边的第二项估计为

$$\left(\frac{N_A}{N_\mathrm{p}}\right)^2=\frac{1}{2}\left(\frac{F}{N_\mathrm{p}}\right)^2\approx\frac{1}{2}\left(\frac{\sqrt{2}M_\mathrm{p}/L}{N_\mathrm{p}}\right)^2=\left(\frac{M_\mathrm{p}}{N_\mathrm{p}L}\right)^2=\left(\frac{h}{4L}\right)^2\ll1 \tag{2.29}$$

利用式（2.26），得到广义塑性铰 A 处的能量耗散增量为

$$\mathrm{d}W_A=M_A\mathrm{d}\theta+N_A\mathrm{d}\varepsilon=M_A\mathrm{d}\theta\left[1+2\left(\frac{N_A}{N_\mathrm{p}}\right)^2\right]\approx M_A\mathrm{d}\theta\left[1+2\left(\frac{h}{4L}\right)^2\right] \tag{2.30}$$

由此可见，对于细长梁（$h\ll L$），轴力对广义塑性铰处能量耗散的影响是非常小的。

2.2.3 静力许可应力场和下界定理

假定理想刚塑性固体/结构在其表面给定位置受到一组载荷（面力）作用，并假定体积力的影响可以忽略，则满足下列条件的应力场（即固体/结构内的一组应力分布）称为静力许可：

（1）它在整个固体/结构内满足平衡方程；

（2）它在整个固体/结构内不破坏屈服条件；

（3）它满足应力边界条件。

很明显，应力场的静力许可性只从应力本身的大小和分布考察是否满足静力平衡和屈服条件要求。应力场的静力许可性既不涉及材料的本构关系，也不涉及对相关应变和位移的任何要求。因此，一般来说，对于所考察的处于极限状态的固体/结构，静力许可应力场不可能给出应变及位移场。

如果对一个特殊固体/结构构造了一个静力许可应力场，这个应力场与一个作用位置和方向预先给定的外载荷平衡，则此载荷必定是该固体/结构实际极限载荷的下界，即

$$P^{o} \leqslant P_{u} \tag{2.31}$$

式中：上标 o 表示由静力许可场得到的值，P_u 为该固体/结构的极限载荷。这个陈述称为下界定理（lower bound theorem）。关于定理的证明，读者可以参考 Prager 等（1951），或 Martin（1975）。

为了帮助理解上述概念和定理，取一个梁作为例子进行说明。假定长为 $2L$ 的梁一端固支，另一端简支，跨度中央作用一个横向集中力 P，如图 2.10（a）所示。

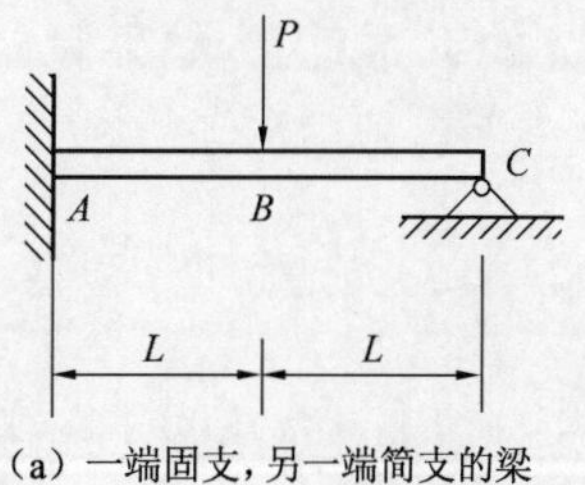

（a）一端固支，另一端简支的梁

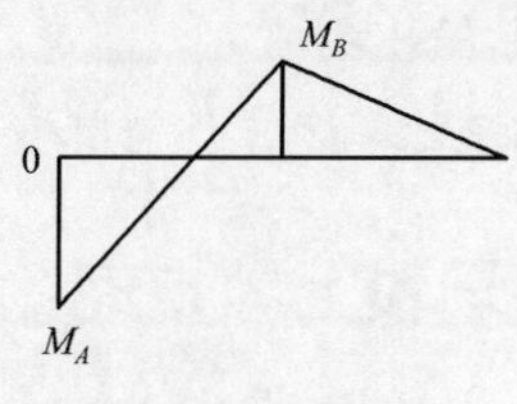

（b）弹性弯矩图

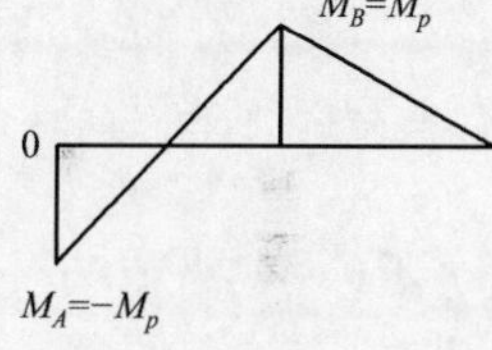

（c）当截面 A 和 B 达到塑性极限弯矩时的弯矩图

图 2.10　梁的受力

根据弹性梁的初等理论，求解这个静不定梁

$$M(x)=\begin{cases} P\left[\dfrac{5}{16}(2L-x)-(L-x)\right], & 0\leqslant x\leqslant L \\ P\times\dfrac{5}{16}(2L-x), & L\leqslant x\leqslant 2L \end{cases} \tag{2.32}$$

所以弯矩图包括直线段 AB 和直线段 BC，A 点和 B 点处的弯矩就其数值而言是局部最大值，如图 2.10（b）所示，并有

$$M_A = M(0) = -\frac{3}{8}PL,\quad M_B = M(L) = \frac{5}{16}PL \tag{2.33}$$

只要假定弯矩 M_A 的数值等于梁的塑性极限弯矩 M_p，图 2.10（b）所示的弯矩图就给出了一个静力许可弯矩场，因为上面定义中所要求的三个条件全都满足。由 $|M_A| = M_p$ 即有

$$P^{\mathrm{o}}=\frac{8M_{\mathrm{p}}}{3L}\approx 2.67\frac{M_{\mathrm{p}}}{L}\leqslant P_{\mathrm{u}} \tag{2.34}$$

根据下界定理，这里由一个静力许可弯矩场给出的载荷 P^{o} 一定是小于，至多是等于实际的极限力 P_{u}。

但值得注意的是静力许可弯矩图可以是不唯一的。例如，对于这个问题假定 M_A 和 M_B 在数值上都等于 M_{p}，可以很容易地构造出另一个如图 2.10（c）所示的静力许可弯矩图。注意到在上述弹性解中，固支端 A 的竖直反作用力 $Q_A=(M_B-M_A)/L=(11/16)P$［见式（2.33）］，又因为从 A 到 B 弯矩的变化为 $2M_{\mathrm{p}}$，于是得到

$$Q_A L=\frac{11}{16}PL=2M_{\mathrm{p}} \tag{2.35}$$

由于外力同所假设的静力许可弯矩图相平衡，从而有

$$P^{\mathrm{o}}=\frac{32M_{\mathrm{p}}}{11L}\approx 2.91\frac{M_{\mathrm{p}}}{L}\leqslant P_{\mathrm{u}} \tag{2.36}$$

很明显，式（2.36）给出的下界 P^{o} 要比式（2.34）给出的好，因为式（2.36）更接近于实际的极限力 P_{u}。

但是，在构造弯矩图求下界解时，很重要的是要检查所研究的梁上任一截面都不违反屈服条件，这根据的是静力许可场定义的条件（2）。也就是说，在沿梁的整个跨度上的任何截面上必须满足条件 $|M(x)|\leqslant M_{\mathrm{p}}$。

例如，如果在弹性弯矩图 2.10（b）中令 $M_B=M_{\mathrm{p}}$，则相应的外力应该等于 $P=(16/5)M_{\mathrm{p}}/L=3.2M_{\mathrm{p}}/L$，这比式（2.36）给出的要高。但是它不是极限力的下界，因为如果假定 $M_B=M_{\mathrm{p}}$，则有 $|M_A|=(6/5)M_B=1.2M_{\mathrm{p}}>M_{\mathrm{p}}$，这意味着屈服条件在截面 A 被破坏了。

2.2.4 运动许可速度/位移场和上界定理

为了探讨固体/结构的极限状态，另一种方法是考虑一个具有特定性质的速度/位移场。假定一个理想刚塑性固体/结构，在其表面某些部分的指定位置处受到一组载荷（面力）的作用，而在表面的其他部分给定位移，则满足下列条件的速度/位移场（即固体/结构内的一种速度或者位移分布）称为运动许可：

（1）它在固体/结构内是连续的，但在二维情况下沿有限数目的离散塑性铰线的切线方向分量可以不连续；

（2）它满足速度/位移边界条件；

（3）在这个速度/位移场上，外力做正功。

显然，速度/位移场的运动许可性只关心速度/位移本身分布是否满足几何协调性的要求。运动许可性不涉及材料本构关系，对相关的应力场也没有任何要求。因此，一般来说对于所研究的固体/结构，运动许可速度/位移场不可能给出其极限状态下的应力场。

如果对于一个特殊固体/结构问题构造了一个运动许可速度/位移场，则与这个场有关的能量平衡条件（分别以速度和位移形式）要求

$$\dot{E}_{\mathrm{in}}=P^{*}v^{*}=\dot{W}=\sum_{i=1}^{n}M_{\mathrm{p}}\left|\dot{\theta}_i\right| \quad 或 \quad \dot{E}_{\mathrm{in}}=\sum_{i=1}^{n}M_{\mathrm{o}}\left|\dot{\theta}_i\right|L_i \tag{2.37}$$

和

$$E_{\text{in}} = P^* \varDelta^* = W = \sum_{i=1}^{n} M_{\text{p}} |\theta_i| \quad \text{或} \quad E_{\text{in}} = \sum_{i=1}^{n} M_{\text{o}} |\theta_i| L_i \tag{2.38}$$

这里为了说明一维情况在塑性铰处或者二维情况沿塑性铰线的能量耗散（或其速率）的计算，分别利用了式（2.10）和式（2.11）。上标*用来表示运动许可场；式（2.37）中的 v^* 为载荷 P 作用处的运动许可速度，式（2.38）中的 $\varDelta^*$ 为载荷 P 作用处的运动许可位移。E_{in} 和 W 分别为外力所做的功和内部耗散能量。

利用能量平衡条件，可以计算出外力数值，并记为 P^*，则这个载荷必定是这个固体/结构的实际极限载荷的上界，即

$$P^* \geqslant P_{\text{u}} \tag{2.39}$$

这个陈述称为上界定理（upper bound theorem）。关于定理的证明，读者可以参阅 Prager 等（1951），或者 Martin（1975）。

如果只研究梁（或者其他一维结构，如环或拱），构造一个坍塌机构只需要在梁上设定一个或者多个满足支承条件的塑性铰。坍塌机构中塑性铰的数目应当等于梁的静不定数加上 1。例如，端部受力的悬臂梁是静定的，所以只要设定一个塑性铰就形成坍塌机构；一个两端固支的梁的静不定数为 2，则在一个坍塌机构中，应当设定 3 个塑性铰。

为了阐明上界定理应用的步骤，取图 2.10（a）所示的梁作为例子来说明。显然，这个梁是一次静不定的，所以其坍塌机构要求有两个塑性铰。图 2.11 所示的就是这样的坍塌机构，塑性铰位于截面 A 和 B。

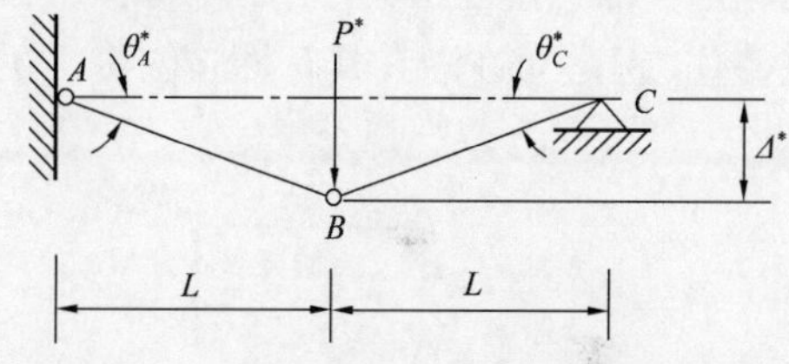

图 2.11 图 2.10（a）中梁的坍塌机构

基于这个坍塌机构，运动许可位移场的构造可以假定点 B 有一个横向位移 $\varDelta^*$，它是虚拟的，但是应当有着与作用力 P 相同的方向，从而满足定义中的条件（3），即 $P^*\varDelta^*>0$。因为假定位移是小的，塑性铰 A 和支座 C 处的转角都等于 $\theta_A^* = \theta_C^* = \varDelta^* / L$。所以，塑性铰 B 处的转角

$$\theta_B^* = \theta_A^* + \theta_C^* = 2\varDelta^* / L$$

现在应用能量平衡原理，即式（2.38），得到

$$P^* \varDelta^* = M_{\text{p}} \theta_A + M_{\text{p}} \theta_B = 3 M_{\text{p}} \varDelta^* / L \tag{2.40}$$

注意，简支端 C 不是塑性铰，它有转动，但是不耗散能量。由式（2.40）给出极限力的一个上界

$$P^* = 3M_{\text{p}} / L \geqslant P_{\text{u}} \tag{2.41}$$

联立式（2.41）和式（2.36），得到极限力的一个估计

$$2.91 M_{\text{p}} / L = P^{\text{o}} \leqslant P_{\text{u}} \leqslant P^* = 3M_{\text{p}} / L \tag{2.42}$$

注意上界和下界的差别只有 3%，所以我们已经很好地估计了极限力，同时也证实了 2.2.3 小节由非静力许可的弯矩图得到的 $P = 3.2M_{\text{p}} / L$ 的估计不是极限力的一个下界。

2.3 大变形效应

2.3.1 背景

2.2.3 小节和 2.2.4 小节叙述了静力许可应力场和运动许可速度/位移场。必须注意到，这些场是基于结构的初始（即未变形的）构形构造的。例如，图 2.10 所示的梁的平衡（反映在其弯矩图中）是基于梁的未变形的直构形，挠度 Δ^* 和转角 θ_A^* 或 θ_C^* 之间的几何关系是在它们都是小量的假定下推导出来的。这两个例子都是根据它们的直构形导出的，忽略了梁段 AB 和 AC 的伸长。实际上，经典的极限分析和界限定理只能用于确定初始坍塌机构（incipient collapse mechanism）和初始极限载荷（initial limit load）或者其上下限。

但是，对于研究能量吸收目的而言，材料或者结构的设计或应用都要考虑到在外载作用下会发生大的塑性变形。所以，当极限分析用于分析能量吸收结构时，应当考虑大变形效应。

2.3.2 实例分析

为了说明大变形如何影响经典极限分析，本节用下面的问题作为例子。假定一个半径为 R 的圆形头部的刚性压头，初始时与长为 $2L$ 的刚塑性直梁在中点接触，梁的两端（ A 和 A' ）被夹持住，但是允许沿夹具有轴向位移，如图 2.12（a）所示。假定所有接触面都是无摩擦的。

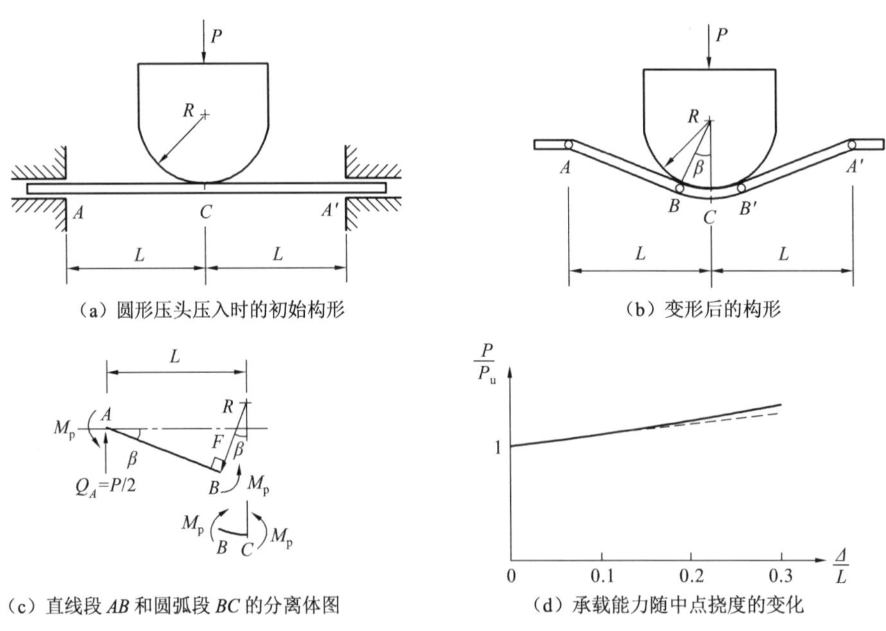

图 2.12 两端夹持，轴向无约束的梁

当压头在力 P 作用下对着梁横向压下时，显然，这个梁的初始坍塌机构包含夹持端的两个塑性铰 A 和 A'，还有一个塑性铰在梁的中央截面 C。按照 2.2.4 小节所描述的步骤对这个初

始坍塌机构（它是运动许可位移场）进行计算，得到的初始初始构形的极限力为

$$P_{\mathrm{u}}=4M_{\mathrm{p}}/L \tag{2.43}$$

随着挠度增加，变形后的梁的构形如图 2.12（b）所示，梁的中央部分 BB' 包住了压头的圆形头部。因为梁假定为理想刚塑性，圆弧段 BB' 必定处于塑性纯弯曲状态。因此，除在夹持端 A 和 A' 的塑性铰（有 $M_A=-M_{\mathrm{p}}$）外，截面 B 和 B' 处也必须形成塑性铰，并有 $M_B=M_{\mathrm{p}}$。

大变形机构的分离体图见图 2.12（c）。由此图可见，随着压头位移的增加，作用于压头上力的位置和方向都要改变。注意由塑性铰 A 到塑性铰 B 弯矩的变化是 $2M_{\mathrm{p}}$，所以有

$$\frac{P}{2}(L-R\sin\beta)=2M_{\mathrm{p}} \tag{2.44}$$

式中：β 为圆弧 BC 所对应的中心角。于是，梁在大变形下的承载能力为

$$P=\frac{4M_{\mathrm{p}}}{L-R\sin\beta}=\frac{P_{\mathrm{u}}}{1-(R/L)\sin\beta} \tag{2.45}$$

此处 P_{u} 为式（2.43）给出的初始构形极限力。

另外，梁中点 C 的最大挠度 Δ 可以通过角 β 表示出来

$$\Delta=(L-R\sin\beta)\tan\beta+R(1-\cos\beta)=L\tan\beta+R-R/\cos\beta \tag{2.46}$$

或者以无量纲形式表示为

$$\frac{\Delta}{L}=\tan\beta+\frac{R}{L}\left(1-\frac{1}{\cos\beta}\right) \tag{2.47}$$

通过几何参数 β，式（2.45）和式（2.47）给出了力 P 和最大位移 Δ 之间的一个关系。取 $R/L=1/2$，这个关系在图 2.12（d）中以实线给出。

如果 R 与 L 同一量级，参数 β 很小，即有 $(1-1/\cos\beta)\approx-\beta^2/2$，则式（2.47）指出有 $\beta\approx\Delta/L$。将它代入式（2.45）中，得到

$$\frac{P}{P_{\mathrm{u}}}\approx1+\frac{R}{L^2}\Delta \tag{2.48}$$

它提供了 P 和 Δ 之间的一个近似的线性关系（当 $R/L=1/2$ 时），如图 2.12（d）的虚线所示。

上述分析建立在梁的夹持端允许有轴向位移的基础上。如果对夹持端施加轴向约束，如图 2.13（a）所示，则梁的挠度将伴有梁轴线的伸长。应用图 2.12（c）所示的几何关系，得到梁轴线的轴向应变为

$$\varepsilon=\left[\left(\frac{L-R\sin\beta}{\cos\beta}+R\beta\right)-L\right]\Big/L=\left(\frac{1}{\cos\beta}-1\right)-\frac{R}{L}(\tan\beta-\beta) \tag{2.49}$$

如果参数 β 很小，R 与 L 同一量级，可以近似地有 $\varepsilon\approx\beta^2/2$，所以应变增量为 $\mathrm{d}\varepsilon\approx\beta\mathrm{d}\beta$。注意到塑性铰 A 处转角增量为 $\mathrm{d}\theta=\mathrm{d}\beta$，利用式（2.26）有

$$2\frac{N}{\lambda}\frac{M_{\mathrm{p}}}{N_{\mathrm{p}}^2}=\frac{\mathrm{d}\varepsilon}{\mathrm{d}\theta}=\frac{\beta\mathrm{d}\beta}{\mathrm{d}\beta}=\beta\approx\frac{\Delta}{L} \tag{2.50}$$

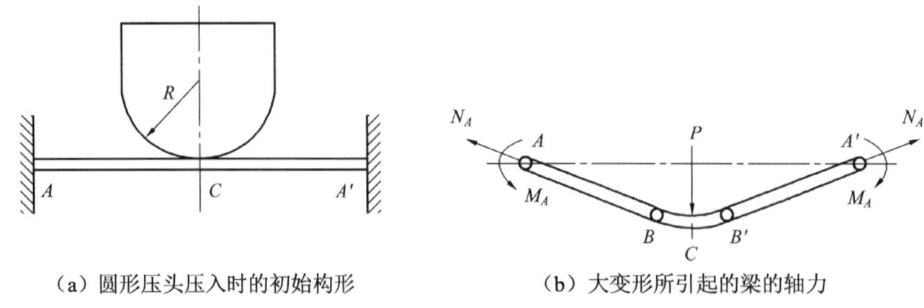

（a）圆形压头压入时的初始构形　（b）大变形所引起的梁的轴力

图 2.13　两端夹持且轴向有约束的梁

如果梁的截面为矩形，塑性铰的有效长度为 $\lambda = 2h$，则可以由式（2.50）给出梁大变形所引起的铰 A 处轴力的一个估计

$$\frac{N_A}{N_\mathrm{p}} = 4\beta \approx 4\frac{\Delta}{L} \tag{2.51}$$

由图 2.13 可见，通过增加一项 $2N_A \sin\beta \approx 2N_A\beta \approx 2N_A\Delta / L$，轴力 N_A 将增强梁的承载能力。因此，利用式（2.48）和 $\beta \approx \Delta / L$，可以得到

$$P \approx \frac{4M_\mathrm{p}}{L}\left(1+\frac{R}{L^2}\Delta\right)+8N_\mathrm{p}\left(\frac{\Delta}{L}\right)^2 = P_\mathrm{u}\left(1+\frac{R\Delta}{L^2}+\frac{8\Delta^2}{hL}\right) \tag{2.52}$$

很明显，轴力对坍塌载荷的贡献与梁的细长比（$2L / h$）有关。例如，对于 $2L / h = 16$ 的短梁，当中央截面挠度达到梁的厚度（$\Delta = h$）时，轴力将使坍塌载荷增加一倍，这确实是很显著的。

2.3.3　大变形的各种效应

在这个说明性例子的分析中可以看到，结构大变形可能以多种方式影响它的坍塌机构和坍塌载荷，例如：

（1）所有的几何关系和平衡方程必须按照当前的（瞬时的）构形进行推导，而不是按照初始的（未变形的）构形推导；

（2）外载荷作用位置和方向必须随着变形过程变化，如果外载荷是由工具（如冲头、模具、压头等）施加的，结构和工具间的摩擦也可能改变平衡状态，并对能量耗散有贡献；

（3）结构瞬态坍塌机构可能含有移行铰（或者移行塑性区），它们是从初始坍塌机构中的驻定塑性铰演化而来的；

（4）大变形可能会诱发轴力（对一维结构）或者膜力（对二维结构），从而极大地提高结构的承载能力。

这些效应在能量吸收结构中是全部还是部分出现，同其几何构形、结构柔性、支承条件和加载方式有关。例如，在 2.3.2 小节的例子中，轴向受约束的梁的大变形行为受到大变形所引起的轴力的严重影响，而对轴向无约束的梁就没有这种影响。对前一种情况，当梁的最大挠度达到其厚度时，小变形假定的公式推导可能会导致很大的误差；而对于后一种情况，小变形假定的公式推导也许可以一直用到挠度达到与梁长同一量级。

对于双向弯曲的板和壳，如圆板的轴对称弯曲，前人的研究表明，只要最大挠度达到板或壳的厚度量级，不管边界条件如何，膜应力都将变得很重要，甚至起主导作用。例如，Timoshenko 等（1959）指出，一旦简支圆板中心挠度等于板的厚度，板的中面膜应变将达到与弯曲应变同一量级。至于刚塑性圆板，Calladine（1968）证明了由大挠度引起的膜应力会极大地增强板的承载能力，甚至在简支条件下也是如此。

对于无轴向约束的一维构件或者柱形弯曲下的板，大变形效应主要表现为几何形状的改变，当构件最大挠度同其特征长度（如梁的长度，或者圆环的半径）可比时，这种效应变得比较重要。

总的来说，对于有轴向约束的一维构件或者双向弯曲变形的二维构件（板或壳），大变形效应主要与大变形引起的轴应力/膜应力有关，当挠度超过构件的厚度时，轴应力/膜应力在构件的承载能力中将起主导作用。

通常，细长的构件更多地受到与它们大变形有关的几何变化的影响，而粗短的构件则更多地受到轴力/膜力的影响，当然这也是由大变形引起的。

根据结构构形和加载方式的具体情况，有时大变形还会引起外载荷位置和方向的变化，以及坍塌机构的改变（如含有移行铰的那些情况）。

对于所有这些情况，大变形的各种效应在能量吸收结构的理论模拟中都必须仔细地予以考虑。

2.4 动载荷效应

2.2 节所述的结构极限分析完全基于准静态加载，而能量吸收结构的许多工程应用是用作碰撞防护装置，所以必须考察在动态加载下的行为。Jones（1989a）和 Stronge 等（1993）曾对在碰撞加载下结构的动力效应进行了全面的综述。本节将简要考察动态加载的各种效应。

2.4.1 应力波的传播及其对能量吸收的影响

2.4.1.1 弹性应力波

当动载荷作用在结构上时，加载表面上突然获得的应力或者突然获得的质点速度，将会从表面以应力波的形式传播开来。

如果所作用的正应力低于材料的屈服应力Y，则应力波是弹性的，传播的速度为

$$c_{\mathrm{L}}=\sqrt{\frac{E}{\rho}} \tag{2.53}$$

式中：c_{L}为纵向弹性应力波（longitudinal elastic stress wave）的速度；E和ρ分别为材料的杨氏模量和密度。

对于纵向弹性应力波，应力σ和质点速度v之间存在如下关系

$$\sigma=\sqrt{E\rho}v=\rho c_{\mathrm{L}}v=\frac{E}{c_{\mathrm{L}}}v \tag{2.54}$$

这里σ/v称为应力波的阻抗（impedance）。因此，可以定义作为材料性质的屈服速度（yield velocity）如下

$$v_y = \frac{Y}{\sqrt{E\rho}} = \frac{Y}{\rho c_L} = \frac{Y}{E} c_L \tag{2.55}$$

只有当从动载荷（如碰撞）获得的质点速度低于这个屈服速度时，应力波才是纯弹性的。对于低碳钢，$c_L \approx 5100\,\text{m/s}$，通常如果 $E/Y = 500$，则屈服速度 v_y 大约是 10 m/s。

2.4.1.2 塑性应力波

如果动载荷引起的应力超过材料的屈服应力，或者由碰撞所获得的质点速度超过屈服速度，则除了以速度 c_L 传播的弹性应力波外，还将引发塑性应力波，并从加载区传播出去。建议读者查阅 Johnson（1972）、Johnson 等（1989）和 Yu 等（2018），以获得关于塑性波传播的知识。这里只介绍最基本的结果，以配合下面各章关于能量吸收结构的讨论。

（1）如果材料是线性应变强化的，如图 2.2（b）或图 2.3（b）所示，则纵向塑性波的传播速度为

$$c_P = \sqrt{\frac{E_P}{\rho}} \tag{2.56}$$

式中：E_P 为材料的应变强化模量。对于结构金属，一般 E_P 要比 E 小两个或者三个量级，所以塑性波的传播至少要比弹性前驱波的速度慢一个量级。

（2）如果材料是非线性应变强化的，在其塑性区内遵从应力–应变关系 $\sigma = \sigma(\varepsilon)$，则纵向塑性波的传播速度为

$$c_P = \sqrt{\frac{\mathrm{d}\sigma / \mathrm{d}\varepsilon}{\rho}} \tag{2.57}$$

式中：$\mathrm{d}\sigma / \mathrm{d}\varepsilon$ 为材料的切线模量，一般是随着应力波引起的应力/应变而变化的。

（3）对于应变强化逐渐减弱的材料，其切线模量 $\mathrm{d}\sigma / \mathrm{d}\varepsilon$ 随着应变增加而减小，如图 2.14（a）所示，处于较高应力（或者较大应变）的纵向塑性波将以较低速度传播，因此，塑性波是散射的，如图 2.14（b）所示。

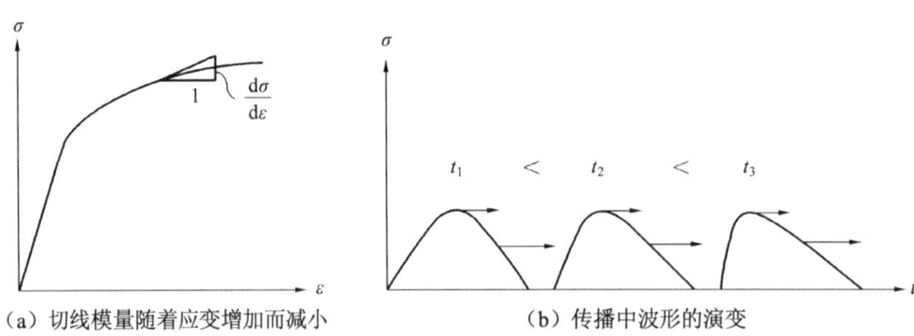

（a）切线模量随着应变增加而减小　（b）传播中波形的演变

图 2.14 应变强化随应变增加逐渐减弱的材料中的应力波

（4）对于应变强化随应变增加逐渐增强的材料，其切线模量随着应变增加而增大，如图 2.15（a）所示，处于较高应力（或者较大应变）的纵向塑性波将以较高速度传播，因此，塑性波是汇聚的，最终形成冲击波（shock wave），如图 2.15（b）所示，其特点是在冲击波波前的应力和质点速度有很强的间断性。

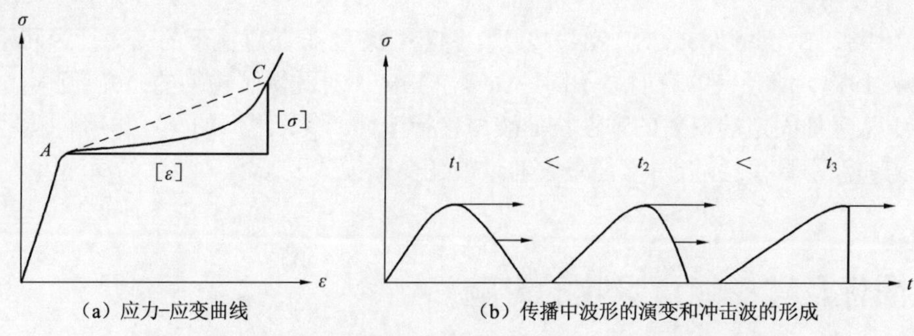

图 2.15 应变强化随应变增加逐渐增强的材料中的应力波

如果施加的动载荷引起了图 2.15（a）点 C 处所示的应力，则冲击波传播的速度由初始屈服点 A 和点 C 之间直线［图 2.15（a）中的虚线］的斜率决定，可以表示为

$$c_{\text{shock}}=\sqrt{\frac{[\sigma]/[\varepsilon]}{\rho}} \tag{2.58}$$

式中：$[\sigma]$和$[\varepsilon]$分别为应力和应变的间断值。

冲击波理论用于结构的例子后文 4.6 节和 10.4 节会做详细介绍。

2.4.1.3 应力波对变形机构和能量吸收的影响

弹性波和塑性波可能以各种复杂方式影响材料和结构的能量吸收，这取决于所施加的动载荷、结构构形和材料性质。这里只说明在分析能量吸收结构中经常遇到的几种效应。

（1）在动载荷作用区（如结构被刚性弹体撞击的区域），很强的塑性压缩波引起的高应力可能导致局部塑性破坏。例如，在加载端蜂窝材料的胞体层可能被塑性压溃（详见 10.4 节）。在这个局部区域耗散了一定能量后，蜂窝材料的其余区域可能只经受弹性变形。

（2）当动载荷或碰撞产生的弹性压缩波到达远端表面（如长杆的末端）时，它将从该表面反射。如果表面是自由的（即对其位移无约束），从远端表面传播回来的反射波将是拉伸波。对于脆性材料，如混凝土和岩石，它们拉伸强度较低，这个反射的拉伸波可能使材料在离自由表面一定距离的地方断裂，从而有部分材料分离并飞散。这种类型的失效称为崩落（spalling），崩落层因其动能而带走相当一部分输入能量。

（3）当动载荷或碰撞产生的弹性压缩波到达远端表面，而该表面不允许有位移（如长杆的末端固支）时，反射波也将是压缩的，并导致压应力量值加倍。应力量值的增加可能引起一个塑性压缩波，所以塑性变形和能量耗散将首先发生在固支远端附近的区域，而不是载荷作用区域。对于多胞材料（如蜂窝材料），在这个固支的远端，胞体可能首先被塑性压溃。

（4）当动载荷沿着构件纵向作用时，如一根长杆受到沿其轴向作用的压力脉冲或者碰撞，所有上述的情况通常都要发生。如果细长单薄的构件（如细长梁或薄板）受到横向动载荷作用，则沿该方向的应力波在极短时间内就将消失，这是由于在梁（或板）的两个很接近的表面之间，频繁出现沿其厚度方向的波反射的结果。但是，弹性变形将通过挠曲波（即弯曲波）从加载区域传播出去。

众所周知，弹性挠曲波沿梁传播时，其传播速度与频率有关，所以它是弥散的，即使没有塑性耗散发生也是如此。关于悬臂梁端部受碰撞的动力响应的一些数值研究（Hou et al.，1995；

Reid et al.，1987；Symonds et al.，1984）发现，弹塑性悬臂梁在碰撞下的动力行为和刚塑性分析（Parkes，1955）所预言的有明显不同。Yu 等（1997）对此做了透彻的研究，证实这些区别可以归因于从远处固定端反射的弹性挠曲波与移行塑性“铰”之间的交互作用。因此很明显，虽然弹性挠曲波不直接耗散能量，但是它通过改变变形模式及影响塑性区的演化，仍会影响能量耗散。

2.4.2 惯性及其对能量吸收的影响

2.4.2.1 对惯性作用的基本考虑

正如上面所指出的，当一个构件在其横向受到动载荷作用时，沿该方向的应力波将在很短时间（一般是在微秒量级）内消失。此后，构件开始动态变形，这时每个截面都作为一个整体运动，构件的惯性在其动力行为中成为起主导作用的因素（Jones，1989a）。

为了说明由惯性作用所引起的构件动力行为和准静态行为之间的区别，首先考察图 2.6（b）所示的理性刚塑性模型，假定模型中的可移动块有集中质量 m，将之重新绘制在图 2.16（a）中。很明显，这个理想刚塑性模型不能支持任何大于结构模型极限力 F_y 的准静态力。

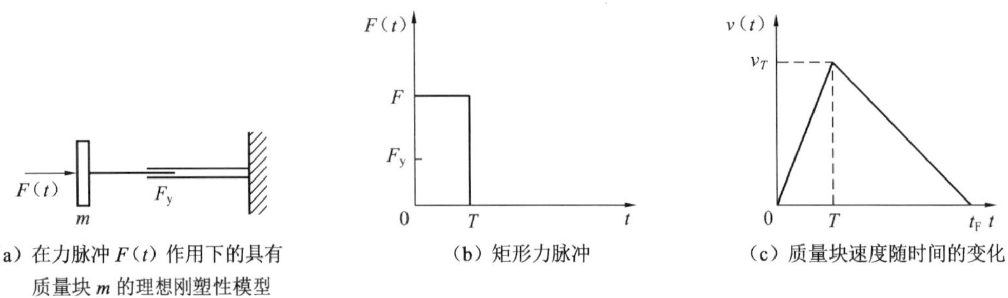

（a）在力脉冲 $F(t)$ 作用下的具有质量块 m 的理想刚塑性模型

（b）矩形力脉冲

（c）质量块速度随时间的变化

图 2.16 惯性作用所引起的构件动力行为和准静态行为之间的区别

现在考虑一种动态加载情况，假定作用力 $F(t)$ 是矩形力脉冲［图 2.16（b）］，即

$$F(t)=\begin{cases}0, & t\leqslant 0\\ F, & 0\leqslant t<T\\ 0, & t>T\end{cases} \tag{2.59}$$

式中：T 为力 F 作用的时间。

当 $0\leqslant t\leqslant T$ 时，在模型动力响应中，质量块处于加速阶段，其运动方程为

$$m\ddot{u}=F-F_y \tag{2.60}$$

式中：u 为沿作用力方向的位移；$\ddot{u}$ 为沿作用力方向的加速度。因此，当 $t=T$ 时，质量块的速度为 $v_T=[(F-F_y)/m]T$。

在随后的减速阶段（$t>T$）内，质量块的运动方程为

$$m\ddot{u}=-F_y \tag{2.61}$$

所以质量块的速度为

$$\dot{u}=v=v_T-\frac{F_y}{m}(t-T)=\frac{F}{m}T-\frac{F_y}{m}t \tag{2.62}$$

于是，当$t_F=FT/F_y$时，速度$v=0$，质量块运动停止。质量块速度随时间的变化如图 2.16（c）所示。

质量块的总位移可以由图 2.16（c）所示的三角形面积求得，即

$$\Delta_f=\frac{v_T t_F}{2}=\frac{F(F-F_y)}{2mF_y}T^2 \tag{2.63}$$

所以在脉冲力作用下的动力响应期间，系统所耗散的能量为

$$W=F_y\Delta_F=\frac{F(F-F_y)}{2m}T^2=\frac{p\times p_o}{2m} \tag{2.64}$$

式中：$p=FT$ 和 $p_o=(F-F_y)\ T$ 分别为总的冲量和过载冲量。

显然这里 W 与质量 m 成反比，清楚地指出了惯性对系统能量耗散的影响。当然，将这个分析用于构件时，如何决定所研究构件的等效质量 m 是十分重要但又很困难的事情。

2.4.2.2 惯性对构件动力性能的影响

作为一个简单构件例子，考察如图 2.17（a）所示的长为$2L$ 的自由梁，因为梁完全没有支座，它不能支持任何横向的准静态载荷。

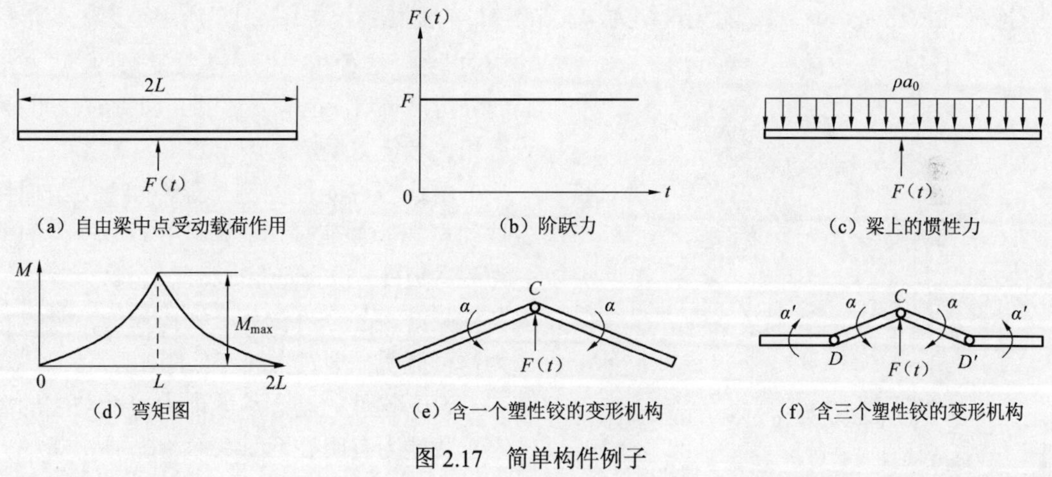

图 2.17 简单构件例子

但是，如果有一个横向阶跃作用力F，如图 2.17（b）所示，作用在自由梁的中点，这力将使梁以加速度 $a_0=F/2\rho L$ 横向运动，这里 ρ 为单位梁长的质量。根据达朗贝尔原理（d'Alembert principle），惯性力 $\rho a_0=F/2L$ 沿梁长均匀分布，见图 2.17（c）。这个惯性力与所施加的阶跃作用力F 一起导致如图 2.17（d）所示的梁的弯矩图，最大弯矩出现在梁的跨度中点，等于 $M_{max}=(F/2)(L/2)=FL/4$。因此，当力F 的数值达到动态极限力

$$F_d=4M_p/L \tag{2.65}$$

塑性铰将出现在梁的跨度中点。值得注意的是，对于所研究的自由梁，并不存在静态极限力。

动态变形机构如图 2.17（e）所示，其中梁的一半绕C转动的角加速度为

$$\alpha = \frac{d^2\theta}{dt^2} = \frac{FL/4 - M_p}{J} = \frac{3(FL - 4M_p)}{\rho L^3} \tag{2.66}$$

式中：$J = \rho L^3 / 12$ 为梁的一半关于自身中心转动惯量。因此，能量耗散速率为

$$\frac{dW}{dt} = 2M_p \frac{d\theta}{dt} = 2M_p \alpha t = \frac{6M_p(FL - 4M_p)t}{\rho L^3} \tag{2.67}$$

输入能量速率为

$$\frac{dE_{in}}{dt} = Fv_C = F(a_0 + \frac{\alpha L}{2})t = \frac{2Ft(FL - 3M_p)}{\rho L^2} \tag{2.68}$$

式中：a_0 为梁的跨度中点 C 的横向加速度，v_C 为梁中点 C 的速度。联立式（2.67）和式（2.68），得到塑性耗散与总的输入能量之比为

$$\bar{R}_p = W / E_{in} = 3(M_p / FL)(FL - 4M_p)/(FL - 3M_p) = 3(\bar{f} - 4)/\bar{f}(\bar{f} - 3) \tag{2.69}$$

式中：$\bar{f} = FL / M_p$ 为无量纲作用力，这个方程只有当 $\bar{f} \geqslant 4$（即 $F \geqslant F_d$）时成立。由式（2.69）可知，当 $\bar{f} = FL / M_p = 6$ 时，比值 $\bar{R}_p$ 出现最大值，这时 $\bar{R}_p = 1/3$。当 $\bar{f}$ 再增加时，这个比值减少，如当 $\bar{f} = 12$ 时，$\bar{R}_p = 2/9$。

进一步分析（Lee et al.，1952）指出，当作用力再增加到 $\bar{f} = FL / M_p \geqslant 22.9$ 时，将又有两个塑性铰出现在跨度中央的两边，这时变形机构将包含三个塑性铰，见图 2.17（f）。

能量耗散比 $\bar{R}_p = W / E_{in}$ 随无量纲力 $\bar{f} = FL / M_p$ 的变化情况如图 2.18 所示。因为变形机构的改变，这种相关性是非常复杂的。更详细的分析可见 Yang 等（1998）和 Yu（2002）等相关参考文献。

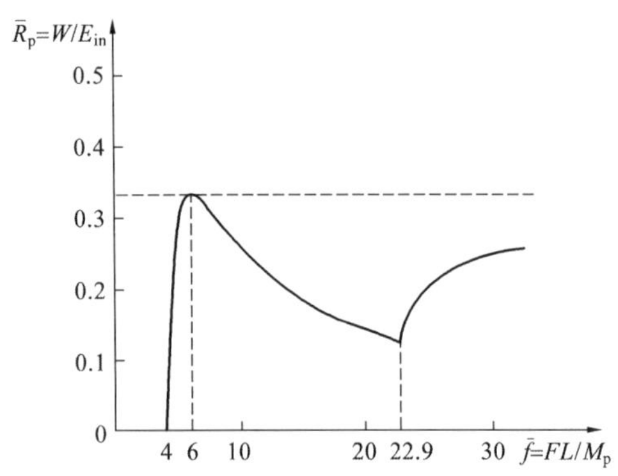

图 2.18 塑性耗散 W 与输入能量之比随阶跃作用力 F 数值的变化

由这个说明性的例子显然可见，当构件被动态载荷加速时，除了作用力所产生的剪力和弯矩外，它的惯性也将产生剪力和弯矩；其结果是，它的动态变形机构和能量吸收行为都可能明显地发生改变。例如：

（1）构件的动态承载能力可能与它的静态承载能力有明显不同（事实上，所分析的自由梁没有静态承载能力，但是它可以承受动态载荷）；

（2）塑性能量耗散与输入能量之比可能随作用力的大小非单调地变化；

（3）动态变形机构可能与准静态坍塌机构不同，而且可能随作用力的大小而变化。

2.4.2.3 碰撞中的能量损失

如果弹体与构件发生碰撞，不管弹体是刚性的，弹性的，还是弹塑性的，弹体都将在碰撞中丧失部分初始动能，而系统的动量则保持守恒。

如图 2.19 所示的两个刚性球体正碰撞的经典分析中，假定碰撞前质量 m_1 的球体以速度 v_0 运动，而质量 m_2 的球体不动。如果发生了完全非弹性的正碰撞，则线动量守恒要求

$$m_1 v_0 = (m_1 + m_2) v' \tag{2.70}$$

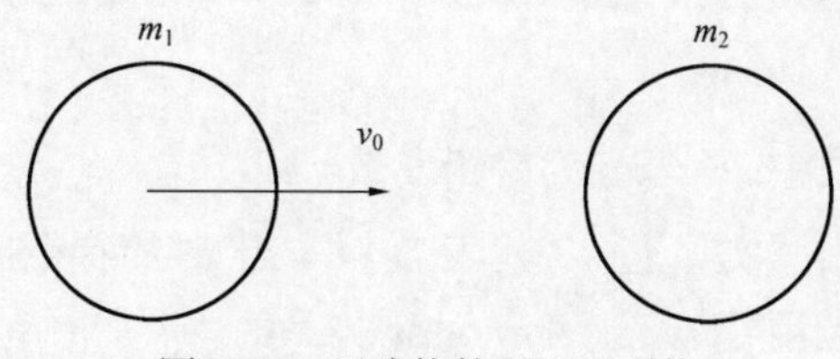

图 2.19 两球体的对心正碰撞

式中：v' 为两球体非弹性碰撞后的共同速度。因此

$$v' = \frac{m_1}{m_1 + m_2} v_0 \tag{2.71}$$

显然，当这两个球体被看成一个系统时，在碰撞过程中这个系统的能量损失为

$$K_{\text{loss}} = K_0 - K' = \frac{1}{2} m_1 v_0^2 - \frac{1}{2}(m_1 + m_2) v'^2 = \frac{m_1 m_2}{2(m_1 + m_2)} v_0^2 = \frac{m_2}{m_1 + m_2} K_0 \tag{2.72}$$

毫无疑问，$0 < K_{\text{loss}} < K_0$。可以看出，质量比 m_2 / m_1 越大，相对能量损失 K_{loss} / K_0 也越大。

当构件受到弹体的撞击时，m_2 代表构件的等效质量。显然，在碰撞过程中要发生动能损失，特别是结构质量比弹体质量大很多的话，能量损失更大。

于是可以得出，在碰撞过程中，结构的惯性会显著地改变输入的能量。这个重要的问题将在第 7 章进一步叙述，在那里还将全面讨论典型的惯性敏感的能量吸收结构。

2.4.3 应变率及其对能量吸收的影响

2.4.3.1 应变率敏感材料

当快速增长的动载荷作用于结构时，结构快速变形，从而出现高应变率。另外，先前的许多研究指出，很多工程材料包括低碳钢和某些聚合物的力学性质都与应变率有关。例如，在应变率为 $10^3\ \text{s}^{-1}$ 时，低碳钢的动态屈服应力要比准静态屈服应力增加一倍，同时其韧性显著减小。

从材料科学的观点，材料的率相关性有两种类型。聚合物这样的材料，当温度高于玻璃态转变温度时，呈现出黏塑性行为，如出现蠕变；这种行为与聚合物链相互滑移而引起的黏性流动有关。而在如金属这样的多晶材料中，由于位错绕过障碍运动产生的黏性阻力呈现出类似行为，这种行为被称为应变强化的率敏感性。对于许多金属，温度显著低于熔点时的率相关性是与产生和加速位错运动（也就是要引起塑性流动速率的改变）所要求的附加应力有关的。

很多微观力学模型已经将这种应变率敏感性同位错运动的热激活，或者聚合物链的快速拉直联系起来。但是，对于工程应用来说，更为有用的是一些唯象学的显式，即考虑到应变率对材料屈服应力和流动应力影响的率相关本构方程。

在各种用于工程材料的唯象的率相关本构方程中，Cowper-Symonds 关系（Cowper et al., 1957）在结构碰撞问题中应用最为广泛。这个关系代表了动态屈服应力或流动应力与应变率相关的理想刚塑性材料。其动态屈服应力 Y^{d} 与静态屈服应力 Y 之比为

$$\frac{Y^{\mathrm{d}}}{Y}=1+\left(\frac{\dot{\varepsilon}}{B_{\mathrm{c}}}\right)^{1/q} \quad (\dot{\varepsilon}>0) \tag{2.73}$$

式中：B_c和q为材料参数。

实际上，B_c代表当$Y^d=2Y$时的特征应变率，而材料常数q是材料敏感性的一个量度。在应用Cowper–Symonds关系时，一些具有代表性的B_c和q的数值列在表2.1中。这些数值是应变为$\varepsilon=0.05$时得到的；对于比$\varepsilon=0.05$大得多或者小得多的应变，它们可能是不准确的。

表2.1　一些率敏感材料的参数（Stronge et al., 1993）

材料	B_c/s^{-1}	q	B_q/s^{-1}	参考文献
低碳钢	40	5	65	Forrestal 等，1977
不锈钢	100	10	160	Forrestal 等，1978
钛（Ti 50A）	120	9	195	
铝 6061-T6	1.70×10^6	4	2.72×10^6	Symonds，1965
铝 3003-H14	0.27×10^6	8	0.44×10^6	Bodner 等，1963

2.4.3.2　梁弯曲中的率效应

对于梁或者其他细长构件，动态塑性极限弯矩M_p^d和曲率之间的关系可以由式（2.67）及平截面假定得到。通过在梁截面上的积分等数学推导（Stronge et al.，1993），可得

$$\frac{M_{\mathrm{p}}^{\mathrm{d}}}{M_{\mathrm{p}}}=1+\frac{2q}{2q+1}\left(\frac{h\dot{\kappa}}{2B_{\mathrm{c}}}\right)^{1/q}=1+\left(\frac{h\dot{\kappa}}{2B_q}\right)^{1/q} \quad (\dot{\kappa}>0) \tag{2.74}$$

式中：材料常数$B_q=B_c(1+1/2q)^q$是常数B_c和q的一个组合，它也列在表2.1中。显然，式（2.74）与式（2.73）在形式上是相似的。

2.4.3.3　率相关性对变形机构的影响

在动载荷下梁的响应的动力模型中，引入率相关的屈服弯矩［即率相关的塑性极限弯矩，如式（2.74）］将会显著地改变变形模式和变形历史。

例如，端部受刚性质量块撞击的悬臂梁，其刚塑性完全解（Parkes，1955）由两个响应阶段组成：第I阶段含有一个移行塑性铰，从悬臂梁的端部向根部运动；第II阶段为悬臂梁绕根部的固定塑性铰做刚体转动。但是，如果悬臂梁是由率相关材料制成，则如Bodner等（1962，1960）及Ting（1964）所指出，悬臂梁的响应不由两个分离的阶段所组成，而变成单一连续的运动。对于率相关悬臂梁，为了满足运动方程、屈服条件和流动法则，塑性变形区域必须一开始就扩展到悬臂梁的整个长度。这是和刚塑性梁模型相反的，后者的塑性变形集中于一个塑性铰。在黏塑性悬臂梁的响应中，塑性变形区逐渐收缩，卸载区从发生撞击的端部扩展。这个变形模式如图2.20所示。

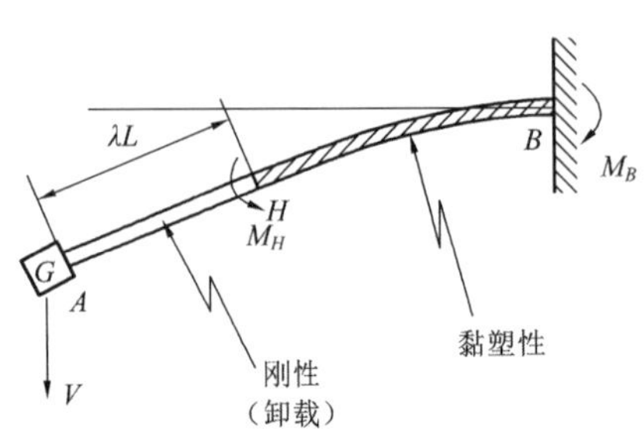

图2.20　率相关材料制成的悬臂梁的动态变形机构

由这个典型例子可以看到，引入率相关的屈服弯矩完全改变了系统运动学。所以，构件的变形机构和能量耗散分配都受到材料率相关性的显著影响。

2.5 能 量 法

在分析各种结构的变形机构和能量吸收能力时，能量法是一种十分有效的方法，得到了广泛的应用。但是，有些问题需要澄清，使其能够恰当和有效地在我们所研究的问题中应用。

2.5.1 能量法用于确定初始坍塌载荷和坍塌机构

2.5.1.1 确定初始坍塌载荷

对于弹塑性结构，能量平衡的一般形式为

$$E_{in}=W^{e}+W \tag{2.75}$$

式中：E_{in}、W^{e}和W分别为输入能量（即外力所做的功）、储存的弹性应变能和塑性耗散能量。

正如在 2.1.6 小节所述，当$E_{in}\gg W^{e}$时，我们可以在方程中忽略W^{e}，采用刚塑性模型进行结构分析。

应用在 2.2.4 小节所叙述的运动许可速度/位移场和上界定理，结构坍塌载荷的上界可以通过研究能量平衡方程式（2.38）或者它的速率形式式（2.37）求出，即

$$E_{in}=W \tag{2.76}$$

或

$$\dot{E}_{in}=\dot{W} \tag{2.77}$$

因为外功E_{in}或者它的速率必定与作用载荷P成正比，计算与运动许可位移场相联系的能量耗散W，将会给出结构坍塌载荷的一个上界，即$P^{+}\geqslant P_{u}$。

例如，考虑一个长为L、受均布载荷q作用的梁，见图 2.21（a）。梁的一端固支，另一端简支。显然，要形成一个坍塌机构需要两个塑性铰。假定一个塑性铰位于固定端A，另一个位于截面C，与固支端距离为ξL（$0<\xi<1$），见图 2.21（b）。假定在内部铰截面C处有横向虚位移Δ，由能量平衡方程（2.76）给出

$$q^{+}\times\frac{1}{2}\Delta L=M_{p}(\theta_{A}+\theta_{C})=M_{p}\left[2\frac{\Delta}{\xi L}+\frac{\Delta}{(1-\xi)\ L}\right]=M_{p}\frac{\Delta}{L}\times\frac{2-\xi}{\xi(1-\xi)} \tag{2.78}$$

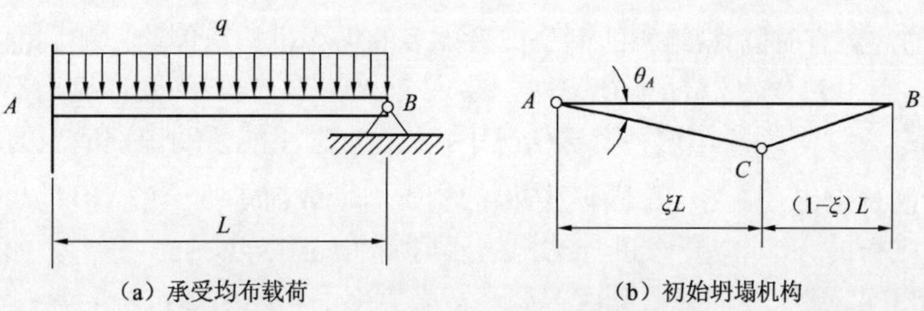

（a）承受均布载荷　　（b）初始坍塌机构

图 2.21 一端固支另一端简支的梁

所以式（2.78）求解得出的 q^+ 提供了坍塌载荷的一个上界为

$$q^+ = \frac{2-\xi}{\xi(1-\xi)} \times \frac{2M_p}{L^2} \tag{2.79}$$

为了找到最低的上界，令 $\partial q^+ / \partial \xi = 0$，给出 $\xi^2 - 4\xi + 2 = 0$。这个方程在 $0 \leqslant \xi \leqslant 1$ 范围内有一个实根 $\xi = 2 - \sqrt{2} = 0.586$。因此最低的上界为

$$q^+ = 2(3+2\sqrt{2}) \times \frac{M_p}{L^2} = 11.656\frac{M_p}{L^2} \tag{2.80}$$

因为上述计算过程中只涉及无限小速度/位移，或者虚速度/位移，所以极限分析中的上界法（upper bound method）实际上是用于求解初始坍塌载荷的能量法。

2.5.1.2 确定初始坍塌机构

值得注意的是，根据上界定理，在所研究结构的众多运动许可速度/位移场之中，坍塌载荷的最低上界可以帮助我们从这些场中识别出正确的初始坍塌机构（如果最低上界正好等于坍塌载荷），或者给出它的最佳近似。所以，虽然结构的能量耗散只是一个标量（和初始坍塌载荷一样），但是这里采用的能量法能够精确地或者近似地确定出坍塌机构，它可能是一个复杂的速度/位移（向量）场。这样，对于许多结构问题，能量法（即上界法）可以用来求初始坍塌载荷及初始坍塌机构。

例如，图 2.22（a）所示的框架，力 F 作用于高度为 H_1 处。图 2.22（b）和（c）为两个可能的坍塌机构。利用上界法可以证明，如果 $H_1 < L/2$，则图 2.22（b）所示的“局部”坍塌机构给出较低的坍塌载荷上界；如果 $H_1 > L/2$，则图 2.22（c）所示的“整体”坍塌机构给出较低的坍塌载荷上界。所以对于在特定载荷作用下的结构，通过比较不同坍塌机构给出的值，我们能够挑选它们中的一个作为“真正的”或者“适当的”坍塌机构。

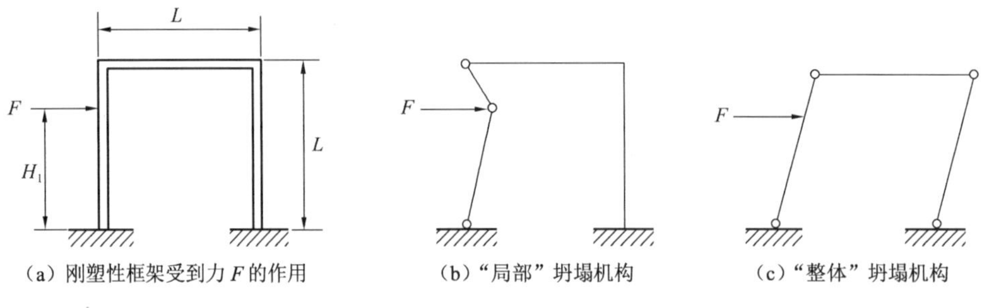

（a）刚塑性框架受到力 F 的作用　（b）“局部”坍塌机构　（c）“整体”坍塌机构

图 2.22 坍塌机构

但是，还需注意有时固体/结构的两个或者更多的坍塌机构可能给出相同的坍塌载荷。在上述的例子中，当力 F 作用于 $H_1 = L/2$ 时，图 2.22（b）和（c）的变形机构都给出同样的坍塌载荷 $F_s = 8M_p / L$。因此，在这种特殊情况下，上界定理不能帮助识别适当的坍塌机构。

这个例子清楚指出，虽然一个固体/结构的初始坍塌载荷是唯一的，但是与其相关的坍塌机构可能不是唯一的，因此，要求进行结构的后坍塌（post-collapse）分析。如果这种情况在能量吸收器中出现，那么我们就必须跟踪两个或者更多的初始坍塌机构的各自大变形过程。

2.5.2 能量法用于大变形

2.5.2.1 结构在大变形下的承载能力

在大变形的情况下，分析的目的在于考察变形过程中结构承载能力的变化，而不是仅仅求其初始坍塌载荷。换句话说，现在的目标是要找出作为变形的函数的极限载荷

$$P = P(\varDelta) \tag{2.81}$$

这里$\varDelta$是结构在大变形过程中的特征位移。当载荷P是集中力时，可以直截了当而且方便地取载荷作用点处与P方向相同的位移为$\varDelta$。

通过假定在载荷P作用下结构的大变形机构，由能量平衡直接得出

$$E_{\text{in}} = \int_0^{\varDelta_{\text{F}}} P(\varDelta)\,\mathrm{d}\varDelta = W = \int_0^{\varDelta_{\text{F}}} \mathrm{d}W \tag{2.82}$$

式中：$\varDelta_{\text{F}}$为过程的最终位移，内部能量耗散W是通过在变形过程中塑性耗散增量$\mathrm{d}W$的积分计算得到的。

对式（2.82）取导数得

$$P(\varDelta) = \mathrm{d}W / \mathrm{d}\varDelta \tag{2.83}$$

如果在所假定的大变形过程中没有卸载，忽略结构塑性变形历史的影响，内部能量耗散W可以由结构的最终构形计算得到。

为了举例说明能量法在结构大变形情况下的应用，重新考察图 2.12（a）所示的圆形压头作用下的梁。随着挠度的增加，梁变形后的构形如图 2.12（b）所示，其中β起着过程参数的作用。内部能量耗散为

$$W = 2W_A + W_{BB'} = 2M_{\text{p}}\beta + M_{\text{p}}\frac{1}{R}2R\beta = 4M_{\text{p}}\beta \tag{2.84}$$

式中：W_A为在塑性铰A处耗散的能量；$W_{BB'}$为沿着弯曲弧段BB'耗散的能量。

由式（2.83）求出力P为

$$P(\varDelta) = \frac{\mathrm{d}W}{\mathrm{d}\varDelta} = \frac{4M_{\text{p}}}{\mathrm{d}\varDelta / \mathrm{d}\beta} \tag{2.85}$$

利用式（2.46）给出的$\varDelta$与β之间的几何关系，得

$$\frac{P}{P_{\text{u}}} = \frac{\cos^2\beta}{1-(R/L)\sin\beta} \tag{2.86}$$

式中：$P_{\text{u}}=4M_{\text{p}}/L$，是式（2.43）所定义的初始构形极限力。

式（2.86）与式（2.47）一起给出了梁在大挠度变形中承载能力的变化。

通过式（2.86）与式（2.45）的比较，可以发现由能量法得到的承载能力式（2.86）要略小于平衡法所得到的式（2.45）。所以可以看到，虽然能量法给出结构初始坍塌载荷的上界，而平衡法给出下界，但这并不意味着在大变形下对于同一结构承载能力的估计前者总是比后者高。

2.5.2.2 能量耗散的其他形式

对于横向加载的梁和板，初始坍塌机构只含有弯曲变形。但是在大变形时，其他形式的能量耗散可能变得比较重要，甚至是主要的，所以内部能量耗散一般可以写为

$$W = W_b + W_{mem} + W_{fri} + W_f + \cdots \tag{2.87}$$

式中：W_b、W_{mem}、W_{fri}和W_f分别是弯曲、薄膜变形、摩擦和断裂引起的能量耗散。

作为一个例子，继续讨论图 2.12（a）所示的梁。如果夹持梁的力F垂直作用于夹持端，则当梁沿着夹持端滑移时，摩擦力为μF，μ是梁与夹持端夹具之间的摩擦系数。因为在梁的每个端部处滑移的距离为［其几何关系参看式（2.49）］

$$\delta L = (1/\cos\beta - 1) - (\tan\beta - \beta)R \tag{2.88}$$

所以摩擦所做的功为

$$W_{fri} = 2\mu F \times \delta L \tag{2.89}$$

如果梁的两端轴向受约束，如图 2.13 所示，则梁的大变形引起的轴向应变和轴向力分别由式（2.49）和式（2.51）给出。因此，能量耗散表达式［式（2.87）］应该还有一个非零项

$$W_{mem} = 2N_A \times \varepsilon L = 8N_p \varepsilon \Delta \tag{2.90}$$

这里轴向应变作为参数β的函数由式（2.49）求出。很明显，这一项与挠度Δ成正比地增加，所以当挠度足够大时，轴向（薄膜）变形将在梁（板）的能量耗散中起主要作用。

2.5.2.3 通过外载极小化选择变形特征值

当受轴向载荷P作用的圆管被压成轴对称皱褶模式时（见 6.1 节），它的大变形承载能力随位移周期性地变化，但是在一个载荷循环中的能量耗散可以写成如下形式

$$W = W_b + W_{mem} = A + BH^2 \tag{2.91}$$

式中：H为皱褶的半波长（half-wavelength of the fold）；A和B为依赖于材料和几何形状的系数。

另外，外载所做的功为

$$E_{in} = CPH \tag{2.92}$$

式中：C为另一个系数。

所以，由式（2.91）等于式（2.92）得

$$P = \frac{A'}{H} + B'H \tag{2.93}$$

式中：$A' = A/C$和$B' = B/C$。因为式（2.93）给出的P是一个上界，将它关于H极小化，得

$$H = \sqrt{A'B'} \tag{2.94}$$

这个例子说明了，如何通过极小化外载荷来求大变形机构中的特征长度。

考虑另外一个例子，具有纵向预裂纹的圆管受到轴向压缩，其大变形机构同时包括弯曲能和断裂能。后者与所发生的裂纹数目成正比，而前者则与这个数目成反比。同样，根据外载极小化时的能量平衡，可以得到发生在圆管中的最恰当的裂纹数目。

2.5.3 能量法用于动态变形情况

对于脉冲载荷（如外力是时间的给定函数）作用下结构的动态变形，结构动能是一种不可忽略的能量，所以，弹塑性系统的能量平衡方程要包括结构动能K，即

$$E_{in}=W+W^{e}+K \tag{2.95}$$

式中：E_{in}为力脉冲$F(t)$所做的功。

应当注意到，虽然脉冲$F(t)$给定了，但相关的位移没有给定，所以只有当求出了结构的动力响应以后，E_{in}的值才能知道。因此与准静态变形不同，在动态情况下，能量方程式（2.95）将不会直接给出力F与位移$\varDelta$之间关系的显式表达式。

事实上，在塑性耗散完成以后，动能K还将随时间变化，因为在最后的系统弹性振动阶段，剩余能量$(E_{in}-W)$仍然在动能K与弹性应变能W^{e}之间周期性地转变。只有当$(K+W^{e})\ll E_{in}$时，才可以采用刚塑性理想化，以及利用式（2.76）来估计动态（脉冲）加载后系统的最终变形。

2.5.3.1 冲击载荷作用下结构最终位移的上界

冲击载荷（impulsive loading）是指一种强动载荷，它在无限短的时间内作用于结构，但是产生有限的冲量。这种类型的动态载荷在$t=0$时刻给整个结构或者它的一部分一个初速度分布，但在此后不再有力脉冲作用。

Martin（1964）证明受冲击载荷作用的结构最终位移的一个上界可以由式（2.96）给出（Stronge et al.，1993）

$$\varDelta_{F}\leqslant\varDelta_{F}^{+}=\frac{K_{0}}{P_{st}} \tag{2.96}$$

式中：K_0为冲击载荷引起的结构初始动能；P_{st}为结构准静态坍塌力，P_{st}和$\varDelta_F$在同一点并沿着同一个方向。

例如，对于图2.12（a）所示的例子，假定代替圆形压头的准静态加载，现在用质量为G的圆形头部的弹体以速度V_0垂直撞击梁。应用式（2.96），梁跨度中点的最终挠度可以由式（2.97）估计

$$\varDelta_{F}\leqslant\varDelta_{F}^{+}=\frac{K_{0}}{P_{st}}=\frac{GV_{0}^{2}}{2P_{st}}=\frac{GV_{0}^{2}L}{8M_{p}} \tag{2.97}$$

这里用了式（2.43）给出的梁的初始坍塌载荷$P_{st}=4M_{p}/L$。

应当指出，式（2.97）得到的最终位移上界是基于小变形假定的。如果结构经历了大变形，几何形状发生了改变，膜力变得很重要，则就不能对最终位移给出一个上界。事实上，在2.3.2小节已经说明了当梁的两端轴向受约束时，梁的承载能力将随着梁的挠度发生显著变化，因此，用式（2.97）估计最终挠度会有很大误差。

2.5.3.2 碰撞中动能的初始损失

在2.4.2小节已经指出，当两个刚塑性固体/结构相互碰撞时，动能有初始损失，记为K_{loss}。这时式（2.95）应取下面形式

$$E_{in} = K_0 - K_{loss} = W \tag{2.98}$$

这里假定系统中的弹性应变能可以被忽略，因为所涉及的两个固体/结构都被认为是刚体。当应用最终位移的上界时，系统的初始能量，即式（2.96）中的 K_0，应当用（$K_0 - K_{loss}$）来代替。

如果采用弹塑性结构模型，或者在两个刚塑性固体/结构之间引入弹塑性接触弹簧，则上述的初始动能损失可以避免。进一步讨论将在 7.1 节给出。

3 量纲分析和试验技术

量纲分析在工程分析中占有重要地位，它是小尺度试验的基础。本章介绍有关结构塑性坍塌的量纲分析概念和方法，讨论模型试验的相似性要求，介绍研究结构能量吸收的一些试验技术。

3.1 量纲分析

3.1.1 物理变量、基本变量和量纲齐次性

任何物理测量或者物理变量都有两个特征：数字（或数量的值）和量的单位。例如，当我们说钢的屈服应力是 250×10^6 Pa 时，数字 250×10^6 给定了数量，而单位“Pa”（Pascal，帕）是关于量的性质的。这些有关性质的单位以一些基本量纲（fundamental dimensions）的形式表示。这里“Pa”或者“N/m^2”（即力除以长度的平方）由两个基本量纲构成，即力[F]和长度[L]。类似地，“能量”的单位有两个基本量纲，也是力[F]和长度[L]。在力学问题中一般有三个基本量纲：长度[L]、力[F]（或者质量[M]）和时间[T]。其他基本量纲如温度或电荷将出现在包含热或电效应的问题中。

量纲齐次性（dimensional homogeneity）（或者一致性）的意思是，任何恰当建立的关系无论物理变量（physical variables）的单位如何选取都应当是正确的。任何常数应当是一个没有单位的单纯数字。例如，$P_{\mathrm{u}}=4M_{\mathrm{p}}/L$ 为固支梁跨度中点受集中力作用的极限载荷，式中常数“4”没有任何单位，不管力和长度的单位是用“N”和“m”、“kN”和“km”，还是一组英制单位，方程都是正确的。然而本书第 8 章中式（8.5）和式（8.6）量纲不一致，因为只有对给定的一组厚度，应力和能量单位（包含力和长度两个基本量纲），它们才是正确的。

物理变量、基本量纲和量纲齐次性的概念构成量纲分析的基础，将在下一节进一步讨论。

3.1.2 量纲分析法

首先，通过一个例子来说明量纲分析过程。假定一个半径为 R 的薄圆环，受到一对大小相等、方向相反且指向圆心的集中力 P 的作用（图 3.1）。圆环截面为矩形，厚度为 h，宽度为 B。对于给定的圆环材料，要求出其初始极限载荷 P_0。这个问题利用第 2 章塑性理论即可解决，而且在第 4 章也将求解该题。但是现在为了演示量纲分析，假定不知道有解析解，而只有不同尺寸和材料的圆管的试验结果。

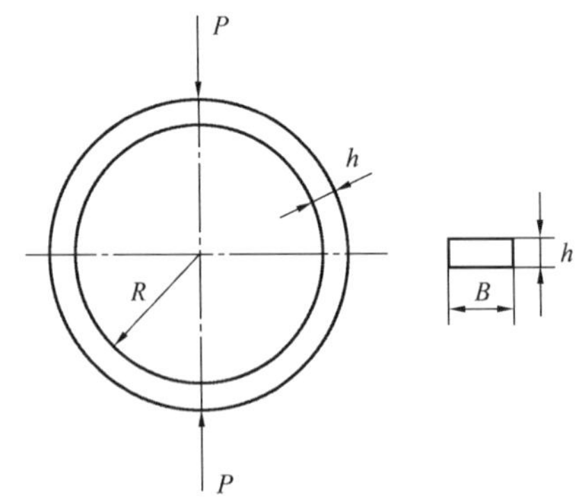

图 3.1 受到两个方向相反的集中力作用的圆环，圆环截面为矩形（$h\times B$）

对这个问题的了解，可以选择屈服应力 Y 为唯一的材料参数，因为塑性极限载荷问题不会涉及杨氏模量。几何参数是半径 R、厚度 h 和宽度 B。因此可以说，初始极限载荷 P_0 是上述物理变量的函数，这些变量描述了结构的几何和材料特性，可以写出如下方程

$$P_0=F_1(Y,R,B,h) \tag{3.1}$$

或

$$F_2(P_0,Y,R,B,h)=0 \tag{3.2}$$

式中：F_1和F_2为函数。

在式（3.2）中一共有五个变量。根据量纲齐次性要求，推断式（3.2）可以表示成无量纲形式。为了选取合适的无量纲组（dimensionless groups，DG，通常称为π组），遵循如下简单步骤。

这里可用的两个基本量纲是力[F]和长度[L]。将每个物理变量自乘至它的特定幂次，得到一个特殊的无量纲组。因此，对于这个简单例子，DG 的形式为

$$\mathrm{DG}=Y^a R^b B^c h^d P_0^e \tag{3.3}$$

式中：幂次a、b、c、d和e的值可以根据 DG 须为无量纲的要求而求得。将每个物理量的单位由两个基本量纲表达，例如P_0写为 F，Y写为$\mathrm{F/L^2}$，然后代入式（3.3），得

$$\mathrm{DG}=\left(\frac{\mathrm{F}}{\mathrm{L}^2}\right)^a (\mathrm{L})^b(\mathrm{L})^c(\mathrm{L})^d(\mathrm{F})^e \tag{3.4}$$

或

$$\mathrm{DG}=(\mathrm{F})^{a+e}(\mathrm{L})^{-2a+b+c+d} \tag{3.5}$$

因为 DG 是无量纲的，则有

$$\begin{cases}a+e=0\\-2a+b+c+d=0\end{cases} \tag{3.6}$$

方程（3.6）有五个未知数，其值无法唯一确定。但是，如果假定其中三个的值，就可以解出其余两个。令$a=-1$，$b=c=0$，得到$d=-2$和$e=1$。因此，可以选取第一个无量纲组

$$\pi_1=\frac{P_0}{Yh^2} \tag{3.7}$$

类似地，如果令$a=0$，$b=1$，$c=-1$，则有$d=0$，$e=0$，即

$$\pi_2=\frac{R}{B} \tag{3.8}$$

最后，如果令$a=0$，$b=0$，$c=1$，则$d=-1$，$e=0$，即

$$\pi_3=\frac{B}{h} \tag{3.9}$$

原则上可以选择许多个无量纲组，但是不难证明只有三个独立的无量纲组，其他无量纲组可以由上述三个无量纲组的不同组合得到。例如，如果选取$a=0$，$b=1$，$c=0$，则有$d=-1$和$e=0$。对应的无量纲组是R/h。但是，它实际上是$\pi_1\pi_2$，因此，它依赖于前面三个无量纲组[式（3.7）～式（3.9）]中的两个。现在可以将式（3.2）重新写成无量纲形式

$$f_1(\pi_1,\pi,\pi_3)=0 \tag{3.10}$$

或

$$f_1\left(\frac{P_0}{Yh^2},\frac{R}{B},\frac{B}{h}\right)=0 \tag{3.11}$$

至此完成了无量纲分析，而且已经成功地将变量的数目从五个减少至三个。函数f_1的具体形式则需要由试验确定。例如，当给定一个π_3值，可以绘出π_1随π_2变化的关系曲线。对于这个特殊问题，由试验得出（这将在以后介绍）π_3对π_1的影响很小，可以忽略不计。剩下的两个无量纲组之间的简单关系可以建立如下

$$P_0 \propto Yh^2 f_2\left(\frac{R}{B}\right) \tag{3.12}$$

3.1.2.1 白金汉 π 定理

本节例子说明了两个基本要点。首先，五个物理变量的量纲齐次方程式（3.11），可以写成一个只有三个无量纲组的方程。然后，当五个物理变量只涉及两个基本量纲时，独立无量纲组的数目只有三个。白金汉 π 定理（Buckingham's-theorem），（Buckingham，1914）指出，具有许多物理变量的量纲齐次方程可以化简为具有若干无量纲组的一个方程。无量纲组的数目等于物理变量数目与基本量纲数目之差。这在上述例子中便体现为独立无量纲组的数目是3（3 = 5 − 2）。

3.1.2.2 关于量纲分析的评论

下面是选取无量纲组和应用量纲分析的一些要点。

（1）对于所研究的工程问题的特性应当有正确深入的认识。问题中所有的物理变量都必须包括进来，而无关的则应当抛弃。物理变量的合理选择将简化问题的分析，3.1.2.3 节的例子就说明了这一点。

（2）无量纲组必须是独立的。

（3）在本节例子中，选择了力和长度作为两个基本量纲，这在静态加载时是方便的。对其他情形，质量、长度和时间可以被选为三个基本量纲，特别是在动态情况下。两种方法的最终结果是一样的，因为力与质量可以通过牛顿第二定律（它涉及加速度，即长度除以时间平方）联系起来。

（4）每一个无量纲组的确切形式是不唯一的，这是每个人自己的选择。无量纲组可以遵循本节例子中的步骤得到。此外也还有更严格的方法（Harris et al.，1999；Sedov，1993；Gibbings，1982；Bridgman，1922）。

（5）尽管如此，关于无量纲组有一些共同的常用方法：①通常先尝试一些不同形式的无量纲组，再选取导致最简单结果的无量纲组；②选出某个含有一定物理意义的无量纲组是更为可取的，如矩形截面的长宽比和圆管截面的相对厚度（h/R）就是这样的例子；③通过比较简单的模型的数学推导，可能会对理解各个物理变量进入无量纲组的方式给予许多启示。

（6）当工程问题特别复杂，不可能得到精确解（可能是由于缺少确切的力学信息）时，量纲分析特别有用。量纲分析可以减少变量的数目，如研究圆管的行为，应当将比值 h/R 的变化范围尽量扩大，而不是仅仅改变 h 或 R 的值；这是因为即便 h 和 R 的值不同，当 h/R 的值不变时并不能提供更多的信息。

3.1.2.3 物理洞察力的重要性——一个例子

在本节分析的一对集中力作用下的圆环极限载荷例子中（图 3.1），指出该问题涉及五个物理变量。开始所知道的只是极限载荷与材料的弹性行为无关，因此不涉及杨氏模量。现在假定对这个问题有了更多的了解：这个圆环的极限变形状态主要是由圆环壁的弯曲控制的，没有任何拉伸。所以，厚度 h 和材料性质 Y 的影响应当以弯曲抗力的形式出现，现在这种情况应当是单位宽度的塑性极限弯矩$M_o(=Yh^2/4)$。因此，现在可以说初始极限载荷P_0只是M_o、圆管宽度B和半径R的函数，即

$$F_3(P_0, M_o, R, B)=0 \tag{3.13}$$

现在只有四个变量，可以选取下面两个无量纲组

$$f_3\left(\frac{P_0}{M_o},\frac{R}{B}\right)=0 \tag{3.14}$$

这就直截了当地证明了式（3.14）和式（3.12）实际上是相同的。基于对问题深入的物理观察，巧妙地选取物理变量可以极大地简化试验结果的分析。

3.1.2.4　更深入的例子：横向载荷作用下圆环的能量吸收

本节的例子研究了初始塑性极限载荷，因此没有涉及位移。现在我们的兴趣是整个压溃过程中的能量吸收——本书的主题。仍然考察与该例子相同的圆环和载荷情形，见图 3.2。现在我们需要挑选一个参数来描述压溃过程。令两个加载点之间的总位移为u。这一对载荷所做的功 w 等于圆环塑性弯曲耗散的能量。因此，考虑到所有的物理变量，有

图 3.2　初始圆环的塑性压溃

$$F_4(w, M_o, R, B, u)=0 \tag{3.15}$$

所涉及的独立无量纲组的数目为3（$3=5-2$），可以选取下列的无量纲组

$$f_4\left(\frac{w}{M_oB},\frac{B}{R},\frac{u}{R}\right)=0 \tag{3.16}$$

式（3.16）可以对不同的B/R值画出$w/(M_oB)$随u/R的变化曲线。图 3.3（b）就是一些这样的曲线，它们的一些“原始”数据如图 3.3（a）所示。这些曲线几乎重叠，再次表明B/R的影响很小，所以可以认为这个参数是无关的，可以舍弃。在第 4 章关于这个问题的解析解也将证明这一点。

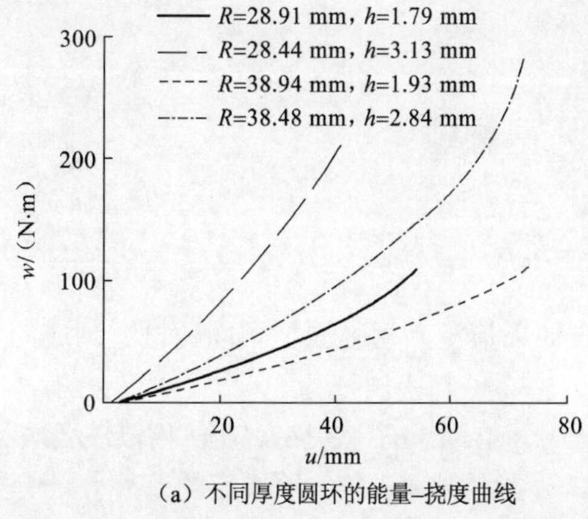

（a）不同厚度圆环的能量–挠度曲线

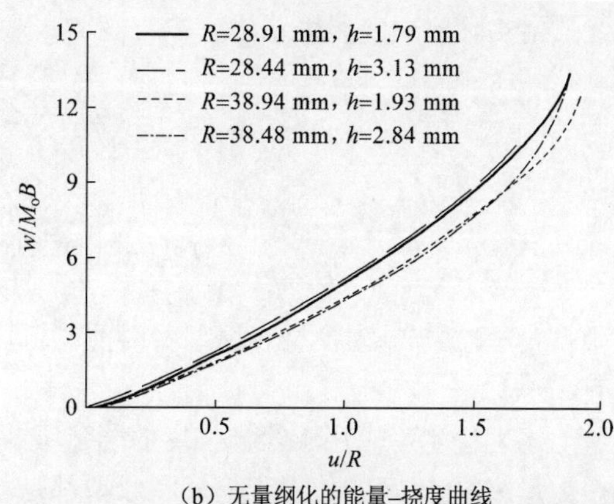

（b）无量纲化的能量–挠度曲线

图 3.3　能量–挠度曲线

3.2 小尺度结构模型

3.2.1 相似性要求

以上量纲分析说明，有关物理变量的关系，式（3.2），可以方便地以较少数目的无量纲组形式简化成另一种关系，如式（3.10）。现在考虑两个几何形状相同、尺寸不同的结构，受到量值不同的载荷作用。如果两个结构的每一个无量纲组值都完全相同，就可以说这两个结构和载荷是相似的。尺寸较小的结构通常称为另一个较大结构的小尺度模型（small scale model）。

以图 3.2 中的圆环为例，对所有原来结构［称为原型（prototype）］的线性尺寸都乘以同一个比例因子（scaling factor）S_l，得到一个小尺度模型。于是有

$$R_{\rm md}=S_l R_{\rm pr},\quad h_{\rm md}=S_l h_{\rm pr},\quad B_{\rm md}=S_l B_{\rm pr} \tag{3.17}$$

这两个结构如图 3.4 所示，对应比例因子 $S_l=0.5$。可以看到，对于原型和模型，π_2 和 π_3 的值相同，即

$$\pi_{2\rm md}=\pi_{2\rm pr},\quad \pi_{3\rm md}=\pi_{3\rm pr} \tag{3.18}$$

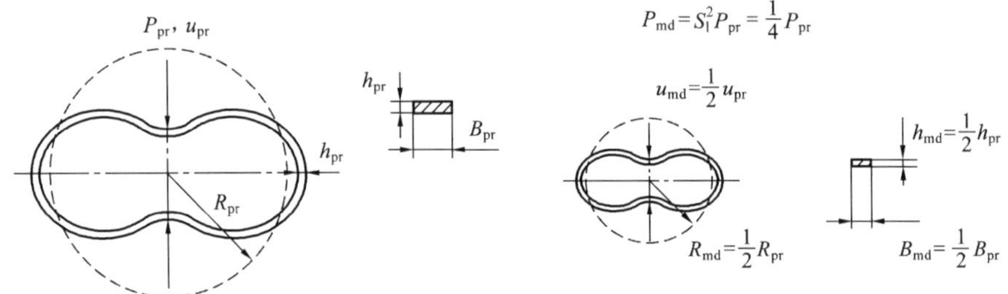

图 3.4 原型和一半尺寸的模型（S_l=1/2）示意图

$P_{\rm pr}$、$P_{\rm md}$ 为对应模型中的载荷

由式（3.10）得

$$\pi_{1\rm md}=\pi_{1\rm pr} \tag{3.19}$$

将此式用实际物理变量表示，有

$$\left(\frac{P_0}{Yh^2}\right)_{\rm md}=\left(\frac{P_0}{Yh^2}\right)_{\rm pr} \tag{3.20}$$

所以

$$P_{0\rm md}=\left(\frac{Y_{\rm md}h_{\rm md}^2}{Y_{\rm pr}h_{\rm pr}^2}\right)P_{0\rm pr}=S_{\rm m}S_l^2P_{0\rm pr} \tag{3.21}$$

式中：$S_{\rm m}=Y_{\rm md}/Y_{\rm pr}$ 为模型和原型材料的比例因子，如果模型是用与原型相同的材料制成的，则有 $S_{\rm m}=1$。

上述理论也可以用于给定挠度的能量吸收例子中。借助于式（3.16），几何相似性要求第三个无量纲组 u/R 的值对于模型和原型都是相同的［除了式（3.17）所规定的以外］，于是

$$u_{\rm md}=S_l u_{\rm pr} \tag{3.22}$$

因为B/R值对于模型和原型都是相同的，由式（3.16）可以得出结论，这对第三个无量纲组$w/(M_oB)$也必须是正确的。因此

$$\left(\frac{w}{M_oB}\right)_{md}=\left(\frac{w}{M_oB}\right)_{pr}$$

或

$$w_{md}=\left(\frac{M_{omd}B_{md}}{M_{opr}B_{pr}}\right)w_{pr}=S_mS_l^3w_{pr} \tag{3.23}$$

式（3.21）和式（3.23）指出，当模型和原型是由相同材料（$S_m=1$）制成时，两个载荷由S_l^2相关联，而能量吸收与S_l^3成正比。用更简单的话说，如果结构是几何相似的，则应变ε相同，结构的特征面积正比于S_l^2。当材料相同（具有相同的屈服应力Y）时，则载荷（等于应力乘以面积）只与面积或者S_l^2成正比。类似地，能量吸收正比于变形的体积乘以能量密度（$Y\varepsilon$），后者对于模型和原型都是相同的，所以能量正比于S_l^3。

以上分析过程也适用于其他感兴趣的物理变量。表 3.1 总结了在能量吸收研究中可能会遇到的有关物理量。原则上，应当使全部无量纲组的值对于模型和原型都是相同的，这是理想的状况。但在实践中，按照表 3.1 来换算某些量有时是非常困难，甚至是不可能的。下面讨论一些这样的情况。

表 3.1 模型和原型之间的比例因子

物理变量	量纲	一般情况下的比例因子	比例因子（相同材料，重力不重要）
线性尺寸	L	S_l	S_l
面积	L^2	S_l^2	S_l^2
体积	L^3	S_l^3	S_l^3
材料应力-应变参数（$E, Y, \cdots$）	FL^{-2}	S_m	1
材料密度	FT^2L^{-4}	S_ρ	1
质量	FT^2L^{-1}	$S_\rho S_l^3$	S_l^3
载荷	F	$S_mS_l^2$	S_l^2
压力	FL^{-2}	S_m	1
应力	FL^{-2}	S_m	1
应变	—	1	1
位移	L	S_l	S_l
弹性和塑性能	FL	$S_mS_l^3$	S_l^3
弹性波速度	LT^{-1}	$S_m^{1/2}S_\rho^{-1/2}$	1
速度	LT^{-1}	1	1
角速度	T^{-1}	S_l^{-1}	S_l^{-1}
时间（碰撞持续时间，或者经历时间）	T	S_l	S_l
加速度	LT^{-2}	S_l^{-1}	S_l^{-1}
重力引起的加速度（g）	LT^{-2}	1	可忽略

续表

物理变量	量纲	一般情况下的比例因子	比例因子（相同材料，重力不重要）
惯性力	F	$S_\rho S_l^2$	S_l^2
冲量	FT	$S_m S_l^3$	S_l^3
动能	FL	$S_\rho S_l^3$	S_l^3
应变率	T^{-1}	S_l^{-1}	S_l^{-1}
弹性断裂表面能	FL^{-1}	$S_f S_l^2$	S_l^2
韧性撕裂能量	FL^{-1}	—	—
材料微结构尺度	L	1	1

3.2.2 精确转换数量上的困难

3.2.2.1 重力载荷

表 3.1 指出作用在模型上的载荷应当与 S_l^2 成正比，以保持完全相似。重力载荷是由质量乘以重力加速度 g 给出的。质量是以 S_l^3 转换的，这意味着重力载荷事实上也将以 S_l^3 转换（因为 g 是常数），而不是所要求的 S_l^2，因此不能严格地满足相似要求。幸运的是，在实践中重力载荷和其他载荷相比通常是非常小的，它们可以被忽略。但是，如果在特殊情况下重力载荷是重要的，在转换中需要考虑，可以采用不同的模型材料来克服这个困难。然而，模型的密度必须使总的比例因子 $S_\rho S_l^3$ 等于 $S_m S_l^2$。这可能又带来一些实际问题。因此，如果两种材料有类似的材料性质（$S_m \approx 1$），则小尺度模型需要有比其原型更高的密度值。

3.2.2.2 应变率效应

特征应变率可以表示为碰撞速度与结构特征长度之比。容易看到当碰撞速度相同时，小尺度模型（它有较小的线性尺寸）将比原型经历更高的应变率，在表 3.1 中也指出了这一点。正如 2.4 节所讨论的，如果材料是率相关的，应变率将影响材料的性质，如屈服应力 Y 和极限应力，因此即使模型和原型的材料相同，它们的力学性质也是不同的。小尺度模型将具有较高的屈服应力，导致比相似率预测得小的挠度，这可以用下面的例子说明。

假定一根低碳钢的杆具有理想弹塑性力学行为，屈服应力为 250 MPa。在高应变率下，可以应用 Cowper–Symonds 关系［(式 2.73)］求得动态屈服应力。设杆长为 400 mm，截面积为 50 mm^2。该杆在单轴拉伸下均匀变形。现在，如果对该杆所做的外功为 2 kJ，则能量密度为 $2\,\text{kJ}/(0.4\times0.005\times0.05)\,\text{m}^3 = 2\times10^6\ \text{J}/\text{m}^3$。这个原型的塑性应变则为

$$\varepsilon_{pr} = \frac{2\times10^6\ \text{J}/\text{m}^3}{250\,\text{MPa}} = 0.008$$

现在假定取比例因子 $S_l = 0.1$。输入能量应当是 $S_l^3 \times 2\,\text{kJ} = 2\,\text{J}$。因为能量密度仍然是相同的，模型的应变应为 $\varepsilon_{md} = \varepsilon_{pr} = 0.008$。根据表 3.1，对模型和原型都以 200 mm/s 的速率加载，则对原型的应变率为 0.5 s^{-1}，而对模型为 5 s^{-1}。根据式（2.73），取 $B_c = 40.4\,\text{s}^{-1}$ 和 $q = 5$，得到

相应的动力屈服应力分别为 354 MPa 和 415 MPa。它们导致新的塑性应变$\varepsilon_{pr}=0.00565$和$\varepsilon_{md}=0.00482$。这说明由于应变率效应，模型经历的应变为其原型的 85%。如果我们假定完全相似（在所有模型和原型之间应变相等），就有一种潜在的危险，即基于小尺度模型会低估原型的变形。

3.2.2.3 伴随断裂的变形

结构的塑性变形和失效经常伴随着断裂和韧性撕裂。当脆性材料断裂时，断裂能量通常是与新形成的表面积乘以材料常数有关，因此$w_f \propto S_1^2$。但是塑性能量正比于体积，因此$w_p \propto S_1^3$。总能量则由这两部分组成，没有简单的尺度律将总能量与比例因子联系起来。Atkins（1988）用实际例子精心描述了这一点。有两种极端情况：如果断裂能量占优势，则总能量将近似地与S_1^2成正比；如果塑性变形是主要能量耗散机制，则总能量可以假定与S_1^3成正比。

对于韧性撕裂，没有简单材料常数可以用来描述撕裂能量的特性（详见第 8 章）。因此，还没有出现可应用的简单相似律。但是，如果撕裂过程是由裂纹尖端的塑性变形所支配的，则屈服应力可以假定为唯一重要的材料常数，于是总能量与S_1^3有关。8.5 节的例子通过被楔块切割的金属板论证了这一点。

3.2.2.4 关于缺乏相似性的评注

除了上述不遵守基本尺度律的三种情形外，还存在其他可能导致偏离完全相似的因素。这些因素包括没有注意到一些重要变量，错误认为其是非关键的而被故意剔除，如重力引起的法向力和摩擦力，材料的微结构与某些由热生成的高度局部化变形。

偏离基本尺度律通常称为尺度效应（size effect）。从根本上说，这种偏离意味着有些无量纲组的值对于模型和原型不再保持相同。原则上可以通过改变一个或者两个无量纲组，研究它们对其他无量纲组的影响，也就是探讨无量纲组的函数依赖性，对这类问题进行补救。然后可以推断某些变量的非相似性对其他参数的意义。但是，当无量纲组的数目比较大时，这样做在实际中可能是困难的。

结构比例模型也曾用于金属结构碰撞变形的一些研究中（Booth et al.，1983；Duffey，1971）。

3.3 试验技术

3.3.1 万能试验机

对于低速碰撞，塑性变形模式通常与准静态加载出现的模式非常相似。一般来说，可以方便地从准静态试验开始研究，这有两个原因。第一，准静态试验装置要比碰撞试验简单。第二，准静态试验使我们更容易观察到详细的变形历史。

众所周知，塑性能依赖于加载和变形历史，而不像弹性变形能那样仅仅依赖于最终变形。因此，连续监视各个特殊位置的载荷、位移和应变，以及观察正在变形的结构，将使我们对可能的塑性变形机构有更好的了解。在动态试验中想得到这样的信息是比较困难的。

准静态拉伸或压缩试验可以利用一台标准万能试验机很方便地进行。试验机横梁速度通常设置在 3～5 mm/min。对于特征长度为 100 mm 的结构，3 mm/min 的速度产生的应变率为 $5\times10^{-4}\ s^{-1}$，这可以看成是静态加载。控制液压伺服机构可以产生更高的横梁速度，如 800 mm/s。对于 50 mm 长的试件，它对应的应变率为 $16\ s^{-1}$，因此可以用这种方法研究 1×10^{-4}～$1\times10\ s^{-1}$ 的应变率效应。斯威本科技大学的 MTS 万能试验机就是这样的一个例子。载荷–位移曲线和其他变量如应变，可以用计算机记录。

图 3.5　韩国高等科学技术院的高速材料试验机（Huh et al.，2008）

随着技术的进步，基于伺服液压控制系统的高速材料试验机已能进行应变率范围内（10^0～$10^3\ s^{-1}$）的加载试验。低速冲击下，材料与结构的应变率基本处于这一范围。为了进行材料与结构的动态响应模拟、分析和设计，运用高速材料测试系统进行应变率范围内的材料性能测试是必不可少的。国际性材料试验仪器生产公司都制造了相应的高速试验机，如美国 Instron 公司的 VHS 8800 和德国 Zwick/Roell 公司的 HTM 8020，加载速度最高可达 25 m/s。一些科研机构如韩国高等科学技术院（Korea Advanced Institute of Science and Technology，KAIST）也制造了类似设备，如图 3.5 所示。

3.3.2　落锤、滑轨和摆锤

碰撞试验可以通过落锤（drop hammer）、摆锤（pendulum）或者倾斜的滑轨（slide rail）进行。当使用落锤时，将一个质量块提升至一定高度后释放，对放置于试验台基座上的结构进行碰撞。所能够获得的下落最大速度是由落锤的总高度决定的（通常利用滚柱轴承，尽量减少垂直导轨上的摩擦）。可以利用其他方法如在落锤顶部采用压缩空气或者弹簧来加速质量块，以达到更高的碰撞速度。所使用的典型的仪器包括附着在碰撞质量块上的加速度计，测量碰撞前速度的仪器（通常是测量通过一段已知距离的时间间隔），记录碰撞质量块运动的位移传感器，以及放置于被测量结构下面的动态力传感器。香港科技大学的落锤设备如图 3.6 所示。落锤设备高约 1.5 m，有一个可调节的碰撞质量，最大可达 44.89 kg。在重力驱使下，碰撞速度在 0.61～3.66 m/s，在气动加速下可以增加至 3.66～13.41 m/s。

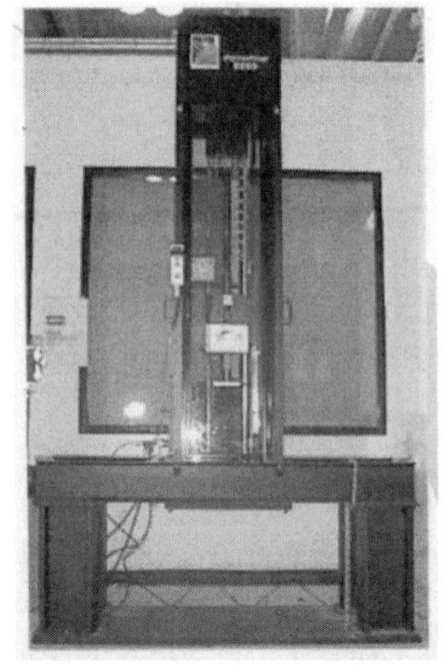
图 3.6　香港科技大学的落锤设备

如图 3.7 所示的英国克兰菲尔德碰撞中心的滑轨试验台是进行碰撞试验的另一种方法。这个滑轨设备由一个与水平面成 11°的斜轨组成，斜轨上有一个滑车浮在四个气垫上，以产生无摩擦运动和可重复的碰撞速度。低速碰撞只要利用重力即可获得，但是要获得更高速度，需要利用弹性绳索来加速。这个试验台的最小撞击质量为 780 kg，最大撞击质量为 2 000 kg，最大速度为 13.5 m/s，最大能量为 125 kJ。

图 3.7　克兰菲尔德碰撞中心的滑轨试验设备（Sadeghi 博士提供）

摆锤也可以用于施加碰撞载荷。摆动臂需要设计成能使得碰撞面只做平动。它们应当有足够的长度，以尽量减少碰撞面处的径向运动。克兰菲尔德有这样一个试验台，如图 3.8 所示。大型的摆锤装置由两个侧面支座组成，摆锤悬挂在它们之间。摆锤的两个臂确保执行一种平行四边形动作，以约束碰撞面在所有时间内都保持垂直。摆锤的最小撞击质量为 467 kg，最大撞击质量为 1 000 kg，最大速度为 10 m/s，最大能量为 50 kJ。

图 3.8　克兰菲尔德碰撞中心的摆锤试验设备（Sadeghi 博士提供）

在所介绍的所有试验方法中，撞击物的速度在碰撞后不是常数，它随位移而变化，直到撞击物完全停止下来。因此，在试验中应变率不是常数，但是这些试验方法模拟实际碰撞事件的效果相当好。

3.3.3 分离式霍普金森压杆

对于 $10^2 \sim 10^4\ s^{-1}$ 的应变率，材料本构关系可以利用分离式霍普金森压杆（split Hopkinson pressure bar，SHPB）（Kolsky，1953；Hopkinson，1914）测量得到。图 3.9 所示为分离式霍普金森压杆示意图，一个典型的应变信号记录和所得到的应力–应变曲线。

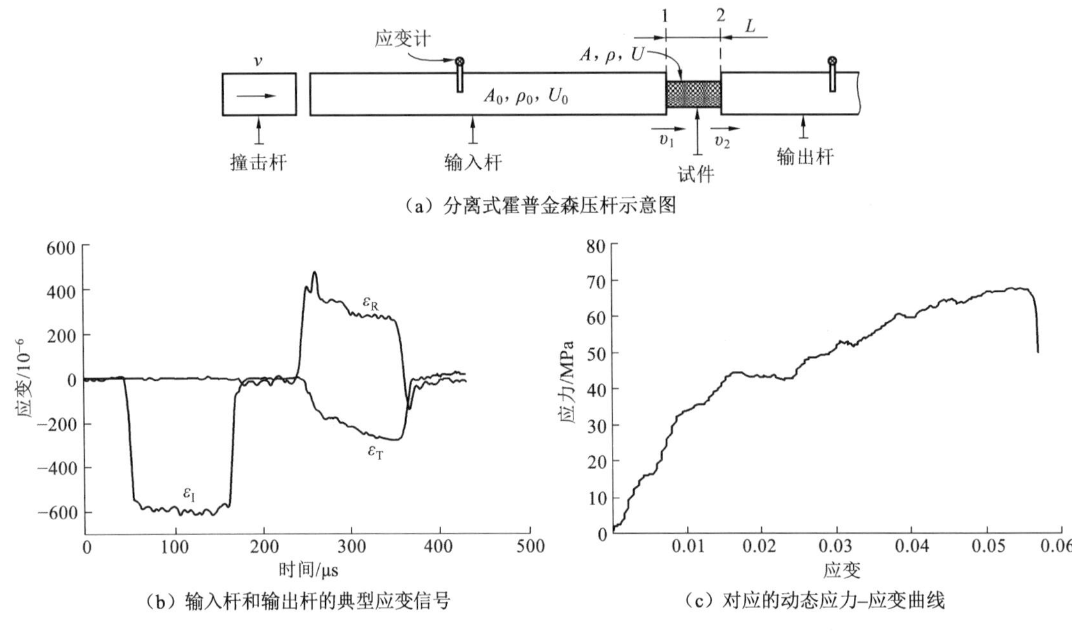

(b) 输入杆和输出杆的典型应变信号　　(c) 对应的动态应力–应变曲线

图 3.9　分离式霍普金森压杆及其应力–应变信号记录与曲线

试件放置于输入杆和输出杆之间。通过撞击杆的碰撞，在输入杆中产生一个弹性压力脉冲。在输入杆和试件之间的界面（界面 1）上，这个弹性应力波部分反射，部分透射到短试件内，于是试件发生塑性变形。类似地，在试件与输出杆之间的界面（界面 2）上，应力波部分反射，部分透射。入射的应力需要有充分的持续时间。材料在高应变率下的应力–应变行为可以由分别测量得到的输入杆和输出杆的应变–时间历史推导出来，下面叙述相应的理论。

在这个装置中，应力的传播假定是一维的。对于长度为 L 的试件，试件内的应变率为

$$\dot{\varepsilon} = \frac{d\varepsilon}{dt} = \frac{v_1(t) - v_2(t)}{L} \tag{3.24}$$

式中：$v_1(t)$ 和 $v_2(t)$ 分别为界面 1 和 2 处的质点速度。

由式（2.54）和胡克定律，质点速度与应变的关系为

$$v = c_L \varepsilon \tag{3.25}$$

界面 1 处的应变等于入射应变 ε_I 和反射应变 ε_R 之差，因此

$$v_1 = c_L(\varepsilon_I - \varepsilon_R) \tag{3.26}$$

类似地，在界面 2 上有

$$v_2 = c_L \varepsilon_T \tag{3.27}$$

式中：ε_T 为输出杆的透射应变。

从而

$$\dot{\varepsilon}=\frac{\mathrm{d}\varepsilon}{\mathrm{d}t}=\frac{c_L(\varepsilon_I-\varepsilon_R-\varepsilon_T)}{L} \tag{3.28}$$

试件的应变为

$$\varepsilon(t)=\frac{c_L}{L}\int_0^t(\varepsilon_I-\varepsilon_R-\varepsilon_T)\,\mathrm{d}t \tag{3.29}$$

两个界面处的力为

$$\begin{cases}F_1=A_0E_0(\varepsilon_I+\varepsilon_R)\\F_2=A_0E_0\varepsilon_T\end{cases} \tag{3.30}$$

式中：A_0 和 E_0 分别为输入杆和输出杆相等的截面积和弹性模量。

由试件近似平衡有 $F_1\approx F_2$，所以

$$\varepsilon_T=\varepsilon_I+\varepsilon_R \tag{3.31}$$

在截面积为 A 的试件内平均压应力为

$$\sigma=\frac{F_1+F_2}{2A}=E_0\frac{A_0}{A}\varepsilon_T \tag{3.32}$$

对于分离式霍普金森压杆试验，式（3.29）～式（3.32）能够计算应力–应变关系和应变率。图 3.9（b）所示的应变信号为烧结青铜样品，孔隙率为 37%。试件长度为 6.25 mm，直径为 12 mm，撞击杆的速度为 11.63 m/s。相应的应力–应变曲线如图 3.9（c）所示。

分离式霍普金森压杆也可以用于研究拉伸、扭转和剪切的材料性质。拉伸试验装置的各种方案示意图如图 3.10 所示。剪切应力–剪切应变曲线可以用扭转杆试验得到。

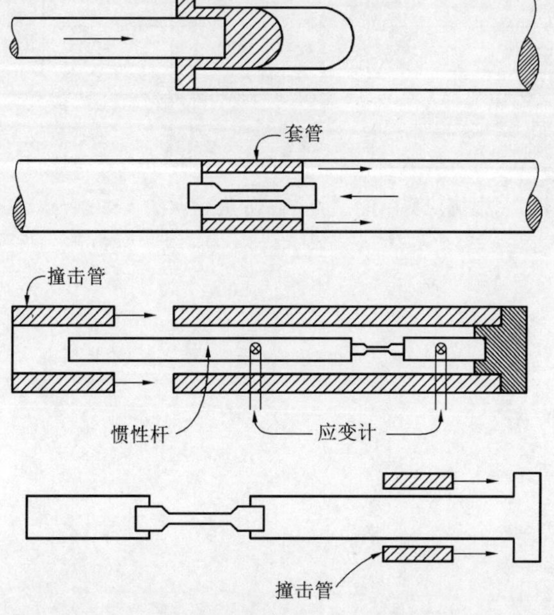

图 3.10 拉伸试验装置的各种方案（Meyers，1994）

3.3.4 气炮和其他技术

气炮（gas gun）已经广泛用于速度为 100～8 000 m/s 的撞击。对于研究能量吸收问题，普通的单级气炮就足够了。例如，斯威本科技大学的气炮最大速度约为 600 m/s。炮管长为 6 m，内直径为 12.58 mm，最大工作压力为 15 MPa。可以使用这个装置加速圆柱形试件，使之与刚性砧座发生碰撞。利用泰勒理论（Taylor theory）（Taylor，1948），通过测量碰撞速度和碰撞后的试件尺寸，测定高应变率下的平均流动应力。利用这种技术可以得到 1×10^4/s 量级的应变率。

这种气炮还被用来研究多胞材料的动态应力（Lu et al.，2001）。另外，将圆管放置于炮管内，然后加速并与刚性砧座碰撞（Wang et al.，2002a；2002b），圆管将呈现出各种塑性屈曲和撕裂模式。在后一种情况下所使用的最大速度达 250 m/s。

轻质气体如氢和氦可以用来获得更高的速度。二级气炮还将产生高得多的速度（Crozier et al.，1957）。还有其他产生动载荷的技术，如利用爆炸和电磁加速。应用通用试验方法能够产生的典型应变率见图 3.11。

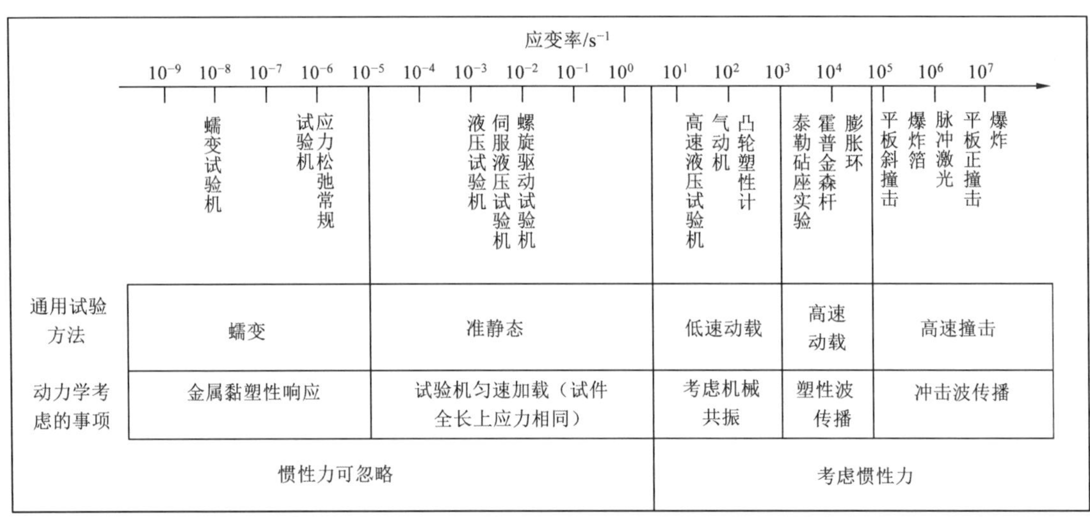

图 3.11 根据应变率的试验方法分类示意图（Meyers，1994）

圆环和圆环系统

圆环和短圆管是常见的构件。它们二维变形的理论分析相对简单。本章介绍圆环和短圆管在面内载荷作用下的理论和试验研究。其结果说明了塑性变形和动力效应的重要特点，这些特点也是更复杂结构的内禀性质。

4.1　一对集中力作用下的受压圆环

考虑一对方向相反的集中力作用下的刚塑性圆环［图 4.1（a）］。它需要四个塑性铰以形成一个坍塌机构。利用能量法可以得到其载荷–挠度曲线。另外，这个问题也可以通过考虑一圆弧段平衡［图 4.1（b）］得到解答。当圆弧段的转角为 θ 时，压缩位移量为

$$\frac{\delta}{2}=R-\sqrt{2}R\sin\left(\frac{\pi}{4}-\theta\right)=R+R\sin\theta-R\cos\theta \tag{4.1}$$

AB 现在的长度为

$$AB=\sqrt{2}R\cos\left(\frac{\pi}{4}-\theta\right) \tag{4.2}$$

作用在这段圆弧上的力和力矩等效于两个数值相等（$P/2$）作用方向相反的力。平衡条件要求这两个力必须沿同一条线作用，该线称为推力作用线（line of thrust）。因此，力的平移 $2M_p/P$ 必须等于 $AB/2$，这里 M_p 为圆环的塑性极限弯矩。将此引入式（4.2）得出

$$\frac{2M_p}{P}=\frac{\sqrt{2}}{2}R\cos\left(\frac{\pi}{4}-\theta\right)$$

或

$$P=\frac{2\sqrt{2}M_p}{R\cos\left(\frac{\pi}{4}-\theta\right)} \tag{4.3}$$

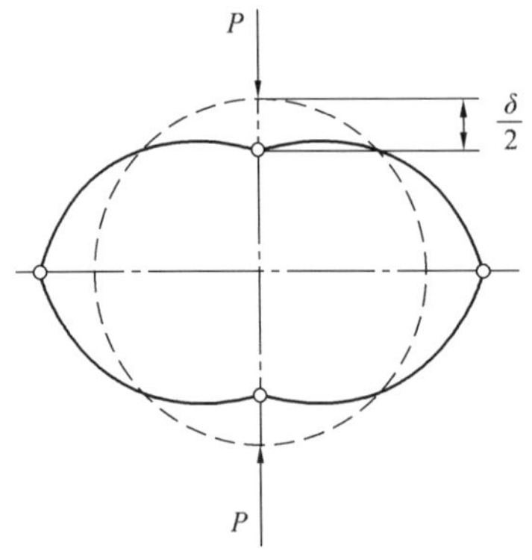

（a）形成破损机构需要四个塑性铰

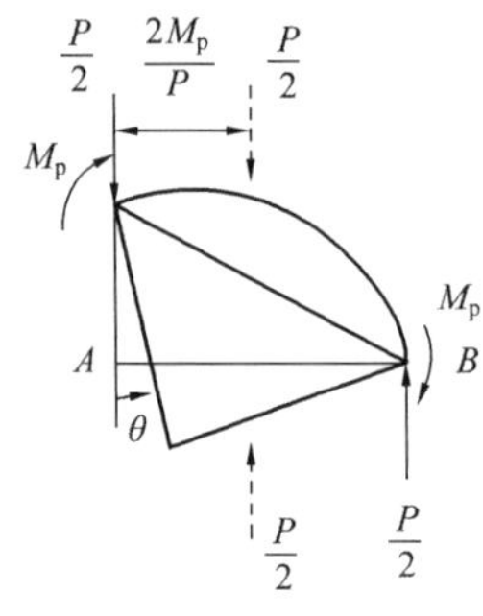

（b）作用在四分之一圆环上的力

图 4.1　一对向内集中力作用下的受压圆环的坍塌机构

当 $\theta=0$ 时，得到初始坍塌载荷为

$$P_0=\frac{4M_p}{R}=\frac{8M_p}{D} \tag{4.4}$$

式中：D 是圆环的直径。

联立式（4.1）、式（4.3）和式（4.4），给出载荷–挠度曲线

$$\frac{P}{P_0}=\frac{1}{\left[1+2\frac{\delta}{D}-\left(\frac{\delta}{D}\right)^2\right]^{\frac{1}{2}}} \tag{4.5}$$

这个关系式表明，载荷随着挠度增加而减少，该关系以短虚线绘于图 4.2 上。上述方法称为等效结构技术（equivalent structure technique）（Reddy et al.，1987；Merchant，1965）。

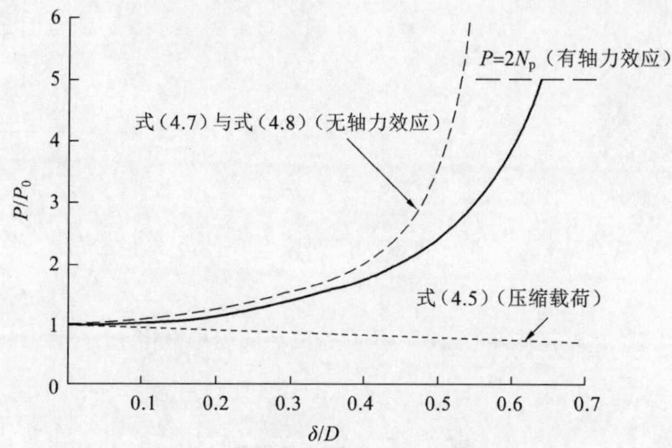

图 4.2 一对集中力作用下矩形截面圆环的无量纲载荷−挠度曲线（D/h=5）

4.2 一对集中力作用下的受拉圆环

当圆环受到两个大小相等方向相反且向外作用的集中力作用时,它的变形可以用 4.1 节完全相同的方法分析。一个关键不同之处是，对应于最大弯矩的两个边上塑性铰位置随挠度增加而移动［图 4.3（a）中的 B 铰］。这个移行铰（moving hinge）与 2.3 节见到的相同。未变形的弧段与变形的直线部分总是在当前塑性铰 B 处相切。此外，圆环的总长度在变形过程中保持不变。根据这些考虑并利用上述等效结构技术，得到（余同希，1979）

$$\frac{P}{2}R(1-\sin\theta)=2M_{\rm p} \tag{4.6}$$

或

$$\frac{P}{P_0}=\frac{1}{1-\sin\theta} \tag{4.7}$$

和

$$\delta=2R(\cos\theta+\theta-1) \tag{4.8}$$

式（4.7）和式（4.8）给出的载荷−位移曲线如图 4.2 中的长虚线所示。

上述分析中没有考虑轴力对屈服的影响。当圆环比较厚及 δ/D 接近于 1 时，这种影响可能比较重要。2.2.2 节曾经讨论过轴力对矩形截面（$b\times h$）屈服的影响。将这种轴力效应（axial force effect）近似地考虑进来，即修改方程（4.6）时应考虑式（2.22）。每个塑性铰处的轴力是 $P/2$，抗弯能力由 $M_{\rm p}$ 减少至

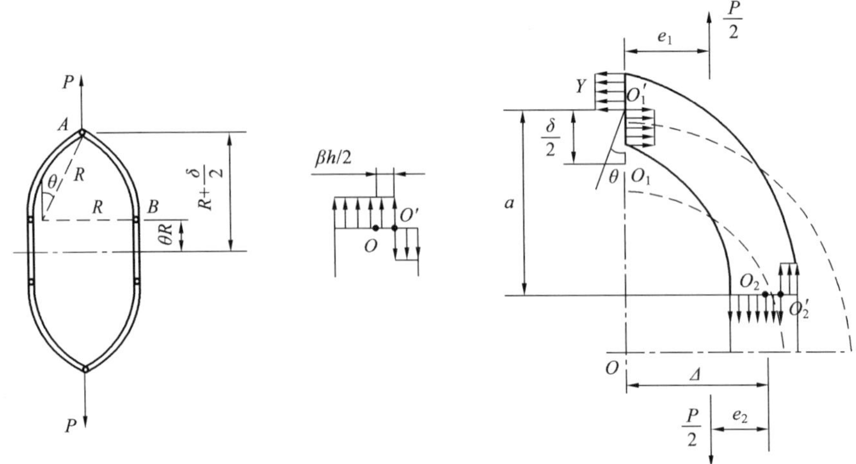

（a）坍塌过程中的中间两个塑性铰分离成四个，如在 B 点　（b）存在轴力时塑性铰处的应力状态　（c）作用在弧段上力的详图

图 4.3　一对向外集中力作用下受拉圆环的坍塌机构（Lu，1993a）

$$M = M_{\mathrm{p}}\sqrt{1-\left(\frac{P/2}{N_{\mathrm{p}}}\right)^2}$$

于是，式（4.6）变成

$$\frac{P}{2}R(1-\sin\theta) = 2M_{\mathrm{p}}\sqrt{1-\left(\frac{P/2}{N_{\mathrm{p}}}\right)^2} \tag{4.9}$$

式中：$N_{\mathrm{p}} = Ybh$ 是轴向屈服力（即塑性极限轴力）。

联立式（4.9）和式（4.8），得到载荷–位移曲线，当 $\theta = \pi/2$ 时最大载荷达到 $2N_{\mathrm{p}}$。

虽然轴力在屈服准则中已被考虑，但严格地说这个分析还只是近似的，因为没有考虑到关联流动法则。在这种情况下，圆环的总长度保持不变。这里介绍一种克服这个不足的方法（Lu，1993a）。

2.2.2 节［式（2.23）］介绍的关联流动法则是以轴力 N 和弯矩 M 交互作用的形式给出的，另外，可以从截面上实际应力分布的角度来理解。很清楚，对应于这种应力状态，截面的变形是关于点 O' 转动，而不是关于中点 O。点 O' 称为转动中心（pivot point）。于是，当截面关于点 O' 转过角度 θ 时，中点的纤维被拉长了 $\theta\beta h/2$。这里 β 是系数，$\beta h/2$ 是 O 与 O' 之间的距离。容易看到，轴力为 $N = \beta hbY$，弯矩为 $M = (1-\beta^2)\ Yh^2b/4$。上面塑性铰的轴力为零，下面塑性铰的轴力为 $P/2$。作用在拉伸圆环上总的外力［图 4.3（a）］为

$$P = 2Y\beta hb \tag{4.10}$$

等效结构中力作用线的位置［图 4.3（c）］为

$$e_1 = \frac{M_{\mathrm{p}}}{P/2} = \frac{h}{4\beta} \tag{4.11}$$

和

$$e_2 = \frac{M}{P/2} = \frac{h}{4}\left(\frac{1}{\beta} - \beta\right) \tag{4.12}$$

出于平衡的考虑，两个方向相反的力必须沿着同一作用线。根据刚发生坍塌时的几何形状，位移角θ为零，有

$$e_1 + e_2 = R = \frac{D}{2} \tag{4.13}$$

将式（4.11）和式（4.12）代入式（4.13），得到正的β值的表达式

$$\beta = -\frac{D}{h} + \sqrt{\left(\frac{D}{h}\right)^2 + 2} \tag{4.14}$$

例如，考虑两种情况，$D/h = 10$ 和 $D/h = 5$，式（4.14）分别给出 $\beta = 0.0995$ 和 $\beta = 0.1962$。初始坍塌载荷变为

$$P_0 = 2Y\beta hb = 2\frac{D}{h}\left[\sqrt{1 + 2\left(\frac{h}{D}\right)^2} - 1\right]Yhb \tag{4.15}$$

式（4.15）与 DeRuntz 等（1963）所给出的圆环在两个刚性平板压缩下的初始坍塌载荷是一样的，他们考虑了轴力对屈服的影响。

正如前面所提到的，在坍塌过程中，中间铰将分裂成两个，一个向上移动，另一个向下移动。这是因为塑性铰总是形成在弯矩最大的截面。上塑性铰的变形仍然是关于截面中点O_1'的纯转动。根据后坍塌阶段的应力状态［图 4.3（c）］，式（4.13）可改写为

$$e_1 + e_2 = \Delta \tag{4.16}$$

式中：Δ为O_1'和O_2之间的水平距离。

在式（4.16）中代入式（4.11）和式（4.12），得

$$\frac{h}{4}\left(\frac{2}{\beta} - \beta\right) = \Delta \tag{4.17}$$

令这个时刻刚性段总的转动为θ，有

$$\Delta = R(1 - \sin\theta) \tag{4.18}$$

和

$$a = R\cos\theta \tag{4.19}$$

消去式（4.18）和式（4.19）中θ，有

$$a = \sqrt{2\Delta R - \Delta^2} = \sqrt{\frac{Dh}{4}\left(\frac{2}{\beta} - \beta\right) - \left(\frac{h}{4}\right)^2\left(\frac{2}{\beta} - \beta\right)^2} \tag{4.20}$$

在这个时刻，假定中间铰截面的中心O_2侧移一个增量$\mathrm{d}\Delta$，相应的刚性段转动增量则为$\mathrm{d}\Delta/a$，相应的位移δ的增量为

$$\mathrm{d}\delta = 2\left(\Delta + \frac{\beta h}{2}\right)\frac{\mathrm{d}\Delta}{a} = h\left(\frac{1}{\beta} + \frac{\beta}{2}\right)\frac{\mathrm{d}\Delta}{a} \tag{4.21}$$

但是，对式（4.17）取微分，有

$$\mathrm{d}\Delta = -\frac{h}{4}\left(\frac{2}{\beta^2} + 1\right)\mathrm{d}\beta \tag{4.22}$$

负号意味着当β增加时，$\varDelta$减少。将式（4.20）和式（4.22）代入式（4.21），得

$$\frac{\mathrm{d}\delta}{D}=-\frac{\frac{h}{D}\left(\frac{1}{2\beta^3}+\frac{1}{2\beta}+\frac{\beta}{8}\right)}{\left[\frac{1}{4}\left(\frac{D}{h}\right)\left(\frac{2}{\beta}-\beta\right)-\left(\frac{1}{2\beta}-\frac{\beta}{4}\right)^2\right]^{1/2}}\mathrm{d}\beta \tag{4.23}$$

所以

$$\frac{\delta}{D}=\int\frac{\mathrm{d}\delta}{D}=\int_{\beta_0}^{\beta}-\frac{\frac{h}{D}\left(\frac{1}{2\beta^3}+\frac{1}{2\beta}+\frac{\beta}{8}\right)}{\left[\frac{1}{4}\left(\frac{D}{h}\right)\left(\frac{2}{\beta}-\beta\right)-\left(\frac{1}{2\beta}-\frac{\beta}{4}\right)^2\right]^{1/2}}\mathrm{d}\beta \tag{4.24}$$

于是对于一个给定的D/h值，可以由式（4.14）求出β_0，然后由式（4.24）给出对应于任意β的δ/D值。当$D/h=5$时，这个结果在图 4.2 中以实线给出。当然，这个拉力要比没有考虑轴力效应时小。另外，在未达到完全轴力屈服时，最大的无量纲位移δ/D为 0.61，它比当$\theta=\pi/2$时式（4.8）给出的值 0.57 要高。这清楚地说明了轴力拉长了圆环。最大拉力限制在完全轴力屈服（$2N_{\mathrm{p}}$）范围内，此后圆环的性能就像简单拉伸下的一根杆一样。

4.3 集中力作用下的固支半圆拱

下面介绍集中力作用下固支半圆拱的分析，集中力向内或者向外作用（Gill, 1976）。严格地说，这个结构不是一个圆环，而圆环是本章的主题，但因为其分析方法与受约束的圆管很相似，所以在这里不妨做些介绍。

4.3.1 受向外载荷作用的半圆拱

考虑一个半圆拱受到向外作用的集中载荷P，见图 4.4（a）。等效合力P'具有相反方向，并沿着AC和CE方向作用。忽略轴力影响，有

$$AA'=BB'=CC''=EE'=\frac{R}{4+2\sqrt{2}} \tag{4.25}$$

和

$$P'\frac{R}{4+2\sqrt{2}}=M_{\mathrm{p}}$$

所以，初始坍塌载荷为

$$P_0=\sqrt{2}P'=\frac{4M_{\mathrm{P}}}{R}(1+\sqrt{2}) \tag{4.26}$$

同式（4.4）比较，式（4.26）表明半圆拱的初始坍塌载荷是类似圆环的 2.4 倍。注意到，式（4.26）对于载荷向内作用时也是正确的，这种载荷向内的情况稍后会讨论。后坍塌机构

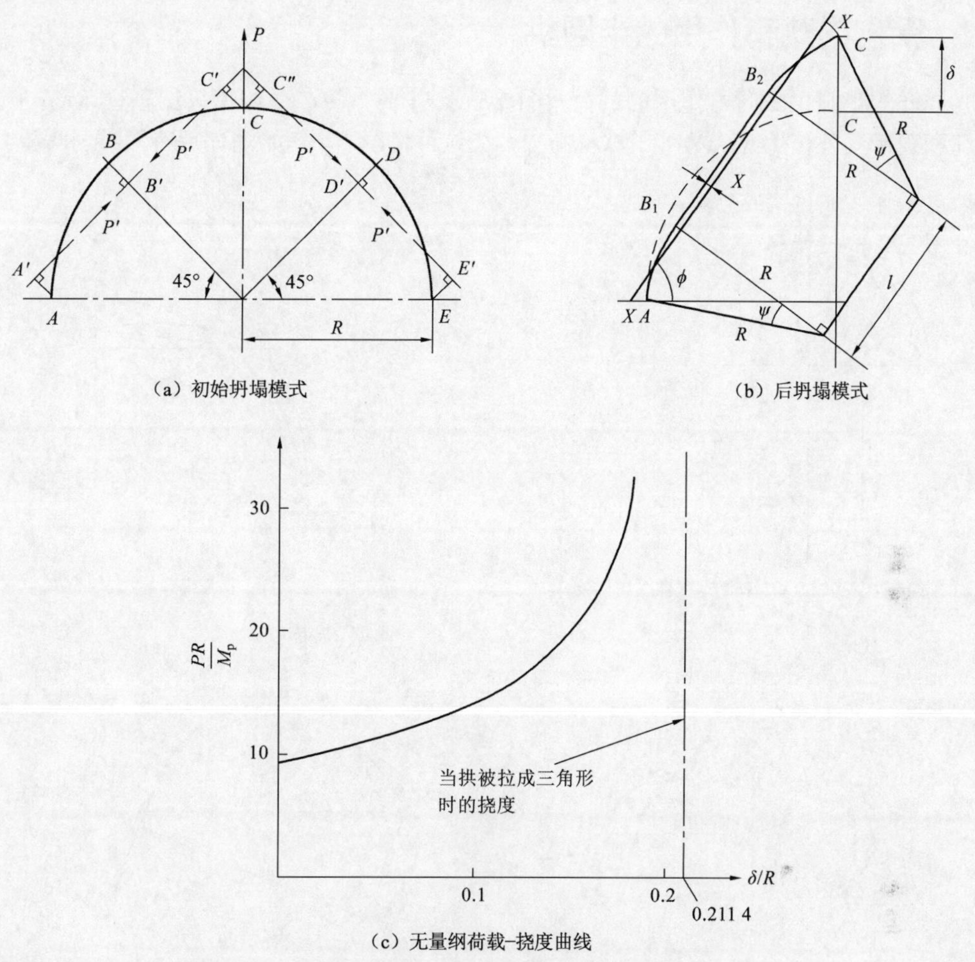

图 4.4 受向外集中载荷作用的固支半圆拱（Gill，1976）

［图 4.4（b）］涉及另外的两个铰：铰 B 分裂成两个移动铰 B_1 和 B_2，而且线段 B_1B_2 是直线。由图 4.4（b）和总长度是常数的条件得

$$\delta=\left[(2R\sin\psi+l^2)-R^2\right]^{\frac{1}{2}}-R$$

式中：$\psi=\pi/4-l/2R$，l 是直线段 B_1B_2 的长度。

因此，为了方便起见，在计算载荷–挠度曲线时，l 可以作为一个变量，所以

$$P=\frac{4M_{\rm p}(\delta+R)}{R(1-\cos\psi)\left[(\delta+R)^2+R^2\right]^{1/2}} \tag{4.27}$$

式（4.27）以无量纲形式绘于图 4.4（c）中，它表明载荷 P 随位移 δ 的增加而增加。正如圆环受到两个向外集中力作用的情况，实际载荷受到塑性极限轴力的影响。当 $\delta/R=0.2114$ 时，达到这种塑性极限轴力状态，这时拱 ACE 将被拉直，成为一个三角形。

4.3.2 受向内载荷作用的半圆拱

当同样的半圆拱受向内作用的载荷［图 4.5（a）］时，点 C 受约束只能垂直运动，初始坍塌载荷和载荷向外作用时一样［式（4.26）］。在这种情况下，初始坍塌后有四种坍塌模式。

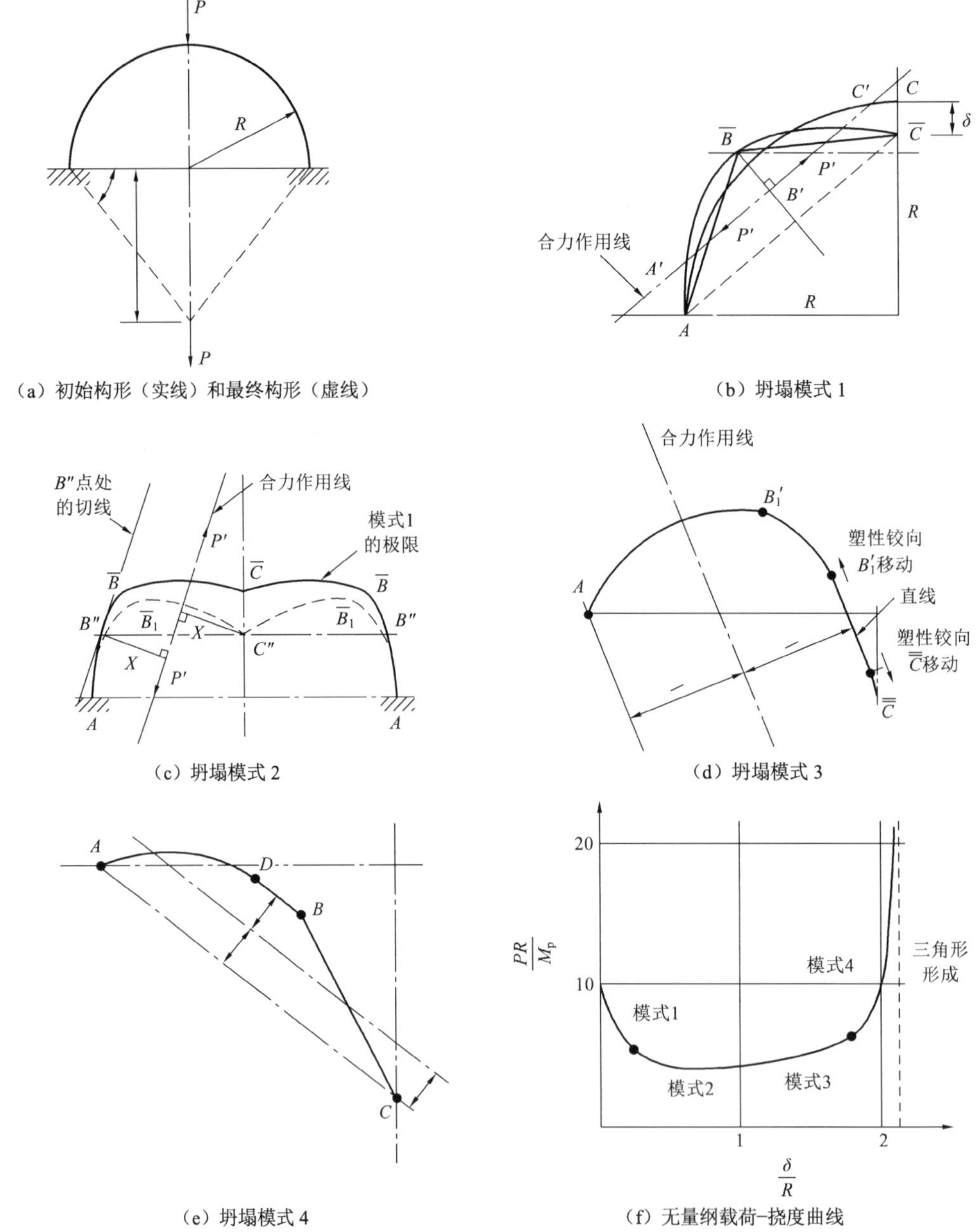

图 4.5 受向内集中力作用的固支半圆拱（Gill，1976）

模式 1［图 4.5（b）］有五个塑性铰，它们的位置是固定的。$\bar{B}\bar{C}$ 顺时针转动，而 $A\bar{B}$ 逆时针转动。点 $\bar{B}$ 总是有最大弯矩，直到 $\bar{B}\bar{C}$ 变成水平，并产生模式 2［图 4.5（c）］。在模式 2，另

一个塑性铰 B'' 形成，AB'' 不转动而是保持固定。当 $B''C''$ 成为水平时，产生如图 4.5（d）所示的模式 3。这里在 $B_1'\overline{\overline{C}}$ 段内的两个塑性铰相对分离方向运动。模式 4 如图 4.5（e）所示，B 处的塑性铰分裂成 B 和 D。对应于这四个模式的无量纲载荷–挠度曲线如图 4.5（f）所示。弯曲变形后的最后形状为三角形，它以虚线表示在图 4.5（a）中。有关这个问题的详细描述和分析，有兴趣的读者可以参见 Gill（1976）的原文。

4.4 两平板对压下的圆环

两平板对压下的圆环的破坏需要四个塑性铰，两个常见模式如图 4.6 所示（Burton et al.，1963；DeRuntz et al.，1963）。第一个模式有四个不动的塑性铰，较适合于低碳钢，因为它有上屈服点和下屈服点。第二个模式中圆环在移动接触点处被展平。这两个模式的未变形段的力作用图是相同的，因此得到相同的力–挠度曲线。初始坍塌载荷与在集中力作用下的情形相同［式（4.4）］。由平衡条件有

$$\frac{1}{2}PR\cos\theta = 2M_{\mathrm{p}} \tag{4.28}$$

由几何关系有

$$\delta = 2R\sin\theta \tag{4.29}$$

联立式（4.28）和式（4.29），并注意到式（4.4），有

$$P = \frac{P_0}{\left[1-(\delta/D)^2\right]^{1/2}} \tag{4.30}$$

或

$$P = \frac{2Yh^2L}{D\left[1-(\delta/D)^2\right]^{1/2}} \tag{4.31}$$

式中：L 为圆环的宽度或圆管的长度。

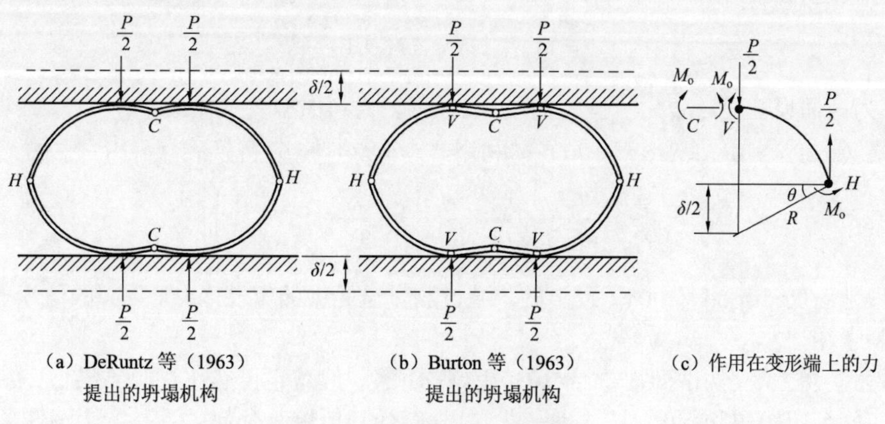

（a）DeRuntz 等（1963）提出的坍塌机构　（b）Burton 等（1963）提出的坍塌机构　（c）作用在变形端上的力

图 4.6　两平板对压下的圆环

这说明了载荷随着挠度的增加而增加（图 4.7）。值得注意的是，至今为止对圆环提出的分析，也同样适用于在类似载荷作用下的圆管，前提是屈服应力选取适当的值。于是，长度不

超过其壁厚一定倍数的短圆管可以看成圆环，式（4.31）中的Y等于简单拉伸试验得到的屈服应力。当长度大于圆管的直径时，考虑平面应变（plane strain）条件，Y应当取成$2/\sqrt{3}$乘以简单拉伸中的屈服应力。

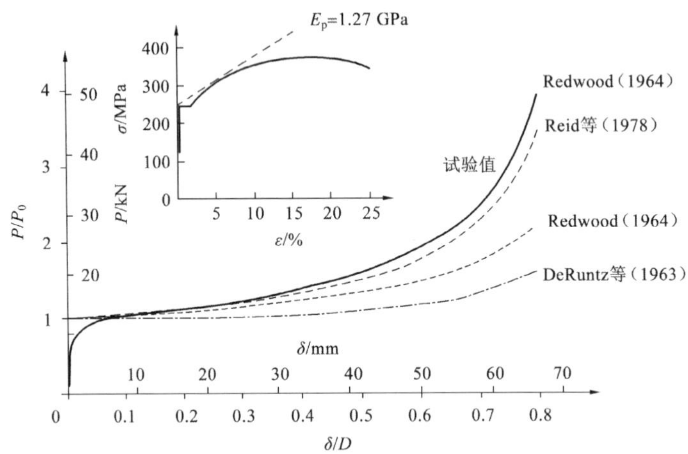

图 4.7 试验和理论得出的无量纲载荷–挠度曲线（Reid，1983）

h/R=0.108，R=42.16 mm，L=101.6 mm

由图4.7可以看到，预测的力低于试验结果。这个不一致可以用应变强化来解释，它在这里有两种影响。首先，随着变形的持续，塑性弯矩抗力增加［式（2.2）和式（2.3)］。其次，塑性变形将发生在一个区域内，而不是限于一个局部化的塑性铰，即铰有一定长度。这个虽然很小但是重要的几何变化，改变了力臂长度，从而导致载荷的改变。一种估计应变强化的简单方法是估算所涉及的变形区的平均应变，然后将它引入增强弯矩抗力的关系式中。假定塑性铰等效长度（effective length of plastic hinge）为λh，它在变形过程中不改变，则平均曲率为$\kappa=\theta/\lambda h$。

对于假定的线性强化弯矩关系（linear hardening relationship for bending moment)，有

$$M=M_p+E_pI\kappa=M_p\left(1+\frac{E_p\theta}{3Y\lambda}\right) \tag{4.32}$$

式中：I为截面惯性矩；E_p为所假定的刚–线性强化材料的应变强化模量［式（2.5)］。

由式（4.29）知，$\theta=\sin^{-1}(\delta/D)$。利用式（4.32）的$M$替换式（4.28）中的$M_p$，得

$$\frac{P}{P_0}=\frac{1}{\left[1-(\delta/D)^2\right]^{1/2}}\left[1+\frac{E_p}{3Y\lambda}\sin^{-1}\left(\frac{\delta}{D}\right)\right] \tag{4.33}$$

这个方程是由Redwood（1964）提出的。通过测量试验中的塑性区，发现λ的值为5，利用这个值绘制了图4.7。

显然式（4.33）给出了比式（4.30）更好的预测，但是它仍然比试验结果低，特别是在挠度大时。这是因为塑性铰仍然被认为是非常局部化的，所以其几何关系基本上与图4.6中假定的相同。Reid 等（1978）研究了这个问题，提出了塑性大挠度曲线（plastica）理论，用一段圆弧替代集中的铰，圆弧长度随挠度δ变化。这从本质上揭示了挠度的增加除了增强弯矩抗力外，有效力臂长度也随着减少。

一个四分之一圆管 HV 的受力情况如图 4.8（a）所示，其塑性变形区 HB 的放大图见图 4.8（b）。它与图 4.6 类似，只是用塑性区 HB 替换了塑性铰 H。假定弯矩服从线性应变强化关系。与以前一样，假定顶部移动铰 V 为集中铰。塑性变形发生在 HB 段内，B 处的弯矩为初始塑性弯矩 M_p。BV 段保持为刚性，在变形中有转动。HB 段的控制方程为（Frisch-Fay，1962）

$$E_P I \frac{d^2\theta}{ds^2} = -\frac{P}{2}\sin\theta \tag{4.34}$$

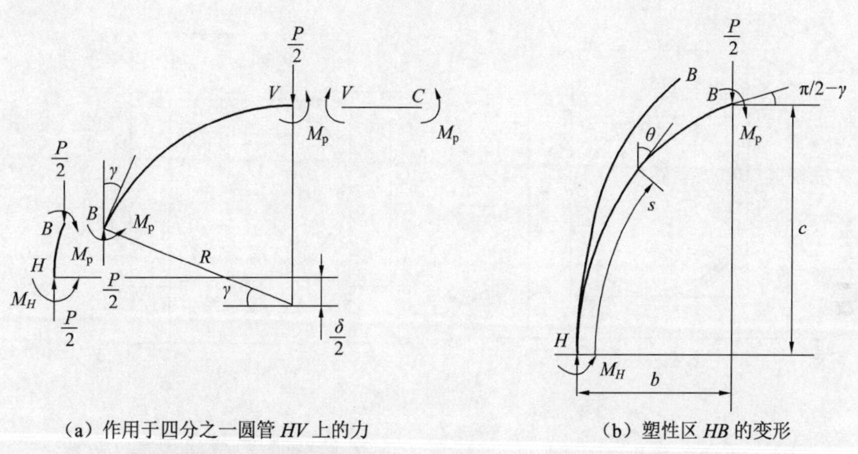

（a）作用于四分之一圆管 HV 上的力　（b）塑性区 HB 的变形

图 4.8　应用塑性大挠度曲线理论（Reid et al.，1978）分析的应变强化材料制成的圆管

在 H 处，$M_H = M_p + Pb/2$。系统的两个控制方程［图 4.8（a）］为

$$P = \frac{4M_p}{R\cos\gamma} \tag{4.35}$$

和

$$\frac{\delta}{2} = R\sin\gamma - c \tag{4.36}$$

式中：γ、b 和 c 的定义如图 4.8（b）所示。Reid 等（1978）给出了这三个方程的求解过程，特别是他们指出了载荷–挠度曲线的形状是由下述无量纲参数决定的

$$mR = (6Y / E_P hR)^{1/2} \tag{4.37}$$

较大的 mR 值对应于相对平缓的载荷–挠度曲线，正如 DeRuntz 等（1963）对理想刚塑性材料所做的预报那样。较小的 mR 值引起曲线显著上升。与以前的理论相比，他们的理论预报与试验结果符合得更好，如图 4.7 所示。还可以注意到，通过选择不同应变强化效应的材料，荷载–挠度曲线可以调整为更接近于第 1 章所描述的理想能量吸收器的矩形荷载–挠度关系。

4.5　横向受约束的圆管

为了使能量吸收最大化，结构的设计应当使大部分体积的材料进入塑性。因此，圆管应当横向约束，使其在坍塌过程中，比未受约束的圆管形成更多的塑性铰。Reddy 等（1979）研究了一种模式，这种模式能够防止圆管水平直径发生改变。这样为了要形成一个坍塌机构，需要比自由圆管形成更多的塑性铰。他们采用了两种类型的约束：一种是将圆管置于凹槽形的块体中，另一种是用螺栓联结在一起的两块侧板实现的，见图 4.9（a）。第一种设置产生圆管与约束块体之间的摩擦，导致圆管上半部和下半部之间不对称变形。典型的载荷–挠度曲线（图 4.10）表明在后坍塌阶段作用力有所增加。Shim 等（1986a）研究了在不同程度的一般横向约束下，受圆柱压头挤压的圆管。

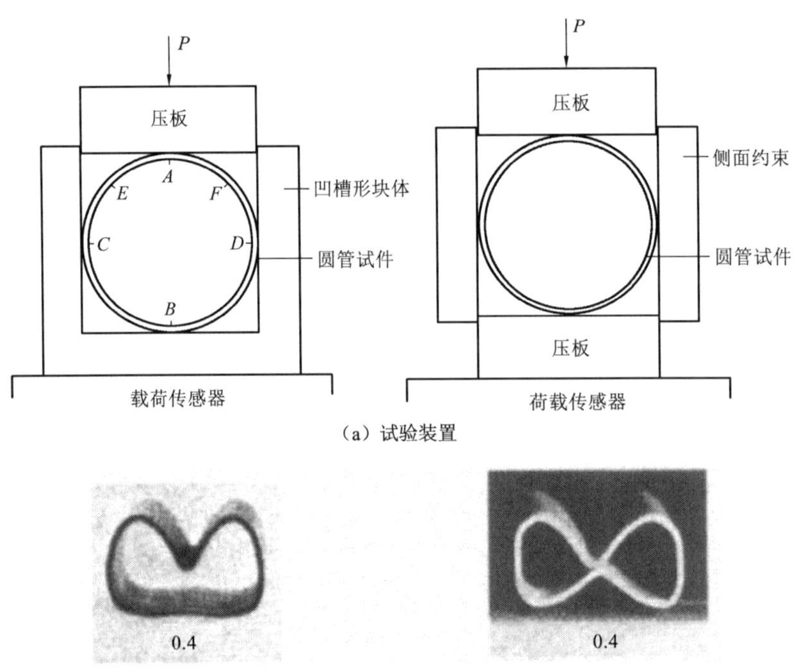

（a）试验装置

0.4
0.4

（b）试验后的圆管（Reddy et al.，1979）

图 4.9　受约束圆管在平板作用下的压缩

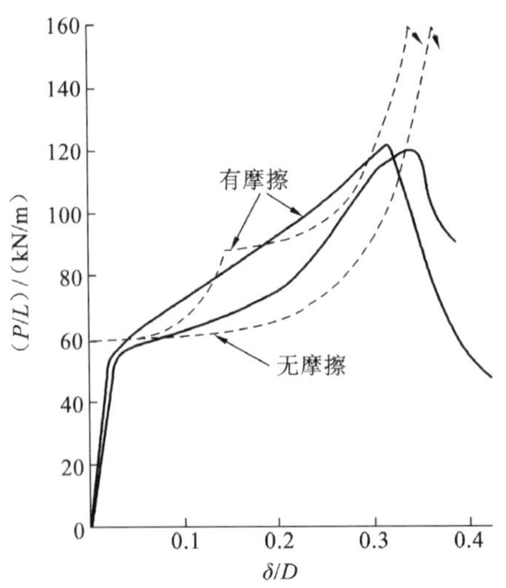

图 4.10　受约束圆管在平板之间压缩的理论与试验结果比较（Reddy et al.，1979）

铝管，D=25 mm，h=0.9 mm，有摩擦时载荷比无摩擦时高，虚线为理论结果

圆管可以放置于V形块体中,其载荷–挠度特性可以通过改变块体角度(图4.11和图4.12)进行调整(Reid, 1983)。对于被集中载荷(V形压头)或者平板压扁的圆管,当块体角度α减小时,作用力增大。集中力作用时,力的急剧下降是几何形状变化的结果:力臂随着挠度的增加而增加,在以后阶段由于材料应变强化,作用力得到一定支撑。在所有情况下,塑性铰发生在加载点、接触点及它们之间的中间位置。

(a)受集中载荷作用

(b)受平板压缩(Reid, 1983)

图4.11 受V形块体约束的圆管(Reid, 1983)

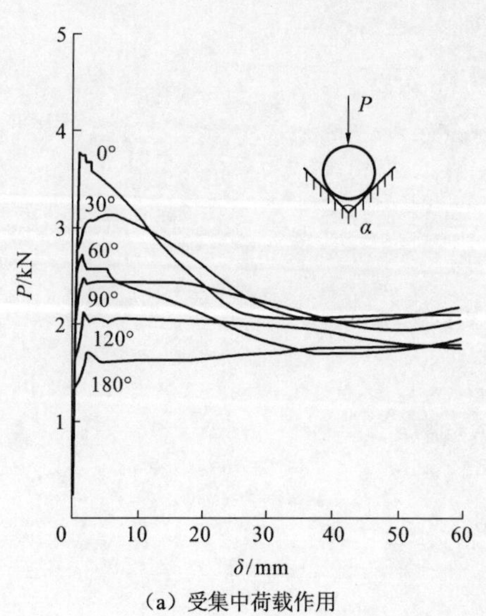

(a)受集中荷载作用

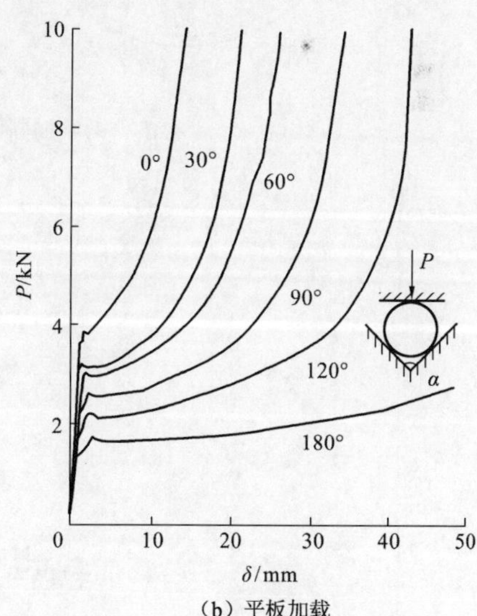

(b)平板加载

图4.12 V形块体约束的低碳钢圆管的载荷–挠度曲线(Reid, 1983)

圆管可以用钢丝拉紧加固,以增加能量吸收能力(Reid et al., 1983a)(图4.13和图4.14)。对外直径为88.9 mm,壁厚为1.6 mm,长为50.8 mm的退火低碳钢管进行了试验。通过圆管上的孔将直径为0.3 mm的高强度钢丝缠绕在上面,以产生拉紧的连接。对于单根钢丝加固圆管［图 4.13（a）］受平板压缩加载，当$15° \leqslant \theta \leqslant 90°$时（图中未表示出），载荷–挠度曲线看上去没有受到$\theta$的影响，但是当$\theta = 0°$时，载荷要高得多。当$\theta = 30°$时，两根钢丝加固使得作用力增加。

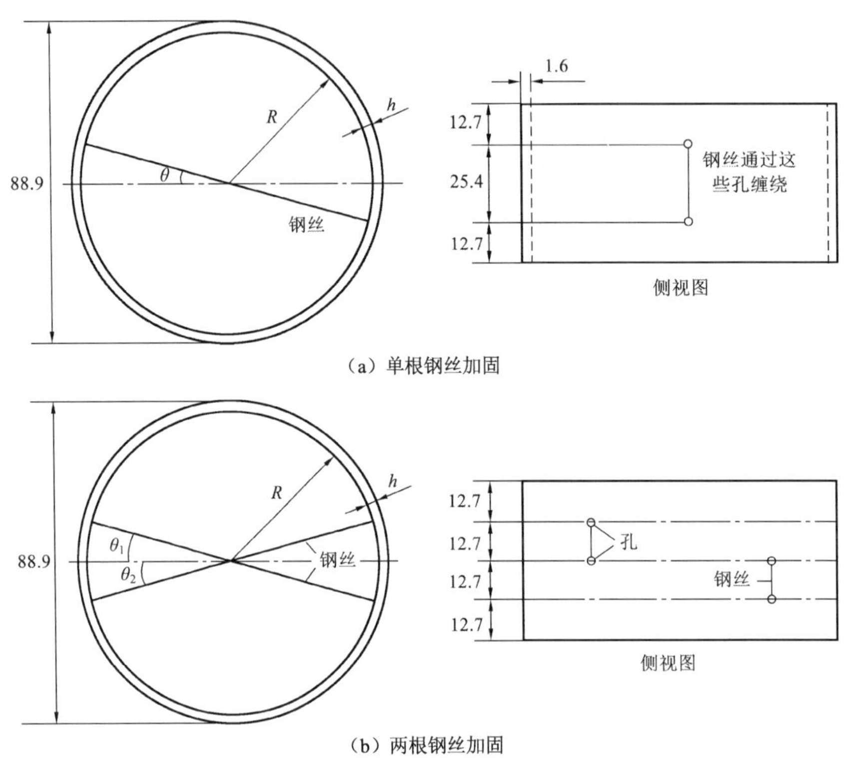

图 4.13 钢丝加固圆管（Reid et al.，1983a）

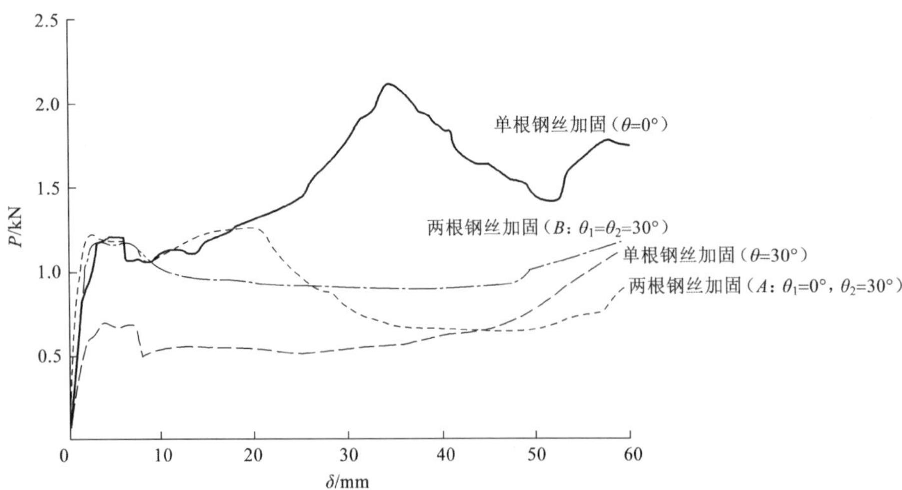

图 4.14 钢丝加固圆管的载荷–挠度曲线（Reid et al.，1983a）

对于钢丝加固圆管，塑性铰发生在加固点、加载点及加载点和加固点之间。这种加固装置已进一步用于研究椭圆管（elliptical tubes）的应用（Wu et al.，1998，1997a）。

等效结构技术可以用来研究这里介绍的所有横向约束圆管的坍塌行为。特别是图 4.9（a）所示的结构，在 C 和 D 处发生滑动前，初始坍塌涉及在 A、E、F、C 和 D 处形成的塑性铰。这种初始坍塌载荷与集中力作用下的半圆拱［式（4.26）］相同，它是无约束圆管的 2.4 倍。对于 V 形块支持的圆管，初始坍塌载荷由式（4.38）给出

$$P_0 = (4M_p / R)\cot[(\pi+\alpha)/8] \tag{4.38}$$

式中：α 为 V 形块体的角度。

对于加固圆管，Reid 等（1983a）得到了下列方程：

加固范围在 $0°\leqslant\theta\leqslant 30°$ 内的单根钢丝加固圆管［图 4.13（a）］

$$P_\theta = \frac{2M_p}{R\sin\left(\dfrac{\pi}{4}+\dfrac{\theta}{2}\right)\left[1-\sin\left(\dfrac{\pi}{4}+\dfrac{\theta}{2}\right)\right]} \tag{4.39}$$

对于对称的两根钢丝加固圆管（$\theta_1=\theta_2=\phi$），坍塌载荷为

$$P_\theta = \frac{4M_p}{R}\begin{cases}\dfrac{\cos\left(\dfrac{\pi}{4}+\dfrac{\phi}{2}\right)}{1-\sin\left(\dfrac{\pi}{4}+\dfrac{\phi}{2}\right)}, & 0\leqslant\phi\leqslant\dfrac{\pi}{6}\\ \dfrac{1-\sin\phi}{1-\cos\phi}, & \dfrac{\pi}{6}\leqslant\phi\leqslant\dfrac{\pi}{4}\\ 1, & \phi>\dfrac{\pi}{4}\end{cases} \tag{4.40}$$

后坍塌模式涉及移动铰，以及圆管与板之间的接触点。尽管如此，如果应变强化可以忽略的话，载荷-位移行为可以通过上述同样方法得到。

4.6 端部受撞击的一维圆环系统

前面所讨论的全都只与圆管的准静态响应有关。现在介绍圆环系统（ring system）的动态响应。Silva-Gomes 等（1978）研究了端部受撞击的金属圆环链，其典型的质量比为 $m/G\approx 0.01$，速度为 $v_0\approx 4\,\text{m/s}$，这里 m 为每个圆环的质量，G 为撞击物的质量。当速度很低时，所有圆环的变形都同时均匀地发生，所以系统的整体响应可以由准静态下每个圆环的分析求得。

Reid、Reddy 及其合作者对这种圆环系统的碰撞响应在较高的速度下（30～120 m/s）进行了进一步的研究（Reddy et al.，1991；Reid et al.，1984；Reid et al.，1983b，1983c），质量比大约为 0.2。他们试验了两种类型的圆环系统：第一种是自由系统，所有圆环自由地排成一行，相互间没有连接；第二种是薄板嵌入系统，在圆环间插入质量为 $m'=17.9\,\text{g}$ 的低碳钢板，并用铆钉将圆环与薄板紧固在一起，成为一个系统。变形后的两种黄铜薄圆环系统，即自由系统和

低碳钢薄板嵌入系统，分别如图 4.15（a）和（b）所示。圆环厚度h为 1.6 mm，经过退火处理。对于自由系统，在所有情况下$G=125\,\mathrm{g}$（$m/G=0.22$），$v_0\approx 35.5\,\mathrm{m/s}$；而对于低碳钢薄板嵌入系统，$(m+m')/G=0.36$，$v_0\approx 35\,\mathrm{m/s}$。两种系统都有 6～10 个圆环。

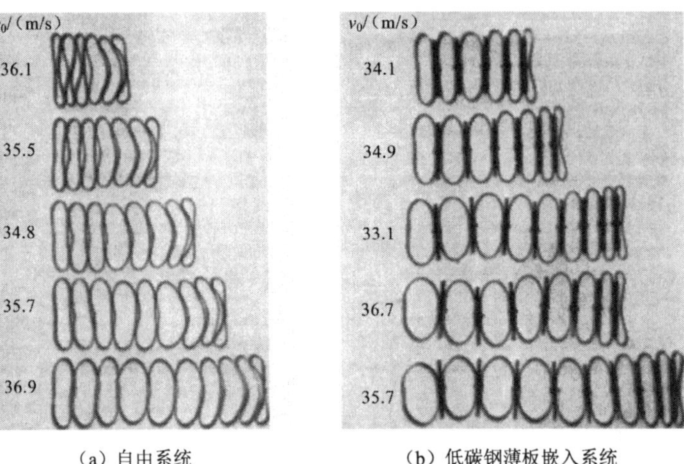

图 4.15　端部受质量 G=125 g 以不同速度 v_0 撞击的黄铜圆环系统（n=6～10），在不同时刻的变形形状（Reid et al.，1983b）

显然，从载荷作用端开始的变形是不均匀的（图 4.15 和 4.16）。对于自由系统，一个圆环的坍塌模式可以从四铰模式开始（图 4.6）。但是，随后的变形导致该圆环与邻近圆环抱合，模式变得复杂很多。从整体上看，远端处有两个圆环同样也经历了相当大的变形。一般来说，正如 Reid 等（1983c）所提出的，这可以用后面要介绍的结构波的理论解释。于是，一个塑性波由撞击端产生，并向远端传播。远端两个圆环的早期变形可能是固定端弹性入射波和反射波叠加的结果，并引起塑性波的返回传播。

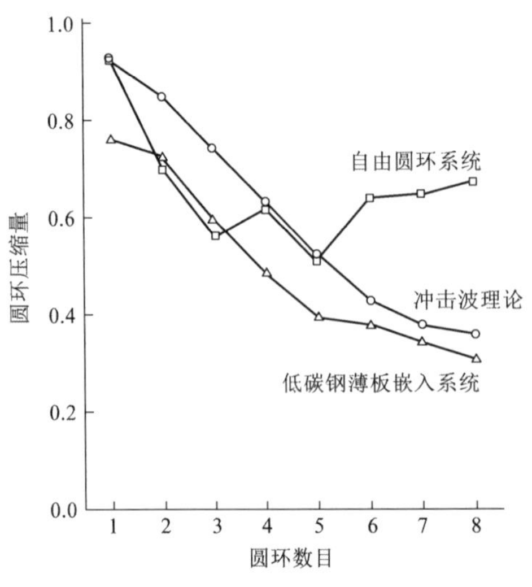

图 4.16　圆环压缩量 δ/D 的试验与理论结果比较（Reid et al.，1983b）

低碳钢薄板嵌入系统的变形比较规则。变形基本上是从近端的第一个圆环开始，然后向远端传播。对于数量很多的圆环，塑性波没有到达远端就停止，使该处不发生明显的变形。

比较图 2.15（a）所示的应力–应变曲线和圆环载荷–位移曲线（图 4.7），在初始弹性阶段以后，它们都凸向横坐标轴，即切线模量 $\mathrm{d}\sigma / \mathrm{d}\varepsilon$ 随应变的增加而增加。正如 Reid 等（1983c）所提出的，按照图 2.15（b）推理，仿效具有凸形应力–应变曲线材料杆的冲击波理论（shock wave theory）（Lee et al.，1954），应当存在一个结构冲击波。

考虑端部受质量 G 撞击的圆环系统（图 4.17）。令一个圆环的初始坍塌载荷为 P_0，当前载荷为 P。假定准静态关系 $P / P_0 = f(\delta / D)$ 在动态情况下仍然成立，这里 f 是如式（4.30）或者式（4.33）的函数。此外在分析中忽略弹性变形，并允许正在变形的第 i 个圆环与第 $i+1$ 个圆环之间的接触点处力的间断。

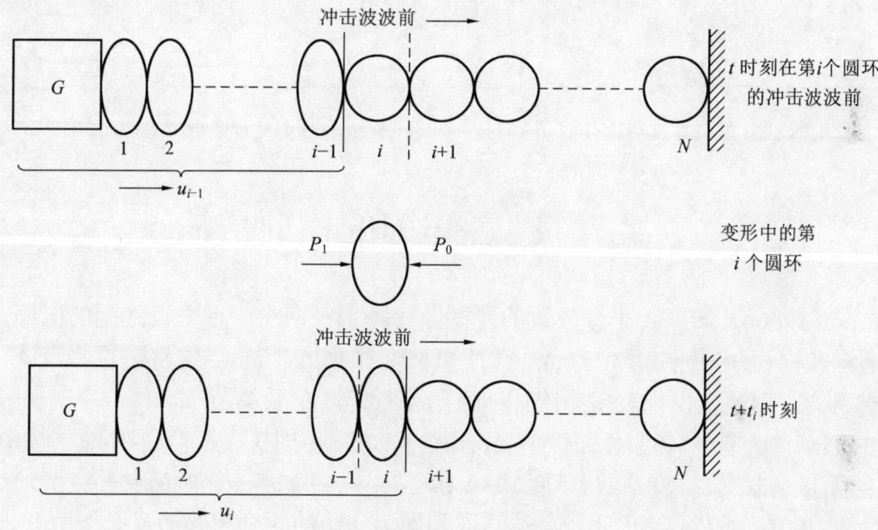

图 4.17 结构冲击波通过第 i 个圆环传播的模型

对于初始冲击波跨越第 i 个圆环时的传播，控制方程为

$$[G+(i-1)m](u_i - u_{i-1}) = -P_i t_i \tag{4.41a}$$

$$m u_i = (P_i - P_0)\, t_i \tag{4.41b}$$

$$\delta_i = \frac{1}{2}(u_i + u_{i-1})\, t_i \tag{4.41c}$$

$$P_i / P_0 = f(\delta / D) \tag{4.41d}$$

式中：t_i 为冲击波跨越第 i 个圆环经过的时间；u_{i-1} 和 u_i 分别为系统变形部分在 t_i 时间间隔的初始和最终速度；P_i 是由圆环无量纲载荷–挠度曲线求出的力。

式（4.41a）和式（4.41b）分别是关于系统变形部分和第 i 个圆环的动量守恒。式（4.41）可以数值求解，求出力、速度及圆环的压缩。

由这个冲击波理论所预言的圆环压缩及试验结果如图 4.16 所示。虽然预测值比试验值约高 10%，但是总的来说，理论和试验之间符合得非常好。Reid 等（1984）做了进一步改进，将弹性和应变率效应考虑进去。对弹性波的研究解释了在系统远端观察到的塑性变形。从多胞固体动力压溃的角度，Shim 等（1990）提出质量–弹簧模型来考虑类似的效应，将在 10.4.2 节介绍。

以上介绍的冲击波理论不能很好地解释具有抱合效应的自由系统的更复杂变形（自由系统的理论与试验差异见图 4.16）。Lim（2001）应用 LS-DYNA3D 软件，进行了详细的有限元分析，再现了所观察到的系统内非均匀变形（图 4.18）。

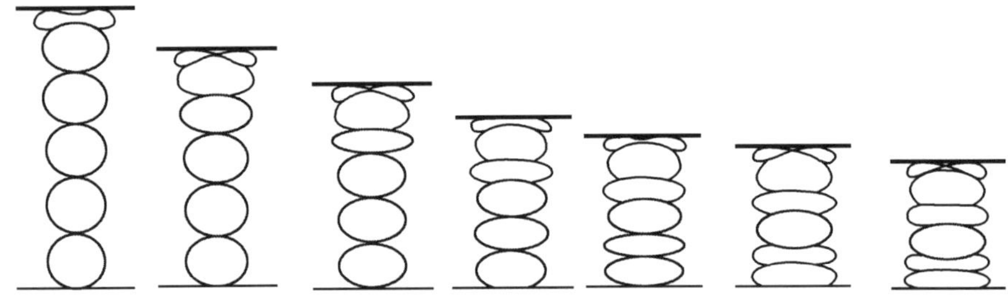

图 4.18 由 LS-DYNA3D 计算得到的六个圆环系统的各个变形阶段（Lim，2001）

4.7 圆管阵列的横向压溃

Shim 等（1986b）研究了平行放置的薄壁圆管阵列在两个平行平板之间的压缩。试件有钢管、黄铜管和铝管，厚度约为 0.7 mm，直径和长度都为 12.7 mm。这种装置本身就可以是一个能量吸收系统，但是它也代表多胞固体的微结构行为（参看第 10 章）。

圆管的堆砌排列有两种可能：正方形或者六角形堆砌。对于黄铜圆管阵列，准静态压溃过程和相应的无量纲载荷–挠度曲线分别如图 4.19（a）和（b）所示。侧面有约束的单个圆管初始坍塌载荷 P_0 由式（4.26）给出（一个圆管受到均匀间距的四个相等的载荷作用）。圆管列的数目为 $n_c=10$（对于六角形堆砌阵列，根据堆砌的构形，这个数目在 9 和 10 之间交替变化）。

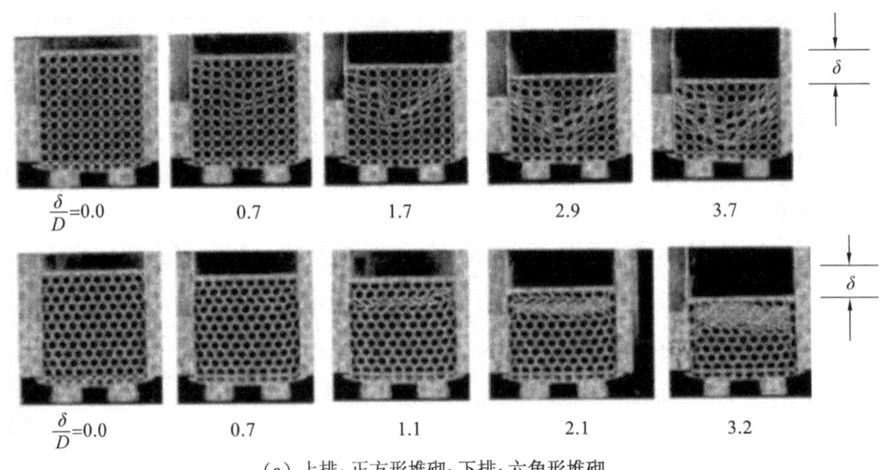

（a）上排：正方形堆砌；下排：六角形堆砌

图 4.19 黄铜管阵列的压缩（n_c=10，h=0.71 mm）（Shim et al.，1986b）

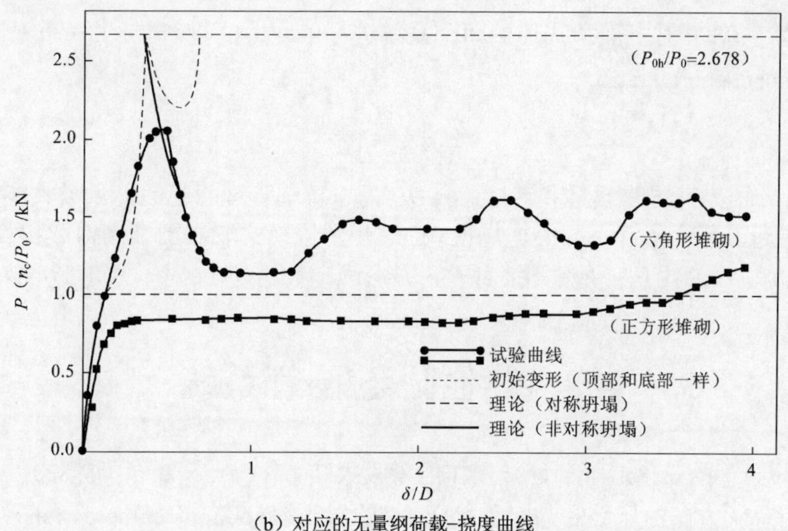

(b)对应的无量纲荷载-挠度曲线

图 4.19 黄铜管阵列的压缩(n_c=10,h=0.71 mm)(Shim et al.,1986b)(续)

对于正方形堆砌阵列,观察到了非对称变形模式。一个狭窄的 V 形带形成在加载压板的前方。如 Shim 等所说明的,该局部化(localization)与圆环在非对称坍塌模式下的软化行为有关。对于六角形堆砌阵列,圆管坍塌从顶部一排开始,当一排被压溃后变形向下传播,局部化带是水平的。

理论上正方形堆砌阵列的初始坍塌载荷就是 n_cP_0[P_0 是单个圆管的坍塌载荷,由式(4.26)给出]。对于六角形堆砌阵列,每一个圆管都受到六个相等的均匀间距的力的作用。考察作用在一个圆管上的力(图 4.20),并利用等效结构技术,可以立即得到初始坍塌载荷。

$$P_{0h}=\frac{4M_p}{R}(3+2\sqrt{3}) \tag{4.42}$$

因此,P_{0h} 大约是 2.678 P_0。

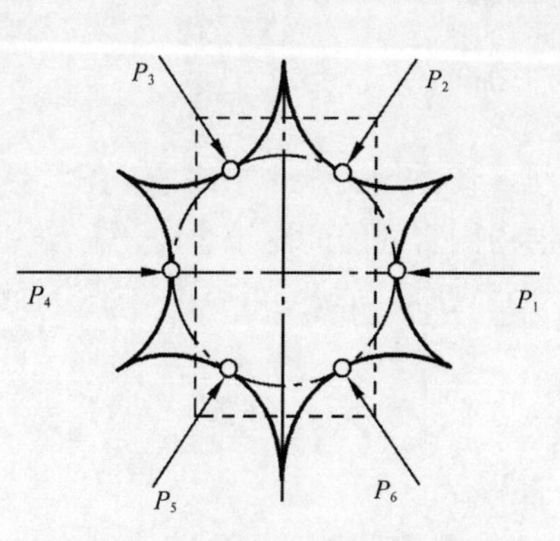

(a)作用在六角形堆砌系统中一个圆管上的力

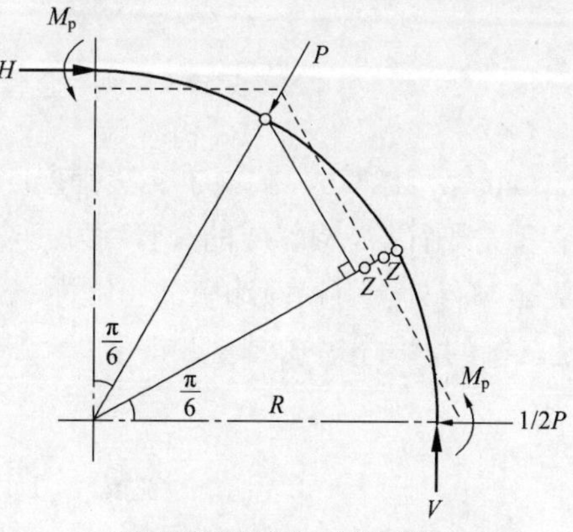

(b)作用在四分之一圆管上的力

图 4.20 作用在六角形堆砌系统中一个圆管上和四分之一圆管上的力(Shim et al.,1986b)

Stronge 等（1987）对上面所描述的两个系统进行了动力试验，定义了一个无量纲参数［碰撞能量比（impact energy ratio）］

$$Q = \frac{Gv_0^2}{2n_c DP_0} \tag{4.43}$$

式中：G 和 v_0 分别为撞击物质量和速度。$n_c DP_0$ 为一排圆管理想化的能量吸收能力。

他们观察到了各个圆管不同的坍塌模式，这些坍塌模式取决于堆砌构形和 Q 的值。最终挤压高度 δ / D 与 Q 的比几乎是常数：对于正方形堆砌大约是 1，对于六角形堆砌是 0.6。

4.8 其他圆环/圆管系统

金属圆环/圆管的三角形阵列已被用作能量吸收装置（Carney et al.，1982），见图 4.21。该系统受到沿对称轴方向的压缩和与对称轴成 15°的斜压缩（oblique compression）。对于斜压缩，观察到能量吸收减少了 30%。Carney（1993）还讨论了圆管系统应用于高速公路的实际能量耗散装置。

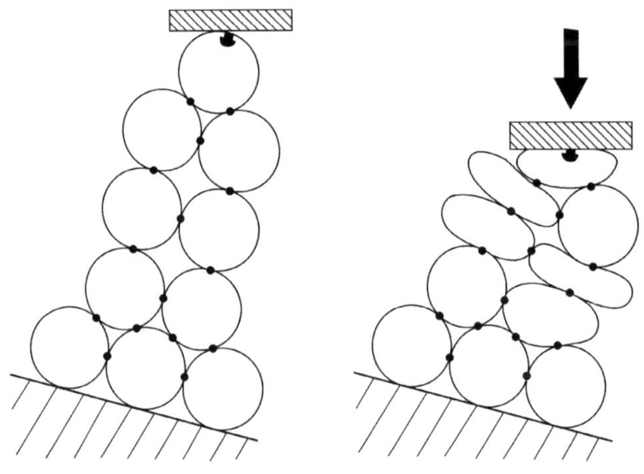

图 4.21 三角形阵列的金属圆环系统（Carney et al.，1982）

Johnson 等（1977b）试验了交叉铺层的圆管系统。该系统由若干层组成，在每一层内，所有圆管都是平行的，相邻层的圆管相互正交。当一层内圆管间的间距很小时，每一根圆管都可以认为是独自处于有横向约束的压缩中。反之，当间距大时，圆管变形就不再是沿轴线均匀的，而是三维的，坍塌模式要复杂得多。

4.9 进一步讨论

显然，在平面内压溃的圆环和圆管是有效的能量吸收元件。当在两平板间对压时，在很大的挠度范围内力-位移曲线几乎是平的，这有利于用作能量吸收器。通过 V 形块体或者钢丝拉紧对圆管施加更多的约束，改变坍塌模式，更多体积将处于塑性变形，从而可以增强能量吸收能力。

应变强化可以增加载荷，不只是因为高应变提高了流动应力，还因为塑性变形扩展到了一个区域。坍塌结构的几何形状可以与塑性变形集中在局部塑性铰上的理想塑性情形不同，改变了力的水平。所以，有可能通过选择不同应变强化特性的材料，来调整力–位移曲线。

由于惯性效应，碰撞加载能够导致圆环系统内的局部变形。这改变了每个圆管所经历的力的水平，从而改变了总的吸收能量。在这种情况下观察到的主要特征是局部化变形，这可以通过从碰撞端传播的结构塑性冲击波来解释。对于这样的圆环系统，应变率效应看来并不重要。

圆管可以装配成各种管的系统，达到想要的能量吸收性能。有关的例子包括紧密堆砌的圆管系统、交叉铺层的圆管系统及三角形阵列的圆管系统，它们已经在各种实际应用中被采用。

5 横向载荷作用下的薄壁构件和夹层梁

在第 4 章中，圆环/圆管产生平面内的塑性变形；在第三个方向，即面外方向，参数没有变化。但是，当圆管受到局部载荷作用时，变形将是三维的。本章将讨论圆管在加载体横向作用下的局部压陷，也讨论矩形管和方管、槽形与角形截面薄壁构件的弯曲，以及泡沫充填管和夹层梁的弯曲。

5.1 集中力作用下的圆管

圆柱壳在集中载荷作用下将发生局部变形（见图 5.1）。塑性变形区呈椭圆形，并随着作用力数值的增大而扩大，最大变形发生在加载点。对于端部自由的圆管，挠度等值线详细图形和母线形状出现的顺序如图 5.2（a）所示；端部固定的圆管如图 5.2（b）所示（Morris，1971）。这些结果是通过两个加载体的端头施加两个大小相等、方向相反的载荷得到的。圆管直径与厚度之比为 $D/h=105$，长度与直径之比为 $L/D=3.4$。

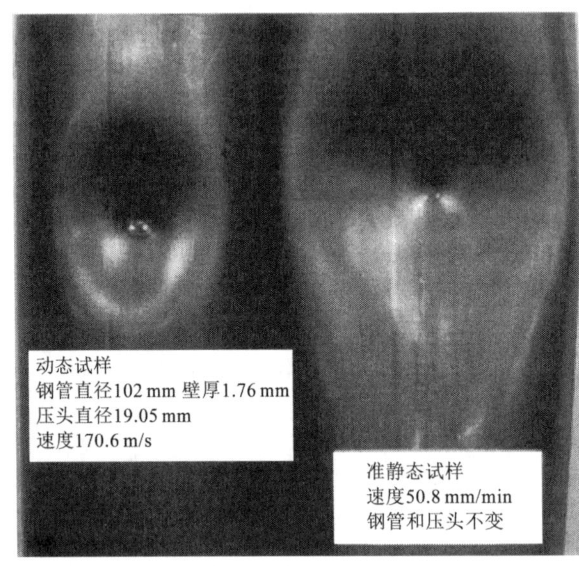

图 5.1 撞击后（左边）和准静态压陷后（右边）钢管的照片

两端完全受约束的较短圆管（$L/D=1.03$）在同样载荷[图 5.2（b）]作用下比自由端圆管产生的挠度要小很多。对于端部约束相同的圆管，利用尺寸不同的加载端头施加载荷得到不同的载荷–位移曲线，见图 5.3，这说明了端头大小的重要性。$M_{\mathrm{o}}=Yh^2/4$ 为单位宽度的塑性极限弯矩，Y 为屈服应力。这里引入了一个无量纲端头尺寸参数（non-dimensional boss size parameter）$\bar{\rho}=r/\sqrt{Rh}$，其中 r 是端头的半径，R 是圆管的半径。对于给定的挠度，较大的端头需要较高的载荷。但是应当指出，如果采用特殊设计的其他压痕装置，如利用平缓曲面压缩圆柱壳，其结果对压头尺寸可能不是那么敏感（Stronge，1993）。

对于这个问题，Morris 等（1971）完成了简单的上界计算，此前他们还成功地应用该方法对集中载荷作用下的圆板进行了计算（Calladine，1968）。在圆管的计算中，他们利用一系列由直的塑性铰线连接起来的梯形单元近似地表示椭圆形变形区。通过考察“面积”图，计算出了中性轴的位置。这个计算考虑了中面伸长效应及几何大变形。这个方案的理论结果与试验结果大致符合（图 5.3）。图中实际载荷已用初始坍塌载荷进行了无量纲化，初始坍塌载荷为

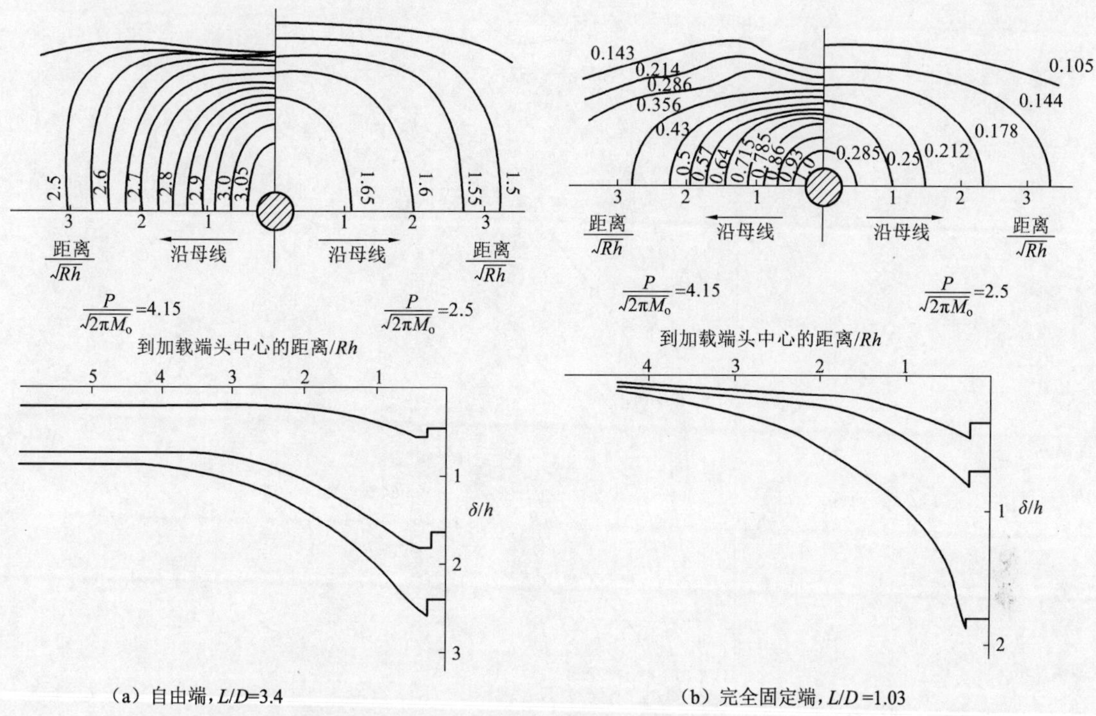

(a) 自由端，L/D=3.4

(b) 完全固定端，L/D=1.03

图 5.2 在两种量值的作用下冲头静态压入圆管产生的挠度的等值线图（上）和母线轮廓线出现的顺序（下）（Morris，1971）

$$P_0 = 2\pi M_o \tag{5.1}$$

它与周边简支中心加载圆板的坍塌载荷相同（Calladine，1968）。

圆管响应受到压头几何形状的影响。Stronge 等（1993）使用半球形压头在静态和动态两种载荷情况下，研究了圆柱壳的挠曲和穿透。由于惯性效应，碰撞载荷导致变形更为局部化（图 5.1）。以试验为依据，Stronge（1985）提出了对应于弹道极限（ballistic limit）的能量。如果弹体不是附着在目标上，即带着可忽略的速度离去，则弹体的这种速度定义为弹道极限。对于直径 D 为 6.35～12.7 mm 的球形头部弹体，贯穿冷拉低碳钢圆管（1.2 mm≤h≤3.2 mm）的能量为

$$W = Ch^{1.63}D^{1.48} \tag{5.2}$$

式中：C 为常数，但具有量纲 $\mathrm{J\cdot mm^{-3.11}}$。后来 Corbett 等（1990）得出结论，上述公式在 1.66 mm≤h≤5.0 mm 时成立，但是对轧制和焊接的圆管不适用。

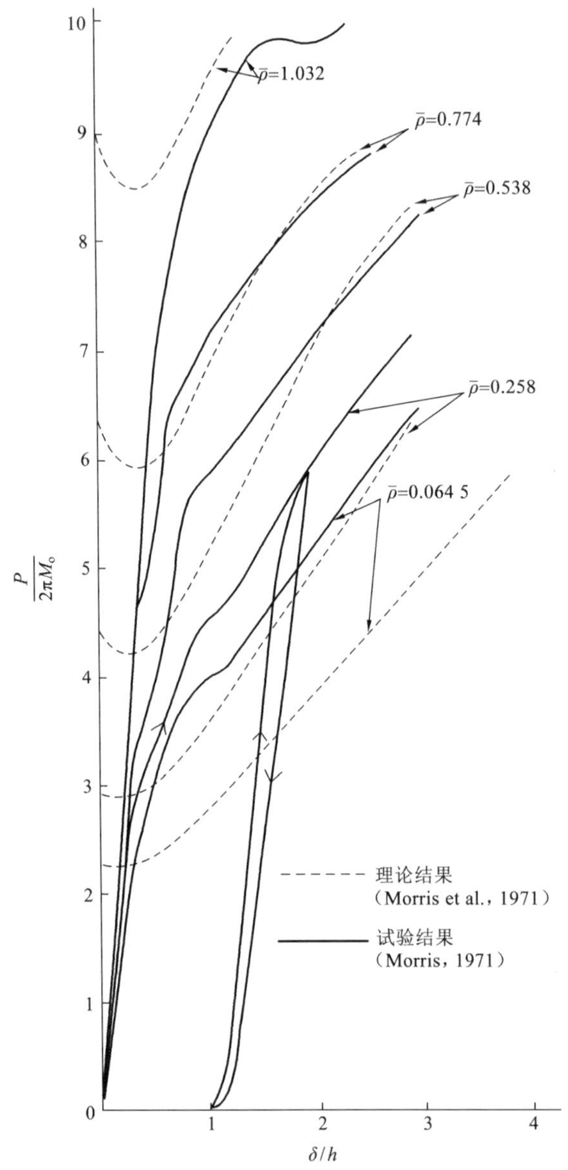

图 5.3 受加载体端头作用的端部完全夹持的圆柱壳：理论与试验的无量纲载荷–位移曲线

5.2 钝楔对圆管的压入

另一种形式的圆管压陷是利用尖端半径为 3～5 mm 的楔形压头压入管壁实现的，变形后的形状如图 5.4 所示。塑性变形局限在压头附近，见图 5.4（b）中的 *ABCD*。塑性区的大小随着楔压入深度的增加而增加。因此塑性铰线 *AB*、*AD*、*BC* 和 *CD* 在变形过程中移动，而表面 *ABD* 和 *BCD* 几乎是平的。这里介绍 de Oliveira 等（1982a）提出的一个简单理论模型，试验结果将在以后介绍。

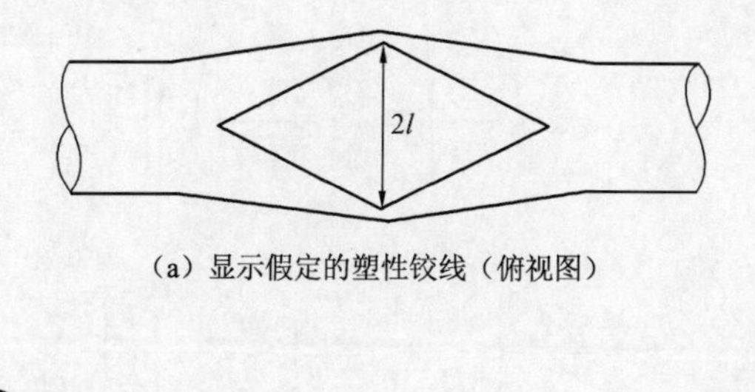

（a）显示假定的塑性铰线（俯视图）

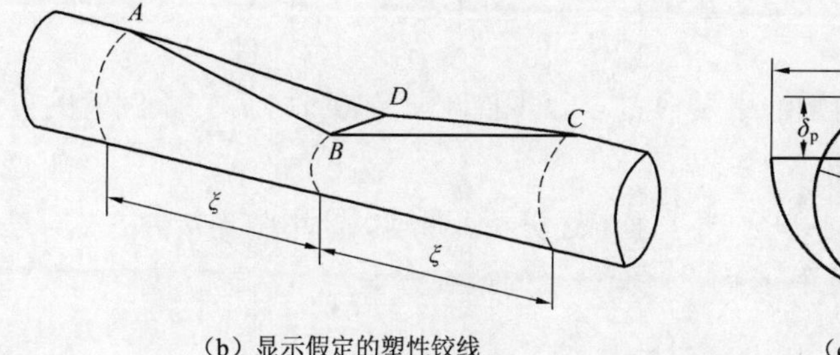

（b）显示假定的塑性铰线

（c）中央截面

图 5.4　被楔形压头压陷的圆管

假定圆管的中央截面在一段圆弧上面被一条直线所盖住，这条直线就是楔的端部 BD，见图 5.4（c）。塑性区整体大小可以由图 5.4（b）中的特征长度 ξ 和宽度 $2l$ 确定。严格地说，所有的塑性铰线都必须有一个（很小）的半径，而不是尖锐的皱褶。但是，目前的模型没有研究这一点，圆管端部可以是自由的或者是完全固定的。

对于所假定的中央截面几何形状，因为圆周长度仍然相同，所以当前这一部分有新的半径

$$R' = \frac{\pi R}{\pi - \beta + \sin\beta} \tag{5.3}$$

塑性凹陷深度（plastic dent depth）为

$$\delta_{\mathrm{p}} = \frac{R(2\sin\beta + \pi - 2\beta - \pi\cos\beta)}{\pi - \beta + \sin\beta} \tag{5.4}$$

扁平部分宽度为

$$l = R'\sin\beta \tag{5.5}$$

中央截面当前构形的塑性极限弯矩可以直接算出

$$M = \frac{\pi^2(2\sin\beta - \sin\beta + \sin\beta\cos\beta)}{2(\pi - \beta + \sin\beta)^2} M_{\mathrm{p}} \tag{5.6}$$

式中：$M_{\mathrm{p}} = YD^2h$ 为圆管截面的塑性极限弯矩，并有 $\alpha = (\pi + \beta - \sin\beta)/2$。由数值计算导出弯矩 M 的一个近似式为

$$M = (1 - \delta_{\mathrm{p}}/D)\, M_{\mathrm{p}} \tag{5.7}$$

它表明，塑性极限弯矩随塑性凹陷深度的增加而线性减少。这个结果与初始边长为 $a = \pi D/4$ 的等效正方形截面的行为非常相似，当这个截面变形成一个矩形时，高度减少了 δ_{p}。

如 2.2 节讨论的，外功率应当等于塑性能量耗散功率。通过极小化外功率，求得未知参数 ξ 和 l。de Oliveira 等（1982）发现

$$\xi = D\left\{\frac{\pi\delta_p}{4h}\left[1-\frac{1}{2}\left(\frac{N}{N_p}-1\right)^2\right]\right\}^{\frac{1}{2}} \tag{5.8}$$

以及

$$P = \frac{4M_p}{D}\left\{\frac{\pi h\delta_p}{D^2}\left[1-\frac{1}{2}\left(\frac{N}{N_p}-1\right)^2\right]\right\}^{\frac{1}{2}} \tag{5.9}$$

式中：$N_p = \pi DhY$ 为圆管的塑性极限轴力，N 为圆管内产生的轴力。对于圆管的自由端和完全固定端，分别有 $N/N_p = 0$ 和 $N/N_p = 1$ 。

随后，Wierzbicki 等（1988）改进了上述分析，通过纵向用弦连接的方式，考虑了一系列更加逼真的圆管变形后的截面形状。他们得到的最终方程为

$$\xi = \frac{D}{2}\left\{\frac{2\pi\delta_p}{3h}\left[1-\frac{1}{4}\left(\frac{N}{N_p}-1\right)^3\right]\right\}^{\frac{1}{2}} \tag{5.10}$$

和

$$P = 4Yh^2\left\{\frac{\pi D\delta_p}{3hR}\left[1-\frac{1}{4}\left(1-\frac{N}{N_p}\right)^3\right]\right\}^{\frac{1}{2}} \tag{5.11}$$

在 Thomas 等（1976）的初步试验之后，Reid 等（1989b）进行了圆管压陷试验。有缝低碳钢圆管（D = 50.8 mm，h = 1.6 mm）两端简支或者固支，然后利用楔形压头在跨度中央加载。在这个试验中，圆管最初发生局部凹陷，几乎没有整体变形。总的压头位移 δ_{tl} 总是大于局部塑性凹陷深度 δ_p 。

根据试验发现，δ_p 线性正比于 δ_{tl}（例如，对于长度为 L=305 mm 的固支圆管，$\delta_p = 0.835\delta_{tl}$）。变形进行时，由于几何形状的改变，中央截面的塑性极限弯矩减少了[式（5.6）]。当压头作用力 P 产生的弯矩等于这个弯矩时（即 $PL/4 = M$ ），发生圆管结构坍塌，类似于实心截面梁在三点载荷作用下的坍塌（图 2.12）。对于端部完全固定的圆管，出现轴向伸长。

根据局部凹陷深度 δ_p 和总的压头位移 δ_{tl} 之间的试验关系，式（5.9）可以重新写成 δ_{tl} 的形式。此外，对于给定载荷 P，管梁的弹性变形可以利用普通的梁理论求出，因此可以画出“理论的”载荷–位移曲线。图 5.5 比较了试验与利用这种方法给出的理论结果（Reid et al.，1989b），圆管的跨度为 457 mm，端部自由或完全固定。这些曲线表明，弹塑性分析与试验符合得比刚塑性理论好。

Jones 等（1992a，1992b）进一步改进了理论分析，并利用落锤进行了广泛的碰撞试验，钢管的尺寸为 $D/h = 11$～60 和 $L/D \approx 10$ 。完全固定圆管在跨度中央，四分之一跨度或者接近支座处受到刚性楔形压头的撞击。低碳钢圆管的尺寸为 $L = 600$ mm，$D = 60$ mm 和 $h = 2$ mm，典型的结果以塑性变形和输入能量的关系形式在图 5.6 中给出。理论计算中使用了屈服应力，如果取屈服应力和极限应力的平均值作为流动应力，得到的挠度略微偏小。

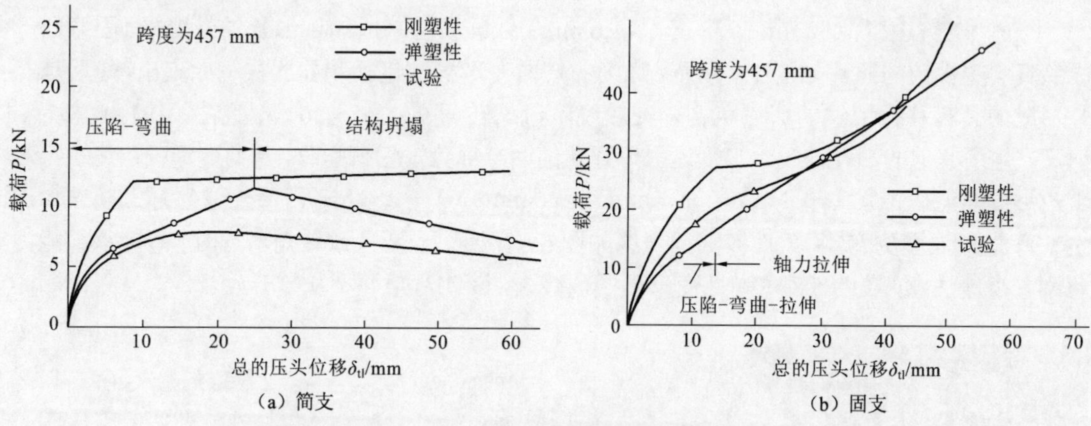

（a）简支　　（b）固支

图 5.5　理论与试验的载荷–总的压头位移曲线（Reid et al.，1989b）

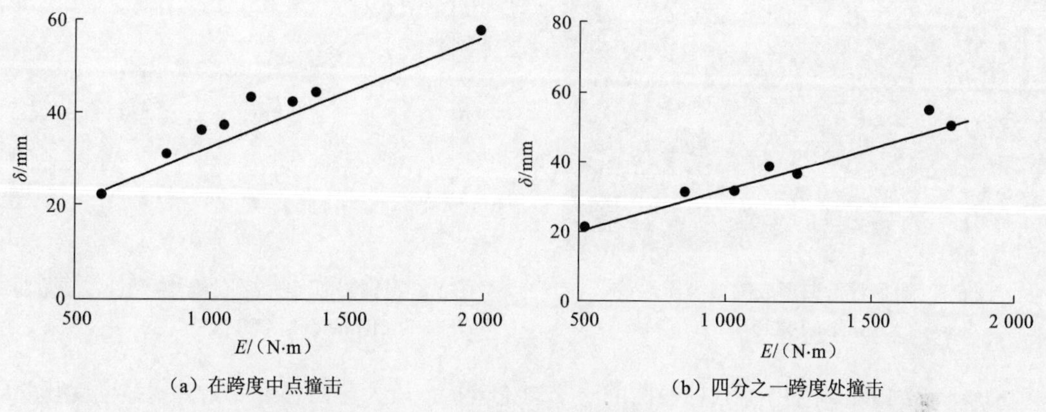

（a）在跨度中点撞击　　（b）四分之一跨度处撞击

图 5.6　理论（直线）与撞击试验（圆点）给出的圆管挠度比较（Jones et al.，1992a）

Shen 等（1998）研究了碰撞能量导致的圆管材料断裂。Watson 等（1976）和 Lu（1993b）报道了在两个楔形压头作用下圆管的凹陷。Lu（1993b）及 Ong 等（1996）给出了试验数据拟合公式。特别是对于 $L/D=10$ 的低碳钢圆管，有 $P=3.78Y\delta^{0.47}h^{1.6}D^{-0.07}$，这里 δ 是压头位移。Kardaras 等（2000）进行了集中载荷作用下圆管凹陷的有限元分析。

5.3　薄壁构件的弯曲破坏

5.3.1　正方形和矩形截面

正方形和矩形截面管是车辆和建筑结构中薄壁梁的代表。它们的弯曲坍塌（bending collapse）行为对评价结构总体的能量吸收是重要的。公共汽车的倾翻就是这样一个例子，这时大部分能量都被框架结构的广义塑性铰所吸收。Kecman（1983）首先对这个问题提出了一个理论模型，下面介绍他的分析，虽然后来也有其他学者（Huang et al.，2018；Kim et al.，2001a；Wierzbicki et al.，1994a，1994b）在研究这一类问题。

正方形空心截面（38 mm×38 mm×1.6 mm）低碳钢管制成的 1 m 长的悬臂梁，因弯曲形成的真实塑性铰的照片如图 5.7 所示。详细的弯曲变形机构包括侧面腹板初始突出，随后是充分形成的具有移行铰线的坍塌机构。在较晚阶段（转角 $\theta = 25° \sim 30°$），塑性铰线停止移行，但又产生了其他的塑性铰线。当受压翼缘翘曲的两半部分发生挤紧时，弯曲变形机构终止。对于矩形截面低碳钢管（50.8 mm×38.1 mm×1.26 mm）（$Y = 253\,\mathrm{MPa}$，$\sigma_u = 248\,\mathrm{MPa}$，关于次主轴弯曲），典型的弯矩–塑性铰转角曲线如图 5.8 所示。当塑性铰转角增加时，弯矩承载能力急剧减少。注意，在图 5.8 中弹性变形已经被减去，因此弯矩并不从零开始。

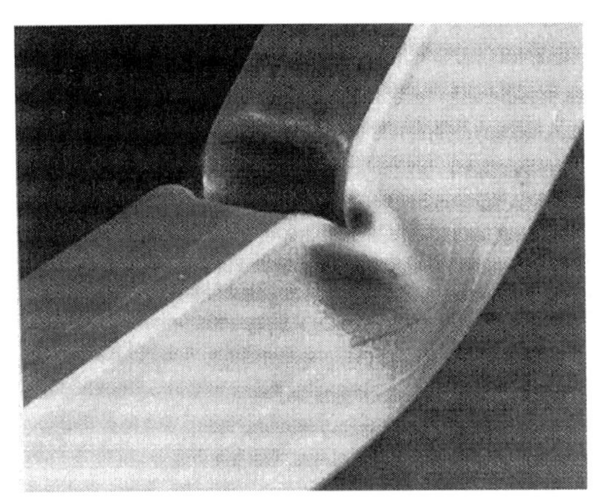

图 5.7 矩形管弯曲形成的典型塑性铰（Kecman，1983）

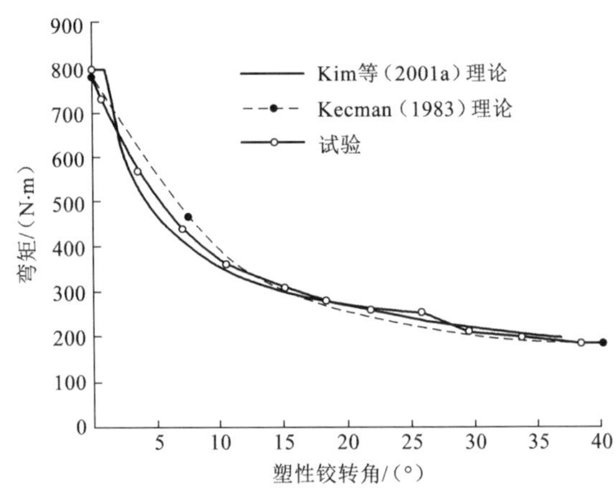

图 5.8 试验和理论得到的弯矩–塑性铰转角曲线（Kim et al.，2001a）

Kecman（1983）给出了这种截面的一个理论分析。最大弯曲强度受到薄壁截面受压翼缘的弹性屈曲控制，或者是受到较薄翼缘的材料屈服控制。当翼缘初始屈曲后，其承载能力减少，因而使用有效翼缘宽度的概念，得到了破坏发生时的最大弯矩（maximum bending moment）方程（Kecman et al.，1984）。对于宽为 a，高为 b，厚度为 h 的矩形截面，受压翼缘的临界应力为

$$\sigma_{cr} = 0.9E\left(\frac{h}{a}\right)^2\left(5.23 + 0.16\frac{a}{b}\right) \tag{5.12}$$

式中：E 为材料弹性模量。

因此，如果 $\sigma_{cr} < Y$，则有

$$M_{max} = Yhb^2\frac{2a + b + a\left(0.7\frac{\sigma_{cr}}{Y} + 0.3\right)\left(3\frac{a}{b} + 2\right)}{3(a + b)} \tag{5.13}$$

如果 $2Y \leqslant \sigma_{cr}$，则有

$$M_{max} = M_Y = Yh\left[a(b - h) + \frac{1}{2}(b - 2h)^2\right] \tag{5.14}$$

如果 $Y \leqslant \sigma_{cr} < 2Y$，则有

$$M_{max} = Yhb\left(a + \frac{b}{3}\right) + \frac{\sigma_{cr} - Y}{Y}\left[M_Y - Yhb\left(a + \frac{b}{3}\right)\right] \tag{5.15}$$

由图 5.9（a）所示的理想化坍塌机构可以得到弯矩–塑性铰转角曲线。这里，弯曲引起的壁的变形只沿直的铰线发生，而壁是不可伸长的。变形期间，点 A 向下移动，因此，包括八根移动（也称为滚动）塑性铰线，如 AG、AE、AK 和 AL，其余塑性铰线是不动的，如 KG、KL、LE、GB、BE 和 AJ。除了 AB 长度是增加的，固定铰线的长度是不改变的。由几何关系［图 5.9（b）和（c）］，B 点坐标为

$$x_B = H, \quad y_B = b\cos\gamma - \sqrt{b\sin\gamma(2H - b\sin\gamma)}\,, \quad z_B = 0 \tag{5.16}$$

式中：$\gamma = \theta/2$；H 为铰的半长。

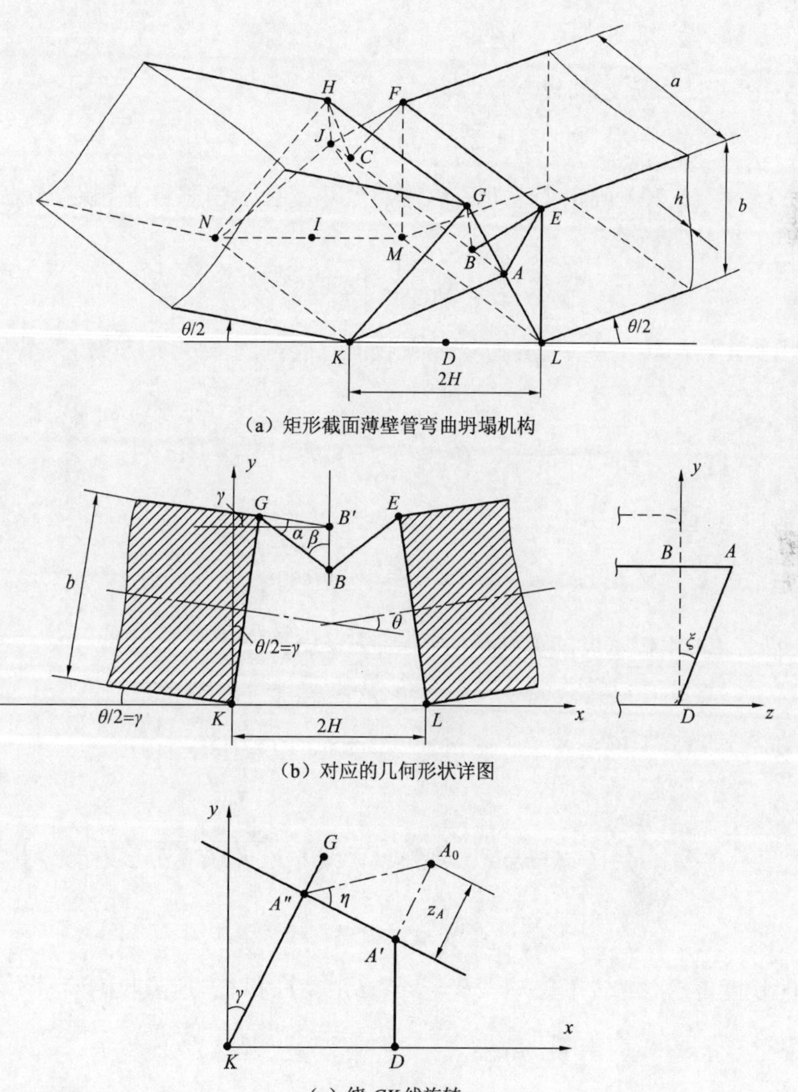

（a）矩形截面薄壁管弯曲坍塌机构

（b）对应的几何形状详图

（c）绕 GK 线旋转

图 5.9　Kecman 矩形截面弯曲模型（Kecman，1983）

因为中央截面的长度保持相同，由 $y_A = y_B$ 得

$$b = z_A + \sqrt{y_A^2 + z_A^2} \tag{5.17}$$

求解 z_A 得

$$z_A = b\sin^2\gamma - H\sin\gamma + \sqrt{b\sin\gamma(2H - b\sin\gamma)}\cos\gamma \tag{5.18}$$

类似地，由原平行于管轴线并通过点 A 的纤维的纵向连续性，得

$$H^2 = [H - (b - z_A)\sin\gamma]^2 + [y_A - (b - z_A\cos\gamma)]^2 + z_A^2 \tag{5.19}$$

将式（5.16）～式（5.18）代入式（5.19），并注意到式（5.19）对于任意的 θ 和 a/b 都成立，得

$$2H = a \quad 或 \quad 2H = b$$

为了能量极小化，取 a 和 b 之间较小者，即

$$2H = \min\{a, b\} \tag{5.20}$$

式（5.16）～式（5.20）确定了塑性铰总体的尺寸。当点 G 和点 E 相遇出现挤紧时，对应的转角为

$$\theta_J = 2\arcsin\frac{H - 0.5h}{b} \tag{5.21}$$

通过求出给定铰的转角 $\theta(=2\rho)$ 时铰线吸收的总能量，得到弯矩–转角关系。在 GH 和 EF 处的转角为

$$\alpha = \pi - \frac{\pi}{2} - \gamma - \beta = \frac{\pi}{2} - \gamma - \arcsin\left(1 - \frac{b}{H}\sin\gamma\right) \tag{5.22}$$

吸收的塑性弯曲能量为

$$W_1 = W_{EF+GH} = 2M_o a\left[\frac{\pi}{2} - \gamma - \arcsin\left(1 - \frac{b}{H}\sin\gamma\right)\right] \tag{5.23}$$

式中：$M_o = Yh^2/4$ 为单位宽度的塑性极限弯矩；H 为铰的半长。

对于 BC，有

$$W_2 = W_{BC} = M_o a\left[\pi - 2\arcsin\left(1 - \frac{b}{H}\sin\gamma\right)\right] \tag{5.24}$$

对于 AB 和 CJ，有

$$\begin{aligned} W_3 = W_{AB+CJ} &= 2M_o\left[b\sin^2\gamma - H\sin\gamma + \sqrt{b\sin\gamma(2H - b\sin\gamma)}\cos\gamma\right] \\ &\times\left[\pi - 2\arcsin\left(1 - \frac{b}{H}\sin\gamma\right)\right] \end{aligned} \tag{5.25}$$

注意到 AB 的长度是 z_A，其转角是 $\pi - 2\beta$。BG、BE、CH 和 CF 所吸收的能量不随 θ 改变，为

$$W_4 = W_{BG+BE+CH+CF} = 4M_o H\frac{\pi}{2} = 2M_o H\pi \tag{5.26}$$

另外

$$W_5 = W_{GK+EL+HN+FM} = 4M_o b\arctan\left[\frac{z_A}{\sqrt{(H - x_{A''})^2 + (y_{A''} - y_B)^2}}\right] \tag{5.27}$$

式中：$y_{A''}$ 和 $x_{A''}$ 由式（5.28）和式（5.29）给出[图 5.9（c）]

$$y_{A''}=\frac{H\tan\gamma+b\cos\gamma-\sqrt{b\sin\gamma(2H-b\sin\gamma)}}{1+\tan^2\gamma} \tag{5.28}$$

$$x_{A''}=y_{A''}\tan\gamma \tag{5.29}$$

被顶部的四根一半移动铰线所吸收的能量等于所扫过的面积乘以平均曲率和 M_o（参看 6.2.3 小节），即

$$W_6=W_{GA+AE+JH+JF}=4\frac{2M_o}{r}\frac{Hz_A}{2}=4M_o\frac{H}{r}z_A \tag{5.30}$$

式中：r 为滚动半径，Kecman（1983）经验性地假定

$$r=r(\theta)=\left(0.07-\frac{\theta}{70}\right)H \tag{5.31}$$

类似地，对于底部的四根一半的移动铰线，假定曲率沿 KA 线性变化，即在距 K 为 l_K 处，有

$$r_{KA}=\frac{KA}{l_K}r \tag{5.32}$$

同样地，滚动的长度假定为

$$l_r=\frac{l_K}{KA}z_A \tag{5.33}$$

因此对于 KA，有

$$W_{KA}=\int 2M_o\frac{l_r}{r_{KA}}\mathrm{d}l_K=2M_o\int_0^{KA}\frac{l_K}{KA}z_A\frac{l_K}{KA\cdot r}\mathrm{d}l_K=\frac{2M_oz_AKA}{3r}$$

所以

$$W_7=W_{KA+LA+NJ+MJ}=\frac{8}{3}M_o\frac{z_A}{r}\sqrt{H^2+y_B^2+z_A^2} \tag{5.34}$$

最后，$\xi=\arctan(z_A/y_A)$ [图 5.9（b）]，有

$$W_8=W_{KN+LM+KL+MN}=2M_o\left(a\gamma+2H\arctan\frac{z_A}{y_A}\right) \tag{5.35}$$

所以，被所有铰线塑性弯曲吸收的总能量为全部八个能量分量之和

$$W(\theta)=\sum_{i=1}^{8}W_i(\theta) \tag{5.36}$$

通过取小增量 $\Delta\theta$，任意转角 θ 所对应的弯矩都可以由数值计算得到，且有

$$M(\theta)=\frac{W(\theta+\Delta\theta)-W(\theta)}{\Delta\theta} \tag{5.37}$$

注意：对于给定挤紧发生前塑性铰转角 θ 的充分形成的机构，上述分析是正确的。所以，它不能用于初始坍塌阶段；这样得到的理论弯矩要比试验值高许多。对于初始的曲线，Kecman 利用一条直线作为近似，从 $M_{\max}$ 处画这条直线，使之与上述模型数值计算得到的 M-θ 曲线相切，记接触点的转角为 θ_T，则对于 $0<\theta\leqslant\theta_T$，能量为

$$W(\theta)=0.5\left[M_{\max}\left(2-\frac{\theta}{\theta_T}\right)+\frac{\theta}{\theta_T}M(\theta_T)\right]\theta \tag{5.38}$$

在挤紧之后，对于 $\theta>\theta_J$，根据经验给出 M-θ 曲线

$$M(\theta)=M(\theta_J)+1.4\left[M_{\max}-M(\theta_J)\right](\theta-\theta_J) \tag{5.39}$$

基于上述步骤得到的理论结果与试验结果符合得很好（图 5.8）。请注意，为了与试验结果符合得更好，在计算 M_0 时应当用极限应力代替屈服应力。这个模型已经被 Kim 等（2001a）所改进。为了使机构是运动许可的，他们在 A 处使用了环状曲面，所以引起了面内拉伸。通过总能量极小化，完全从理论上得出一些未知参数（如滚动半径）。他们的理论结果也绘在图 5.8 中，可以看出其与试验结果符合很好。钢管纯弯曲试验研究也有报道，如 Cimpoeru 等（1993），Reid 等（1997）。Brown 等（1983）研究了矩形截面管梁的双轴弯曲（biaxial bending），此后 Kim 等（2001b）对此做了更多的研究。Zhou 等（1990）则进行了箱形结构的碰撞研究。Wang 等（2017a）对纯弯曲条件下矩形多胞截面的弯矩响应进行了研究。三点弯曲条件下结构的变形和响应比纯弯曲时更加复杂，结构受到剪力和弯矩的共同作用，局部还可能发生明显的凹陷。Huang 等（2018）基于量纲分析法对三点弯曲条件下矩形薄壁梁的弯矩响应进行了理论预测研究。

5.3.2 圆管截面

圆管截面薄壁梁的弯曲坍塌显示出与上面讨论的矩形截面管类似的软化行为。对于 $D/h=26\sim57$ 的钢管（Mamalis et al.，1989），弯矩达到峰值后随着转角快速减少（图 5.10）。注意，这里的转角是指包括弹性转动的总的转角。在这些试验中利用一个塞子固定住管子的一端，来作为一个悬臂梁的自由端。同矩形截面梁一样，这里受压侧向内变形，很像前面讨论的圆管凹陷。但是，在受压侧还经常会形成一个凸起，它取代了大部分的三角形区域。在固定端的拉伸面，也可能发生断裂。

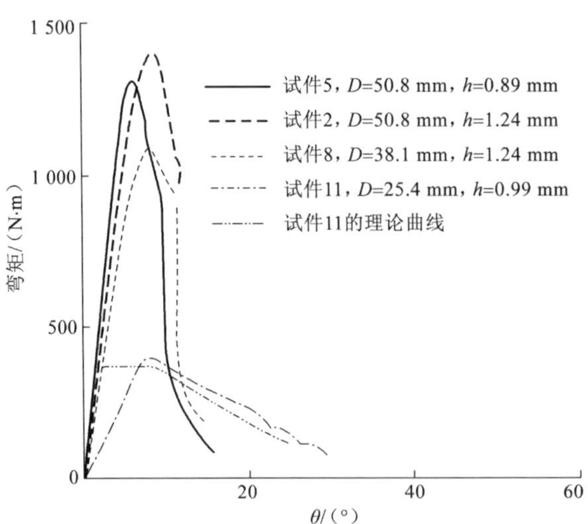

图 5.10 试验和理论得到的薄壁圆管弯曲的弯矩–转角曲线（Mamalis et al.，1989）

Mamalis 等（1989）提出了弯曲坍塌机构（bending collapse mechanism）（图 5.11），它与圆管压入坍塌机构（图 5.4）几乎是一样的。管壁假定是不可伸长的，塑性弯曲能量可以表示如下。

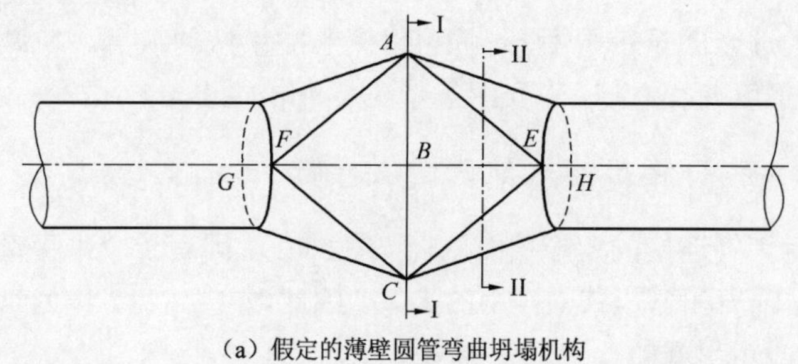

（a）假定的薄壁圆管弯曲坍塌机构

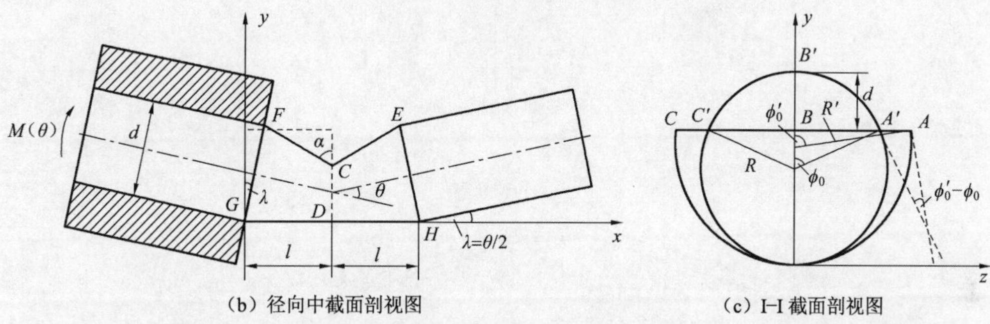

（b）径向中截面剖视图　　（c）I–I 截面剖视图

图 5.11　假定的薄壁圆管弯曲坍塌机构和相应的几何形状详图（Mamalis et al., 1989）

对于压扁的三角形区域 AEC 和 AFC，有

$$W_1 = 4M_\mathrm{o}R\phi_0^2 \tag{5.40}$$

这里 ϕ_0^2 确定了中央截面上直线的长度[图 5.11（c）]，与转角 θ 有关。$M_\mathrm{o} = Yh^2/4$ 为单位宽度的塑性极限弯矩。

对于压扁的圆形区域，有

$$W_2 = 4M_\mathrm{o}R(\pi - \phi_0)(\phi_0' - \phi_0) \tag{5.41}$$

对于铰线 AC，有

$$W_3 = AC \cdot M_\mathrm{o}(\pi - 2\alpha) = 2\phi_0 RM_\mathrm{o}(\pi - 2\alpha) \tag{5.42}$$

最后，对于长度为 l_h 的斜铰线 AE、AF、CE 和 CF，有

$$W_4 = 4\int_0^{l_\mathrm{h}} M_\mathrm{o}\frac{x\phi_0'}{l}\mathrm{d}x = 2M_\mathrm{o}\frac{l_h^2}{l}\phi_0' \tag{5.43}$$

总能量为 $W(\theta) = W_1 + W_2 + W_3 + W_4$，其弯矩–转角曲线可以用和矩形截面完全相同的方法得到。从这个分析看来，其与试验数据符合得非常好（图 5.10）。

Yu 等（1993）研究了圆管悬臂梁端部受到集中力作用时的大变形机构和截面的畸变，进行了后坍塌分析及试验研究。

5.3.3　槽形截面的弯曲坍塌

当槽形截面梁受到弯曲作用时，就如矩形截面管那样，要产生塑性铰线。原则上，可以采用与矩形截面和圆管梁相同的方法计算出载荷–挠度曲线。尽管如此，我们注意到，考虑弯曲能量这个方法在变形机构充分发展之前的初始阶段似乎不是很成功。Murray（1983）提出的

考虑含有塑性铰线的适当的条带平衡，也许可以克服能量法的缺点。在讨论中央加载情况下槽形截面梁的载荷–挠度曲线之前，先介绍条带法（strip method）。

5.3.3.1 两端为销钉连接的矩形截面压杆

考虑一个两端为销钉连接的矩形截面压杆（图 5.12），因有一个中央塑性铰的形成而发生坍塌。这个塑性铰是轴力和弯矩共同作用的结果。因此，式（2.22）作为一般屈服准则适用于高为 h，宽为 b 的实心矩形截面。当中央挠度为 $\varDelta$ 时，有

$$P\varDelta = M = M_{\mathrm{p}}\left[1-\left(\frac{P}{N_{\mathrm{p}}}\right)^2\right] \tag{5.44}$$

式中：$M_{\mathrm{p}} = Ybh^2/4$，$N_{\mathrm{p}} = Ybh$。

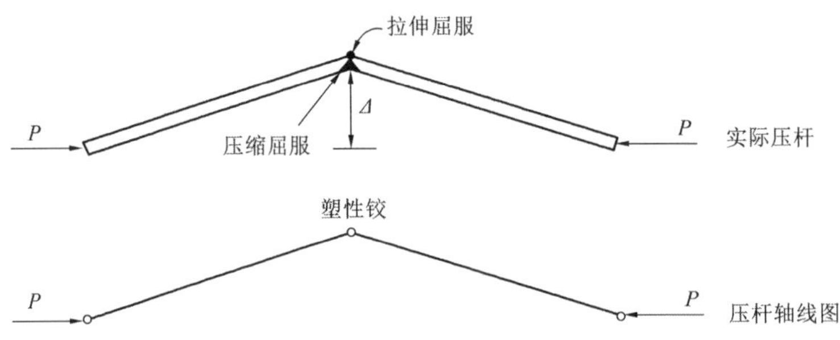

图 5.12 两端销钉连接的矩形截面压杆

解式（5.44），求出 P 为

$$\frac{P}{N_{\mathrm{p}}} = -\frac{N_{\mathrm{p}}\varDelta}{2M_{\mathrm{p}}} + \left[\left(\frac{N_{\mathrm{p}}\varDelta}{2M_{\mathrm{p}}^2}\right)^2 + 1\right]^{\frac{1}{2}} \tag{5.45}$$

或表示为

$$\frac{P}{N_{\mathrm{p}}} = -\frac{2\varDelta}{h} + \left[\left(\frac{2\varDelta}{h}\right)^2 + 1\right]^{\frac{1}{2}} \tag{5.46}$$

端部缩短 δ 容易由几何条件求出。对于初始长度为 $2L$ 的梁，有

$$\delta = 2\left[L - (L^2 - \varDelta^2)^{\frac{1}{2}}\right] \tag{5.47}$$

或利用二项式定理，有

$$\delta = \frac{\varDelta^2}{L}\left[1 + \frac{1}{4}\left(\frac{\varDelta}{L}\right)^2 + \frac{1}{8}\left(\frac{\varDelta}{L}\right)^4 + \cdots\right] \tag{5.48}$$

对于较小的 $\varDelta/L(\leqslant 0.5)$ 值，有

$$\delta \approx \frac{\varDelta^2}{L} \tag{5.49}$$

这一近似引起的误差小于 8%。

在消去Δ后，式（5.46）和式（5.49）给出了一个理论的P-δ曲线。积分这条曲线，得到加载至P_1时的能量吸收为

$$E_1 = \frac{M_p^2}{LN_p}\left[-\frac{8}{3}+\frac{2N_p}{P_1}+2\frac{P_1^3}{3N_p^3}\right] \tag{5.50}$$

对于大变形，弯矩起主要作用，与初始坍塌载荷相比，P是小量。所以在屈服条件中轴力效应可以忽略，容易得到

$$P = \frac{M_p}{\Delta} \tag{5.51}$$

压杆坍塌问题还将在7.2.2小节中从惯性敏感结构的角度讨论。

5.3.3.2 两端固定的矩形截面压杆

以上分析可以用于两端固定的矩形截面压杆。除了压杆中央的塑性铰外，在每个固定端也都形成塑性铰。式（5.44）和式（5.46）分别变成

$$P\Delta = 2M_p\left[1-\left(\frac{P}{N_p}\right)^2\right] \tag{5.52}$$

和

$$\frac{P}{N_p} = -\frac{\Delta}{h}+\left[\left(\frac{\Delta}{h}\right)^2+1\right]^{\frac{1}{2}} \tag{5.53}$$

对应于任意载荷P_1，这个压杆吸收的能量等于销钉连接压杆的4倍，所以

$$E_2 = 4E_1 = \frac{4M_p^2}{LN_p}\left(-\frac{8}{3}+\frac{2N_p}{P_1}+\frac{2P_1^3}{3N_p^3}\right) \tag{5.54}$$

5.3.3.3 倾斜塑性铰的弯矩承载能力

图5.12的支杆中，中央塑性铰的屈服线垂直于轴力P的方向。当屈服线倾斜于轴力的方向（图5.13中的铰线AB）时，垂直于支杆方向的有效弯矩承载能力为（Murray，1973）

$$M'' = M\sec^2\beta \tag{5.55}$$

式中：M为塑性铰与轴力相垂直时的弯矩承载能力[式（5.44）]。

后来Zhao等（1993）改进了这个表达式，但是我们在下面的分析中仍将使用式（5.55）。

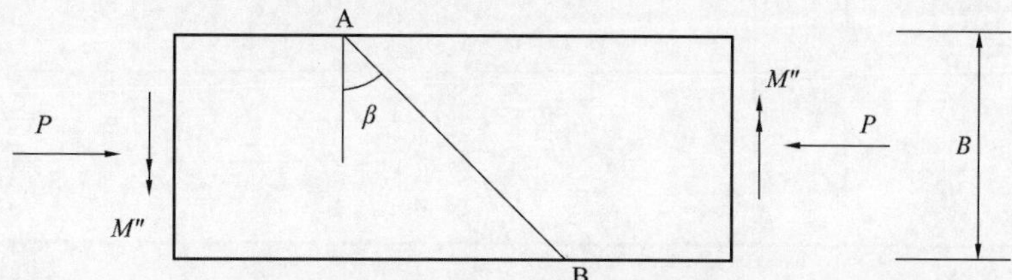

图5.13 倾斜塑性铰的弯矩承载能力

5.3.3.4　基本的塑性坍塌机构

在试验中观察到的真正的塑性坍塌机构可以理想化为几种基本的折叠机构，如表 5.1 所示（Murray et al., 1981）。这里正的铰线表示从板平面升起，负的铰线表示弯向平面之下。每一个基本机构都可以利用一系列有限条带表示（即以前讨论过的宽度为 B 的压杆），从而可以求出力 P 和面外挠度 Δ 的关系，见表 5.1。确定铰的倾斜度的参数 β 没有明确定义，通常可以尝试不同的 β 值，然后选取给出最低能量的那个 β。在大多数情况下，结果对于 β 不是非常敏感。下面用例子说明这个方法如何用于静力分析。

表 5.1　基本折叠机构和力–位移关系（Murray et al., 1981）

基本折叠机构	力–位移关系
1 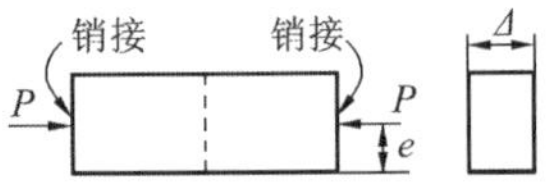 （销接，销接；P，e，Δ）	$P=\sigma_0 HB\left[\sqrt{\left(\frac{2\Delta}{H}\right)^2+1}-\frac{2\Delta}{H}\right]\quad e=B/2$
2 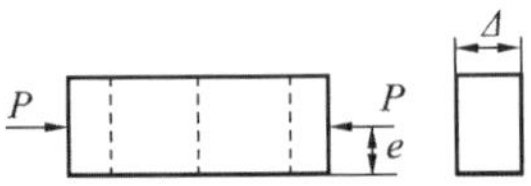 （P，e，Δ）	$P=\sigma_0 HB\left[\sqrt{\left(\frac{\Delta}{H}\right)^2+1}-\frac{\Delta}{H}\right]\quad e=B/2$
3 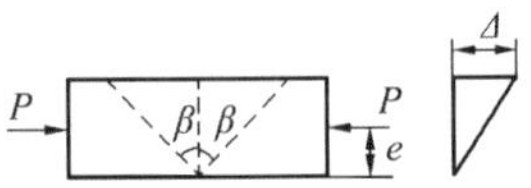 （P，β，β，e，Δ）	$P=\frac{\sigma_0 HB}{2}\left\{\sqrt{\left(\frac{2\Delta}{K_1H}\right)^2+1}-\frac{2\Delta}{K_1H}+\frac{K_1H}{2\Delta}\ln\left[\sqrt{\left(\frac{2\Delta}{K_1H}\right)^2+1}+\frac{2\Delta}{K_1H}\right]\right\}$ $Pe=\frac{\sigma_0 H^3B^2K_1^2}{12\Delta^2}\left\{\left[\left(\frac{2\Delta}{K_1H}\right)^2+1\right]^{\frac{3}{2}}-1-\left(\frac{2\Delta}{K_1H}\right)^3\right\}$
4 （P，e，B_2，B_1，β，β，Δ） 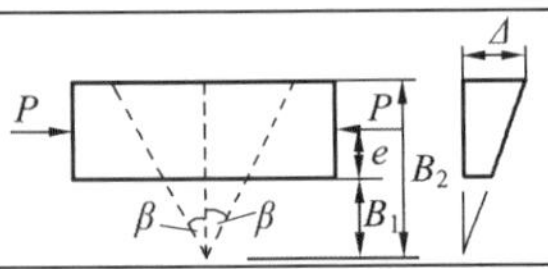	利用两个第3类机构之差，得到解答 $P=P_1-P_2\qquad Pe=P_1e_1-P_2e_2$
5 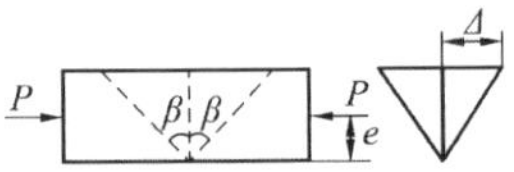 （P，β，β，e，Δ）端面自由扭转	与第 3 类机构的方程相同，但以 K_2 代替 K_1
6 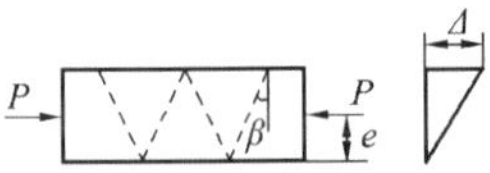 （P，β，e，Δ）所有铰线都倾斜β	与第 3 类机构的方程相同，但以 K_2 代替 K_1
7 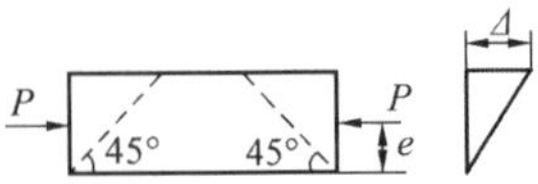 （P，45°，45°，e，Δ）	与第 5 类机构的方程相同，但 $\beta=45°$
8 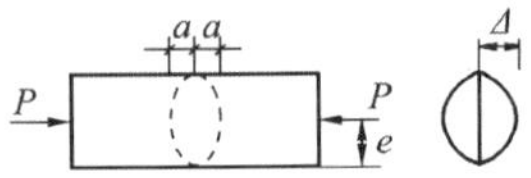 （a，a，P，e，Δ）端面自由扭转和弯曲	$P=\frac{\sigma_0 HB}{6}\left\{1-\frac{2\Delta}{H}+\sqrt{\left(\frac{2\Delta}{H}\right)^2+1}-\frac{6\Delta}{H(1+4a^2/B^2)}+4\sqrt{\left[\frac{3\Delta}{2H(1+4a^2/B^2)}\right]^2+1}\right\}$

注：$K_1=1+\sec^2\beta$；$K_2=\sec^2\beta$

5.3.3.5 槽形梁中央受载荷 P 的作用

图 5.14 为两端简支的槽形梁（Murray，1983）。梁长 $2L = 800\,\text{mm}$，$B = 100\,\text{mm}$，$B_1 = 50\,\text{mm}$，$h = 2\,\text{mm}$，$Y = 250\,\text{MPa}$。所产生的坍塌机构假定如图 5.14（b）所示。由平衡条件给出

$$2P_{\text{fl}} = P_{\text{w}} \tag{5.56}$$

式中：P_{fl} 为每个翼缘中的压力，P_{w} 为腹板中的拉力。梁的一半关于 O 的转动平衡有

$$\frac{PL}{2} = M_{\text{w}} + 2P_{\text{fl}}e + \frac{P_{\text{w}}h}{2} \tag{5.57}$$

这个机构的 P_{fl}-Δ（或者 $P_{\text{fl}}e$-Δ）关系在表 5.1（机构 3）给出。利用数值程序可以求得 P-Δ_{c} 曲线。假定一个 β 值，则对于逐渐增大的 Δ，由表 5.1 计算 P_{fl}，由式（5.56）计算 P_{w}。利用 P_{w}，由屈服条件式（2.22）算出缩减弯矩 M_{w}。将 M_{w} 和 $P_{\text{fl}}e$（表 5.1）代入式（5.57），可以求出力 P。以这种方法可以得到 P-Δ 曲线。对于一些 β 值重复这个过程，并取出其中给出最低承载能力的 β。因 Δ 引起半根梁在翼缘尖端处的轴向缩短为 $\Delta^2/(2B_1\tan\beta)$。所以，中央挠度为

$$\Delta_{\text{c}} = \frac{\Delta^2 L}{2B_1^2 \tan\beta} \tag{5.58}$$

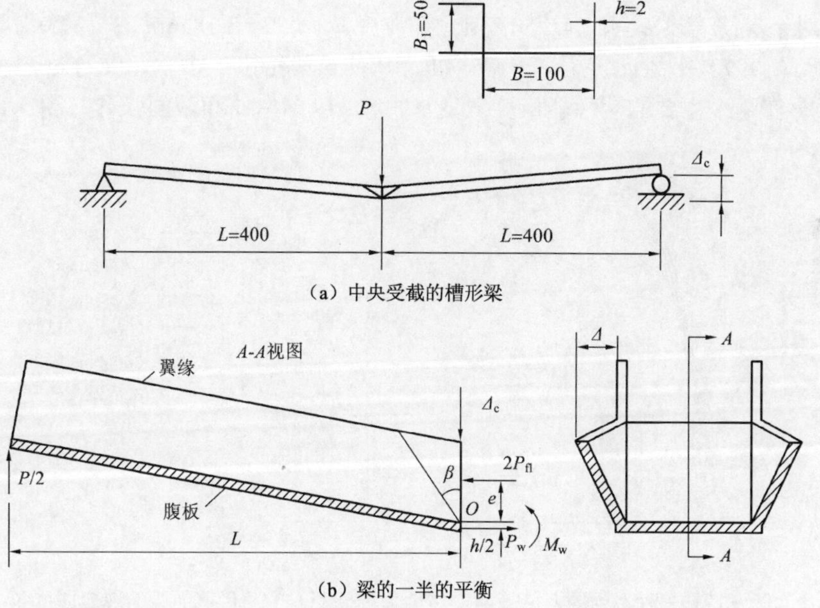

（a）中央受载的槽形梁

（b）梁的一半的平衡

图 5.14 中央受载的槽形梁和梁的一半的平衡（Murray，1983）

这样得到的 P-Δ_{c} 曲线如图 5.15 所示。线段 OE 代表弹性响应。“最佳的” β 值是 45°，但是作用力对 β 不敏感。对应于翼缘处最初屈服的力是 3.5 kN，而对应于在中央处完全形成一个塑性铰的力是 6.25 kN。由这种方法得到的理论曲线与 Fok 等（1993）的四点弯曲试验结果符合得很好（图 5.16）。但是与图 5.15 不同，对于这种情况（$B_1 = 51\,\text{mm}$，$B = 52\,\text{mm}$，$h = 0.88\,\text{mm}$，$2L = 660\,\text{mm}$，$Y = 289\,\text{MPa}$），在塑性坍塌之前存在一个后屈曲阶段。

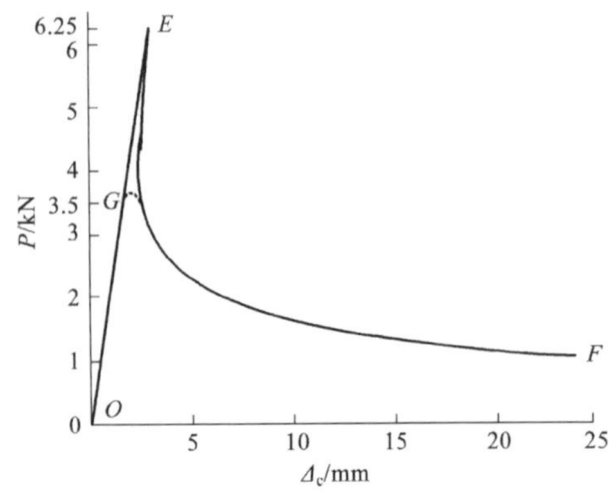

图 5.15　槽形梁力–中央挠度的理论曲线

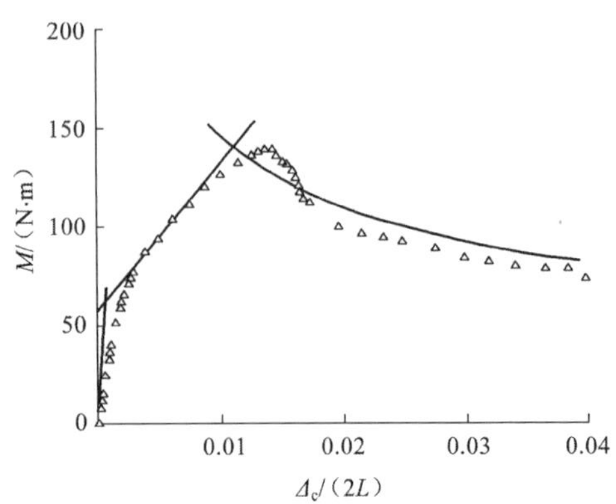

图 5.16　Fok 等（1993）关于槽形梁的试验：弯矩与无量纲中央挠度关系，理论曲线与试验结果（小三角形）

5.3.4　角形截面梁的弯曲

当薄壁角形截面梁受到弯曲时，类似于前面讨论的槽形梁，多半要发生带有塑性铰线的局部化塑性变形。尽管如此，对于厚的或中等厚度的角形截面，变形是整体的，没有局部化铰线发生。对于翼缘宽度 $B=25.4\sim50.8$ mm 和厚度 $h=1.59\sim3.18$ mm 的等翼缘铝合金角形截面梁，Yu 等（1997）已经证实了这一点。四点弯曲试验给出一个软化的弯矩–平均曲率关系（图 5.17）。存在两个主要的塑性能量耗散变形机构：纵向弯曲和截面张开（图 5.18）。

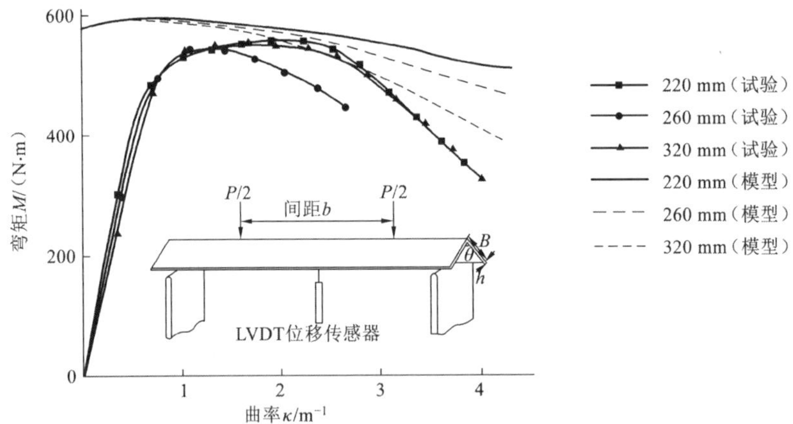

图 5.17　三种不同的 b 值（两个作用力的间距）的角形截面梁的纯弯曲：弯矩与曲率的关系（Yu et al.，1997）

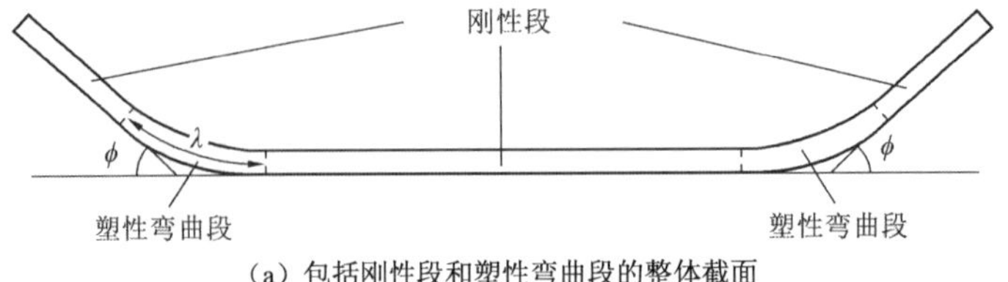

图 5.18　Yu 等（1997）对于角形截面假定的塑性能量耗散变形机构

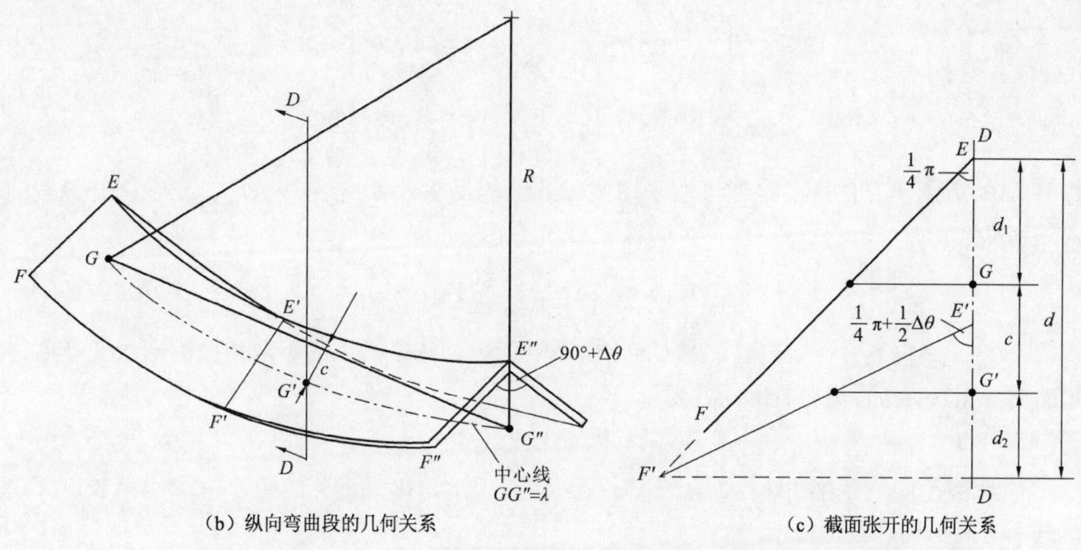

（b）纵向弯曲段的几何关系　（c）截面张开的几何关系

图 5.18　Yu 等（1997）对于角形截面假定的塑性能量耗散变形机构（续）

对于这种截面，假定一种刚–线性强化的弯矩–曲率关系[式（4.32）]。于是，塑性极限弯矩为$M_p=(\sqrt{2}/4)YhB^2$。令塑性段的长度为λ，由纵向弯曲段的几何形状[图 5.18（b）]，知

$$c=\frac{\lambda^2}{8R}=\frac{1}{8}\lambda^2\kappa \tag{5.59}$$

式中：c为弯曲的中心线形成的圆弧高度；R、κ分别为塑性弯曲段的中心线的曲率半径和曲率。

对于倾角ϕ的改变[图 5.18（a）]，有

$$\kappa=\frac{\phi}{\lambda} \tag{5.60}$$

于是式（5.59）可以重写为

$$c=\frac{1}{8}\lambda^2\kappa=\frac{1}{8}\lambda\phi \tag{5.61}$$

截面张开如图 5.18（c）所示，其中一个翼缘从原来位置EF移至$E'F'$。假定翼缘仍然是直的，F'位于线EF上。c值为

$$\begin{aligned}c=d-d_1-d_2&=\frac{B}{\sqrt{2}}\sin\left(\frac{\pi}{4}+\frac{\Delta\theta}{2}\right)-\frac{B}{2\sqrt{2}}-\frac{B}{2\sqrt{2}}\cos\left(\frac{\pi}{4}+\frac{\Delta\theta}{2}\right)\\&=\frac{B}{2\sqrt{2}}\left(3\sin\frac{\Delta\theta}{2}+\cos\frac{\Delta\theta}{2}-1\right)\end{aligned} \tag{5.62}$$

所以对于小的$\Delta\theta$值，有

$$2\sqrt{2}\frac{c}{B}\approx\frac{3}{2}(\Delta\theta)-\frac{1}{8}(\Delta\theta)^2 \tag{5.63}$$

联立式（5.62）和式（5.63），得

$$\Delta\theta\approx\frac{1}{3\sqrt{2}}\frac{\lambda^2\kappa}{B}+\frac{1}{12}(\Delta\theta)^2\approx\frac{1}{3\sqrt{2}}\frac{\lambda^2\kappa}{B}+\frac{1}{216}\frac{\lambda^4\kappa^2}{B^2}\approx\frac{1}{3\sqrt{2}}\frac{\lambda\phi}{B}+\frac{1}{216}\frac{\lambda^2\phi^2}{B^2} \tag{5.64}$$

式中：ϕ表征了变形过程，而λ仍然未知。该段纵向弯曲的塑性能量为

$$\begin{aligned}W_1&=M_\mathrm{p}\left[1-\frac{1}{3}(\Delta\theta)\right]\kappa+\frac{1}{2}E_\mathrm{p}I\left[1-\frac{2}{3}(\Delta\theta)\right]\kappa^2\lambda\\&=M_\mathrm{p}\left[1-\frac{1}{3}(\Delta\theta)\right]\phi+\frac{1}{2}E_\mathrm{p}I\left[1-\frac{2}{3}(\Delta\theta)\right]\frac{\phi^2}{\lambda}\end{aligned}\tag{5.65}$$

式中：$\Delta\theta$ 对 M_p 和 I 的影响是通过取平均值 $(\Delta\theta)_\mathrm{m}=(2/3)(\Delta\theta)$ 考虑进去的。翼缘张开耗散的塑性功为

$$W_2=M_\mathrm{o}(\Delta\theta)_\mathrm{m}\lambda=\frac{1}{6}Yh^2\Delta\theta\lambda\tag{5.66}$$

式中：$M_\mathrm{o}=Yh^2/4$，为单位宽度翼缘的塑性极限弯矩。忽略沿纵向不同角度的形状畸变所引起的翼缘扭转，总的塑性能量耗散为

$$W=W_1+W_2\tag{5.67}$$

对于给定的 ϕ 值，$\Delta\theta$ 只与 λ 有关[式（5.64）]。因此，W 只是 λ 的函数。“最优”长度 λ 通过关于 λ 极小化总能量得

$$\frac{\partial W}{\partial\lambda}=\frac{\partial}{\partial\lambda}(W_1+W_2)=0$$

因此得

$$\frac{1}{12}\frac{h}{B}\left(\frac{\lambda}{B}\right)^4+\left(\frac{2\sqrt{2}t}{B\phi}-\frac{\sqrt{2}\phi}{36}\right)\left(\frac{\lambda}{B}\right)^3-\left(1+\frac{\phi^2}{216}\frac{E_\mathrm{P}}{Y}\right)\left(\frac{\lambda}{B}\right)^2=\frac{3E_\mathrm{P}}{Y}\tag{5.68}$$

对于每个逐渐增大的 ϕ 值，相应的 λ 值可以通过数值求解得到，从而求得曲率 κ[式（5.60）]和 $\Delta\theta$[式（5.64）]。因此，新的截面的弯矩承载能力可以求出。这个理论分析与试验结果大致符合（图 5.17）。

5.4 泡沫充填管的弯曲

在薄壁管材中充填多胞材料可以显著提高其能量吸收能力和耐撞性能。早期用于充填的多胞材料多采用聚氨酯泡沫，20 世纪 90 年代末随着制造技术的进步，金属泡沫铝得到大量应用，相对于聚合物泡沫，它具有更高的强度和更好的性质，如防火、导热等。相对而言，泡沫充填结构在轴向加载下的能量吸收机理和理论模型研究更广泛，也更成熟，这将在第 6 章中讨论。在第 10 章中还将介绍多胞材料自身的吸能特性。

在横向弯曲变形情况下，泡沫充填管变形能量吸收的理论模型不如轴向压溃的模型那样成功，这是由于空心薄壁管的弯曲载荷响应分析模型还不够成功，正如在前面几节中已经看到的那样。横向弯曲加载方式多种多样，可以采用悬臂弯曲、三点弯曲或四点弯曲，而加载压头可以是圆柱形压头或平压头，这里只分析三点弯曲和圆柱形压头加载的情况。

横向加载下泡沫与薄壁管之间的相互作用，将使薄壁管的变形模式发生变化。图 5.19 给出了方管和双帽形截面在空心和泡沫铝充填下的变形模式。三点弯曲下空心薄壁方管在中部发生局部褶皱，这与轴向压溃时方管角形区发生的变形（见 6.2 节）类似。由于泡沫对上面板向内变形的支撑作用，泡沫充填方管上部形成了一种多皱褶变形模式（Santosa et al.，2001）。

由于产生了更多的塑性铰线，这种变形模式将带来更多的能量耗散。Chen 等（2000）对泡沫铝充填双帽形截面的三点弯曲试验研究发现，由于双帽形截面较强的抗弯能力，空心截面在压头作用下发生了凹陷，显然发生凹陷变形时的能量耗散比图 5.19（a）中方管局部褶皱时要大得多。同样地，当用泡沫铝进行充填时，由于泡沫铝的支撑作用，向内的凹陷变形程度有所减轻，变形模式同样变为多褶皱的形式。

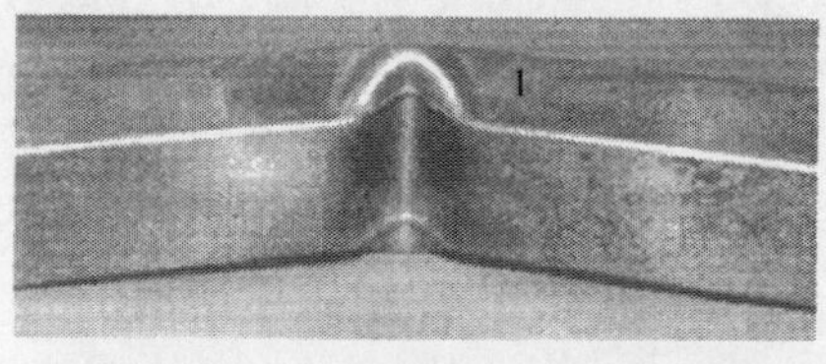

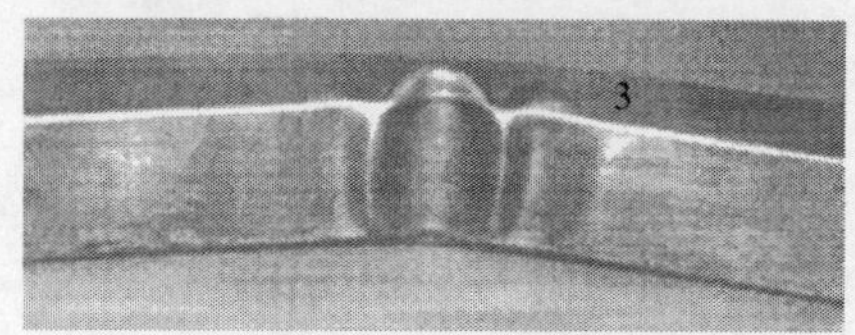

（a）方管（Chen et al.，2002）

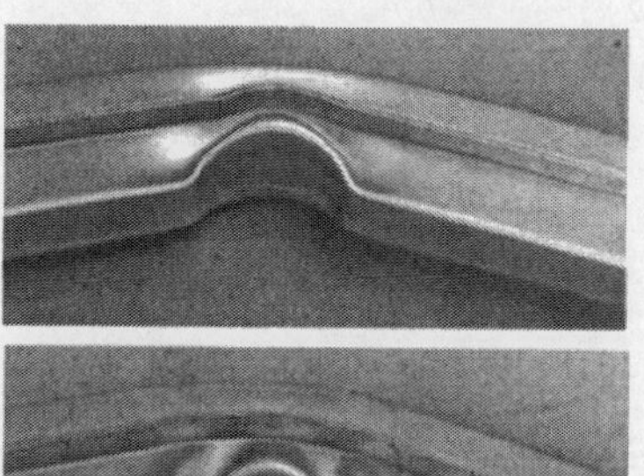

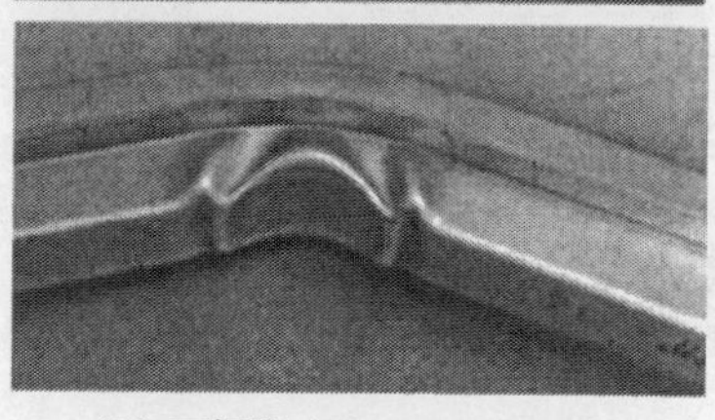

（b）双帽形（Chen et al.，2000）

图 5.19 三点弯曲空心管（上）和泡沫充填管（下）的变形

对于泡沫充填方管的 M-θ 关系，Santosa 等（1999）给出了一个理论预测模型。他们的模型建立在 Wierzbicki 等（1994）对于空心方管建立的预测模型之上。假定弯曲角度很小（小于 20°），且中性轴位于受拉翼缘处，对于空心管的 M-θ 响应为

$$M(\theta)=2P_{\mathrm{m}}b\left(0.576+\frac{1}{2\sqrt{\theta}}\right) \tag{5.69}$$

其中

$$P_{\mathrm{m}}=2.76\sigma_0 b^{1/3}h^{5/3} \tag{5.70}$$

尽管这一理论模型中角度 θ-α 关系[图 5.9（b）]被假定为 $\theta=\alpha^2$ 存在问题，Kim 等（2001a）也指出了这一点，但该模型结果相对简单和直观，并与数值和试验结果吻合较好。需要指出的是这一模型只能用于后屈曲变形阶段，对于初始坍塌阶段不适用，显然 $\theta=0$ 时式（5.69）存在奇异性。

与根据式（5.12）～式（5.15）确定极限弯矩不同，Santosa 等（1999）基于不同宽厚比方管的数值模拟结果给出了一个拟合表达式

$$M_{\mathrm{u}}=4.65Yb^{5/3}h^{4/3} \tag{5.71}$$

式（5.71）适用于宽厚比 b/h 大于 20 的情况，当宽厚比小于 20 时截面将不发生坍塌，此时最大弯矩趋近于截面全塑性弯矩。这样整个弯曲过程的弯矩–转角响应可以表示为

$$M(\theta)=\begin{cases}4.65Yb^{5/3}h^{4/3}, & 0<\theta\leqslant\theta_{\mathrm{cr}}\\ 2P_{\mathrm{m}}b\left(0.576+\dfrac{1}{2\sqrt{\theta}}\right), & \theta\geqslant\theta_{\mathrm{cr}}\end{cases} \tag{5.72}$$

初始阶段弯矩被假定为恒定值，令式（5.69）和式（5.71）相等，得到临界转角为

$$\theta_{cr}=\frac{1}{4}\left[\frac{1}{0.8(b/h)^{1/3}-0.576}\right]^2 \tag{5.73}$$

式（5.72）与试验曲线和数值结果的比较如图 5.20 所示。

在空心管中充填泡沫后，弯矩–转角曲线在图 5.21 中给出。当充填泡沫密度逐渐提高时，极限弯矩 M_u 和临界转角 θ_{cr} 都逐渐增大。通过对不同泡沫密度充填截面进行数值分析，并对极限弯矩和临界转角的增量进行拟合，得

$$M_{u,fm}=4.65Yb^{5/3}h^{4/3}+0.51b^2hY_{ce}\left(\frac{\rho_{fm}}{\rho_{ce}}\right)^{1/2} \tag{5.74}$$

$$\theta_{cr,fm}=\theta_{cr}+3.98\frac{\rho_{fm}}{\rho_{ce}} \tag{5.75}$$

式中：$\frac{\rho_{fm}}{\rho_{ce}}$ 为泡沫的相对密度；Y_{ce} 为泡沫胞壁实体材料的屈服强度。

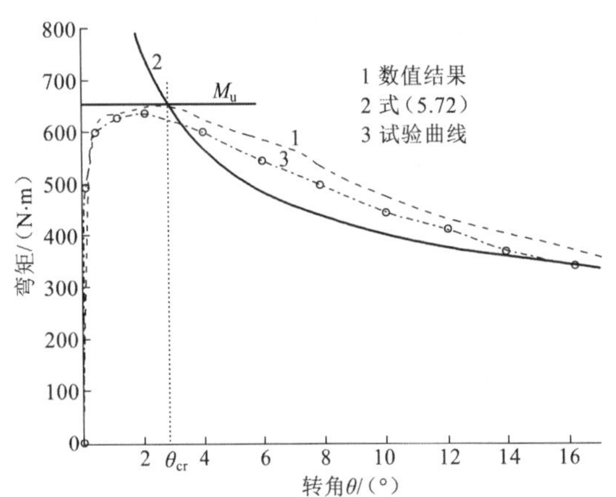

图 5.20　空心方管弯矩转角关系图（Santosa et al.，1999）

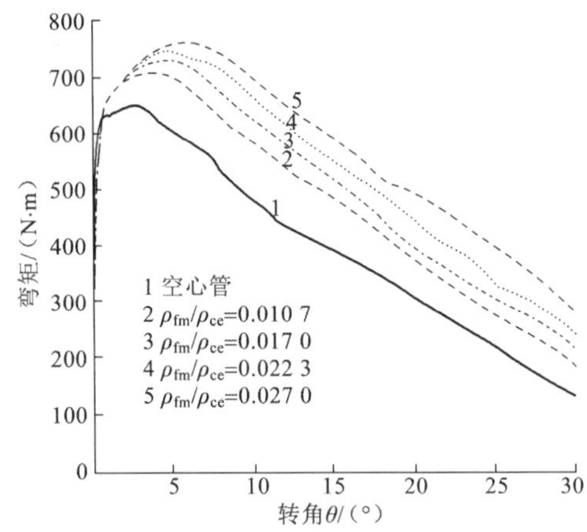

图 5.21　空心管和泡沫充填管弯矩–转角关系（Santosa et al.，1999）

则泡沫充填方管的弯矩–转角响应可以表示为

$$M_{fm}(\theta)=\begin{cases}M_{u,fm}, & 0<\theta<\theta_{cr,fm}\\ P_{md}b\left(\frac{1}{\sqrt{\theta}}-\frac{1}{\sqrt{\theta_{cr,fm}}}\right)+M_{u,fm}, & \theta>\theta_{cr,fm}\end{cases} \tag{5.76}$$

考虑泡沫与薄壁管之间的黏结时，通过类似的拟合，可以得到极限弯矩为

$$M_{u,fm}=4.65Yb^{5/3}h^{4/3}+1.99b^2hY_{ce}\left(\frac{\rho_{fm}}{\rho_{ce}}\right)^{1/2} \tag{5.77}$$

临界转角和弯矩–转角响应仍采用式（5.75）和式（5.76）计算。当充填材料为蜂窝铝时，表达式与泡沫铝形式上是一致的，仅拟合常数有所变化。

不论是空心管还是泡沫充填管，在弯曲过程中变形主要集中在局部，因此通过把全管整体充填改变为局部区域充填将能更大地提高单位重量的能量吸收（比吸能）。图 5.22 给出了不

同长度泡沫铝充填方管时弯矩–转角响应的数值结果（Santosa et al., 2001）。可以看到总长为 $L_{fm}=400$ mm 的泡沫管在泡沫充填长度减少大于一半的情况下，能量吸收变化不大。当充填长度减少到小于某一有效长度 $L_{fm,E}$ 时，会在填充泡沫端部形成新的褶皱，并造成截面弯矩承载能力的快速下降。Santosa 等（2000）对不同长度泡沫铝充填方管进行的三点弯曲试验确认了这一变化。他们给出的泡沫有效充填长度为

$$L_{fm,E}=L\left(\frac{\beta-1}{\beta}\right)-4H \tag{5.78}$$

式中：$\beta=M_{u,fm}/M_u$，为泡沫充填管和空管最大弯矩的比值；H 为皱褶的半波长，由下式给出

$$H=1.276b^{2/3}h^{1/3} \tag{5.79}$$

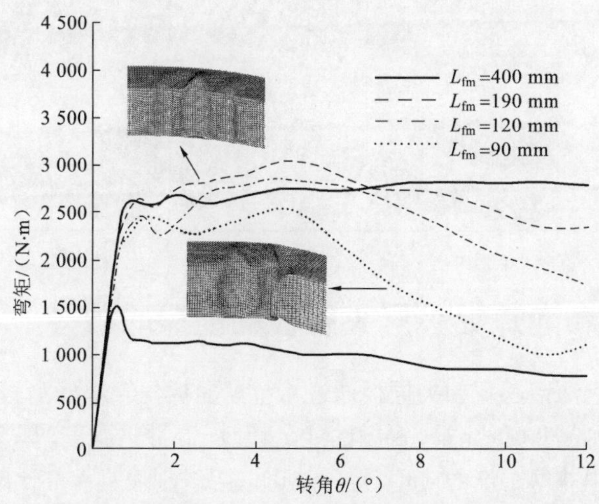

图 5.22　泡沫铝部分充填管弯矩–转角关系数值模拟结果（Santosa et al., 2001）

对于其他形式的泡沫充填管，如圆管、夹层圆形或方形管在静态或动态弯曲加载下的变形和响应也都进行了相应的试验和数值研究，如 Guo 等（2011），Li 等（2013）及 Li 等（2015）的工作。但总体而言，相关理论分析比较困难。

5.5　夹层梁和夹层板的弯曲吸能

伴随着金属和聚合物多胞材料的不断研发，各种轻质结构，特别是夹层结构的研究受到极大重视。多胞材料的胞元提供了由微尺度梁、柱、板、壳互相连接构成的空间。由于重量轻，它们的比强度和比韧性高，散热性好。以多胞材料为芯层的夹层结构得到越来越多的应用，如路面车辆、快艇、飞行器、航天器、包装和防护工程等。基于微结构的几何形状和拓扑结构，可以将多胞材料按照具有随机胞元或周期胞元来分类。第一类的多胞材料具有随机微观结构，包括开孔和闭孔金属泡沫；而第二类的多胞材料微结构具有周期性的胞元，如二维管状（蜂窝或棱柱）材料、三维桁架材料或纺织材料。表 5.2 分类描述了多胞材料及其芯层的夹层结构。Zhu 等（2010a）总结了夹层结构的各种失效模式及其动态响应。

表 5.2 多胞材料及夹层结构的分类描述（Wadley，2006；Gibson et al.，1997）

随机性微结构		周期性微结构			
疏松式	闭合式	2D		3D（网格）	
		蜂窝型	棱柱型	束状	交织状
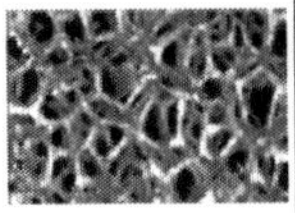		六边形 	三角形 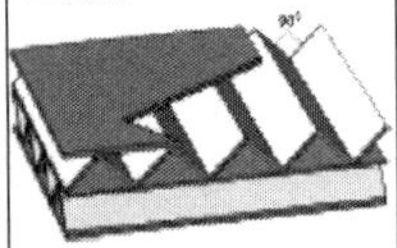	四面体 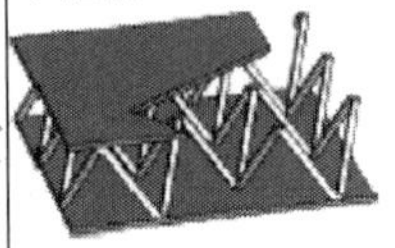	菱形 
		正方形 	菱形 	锥形 	共线菱形 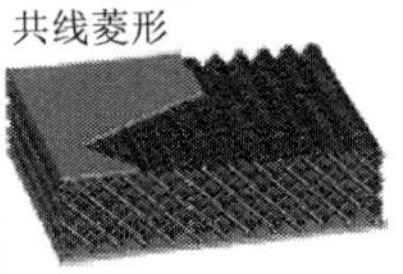
		三角形 	Nav桁架 	3D kagome 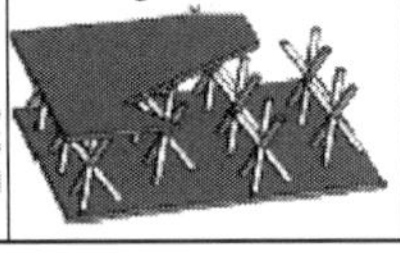	四边形 

5.5.1 传统蜂窝和泡沫铝芯层夹层板的能量吸收

传统蜂窝材料或泡沫铝芯层的夹层板通过将金属面板与轻质蜂窝材料或金属泡沫芯相结合而获得，具有独特的特性（低比重，高效的能量耗散，高冲击强度，隔音和隔热，高阻尼等），这使它们在工程实际中获得广泛的应用，特别是可以用于制成具有高比刚度、高比强度和高比吸能的轻质结构。学者已经通过试验广泛研究了准静态载荷（准静态压缩或压痕）和动态载荷（低速冲击、弹道穿透、高速压缩和爆炸冲击）作用下传统蜂窝与泡沫铝芯层的夹层梁/板的响应，并对其进行了详细分析。通过数值模拟阐明了主要变形机制，并提出了分析模型来预测夹层梁/板的爆炸响应。

研究表明夹层梁/板的机械性能和坍塌机制与它们的物理和几何性质（夹芯层的相对密度、芯层厚度、芯层的胞元形态和面板厚度等）及制造过程有关。具有金属泡沫芯的夹层板可能因面板屈服、芯层剪切、压痕和面板起皱而失效。Crupi 等（2007）研究了泡沫芯夹层板在准静态三点弯曲载荷下的能量吸收。图 5.23 显示了 Mode I、Mode IIA 和 Mode IIB 三种变形模式的载荷–挠度曲线，通过计算曲线下的面积可得到能量耗散。可以发现由于 Mode I［图 5.23（a）］相对于 Mode IIA［图 5.23（b）］载荷减小更平缓，Mode I 获得了更高的能量耗散。图 5.23（c）的载荷–挠度曲线产生突然的载荷下降（点③和点④），从能量吸收的角度来看效率低得多，这是因为夹层板因芯层剪切破坏，随后与面板脱离而失效。

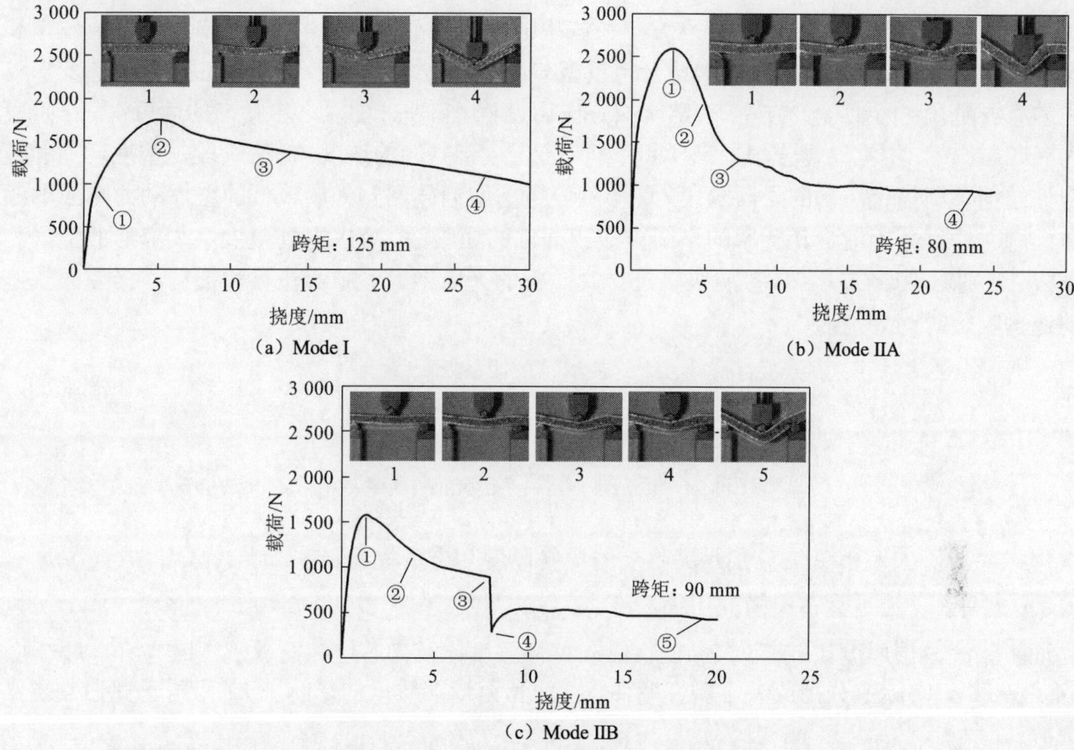

图 5.23 泡沫芯夹层板在准静态三点弯曲载荷下的载荷–挠度曲线（Crupi et al., 2007）

通过应用压痕效应和芯层剪切 Mode IIA 的叠加来计算 Mode I 的压溃载荷

$$F_{\mathrm{I}}=\left(bt\sqrt{Y^{\mathrm{c}}Y^{\mathrm{f}}}\right)+\left[Y^{\mathrm{f}}\frac{bt^2}{d}+2bc\tau^{\mathrm{c}}\left(1+\frac{2H_0}{d}\right)\right] \tag{5.80}$$

通过在支撑附近的一个塑性铰应用动量平衡来计算 Mode IIA 的压溃载荷

$$F_{\mathrm{IIA}}=2Y^{\mathrm{f}}\frac{bt^2}{d}+2bc\tau^{\mathrm{c}}\left(1+\frac{H_0}{d}\right)+Y^{\mathrm{c}}\frac{bd}{4} \tag{5.81}$$

Mode IIB 的压溃载荷为

$$F_{\mathrm{IIB}}=2Y^{\mathrm{f}}\frac{bt^2}{d}+2bc\tau^{\mathrm{c}}\left(1+\frac{H_0}{d}\right) \tag{5.82}$$

式中：b 为试样的宽度；t 和 c 分别为面板和芯层厚度；Y^{f} 和 Y^{c} 分别为面板和芯层材料的屈服应力；τ^{c} 为泡沫芯层材料的剪切强度；d 为两个支撑间的跨距；H_0 为悬伸长度。

Crupi 等（2013）还研究了蜂窝芯体夹层板在准静态三点弯曲载荷下的能量吸收。他们发现弯曲载荷下的能量耗散能力由坍塌机制主导，同时也受到面板和夹芯层的连接、泡沫和蜂窝胞元尺寸的影响。蜂窝夹层板由于芯层的屈曲，在胞元壁逐渐变皱的情况下产生坍塌，其吸收能量的能力强烈依赖于胞孔尺寸；而泡沫铝夹层板由于泡沫破碎而坍塌，其吸收能量的能力取决于芯层材料的品质和机械性能。

Zhu 等（2010，2009，2008）对爆炸荷载下的蜂窝和泡沫夹层板进行了试验、数值模拟和理论研究。试验结果、有限元和理论分析模型如图 5.24 所示。爆炸载荷下夹层梁/板的变形过程的第一阶段可近似为一维空气–结构相互作用过程，它使外面板产生均匀的速度；第二阶段为夹芯层压缩，根据动量守恒原理，面板和夹芯层达到共同的速度；第三阶段是塑性弯曲和拉伸使结构逐渐停止运动的阻滞阶段，这一阶段考虑的问题回归为梁或板的整体动力响应的经典问题。通过采用能量耗散率的平衡方法和演化的屈服面，可以得到最大永久变形的上限和下限，分别对应于内切和外接屈服轨迹。底面板的无量纲最大中心位移和根据外接屈服轨迹的结构响应时间分别为

$$\bar{\varDelta}_0=\frac{\varDelta_0}{\bar{L}}=\hat{c}\frac{\alpha_1}{\alpha_2}\left[\left(1+\frac{2}{3}\frac{\alpha_2 Z_{\mathrm{n}}}{\alpha_1^2\alpha_3}\right)^{1/2}-1\right] \tag{5.83}$$

$$\bar{T}=\frac{T}{\bar{L}}\sqrt{Y^{\mathrm{f}}/\rho^{\mathrm{f}}}=\sqrt{\frac{\alpha_3}{6\alpha_2}}\arctan\left(\frac{2}{3}\frac{\alpha_2 Z_{\mathrm{n}}}{\alpha_1^2\alpha_3}\right)^{1/2} \tag{5.84}$$

式中：$\hat{c}=\bar{H}^{\mathrm{c}}/\bar{L}$（$\bar{H}^{\mathrm{c}}$ 和 $\bar{L}$ 分别是夹芯层的最终厚度和方形板边长的一半）；$\alpha_1=4\hat{h}(1+\hat{h})+\bar{\sigma}$，$\hat{h}=\bar{h}/(1-\varepsilon_{\mathrm{c}})$，$\varepsilon_{\mathrm{c}}$ 是夹芯层横向压缩应变；$\alpha_2=\bar{\sigma}+2\hat{h}$，$\alpha_3=2\hat{h}+\bar{\rho}/(1-\varepsilon_{\mathrm{c}})$（$\bar{h}$、$\bar{\sigma}$ 和 $\bar{\rho}$ 分别为面板和夹芯层厚度比、夹芯层和面板纵向拉伸强度比及夹芯层和面板密度比）。可以发现，α_1、α_2 和 α_3 实际上分别反映了塑性弯曲、拉伸和无量纲质量的影响。Z_{n} 可用于评估夹层结构的动态塑性响应，$Z_{\mathrm{n}}=\dfrac{\bar{I}^2}{Y^{\mathrm{f}}\rho_{\mathrm{f}}\bar{H}^2}\dfrac{1}{\hat{c}^2}$，式中：$Y^{\mathrm{f}}$ 和 ρ^{f} 分别为面板材料的屈服强度和密度，$\bar{I}$ 为单位面积的无量纲冲量（Zhu et al.，2010b）。

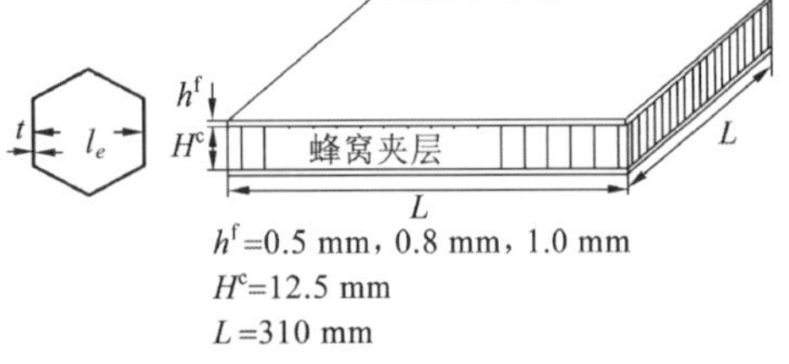

（a）蜂窝夹层板（Zhu et al.，2010b）

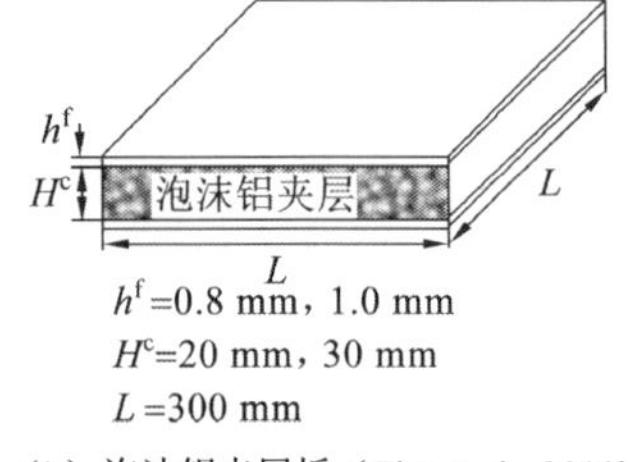

（b）泡沫铝夹层板（Zhu et al.，2010b）

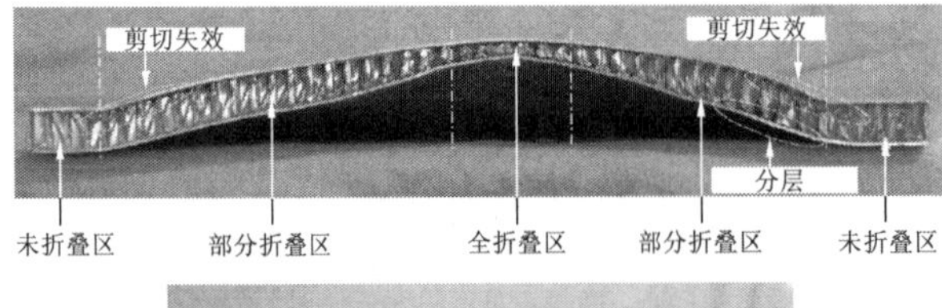

（c）爆炸载荷下的蜂窝夹层板（Zhu et al.，2008）

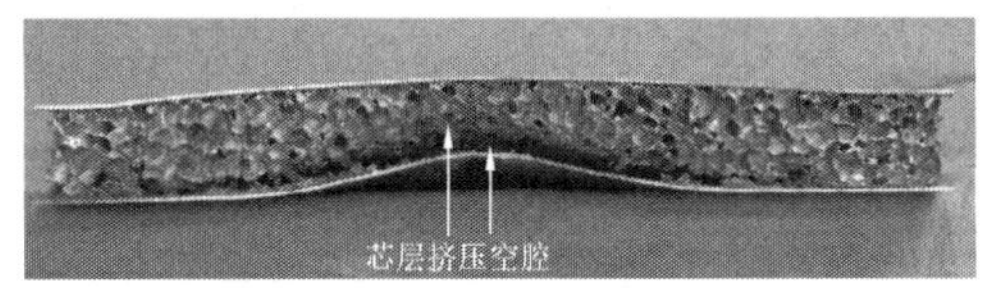

（d）爆炸载荷下的泡沫夹层板（Zhu et al.，2008）

图 5.24 蜂窝和泡沫夹层板的爆炸试验、有限元模拟和变形理论模型

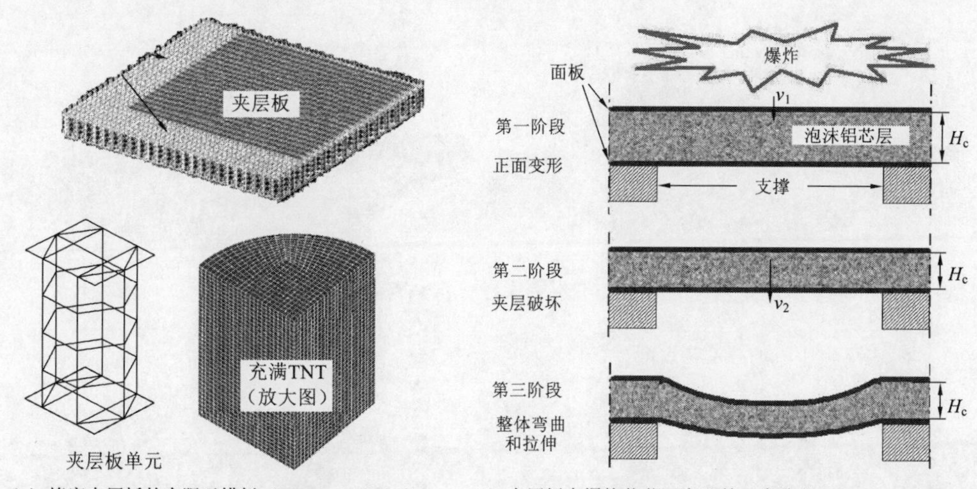

（e）蜂窝夹层板的有限元模拟（Zhu et al.，2009）（f）夹层板在爆炸载荷下变形的三个阶段（Zhu et al.，2010）

图 5.24 蜂窝和泡沫夹层板的爆炸试验、有限元模拟和变形理论模型（续）

5.5.2 折纸结构作为芯层的夹层板

Xiang 等（2018）首次对采用折纸结构作为芯层的夹层梁进行了有限元分析。折纸结构夹芯采用了最普遍的 Miura 单元（图 5.25）。有限元分析采用 ABAQUS 显式模块进行，夹层板承受准静态三点弯曲加载，单元为 S4R 线性四边形单元，网格尺寸为 2 mm×2 mm。应用了典型低碳钢的材料参数，无应变硬化，密度为 7 800 kg/m^3，弹性模量为 210 GPa，屈服应力为 200 MPa。面板的尺寸为 430 mm×400 mm，面板的厚度为 5 mm，每个面板的质量为 6.71 kg。调整夹芯板两边单元的个数 m 和 n，使折纸结构夹芯的整体尺寸在 430 mm×400 mm 以内。对于夹芯结构，ϕ、θ_A 和侧边长度 a 和 b 被设置为变量，芯层材料的厚度 t 是变化的，以确保每个夹芯层具有相同的质量 2.09 kg。对于不同的夹芯梁，其上下面板的材料和厚度都是相同的。共研究了具有三组不同参数的试样：第 1 组具有不同的平行四边形夹角 ϕ[图 5.26（a）]；第 2 组具有不同的二面角 θ_A[图 5.26（b）]；第 3 组具有不同的边长 a 和 b[图 5.26（c）]。

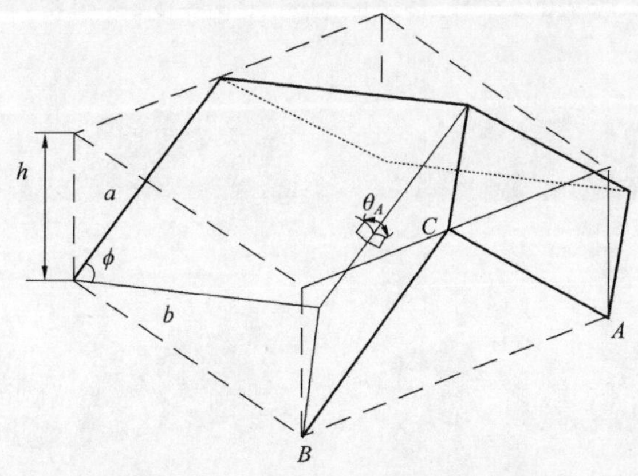

图 5.25 Miura 单元的单元格几何形状

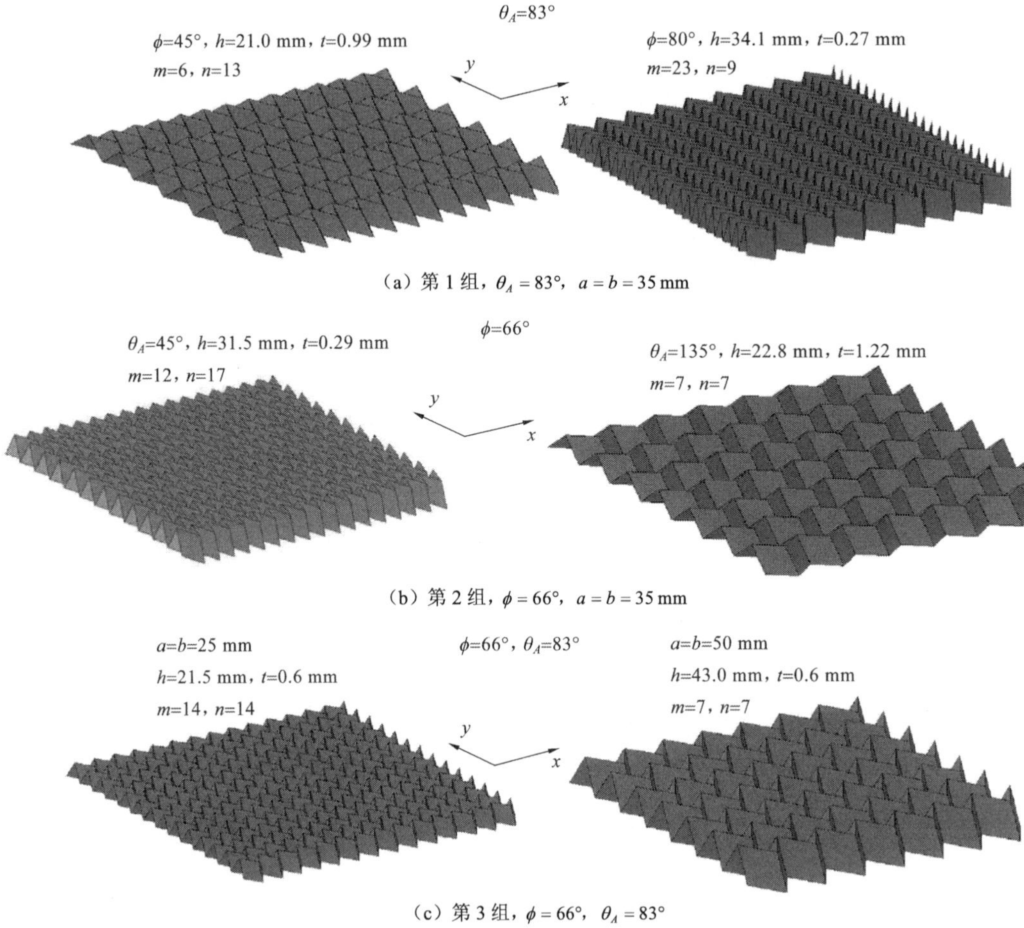

θ_A=83°

ϕ=45°，h=21.0 mm，t=0.99 mm
m=6，n=13

ϕ=80°，h=34.1 mm，t=0.27 mm
m=23，n=9

y x

（a）第 1 组，$\theta_A = 83°$，$a = b = 35$ mm

ϕ=66°

θ_A=45°，h=31.5 mm，t=0.29 mm
m=12，n=17

θ_A=135°，h=22.8 mm，t=1.22 mm
m=7，n=7

y x

（b）第 2 组，$\phi = 66°$，$a = b = 35$ mm

ϕ=66°，θ_A=83°

a=b=25 mm
h=21.5 mm，t=0.6 mm
m=14，n=14

a=b=50 mm
h=43.0 mm，t=0.6 mm
m=7，n=7

y x

（c）第 3 组，$\phi = 66°$，$\theta_A = 83°$

图 5.26　不同参数的 Miura 折纸结构夹芯层

折纸结构夹芯的夹层板在三点弯曲载荷下的力学响应如图 5.27 所示，其中 δ 为压头的位移，曲线彩色云图表示 von Mises 应力。半圆形压头的直径为 50 mm，压头和支撑沿 y 方向，支撑跨距为 352.6 mm。压头的力和位移之间的关系如图 5.28 所示，初始阶段力几乎呈线性

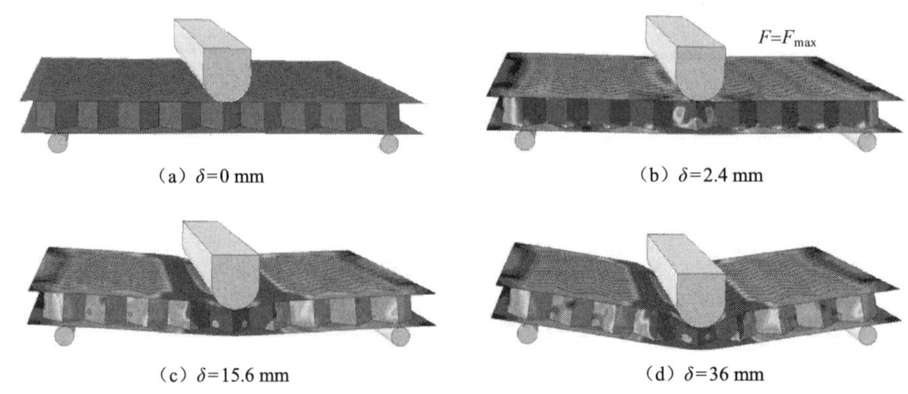

（a）δ=0 mm　（b）δ=2.4 mm

（c）δ=15.6 mm　（d）δ=36 mm

图 5.27　三点弯曲载荷下折纸结构夹层板的变形（$\phi = 75°$，$\theta_A = 83°$）

增加，然后达到峰值 F_{max}，图 5.27（b）显示了峰值处夹层板的变形。随后，当位移增加时力大幅度减小。局部变形发生在面板的中心区域周围[图 5.27（c）和（d）]。相同质量的单层梁的力–位移曲线也在图 5.28 中给出，夹层梁很明显能够承受更大的载荷，具有优越的吸能性能。

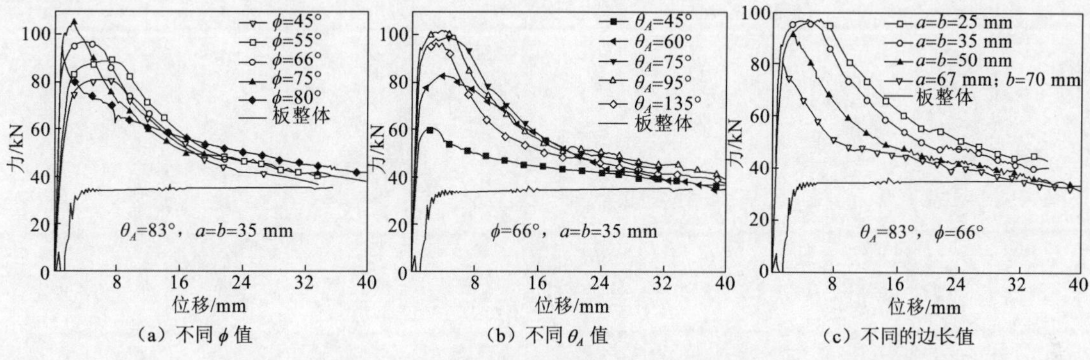

（a）不同 ϕ 值　（b）不同 θ_A 值　（c）不同的边长值

图 5.28　准静态三点弯曲下的力–位移曲线

5.6　其他加载系统与评论

方管在刚性平板间的横向压溃与圆管类似，Gupta 等（1998）对此进行了研究。在他们的工作中，也考虑了泡沫充填（foam-filling）的影响。此外，Gupta 等（1990a，1990b）进行了方管交叉叠层受横向压缩的研究。Huang 等（2017）对底部平板支撑下的矩形管在圆柱形压头作用下的横向压溃响应进行了研究，并提出了一个理论模型用来预测压溃过程中的压头作用力。

当允许薄壁管的厚度（材料）在截面内或轴向发生变化时，其横向吸能特性也可以得到很大的提高。Zhang 等（2016）对不同翼缘和腹板厚度的方管进行了研究，发现在减小翼缘厚度时方管也可以呈现出与泡沫充填类似的多皱褶变形模式，并在同等质量条件下提高吸能效率达 40%。

方管在扭转坍塌（torsional collapse）下的能量吸收已经有报道（Chen et al.，2001a；Santosa et al.，1997）。扭转和弯曲组合（combined torsion and bending）作用下的圆管也已有所研究（Reddy et al.，1996）。

横向载荷作用下的薄壁管会经历如压陷这样的局部变形，随后发生整体塑性弯曲/拉伸。考虑平衡条件和屈服条件的准静态方法似乎更适合方管的初始弯曲。但是，对于具有塑性铰线且已充分发展的塑性弯曲变形，可以成功地应用能量法。此外，尽管方管的动态压陷已经有过报道，但对薄壁管的动态弯曲似乎还没有多少研究。

6 轴向压溃的薄壁构件

本章介绍轴向载荷作用下薄壁构件的分析与试验。介绍各种分析模型，讨论应变率效应；以无量纲形式给出大量的试验数据。所讨论的构件有圆形、正方形或矩形的管件，帽形截面构件，以及多胞薄壁构件。展示管件内部充填泡沫或充气的效应。结合轴向受压管件的吸能机理，提出评价构件吸能特征的一套指标体系。

6.1 圆　管

6.1.1 轴向压溃模式和典型的力–位移曲线

当薄壁圆管轴向压溃时，其塑性压溃模式可能是轴对称的也可能是非轴对称的，主要取决于直径与厚度之比（D/h）。轴对称模式又称为圆环模式（ring mode）或手风琴模式，非轴对称模式又称为钻石模式（diamond mode）。这些模式的例子如图 6.1（a）和（b）所示。钻石模式的特征可以用瓣数表示，对于大多数常用的圆管，瓣数为 2～5 个。对于某些 D/h 值，圆管压溃可能开始是圆环模式，然后随着受压行程的增加而转化为钻石模式，因此呈现出一种混合模式（mixed mode），见图 6.1（c）。在对各种尺寸圆管大量试验的基础上，对于给定材料可以作出模式分类图（Andrews et al.，1983）。图 6.2 就是关于铝制圆管的这种图（Guillow et al.，2001）。大体上说，D/h 大于 80 的圆管发生钻石模式。对于 D/h 小于 50 且 L/D 小于 2 的圆管则发生圆环模式，而当 L/D 大于 2 时，发生混合模式。对于长圆管则发生欧拉类型失稳。

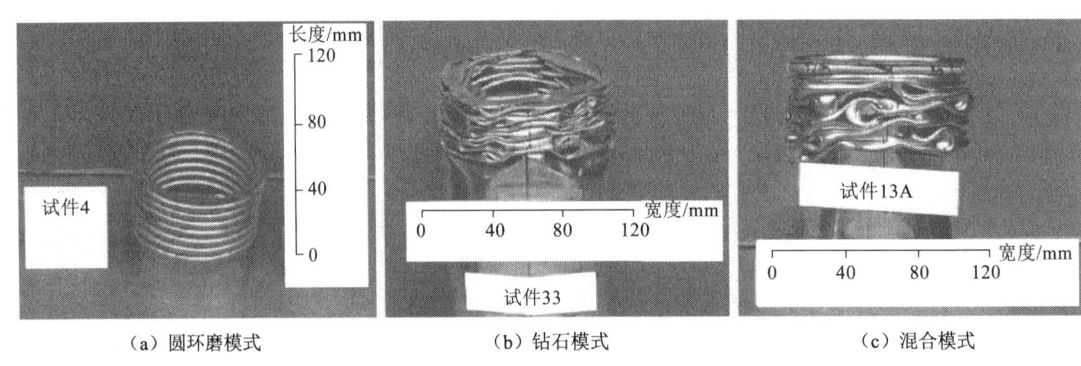

（a）圆环磨模式　（b）钻石模式　（c）混合模式

图 6.1 圆管轴向压溃模式（Guillow et al.，2001）

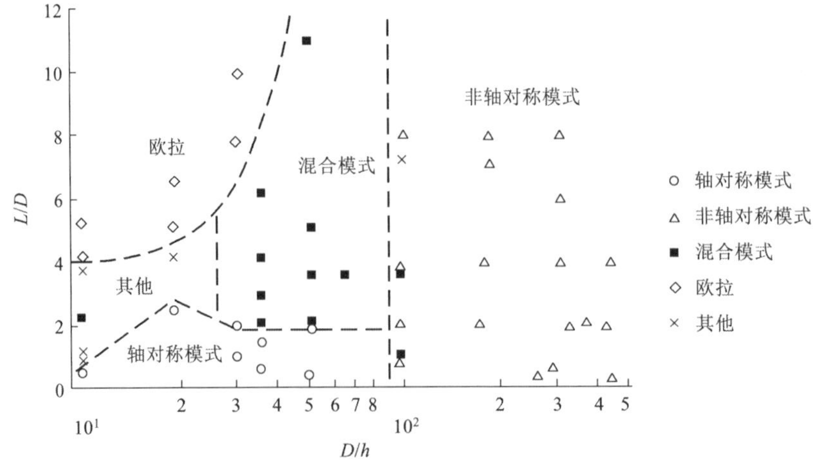

图 6.2 铝制圆管模式分类图（Guillow et al.，2001）

对于 $D = 97$ mm，$L = 196$ mm 和 $h = 1.0$ mm 的铝制圆管，典型的力–位移曲线如图 6.3 所示，该圆管发生轴对称压溃。轴力先是到达一个初始峰值，随后急剧下降，然后波动起伏。这些波动是连续皱褶形成的结果，每一个后来的峰值对应于一个皱褶过程的开始。但是有时在两个连续峰值之间有一个二级峰值。圆管所吸收的能量就是这条曲线下面的面积。为了实际需要，通常将平均力作为能量吸收能力的指标。非轴对称模式的力–位移曲线也呈现出类似的特征。

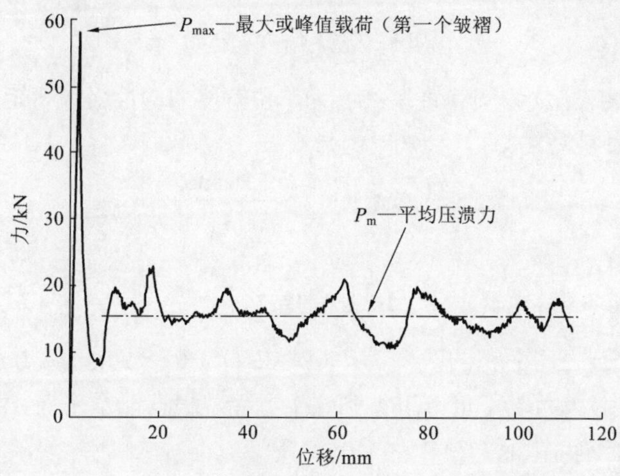

图 6.3 典型的力–位移曲线（Guillow et al.，2001）

6.1.2 理论模型

6.1.2.1 圆环（轴对称）模式的 Alexander 模型

Alexander（1960）第一个提出了圆管在圆环模式下轴向压溃的简单理论模型，该模型如图 6.4 所示。在单个皱褶形成过程中，出现三个圆形的周向塑性铰。假定皱褶是完全向外凸出的，则塑性铰之间的所有材料都要经历周向拉伸应变。外力 P 对圆管所做的功被三条铰线的塑性弯曲及塑性铰之间材料的周向伸长所耗散。

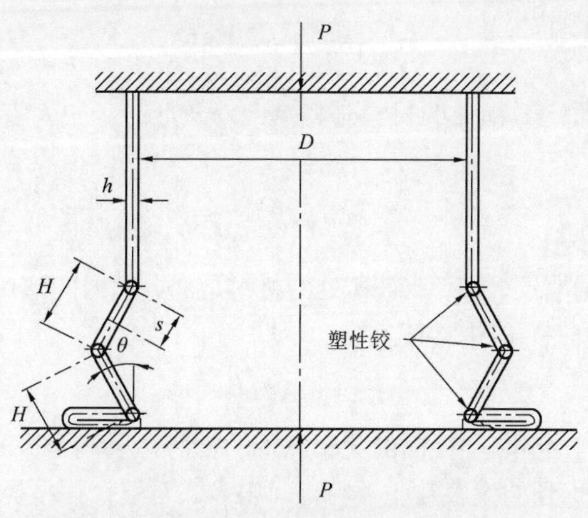

图 6.4 圆环模式下轴向压溃的简单理论模型

在下面的分析中，假定材料是理想刚塑性的。此外，在屈服准则中，假定弯曲和拉伸没有交互作用，因此材料的屈服或是仅由弯曲引起的，或是仅由拉伸引起的。当一个皱褶完全被压扁时，塑性弯曲耗散的能量为

$$W_b = 2M_o\pi D\ \frac{\pi}{2} + 2M_o\int_0^{\frac{\pi}{2}} \pi(D + 2H\sin\theta)\mathrm{d}\theta$$

或

$$W_b = 2\pi M_o(\pi D + 2H) \tag{6.1}$$

式中：H 为皱褶的半波长；D 为圆管直径；M_o 为单位宽度的塑性极限弯矩。

相应地，拉伸耗散能量为

$$W_s = 2\int_0^H Y\pi Dh\ln\left(\frac{D + 2s\sin\theta}{D}\right)\mathrm{d}s$$

当 $\theta = \pi/2$ 时，有

$$W_s \approx 2\pi YhH^2 \tag{6.2}$$

考虑三个塑性铰圆之间面积的改变 $2[\pi(D+2H)^2/4 - \pi D^2/4] - 2\pi DH = 2\pi H^2$，然后将之乘以单位宽度的屈服膜力 Yh，也可以得到这个方程。根据能量平衡，外功应等于弯曲和拉伸耗散能量之和，因此有

$$P_m 2h = W_b + W_s \tag{6.3}$$

式中：P_m 为完成皱褶过程的平均压溃力。

将式（6.1）和式（6.2）代入式（6.3），有

$$\frac{P_m}{Y} = \frac{\pi h^2}{\sqrt{3}}\left(\frac{\pi D}{2H} + 1\right) + \pi Hh \tag{6.4}$$

根据 H 值应当使力 P_m 取极小的思路，可以求出未知长度 H。因此令 $\partial P_m/\partial H = 0$，则

$$H = \sqrt{\frac{\pi}{2\sqrt{3}}}\sqrt{Dh} \approx 0.95\sqrt{Dh} \tag{6.5}$$

将式（6.5）代入式（6.4），得

$$\frac{P_m}{Y} \approx 6h\sqrt{Dh} + 1.8h^2 \tag{6.6}$$

在上面的分析中，假定皱褶处的材料是完全向外变形的。如果皱褶处的材料是向内变形的，通过类似分析得到

$$\frac{P_m}{Y} \approx 6h\sqrt{Dh} - 1.8h^2 \tag{6.7}$$

正如 Alexander 所阐明的，实际上皱褶处的材料是部分向内变形，部分向外变形的。因此，可以取式（6.6）和式（6.7）的平均值，得

$$P_m \approx 6Yh\sqrt{Dh} \tag{6.8}$$

这就完成了 Alexander 于 1960 年提出的关于圆管的轴对称压溃分析。这个模型非常简单，但是它确实抓住了试验观察到的大多数主要特点。很多人对这个模型提出过改进。根据周向应变沿距离 s 的变化，Johnson（1972）对拉伸能量表达式做了修正。

后来认识到变形的管壁在子午线方向被弯成曲线，而不是由直线段构成的折线（Abramowicz et al.，1986，1984b；Abramowicz，1983）。在他们修改的模型中，用连接在一起的两段圆弧来表示变形的管壁，这就给出有效压溃长度（effective crush length）δ_e，它比 $2H$ 小，为

$$\frac{\delta_e}{2H}=0.86-0.52\left(\frac{h}{D}\right)^{\frac{1}{2}} \tag{6.9}$$

因此，假定 H 保持不变，就得到一个比式（6.8）略高的平均力

$$P_m=8.91Yh\sqrt{Dh}\left(1-0.61\sqrt{\frac{h}{D}}\right) \tag{6.10}$$

Grzebieta（1990）进一步修改了子午线的形状，并且采用平衡解法可以求出力–位移曲线，而不仅仅是平均力。为了考虑管壁有向内和向外变形两种情况，Wierzbicki 等（1992）引进了被称为偏心因子（eccentric factor）的参数，它规定了在整个皱褶长度 H 上向外凸出部分的比例。根据试验，这个参数值大约为 0.65。这种方法可以预测每个皱褶内第二个峰值的出现及其位置。这个工作后来又被 Singace 等（1995），Singace 等（1996）做了进一步改进。

6.1.2.2 应变率和惯性效应

在动态情况下，应变率效应可以按照下述方法近似考虑。在 2.4.2 节讨论过，应变率效应起着增强材料屈服应力的作用。根据 Cowper-Symonds 关系式（2.73），式（6.8）可重新写成

$$P_m\approx 6Yh\sqrt{Dh}\left[1+(\dot{\varepsilon}/B_c)^{1/q}\right] \tag{6.11}$$

式中：$\dot{\varepsilon}$ 为应变率；B_c 和 q 分别为圆管材料常数，它们典型的数值在表 2.1 中给出。

关键是估计整个动态压溃过程的应变率。这里介绍一个对平均周向应变率的简单估计，并假定它能够代表整个过程。在圆管的一个完全压扁的皱褶中平均应变为

$$\varepsilon_\phi\approx\frac{H}{D} \tag{6.12}$$

假定圆管开始变形时具有一个初始速度，这个速度随时间线性减小。这相应于在不变的轴向外载作用下的匀减速运动。一个皱褶达到完全压扁的总时间为

$$T=\frac{2H}{V_0} \tag{6.13}$$

所以平均应变率为

$$\dot{\varepsilon}_\phi=\frac{\varepsilon_\phi}{T}=\frac{V_0}{2D} \tag{6.14}$$

将它代入式（6.11），得

$$P_m=6Yh\sqrt{Dh}\left[1+\left(\frac{V_0}{2B_cD}\right)^{1/q}\right] \tag{6.15}$$

因为 q 值通常比较大，所以第二项的贡献没有预想的那么大。

在冲击作用下，圆管轴向压溃的惯性效应会是比较大的，这与 7.2 节讨论的 II 型惯性敏感结构是类似的。详细分析可参看 Karagiozova 等（2000）。

6.1.2.3 非轴对称模式理论

非轴对称模式（钻石模式）的理论模型不像圆环模型那样成功。大多数模型都涉及三角形单元关于铰线的弯曲，并假定中面不可伸长。最先研究钻石模式的 Pugsley 等（1960）提出

$$\frac{P}{Y\pi Dh}=10\frac{h}{D}+0.13 \tag{6.16}$$

通过最佳拟合试验数据定出其中的常数。Johnson 等（1977c）试图根据 PVC 圆管试验发展一个非轴对称模式的理论。由实际皱褶的几何形状，对于给定的瓣数可以求出铰线的分布。瓣数等于 3 时，铰线分布如图 6.5 所示。外功仅耗散于单元关于铰线的塑性弯曲，以及初始弧形单元的压平。对于长圆管，计算出的力为

$$\frac{P_{\mathrm{m}}}{2\pi M_{\mathrm{o}}}\approx 1+n\operatorname{cosec}\left(\frac{\pi}{2n}\right)+n\cot\left(\frac{\pi}{2n}\right) \tag{6.17}$$

式中：n 为周向瓣数，这个公式要求事先知道 n，但是还没有确定它的方法。

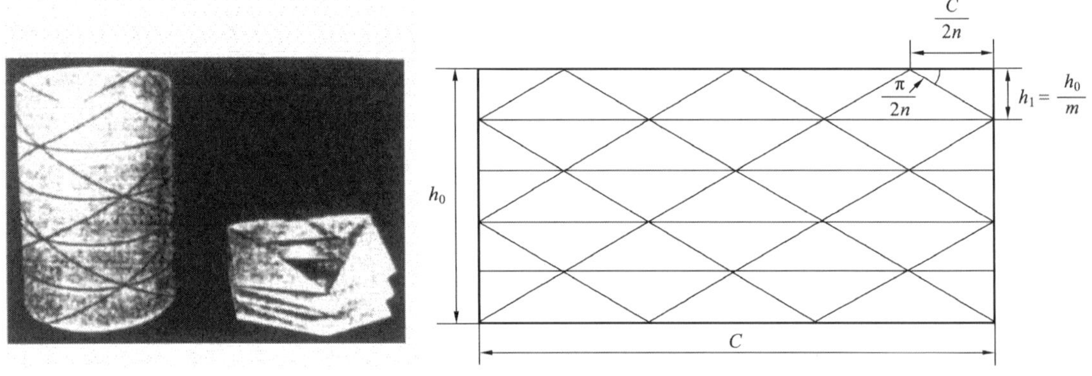

图 6.5 非轴对称模式的理论压溃模型，$n=3$（Johnson et al.，1977）

Singace（1999）做了进一步的理论研究。采用与圆环模式相同的方式引进偏心因子，导出的方程为

$$\frac{P_{\mathrm{m}}}{M_{\mathrm{o}}}=-\frac{\pi}{3}n+\frac{2\pi^2}{n}\tan\left(\frac{\pi}{2n}\right)\frac{D}{h} \tag{6.18}$$

6.1.2.4 圆管轴向压溃试验

圆管轴向压溃试验结果涉及范围广泛。大多数提出理论模型的研究者都进行了试验研究，试图验证所提出的模型。但是，所使用的 D/h 范围一般是非常有限的。一项系统的工作是 Guillow 等（2001）进行的，在单一的试验计划中覆盖了足够大范围的 D/h 和 L/D。对于铝制圆管，平均力随 D/h 变化情况如图 6.6 所示。

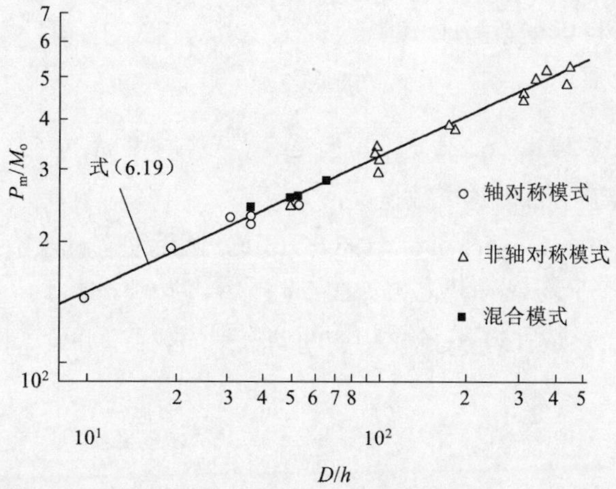

图 6.6 铝制圆管的平均力随 D/h 变化的无量纲曲线图（Guillow et al.，2001）

图 6.6 是以双对数形式绘制的。不管什么样的压溃模式，所有的点全都落在可以用一条直线近似的单一曲线上，因此得到一个以试验为基础的拟合方程

$$\frac{P_m}{M_o}=72.3\left(\frac{D}{h}\right)^{0.3} \tag{6.19}$$

回顾 6.1.2 小节关于圆环模式的理论分析，P_m/M_o 值在很大程度上正比于 $\sqrt{D/h}$，并依赖于 n。图 6.6 的试验结果毫无疑问不服从这些理论分析的结论。Huang 等（2003）提出了有效塑性铰弧长模型，解释了这个问题，其弧长为(3～5) h 。

6.1.2.5 结构有效率和密实度

为了便于比较不同形状管件的试验结果，这里引入两个重要参数：结构有效率和密实度。结构有效率定义为

$$\bar{\eta}=\frac{P_m}{AY} \tag{6.20}$$

式中：A 为薄壁管截面的净面积。

因此，AY 表示轴向压溃载荷，$\bar{\eta}$ 总是小于 1。特别地，对于圆管有

$$\bar{\eta}=\frac{P_m}{\pi DhY} \tag{6.21}$$

密实度定义为

$$\bar{\phi}=\frac{A}{A_1} \tag{6.22}$$

式中：A_1 为截面包围的总的面积，对于圆管为 $\pi D^2/4$。显然，有 $\bar{\phi}<1$。

各种形状的薄壁管件的试验结果可以利用这两个参数来归纳和总结。有关圆管的曲线图如图 6.7 所示。显然，对于圆管，根据试验给出

$$\bar{\eta}=2\bar{\phi}^{0.7} \tag{6.23}$$

经验公式（6.19）可以重新写成

$$\bar{\eta}=5.7\bar{\phi}^{0.7} \tag{6.24}$$

这个方程中 $\bar{\phi}$ 的幂次 0.7 与式（6.23）相同，但是有着高得多的系数 5.7。Wierzbicki 等（1983）得到的是 5.15，它很接近于目前这个数值。

与圆管静态试验（Abramowicz et al.，1984b）相比，圆管动态试验给出了较高的平均载荷。动态平均载荷 P_m^d 与静态平均载荷 P_m^s 之比如图 6.8 所示。当 $B_c=6844\ s^{-1}$ 和 $q=3.91$ 时给出低碳钢的极限应力，将之代入（6.15）式给出相应的动态平均载荷，并绘于图 6.8 中。

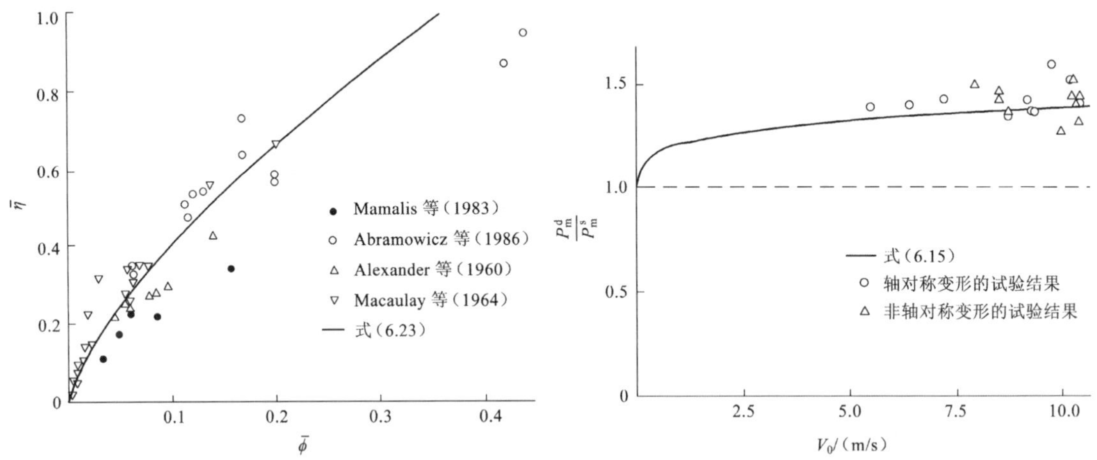

图 6.7　圆管的结构有效率随密实度的变化曲线图

图 6.8　撞击速度对动态平均载荷 P_m^d 与静态平均载荷 P_m^s 之比的影响

6.2　方　　管

6.2.1　轴向压溃模式和典型的力–位移曲线

薄壁方管经常受到轴向载荷作用。它们代表许多结构元件，如在汽车、铁路车辆和船舶结构中的构件。它们的压溃模式和圆管非常不同，但是力–位移的一般特性是类似的。这是因为在受到轴向加载时，方管和圆管都要经历渐进坍塌的过程。

图 6.9（a）为紧凑型模式下完全塑性压溃的方管的典型照片。这是一个 $c/h=23$ 的铝管，这里 c 是正方形边长，h 为厚度。管壁经历了严重的向内和向外塑性弯曲，可能还有拉伸。

需注意，当管壁很薄时可能发生非紧凑型模式。在这种情况下皱褶是不连续的，它们被略微弯曲的方形板所分开，见图 6.9（b），其中 $c/h=100$（Reid et al.，1986a）。这个模式整体上可能相对不稳定，有发生欧拉屈曲的趋势，这是不希望出现的能量耗散机构。轴向压缩下一个铝制方管的典型力–位移曲线如图 6.10 所示。很清楚，在初始峰值以后，力急剧下降，然后周期性地波动，这对应于一个接一个皱褶的形成和压扁。

（a）紧凑型模式（铝管，c/h=23）

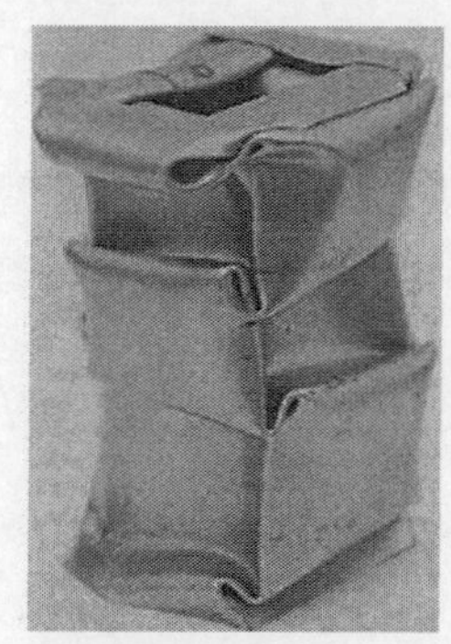

（b）非紧凑型模式（铝管，c/h=100）

图 6.9 方管的塑性压溃模式（Reid et al.，1986c）

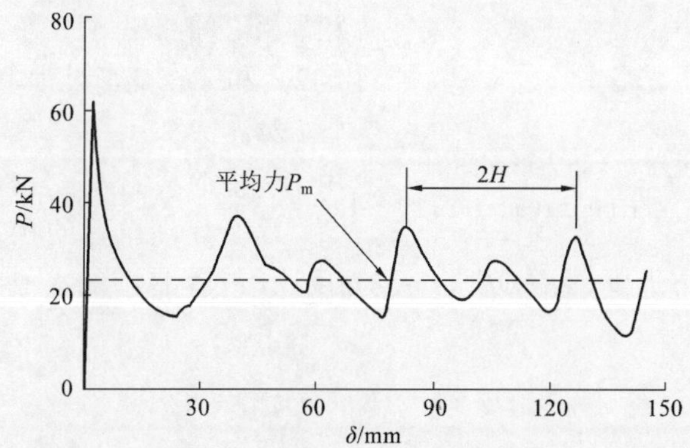

图 6.10 轴向压缩下一个铝制方管的典型力–位移曲线（c = 51.0 mm，h = 2.19 mm）

为了进一步了解方管轴向压溃机构，Meng 等（1983）利用一系列 PVC 管，获取了连续变形的过程，见图 6.11。其中包括相应的纸制模型的照片，模型中有瞬间为不动的塑性铰。但是整体上看，在整个变形过程中四角处初始为垂直的塑性铰逐渐变成倾斜，如在未变形的纸制模型中所标出的那样。最后的倾斜度大约是$\pi/4$。对于某个范围的L/c（L 是管长）和h/c的管子，一般特性是类似的。

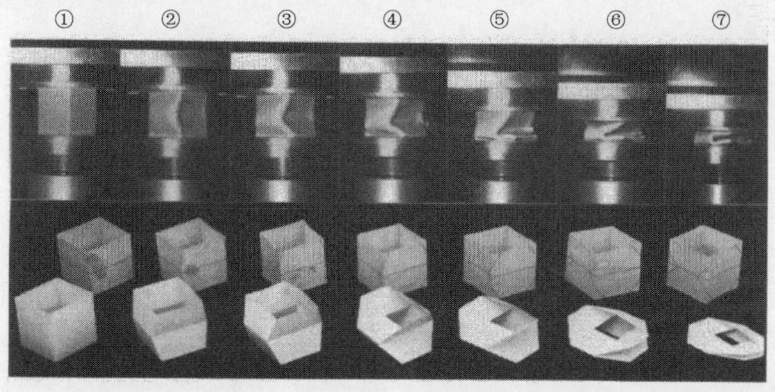

图 6.11 PVC 管（$L/c=1, h/c=0.034$）纸制模型连续变形过程（Meng et al.，1983）

6.2.2 压溃机构的理想化

基于对压溃过程的观察，将典型的皱褶发生顺序总结在图 6.12 中，它表示了四分之一正方形截面的一个变形阶段。这个理想化机构及随后的分析是 Wierzbicki 等（1983）给出的。

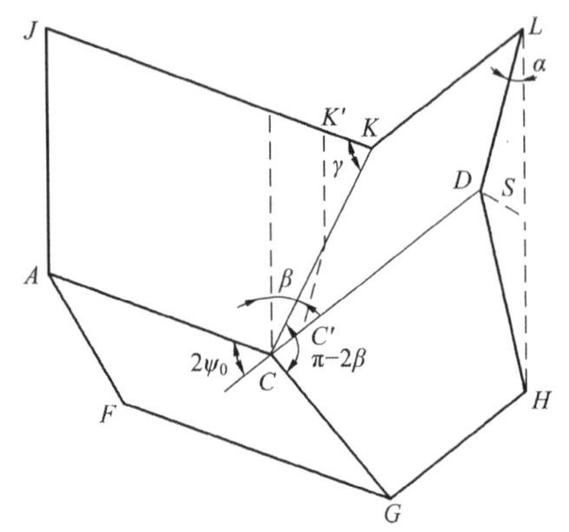

图 6.12 皱褶过程中的四分之一正方形截面的一个变形阶段（Wierzbicki et al.，1983）

总的来说，这个单元由两种类型的塑性铰组成：水平固定铰（*AC* 和 *CD*）及倾斜移行铰（*KC* 和 *CG*）。倾斜移行铰 *KC* 发生于铅垂的棱角 *K′C′*处，倾斜角随着变形的发展而增加。

这个单元的初始几何形状由该单元的总高度 $2H$ 确定，它类似于圆管的皱褶长度。在一般情况下，可以令 $2\psi_0$ 为沿管轴观察的两块相邻板之间的夹角，c 为 *AC′*和 *C′D* 的边长。假定 $2\psi_0$ 和 c 在变形过程中都是不变的。对于方管，$2\psi_0=\pi/2$，$AC=CD=c$。但是，为了容易用于以后的其他情况分析，保留这两个参数。

这个压溃单元的状态可以用下列参数之一描述：压溃距离 δ，方形板块 *KLDC* 的转动角度 α，或者 *D* 点的水平移动距离 *S*。当然，它们之间有如下关系

$$\delta = 2H(1-\cos\alpha) \tag{6.25}$$

$$S = H\sin\alpha \tag{6.26}$$

和

$$\tan\gamma = \frac{\tan\psi_0}{\sin\alpha} \tag{6.27}$$

$$\tan\beta = \frac{\tan\alpha}{\sin\psi_0} \tag{6.28}$$

通过微分上述方程，得到速度之间的关系

$$\dot{\delta} = 2H\sin\alpha\,\dot{\alpha} \tag{6.29}$$

以及 *D* 点水平速度为

$$\overline{v} = \dot{S} = H\cos\alpha\,\dot{\alpha} \tag{6.30}$$

6.2.3 塑性区的详细分析

在图 6.12 所示的理想化变形模式中，所有塑性变形都发生在局部化的塑性铰上。如果塑性变形没有扩展，它是可以接受的。但是注意到变形过程中塑性铰 *KC* 在移动，由原来位置 *K′C′*移出。以后将看到具有无限大曲率的局部化塑性铰在移动中将吸收无限多的塑性能量。对于从其原来位置 *C′*移动出来的点 *C* 情况也是如此。

所以需要更切合实际的运动许可的模型。图 6.13 所示的就是这样一个模型，它将塑性变形扩展到一个塑性区，用以代替集中的塑性铰。在这个模型中，塑性变形只发生在带阴影的区

域内。于是，在变形过程中四个平面梯形板块以刚体形式运动。两个圆柱面以两条直的塑性铰线为界，这两条铰线向相反方向移动，形成更宽的区域。两个相邻的梯形板块通过一个以两条直线为界的锥面相连接。当图 6.12 中的 *KC* 移动时，一条直线对原来的平面板块（*JKCA* 的部分）产生一个曲率，而另一条直线又将此曲率移去，所以弯曲的板块又弯了回来成为平的，与 *KLDC* 相连接。最后，四个活动的变形区通过一个环形壳（toroidal shell）部分连接起来。这个双曲面具有非零高斯曲率（Gaussian curvature 定义为两个主曲率的乘积），而穿过这个环形壳之前和之后的圆柱部分，高斯曲率为零。因此当材料变形进入这个壳，然后返回圆柱壳部分时，高斯曲率有一个改变，必定伴有面内拉伸（Calladine，1983a）。

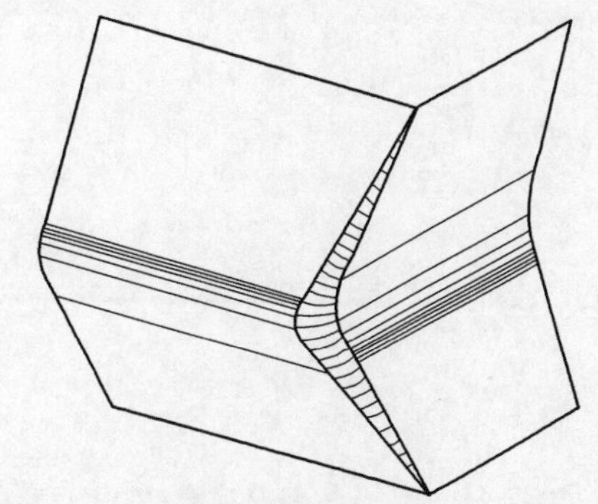

图 6.13　一个更为实际的运动许可皱褶机构（Wierzbicki et al.，1983）

下一个任务是估计四种类型塑性区的每一种的能量耗散。对于两个圆柱壳的能量耗散，可以按照第 5 章中类似的分析直接进行。对于两个移动的锥形区域和环形壳部分，就不那么直截了当了，这将在下面给出。

6.2.3.1　移行铰上的能量耗散

考虑图 6.14 所示的带有一个移行铰的长条，该铰是半径为 r 的圆弧 AB。假定这个铰移动距离 Δs 到一个新的位置，但还保持半径不变。为了方便起见，假定 Δs 足够大，所以整个圆弧 AB 被展平成直线段 $A'B'$。于是展平 AB 的能量为

$$W_{AB} = \overline{AB} \cdot \frac{1}{r} \cdot M_{\mathrm{p}} = M_{\mathrm{p}}(\pi - \beta) \tag{6.31}$$

式中：M_{p} 为塑性极限弯矩。线段 BC 首先被弯成半径为 r 的圆弧，然后被展平成 $B'C'$。这个过程需要的能量为

$$W_{BC} = \overline{BC} \cdot \frac{1}{r} \cdot M_{\mathrm{p}} \cdot 2 \tag{6.32}$$

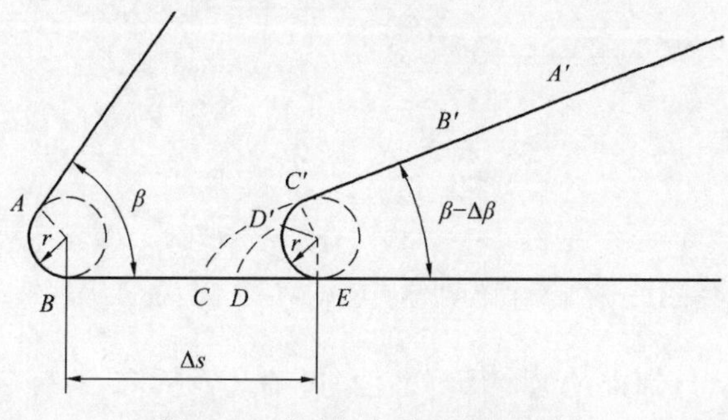

图 6.14　带有一个移行铰的长条

对于 CD，类似地有

$$W_{CD}=\overline{CD}\cdot\frac{1}{r}\cdot M_{\mathrm{p}} \tag{6.33}$$

对于 DE，有

$$W_{DE}=\overline{DE}\cdot\frac{1}{r}\cdot M_{\mathrm{p}} \tag{6.34}$$

所以，这个塑性铰移动距离Δs 所耗散的总的弯曲能量为

$$\begin{aligned}W&=W_{AB}+W_{BC}+W_{CD}+W_{DE}=(\overline{AB}+2\overline{BC}+\overline{CD}+\overline{DE})\cdot\frac{1}{r}\cdot M_{\mathrm{p}}\\&=\frac{1}{r}M_{\mathrm{p}}\left[\overline{AB}+2\left(\Delta s-\frac{\overline{AB}+\overline{CD}}{2}\right)+\overline{CE}\right]=2\frac{1}{r}M_{\mathrm{p}}\Delta s\end{aligned} \tag{6.35}$$

Meng 等（1983）也给出了式（6.35）。式（6.35）证明移行铰吸收的能量与移动的距离成正比，与铰的半径 r 成反比。这就解释了为什么成尖角（曲率半径为零）的皱褶不能移动——要移动它需要有无限大的外功。塑性铰移行过程可以用另一种方式理解：它可以被看成材料以相反方向被推过半径为 r 的模块。因此，长度为 Δs 的长条先是被弯曲，然后被展平，这个过程所吸收的能量就是式（6.35）。

6.2.3.2 薄板通过环形曲面所耗散的能量

对于图 6.15 所示的环形段，曲面内的任一点可以用两个坐标（θ,ϕ）描述。θ 表示子午线坐标[图 6.15（c）]，ϕ 则是沿圆周方向的坐标[图 6.15（b）]。θ 和 ϕ 的变化范围为

$$\frac{\pi}{2}-\psi\leqslant\theta\leqslant\frac{\pi}{2}+\psi \tag{6.36}$$

$$-\beta\leqslant\phi\leqslant\beta \tag{6.37}$$

同时有

$$r=b\cos\theta+a \tag{6.38}$$

式中：b 是子午线方向的半径（图 6.15）。

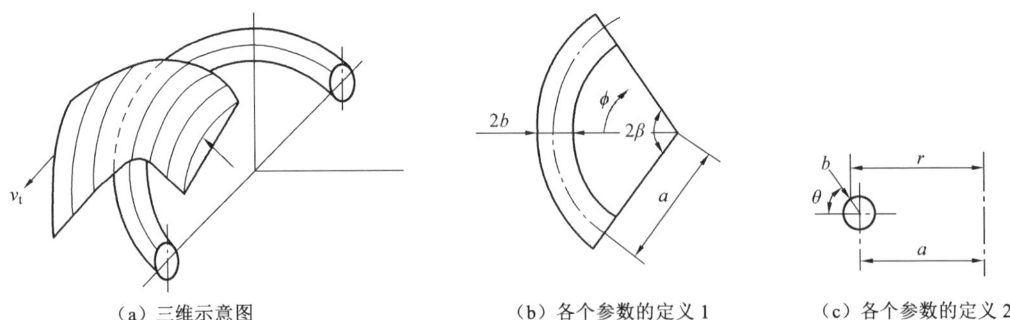

（a）三维示意图　　（b）各个参数的定义 1　　（c）各个参数的定义 2

图 6.15 环形曲面的塑性变形（Wierzbicki et al.，1983）

当材料被强制地从外部推过这个环形曲面时，有一个周向应变，它的增量对应于切线速度 v_{t}，为

$$\dot{\varepsilon}_\phi = \frac{v_t \sin\theta}{r} = \frac{H\cos\alpha\dot{\alpha}}{\tan\psi_0}\frac{\sin\theta}{b\cos\theta + a} \tag{6.39}$$

式中：$v_t \sin\theta$ 是 v_t 的水平分量，并有

$$v_t = \frac{\dot{s}}{\tan\psi_0} = \frac{H\cos\alpha\dot{\alpha}}{\tan\psi_0} \tag{6.40}$$

在环形区域，主要塑性流动以 $\dot{\varepsilon}_\phi$ 形式出现。虽然在周向有非零曲率改变，但是可以证明对应的弯曲能量为零（这是因为在周向拉伸出现屈服时，有极限屈服膜力 $N_o = Yh$）。因此，塑性耗散率为

$$\dot{W}_1 = \int_s N_o \dot{\varepsilon}_\phi \mathrm{d}s = \int N_o \dot{\varepsilon}_\phi r\,\mathrm{d}\phi b\mathrm{d}\theta \tag{6.41}$$

将式（6.38）～式（6.40）代入式（6.41），有

$$\dot{W}_1 = 4N_o bH \frac{\pi}{(\pi - 2\psi_0)\tan\psi_0}\cos\alpha\left[\cos\psi_0 - \cos\left(\psi_0 + \frac{\pi - 2\psi_0}{\pi}\beta\right)\right]\dot{\alpha} \tag{6.42}$$

假定角 ψ 从 ψ_0 至 $\pi/2$ 随坐标 ϕ 线性变化，即

$$\psi = \psi_0 + \frac{\pi - 2\psi_0}{\pi}\phi$$

$\dot{W}_1$ 对 α 积分，得

$$W_1 = 4N_o bH I_1(\psi_0) = 16M_0 \frac{Hb}{h} I_1(\psi_0) \tag{6.43}$$

其中

$$I_1(\psi_0) = \frac{\pi}{(\pi - 2\psi_0)\tan\psi_0} \times \int_0^{\frac{\pi}{2}} \cos\alpha\left\{\sin\psi_0 \sin\left(\frac{\pi - 2\psi_0}{\pi}\right)\beta + \cos\psi_0\left[1 - \cos\left(\frac{\pi - 2\psi_0}{\pi}\right)\beta\right]\right\}\mathrm{d}\alpha \tag{6.44}$$

因为 β 是 α 的函数，所以可以求出 $I_1(\psi_0)$，如当 $\psi_0 = \frac{\pi}{4}$ 时，有 $I_1\left(\frac{\pi}{4}\right) = 0.58$，当 $\psi_0 = \frac{\pi}{6}$ 时，有 $I_1\left(\frac{\pi}{6}\right) = 1.05$。

6.2.3.3 塑性铰处的能量耗散

在水平固定塑性铰线 AC 和 CD 处，塑性能量耗散为

$$\dot{W}_2 = 2M_o c\dot{\alpha} \tag{6.45}$$

或

$$W_2 = 2\int_0^{\frac{\pi}{2}} M_o c\,\mathrm{d}\alpha = \pi M_o c \tag{6.46}$$

最后，由于倾斜塑性铰线的总长度为

$$L = \frac{2H}{\sin\gamma} \tag{6.47}$$

因此，有

$$\dot{W}_3 = 2M_{\mathrm{o}}L\frac{v_{\mathrm{t}}}{b} = 4M_{\mathrm{o}}\frac{H^2}{b}\frac{1}{\tan\psi_0}\frac{\cos\alpha}{\sin\gamma} \tag{6.48}$$

$$W_3 = 4M_{\mathrm{o}}I_3(\psi_0)\frac{H^2}{b} \tag{6.49}$$

其中

$$I_3(\psi_0) = \frac{1}{\tan\psi_0}\int_0^{\frac{\pi}{2}}\frac{\cos\alpha}{\sin\gamma}\mathrm{d}\alpha$$

因此 $I_3(\pi/4)=1.11$，$I_3(\pi/6)=2.39$。所做的外功率为

$$\dot{w}_{\mathrm{ext}} = P\dot{\delta} = 2PH\sin\alpha\dot{\alpha} \tag{6.50}$$

或

$$\dot{w}_{\mathrm{ext}} = 2PH \tag{6.51}$$

所以由能量平衡要求有

$$2P_{\mathrm{m}}H = W_1 + W_2 + W_3 \tag{6.52}$$

式中：P_{m}是平均载荷。

将三个能量分量表达式[式（6.43）、式（6.46）和式（6.49）]代入式（6.52），得到平均载荷取如下形式

$$\frac{P_{\mathrm{m}}}{M_{\mathrm{o}}} = A_1\frac{b}{h} + A_2\frac{c}{H} + A_3\frac{H}{b} \tag{6.53}$$

式中：A_1、A_2和A_3为适当的函数。

式（6.53）中仅有的两个未知参数，半径 b 和皱褶的半高度 H，可以通过

$$\frac{\partial P_{\mathrm{m}}}{\partial H} = 0,\quad \frac{\partial P_{\mathrm{m}}}{\partial b} = 0 \tag{6.54}$$

求出，由此给出

$$b = \sqrt[3]{A_2A_3/A_1^2}\,\sqrt[3]{ch^2} \tag{6.55}$$

$$H = \sqrt[3]{A_2^2/A_1A_3}\,\sqrt[3]{c^2h} \tag{6.56}$$

将式（6.55）、式（6.56）代回式（6.53），有

$$\frac{P_{\mathrm{m}}}{M_{\mathrm{o}}} = 3\sqrt[3]{A_1A_2A_3}\,\sqrt[3]{c/h} \tag{6.57}$$

这表明三个主要能量耗散机构对总的能量耗散做出相同的贡献。

对于正方形或者 $c_1\times d$ 的矩形截面，取 $c=\frac{1}{2}(c_1+d)$，并有 $I_1=0.58$，$I_3=1.11$。因为有顶部和底部的水平塑性铰线（JK、KL、FG 和 GH）出现，W_2必须加倍。相应的能量平衡为

$$2HP_{\mathrm{m}} = M_{\mathrm{o}}\left(64I_1\frac{bH}{h} + 8\pi c + 16I_3\frac{H^2}{b}\right) \tag{6.58}$$

因此 $A_1=32I_1=18.56$，$A_2=4\pi$，$A_3=8I_3=8.88$。从而有

$$H = 0.986\sqrt[3]{c^2h},\quad b = 0.687\sqrt[3]{ch^2} \tag{6.59}$$

和

$$\frac{P_{\mathrm{m}}}{M_{\mathrm{o}}}=38.23\sqrt[3]{\frac{c}{h}} \tag{6.60}$$

对于方管，$c_1=d=c$，有

$$P_{\mathrm{m}}=9.56\sigma_0 h^{\frac{5}{3}}c^{\frac{1}{3}} \tag{6.61}$$

P_{m}与$h^{\frac{5}{3}}$成比例这个事实反映了弯曲和拉伸都对能量有贡献，在这种情况下贡献比为 2:1。当只有弯曲变形时，力与h^2成比例，而只有膜力变形时，它与h成正比。当两者都出现时，力与h的 1～2 次幂成正比。

利用早先引入的结构有效率$\bar{\eta}$和密实度$\bar{\phi}$，对于正方形截面，有

$$\bar{\eta}=0.948\bar{\phi}^{\frac{2}{3}} \tag{6.62}$$

在上面模型中，只有周边长度c在计算P_{m}和H中起作用，截面长宽比是不重要的。这已被试验部分证实：观察到的皱褶长度确实是与长宽比无关的（Aya et al.，1974）。

6.2.4 与试验比较

试验结果以$\bar{\eta}$和$\bar{\phi}$的关系形式（Wierzbicki et al.，1983）绘于图 6.16 中。注意在将平均力P_{m}转换为$\bar{\eta}$时，应用了极限应力。理论预测式（6.62）确实与试验符合得很好。Magee 等（1978）给出最好的拟合曲线$\bar{\eta}=1.4\bar{\phi}^{0.8}$。

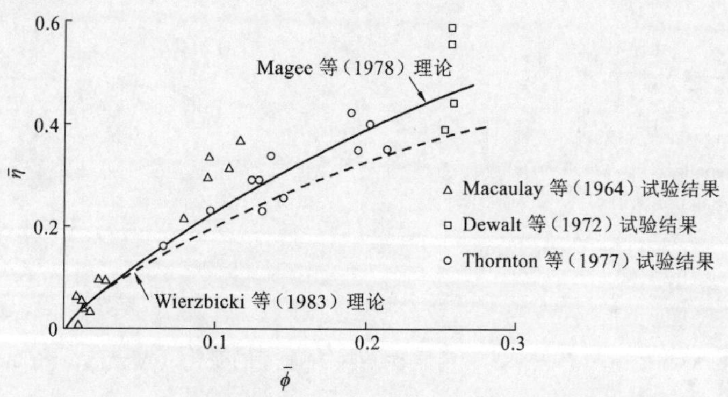

图 6.16 矩形截面薄壁管的试验结果与理论结果比较（Wierzbicki et al.，1983）

与圆管结果比较，正方形或矩形管在吸收能量方面看来不是非常有效。与圆管情况类似，实际上有效压溃距离小于 $2H$。Abramowicz 等（1984a；1986）证明有

$$\frac{\delta_{\mathrm{E}}}{2H}=0.73 \tag{6.63}$$

这给出一个修正的平均力

$$\frac{P_{\mathrm{m}}}{M_{\mathrm{o}}}=52.42\left(\frac{c}{h}\right)^{\frac{1}{3}} \tag{6.64}$$

或

$$\bar{\eta}=1.3\bar{\phi}^{-\frac{2}{3}} \tag{6.65}$$

这使图 6.16 中的理论曲线高了一些。

6.2.5 动态效应

和圆管情形一样，在这种情况下很难精确计算方管应变率的数值。但可以给出如下估计（Abramowicz et al.，1984a）

$$\dot{\varepsilon}=0.33\frac{V_0}{c} \tag{6.66}$$

所以，这个应变率将加大屈服应力，再联合式（6.66），式（6.64）改写为

$$P_{\mathrm{m}}/M_{\mathrm{o}}=52.42(c/h)^{1/3}\left[1+(\dot{\varepsilon}/B_{\mathrm{c}})^{1/q}\right]=52.42(c/h)^{1/3}\left[1+(0.33V_0/cB_{\mathrm{c}})^{1/q}\right] \tag{6.67}$$

或

$$\bar{\eta}=1.3\bar{\phi}^{2/3}\left[1+(0.33V_0/cB_{\mathrm{c}})^{1/q}\right] \tag{6.68}$$

方括号内的那一项代表动态平均力对其静态相应值的增强因子。图 6.17 给出了低碳钢方管的试验结果，另有式（6.67）的结果，其中 $B_{\mathrm{c}}=6844\ \mathrm{s}^{-1}$ 和 $q=3.91$（Abramowicz et al.，1984a）。很明显，式（6.67）低估了动态载荷。正如对圆管所讨论过的那样，惯性效应是引起较大差异的原因。

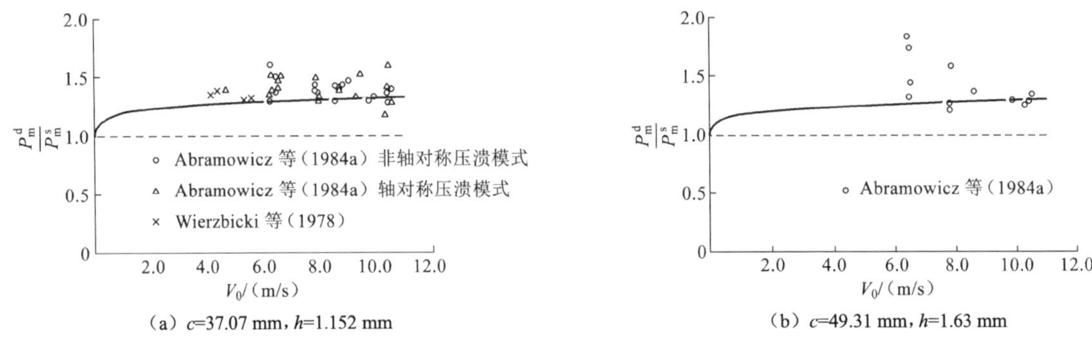

图 6.17 动态平均载荷与静态平均载荷之比随撞击速度的变化（Abramowicz et al.，1984a）

6.3 帽形和双帽形截面

在轴向压缩下，帽形截面管的行为类似于正方形和矩形截面箱形管。图 6.18 为帽形结构和双帽形结构的压缩试验照片（White et al.，1999）。这种管件的力–位移曲线（未给出）大致与其他截面类似。大量的试验点以 $\bar{\eta}$ 和 $\bar{\phi}$ 形式在图 6.19 中给出，同时还有下述经验公式（White et al.，1999）

$$\bar{\eta}=0.57\bar{\phi}^{0.63} \tag{6.69}$$

理论分析可以遵循对于正方形截面所描述的步骤进行。令 $L=2a+2b+4f$，这里 a，b 和 f 在图 6.20 中定义。得到下面两个结果。

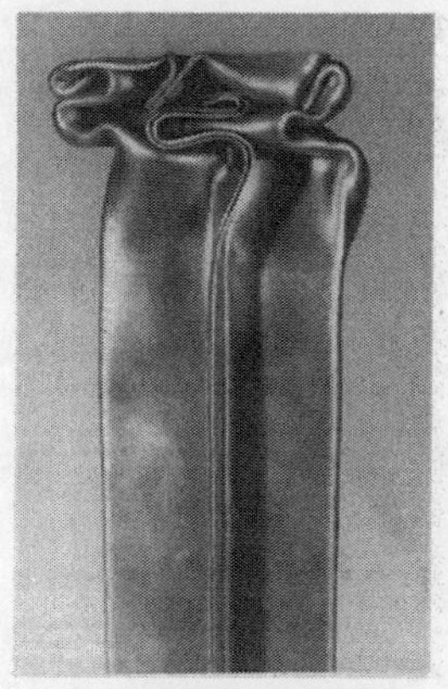

(a)帽形结构的压缩试验照片

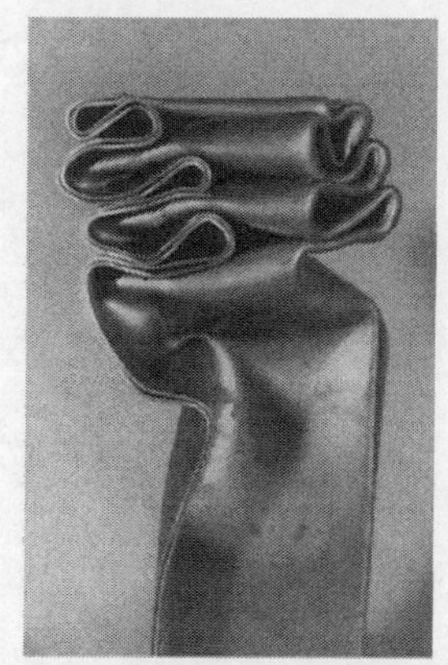

(b)双帽形结构的压缩试验照片

图 6.18 帽形结构和双帽形结构的压缩试验(White et al., 1999b)

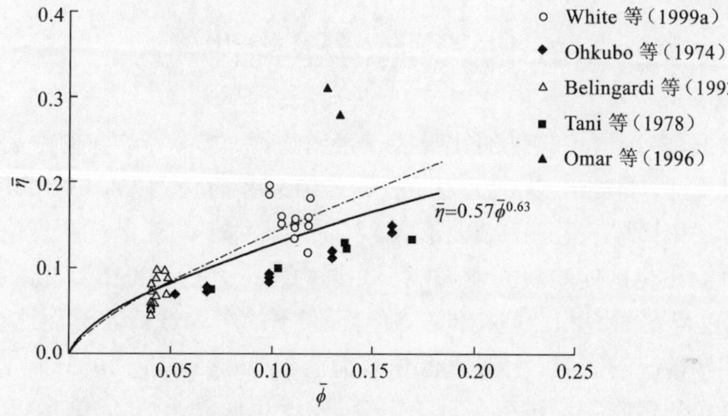

图 6.19 帽形截面 $\bar{\eta}$ 随 $\bar{\phi}$ 的变化曲线(White et al., 1999a)

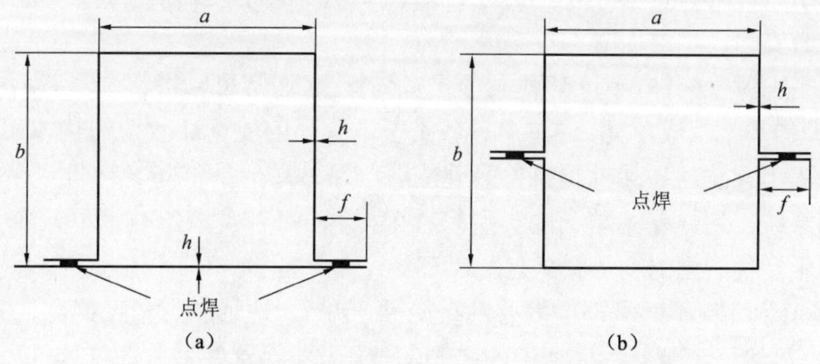

图 6.20 帽形和双帽形截面有关参数示意图

对于帽形截面,有

$$\frac{P_m}{M_o}=32.89\left(\frac{L}{h}\right)^{\frac{1}{3}} \tag{6.70}$$

如果是应变强化材料，可使用拉伸极限应力σ_u

$$\frac{P_m}{M_u} = 35.55\left(\frac{L}{h}\right)^{0.29} \tag{6.71}$$

式中：$M_u = (\sigma_u h^2)/4$。

类似地，对于双帽形截面，有

$$\frac{P_m}{M_o} = 52.20\left(\frac{L}{h}\right)^{\frac{1}{3}} \tag{6.72}$$

和

$$\frac{P_m}{M_u} = 58.51\left(\frac{L}{h}\right)^{0.29} \tag{6.73}$$

对于每一种帽形截面，试验点都落在上述两个公式给出的界限内。

6.4 多胞薄壁构件

轴向加载条件下，多胞薄壁构件的比吸能较普通圆管、方管等单胞构件高许多，这得到了大量的试验和数值验证，如 Kim（2002），Zhang 等（2013a），Tang 等（2013）和 Hong 等（2014）。对于多胞薄壁构件，由于具有复杂的截面形式，其轴向压缩下的能量耗散理论分析比较困难。

通过假定每块板在交接处的薄膜变形能都相同，Chen 等（2001b）首先提出了一种简化的理论分析方法，以得到两胞和三胞构件在轴向压溃下的平均载荷。然而这种方法忽略了单元内部的角度和连接情况的影响，会显著低估载荷值（Zhang et al.，2013a）。Zhang 等（2006）对各板之间均为直角的多胞方管进行了理论研究，发现角形单元、T 形单元和十字形单元的能量耗散不能按板的数量简单叠加，各个单元需要分别予以考虑，并给出了相应的理论预测公式。然而该方法只针对直角单元，不能满足实际分析的需要。显然建立更一般单元的轴压能耗分析模型是必要的。

对于一个多胞薄壁构件，不论其截面形式多么复杂，通常可以将整个多胞截面划分为不同角度、不同类型的基本组成单元，通过总计各类基本单元的能量耗散得到整体截面的能耗。这种方法称为组成单元法。显然前提条件是建立各类基本单元的能量耗散理论分析模型，但这是一项复杂的系统工程。基本单元的类型多种多样，而每种类型的基本单元随着几何参数的改变都可能发生多种不同的变形模式。

图 6.21 展示了几种不同类型的多胞薄壁构件，包括六边形和三角形蜂窝，方形、六边形和圆形多胞构件，显然蜂窝是一种周期性的多胞薄壁结构。在这些多胞薄壁构件中，基本组成单元由板或壳以不同角度和不同连接数连接构成。图 6.21 中用圆圈标记了几类不同的基本单元，其中最基本的组成单元是角形单元（corner element）。角形单元包括锐角、直角和钝角单元，如 6.2 节中分析的方管，其基本组成单元即为直角单元。

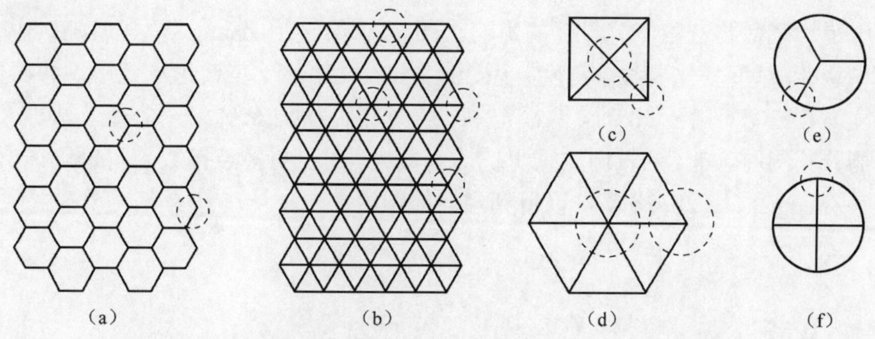

图 6.21 多胞薄壁构件基本单元示意图（Zhang et al.，2013b）

对于最简单的角形单元，其变形能耗分析也并不简单。如图 6.22 所示，一个角形单元可以发生两种基本的变形模式。6.2 节中介绍了其中一种，即非延展变形模式的情况。而另一种延展变形模式发生的情况较少，一般只在宽厚比 c/h 很小的厚方管中发生。Hayduk 等（1984），Abramowicz 等（1986）对这种变形模式进行了理论分析。

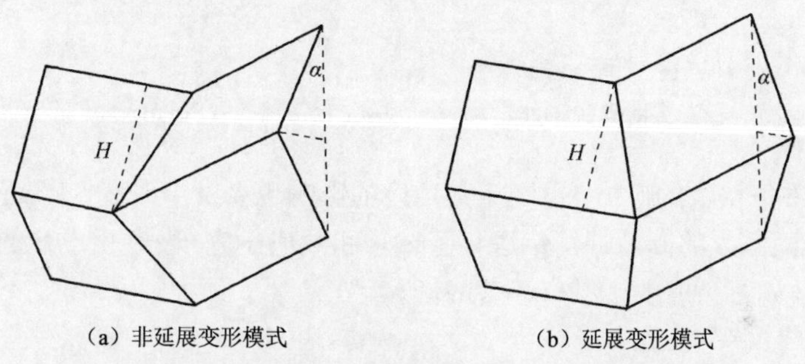

图 6.22 角形单元的两类变形模式（Zhang et al.，2010a）

对于非延展变形的角形单元，当板间角度发生变化时，采用 6.2 节中 Wierzbicki 等（1983）的理论也可以得到相应的平均载荷值。例如，在式（6.43）和式（6.49）中取 $\psi_0=\dfrac{\pi}{6}$ 即可运用式（6.57）得到一个边长为 c 的正六边形管的平均载荷公式为

$$\frac{P_{\mathrm{m}}}{M_{\mathrm{o}}}=123.6\left(\frac{c}{h}\right)^{\frac{1}{3}} \tag{6.74}$$

式（6.74）是采用了有效压溃距离式（6.63）后的结果。通过对比式（6.64），可以发现对于一个直角单元，当角度增加到 120°时，平均载荷升高达 57.5%。Abramowicz 等（1989）提出了一个改进的理论模型，然而平均载荷升高仍达到 23.2%。根据上述模型，当角度变化更大时，如从 60°～120°，平均载荷的理论差异将更大。Zhang 等（2010a）与 Zhang 等（2012a）进行了相关试验和数值分析研究，发现角度对角形单元轴向压缩阻抗的影响很小，角度由 90°变为 120°所带来的平均载荷改变小于 5%。显然在角度发生变化时，以前的角形单元理论模型仍不能很好地进行平均载荷的预测。

与两块板构成的角形单元不同，由三块板和四块板构成的基本角单元中，板间角度变化对单元的轴压平均载荷将产生十分显著的影响。图 6.23 给出了 Zhang 等（2010a）由数值计算得到的平均载荷–角度变化曲线。角度 θ 由 30°变化至 120°时，三板角单元平均载荷值增加约一倍。角度 φ 由 30°变化至 90°时，四板角单元平均载荷增加 60%。一个有意思的结果是，当板间角度均分圆周时，单元的轴向压缩阻抗达到最大。对于更多连接数的角单元，如六板或八板角单元（Zhang et al.，2013b），可以得到相同的结论。

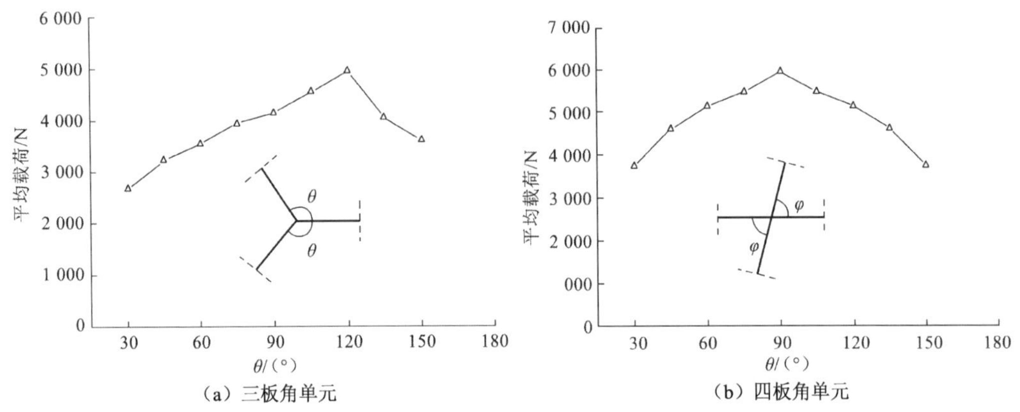

图 6.23　三板和四板角单元平均载荷–角度变化曲线（Zhang et al.，2010a）

当基本单元中每块板的厚度不同时，其角度的影响也会发生改变。Zhang 等（2014a）对图 6.24 所示的不同角度的商业蜂窝铝进行了试验和数值研究，发现由于商业蜂窝铝结构中双壁厚板的存在，结构对角度的敏感度显著降低。

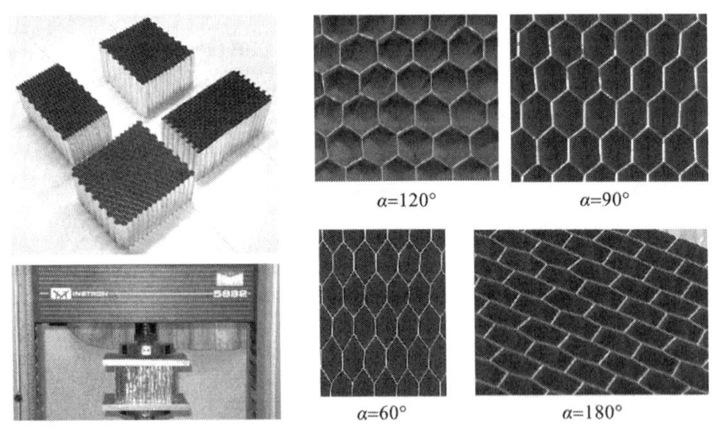

图 6.24　不同角度的商业蜂窝铝（Zhang et al.，2014a）

在各种不同类型基本单元的轴向压缩理论分析方面，很多学者进行了相关研究，如 Zhang 等（2006）、Najafi 等（2011）、Zhang 等（2014b，2013b，2013c，2012b）、Hong 等（2014）、Tran 等（2014）。但由于相关工作的复杂性，内容还不够充分和完善。下面的基本单元理论分析方法是张雄等给出的。

6.4.1 角形单元

角形单元发生非延展变形模式的分析模型在图 6.25 中给出。其中角单元的边长为 B，夹角为 θ，图 6.25 中给出了两个皱褶范围的图形。

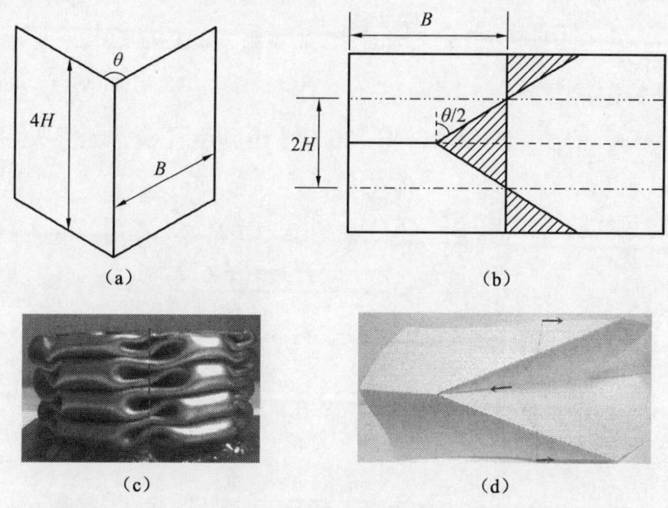

图 6.25 角形单元非延展变形模式（Zhang et al.，2013c）

为了简化单元的理论分析，这里对基本单元变形过程中移动塑性铰耗能和薄膜变形能进行合并处理。当移动塑性铰以半径 r 移过面积 Δs 时，总的能量耗散为式（6.35）。Hayduk 等（1984）的分析表明，当同样的面积由延展变形形成时，其能量耗散具有类似的表达形式为

$$W_s = 4M_o\Delta s / h \tag{6.75}$$

当移动塑性铰的半径取为壁厚 h 的一半时，两者能耗相同。对角形单元或更复杂的基本单元，在轴向压溃过程中，板间交接区会发生十分复杂的塑性铰移动和薄膜延展变形。这里将其能耗统一表示为

$$W_r' = 2M_o\Delta s / r' \tag{6.76}$$

式中：W_r' 为集成的移动塑性铰能耗；r' 为集成的滚动半径。

这样在一个皱褶长度 $2H$ 的变形中，整个系统的能量平衡为

$$2HP_m \cdot \eta_E = W_b + W_r' \tag{6.77}$$

$\eta_E = \dfrac{\delta_E}{2H}$ 定义为有效压缩距离因子，与式（6.63）一样取为 0.73。其中弯曲变形能 W_b 与 6.2 节的模型一样，为式（6.46）（$c = 2B$）的两倍。

$$W_b = 4\pi M_o B \tag{6.78}$$

对于加倍的原因，Zhang 等（2012a）给出了另外一种解释。

对于集成的移动塑性铰能耗 W_r'，需要确定其变形影响面积 Δs 和滚动半径 r'。根据对正多边形管的试验观察分析，其影响面积可近似采用图 6.25 所示的三角形阴影面积

$$\Delta s = H^2 \tan(\theta/2) \quad B \geqslant H \tan(\theta/2) \tag{6.79}$$

当 $B < H\tan(\theta/2)$ 时，上式不再有效，变形影响面积由三角形变成梯形。当 $\theta = 180°$ 时，变形影响面积成为矩形且 $\Delta s = 2BH$。为简化分析，一般可采用式（6.79）进行计算。滚动半径 r' 的确定是困难的，这里采用如下表达形式

$$r'(\theta) = a_1 B^{a_2} h^{1-a_2} \left[\tan(\theta/2) + a_3 / \tan(\theta/2)\right] \tag{6.80}$$

式中：a_1、a_2 和 a_3 是待定常数。

式（6.80）的特点是当角度 θ 趋近 0°和 180°时，滚动半径趋于无限大，同时集成项 W_r' 趋于 0。

将式（6.76）和式（6.78）代入式（6.77），得到平均载荷

$$\frac{\eta_E \cdot P_m}{M_o} = \frac{2\pi B}{H} + \frac{H\tan(\theta/2)}{r'(\theta)} \tag{6.81}$$

根据驻值条件

$$\frac{\partial P_m}{\partial H} = 0 \tag{6.82}$$

得

$$H = \sqrt{2\pi B r'(\theta) / \tan(\theta/2)} \tag{6.83}$$

代入式（6.81），有

$$\frac{P_m}{M_o} = \frac{2}{\eta_E} B^{0.5} \sqrt{\frac{2\pi\tan(\theta/2)}{r'(\theta)}} \tag{6.84}$$

现在需要确定计算滚动半径 r' 的式（6.80）中的待定常数。这可以根据现有的直角单元理论公式及角度变化时平均载荷的改变程度来确定。根据式（6.61）或式（6.64），式（6.84）中 B 的指数应为 1/3，a_2 可确定为 1/3。当角度由 90°变为 120°时，平均载荷改变小于 5%，这要求 a_3 应小于 0.16。这里取 $a_3 = 0.06$，对应于 2%的改变。最后要求直角时式（6.84）与式（6.64）的结果相同，a_1 可确定为 0.163。另外 a_1、a_2 和 a_3 也可根据 Magee 等（1978）给出的拟合公式，相应地确定为 0.082、0.6 和 0.06。

6.4.2 三板角单元

当基本单元由三块板构成时，根据皱褶时各板的折皱方向，可分为两种变形模式。如图 6.26 所示，当各板折皱方向相同时，称为第一类变形模式。当其中一块板与另外两块板的折皱方向相反时，称为第二类变形模式。Zhang 等（2012b）对具有不同角度和初始缺陷的三板角单元进行了研究，发现当单元内有两个锐角时通常发生第一类变形模式，而有两个大于 120°的钝角时通常发生第二类变形模式，其他情况则取决于初始缺陷的形式。

下面仅给出具有对称性（两个相同的内角）的三板角单元发生第一类变形模式时的能量耗散分析模型。对于第二类变形模式和不具有对称性单元的理论分析，可参见 Zhang 等（2012b）。

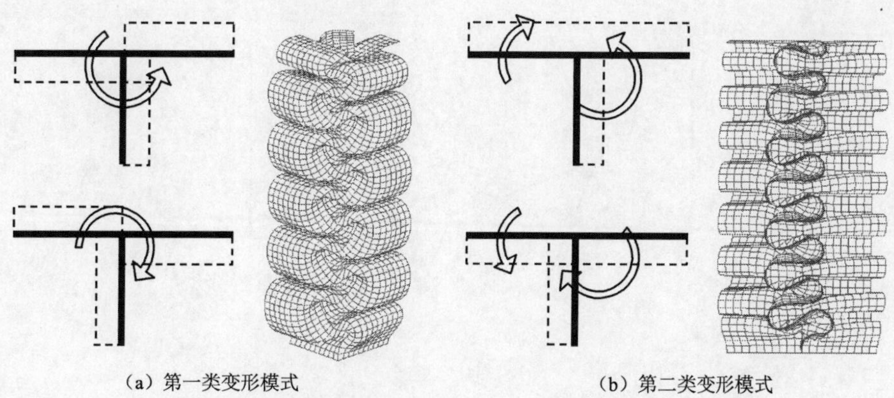

（a）第一类变形模式 （b）第二类变形模式

图 6.26 三板角单元的两种变形模式（Zhang et al.，2012b）

图6.27所示为非延展变形下两板角单元和第一类变形模式下三板角单元（θ<90°）的变形对比图，可以发现三板角单元外部的两块板与两板角单元的变形十分相似。两个单元中心交叉线的褶皱变形方向也基本相同，只是三板角单元的褶皱长度要小一些。因此这里假定外部两块板（板 1 和板 3）的变形机理与两板角单元（夹角 2θ）相类似，其集成的移动塑性铰能耗为

$$W_{13}' = 2M_0 H^2 \tan(2\theta / 2) / r_{13}' \tag{6.85}$$

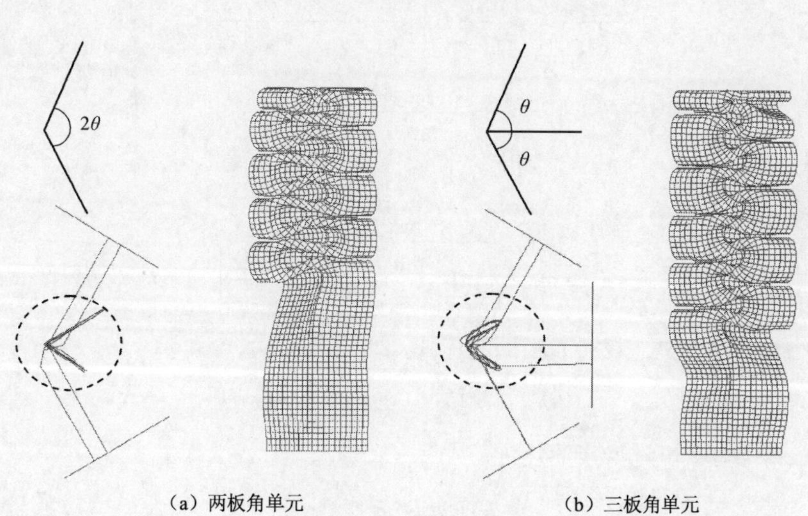

（a）两板角单元 （b）三板角单元

图 6.27 角单元非延展变形模式对比分析（Zhang et al.，2012b）

图 6.28 所示为位于中间的板 $ABDC$（板 2）的变形示意图，在变形过程中 AME（初始时 E 与 O 重合）经由路径 ON 变形为 AMN。变形影响区面积为三角形 AMN 的两倍 $H^2\tan(\theta/2)$。能耗用集成项表示为

$$W_2' = 2M_0 H^2 \tan(\theta / 2) / r_2' \tag{6.86}$$

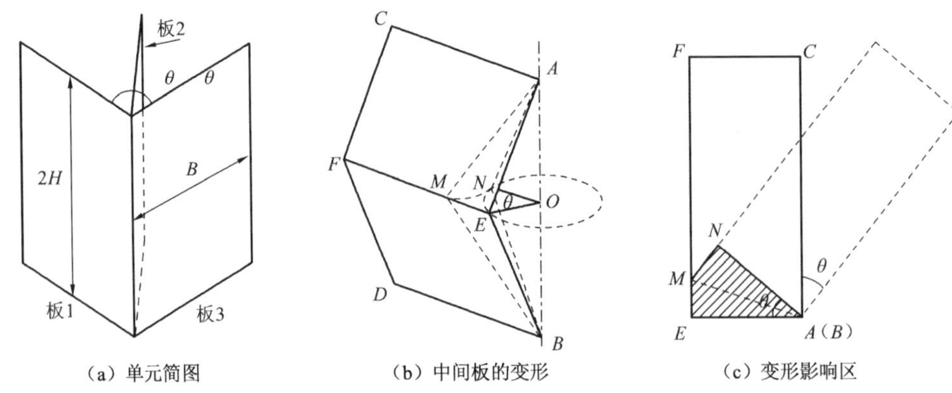

（a）单元简图 （b）中间板的变形 （c）变形影响区

图 6.28 三板角单元第一类变形模式分析模型（Zhang et al.，2012b）

三板角单元的弯曲变形能 W_b 为两板角单元的 1.5 倍，即

$$W_b = 6\pi M_o B \tag{6.87}$$

一个皱褶 $2H$ 的变形范围内，整个系统的能量平衡为

$$P_m \times 2H \cdot \eta_E = W_b + W'_{13} + W'_2 \tag{6.88}$$

得到平均载荷满足

$$\frac{\eta_E \cdot P_m}{M_o} = \frac{3\pi B}{H} + H\left[\frac{\tan\theta}{r'_{13}} + \frac{\tan(\theta/2)}{r'_2}\right] \tag{6.89}$$

根据驻值条件，得

$$H = \sqrt{3\pi B \Big/ \left[\frac{\tan\theta}{r'_{13}} + \frac{\tan(\theta/2)}{r'_2}\right]} \tag{6.90}$$

代入式（6.89），有

$$\frac{P_m}{M_o} = \frac{2}{\eta_E}\sqrt{3\pi B\left[\frac{\tan\theta}{r'_{13}} + \frac{\tan(\theta/2)}{r'_2}\right]} \tag{6.91}$$

这里滚动半径可选取与式（6.80）相同的形式，即

$$r'_{13}(\theta) = a_1 B^{a_2} h^{1-a_2}(\tan\theta + a_3/\tan\theta) \tag{6.92}$$

考虑到 a_3 项影响较小，可进一步简化为

$$r'_{13}(\theta) = a_1 B^{a_2} h^{1-a_2}\tan\theta \tag{6.93}$$

板 2 的滚动半径假定为

$$r'_2(\theta) = b_1 B^{b_2} h^{1-b_2} \tag{6.94}$$

根据 Wierzbicki（1983）与 Magee 等（1978）的研究，蜂窝结构平均压溃载荷理论公式中壁厚 h 的指数应为 1.67～1.9，这里取为 1.8，即 $a_2 = b_2 = 0.6$。a_1 和 b_1 可参考 $\theta = 90°$ 时 T 形单元的理论和有限元分析结果进行取值。当 $a_1 = 2b_1 = 0.0924$ 时，可得到与 Abramowicz（1994）的 T 形单元理论和数值分析相吻合的结果。将式（6.93）和式（6.94）代入式（6.91），则第一种变形模式下三板角单元的平均载荷为

$$\frac{P_{\mathrm{m}}}{M_{\mathrm{o}}}=\frac{20.2}{\eta_{\mathrm{E}}}\left(\frac{B}{h}\right)^{0.2}\sqrt{1+2\tan(\theta/2)} \tag{6.95}$$

如壁厚 h 指数取为 1.5，即 $a_2=b_2=0$，则 a_1 和 b_1 可取值 $a_1=2b_1=0.5$，此时

$$\frac{P_{\mathrm{m}}}{M_{\mathrm{o}}}=\frac{2}{\eta_{\mathrm{E}}}\left(\frac{B}{h}\right)^{0.5}\sqrt{6\pi[1+2\tan(\theta/2)]} \tag{6.96}$$

将 $\theta=90°$ 代入上式，得到的 T 形单元公式与 Abramowicz（1994）相同

$$\frac{P_{\mathrm{m}}}{M_{\mathrm{o}}}=\frac{15.0}{\eta_{\mathrm{E}}}\left(\frac{B}{h}\right)^{0.5} \tag{6.97}$$

式（6.97）仅在较小 B/h 参数范围内，可得到满意的结果，式（6.95）的适用范围更广。

6.4.3 其他单元与讨论

以上介绍了连接数较小的几种由板组成的基本组成单元在轴向加载下的变形能耗分析模型。当板的数量更多时，其能耗分析预测更加复杂。Zhang 等（2015a）对由四块板构成的角单元进行了研究，发现当各板间的角度变化时，根据皱褶时各板的褶皱方向不同，结构会倾向于发生如图 6.29 所示的四种变形模式，并对每种变形模式的能量耗散进行了预测。具体分析过程，可参见原文。

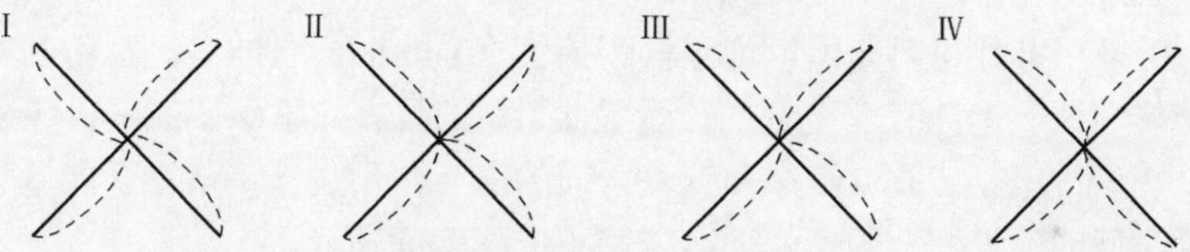

图 6.29 四板角单元的变形模式（Zhang et al.，2015a）

基本单元的连接数进一步增大，根据 Zhang 等（2013b）的分析，当各板均分整个圆周且各板的变形褶皱方向相同（如图 6.29 中的变形模式 I）时，每块板的能耗基本相同，也即在各板的尺寸相同并均分圆周的情况下，连接数对各板的能耗几乎没有影响。他们对这一情况下每块板的变形能耗进行了分析，并给出了一个理论模型。当各板变形褶皱方向不同时，尚缺乏相关理论分析。

当基本单元由板和壳或壳组成时，壳的变形和能耗分析可以参照圆柱壳在发生圆环模式或钻石模式时的分析方法，而板与壳或壳与壳交接处的能耗分析可参考板与板交接的情况。Zhang 等（2014c）对含有板壳基本单元的圆形多胞构件的轴向压溃性能进行了相关分析。基于上面介绍的理论分析模型，Zhang 等（2015a，2014c，2013a）对各种不同形状多胞构件进行了压溃载荷的理论预测，并与试验和数值结果进行了对比。图 6.30 给出了对比结果，可以看到相关理论预测与试验和数值结果吻合良好。

当基本单元中各板的厚度不同时，构件性能随角度的变化关系和构件的变形模式都会发生相应的改变。Zhang 等（2014b）对商业蜂窝和 Zhang 等（2016b）对两对边具有不同壁厚方管的试验研究都验证了这一结论。当同一构件中不同基本单元的几何尺寸相差很大时，单元的兼容性问题就变得更加重要。Zhang 等（2015b）对这一问题进行了研究，当单元间的兼

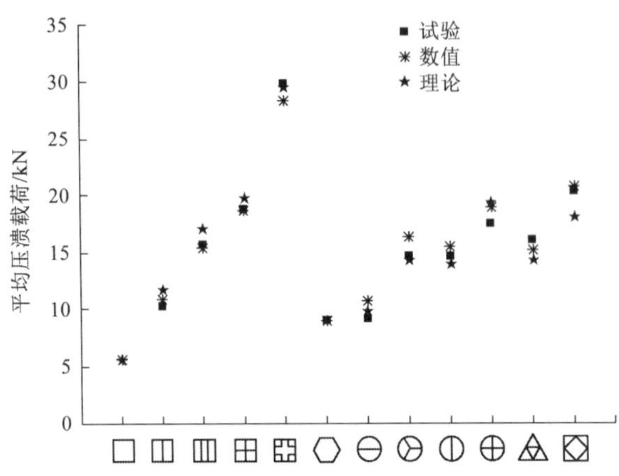

图 6.30　不同形状多胞构件理论、试验和数值结果对比

容性问题变得十分严重时，构件整体的变形模式会发生显著的改变，与此同时压溃性能也发生了相应的变化。迄今为止，这些问题都只进行了初步的探讨，有待进一步的研究。

6.5　泡沫充填效应

薄壁管材可以用其他材料充填以增强其耐撞性（Thornton，1980）。常用的充填材料是聚氨酯泡沫或金属泡沫。泡沫有着极好的能量吸收性能，具有几乎不变的平台应力和较长的行程，这将在第 10 章讨论。此外，泡沫和管壁之间的交互作用进一步增强了能量吸收能力。下面要研究两种类型的薄管——圆形截面薄管和正方形截面薄管。

典型的充填聚氨酯泡沫的铝制圆管（$D = 97\text{ mm}$，$h = 1.0\text{ mm}$）的载荷–位移曲线如图 6.31 所示。正如所预期的，与中空圆管相比，三个充填聚氨酯泡沫的铝制圆管的载荷都提高了，密度高的聚氨酯泡沫产生更大的载荷。对于正方形管，类似的结果如图 6.32（a）所示，其中 $c = 75\text{ mm}$，$h = 0.76\text{ mm}$。

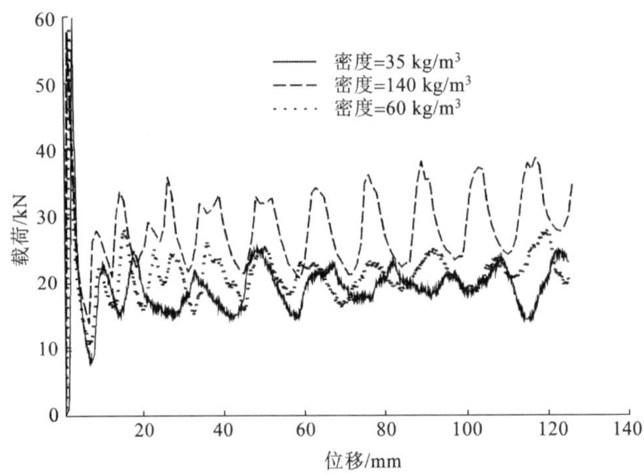

图 6.31　充填三种密度聚氨酯泡沫的铝制圆管的载荷–位移曲线（Guillow et al.，2001）

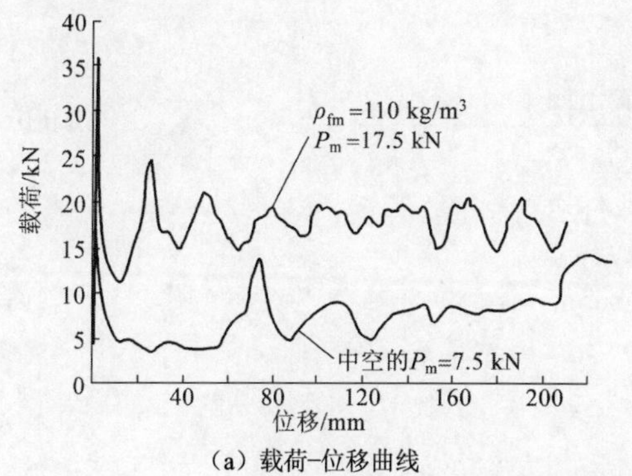

（a）载荷-位移曲线

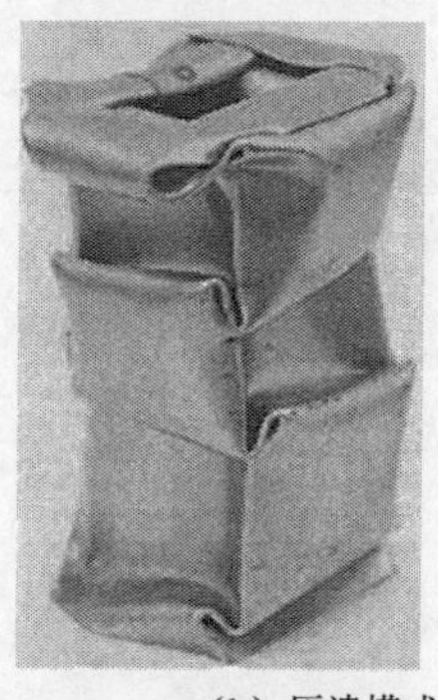
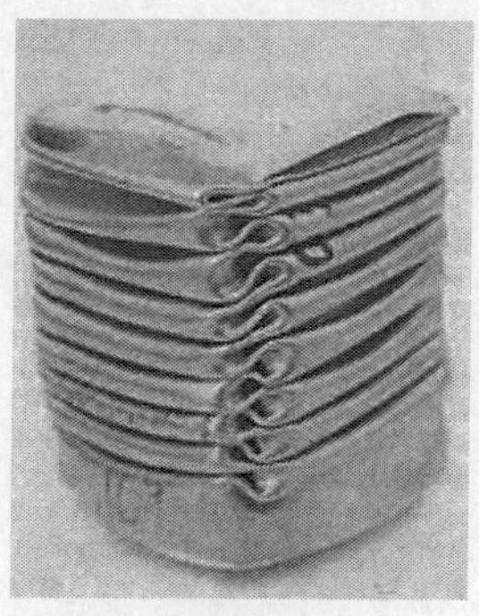

（b）压溃模式（c=75 mm，h=0.76 mm）

图 6.32　中空的和泡沫充填的正方形管比较（Reid et al.，1986）

充填泡沫与管壁之间的交互作用可以这样理解：当管壁向内屈曲时，泡沫提供约束——类似于仅承受压缩的弹簧或 Winkler 地基。当泡沫与管壁之间无黏结或者只有微弱黏结时，管壁可以自由地向外弯曲，而不受泡沫的任何约束。这种泡沫约束有两个后果。首先，取决于平台应力的水平，泡沫可能改变薄管的压溃模式：对于圆管，由中空管的钻石模式变为圆环模式；对于正方形管，由非紧凑模式变为紧凑模式，见图 6.32（b）。其次，即使所出现的压溃模式相同，如圆环模式或者紧凑模式，由于存在泡沫，塑性皱褶长度将会减小；向内弯曲所占的比例也要减少——非常强的泡沫将完全阻止任何向内弯曲。

当泡沫受压缩时，在平台阶段之后要发生压实，应力随应变快速增加。与此相应的应变，即压实应变（densification strain）或锁定应变（locking strain），是薄管所能达到的压缩行程的极限，它减少了每个皱褶的有效长度，导致更高的平均力。

用于中空薄管的理论模型可以加以修改从而考虑充填泡沫的作用。对于具有轴对称压溃模式的圆管，假定管壁只向外运动，因此可以应用图 6.4 所示的模型。注意到，当整体轴向应变达到充填泡沫的压实应变 ε_D 时，一个皱褶的压溃变形停止。薄管的压实应变为

$$\varepsilon_D = 1 - \cos\theta_0 \tag{6.98}$$

因此，

$$\theta_0 = \arccos(1 - \varepsilon_D) \tag{6.99}$$

式（6.74）和式（6.75）确定了一个皱褶的完成状态。泡沫的锁定应变与其相对密度 ρ_{fm}/ρ_{ce}，有关，这里 ρ_{fm} 为泡沫密度，ρ_{ce} 为泡沫胞壁固体材料密度。如果取此应变对应的应力为平台应力的三倍，即 $3\sigma_{pl}$，σ_{pl} 为平台应力，则锁定应变近似地确定为

$$\varepsilon_D = 1 - 3\rho_{fm}/\rho_{ce} \tag{6.100}$$

将式（6.100）代入式（6.99），就有

$$\theta_0 = \arccos(3\rho_{fm}/\rho_{ce}) \tag{6.101}$$

在式（6.1）和式（6.2）的推导过程中，用 θ_0 代替 $\pi/2$，仅对薄管而言，修正的平均力为

$$P_{mt}(\theta_0) = 2\pi M_o\left[\frac{D(\theta_0 + 2\sin\theta_0)}{H(1-\cos\theta_0)} + 1\right] \tag{6.102}$$

泡沫的存在使皱褶长度 $2H$ 略微减少。但是，假定它与中空薄管相同，或者 $H \approx \sqrt{Dh}$［式(6.5)］，

得到

$$P_{mt}=2\pi M_o\left\{\sqrt{\frac{D}{h}}\frac{\arccos(3\rho_{fm}/\rho_{ce})+2\sin\left[\arccos(3\rho_{fm}/\rho_{ce})\right]}{1-3\rho_{fm}/\rho_{ce}}+1\right\} \tag{6.103}$$

忽略横截面面积任何可能的增加，由平台应力和相对密度之间的关系

$$\frac{\sigma_{pl}}{Y_s}=0.3\left(\frac{\rho_{fm}}{\rho_{ce}}\right)^{\frac{3}{2}} \tag{6.104}$$

得到泡沫的压溃力为

$$P_{fm}=\sigma_{pl}\frac{\pi D^2}{4}=0.3Y_{ce}\left(\rho_{fm}/\rho_{ce}\right)^{1.5}\frac{\pi D^2}{4} \tag{6.105}$$

式中：Y_{ce}是泡沫胞壁固体材料的屈服应力。因此，泡沫充填圆管的平均力为

$$P_m=P_{mt}+P_{fm} \tag{6.106}$$

这个分析是 Reddy 等（1988）给出的。这个方程与他们的试验符合得不错（图 6.33）。注意，只有薄管时的力 P_{mt} 也绘在图 6.33 中，显示出压溃力随 ρ_{fm} 的增大略微增大。这反映了早先讨论的泡沫与管壁之间的相互作用。如果假定泡沫较早压实，比如应力取为 $2\sigma_{pl}$ 时的应变为压实应变，则 P_{mt} 随 ρ_{fm} 的增加将要更大一些。这里这种压实应变的选择是有些随意的。

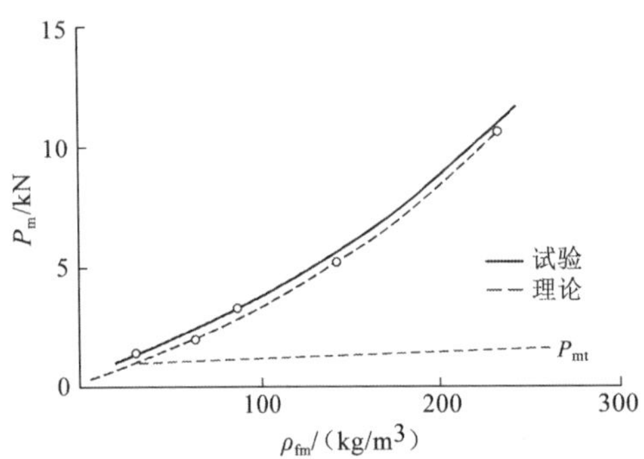

图 6.33　圆形截面薄管平均压缩力随泡沫密度的变化（Reddy et al.，1988）

根据 6.2 节介绍的空管分析的修正，对于正方形或矩形管，可以进行类似的理论分析（Reid et al.，1986c）。这里有两个经验方程值得介绍。基于数值分析发现（Santosa et al.，1986c）

$$P_m=P_{mt}+2\sigma_{pl}c^2=14Yc^{\frac{1}{3}}h^{\frac{5}{3}}+2\sigma_{pl}c^2 \tag{6.107}$$

式中：c 为正方形管的边长；P_{mt} 为空管的平均力。

为了将应变强化效应包括进来，对于应力–应变关系为

$$\sigma=\sigma_u\left(\frac{\varepsilon}{\varepsilon_u}\right)^n \tag{6.108}$$

的材料，取等效流动应力为

$$\sigma_{eq}=2.23^n\frac{\sigma_u}{n+1}\left(\frac{2}{n+2}\right)^{\frac{2}{3}}\left(\frac{h}{c}\right)^{\frac{4n}{9}} \tag{6.109}$$

在式（6.107）中，第二项的系数是 2，而不是 1，这表明由于泡沫和管壁的相互作用，引起了抗力的增强。这个相互作用似乎比圆管情况（图 6.33）更为显著。

对于强度非常低（σ_{pl}<1.48 MPa）的泡沫，对式（6.108）做了验证。对于以σ_{pl}为 1～12 Mpa 的金属铝泡沫充填的薄管，Hanssen 等（1999）提出了另一个经验公式

$$P_m=11.3Yc^{\frac{1}{3}}h^{\frac{5}{3}}+\sigma_{pl}c^2+5\sqrt{\sigma_{pl}Y}ch \tag{6.110}$$

式（6.109）与已有的大量试验结果符合得很好。压溃长度（最大行程）由于存在泡沫而减少，新的最大行程 $d_{\max}$ 为

$$\frac{d_{\max}}{L}=0.73-\frac{c}{28h}\sqrt{\frac{\sigma_{\mathrm{pl}}}{Y}}\geqslant 0.55 \tag{6.111}$$

式中：L 为薄管长度。

利用与 6.1.2 小节相同的方法，可以考虑应变率对 P_{mt} 的影响。类似地，可以考虑应变率效应对泡沫平台应力的增强作用。为了估计应变率的数值，假定泡沫在整个皱褶行程 $2H$ 中是均匀地被压缩的。在撞击速度 V_0 下，其初始应变率为 $V_0/(2H)$，因此平均应变率为

$$\dot{\varepsilon}=\frac{V_0}{4H} \tag{6.112}$$

当 $V_0=10\,\mathrm{m/s}$，$2H=2.5\sim3.5\,\mathrm{mm}$ 时，计算得到的应变率为 100～200 s^{-1}。对于聚氨酯泡沫这将导致平台应力增加 50%。

6.6 内 压 效 应

如果圆管或方管里面不填充泡沫，而是填充具有一定内压的流体（气体或液体），那么通过在轴向压缩过程中控制流体的压力或释放速度，也可以达到增强或调节管件能量吸收能力的目的。

需要注意，填充流体与填充多胞材料产生的力学机制有所不同：对于填充多胞材料（如泡沫）的管，填充物可看成压缩弹簧（或地基），它对管壁的约束力与管壁向内变形的程度成正比，因此对管壁的约束力沿管壁不是均匀分布的；而对于填充流体（气体或液体）的管，若不考虑自重产生的静水压，填充物对管壁和管端面的约束压强处处相等。因此，流体填充管的轴向承载力就等于管壁承载力加上内部流体的压强产生的轴向力。

Zhang 等（2009a）对充有压缩空气的圆管试件进行了系统的轴向压溃试验研究和理论分析。试件是将材质为白铁皮的三种饮料罐（壁厚 t 为 0.21～0.24 mm）切去两端，留下均匀的薄壁圆柱壳部分，再用盖子密封两头。图 6.34 为试验装置的示意图，其中压气机产生的压缩空气由一个带有单向阀的管道（管道 1）进入圆管试件，同时用一个释放阀将内压调节到预期的量值，并通过压力计显示。轴向的压缩则在万能试验机上以一定加载速率实现。

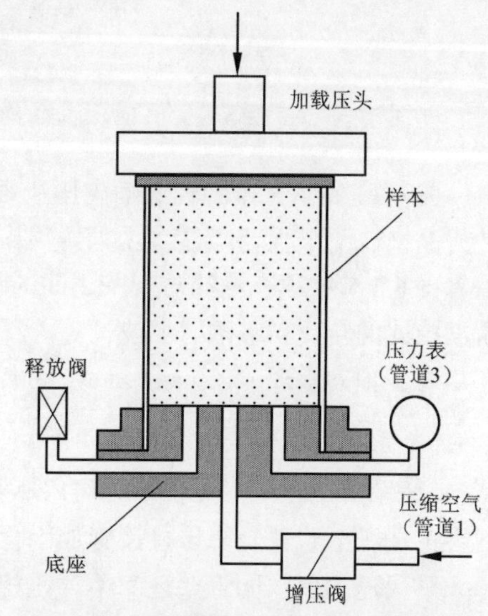

图 6.34　充压圆管的轴向压溃试验装置示意图（Zhang et al.，2009a）

注意到这些由饮料罐制成的圆管试件的主要参数范围是 $R/h=125\sim175$，同时 $L/R<4$，所以如果没有内压，可以期待圆管轴向压溃时将呈现钻石

模式（参照 6.1.1 小节），而且在这个 R/h 范围内，瓣数为 4～5 个。当圆管的内压增加到几巴①（不超过 10 bar）之后再经受轴向压缩时，变形逐渐由钻石模式向圆环模式转化，同时皱褶的半长呈现减小的趋势。图 6.35 显示了一组试件承受轴向压缩时的典型压溃形貌，图 6.36 则画出了同一组试件的轴向力与轴向位移的关系曲线。

图 6.35 S-2 组试件受轴向压缩的压溃形貌（Zhang et al.，2009a）

$h=0.22$ mm，$R/h=150$，P_A 为内部的气压

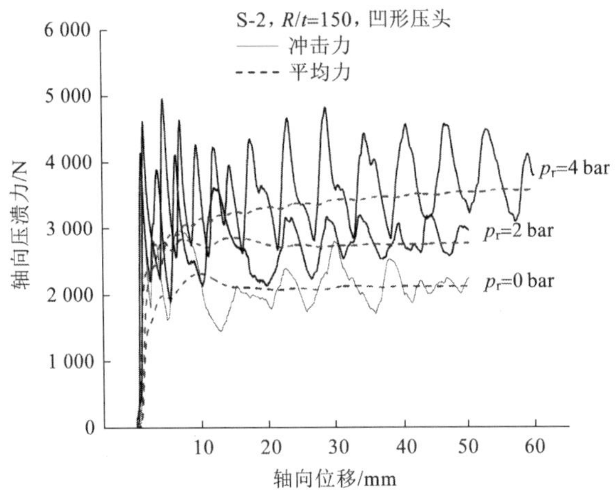

图 6.36 S-2 组试件受轴向压缩时的轴向压溃力与轴向位移间的关系（Zhang et al.，2009a）

图 6.35 显示充压圆管的轴向压溃力（以及能量吸收能力）随气体内压的增加而提高。这种提高来自两个机制：直接施加于管端面的内压，以及有压气体同管壁之间的相互作用。显然，后者同 6.5 节中填充泡沫与管壁之间的相互作用有异曲同工之处，具体体现于试验中观察到的压溃模式的转变和皱褶的半波长随内压增长而减小。

对于轴向承载力，Zhang 等（2009a）从试验结果回归出以下经验公式

$$P_m = P_{m0} + k_F P_A A \tag{6.113}$$

式中：P_{m0} 和 P_m 分别为无内压和有内压圆管的平均轴向压溃力；P_A 为内部气压；A 为圆管内部包容的面积（也就是内压直接施加于管端面的面积）；k_F 是一个系数。

如果压力气体同管壁之间不存在相互作用，k_F 显然应该等于 1，这时它代表了直接施加于

① 1 bar = 10^5 Pa

管端面上内压的效应。然而试验表明，对于 $R/h=125$、150 和 175 的圆管，试验得到的 k_F 分别为 1.40、1.18 和 1.13。这说明 R/h 越小（也就是较厚）的圆管，有压气体同管壁之间的相互作用产生的效应就越显著。

试验表明，制作饮料管的白铁皮材料的拉伸行为十分接近理想弹塑性材料。于是，Zhang 等（2009a）采用理想刚塑性材料模型和图 6.37 所示的钻石模式，估算了几种塑性铰线上耗散的弯曲能和铰线之间的板块中耗散的膜变形能；再依据耗散能与外功之间的平衡和外力最小法则，得出基于 4 瓣或 5 瓣的钻石模式无内压圆管的轴向承载力的理论预测公式。

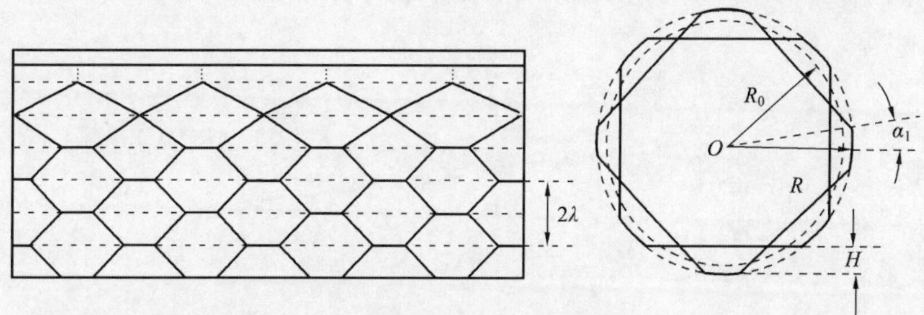

图 6.37 圆管发生钻石模式时的理想刚塑性变形机构（Zhang et al., 2009a）

为把无内压圆管的轴向压溃力的理论模型延伸到有内压的圆管，要注意填充有压气体同填充泡沫的不同。填充的泡沫只在受压时做功，而具有内压的气体对于圆管向内凹陷和向外凸起，都会做功，只是正负不同而已。恰当地计入有压气体的贡献之后，得到的有内压圆管的轴向承载力的理论估算同试验测量值符合良好，如图 6.38 所示。

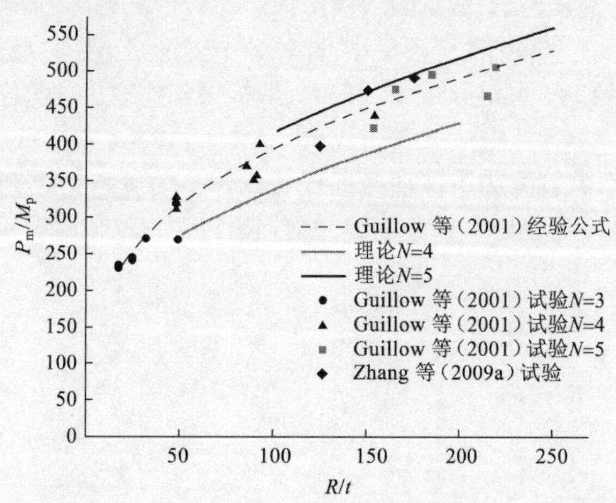

图 6.38 Zhang 等（2009a）对轴向力的理论预测与试验比较

Zhang 等（2009a）的理论模型揭示 k_F 的理论值应该在 1.20 左右。这也就是说，同施加于管端面的内压的直接作用相比，有压气体与管壁相互作用的效应大约为 20%。运用他们的模型，也能够较好地解释皱褶半长随内压减小的趋势。

注意到 Zhang 等（2009a）的研究对象局限于充气的内压不超过圆管屈服内压的 30%的

情形，胡玲玲等在对圆管的轴向压溃做的有限元数值模拟中，将内压范围扩大到圆管屈服内压的 0%～80%（Hu et al.，2016）。他们发现，内压较小时，圆管的变形以钻石模式为主，圆管的承载力随内压增加而增大，这时数值模拟得出的结果都同 Zhang 等（2009a）的试验结果符合得很好。内压增大时，圆管的变形逐渐转变成钻石与圆环的混合模式；而当内压增大到一定程度时，圆管变形变成以圆环模式为主导，其承载力随内压增加反而减小，这同泡沫填充圆管的情形十分不同。图 6.39 显示管壁力 F_{tw} 随内压的变化情况。这里所说的管壁力 F_{tw} 指的是总的轴向力减去内压在管端面产生的直接作用力。对于 $D=52.8\,\mathrm{mm}$，$h=0.21\,\mathrm{mm}$ 的圆管，承载力由升转为降的临界内压（即图 6.39 曲线的极大值对应的内压）是 0.4 MPa，相当于此圆管屈服内压的 13%。

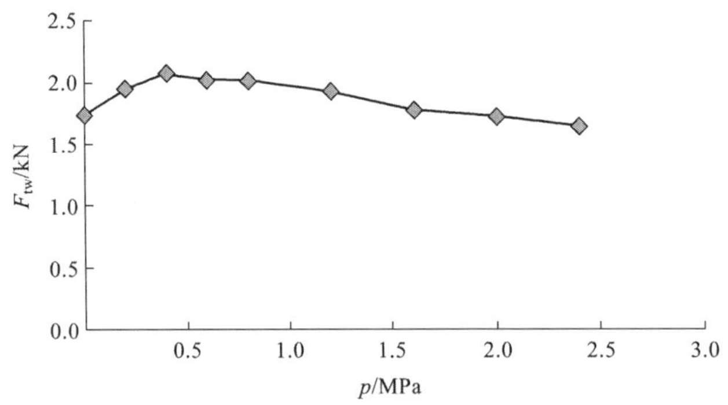

图 6.39　管壁力随内压的变化（Hu et al.，2016）

管的直径 $D=52.8\,\mathrm{mm}$，壁厚 $h=0.21\,\mathrm{mm}$

对高于临界内压的充压圆管，根据数值模拟揭示的皱褶演化历史，胡玲玲等针对圆环模式主导的情形提出了一个较为精细的变形模型，计算各个变形组分所耗散的能量，从而预测管壁力随内压增加而下降的趋势（Hu et al.，2016）。解析得到的理论预测同有限元数值模拟结果符合良好。

把这种高内压情形的管壁力下降曲线同低内压情形的管壁力上升曲线（Zhang et al.，2009a）结合起来考虑时，图 6.40 中两条曲线的交点恰好可以给出管壁承载力由升转为降的临界内压的理论值。

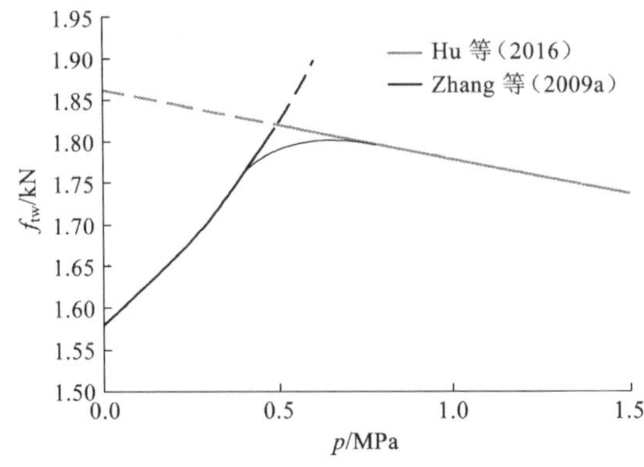

图 6.40　管壁力随充气内压的变化（Hu et al.，2016）

管件内除了充填具有压力的气体以外，还可以充填具有一定压力的液体，再承受轴向压缩。这方面的研究工作可以参见 Paquette 等（2006）及 Lu 等（2009）。因为封闭在管件内的液体受压时很难发生体积的改变，所以相应的研究都限于很小的轴向位移。

6.7 管件在轴向压缩下的能量吸收评价指标体系

6.7.1 评价指标体系的建立

6.7.1.1 吸能效率和有效压缩行程

对于轴向压缩下的薄壁金属管件，从图 6.41（它类似于图 6.3）显示的典型力–位移曲线可以看出，渐进压溃的薄壁管件的压溃过程展现出三个明显的阶段：初始屈曲阶段、平台阶段和压实阶段。初始屈曲阶段存在初始峰值载荷 P_{pk}；在平台阶段中载荷大体平稳，但随着管的渐进屈曲会呈现出显著的波动；压实阶段则表现为载荷迅速增加。

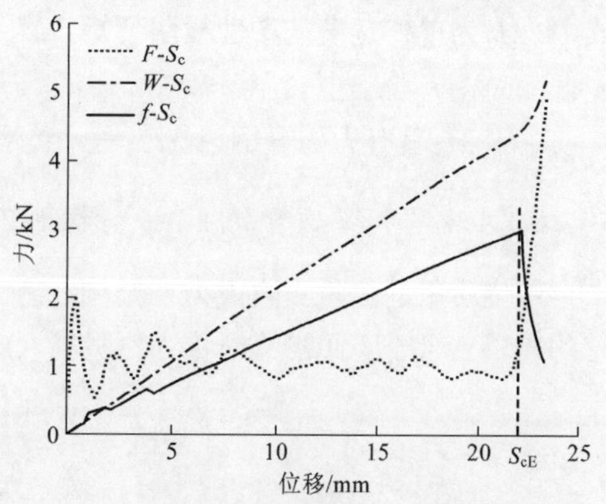

图 6.41 轴向压缩下管件的典型力–位移曲线（Xiang et al., 2015）

首先，按照图 6.41，可以按下述公式定义管的吸能效率 f

$$f = \frac{\int_0^{S_c} P(s)\,\mathrm{d}s}{P_{max}} \tag{6.114}$$

式中：S_c 为压缩位移；P 为外加的压力；P_{max} 为除初始峰值载荷 P_{pk} 外在[0, S]区间中最大的外加压力。

吸能效率 f 随着位移的增加会出现一个最大值；这里将吸能效率最大值所对应的压缩位移记录为有效压缩行程 S_{cE}，它明确地表征了由平台阶段向压实阶段的过渡点。实际上，类似的概念和方法也可以用于计算多胞材料的压实应变（见第 10 章）。

值得指出的是，过去由于对由平台阶段向压实阶段的过渡点缺乏统一和明确的定义，许多文献在确定有效压缩行程和计算相应的平均载荷时常常带有随意性，如将有效压缩行程有的取为 0.7，有的则取为 0.8 等，这种情况也给不同文献的结果间的比较带来了很大困难。按式（6.114）给出有效压缩行程 S_{cE} 的明确定义，就能够避免主观随意性，增强客观性和确定性，为进一步建立评估指标体系奠定统一的基础。

6.7.1.2 有效行程比

有效行程比（effective stroke ratio，ESR）可由有效压缩行程 S_{cE} 除以试件原长得到，即

$$\mathrm{ESR} = \frac{S_{cE}}{L} \tag{6.115}$$

式中：L 为试件的原长；S_{cE} 为有效压缩行程。

ESR 是一个无量纲评价指标，它反映了吸能元件中材料的有效利用率。对于多胞材料，ESR 的概念类似于压实应变（densification strain），又称为锁定应变，见第 10 章。

6.7.1.3 结构承载能力

结构的无量纲承载能力（non-dimensional load-carrying capacity，NLC）由平均压力 P_m 除以结构单位宽度的塑性极限弯矩 M_o 计算得

$$\mathrm{NLC}=\frac{P_m}{M_o} \tag{6.116}$$

式中：P_m 为结构承受的平均压力，其数值通过在有效压缩行程 S_{cE} 之内平均得到，即

$$P_m=\frac{\int_0^{S_{cE}}P(s)\,\mathrm{d}s}{S_{cE}} \tag{6.117}$$

式中：M_o 为单位宽度的塑性极限弯矩，$M_o=(2/\sqrt{3})Yh^2$；Y 为材料在单向拉压下的屈服应力；h 是管的壁厚。

由于 M_o 具有力的量纲，NLC 是一个无量纲评估指标，它表征了结构有效承受载荷的能力。

6.7.1.4 单位质量的能量吸收能力

单位质量的能量吸收能力由结构在有效压缩行程 S_{cE} 之内所吸收的总的能量 W_e 除以结构总的质量 m 得到，通常又简称为比吸能（specific energy absorption，SEA）。

$$\mathrm{SEA}=\frac{W_e}{m}=\frac{\int_0^{S_{cE}}P(s)\,\mathrm{d}s}{m}=\frac{P_m}{\rho A}\frac{S_{cE}}{L} \tag{6.118}$$

式中：ρ 为材料密度；A 为结构的净截面积。

比吸能，即 SEA，是一个有量纲评估指标。比吸能表现了结构的 SEA，因此对于那些需要考虑自重的能量吸收器（如航天器）来说，这个指标显得很重要。

6.7.1.5 吸能有效率

吸能有效率（effective energy absorption，EEA）由平均压缩力 P_m 除以结构截面的净面积 A，除以材料的屈服应力 Y，再乘以 ESR 得到，即

$$\mathrm{EEA}=\frac{W_e}{VY}=\frac{\int_0^{S_{cE}}P(s)\,\mathrm{d}s}{AYL}=\frac{P_m}{AY}\frac{S_{cE}}{L} \tag{6.119}$$

式中：V 为结构的净体积。

值得注意的是，EEA 与比吸能（SEA）不同，后者有量纲，而 EEA 是一个无量纲评估指标，表现了轴向压缩下结构的体积 V 的有效利用率。

这里不妨将 EEA 与式（6.20）定义的结构有效率做比较。结构有效率是将平均压缩力除以结构的净面积和材料的屈服应力得到的，而 EEA 考虑了结构的 ESR，因而更有利于评估结构的能量吸收性能。

6.7.1.6　载荷波动度

为了表征管结构在压缩过程平台阶段中载荷围绕着平均压缩力的波动（undulation）程度，引入载荷波动度（undulation of load-carrying capacity，ULC），它定义为压缩载荷 P 偏离其平均值 P_m 所做的功与结构在有效压缩行程 S_{cE} 之内所吸收的总能量比，即

$$\mathrm{ULC}=\frac{\int_0^{S_{cE}}\left|P(s)-P_m\right|\mathrm{d}s}{\int_0^{S_{cE}}P(s)\,\mathrm{d}s} \tag{6.120}$$

显然，ULC 是一个无量纲评估指标；它的数值越小，平台载荷越平稳。

至此为止，针对管件吸能设计的要求，提出了一个较为全面的能量吸收评估指标体系，它包含五个指标，即 ESR、NLC、SEA、EEA 和 ULC。

6.7.2　应用能量吸收评估指标体系评价管件的能量吸收性能

根据轴向压缩下的管件试验数据和近似理论模型的预测，余同希等（2015）分析和比较了各类管件在各个评价指标下的能量吸收能力。

为了表征不同截面管件的几何性质，需要知道式（6.22）定义的密实度 $\bar{\phi}$ 。对于薄壁圆管和方管，密实度 $\bar{\phi}$ 分别等于

$$\bar{\phi}_{\mathrm{circular}}=\frac{A}{A_0}=4\frac{h}{D} \tag{6.121}$$

$$\bar{\phi}_{\mathrm{square}}=\frac{A}{A_0}=4\frac{h}{c} \tag{6.122}$$

式中：A_0 为结构截面外缘包围的总面积；A 为截面内材料实际占有的面积；D 为圆管的直径；c 为方管的边长。

6.7.2.1　有效行程比

利用不同尺寸的薄壁铝圆管和铝方管的试验数据（Toksoy et al.，2005；Hanssen et al.，2000），对各个管件根据式（6.115）计算得到的 ESR 如图 6.42 所示。

利用最小二乘法拟合试验数据，可以得到薄壁铝圆管与铝方管的 ESR 与密实度的关系分别为

$$\mathrm{ESR}=0.59\left(\frac{A}{A_0}\right)^{-0.11} \tag{6.123a}$$

$$\mathrm{ESR}=0.64\left(\frac{A}{A_0}\right)^{-0.069} \tag{6.123b}$$

由此看出，随着管件相对厚度的增加，管件就越难压缩到一个较大的有效位移。但当薄壁铝圆管和铝方管的密实度接近 0.2 时，它们的 ESR 就近似于常数 0.7。

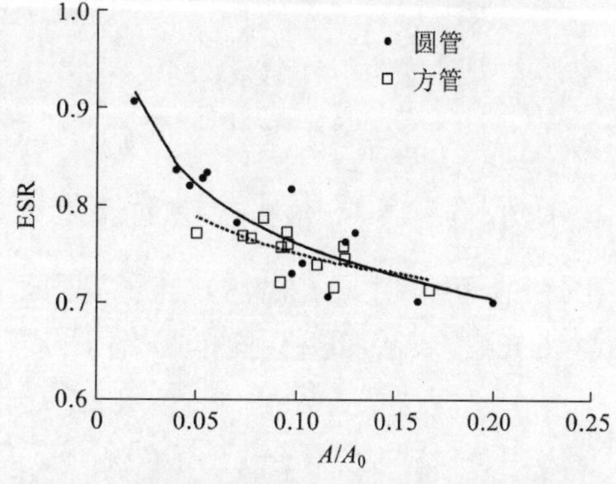

图6.42　薄壁铝圆管和铝方管的ESR随密实度的变化（Xiang et al.，2015）

6.7.2.2 结构承载能力

根据现有圆管和方管平均压溃力的理论预测公式（见 6.1 节和 6.2 节），NLC 可以由式（6.116）计算得到。例如，利用 Alexander 的理论模型式（6.8），圆管的 NLC 有

$$\frac{P_{\mathrm{m}}}{M_{\mathrm{o}}}=20.73\left(\frac{2R}{h}\right)^{0.5}=41.46\left(\frac{A}{A_0}\right)^{-0.5} \tag{6.124}$$

同样地，NLC 也可以通过 Abramowicz 等（1986）或 Singace 等（1996）的理论公式计算得到。

另外，根据最小二乘法回归试验数据，Xiang 等（2015）得出的 NLC 与密实度之间的关系为

$$\frac{P_{\mathrm{m}}}{M_{\mathrm{o}}}=66.09\left(\frac{A}{A_0}\right)^{-0.52} \tag{6.125}$$

此外，基于圆管的试验数据，Guillow 等（2001）也拟合得到了 NLC 与密实度之间的关系。所有这些结果如图 6.43 所示。

为显示横截面形状的影响，圆管与方管的 NLC 的试验结果绘于图 6.44。在相同的密实度下，圆管与方管的 NLC 大致相同。

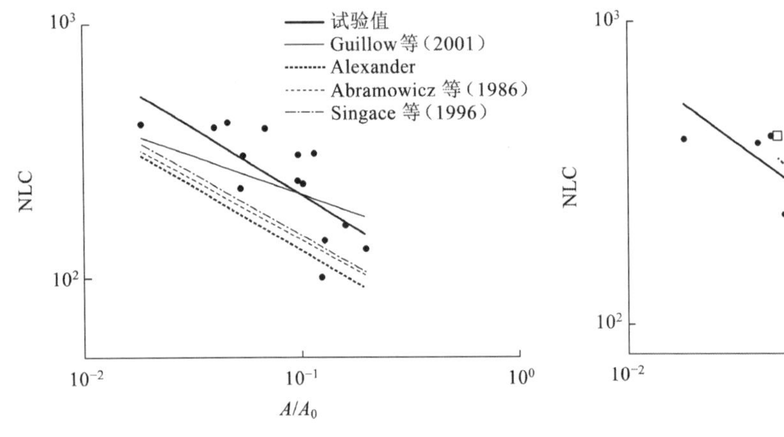

图 6.43 圆管的 NLC 试验与理论结果比较图（Xiang et al.，2015）

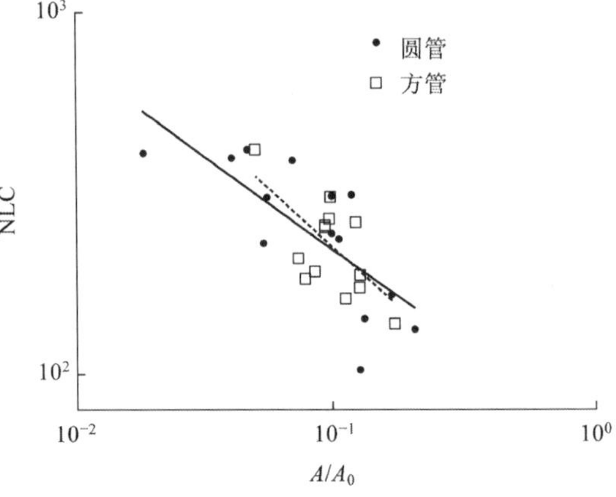

图 6.44 圆管与方管的 NLC 随密实度的变化（Xiang et al.，2015）

6.7.2.3 单位质量的能量吸收能力

SEA 可以由式（6.118）计算得到。上面已看到，基于 Alexander 模型的平均压溃力用式（6.124）表示，再利用轴向压缩下圆管的 ESR 的经验公式式（6.123a），得到

$$\mathrm{SEA}=\frac{P_{\mathrm{m}}}{\rho A}\frac{S_{\mathrm{cE}}}{L}\approx 0.562\frac{Y}{\rho}\left(\frac{A}{A_0}\right)^{0.39} \tag{6.126}$$

同样地，SEA 也可以通过其他理论模型的平均力公式计算得到。

图 6.45 给出了圆管比吸能（SEA）的试验结果与理论结果的比较。图中试验结果要略

高于理论结果，这可能是由理论模型的简化引起的。为比较不同截面管件的能量吸收能力，图 6.46 显示圆管与方管的比吸能（SEA）随密实度变化的趋势大致相同；但就比吸能而言，轴向压缩下圆管的能量吸收更为有效。

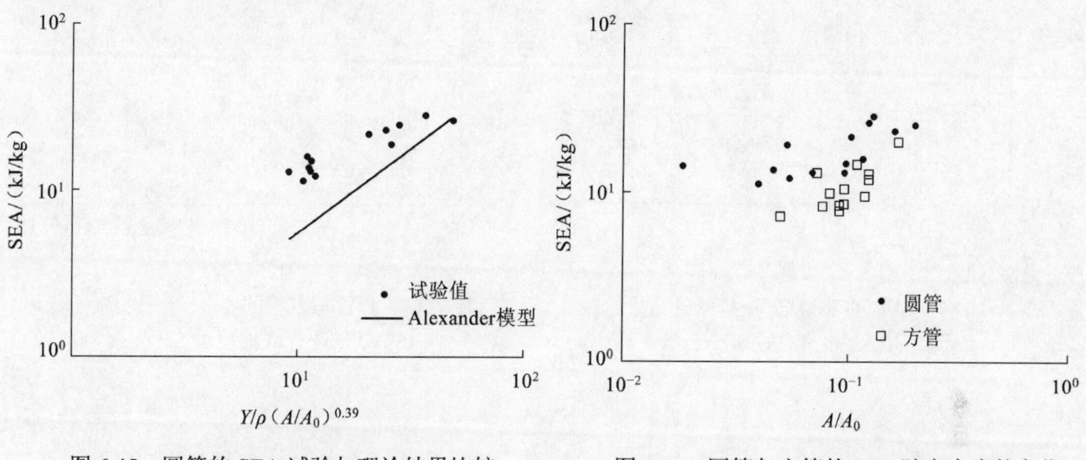

图 6.45 圆管的 SEA 试验与理论结果比较（Xiang et al., 2015）

图 6.46 圆管与方管的 SEA 随密实度的变化（Xiang et al., 2015）

6.7.2.4 吸能有效率

吸能有效率（EEA）由前面定义的式（6.119）计算。若采用 Alexander 的理论模型，EEA 的表达式为

$$\mathrm{EEA}=\frac{P_{\mathrm{m}}}{AY}\frac{S_{\mathrm{cE}}}{L}\approx 0.562\left(\frac{A}{A_0}\right)^{0.39} \tag{6.127}$$

类似的公式也可以根据其他理论模型计算得到。圆管的 EEA 的试验和理论结果比较如图 6.47 所示。它显示大部分试验值均要高于理论预测值；而且通过试验数据拟合得到的 EEA 与密实度的关系式为式（6.128），也不同于理论公式

$$\mathrm{EEA}=1.01\left(\frac{A}{A_0}\right)^{0.4} \tag{6.128}$$

EEA 是比较各类管件的能量吸收能力的有力工具。图 6.48 显示了圆管和方管的 EEA 随密实度的变化。它表明，就能量吸收能力而言，圆管比方管更有优势，这一点与 SEA 的结果相一致。

6.7.2.5 载荷波动度

整理文献中的试验数据（如 Mamalis et al., 1983），得到的轴向压缩下各类管件的 ULC 如图 6.49 所示。应用最小二乘法，圆管和方管的 ULC 与密实度的关系分别为

$$\mathrm{ULC}=0.25\left(\frac{A}{A_0}\right)^{0.08} \tag{6.129a}$$

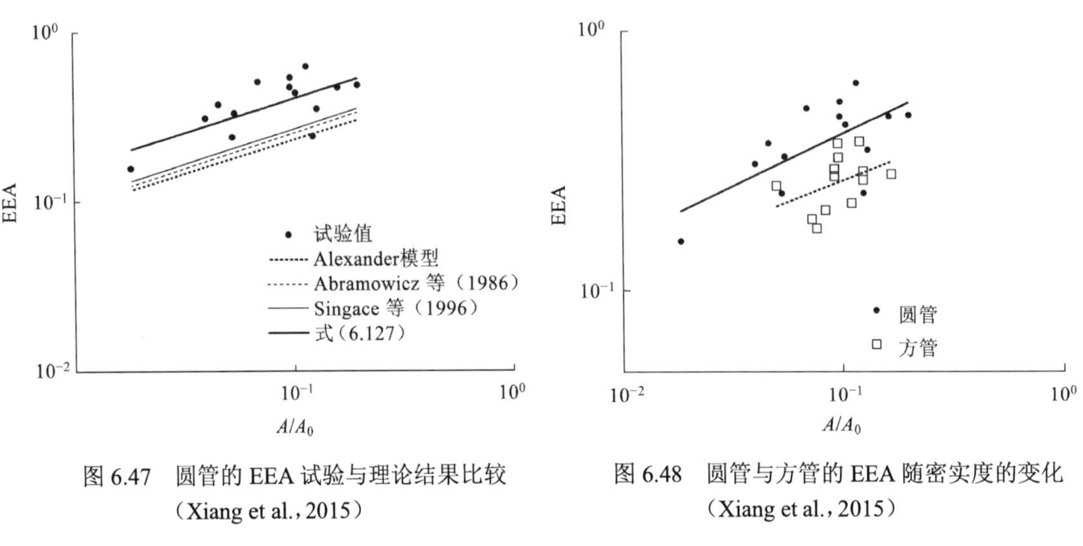

图 6.47　圆管的 EEA 试验与理论结果比较（Xiang et al., 2015）

图 6.48　圆管与方管的 EEA 随密实度的变化（Xiang et al., 2015）

图 6.49　圆管与方管的 ULC 随密实度的变化（Xiang et al., 2015）

$$\mathrm{ULC}=0.065\left(\frac{A}{A_0}\right)^{-0.59} \tag{6.129b}$$

从图 6.49 中可以发现，圆管的 ULC 随着密实度的增加呈缓慢增大的趋势，然而方管的 ULC 却随着密实度的增加有显著下降。这表明，当管件壁厚较薄时，圆管的平台载荷波动较小；而当管件壁厚较厚时，方管的平台载荷反而更平稳。

在本小节中，基于试验数据和现有的理论模型，借助各项评估指标，比较和分析了圆管和方管的能量吸收性能。结果表明，除了 ULC，圆管的能量吸收能力均优于方管。

6.8　进一步讨论

在有关薄壁管件轴向压溃的分析中，着重关心平均压溃力的表达式，因为这是评价这些薄管在轴向载荷作用下能量吸收能力的最重要参数。利用所介绍的理论模型和方法，可以求出力–位移关系的所有细节，但因过于复杂，这里将不做介绍。另一个参数是第一个峰值力，通常它是最大的峰值力。这种峰值力的大小在设计能量吸收装置时也起着重要的作用，因为这个力表示撞击对象所经历的最大减速度。理想的峰值力不应该太大，应当接近平均力。实践中，可以通过在管件中引入一些触发机构来减少这个峰值力的水平。这包括在管子一端削薄管壁，或者将这一端管壁轻微预弯。在这里对第一峰值载荷进行理论分析是不现实的，因为对于给定的薄管材料和尺寸，它受到薄管所有初始缺陷和细微触发机构的影响。Zhang 等（2009c，2009d）对方管和圆管设计了一种屈曲触发器（buckling initiator），通过试验证明可以成功地将峰值载荷降低 30%。还应当注意到，端部约束可能改变圆管的压溃模式（Singace et al.，2001），虽然轴力的水平应当是类似的。薄管的另一种轴向受压行为，即薄管翻转，将在 9.1 节讨论。

其他形式的管状元件也可以用作能量吸收器。这包括正方形和矩形截面的锥管（Reid et al.，1986b，1986c）、锥台（Mamalis et al.，1983）、多边形柱面（Mamalis et al.，1991a）和波纹管（Singace et al.，1997）。轴向加肋圆柱壳和正方形管的压溃也已被研究过（Birch et al.，1990；Jones et al.，1990）。Zhang 等（2007）通过在薄壁方管表面引入图案，触发了一种新的变形模式，而这一变形模式较之前的变形模式具有更好的能量吸收性能。根据这一变形模式，Ma 等（2013）采用折纸的办法直接制作了与这一变形模式相似的薄壁管，在轴向压溃下同样取得了很好的吸能效果。此后 Zhou 等（2017）、Wang 等（2017a）对这一模式进行了进一步的研究。此外，Ma 等（2016）还对其他形式的折纸管的吸能进行了研究。Song 等（2012）在试样中预先引进折纸形状，从而减小峰值力，提高能量吸收。他们还通过在塑性应变不大的地方预先把材料去掉的方法（Song et al.，2013），减轻构件质量，提高比能量吸收。此外，他们还进行了多边柱体的试验和理论分析（Fan et al.，2013a，2013b）。有兴趣的读者可以参阅这些文献。

泡沫充填薄壁管件在增强能量吸收性能方面是有效的。如果泡沫平台应力增加，这种增强就更为显著。但是，这种平台应力的最大值有一个限制：如果泡沫是密实的，在高应力下管子很有可能发生欧拉类型失稳，从而极大减少所能吸收的能量。此外，由于管壁内过度的拉伸应变，这种泡沫可能引起管壁的韧性撕裂。如果按照比吸能来评定，对于给定的泡沫类型，存在一个最佳的密度值。除聚氨酯泡沫和泡沫铝外，其他材料也可以作为充填材料，如木材（Reddy et al.，1993）和木屑（Singace，2000）。内部还可以充填具有压力的气体或液体，这在 6.6 节中有初步讨论。

在薄壁结构中引入变厚度板也是提高能量吸收性能的有效方法之一。厚度变化方向和变化规律都将对薄壁结构的轴向压溃性能产生重要的影响。例如，Zhang 等（2014c）在方管截面内引入线性厚度变化，试验结果表明在不增加结构质量和初始峰值力的情况下，可使平均压溃载荷提高 30%～35%。沿薄壁管轴向引入厚度变化同样也得到了相关研究（Sun et al.，2015，2014；Zhang et al.，2015c，2015d）。Xu 等（2018）对变厚度薄壁结构和梯度多孔材料在能量吸收方面的应用进行了综述。

针对轴压下管件的压溃模式和能量吸收，已经发展了一套系统的评估指标（6.7 节）。事实上，这套指标不仅可以用于比较不同密实度的圆管和方管的吸能性能，而且可以用于评估其他种类的吸能结构和材料，包括多胞材料（第 10 章），从而为能量吸收材料的选取和能量吸收装置的优化设计提供参考。

7 结构碰撞与惯性敏感性

本章首先考察如何模拟刚性弹体与弹塑性结构的表面之间的碰撞–接触现象，以及这种局部行为与结构整体变形间如何相互作用，然后分析一种特殊的能量吸收结构，即第 II 类结构，探索为什么这类结构的变形对碰撞速度敏感，或者说是对撞击物和结构本身的惯性都敏感。最后，以圆环和薄壁球为例，阐述运动的结构物撞击固壁时发生的力学现象。

7.1 碰撞引起的动量交换和局部变形

7.1.1 两个物体正碰撞的动力学

7.1.1.1 正碰撞过程的描述

2.4.2 节讨论了两个物体正碰撞的最简单情况。现在假定碰撞前物体 B_1 和 B_2 沿着同一条直线，分别以初始速度 v_{10} 和 v_{20} 运动[图 7.1（a）]。为使碰撞发生，假定 $v_{10}>v_{20}$。令 F 为碰撞过程中两个物体间相互作用力的大小[图 7.1（b）]。进一步假定两个物体接触面的取向使力 F 平行于它们运动的直线，并朝向它们的质心。这种条件意味着碰撞后两个物体将继续沿着同一条直线运动[图 7.1（c）]，这称为对心正碰撞（direct central collision）。

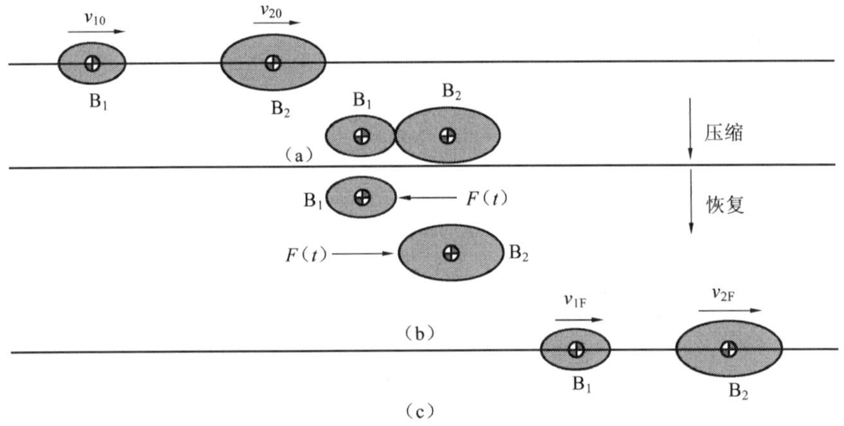

图 7.1 两个物体正碰撞的过程

因为碰撞持续时间通常是非常短暂的，体积力（如重力）或者其他作用在这两个物体上的外力在这期间将不做功。忽略外力的影响后，由这两个物体组成的系统的线动量应当守恒，即有

$$m_1v_{10} + m_2v_{20} = m_1v_{1F} + m_2v_{2F} \tag{7.1}$$

式中：v_{1F} 和 v_{2F} 分别为物体 B_1 和 B_2 碰撞后的速度。

但是，显然这两个未知的速度不能由一个方程[式（7.1）]单独求出。所以，必须对碰撞过程做更详细的研究。

令 t_0 为 B_1 和 B_2 首次接触的那一瞬间。碰撞结果引起两个物体变形，它们的质心将继续相互接近，这一阶段称为碰撞的压缩相（compression phase）。在时间 t_c，它们的质心达到相互最接近的距离，在这个时刻，两个质心间的相对速度必为零，所以它们具有相同的速度，记为 v_c，然后两个物体开始相互离开，在时刻 t_F 相互分离。从 t_c 至 t_F 这一时间间隔称为碰撞的恢复相（restitution phase）。

7.1.1.2 压缩相分析

不失一般性，从碰撞初始时刻 t_0 开始的时间间隔内对接触力 $F(t)$ 积分，即为传递给两个物体的冲量 $p(t)$

$$p(t)=\int_{t_0}^{t}F(t)\,\mathrm{d}t \tag{7.2}$$

对物体 B_1 和 B_2 分别应用冲量和动量定理，有

$$-\mathrm{d}p=m_1\mathrm{d}v_1,\quad \mathrm{d}p=m_2\,\mathrm{d}v_2 \tag{7.3}$$

所以物体 B_1 和 B_2 的速度可以分别写为

$$v_1(t)=v_{10}-\frac{p(t)}{m_1},\quad v_2(t)=v_{20}+\frac{p(t)}{m_2} \tag{7.4}$$

如果两个物体间的相对速度定义为

$$v^{\mathrm{r}}(t)=v_1(t)-v_2(t) \tag{7.5}$$

则可以看到

$$\mathrm{d}v^{\mathrm{r}}=\mathrm{d}v_1-\mathrm{d}v_2=-\frac{\mathrm{d}p}{m_1}-\frac{\mathrm{d}p}{m_2}=-\left(\frac{1}{m_1}+\frac{1}{m_2}\right)\mathrm{d}p=-\frac{\mathrm{d}p}{m_{\mathrm{eq}}} \tag{7.6}$$

式中：$m_{\mathrm{eq}}=m_1m_2/(m_1+m_2)$ 可以视为系统的等效质量（equivalent mass）。所以在碰撞过程中，相对速度 v^{r} 随时间的变化由式（7.7）决定

$$v^{\mathrm{r}}(t)=v_0^{\mathrm{r}}-\frac{p(t)}{m_{\mathrm{eq}}} \tag{7.7}$$

式中：$v_0^{\mathrm{r}}=v_{10}-v_{20}(>0)$ 为初始相对速度。

当压缩相结束，即 $t=t_{\mathrm{c}}$ 时，两个物体具有相同速度 v_{c}，所以 $v^{\mathrm{r}}(t_{\mathrm{c}})=0$，并由式（7.7）得

$$p_{\mathrm{c}}=p(t_{\mathrm{c}})=m_{\mathrm{eq}}v_0^{\mathrm{r}}=\frac{m_1m_2}{m_1+m_2}(v_{10}-v_{20}) \tag{7.8}$$

式中：p_{c} 为压缩相期间传递的冲量，或者称为压缩冲量（compression impulse）。

在压缩相这一时间间隔（$t_0\leqslant t\leqslant t_{\mathrm{c}}$）内积分式（7.4），对于物体 B_1 和 B_2 分别有

$$-p_{\mathrm{c}}=m_1(v_{\mathrm{c}}-v_{10}) \tag{7.9}$$

$$p_{\mathrm{c}}=m_2(v_{\mathrm{c}}-v_{20}) \tag{7.10}$$

利用式（7.8）～式（7.10），得

$$v_{\mathrm{c}}=v_{10}-\frac{m_{\mathrm{eq}}v_0^{\mathrm{r}}}{m_1}=v_{20}+\frac{m_{\mathrm{eq}}v_0^{\mathrm{r}}}{m_2} \tag{7.11}$$

当 $t=t_0$ 时，系统的初始动能 K_0 为

$$K_0=\frac{1}{2}m_1v_{10}^2+\frac{1}{2}m_2v_{20}^2 \tag{7.12}$$

在压缩相结束（$t=t_{\mathrm{c}}$）时，系统动能的减少为

$$K_{\mathrm{c}}=\frac{1}{2}m_1v_{\mathrm{c}}^2+\frac{1}{2}m_2v_{\mathrm{c}}^2=K_0-\frac{1}{2}m_{\mathrm{eq}}(v_0^{\mathrm{r}})^2=K_0-\frac{p_{\mathrm{c}}^2}{2m_{\mathrm{eq}}} \tag{7.13}$$

这表明动能损失与压缩冲量 p_{c} 的平方成正比，与系统等效质量成反比。

从能量观点，式（7.13）右手边第二项正好等于接触力 $F(t)$ 在压缩相期间所做的功，这个

功转化成了两个物体的变形能，它是

$$E_c^{ep} = w(p_c) = \frac{1}{2} m_{eq} (v_0^r)^2 = \frac{p_c^2}{2m_{eq}} \tag{7.14}$$

式中：w 为冲量 p 所做的功；E^{ep} 为系统总的弹塑性变形能；下标 c 为压缩相。

7.1.1.3 恢复相分析

唯象地可以知道，当碰撞压缩相结束时，由于接触面的塑性变形、产生的热和声等各种机理，系统要损失部分动能。因此，在恢复相期间，它们相互传递的冲量 p_r 一般要小于在压缩相期间相互传递的冲量 p_c。这两个冲量之比称为动力学恢复系数（kinetic coefficient of restitution）

$$e = \frac{p_r}{p_c} = \frac{\int_{t_c}^{t_F} F(t)\,dt}{\int_{t_0}^{t_c} F(t)\,dt} \tag{7.15}$$

一般来说，e 的数值取决于两个物体的性质，以及它们的速度和它们碰撞时的取向，所以它只能由试验求出，或者对两个物体碰撞期间变形的详细分析得到（见 7.1.2 小节）。

图 7.2（a）为相互作用力（即接触力）F 随总的压缩位移（即压陷）δ 变化的示意图，它是两个物体所受到的压缩（压陷）之和。图 7.2（b）为这个力随时间 t 的变化；曲线下的面积代表传递给物体的冲量。因此，被传递的冲量 $p(t)$ 随时间变化在图 7.2（c）给出。

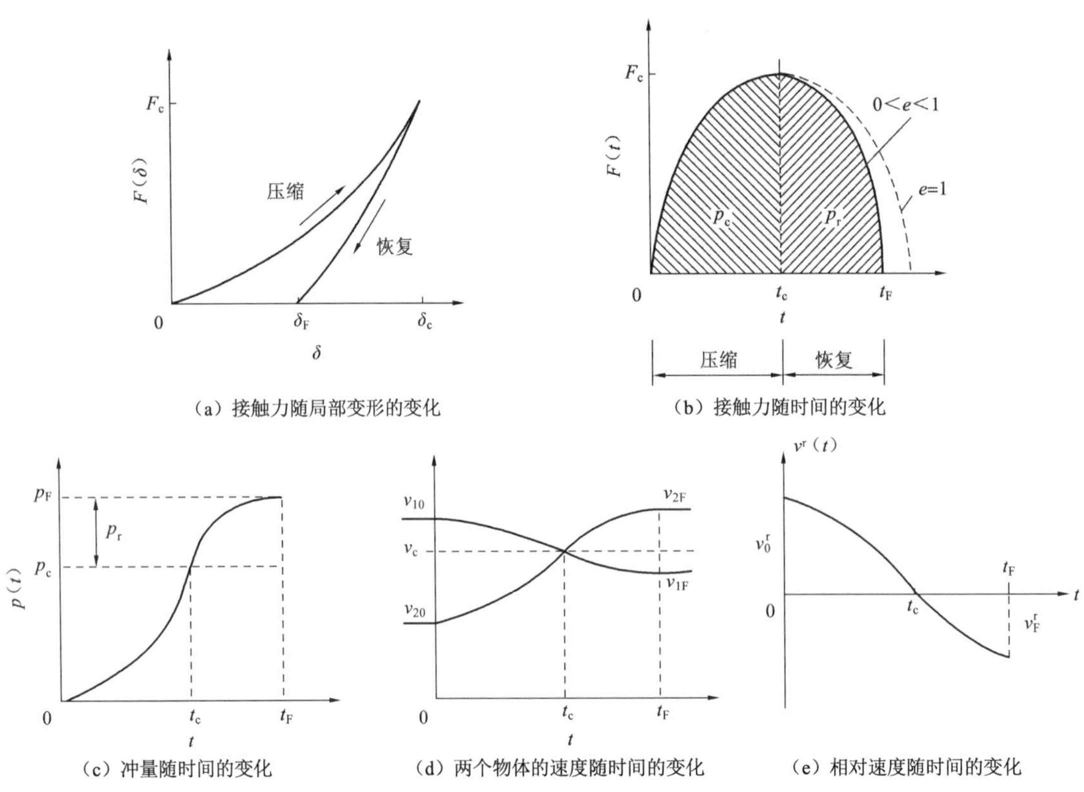

（a）接触力随局部变形的变化　（b）接触力随时间的变化

（c）冲量随时间的变化　（d）两个物体的速度随时间的变化　（e）相对速度随时间的变化

图 7.2　接触力（Stronge，2000）

显然，式（7.15）定义的动力学恢复系数是图 7.2（b）中两个不同的阴影面积之比。如 $F(t)$ 曲线已知，$F(t)$ 曲线下总的面积代表总的冲量

$$p_{\mathrm{F}} = p_{\mathrm{c}} + p_{\mathrm{r}} \tag{7.16}$$

在恢复相，对物体 B_1 和 B_2 分别应用冲量和动量定理，得

$$-p_{\mathrm{r}} = -p_{\mathrm{F}} + p_{\mathrm{c}} = m_1(v_{1\mathrm{F}} - v_{\mathrm{c}}) \tag{7.17}$$

$$p_{\mathrm{r}} = p_{\mathrm{F}} - p_{\mathrm{c}} = m_2(v_{2\mathrm{F}} - v_{\mathrm{c}}) \tag{7.18}$$

由式（7.7）可知，在恢复相期间相对速度（代数值）将继续减小

$$v^{\mathrm{r}}(t) = -\frac{p(t) - p_{\mathrm{c}}}{m_{\mathrm{eq}}} \qquad t_{\mathrm{c}} \leqslant t \leqslant t_{\mathrm{F}} \tag{7.19}$$

最后的相对速度为

$$v_{\mathrm{F}}^{\mathrm{r}} = v^{\mathrm{r}}(t_{\mathrm{F}}) = v_{1\mathrm{F}} - v_{2\mathrm{F}} = -\frac{p_{\mathrm{F}} - p_{\mathrm{c}}}{m_{\mathrm{eq}}} = -\frac{p_{\mathrm{r}}}{m_{\mathrm{eq}}} \tag{7.20}$$

速度 $v_1(t)$ 和 $v_2(t)$ 随时间 t 的变化如图 7.2(d)所示，相对速度 $v^{\mathrm{r}}(t)$ 见图 7.2(e)。Calladine（1990）给出并讨论了这些速度图。

将式（7.20）与式（7.8）进行比较，得

$$\frac{v_{\mathrm{F}}^{\mathrm{r}}}{v_0^{\mathrm{r}}} = \frac{v_{1\mathrm{F}} - v_{2\mathrm{F}}}{v_{10} - v_{20}} = -\frac{p_{\mathrm{r}}}{p_{\mathrm{c}}} = -e \tag{7.21}$$

所以另一个 e 的表达式为

$$e = \frac{v_{2\mathrm{F}} - v_{1\mathrm{F}}}{v_{10} - v_{20}} \tag{7.22}$$

于是，恢复系数以简单方式与两个物体碰撞前后的相对速度联系起来了。以这种方式定义的 e 称为运动学恢复系数（kinematic coefficient of restitution）。如果 e 已知，可以利用式（7.22）及式（7.1），求出两个物体碰撞后的最终速度 $v_{1\mathrm{F}}$ 和 $v_{2\mathrm{F}}$。

从能量观点，在恢复相期间，只有系统的弹性应变能被释放出来，并又转化为两个物体的动能。这个弹性应变能 $E_{\mathrm{r}}^{\mathrm{e}}$ 等于被传递冲量 p_{r} 在碰撞恢复相所做功的负值，$-w(p_{\mathrm{r}})$。事实上，应用式（7.20）得

$$w(p_{\mathrm{r}}) = \int_{t_{\mathrm{c}}}^{t_{\mathrm{F}}} [p(t) - p_{\mathrm{c}}]\mathrm{d}v^{\mathrm{r}} = -\frac{p_{\mathrm{r}}^2}{2m_{\mathrm{eq}}} \tag{7.23}$$

因此，类似于式（7.14），恢复相释放出来的弹性应变能 $E_{\mathrm{r}}^{\mathrm{e}}$ 与恢复冲量的平方成比例，有

$$E_{\mathrm{r}}^{\mathrm{e}} = -w(p_{\mathrm{r}}) = \frac{p_{\mathrm{r}}^2}{2m_{\mathrm{eq}}} \tag{7.24}$$

注意，在恢复相接触力 $F(t)$（也就是恢复冲量）做了负功。

联立式（7.14）、式（7.24）和式（7.15），得

$$e = \sqrt{\frac{E_{\mathrm{r}}^{\mathrm{e}}}{E_{\mathrm{c}}^{\mathrm{ep}}}} = \sqrt{\frac{-w(p_{\mathrm{r}})}{w(p_{\mathrm{c}})}} = \sqrt{-\frac{w(p_{\mathrm{F}}) - w(p_{\mathrm{c}})}{w(p_{\mathrm{c}})}} \tag{7.25}$$

式中：$w(p_{\rm F})=w(p_{\rm c})+w(p_{\rm r})[<w(p_{\rm c})]$ 是接触力在整个碰撞过程中所做的净功。

依照式（7.25），e 的平方定义为恢复期间释放的弹性能与压缩期间所储存的总变形能之比。以这种方式定义的 e 称为能量的恢复系数（energetic coefficient of restitution）。

7.1.1.4 关于恢复系数的讨论

如上所述，关于恢复系数 e 有三种定义。它们分别被称为动力学恢复系数、运动学恢复系数和能量恢复系数，分别由式（7.15）、式（7.22）和式（7.25）定义。正如 Stronge（2000）所指出的，这三个定义都是等价的，除非物体是粗糙的，两物体的构形是偏心的或者两物体在碰撞中滑动方向发生变化。这就解释了为什么在这里分析的直接正碰撞情况下，式（7.15）、式（7.22）和式（7.25）可以相互导出。

根据 e 的定义，可以看到有 $0\leqslant e\leqslant 1$，所以有如下两种极端情况。

（1）如果 $e=1$，碰撞是完全弹性的（completely elastic）。在这种情况下，恢复冲量必须等于压缩冲量，即 $p_{\rm r}=p_{\rm c}$，$p_{\rm F}=2p_{\rm c}$。因此，对于相对速度，有 $v_{\rm F}^{\rm r}=-v_0^{\rm r}$。

因为没有塑性变形或者其他原因（如振动、声和热）引起的局部能量耗散，可以证明，在碰撞前后系统的总动能保持不变，即

$$K_0=\frac{1}{2}m_1v_{10}^2+\frac{1}{2}m_2v_{20}^2=\frac{1}{2}m_1v_{1\rm F}^2+\frac{1}{2}m_2v_{2\rm F}^2=K_{\rm F} \tag{7.26}$$

（2）如果 $e=0$，碰撞是完全非弹性的（completely inelastic）（即完全塑性的）。在这种情况下，式（7.22）指出 $v_{1\rm F}=v_{2\rm F}$，所以两个物体碰撞后保持在一起。在压缩相，相当部分的动能被局部塑性变形所耗散，此后没有恢复相，完全没有弹性恢复，因为 $p_{\rm r}=0$，所以系统最后的动能和压缩相结束时的动能相同。因而，由式（7.13）有

$$K_{\rm F}=K_{\rm c}=K_0-\frac{p_{\rm c}^2}{2m_{\rm eq}} \tag{7.27}$$

所以碰撞过程中能量耗散为

$$D=K_{\rm loss}=K_0-K_{\rm F}=\frac{p_{\rm c}^2}{2m_{\rm eq}} \tag{7.28}$$

在 2.4.2 小节中分析的最简单情况，B_2 碰撞前没有初始速度，动能损失由式（2.72）给出，它显然是式（7.28）的特殊情况。

一般情况下有 $0\leqslant e\leqslant 1$，因为恢复相释放的弹性应变能 $E_{\rm r}^{\rm e}$ 由式（7.24）给出，式（7.28）应当替换为

$$D=K_0-K_{\rm F}=\frac{p_{\rm c}^2-p_{\rm r}^2}{2m_{\rm eq}}=\frac{p_{\rm c}^2(1-e^2)}{2m_{\rm eq}}=\frac{(1-e^2)}{2}m_{\rm eq}(v_0^{\rm r})^2 \tag{7.29}$$

7.1.2 接触力引起的压陷

上面给出的两个可变形物体碰撞的分析表明，在碰撞压缩相和恢复相，系统的行为都是由接触力和两个物体接触处局部变形（即压陷）之间的关系支配的，如图 7.2（a）所示。显然，这个关系不仅取决于可变形体的弹塑性性质，而且取决于接触面的局部几何形状。

7.1.2.1 弹性体的法向接触：赫兹理论

当两个可变形固体发生接触时，它们一开始在一个点或者沿一条线接触。在非常轻微的载荷作用下，它们在初始接触点附近发生变形，所以它们在一个有限面积上接触，这个面积与两个物体尺寸相比是小的。

接下来，假定两个物体的接触面是光滑的，接触面以轴对称方式扩大。所以可以取初始接触点作为圆柱坐标(r,θ,z)的原点。令 z 轴沿接触面的法向，则(r,θ)为两个物体在接触处的共同切平面，如图 7.3（a）所示。

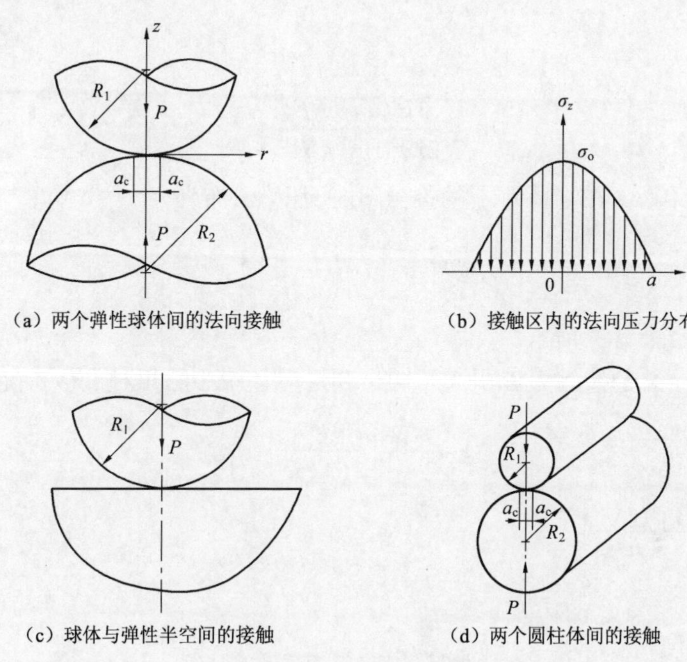

（a）两个弹性球体间的法向接触　（b）接触区内的法向压力分布

（c）球体与弹性半空间的接触　（d）两个圆柱体间的接触

图 7.3　各种接触

由几何分析可知，接触处两个物体表面的剖面形状可以近似地表示为

$$z_1=\frac{r^2}{2R_1},\quad z_2=\frac{r^2}{2R_2} \tag{7.30}$$

式中：R 为原点处的曲率半径，下标 1 和 2 分别代表物体 1 和 2。

为了求出应力分布和接触力引起的位移分布，第一步是确定接触面的大小和形状，以及作用在它上面的法向压力分布。在赫兹理论中，做了如下假定：

（1）接触体是各向同性和弹性的；

（2）接触面基本上是平的，与物体未变形时在交界面处附近的曲率半径相比，接触面是很小的；

（3）接触面是完全光滑和无摩擦的，所以只需要考虑法向压力。

有了以上这些假定，可以进行相应的弹性分析（Johnson，1985）。下面不做有关推导，而直接将赫兹理论的一些主要结果总结如下。

（1）当两个弹性球体在力 P 作用下发生接触[图 7.3（a）]时，接触压力分布在半径为 a_c

的小圆内，a_c 为

$$a_c=\left(\frac{3PR}{4E_{eq}}\right)^{1/3} \tag{7.31}$$

式中：等效弹性模量 E_{eq} 和等效半径 R 定义为

$$E_{eq}=\left(\frac{1-\nu_1^2}{E_1}+\frac{1-\nu_2^2}{E_2}\right)^{-1},\quad R=\left(\frac{1}{R_1}+\frac{1}{R_2}\right)^{-1} \tag{7.32}$$

式中：带有下标的 E、ν 和 R 分别为杨氏模量、泊松比和球的半径，下标 1 和 2 分别表示球 1 和球 2。

最大接触压力为

$$\sigma_0=\frac{3P}{2\pi a_c^2}=\left(\frac{6PE_{eq}^2}{\pi^3R^2}\right)^{1/3} \tag{7.33}$$

它作用于接触圆的中心。在半径为 a_c 的接触圆内，压力分布为

$$\sigma_z(r)=\sigma_0\left[1-\left(\frac{r}{a_c}\right)^2\right]^{1/2} \tag{7.34}$$

这个压力分布如图 7.3（b）所示。

由于局部变形，总的接触力 P 引起了两个弹性球体中心的相对位移 δ，它们之间关系为

$$\delta=\frac{a_c^2}{R}=\left(\frac{9P^2}{16E_{eq}^2R}\right)^{1/3} \tag{7.35}$$

这个关系可以重新写为

$$P=k'\delta^{3/2} \tag{7.36}$$

其中，$k'=4E_{eq}R^{\frac{1}{2}}/3$ 为接触刚度。

（2）当球面在力 P 作用下与一个弹性半空间发生接触[图 7.3（c）]时，作为（1）的一种特殊情况，可以取 $R_2=\infty$（因此 $R=R_1$）。如果进一步假定两个固体具有相同的弹性模量 E，且 $\nu=0.3$，则 $E_{eq}=0.55E$，有

$$a_c=1.089\left(\frac{PR}{E}\right)^{1/3},\quad \sigma_0=0.388\left(\frac{PE^2}{R^2}\right)^{1/3},\quad \delta=1.230\left(\frac{P^2}{E^2R}\right)^{1/3} \tag{7.37}$$

（3）如果刚性冲模（或者弹体）在力 P 作用下与一个弹性表面发生接触，则作为（1）的一种特殊情况，可以取 $R_2=\infty$（因此 $R=R_1$）和 $E_1=\infty$（因此 $E_{eq}=1.10E_2=1.10E$，其中假设 $\nu=0.3$），得

$$a_c=0.880\left(\frac{PR}{E}\right)^{1/3},\quad \sigma_0=0.616\left(\frac{PE^2}{R^2}\right)^{1/3},\quad \delta=0.775\left(\frac{P^2}{E^2R}\right)^{1/3} \tag{7.38}$$

（4）两个圆柱体在载荷 P（单位长度）作用下发生线接触，见图 7.3（d），半接触宽度为

$$a_c=\left(\frac{4PR}{\pi E_{eq}}\right)^{1/2} \tag{7.39}$$

最大接触压力为

$$\sigma_0 = \frac{2P}{\pi a_c} = \frac{4}{\pi}\sigma_{zm} = \left(\frac{PE_{eq}}{\pi R}\right)^{1/2} \tag{7.40}$$

这里σ_{zm}是接触区域内的平均法向压力。

7.1.2.2 弹性体的法向接触：温克勒地基模型

因为接触面上任意点的位移依赖于整个接触区的压力分布，所以弹性接触应力理论出现困难。如果用简单的温克勒（Winkler）弹性地基而不是弹性半空间来模拟固体，这个困难就可以避免。如图 7.4 所示，一个厚度为 h、弹性常数为 k 的弹性地基放置于一个刚性基础上，被一个轴对称刚性压头压入。压头剖面取为被模拟的两个固体（分别具有半径 R_1 和 R_2）剖面的和。回顾式（7.30）和式（7.32），压头的剖面形状为

$$z(r) = z_1 + z_2 = \frac{r^2}{2}\left(\frac{1}{R_1} + \frac{1}{R_2}\right) = \frac{r^2}{2R} \tag{7.41}$$

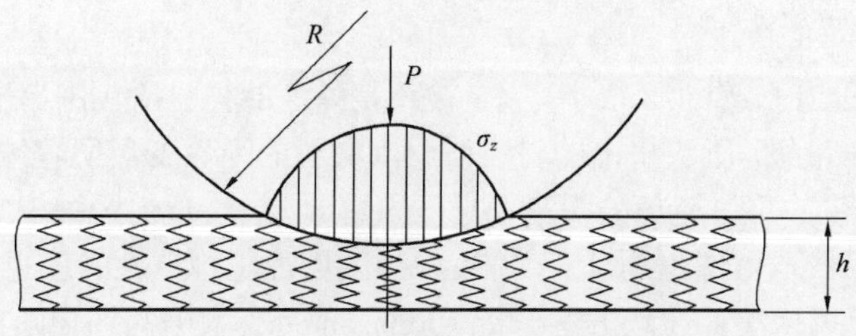

图 7.4 刚性压头压入 Winkler 地基

对于轴对称情况，在力 P 作用下压缩，接触区将发展成半径为 a_c 的圆形区域，可以证明有（Johnson，1985）

$$P = \frac{\pi}{4}\left(\frac{ka_c}{h}\right)\frac{a_c^3}{R}, \quad \delta = \frac{a_c^2}{2R} \tag{7.42}$$

而对于一个长圆柱体在温克勒地基上的二维接触，则有

$$P = \frac{2}{3}\left(\frac{ka_c}{h}\right)\frac{a_c^2}{R}, \quad \delta = \frac{a_c^2}{2R} \tag{7.43}$$

式（7.42）和式（7.43）提供了作用力和接触区大小之间的关系。将它们与赫兹理论的结果[如式（7.35）]比较，如果对轴对称情况取 $k/h=1.70E_{eq}/a_c$，对二维情况取 $k/h=1.18E_{eq}/a_c$，两种结果就能取得一致。如果地基厚度 h 固定，那么就必须使弹性模量 k 与 a_c 成反比，而 a_c 是随着压陷的增加而增加的。换句话说，在这个模型中温克勒地基的弹性模量必须随着 P 或 a_c 的增加而减小。

7.1.2.3 法向接触中塑性屈服的发生

根据赫兹理论的详细应力分析可知，最大剪应力不发生在接触面上，而发生在它下面的某个位置。因此，在圆柱体二维接触的情况下，应用特雷斯卡（Tresca）屈服条件发现（Johnson et al.，1983c；Hill，1950），当最大接触压力达到以下值时，屈服开始于表面下 $0.78a_c$ 处的一个点

$$(\sigma_0)_y = 1.67Y \tag{7.44}$$

式中：Y 为材料在简单拉伸下的屈服应力。

应用式（7.40），发现初始屈服时单位长度载荷为

$$P_y = \frac{\pi R}{E_{eq}}(\sigma_0)_y^2 = 8.76\frac{Y^2 R}{E_{eq}} \tag{7.45}$$

如果采用 von Mises 屈服条件，屈服载荷略微高一些，式（7.45）中的系数将为 10.1。

在球体轴对称接触的情况下，应用特雷斯卡屈服条件发现，当最大接触压力达到以下值时，屈服开始于表面下 $0.48a_c$ 处的一个点，有

$$(\sigma_0)_y = 1.6Y \tag{7.46}$$

对应于初始屈服的载荷为

$$P_y = \frac{\pi^2 R^2}{6E_{eq}^2}(\sigma_0)_y^3 = 6.74\frac{Y^3 R^2}{E_{eq}^2} \tag{7.47}$$

7.1.2.4 弹塑性压陷

当初次超过屈服点时，塑性区很小，完全被还是弹性的材料所包围，所以塑性应变仍然与周围的弹性应变同一量级，压头挤出的材料被周围材料的弹性变形所容纳。当压陷进一步发展时，压头下方所产生的不可避免的膨胀要求压力增加。最终塑性区突出到自由面上，挤出的材料以塑性流动的形式自由逸出到压头的侧边。当采用理想刚塑性的理想化模型时，这种“无约束”的变形模式可以用滑移线场方法分析（Johnson et al.，1983c；Hill，1950）。应用这种分析可知，如果有

$$\sigma_{zm} = cY \tag{7.48}$$

将发生这种无约束塑性流动（即完全塑性变形），式（7.48）中 σ_{zm} 为接触区内的平均法向压力，c 的值大约为 3，它取决于压头的几何形状和界面的摩擦。事实上，由式（7.44）或式（7.46）可知，在塑性屈服开始时，接触区的平均法向压力 $\sigma_{zm} \approx Y$，即在式（7.48）中 $c \approx 1$。所以，约束塑性变形发生在 $1 \leqslant c \leqslant 3$。

在过去几十年里，应用各种近似分析模型和有限元数值模拟，对于压陷引起的弹塑性应力场和位移场得到了许多有用的结果（Johnson，1985）。

特别是，如果假定在完全塑性变形状态下压痕边缘既不隆起也不下陷，则有

$$\frac{P}{P_y} = 5.5\frac{\delta}{\delta_y} \tag{7.49}$$

式中：$P_y = 3.0Y$，δ_y 与 P_y 的关系可由式（7.35）给出。应当注意，完全塑性变形状态只有当 P 非常大（$P/P_y \approx 650$，即 $E_{eq}a_c/RY \approx 40$）时才会达到。

比较式（7.35）和式（7.49）可见，在弹性变形阶段 P 与 $\delta^{3/2}$ 成正比，而在完全塑性变形阶段 P 与 δ 直接成正比。因此可以估计，在约束塑性变形阶段 P 与 δ^q 成正比，q 在 1.0～1.5 变化。

即使在加载时出现大的塑性变形，可以预料卸载是完全弹性的。Tabor（1948）对这个假定做了简单的核查，得到弹性恢复 δ_r 与最大载荷 P 之间的关系为

$$\frac{P}{P_{\mathrm{y}}}=0.38\left(\frac{\delta_{\mathrm{r}}}{\delta_{\mathrm{y}}}\right)^{2} \tag{7.50}$$

联立式（7.49）和式（7.50），可以估计在加载至完全塑性状态后的残余（永久）压陷为

$$\delta_{\mathrm{F}}=\delta-\delta_{\mathrm{r}}=\left(0.182\frac{P}{P_{\mathrm{y}}}-1.62\sqrt{\frac{P}{P_{\mathrm{y}}}}\right)\times\delta_{\mathrm{y}} \tag{7.51}$$

此式只有当P/P_{y}比较大，如$P/P_{\mathrm{y}}>100$时，才可以用。

7.1.2.5 刚性圆球对薄板的压陷

考虑厚度为 h 的薄板放置于平坦的刚性基础上，受到半径为 R 的刚性圆球压入，如图 7.5（a）所示。如果变形保持在弹性范围内，则这个问题类似于图 7.4 所示的温克勒地基的压陷，地基的弹性模量可以取为薄板的弹性模量，即$k=E$。于是应用式（7.41），得到载荷P和位移δ之间的关系为

$$P=\frac{\pi ER}{h}\delta^{2} \tag{7.52}$$

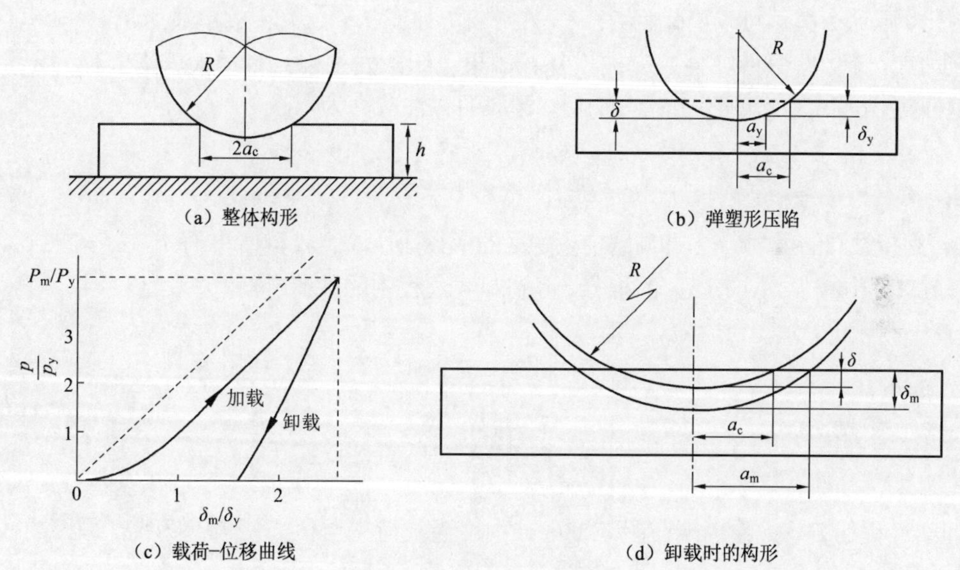

图 7.5 刚性球压入一块薄板

a_{y}为塑性变形区的半径；a_{m}为接触圆的最大半径

当最大压缩应变δ/h达到屈服应变ε_{y}，即当$\delta=\delta_{\mathrm{y}}=h\varepsilon_{\mathrm{y}}=Yh/E$时，开始发生屈服。因此屈服载荷为

$$P_{\mathrm{y}}=\frac{\pi Y^{2}hR}{E} \tag{7.53}$$

当压陷继续进行时，$\delta>\delta_{\mathrm{y}}$，在压头下方出现弹塑性应力分布。如果材料是理想弹塑性的，弹塑性边界在$r=a_{\mathrm{y}}$处，如图 7.5(b)所示，该处的垂直位移为$u_z=\delta_{\mathrm{y}}$。因为$u_z(r)=\delta[1-(r/a_{\mathrm{c}})^2]$，下述关系必须成立

$$\left(\frac{a_y}{a_c}\right)^2 = 1 - \frac{\delta_y}{\delta} \qquad \left(\delta_y = \frac{Yh}{E}\right) \tag{7.54}$$

应力分布可以表示为

$$\sigma_z(r) = \begin{cases} Y, & \text{塑性区}\ (0 \leqslant r < a_y) \\ Eu_z / h = E\delta\left[1-(r/a_c)^2\right]/h, & \text{弹性区}\ (a_y \leqslant r \leqslant a_c) \end{cases} \tag{7.55}$$

因此可以计算出接触力为

$$P = 2\pi\int_0^{a_y} Yr\mathrm{d}r + 2\pi\int_{a_y}^{a_c} E\delta\left[1-(r/a_c)^2\right]r\mathrm{d}r = \pi YR(2\delta - \delta_y) \tag{7.56}$$

式（7.56）当$\delta \geqslant \delta_y = Yh/E$时成立。联立式（7.52）、式（7.53）和式（7.56），有

$$\frac{P}{P_y} = \begin{cases} \left(\dfrac{\delta}{\delta_y}\right)^2, & \delta \leqslant \delta_y \\ 2\dfrac{\delta}{\delta_y} - 1, & \delta \geqslant \delta_y \end{cases} \tag{7.57}$$

这个关于载荷和位移之间的关系以实线绘于图 7.5（c）中。事实上，如果采用理想刚塑性材料理想化，则这个关系可以简化为$P/P_y = 2\delta/\delta_y$，如图 7.5（c）中的虚线所示。

在卸载过程中，只有弹性应变被恢复。如果记卸载发生前一刻最大压陷位移为δ_m，则当压头退回到$\delta[<\delta_m$，参看图 7.5（d）]时，释放的弹性应力为

$$\sigma_z' = \begin{cases} E(\delta - \delta_m)/h, & 0 \leqslant r < a_c \\ Eu_z/h = E\delta_m[1-(r/a_m)^2]/h, & a_c \leqslant r \leqslant a_m \end{cases} \tag{7.58}$$

式中：a_m为接触圆的最大半径，即卸载前接触区的半径，所以$a_m = 2R\delta_m$，并有$a_m^2 - a_c^2 = 2R(\delta_m - \delta)$。从式（7.57）中减去式（7.58）的积分，得到卸载过程中的载荷–位移关系为

$$\frac{P}{P_y} = \begin{cases} \left(\dfrac{\delta}{\delta_y}\right)^2, & \delta_m \leqslant \delta_y \\ \left(\dfrac{\delta}{\delta_y}\right)^2 - \left(\dfrac{\delta_m}{\delta_y} - 1\right)^2, & \delta_m \geqslant \delta_y \end{cases} \tag{7.59}$$

这个卸载过程的P-δ关系也绘在图 7.5（c）中。当载荷完全移去，即$P=0$时，最终的残余压陷为

$$\delta_F = \begin{cases} 0, & \delta_m \leqslant \delta_y \\ \delta_m - \delta_y, & \delta_m \geqslant \delta_y \end{cases} \tag{7.60}$$

7.1.2.6　压陷引起的能量耗散

如果压缩变形进入塑性变形阶段，即压陷深度和接触力分别达到δ_m（$>\delta_y$）和P_m，则接触力P在加载过程中所做的功可以由式（7.57）的积分得

$$w(P)_{\text{load}} = P_y\delta_y\left[\frac{1}{3} - \frac{\delta_m}{\delta_y} + \left(\frac{\delta_m}{\delta_y}\right)^2\right] = P_y\delta_y \times \frac{1}{12}\left[1 + 3\left(\frac{P_m}{P_y}\right)^2\right] \tag{7.61}$$

式中：P_m 和 δ_m 遵循了式（7.57）所给出的 P 和 δ 之间存在的线性关系。类似地，卸载过程所做的功可以由式（7.57）计算得

$$
\begin{aligned}
w(P)_{\text{unload}} &= -P_y\delta_y\left[-\frac{\delta_m}{\delta_y}+\frac{7}{3}\left(\frac{\delta_m}{\delta_y}\right)^2-\left(\frac{\delta_m}{\delta_y}\right)^3\right] \\
&= -P_y\delta_y\times\frac{1}{24}\left[-1+7\frac{P_m}{P_y}+5\left(\frac{P_m}{P_y}\right)^2-3\left(\frac{P_m}{P_y}\right)^3\right]
\end{aligned}
\tag{7.62}
$$

所以在完成加载和卸载后净耗散的塑性能量为

$$
\begin{aligned}
W_{\text{local}} = w(P)_{\text{load}} + w(P)_{\text{unload}} &= P_y\delta_y\times\frac{1}{3}\left[1-4\left(\frac{\delta_m}{\delta_y}\right)^2+3\left(\frac{\delta_m}{\delta_y}\right)^3\right] \\
&= P_y\delta_y\times\frac{1}{24}\left[3-7\left(\frac{P_m}{P_y}\right)+\left(\frac{P_m}{P_y}\right)^2+3\left(\frac{P_m}{P_y}\right)^3\right]
\end{aligned}
\tag{7.63}
$$

根据式（7.62），有 $P_y\delta_y = \pi Y^3h^2R/E^2$。局部能量耗散分别作为 δ_m/δ_y 和 P_m/P_y 的函数绘在图 7.6（a）和（b）中。可以看出，能量耗散随着 δ_m/δ_y 快速增加。例如，当 $\delta_m/\delta_y=1$（纯弹性）时，$W/(P_y\delta_y)=0$；当 $\delta_m/\delta_y=2$（即 $P_m/P_y=3$）时，$W/(P_y\delta_y)=3$；但是当 $\delta_m/\delta_y=4$（即 $P_m/P_y=7$）时，$W/(P_y\delta_y)=43$。

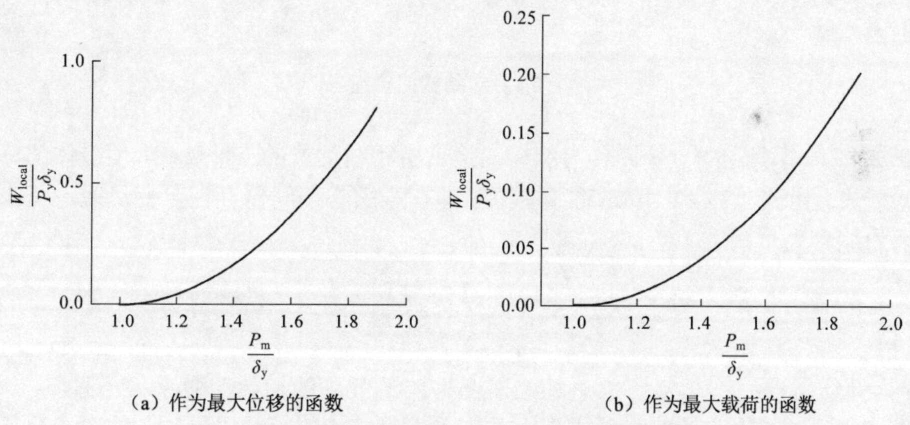

（a）作为最大位移的函数　　（b）作为最大载荷的函数

图 7.6　局部压陷引起的无量纲能量耗散

当一个构件，例如一根梁或者一块板，通过刚性圆球受到横向载荷作用，由于压陷引起的局部能量耗散可以用式（7.63）估计，其中将 P_m 取为构件的极限载荷 P_u（参看 2.2 节）。

例如，图 2.12 所示的梁，极限载荷[式（2.43）]为 $P_u=4M_p/L=Ybh^2/L$，其中 b、h 和 L 分别为宽度、厚度和梁的半长。如果 $E/Y=440$、$L/h=20$ 和 $R=b$，则 $P_m/P_y=P_u/P_y=bhE/\pi YRL=7$，所以式（7.57）给出 $\delta_m/\delta_y=4$，即最大压入 $\delta_m=4Yh/E=0.009h$。根据式（7.63）计算得到的局部能量耗散，在这种特殊情况下有

$$
\frac{W_{\text{local}}}{W_b}=\frac{43P_y\delta_y}{4M_p\Delta/L}=0.014\frac{h}{\Delta} \tag{7.64}
$$

式中：Δ 为梁的塑性挠度。

这个表达式指出，当且仅当梁的整体挠度与厚度相比较小时，局部能量耗散才是重要的。Abrate（1998）对叠层板压陷研究做了述评，同时还对梁和板的压陷研究做了概述。

7.1.3 结构在碰撞下的动态局部变形

7.1.3.1 受碰撞结构的质量–弹簧模型中的等效质量

通常，准静态载荷作用下结构整体变形可以相对容易地应用分析方法、试验或者数值模拟求出，进而可以将这种准静态下的力–变形行为集总为质量–弹簧系统中弹簧的性质［图 7.7（a）］。

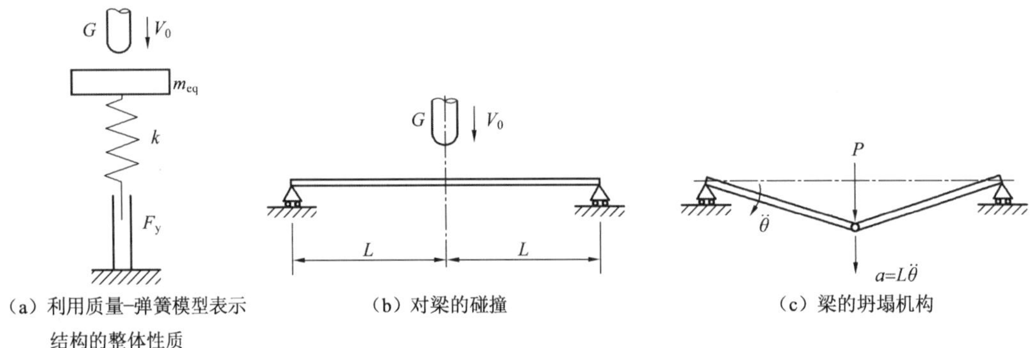

（a）利用质量–弹簧模型表示结构的整体性质　（b）对梁的碰撞　（c）梁的坍塌机构

图 7.7　对结构的碰撞

如在 2.4.2 小节所述，一个弹体对结构的撞击引起线动量的立即转化，使弹体部分初始动能在瞬间损失。由式（7.14）可知，能量损失，即在压缩相期间储存在可变形质点（或者接触弹簧）内的能量为

$$W = K_{\text{loss}} = K_0 - K_c = \frac{1}{2}\left(\frac{1}{G} + \frac{1}{m_{\text{eq}}}\right)^{-1} V_0^2 = \frac{m_{\text{eq}}}{G + m_{\text{eq}}} K_0 \tag{7.65}$$

式中：G 为弹体质量；$K_0 = GV_0^2/2$ 为初始速度为 V_0 的弹体的初始动能。

所以，在建立质量–弹簧模型时主要困难在于求出结构的等效质量 m_{eq}，这对于分析受撞击结构的动力响应是最基本的。

如果结构的动力响应含有很大部分的弹性变形，Wu 等（2001）建议可以令质量–弹簧系统的基本频率等于结构的弹性振动基本频率，来求出质量–弹簧模型中的等效质量 m_{eq}。

如果结构整体动力响应为刚塑性行为所支配，则等效质量可以根据其坍塌机构计算。例如，考虑如图 7.7（b）所示的中点受撞击的简支梁，其刚塑性坍塌机构为两个半梁绕位于中点的塑性铰转动，见图 7.7（c）。如果作用于中点的力为 P，它在该点产生的加速度为 a，则半根梁绕支座转动的运动方程为

$$\frac{1}{2}PL - M_p = \frac{1}{3}\rho L^2\ddot{\theta} = \frac{1}{3}\rho L^3 \frac{a}{L} \tag{7.66}$$

此式可以重新写为

$$P - P_{st} = \frac{2}{3}\rho La = m_{eq}a \tag{7.67}$$

式中：$P_{st} = 2M_p / L$ 为该梁的准静态塑性极限载荷。

由此可见，整个梁的等效质量为$m_{eq} = 2\rho L / 3$, ρ 为单位梁长的质量。注意，这正好是全梁质量($2\rho L$)的 1/3。

7.1.3.2 压陷区的模拟

由 7.1.2 小节可见，一般来说，结构在压陷（或者撞击）过程中的局部行为是非常复杂的。载荷–位移关系不仅依赖于压头（或者弹体）和目标结构的弹塑性性质，而且还与接触面的局部几何形状有关。

与压头（或者弹体）及目标结构的尺寸相比，接触面通常是很小的，在压陷（或者碰撞）过程中，发生显著变形的材料只包含在很小的体积内。所以可以采用这样的假定：碰撞引起的弹体和结构的所有局部变形都被集中于接触点之间一个无限小可变形质点（infinitesimal deformable particle）上，如图 7.8（a）所示。因为在动力分析中，无限小可变形质点的惯性可以忽略，也可以将它的行为用一个接触单元（contact element）模拟，或者用一个非线性的接触弹簧（contact spring）模拟，见图 7.8（b）。

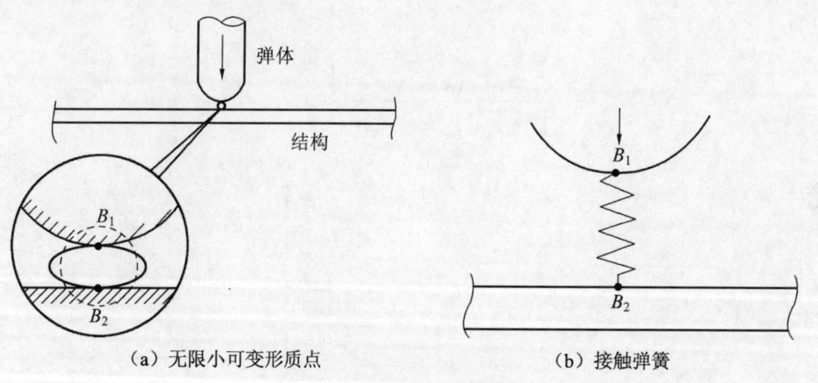

（a）无限小可变形质点　（b）接触弹簧

图 7.8 压陷区的模型

所引进的可变形质点或者接触弹簧在弹体与结构表面之间起着一个缓冲垫的作用。如果没有这样一个缓冲垫，当两个物体首次彼此接触时，图 7.8（a）或（b）中的点 B_1 和 B_2 要经受一个速度间断。有了所假定的缓冲垫，就存在一个很短的时间间隔，使弹体减速，结构加速，而缓冲垫要发生变形。在碰撞压缩相期间所损失的动能确确实实地转变成这个缓冲垫的变形能。

无限小可变形质点或接触弹簧的力学性质可以由 7.1.2 节给出的压陷分析导出。例如，当分析一个梁或者板受到刚性球撞击时，可以利用式（7.56）和式（7.58）来分别具体确定在加载和卸载阶段无限小可变形质点（或接触弹簧）的性质。

如果在短暂的碰撞过程中（即$0 \leqslant t \leqslant t_F$, t_F 为碰撞结束时间），忽略结构碰撞后的变形，只要压陷关系给定，弹体在碰撞压缩相的动能损失完全有理由归因于压陷引起的局部能量耗散。例如，对于刚性球与薄板的碰撞，将式（7.65）等于式（7.61），得

$$W=\frac{m_{eq}}{G+m_{eq}}K_0=W(P)_{load}=P_y\delta_y\times\frac{1}{12}\left[1+3\left(\frac{P_m}{P_y}\right)^2\right] \tag{7.68}$$

因此，碰撞过程中的最大接触力为

$$P_m=P_y\sqrt{\frac{2m_{eq}GV_0^2E^2}{\pi(G+m_{eq})Y^3h^2R}-\frac{1}{3}}=\sqrt{\frac{2\pi YRm_{eq}GV_0^2}{G+m_{eq}}-\frac{1}{3}\left(\frac{\pi Y^2hR}{E}\right)^2} \tag{7.69}$$

它与七个参数有关：E、Y、h、R、G、V_0 和 m_{eq}。相应的压入深度为

$$\delta_m=\delta_y\times\frac{P_m/P_y+1}{2}=\frac{Yh}{2E}\left(\frac{P_m}{P_y}+1\right) \tag{7.70}$$

这个例子说明，联合碰撞过程分析和准静态压陷分析，能够估计碰撞在结构上引起的局部效应，包括最大接触力、最大局部变形（压陷）和这个局部变形所耗散的能量。

7.1.3.3 将受撞击结构整体和局部行为结合在一起的简单模型

Wu 等（2001）提出了一个估计受碰撞结构弹塑性动力响应的简单模型。当给定了准静态结构行为和结构压陷行为，假定其动态变形模式大致与准静态类似，且材料为率无关的时，结构受到碰撞后的响应可以用集中质量–弹簧模型模拟，它由两个质量块和两个非线性弹簧组成，见图 7.9（a）。

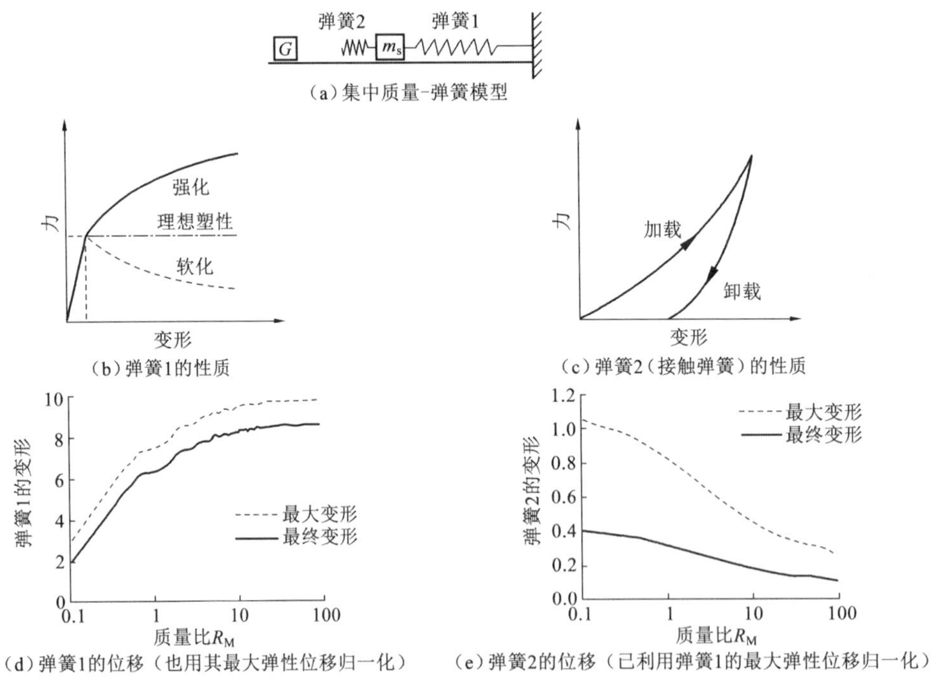

图 7.9 简单模型（Wu et al.,2001）

（d）和（e）中的结果是基于 $K_0/E_{max}^e=20$ 给出的，其中 K_0 和 E_{max}^e 分别代表质量 G 的动能和能够储存于弹簧 1 的最大弹性应变能

在这个模型中，G 表示刚性弹体质量，m_{eq} 表示结构的等效质量。不论结构在塑性范围内显示出强化、理想塑性还是软化行为，都用弹簧 1 代表结构本身的弹塑性行为[图 7.9（b）]。弹簧 2 代表在弹体和结构之间的高度非线性和非弹性的无限小可变形质点的力学性质[图 7.9（c）]。为方便起见，弹簧 2 的载荷–位移可以近似表示为

$$\frac{P}{P_c}=\begin{cases}A\left(\dfrac{\delta}{\delta_c}\right)^q, & \text{加载（}d\delta>0\text{）}\\ A'\left(\dfrac{\delta}{\delta_c}\right)^{q'}, & \text{卸载（}d\delta<0\text{）}\end{cases} \tag{7.71}$$

式中：δ 为局部变形（压陷），系数 A 和 A'、指数 q 和 q'全都由压陷数值模拟或者试验导出。P_c和 δ_c分别为特征载荷和特征压陷值，如当弹塑性薄板被刚性球压入（或者被撞击）的情况下，它们可以分别取为 P_y 和 δ_y。Wu 等（2001）测量了硬钢球对合金铝 6061–T6 制成的梁的压入，并取 $q=1.39$ 和 $q'=1.8$ 来拟合试验载荷–位移曲线。

根据这个简单模型 Wu 等（2001）进行了数值模拟，说明了质量比、结构刚度/局部刚度及强化/软化因子对模型最大和最终变形的影响。例如，质量比 $R_M=G/m_{eq}$ 对弹簧 1 和弹簧 2 的最大和最终变形的影响分别如图 7.9（d）和（e）所示。通过在简支金属梁上的碰撞试验，验证了该模型对实际结构的适用性。

采用接触弹簧来简化撞击问题中的接触条件，也被成功地运用到构件与构件的相互碰撞问题。例如，Ruan 等（2003a）用接触弹簧分析了一根运动的自由梁对另一根原先静止的悬臂梁的撞击过程中的局部变形。

7.2 惯性敏感能量吸收结构

7.2.1 两类能量吸收结构

为了利用小尺寸模型的动力试验，结合简单的分析公式来研究某些全尺寸原型钢制车辆结构在动力作用下的行为，Booth 等（1983）进行了一系列（共有 13 个）薄钢板结构的动力试验，比例范围为 3～4。他们的试验结果显示出对线性尺度律很大的、统计学显著的偏离。较大尺度结构的变形和碰撞时间要比预期的更大，加速度则更小。全尺寸结构上的变形要比四分之一模型得到的预期值大 2.5 倍。

在试图解释上述试验时发现，Calladine（1983b）指出在碰撞条件下金属结构通过整体畸变吸收能量的方式，与结构的属性类型有关。一般来说，依照整体静态载荷–位移曲线的形状，可以区分出两种类型能量吸收结构：第 I 类有一条相对“平坦”的曲线[图 7.10（a）]，而第 II 类结构有一个初始峰值，随后“急剧下降”的曲线[图 7.10（b）]。Booth 等（1983）和 Calladine（1983b）的工作说明第 II 类试件的变形对碰撞速度要比第 I 类试件敏感，也就是说，在对所有试件施加的总动能相同的条件下，由较高碰撞速度得到的最终变形较小，这种现象对于第 II 类试件要比第 I 类试件更为显著。

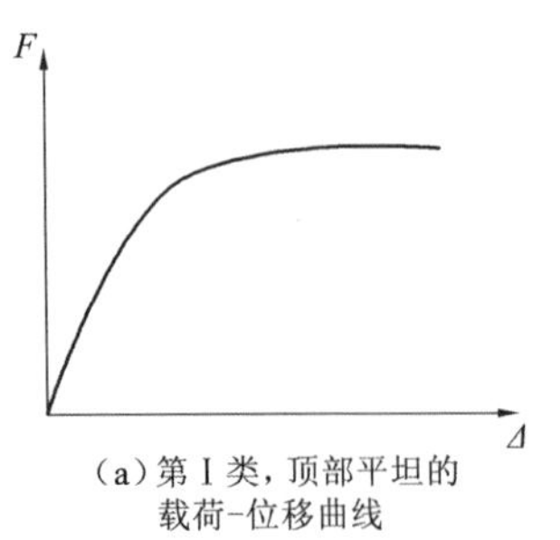

(a) 第 I 类，顶部平坦的载荷–位移曲线

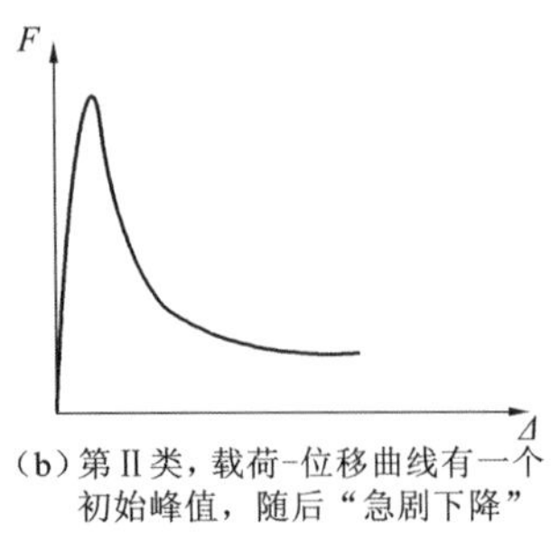

(b) 第 II 类，载荷–位移曲线有一个初始峰值，随后"急剧下降"

图 7.10　两种类型的结构

第 I 类和第 II 类结构在关于碰撞速度敏感性之间的差别，可以用图 7.11 说明。假定模型的长度尺度是原型的 $1/\Lambda$。由于应变率效应和惯性效应（将于下面详述），将小尺寸模型的动态极限载荷比例放大后，要高于原型的动态极限载荷，即有 $(F_y\Lambda^2)_{md}=F_y''>F_y'=(F_y)_{pr}$。当碰撞能量保持比例时，比例放大后的模型的最终位移小于原型最终位移，即有 $(\Delta_F\Lambda)_{md}=\Delta_F''<\Delta_F'=(\Delta_F)_{pr}$。如果极限载荷在大变形过程中保持不变（这对于第 I 类结构是很典型的），"相等放大能量"的条件要求面积 A_1=面积 A_2，如图 7.11（a）所示，所以模型与原型在最终位移之间的差别不显著。但是，如果载荷–位移曲线是"急剧下降"形式，则根据同样的规则"面积 A_1=面积 A_2"，这个差别将变得非常显著，如图 7.11（b）所示。

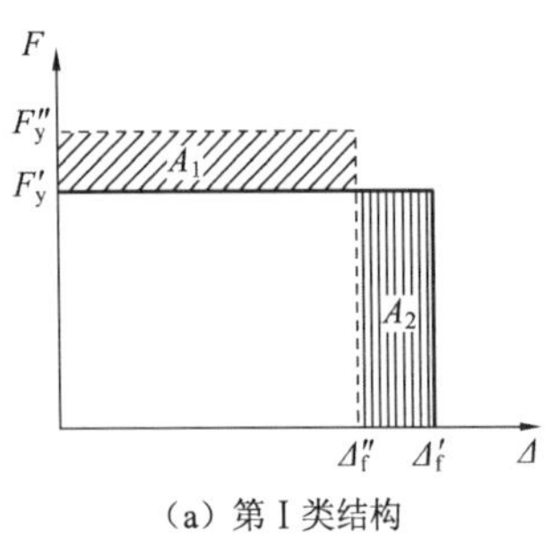

(a) 第 I 类结构

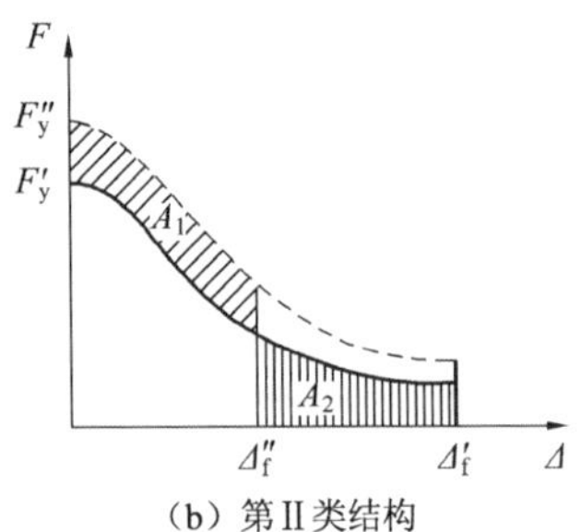

(b) 第 II 类结构

图 7.11　结构对动态加载的敏感性

显然，区别两类能量吸收结构及理解第 II 类结构的"速度敏感性"，对于设计能量吸收结构及确定模型试验的长度律都是至关重要的。第 4 章中研究的横向加载下的圆环和圆管事实上都是典型的第 I 类结构；而第 6 章中研究的轴向压溃的管件大都呈现第 II 类结构的一些特征。下面将集中研究第 II 类结构的静态和动态行为。

Calladine 等（1984）报道了他们关于两组试件的试验。他们的第 I 组试件是放置于平坦基础上的圆环，第 II 组试件由两块预先弯折的薄板组成，在靠近顶部处用螺栓固定，底部被两个大块体夹在一起，分别见图 7.12（a）和（b）。试件利用落锤加载，落锤有七种不同的重量，并从相应高度落下，使所有试件都获得相同的输入动能 $K_0=122\,\text{J}$。第 II 类试件所呈现出的速度敏感性用两个相对简单的理论解释，使试件行为分别与材料应变率敏感性和惯性效应联系起来。

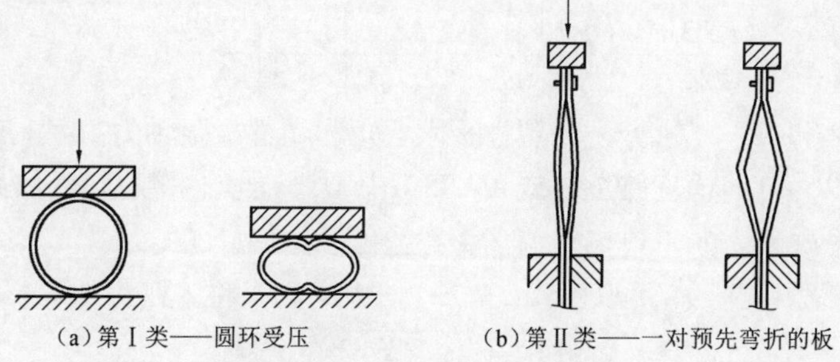

(a) 第Ⅰ类——圆环受压　　(b) 第Ⅱ类——一对预先弯折的板

图 7.12　两种类型结构的典型试件

7.2.2 折板的静力行为

从 Calladine 等（1984）所进行的先驱性工作以来，图 7.12（b）所示的预先弯折的薄板结构在分析和试验中，便作为一个简单而典型的第 II 类结构来研究。为了发展一种控制作为能量吸收器的压杆（或一般地说，轴向载荷作用下的薄壁结构）的峰值载荷的方法，Grzebieta 等（1986，1985）研究了一个中点具有初始弯折的压杆。除了端部支持条件不同外，它基本上类似于图 7.12（b）所示的预先弯折的薄板结构。下面将称图 7.12（b）所示的预先弯折的薄板结构为"折板"（crooked plates），并分析其行为。

假定板的一半的初始长度为 L，板的两端为简支。图 7.13（a）表示图 3.12（b）所示结构一半的初始构形（实线）和弹性变形构形（虚线）。令 $y_0(x)$ 和 $y_1(x)$ 分别代表该板上点的初始和当前的横向坐标，则该板的弹性变形形状由静力平衡方程所控制，即有

$$y_1'' + k^2(y_1 + y_0) = 0 \tag{7.72}$$

式中：$k = (P/2EI)^{1/2}$，这里 $P/2$ 为作用于一块板端部的轴向力。

按照两端的支承条件解式（7.72），可以求出载荷 P 与中点总的横向挠度 $\delta = y(L) = y_1(L) + \delta_0$ 之间的关系，以及载荷 P 和垂直位移 Δ 之间的关系。

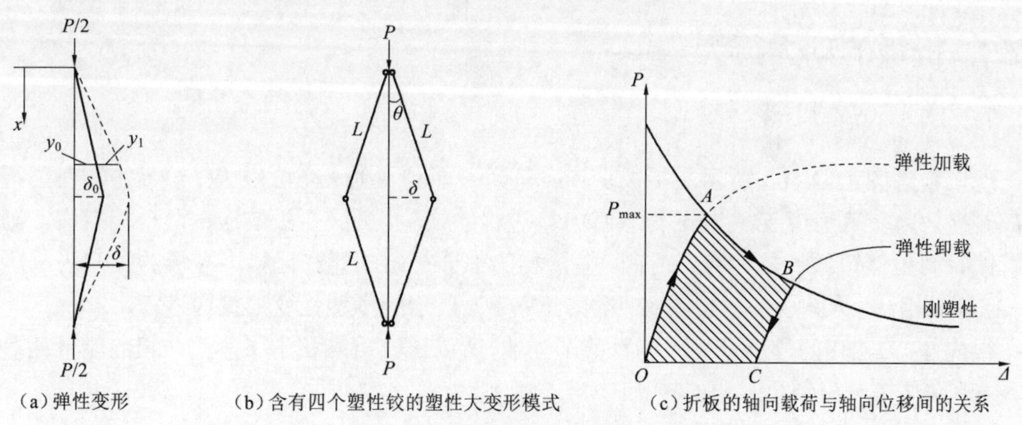

(a) 弹性变形　　(b) 含有四个塑性铰的塑性大变形模式　　(c) 折板的轴向载荷与轴向位移间的关系

图 7.13　折板的变形和承载能力

对于折板的非弹性大变形，通过同时考虑轴力和弯矩[参看式（3.22）]，其承载能力 P 可由式（7.73）求出

$$\frac{(P/2)\delta}{2M_{\rm p}}+\left(\frac{P/2}{N_{\rm p}}\right)^2=\frac{(P/2)L\sin\theta}{2M_{\rm p}}+\left(\frac{P/2}{N_{\rm p}}\right)^2=1 \tag{7.73}$$

式中：$M_{\rm p}=Ybh^2/4$ 和 $N_{\rm p}=Ybh$ 分别为塑性极限弯矩和塑性极限轴力；b 和 h 分别为板的宽度和厚度；$\delta=L\sin\theta$ 为总的横向挠度。式（7.73）中 $M_{\rm p}$ 前面的系数 2 是因为刚塑性坍塌机构[图 7.13（b）]在长度为 L 的半块板两端都含有塑性铰。

显然，刚塑性极限载荷 $P_{\rm u}$ 可以由式（7.72）求出，如果将 δ 取为 $\delta_0=L\sin\theta_0$，由此得

$$P_{\rm u}=2N_{\rm p}\left[\sqrt{1+\left(\frac{\delta_0}{h}\right)^2}-\frac{\delta_0}{h}\right] \tag{7.74}$$

如果弯折度很小，即 $\delta_0<<h$，则式（7.74）可以近似地重新写为

$$P_{\rm u}=2N_{\rm p}\left[\sqrt{1+\left(\frac{\delta_0}{h}\right)^2}-\frac{\delta_0}{h}\right]\approx 2N_{\rm p}\left(1-\frac{\delta_0}{2h}\right),\quad \frac{\delta_0}{h}<<1 \tag{7.75}$$

另外，如果 $\delta_0>>h$，则式（7.74）给出

$$P_{\rm u}=2N_{\rm p}\left[\sqrt{1+\left(\frac{\delta_0}{h}\right)^2}-\frac{\delta_0}{h}\right]\approx N_{\rm p}\frac{h}{\delta_0}=\frac{4M_{\rm p}}{\delta_0},\quad \frac{\delta_0}{h}>>1 \tag{7.76}$$

当变形较大时，式（7.73）左手边第一项起支配作用，所以折板的承载能力可近似地表示为

$$P=P(\varDelta)\approx\frac{4M_{\rm p}}{L\sin\theta}=\frac{4M_{\rm p}}{\sqrt{L^2-(L\cos\theta_0-\varDelta)^2}} \tag{7.77}$$

式中：$\varDelta=L(\cos\theta_0-\cos\theta)$ 为板顶部的垂直位移。

联合弹性行为和式（7.77）给出的刚塑性行为，图 7.13（c）绘出了折板轴向载荷与轴向位移之间的关系示意图。该结构对轴向载荷的弹塑性响应将沿路径 O—A—B—C 进行。很明显，结构的弹性变形使最大轴向载荷 $P_{\max}$ 要比式（7.74）给出的刚塑性极限载荷 $P_{\rm u}$ 小得多，实际的能量耗散为曲线 $OABC$ 所包围的面积。

7.2.3 折板的动力行为

7.2.3.1 一般描述

现在考虑图 7.12（b）所示的折板受到质量为 G 的刚性撞击物的碰撞，该撞击物在与折板顶部碰撞之前具有速度 V_0。Tam 等（1991）进行的试验说明，折板响应由两个相组成。第一相持续时间虽然短暂但是为有限时间，撞击物的部分初始动能在碰撞中被板的轴向压缩所耗散；在第二相，动力响应基本上是按照图 7.13（b）所示的刚塑性变形机构进行。

很清楚，第二相的分析是简单和直截了当的，所以研究重点在于了解第一相的能量耗散机理，并识别从第一相到第二相的转变。

7.2.3.2 非弹性碰撞引起的瞬间能量损失

为了理解折板的动态行为与其准静态行为之间的显著差别，Zhang 等（1989）提出了一个简单模型，根据两个物体间非弹性碰撞的经典理论考虑了碰撞时的能量损失。

图 7.14（a）所示的系统含有一个质量为 G 的刚性撞击物，以及一对理想刚塑性折板。每块板一半的长度为 L，质量为 m。初始折角为 θ_0，假定折板变形成一个四铰机构。当碰撞速度不是非常高时，应力波效应可以忽略，折板可以简化成通过塑性铰连接的四根刚性杆，塑性铰处的弯矩 M_1 和 M_2 可以视为主动力矩。

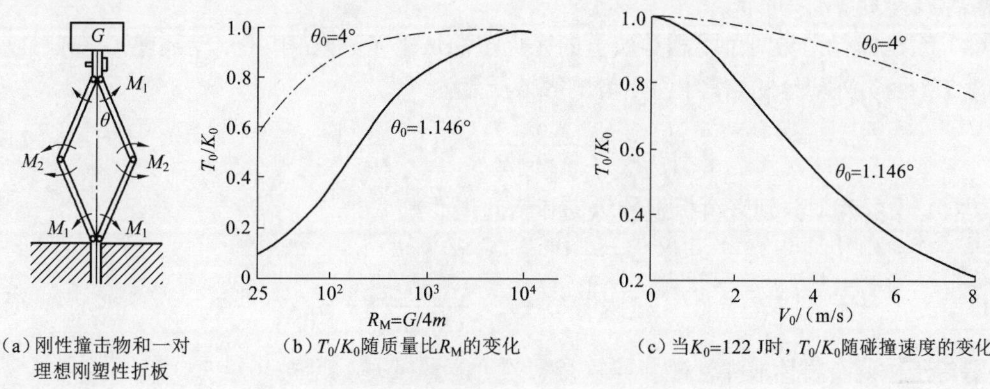

（a）刚性撞击物和一对理想刚塑性折板　（b）T_0/K_0 随质量比 R_M 的变化　（c）当 K_0=122 J时，T_0/K_0 随碰撞速度的变化

图 7.14 Zhang 等（1989）的模型

这是一个单自由度系统。取角度 θ 为广义坐标，这个系统在任一时刻的动能为

$$T=\frac{2}{3}mL^2\dot{\theta}^2+2L^2(m+G)\sin^2\theta\dot{\theta}^2 \tag{7.78}$$

利用拉格朗日第二类方程，得到系统的运动微分方程为

$$\ddot{\theta}+\frac{L^2(m+G)\sin\theta\cos\theta\dot{\theta}^2+M_1+M_2}{L^2\left[m/3+(m+G)\sin^2\theta\right]}=0 \tag{7.79}$$

方程的初始条件可以由在冲击载荷条件下的拉格朗日方程得到，即

$$\Delta\left(\frac{\partial T}{\partial\dot{\theta}}\right)=\hat{I} \tag{7.80}$$

式中：$\partial T/\partial\dot{\theta}$ 为广义动量，$\Delta(\partial T/\partial\dot{\theta})$ 为广义冲量 $\hat{I}$ 作用下引起的瞬时改变。

因此，由式（7.80）得到 $t=0$ 时的初始角速度为

$$\dot{\theta}_0=\frac{GV_0\sin\theta_0}{2L\left[m/3+(m+G)\sin^2\theta_0\right]} \tag{7.81}$$

联合式（7.78）和式（7.81）得

$$\frac{T_0}{K_0}=\left[1+\frac{m}{G}\left(1+\frac{1}{3\sin^2\theta_0}\right)\right]^{-1}<1 \tag{7.82}$$

式中：$K_0=GV_0^2/2$ 为撞击物携带的输入动能；T_0 为碰撞后瞬间系统动能。

注意 $\theta_0<<1$，引入质量比 $R_M=G/4m=$ 撞击物质量 / 试件质量，式（7.82）可以重写为

$$\frac{K_0}{T_0}=1+\frac{1}{4R_M}\left(1+\frac{1}{3\theta_0^2}\right)\approx1+\frac{1}{12R_M\theta_0^2} \tag{7.83}$$

对于 Calladine 等（1984）试验中所使用的 θ_0=1.146°和 θ_0=4°，T_0/K_0 与 $R_M=G/4m$ 的相关性如图 7.14（b）所示。

由式（7.82），式（7.83）和图 7.14（b）可以得到如下一些有趣的结论。

（1）在碰撞那一时刻，有瞬间动能损失（$T_0 - K_0$）。

（2）这个动能损失只依赖于质量比 $R_{\mathrm{M}} = G/4m$ 和初始折角 θ_0，既与碰撞速度 V_0 本身无关，也与材料的力学性质无关，仅要求碰撞必须是“完全非弹性的”，即两个物体碰撞后必须彼此黏结在一起。

（3）系统的行为与两个不相等质量的完全塑性正碰撞类似；其中一个质量 G 在碰撞前具有速度 V_0，而另外一个初始静止，后者的等效质量为

$$m_{\mathrm{eq}} = m + \frac{m}{3\sin^2\theta_0} \approx m\left(1 + \frac{1}{3\theta_0^2}\right) \tag{7.84}$$

式（7.84）中的两项分别来自折板的纵向和横向惯性。

事实上，利用式（7.84）定义的 m_{eq} 和式（7.82），可得

$$K_{\mathrm{loss}} = K_0 - T_0 = \frac{m_{\mathrm{eq}}}{G + m_{\mathrm{eq}}} K_0 \tag{7.85}$$

它正好等于由两个物体非弹性碰撞计算得到的“能量损失”，见式（7.65）。

（4）如果改变撞击物的初始速度 V_0 但保持初始动能 $K_0 = GV_0^2/2$ 不变，虽然 V_0 本身不直接影响能量损失[见上述（2）]，伴随着 V_0 的增加将引起 G 的减小，从而导致更多的能量损失，这可以由式（7.82）验证。图 7.14（c）描绘了 T_0/K_0 对碰撞速度 V_0 的依从关系（通过改变 V_0），其中 $K_0 = 122\,\mathrm{J}$ 保持为常数。

在系统动力响应的第二相，刚性杆稳定地绕着四个铰转动，最终的转角与 T_0 成正比，这里 T_0 是系统第一相（碰撞）后的剩余能量。因为折板的最终变形主要是由于铰的转动，T_0 随 V_0 的增大（即 G 的减小）而快速减小这个事实是折板“速度敏感性”的主要原因。事实上，上述（4）指出，这个“速度敏感性”应该更正确地认为是第 II 类结构的“惯性敏感性”。

上述分析还指出了第 II 类结构的“惯性敏感性”会受到结构初始缺陷的强烈影响。随着初始折角 θ_0（或者初始弯曲度 δ_0）的增加，惯性敏感性将会严重减弱。事实上，式（7.76）说明极限载荷 P_{u} 随着 δ_0 的增加而快速减少。所以，随着初始峰值载荷由其准静态载荷–位移曲线中移去，具有很大折角 θ_0 的折板将不再表现出典型的第 II 结构[图 7.10（b）]那种行为了。

7.2.3.3 轴向塑性变形效应

Tam 等（1991）在落锤装置上对大量具有相同几何形状的试件进行了试验研究，试件有两种不同尺寸，由两种在塑性范围内具有不同应变率依赖特性的材料制成。试验证明了 Zhang 等（1989）的结果，例如式（7.82）确实提供了一个好的一次近似。他们指出折板的变形有两个相：第一相只涉及试件的塑性压缩，第二相只涉及关于塑性铰的转动。

在第一相中，折板顶部的速度 $v(t)$ 同撞击物的速度 $V(t)$ 尚未达到一致，它们随时间 t 变化的示意图见图 7.15（a）。速度差（$V-v$）代表因杆的塑性压缩引起折板缩短的速率。当 $t=t_1$ 时直线的 V 与曲线的 v 相交，第一相结束，第二相开始。图中阴影面积代表在这个相中产生的杆的总缩短。因为第一相中的变形是在完全塑性压缩条件下发生的，没有弯矩出现，所以第一相中的能量耗散只与缩短直接有关。当试件的横向加速度足以容纳撞击物的竖直运动，而无须

试件进一步轴向缩短时，这个相结束。在第一相，能量吸收的方式与两个密实质量的碰撞差不多，它们在碰撞后彼此黏结，能量“丢失”的部分强烈依赖于撞击物与试件的质量比。

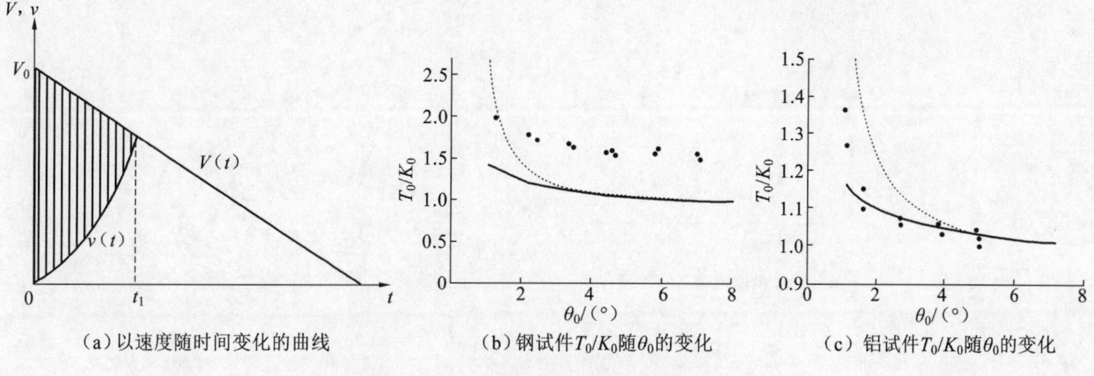

（a）以速度随时间变化的曲线　（b）钢试件T_0/K_0随θ_0的变化　（c）铝试件T_0/K_0随θ_0的变化

图 7.15　Tam 等（1991）的模型

在（b）和（c）中，小黑点表示试验结果，实线和虚线分别为 Tam 等（1991）及 Zhang 等（1989）的预测值

第一相结束后留在撞击物和试件中的动能 T_0 在第二相中被塑性铰的转动所吸收。在这个过程中相关的屈服应力取决于适当应变率下试件材料的行为。对于屈服应力不受应变率影响的情况，第二相的变形基本上与准静态加载下折板所发生的相同。所以，式（7.82）确实提供了理解第 II 类结构的碰撞行为与准静态行为之间显著差别的一个重要关系式。

上述评论可以用图 7.15（b）和（c）验证，它们对理论预测与试验结果作了比较。铝制试件[图 7.15（c）]表现出较小的率相关性，所以其结果与率无关理论符合得很好。另外，低碳钢是率敏感材料，所以低碳钢试件的结果大约是 Tam 等（1991）所预测的 1.4 倍。总的来说可以得出结论：在第一相，惯性效应是起支配作用的，而第二相的行为对应变率更为敏感。

7.2.3.4　弹性变形效应

可能注意到，无论 Zhang 等（1989），还是 Tam 等（1991）都没有在他们的结果模型中考虑到弹性变形。其结果——结构抗力从一个有限值（$2N_p = 2YA$）开始，弹性变形能也被忽略了。为了对此进行弥补，Su 等（1995a）提出了一个统一模型，它将理想弹塑性本构关系和惯性效应都包括到动力分析中。这个模型由四根可压缩弹塑性杆组成，这些杆通过有限长度的弹塑性“铰”相连接。通过考虑包括加载、卸载和再加载这样复杂的变形历史，他们的分析完全跟踪了大变形过程，并求出了“碰撞力”随时间或者随折板顶部垂直位移的变化。

由于包括了结构的弹性，折板动力响应现在可以分为四个相。在第一相，轴力快速增加至使杆完全屈服。第二相，在一段很短时间内载荷保持几乎不变（处于峰值载荷）。在第三相，载荷从峰值快速下降。第四相，载荷趋向另一个常数值，该值要比峰值载荷小得多。

轴力和弯矩随时间变化情况见图 7.16（a），其中 $\bar{n} = N / N_p$ 为无量纲轴力，$\bar{m} = M / M_p$ 为无量纲弯矩，$\tau = t / (\bar{m}L / 2N_p)^{1/2}$ 为无量纲时间。可以看到，在第三相由轴力起支配作用到弯矩起支配作用之间有一个快速转变。在图 7.16（b）中，通过给出（$\bar{n}$，$\bar{m}$）平面上的应力迹线进一步说明这种转变，这里 E_s、PI 和 PII 分别表示弹性区、一次塑性区和二次塑性区（Yu et al.,

1996; Yu et al., 1982)，最外面的曲线是极限曲线[图 2.8（c）]。很明显与静态情况不同，碰撞加载后，结构内达到完全塑性轴向压缩状态，然后快速地转变为完全塑性弯曲状态。

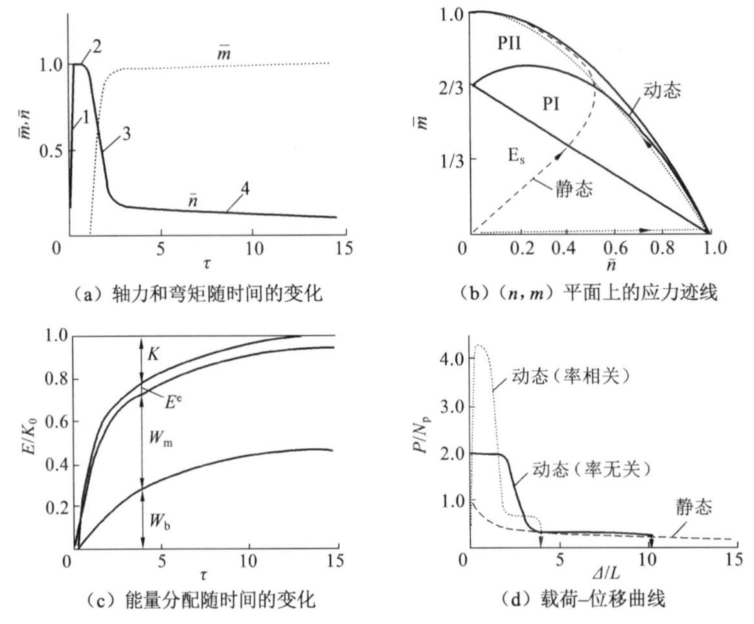

图 7.16 Su 等（1995a）的模型

能量分配随时间变化表示在图 7.16（c）中，从图中可见杆的压缩在第一相和第二相中耗散了相当部分（W_m / K_0）的输入能量。特别值得注意的是，由于在模型中包括了弹塑性轴向压缩，碰撞引起的所谓的“初始能量损失”就不再存在了。虽然在碰撞界面处没有考虑局部变形，碰撞时“丢失”的能量发现就存在于杆的弹塑性压缩变形之中。在这个意义上，杆的压缩变形起了在 7.1.3 小节中（例如，图 7.9（a）所示模型中的弹簧 2）建议的“接触弹簧”的作用。

从 Su 等（1995a）的分析中，另一个重要的观察结果是，即使输入能量比系统所能够储存的弹性应变能大许多（例如，对于所计算的典型例子，弹性能大约是输入能量的 4%），将弹性纳入模型还是很重要的，因为通过它可以求出早期相中的碰撞力，特别是对于设计能量吸收装置非常重要的峰值力。

在相继的论文（Su et al., 1995b）中，模型中还采用了 Cowper-Symonds 形式的率相关材料性质，而碰撞力，特别是峰值载荷仍然可以被预测。因为应变率敏感性引起屈服应力增加，扩大了弹性变形范围，在黏塑性分析中包含弹性变得更加重要。一个典型情况的计算结果如图 7.16（d）所示。可以看出，惯性使峰值载荷几乎大了一倍，而低碳钢的应变率敏感性又使它再翻了一番。

Su 等（1995a, 1995b）给出的分析指出折板的动力行为显著不同于同一结构的静力行为，甚至在不考虑应变率对材料性质影响的情况下。动态响应和最终位移确实由有效质量比 G/m_{eq}[关于 m_{eq}，见式（7.84）]所控制，而不是由碰撞速度 V_0 控制，虽然板的初始弯折度仍须被考虑。材料性质的率相关性将进一步放大第 II 类结构动态和静态行为之间的差别。

7.2.3.5 关于折板的其他研究工作

基于 Karagiozova 等（1995a）研制的板结构动态弹塑性屈曲的离散元模型，Karagiozova 等（1995b）研究了折板动力行为，考虑了惯性效应和材料应变率敏感性。该模型（图 7.17）由带有集中质量的刚性杆，两个代表轴向柔度的弹–黏塑性应变强化弹簧和代表横向柔度的非线性弹簧组成。将对应的静态欧拉屈曲载荷取成相等，以及模型的弹性横向振动频率等于柱的一阶固有频率，从而建立起他们模型与实际折板之间的等价。他们对于能量吸收的预测与 Tam 等（1991）报道的试验结果比较一致。

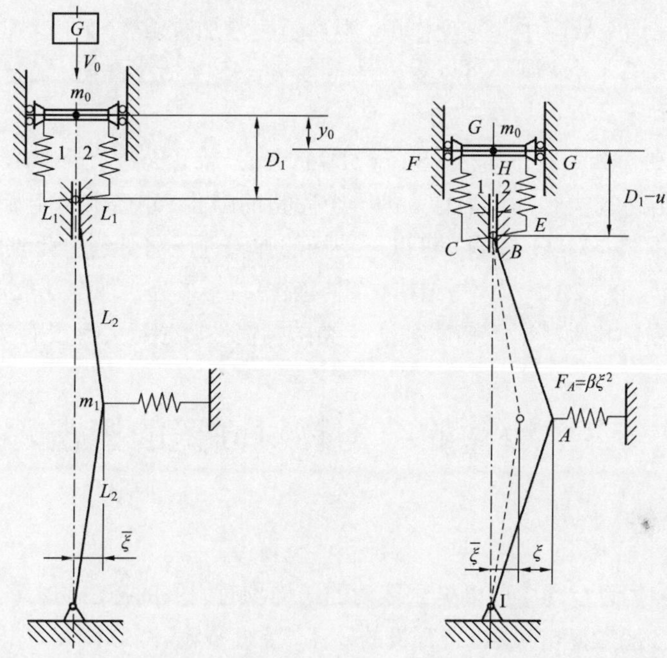

图 7.17 Karagiozova 等（1995b）的模型

Hönig 等（2000）利用弹–黏塑性材料模型（Cowper-Symonds 类型）和有限元软件 ABAQUS，对碰撞作用下的折板进行了数值模拟。材料模型包含了测量得到的有效应力–塑性应变曲线。模拟结果与 Tam 等（1991）报道的试验结果比较一致；但峰值载荷有某些差别，这显示出试验中的边界条件没有非常精确地在模拟下反映出来。数值分析显示了只有考虑黏塑性和应变强化，才能精确地预言测量得到的低碳钢板的动力响应。

由数值模拟得到的一个有趣结果是应变率的预测，它不能从前面的理论模型中得到。当碰撞速度为 $V_0=4.8\,\mathrm{m/s}$ 时，最大应变率大约为 400/s，如果碰撞速度增加至 $V_0=24.0\,\mathrm{m/s}$，它将变成 1 400/s。

7.2.4 进一步讨论

在回顾了应用不同手段对折板进行的各种研究后，对第 II 类能量吸收结构建立了更深入的理解。正如 Tam 等（1991）所指出，理解两类结构之间差别背后的基本思路是直截了当的。

对第 I 类结构（如圆环和梁），吸收的能量随挠度线性增加，因为塑性铰的转角或多或少都直接与挠度成正比。但是对第 II 类结构，载荷–位移曲线的形状指出，不成比例的大部分能量是在最初很小的位移增量中被吸收的，这是几何效应的直接结果：初始含有一个中心铰的直杆端部的缩短与塑性铰转角的平方成正比。这些论点不仅可以用于折板，而且可以用于许多在轴向加载下的薄壁结构，如支柱、圆管和方管等。

当第 II 类受到碰撞加载时，在其轴向突然施加的初始速度需要它的轴向缩短和绕塑性铰的快速转动来调节。绕塑性铰的快速转动不仅意味着高应变率，而且意味着高的横向加速度，于是横向惯性将显著影响结构的动力行为。式（7.84）清楚指出，当初始缺陷 θ_0（弯折度）很小时，横向惯性在这个效应中起支配作用。当弯折度增加时，这个效应将很快减少。事实上，通过采用"等效结构"概念，圆环可以看成是具有 $\theta_0=45°$ 的折板。它确实是典型的第 I 类结构，其行为完全不同于具有小的 θ_0 的折板。

通过进行弹塑性分析、半分析的（Su et al.，1995a）或者纯数值的（Hönig et al.，2000）研究，现在能够给出第 II 类结构动力行为的一个完整的画面。碰撞中的能量损失（按照 Zhang 等（1989）所给出的式（7.82）预测）可以被结构的弹塑性压缩引致的耗散来解释，所以两个物体间碰撞的经典理论（7.1.1 节）与结构早期响应相的变形分析现在已取得一致。它同时也说明了弹性、应变强化和应变率敏感性对第 II 类结构惯性敏感行为都没有实质性影响。

7.3 运动的结构物对固壁的撞击

7.3.1 研究背景

在工程、生活和体育运动中可以见到运动的结构物对固壁的撞击的大量例子，如汽车撞击路边的护栏或灯柱，船舶撞击桥墩，直升机的坠落，手机坠地，网球被大力击向球场的地面等。在这些情况中，撞击的能量是由运动的结构物自身的质量和撞击瞬间的相对运动速度决定的；如果固壁的刚度很大，撞击使它产生的变形可以忽略不计的话，撞击发生时运动的结构物的初始动能将部分地转化为结构自身的变形能（如果产生了塑性变形，就有能量耗散），同时也有一部分转化为结构物从固壁反弹后的整体动能（以质心的运动为标志）及结构弹性振动所携带的能量。本节将通过典型的例子来揭示这种撞击过程中能量转换和能量耗散的一些规律。

7.3.2 圆环对固壁的撞击和反弹——数值模拟

7.3.2.1 问题的建立和无量纲控制参数

鲍荣浩和余同希首先研究了弹塑性薄壁圆环对刚性壁的碰撞（Bao et al.，2015a）。假定薄壁圆环的半径、宽度和壁厚分别为 R、b 和 $h(h\ll R)$，材料的密度为 ρ，在时刻 $t=0$，圆环以初速度 V_0 撞向一个垂直于环平面的刚性壁（图 7.18）。显然，圆环的初始动能为 $K_0=\pi Rbh\rho V_0^2$。同时，假定圆环材料是理想弹塑性的，其弹性模量和屈服应力分别用 E 和 Y 表示。

为了进行系统的有限元模拟，从量纲分析着手，判断出这个问题由三个无量纲参数控制，它们是：无量纲壁厚$\eta = h / R$，无量纲初速度$v = V_0 / V_y$，屈服应变$\varepsilon_y = Y / E$。这里作为材料特征速度的$V_y = Y / (E\rho)^{1/2}$称为屈服速度（余同希 等，2011）。在数值模拟中，材料参数可参照铝合金选取，$E = 70.0$ GPa，$Y = 150$ MPa，$\rho = 2\,700\ \text{kg}/\text{m}^3$，于是$V_y = 10.9\ \text{m}/\text{s}$，以及有$\varepsilon_y = Y / E = 0.00214$。由于在系列模拟中材料参数保持不变，只需要在适当范围内变动η和v两个无量纲参数，通过有限元计算来记录圆环的动态变形历史（包括力、速度、位移和能量分配等）及在回弹发生时刻圆环的形状和环上的速度分布等。

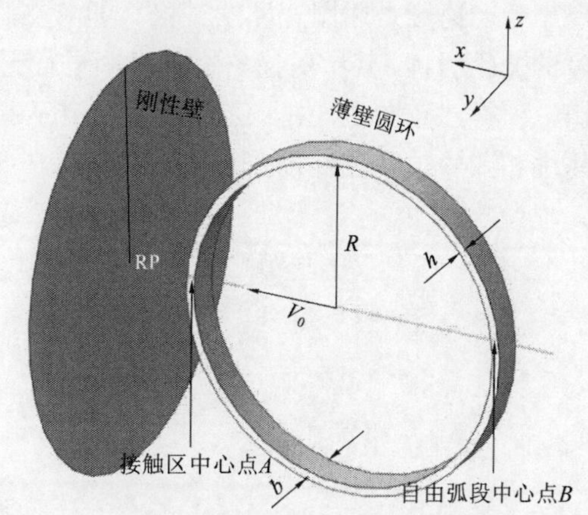

图 7.18 薄壁圆环对刚性壁的碰撞（Bao et al.，2015a）

7.3.2.2 圆环撞击后动态响应的主要特征

圆环撞击刚性壁后的动态变形过程的特征主要取决于无量纲初速度 v。当 $v<0.2$ 时，圆环变形只在很小的局部内发生并且是弹性的，这时碰撞时长可以解析地求出为（Bao et al.，2015a）

$$t_F = 3.72\frac{R}{c_L}\frac{R}{h} \tag{7.86}$$

式中：$c_L = \sqrt{E/\rho}$ 是圆环材料的弹性纵波的波速。

式（7.86）表明在极低速碰撞时撞击脉冲的时长与撞击速度无关，这不同于实心球撞击情形得到的脉冲时长与$(V_0)^{1/5}$成正比的结论（Hunter，1957）。

当 $v>0.2$ 时，从数值模拟结果中可以观察到在撞击点附近有少许塑性变形发生。当$v>0.8$ 时，观察到某些截面的屈服，即出现塑性铰。首先出现的塑性变形机构是四铰机构[图 7.19（a）]；当 $v>2.0$ 时，可以观察到随着圆环总体压缩的进展，其变形形态由四铰机构向五铰机构[图 7.19（b）]演化。显然，它们同圆环在静压力作用下的塑性大变形机构（图 4.1 和图 4.6）很不一样。

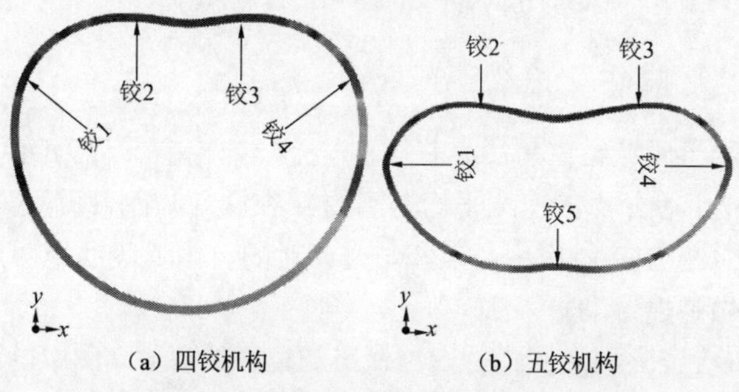

（a）四铰机构　　（b）五铰机构

图 7.19 塑性变形机构（Bao et al.，2015a）

当初速度是屈服速度的三倍（即 $v=3$）时，图 7.20 画出了在圆环动态响应中撞击力和速度的变化历程，其中对撞击力和时间进行无量纲化的 P_0 和 t_F 分别由式（4.4）和式（7.89）得出。值得注意的是，由于圆环在动力响应中经历明显的塑性变形，图 7.20（a）中的恢复相比压缩相要短很多也弱很多，这与 7.1.1 节中描述的实心球体的撞击脉冲[图 7.2（b）]很不相同。

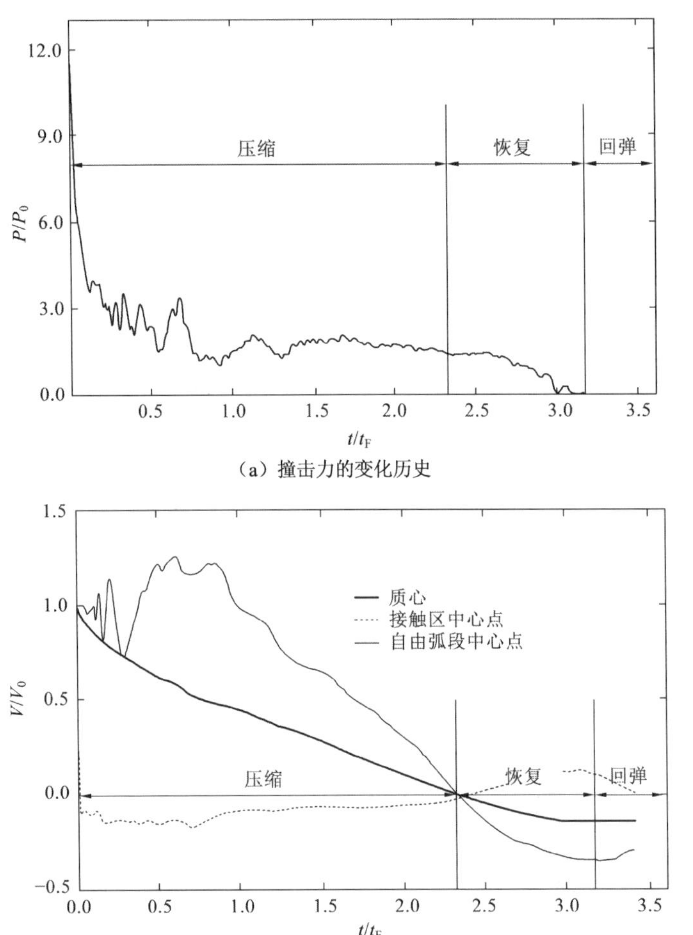

（a）撞击力的变化历史

（b）圆环上三个典型点（质心、接触区中心点和与之相对的自由弧段中心点）的速度变化历史

图 7.20　典型的圆环动态响应（Bao et al.，2015a）

E=70.0 GPa，Y=150 MPa，ρ=2 700 kg/m^3，$\eta=h/R$=1/20，v=3.0

7.3.2.3　反弹阶段的运动特征

图 7.20（b）显示了碰撞结束后质心获得了一个反弹速度（称为回弹速度 V_{re}，它是在反弹时刻通过圆环上 24 个等分点的速度平均得到的）；在圆环与刚性壁脱离之后，V_{re} 保持不变，但圆环上的其他特征点（如接触区中心点和与之相对的自由弧段的中心点）的速度则继续变化，反映了圆环仍在做弹性振动。

图 7.21 给出了铝合金圆环的回弹行为与撞击初速度的关系。图中的回弹速度 V_{re} 以 V_y 进行无量纲化，恢复系数定义为 $e=V_{re}/V_0$，与 4.1.1 小节一致。图 7.21（a）显示了，当 $v=V_0/V_y=$

2.0～2.5 时圆环的回弹速度达到最大值，约为屈服速度 V_y 的一半。同时，图 7.21（b）显示圆环的恢复系数是随撞击速度 V_0 单调下降的；当撞击速度很小时，恢复系数 e 的数值为 0.76～0.78；恢复系数的曲线在 $v = V_0 / V_y = 0.8$ 附近有个明显的拐点。图 7.21 证实，圆环的相对壁厚 $\eta = h / R$ 在一定范围内对回弹行为的这些特性影响不大。更多的算例也表明，在一定范围内改变材料的弹性模量和屈服应力，圆环仍然表现出相似的回弹特性。

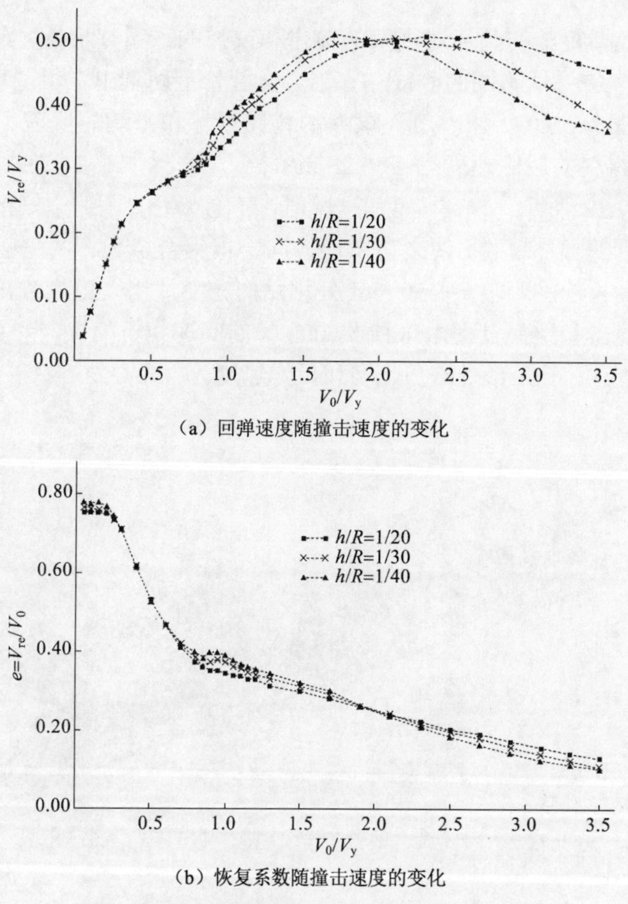

（a）回弹速度随撞击速度的变化

（b）恢复系数随撞击速度的变化

图 7.21　圆环的回弹特性（Bao et al.，2015a）

E= 70.0 GPa，Y= 150 MPa，ρ= 2 700 kg/m^3

7.3.2.4　甚低速撞击下圆环的恢复系数

图 7.21 中当撞击速度很小时，圆环恢复系数 e 的数值为 0.76～0.78。这时，圆环的变形完全处于弹性范围内，为什么恢复系数不像刚体动力学定义的“完全弹性碰撞”（见 7.1.1 小节的讨论）那样等于 1.0 呢？李凤云等（2018）计算了当撞击点保持不动时圆环的前几阶弹性振动模态，Wang 等（2018）则采用模态叠加法来分析，两种方法都证实了数值模拟得到的 $e = 0.76$～0.78 同理论预测一致。

注意到回弹时质心运动所代表的圆环刚体运动动能 K_{re} 与圆环的初始动能 K_0 之比是 $K_{re} / K_0 = e^2 \approx 0.60$，上述发现表明，即使撞击速度非常小，当圆环发生回弹时也会有大约 40%

的初始动能转化为弹性振动的动能。同实心圆球撞击后近乎 100%的动能重新转化为刚体运动动能相比，这显现了很不一样的力学行为。

7.3.3 圆环对固壁的撞击和反弹—试验验证

7.3.3.1 试件和试验装置

为了验证数值模拟得出的圆环对固壁的撞击和反弹的一系列特性，徐山清等做了试验研究（Xu et al., 2015）。首先从不同的 6061-T6 铝合金圆管上切割出三组圆环试件，它们的相对壁厚 h/R 分别为 0.064、0.072 和 0.1。试件的杨氏模量和平均屈服应力分别为 70 GPa 和 302 MPa。相应地，材料的屈服速度为 21～23 m/s。

试验装置如图 7.22 所示。简单地说，试验时，气枪产生的压缩空气推动沿着嵌在枪管内的矩形导管定向飞行的圆环试件，使之自由地撞向一根铝合金长杆的平面端头。撞击速度由气压的大小来控制。长杆上距端头 250 mm 处粘贴的应变片用来记录撞击力脉冲产生的弹性应力波信号。整个撞击和反弹过程由每秒 50 000 帧的高速相机拍摄，除了记录圆环的动态大变形演化历史之外，还用于计算撞击初速度和反弹速度。

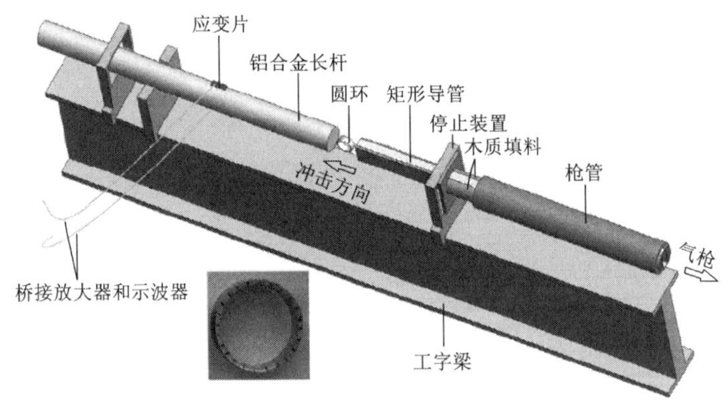

图 7.22 圆环撞击试验装置示意图（Xu et al., 2015）

7.3.3.2 试验的主要结果

试验中，作为靶杆的长杆只发生弹性变形，沿杆传播的弹性纵波不发生弥散。于是从长杆上粘贴的应变片记录的动态应变信号 $\varepsilon(t)$ 可以推算出撞击面上的撞击力脉冲为

$$F(t)=E_0A_0\varepsilon(t) \tag{7.87}$$

式中：$E_0=70\,\text{GPa}$ 和 $A_0=1\,075\,\text{mm}^2$ 为铝合金长杆的参数。

经过适当滤波之后，典型的撞击力脉冲如图 7.23 所示。当撞击速度由 39.5 m/s 增加到 114.8 m/s 时，撞击力的峰值由 1.8 kN 增加到 5.4 kN，也就是几乎成正比地增长；但撞击时间大体保持不变，约为 $t_F=0.28$ ms。此外注意到，由于应变片贴的位置同撞击面相距 250 mm，弹性纵波需要一点时间从撞击面传到应变片那里，所以撞击力的峰值并没有出现在撞击时刻（$t=0$），而是稍有延迟。

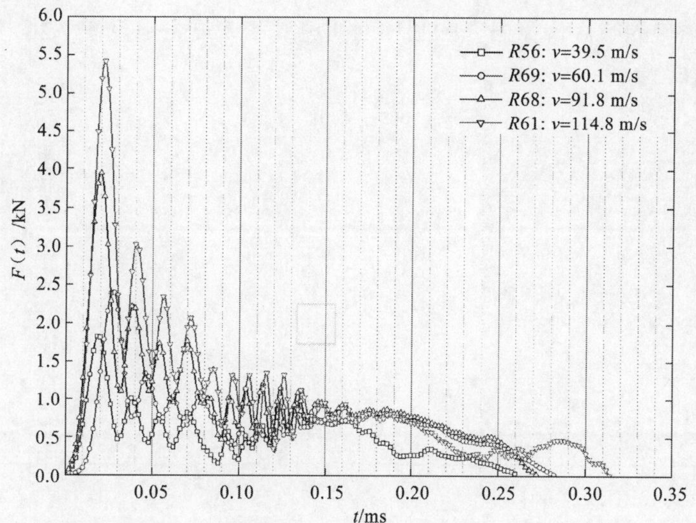

图 7.23 不同撞击速度产生的撞击力脉冲，$h/R=0.1$ （Xu et al., 2015）

从图 7.24 展示的不同撞击速度下圆环的最终形状可以看到：在较低撞击速度下，圆环的塑性变形主要集中于撞击侧附近；在高速撞击下，圆环的撞击侧和相对的一侧都向内凸出，直到两侧相碰为止，同时平行于撞击面的直径两端都残留很大的曲率。这同数值模拟归纳出来的四铰和五铰大变形机构（图 7.19）是基本一致的。图 7.25 显示在 91.8 m/s 速度的撞击后圆环的动态变形过程，数值模拟（上排图形）同试验的高速摄影（下排图形）符合很好。

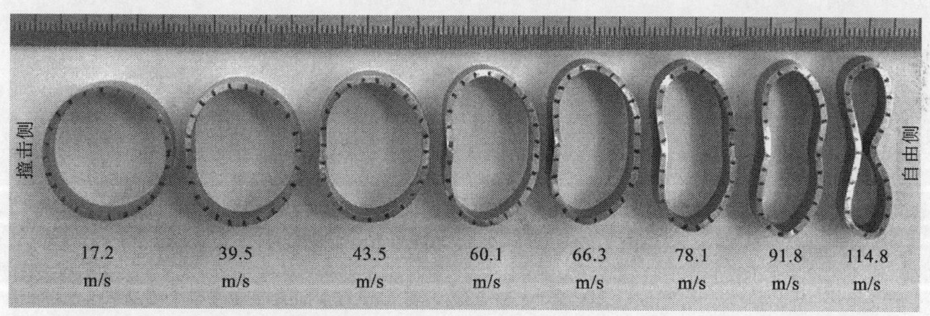

图 7.24 不同撞击速度下圆环的最终形状，$h/R=0.1$ （Xu et al., 2015）

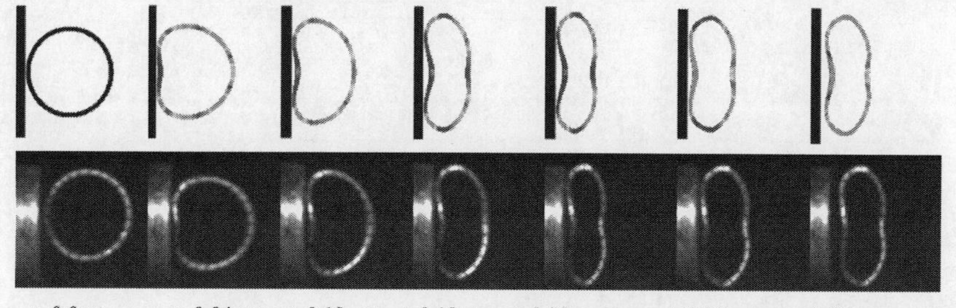

图 7.25 圆环动态变形过程（李鸿 等，2018）

$D=25.44\ \text{mm}, h=1.28\ \text{mm}, \eta=h/R=0.10, V_0=91.8\ \text{m/s}$

由高速相机拍摄的照片计算出来的圆环回弹速度和恢复系数见图 7.26。试验同数值模拟结果符合得非常好。

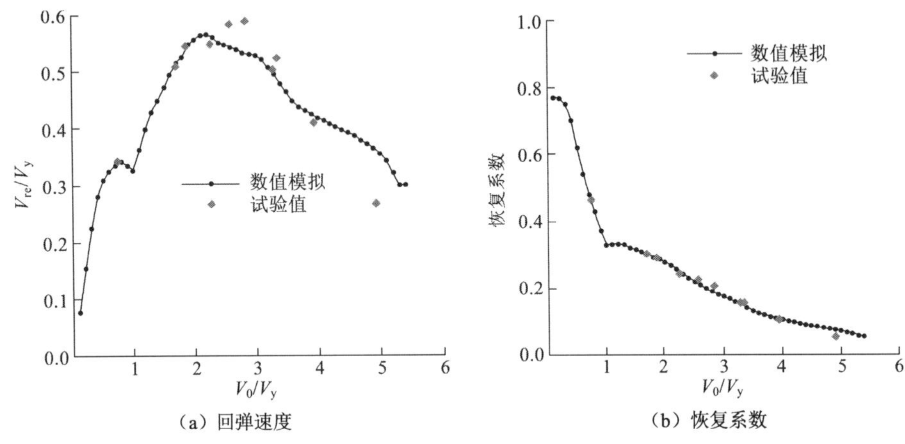

（a）回弹速度　　（b）恢复系数

图 7.26　圆环试验得到的回弹速度和恢复系数

7.3.3.3　反弹时刻的能量分配

对于一个典型圆环试件（V_0=91.8 m/s，其动态变形过程见图 7.25），采用有限元模拟计算了它在反弹时刻的能量分配，如图 7.27 所示。对于这个例子，由于撞击速度足够大（$V_0/V_y>4$），当反弹发生时，塑性变形耗散的能量占初始动能的 95%以上，同时还有少部分能量以弹性变形能的形式储存于圆环之中（它将与弹性振动的局部动能不断相互转化）。这就解释了当撞击速度足够大时圆环的恢复系数为什么是很小的。

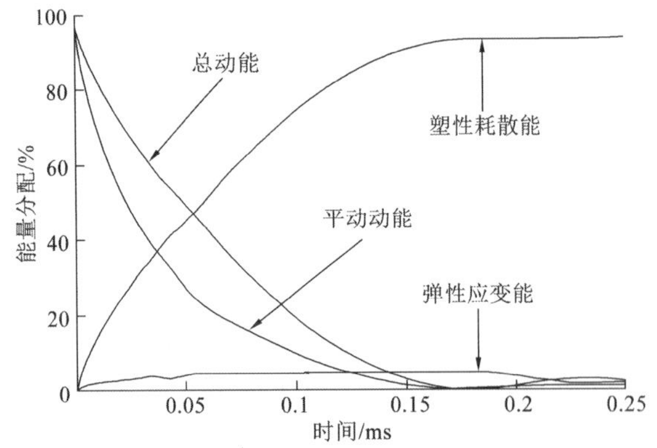

图 7.27　圆环反弹时刻的能量分配

R68 试件：D=25.44 mm，h=1.28 mm，$\eta=h/R$=0.10，V_0=91.8 m/s，E=70 GPa，Y=320 Mpa

7.3.4　薄壁球对固壁的撞击和反弹

7.3.4.1　薄壁球对固壁的撞击试验

球壳在准静态集中力作用下的局部变形和翻转曾吸引过不少研究者的注意，后面的 9.4

节对此有所介绍。对完整的薄壁球的研究不多，原因之一是很难制作完整的、壁厚均匀的薄壁球。乒乓球是一种容易获得的试件，符合国际标准的比赛用球尺寸精确（外径约 40 mm，壁厚 0.38 mm）、壁厚均匀，而且其材质（赛璐珞）具有接近理想弹塑性的性质（Ruan et al.，2006）。试验也表明，乒乓球的接缝对其总体力学行为影响很小。

在阮海辉等的准静态试验（Ruan et al.，2006）的基础上，张晓伟等（Zhang et al.，2009b）设计并进行了乒乓球对固壁的撞击试验，其试验原理见图 7.28。气枪发射的长柱形子弹撞击到一根小推杆上，以飞片原理使乒乓球获得必要的动量并自由飞行。这样做可以避免子弹直接撞击乒乓球造成局部变形或损伤。在乒乓球撞击到一块厚的有机玻璃靶板之前，它的飞行速度由激光测速计测定。在乒乓球撞击靶板的过程中，通过一个反射镜成像，用高速相机可以捕捉到撞击面上接触区的演化。在他们的试验中，乒乓球的撞击速度为 10～40 m/s。

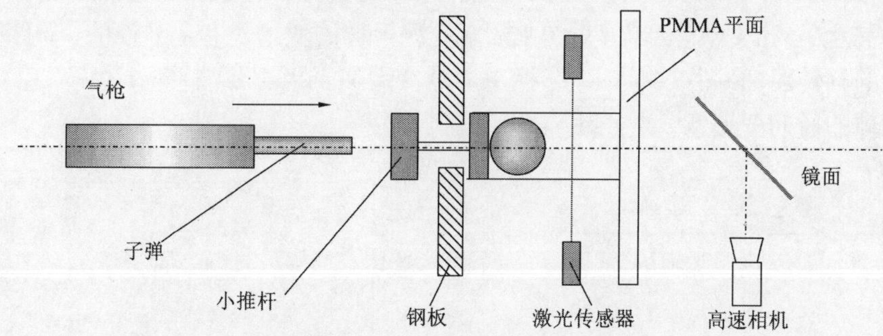

图 7.28　乒乓球对固壁的撞击试验（Zhang et al.，2009b）

从试验记录到的撞击面上接触区的演化，发现乒乓球与固壁的接触面先是由一个接触点变成半径逐渐增大的圆形并保持扁平，然后接触区发生屈曲、向内翻转，同时接触区半径继续缓慢增大；此后，接触区的屈曲形态通常会经历由轴对称向非轴对称（3～5 瓣）的转化；在接触区半径到达一个极值之后，它逐渐减小，直到乒乓球回弹、同靶板分离。图 7.29 显示的是接触区半径随时间的变化历史。

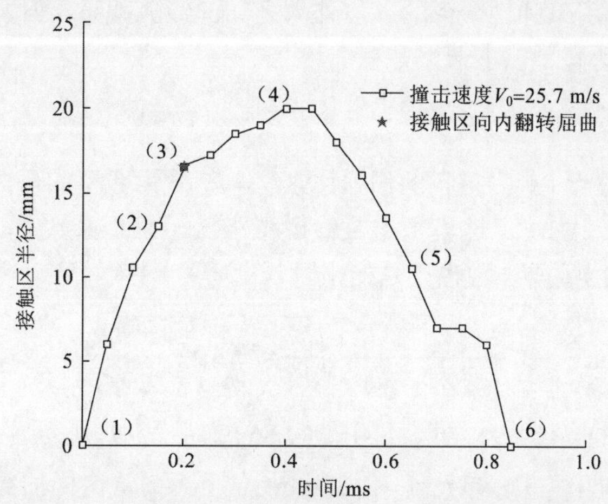

图 7.29　接触区半径随时间的演化（Zhang et al.，2009b）

基于试验中观察到的乒乓球的局部变形历史，Karagiozova 等构建了相关的速度许可场，理论预测了几何参数和撞击力的变化历史，同有限元模拟基本符合（Karagiozova et al.，2012）。在分析上述乒乓球撞击试验的结果时还应该注意乒乓球的材料（赛璐珞）有较明显的应变率效应（Dong et al.，2008），为此张晓伟等（Zhang et al.，2014b）做出了黏弹性球撞击的分析；同时，参照 Hubbard 等（2001）的研究可以估计乒乓球内部气压的影响。

7.3.4.2 薄壁球对固壁撞击的数值模拟

继对圆环的撞击和回弹做出系统的数值模拟之后，鲍荣浩和余同希又系统地研究了薄壁圆球的撞击和回弹行为（Bao et al.，2015b）。他们采用了与 7.3.2 节类似的三个无量纲控制参数，即：无量纲壁厚 $\eta = h/R$，无量纲初速度 $v = V_0/V_y$，屈服应变 $\varepsilon_y = Y/E$。

数值模拟揭示，乒乓球对固壁撞击后的变形和回弹行为同撞击速度关系最大。当撞击速度较小，$0<V_0<3.5$ m/s（即 $v=V_0/V_y<0.12$）时，乒乓球的变形是完全弹性的，局部变得扁平，但没有向内的翻转屈曲[图 7.30（a）]；撞击力脉冲近似于半正弦波[图 7.30（b）]，同时撞击力的大小与球的径向变形量 δ 成正比。

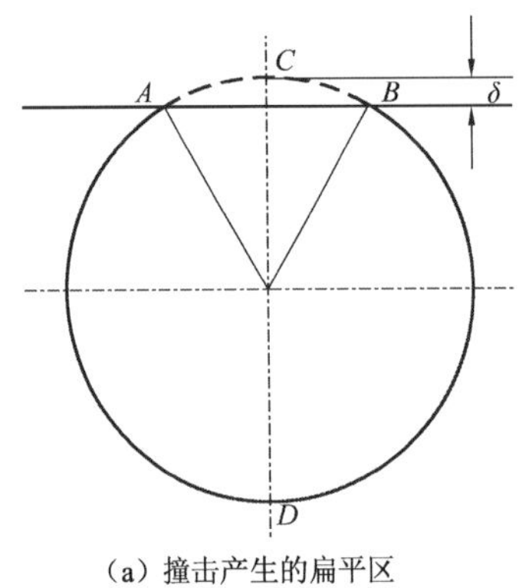

（a）撞击产生的扁平区

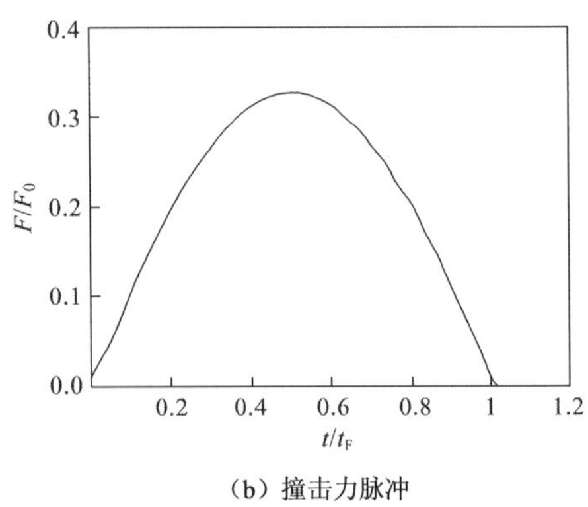

（b）撞击力脉冲

图 7.30 乒乓球对固壁的低速撞击（Bao et al.，2015b）

从球壳在集中力作用下弹性变形的 δ 与外力之间的经典关系出发，对于动载情形，当 δ 很小时，扁平区 AB 的运动满足以下谐振方程

$$4\pi\rho hR^2\frac{\mathrm{d}^2\delta(t)}{\mathrm{d}t^2}+\frac{8\gamma\bar{D}}{Rc}\delta(t)=0 \tag{7.88}$$

式中：$c=h/[12(1-v^2)]^{-1/2}$，v 为材料的泊松比，$\bar{D}=Ehc^2$ 为壳壁的弯曲刚度。为反映加载情况是平面施压而非集中力加载，这里根据数值模拟引入了修正系数 $\gamma=0.9$。求解式（7.88）可以得到扁平区的谐振半周期，它也正是撞击时长

$$t_{\mathrm{F}}=\sqrt{\frac{\pi^3}{2\beta\gamma}}\cdot\frac{R}{c_{\mathrm{L}}}\cdot\sqrt{\frac{R}{h}}=3.94\sqrt{\frac{1}{\beta\gamma\eta}}\cdot\frac{R}{c_{\mathrm{L}}} \tag{7.89}$$

式中：$\beta=dh$。在形式上式（7.89）同圆环的式（7.86）有些相似，但须注意对相对壁厚 $\eta=h/R$ 的依赖性有所不同。对于直径 40 mm 和 38 mm 的乒乓球，这样估算出的撞击时长分别为 0.83 ms 和 0.77 ms，同实测值基本符合。

Bao 等（2015b）发现，当撞击速度增加到一定程度时撞击形成的扁平区会发生向内的翻转屈曲。根据他们的简化理论模型，临界速度可以表示为

$$V_{cr} = \alpha\sqrt{\frac{2\beta\gamma\eta}{\pi}} \cdot \eta \cdot c_L \tag{7.90}$$

式中：α=2.2 适用于乒乓球的材料和几何参数。对于乒乓球，此临界速度等于 3.5 m/s，这同数值模拟相当符合。从式（7.90）看到，薄壁球翻转屈曲的临界速度主要取决于球的相对壁厚和材料的弹性波速，同其他因素关系都不大。

图 7.31（a）是 V_0=3.6 m/s 时的撞击力脉冲，显示撞击脉冲不再具有对称的半正弦形式，它的恢复相明显包含球的弹性振动的影响。当撞击速度进一步加大到 V_0=8.6 m/s（即 $v=V_0/V_y$=0.30）时，图 7.31（b）表明这种影响更加严重，以至脉冲力可能短暂降低至 0，也就是圆环与靶板间将发生短暂的脱离，但很快又恢复它们之间的接触，所以并没有真正地反弹。

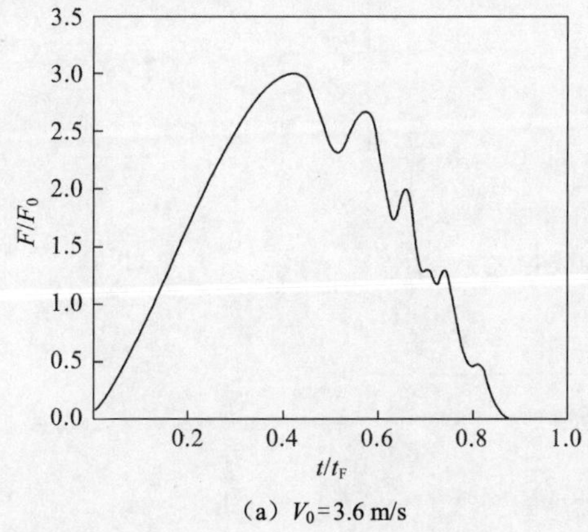

（a）V_0=3.6 m/s

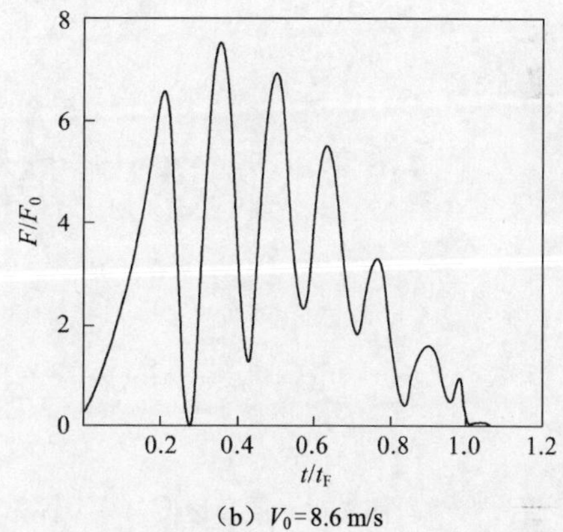

（b）V_0=8.6 m/s

图 7.31　脉冲形状（Bao et al.，2015b）

如果撞击速度低于式（7.90）给出的临界速度，薄壁球的恢复系数 e=1.0，也就是完全的弹性恢复；但如果撞击速度高于此临界速度，薄壁球的恢复系数 e<1，这表明部分初始动能已经转化成弹性振动能；当撞击速度进一步增加时，越来越多的能量被球的塑性变形所耗散[图 7.32（b）]，导致恢复系数的连续下降（图 7.33）。可以看到，薄壁球恢复系数随撞击速度下降的趋势同圆环的情形[图 7.26（b）]颇为相似，但是在极低速撞击下它们的反弹行为是很不相同的：此时薄壁球的恢复系数 e=1.0，而圆环的恢复系数 e=0.76～0.78。

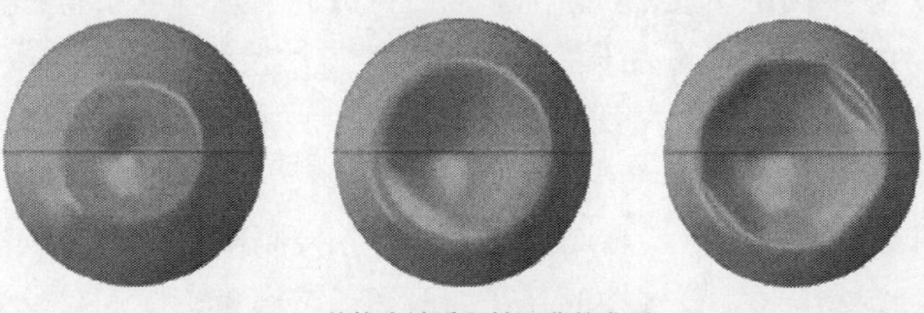

（a）从撞击端看翻转屈曲的发展

图 7.32　$V_0=1.2V_y$时乒乓球的动态变形历史和应力（Bao et al.，2015b）

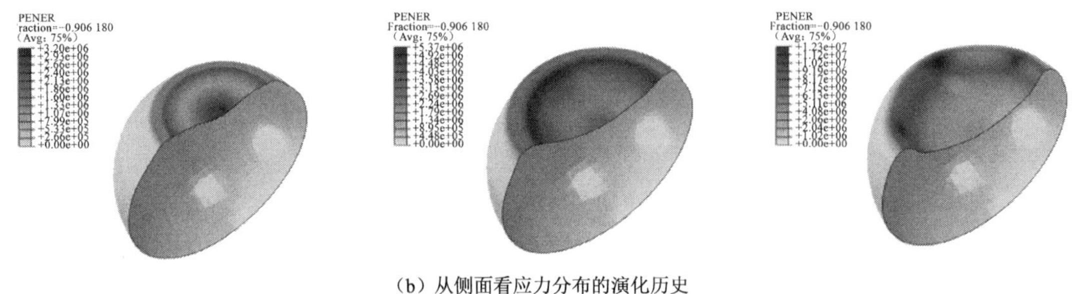

（b）从侧面看应力分布的演化历史

图 7.32 $V_0=1.2V_y$时乒乓球的动态变形历史和应力（单位：Pa）（Bao et al., 2015b）（续）

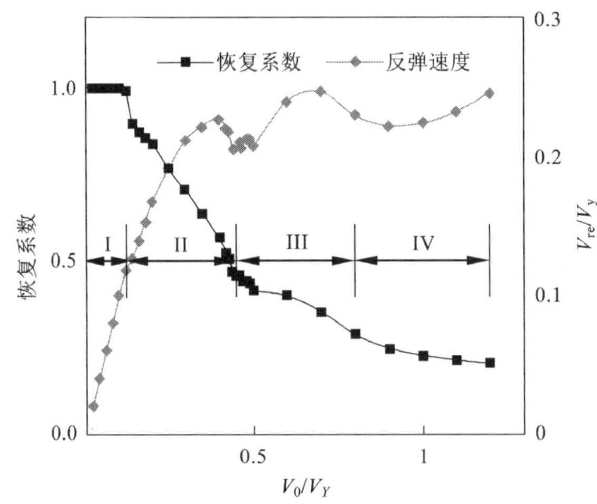

图 7.33 反弹速度与恢复系数随撞击速度的变化（Bao et al., 2015b）

图 7.33 也证实了，无论初始撞击速度如何，最大的反弹速度不会超过材料屈服速度的 1/4；这是因为薄壁球储存弹性变形能的能力（它是反弹后球的动能的来源）是有限的，不因球的初始动能的大小而改变。

7.3.5 双质量弹性系统对固壁的撞击和回弹

为了揭示系统自身的质量和弹性对撞击后回弹行为的影响，阮海辉和余同希研究了一个最简单的二自由度系统（Ruan et al., 2016）。如图 7.34 所示，它由一根线弹性弹簧（系数为 k_2，变形势能为 U_2）连接的两个质点（m_1 和 m_2）构成。当这个双质量弹性系统以初速度 V_0 撞击到固壁时，撞击的局部区域的力学性质用一根线弹性接触弹簧（系数为 k_1，变形势能为 U_1）来体现，类似于图 7.8（b）中见到的那样。

由于此二自由度系统中只包含两个质量和两根弹簧，不难看出系统的力学行为只受控于两个无量纲参数，即 $m_2/m_1=\alpha$ 和 $k_2/k_1=\beta$。对系统建立控制微分方程后，用数值方法求解，他们得到了两个质点的运动历史，直到接触弹簧的压缩最终结束，系统从固壁反弹。这时计算双质量系统的质心速度，并与撞击初速度比较，就得到恢复系数 e，也就是图 7.35 中的恢复系数。

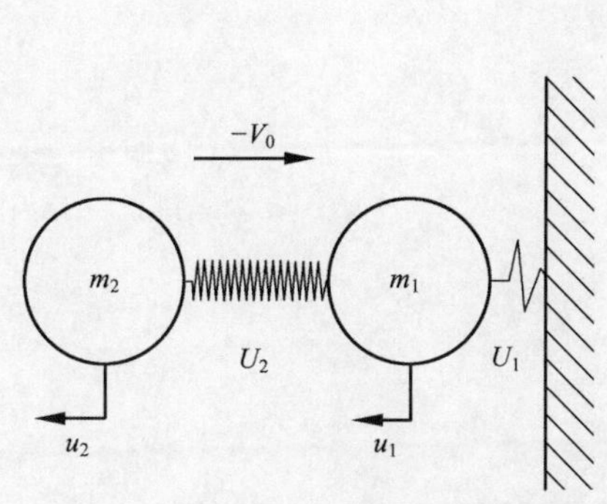

图 7.34 双质量弹性系统对固壁的撞击
（Ruan et al.，2016）

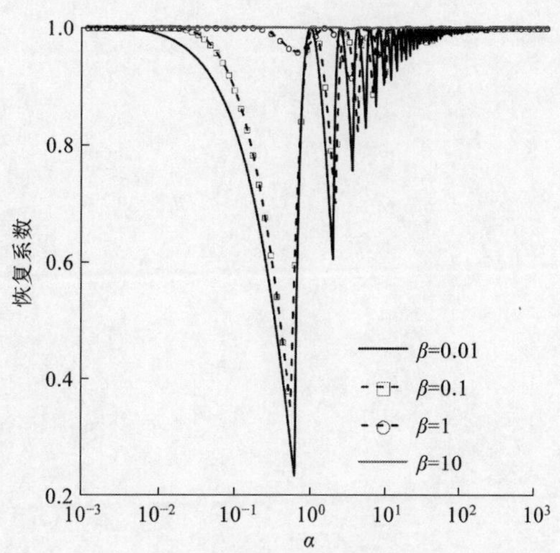

图 7.35 双质量弹性系统的恢复系数
（Ruan et al.，2016）

如果固壁的刚度很大，即 k_1 比 k_2 大很多，于是 $k_2/k_1=\beta\approx 0$，这对应于图 7.35 中 β 值很小（如 $\beta=0.01$）时的曲线。对应于系统只对固壁发生单一的撞击，这条曲线的左段（$\alpha<0.7$）是一条光滑曲线，不难证明它的方程是

$$e=\frac{1-\alpha}{1+\alpha} \tag{7.91}$$

这条曲线的右段（$\alpha>0.7$）恢复系数具有多个极值，相应的系统运动过程包含对固壁的多次撞击。

由 β 值很小的图线看到，恢复系数的最小值约为 $e=0.18$，在 $m_2/m_1=\alpha=0.7$ 时发生。说明，尽管这是一个简单的弹性系统，它受撞击后的恢复系数一般并不是 1；特别是，当两个质量的比值为 0.7 时，系统在撞击后的恢复系数可能低至 0.18，即仅有大约 3%的初始动能保存为回弹后的总体刚性运动动能，其余的 97%的能量则转化为弹性振动的动能和弹簧势能（这两者随时相互转化）。

这样低的恢复系数显然是出乎常识预料的，但这个典型例子恰恰说明可以采取调节弹性系统内质量分布的方法来调控系统受到撞击后的能量分配和回弹行为，它可能开启冲击工程的一种新的应用前景。

8 伴随有韧性撕裂的塑性变形

由于过度塑性弯曲或拉伸导致的结构失效，会伴随有塑性撕裂。这就引起了一些新的问题，如在不同加载条件下韧性撕裂能量的估计，这种撕裂的相对重要性，以及它与远离撕裂前沿区的塑性变形间的交互作用等。本章通过一些例子研究与撕裂有关的这些问题，并从微观层面对金属的韧性断裂进行了简要介绍。

在前面各章所讨论的所有问题中，结构通过塑性变形吸收能量，没有出现材料分离的现象。当出现撕裂时，能量吸收机制的分析将变得更为复杂。在这种情况下，韧性撕裂和远离裂纹区的大范围塑性变形都吸收能量。因此，现在的问题是需要确定韧性撕裂耗散的能量大小（Atkins，1989），以及远处塑性变形所耗散的能量大小。在本章将介绍韧性撕裂能量（ductile tearing energy）测量的研究，包括面内（I 型）和面外（III 型）撕裂，方形截面和圆形截面金属管的破裂，以及楔形体对金属板的切割。它们代表了对这类问题可能采用的研究方法，以及所包含的一些有趣的特点。

8.1 撕裂能量的测量

8.1.1 面内撕裂

测量 I 型撕裂耗散能量的一种简捷的方法是利用深边切口拉伸（deep edge notched tension,DENT）试件,如图 8.1 所示(Cotterell et al.,1977)。在这个试件中，事先切割了对称的边缘裂纹。在单调加载下，断裂前在中部区域发生塑性流动，总的能量由两部分组成：一部分涉及这个区域内的塑性变形能，另一部分与沿预制裂纹连线的撕裂有关。假定这个塑性区是以裂纹间的连线为直径的圆，且撕裂能量正比于新产生的面积。这后一个假定在断裂力学中广为采用。术语比功（specific work）或者基本功（essential work）会被经常用到，这里用 w_t 表示，它等于新产生单位面积的撕裂能量。当材料和板的厚度给定时，假定这个比功的值是常数，虽然以后会看到实际情况并非总是如此。

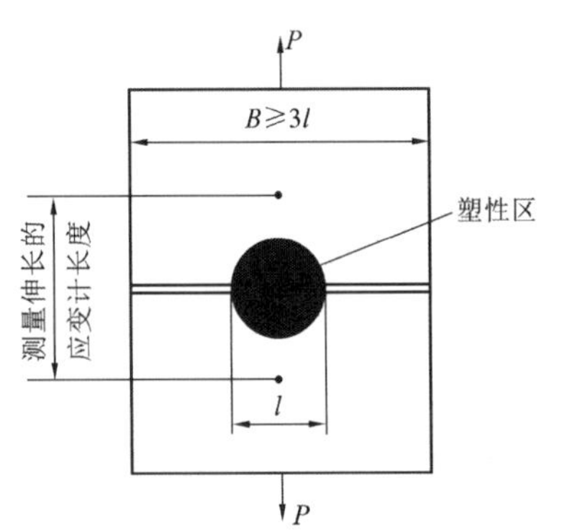

图 8.1 DENT 平板试件示意图
该板的厚度为 h，塑性流动包含在图中圆形区域内，其直径为裂纹间距 l

对于整个圆柱体积 V，塑性能 W 为

$$W = w_p V \tag{8.1}$$

式中：$w_p = \int \bar{\sigma} \mathrm{d}\bar{\varepsilon}$ 为单位体积的塑性功；$\bar{\sigma}$ 和 $\bar{\varepsilon}$ 分别为等效应力和等效应变。

因此，外载荷所做的功 $w = \int P\mathrm{d}u$（其中 P 为稳态作用力，u 为对应的位移）被试件中部区域的撕裂及塑性变形所耗散。对于厚度为 h，初始裂纹间长度为 l 的试件来说，该功为

$$\int P\mathrm{d}u = w_p(\pi l^2 h/4) + w_t hl$$

即

$$\int P\mathrm{d}u / lh = w_p(\pi l/4) + w_t \tag{8.2}$$

对于具有不同初始裂纹间距的试件，在所假定的圆形塑性区内具有代表性的等效应力和等效应变是类似的。式（8.2）表明，当绘出方程左边的变量随裂纹间距 l 变化的关系曲线时，会得到一条直线：其纵坐标的截距为 w_t，斜率则代表塑性功。

图 8.2 给出了一条典型的 DENT 试验的载荷–位移曲线（Cotterell et al.，1977）。试件材料

为冷轧低合金钢，厚度为 1.62 mm。在这种情况下，中部塑性区为直径 l（即等于初始裂纹间长度）的圆。根据式（8.2）绘出的曲线如图 8.3 所示。由这些材料和厚度相同的试件所得到的比撕裂能为 240 kJ/m^2。

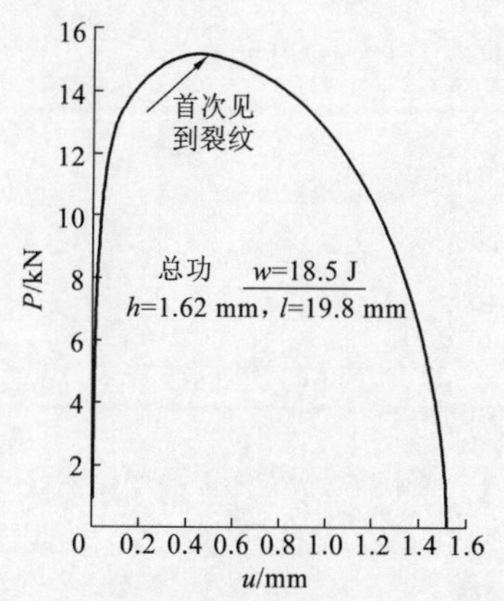

图 8.2 典型 DENT 试件的载荷–位移曲线

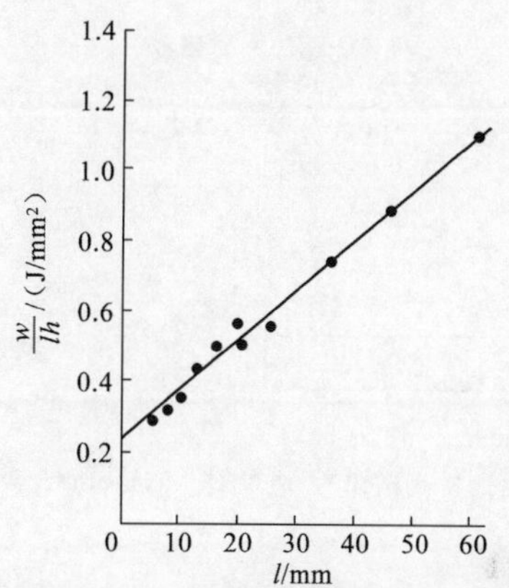

图 8.3 w/lh 随裂纹间距 l 的变化图

纵坐标交点为撕裂能量 w_t

8.1.2 面外撕裂

上述将塑性能从撕裂区涉及的能量分离出来的想法，也可以用于面外撕裂的情形(III 型)。其中一种试验方法是利用裤子形装置（trousers-type set-up），如图 8.4 所示（Mai et al., 1984）。因为这是一种具有恒定力的稳态过程，可以形象化地看到材料的变形，从而更好地理解撕裂和塑性变形过程。例如，AB 段在端点 A 处受压，并被推过一个固定的剖面 A-B-H。在 BC 段，材料经历了轻微的弯曲和撕裂，然后开始发生弯曲变形，大约到 E 点为止，在此处弯矩改变符号，并导致展平，直到 H 点处腿部又展成平直的。耗散于金属板的总外功分为两个部分，一部分与 BC 段的撕裂有关（包括微小的初始弯曲），另一部分耗散于两条腿的弯曲和展平。一块理想刚塑性材料被塑性弯曲成半径为 R 的圆，随后又展平回复到原来平直状态所需要的能量，是与第 6 章中所描述的移行铰相类似的。这个能量为 $2\times1/R\times M_o\times$弯曲面积。和以前一样，这里 M_o 为单位宽度的塑性极限弯矩。这两条腿中每一条的宽度记为 b，厚度记为 h。于是对于一个增量长度 du，可以写出下述能量平衡方程

$$P\mathrm{d}u = (2M_o/R)\cdot 2b\,\mathrm{d}u + w_t h\mathrm{d}u$$

或

$$P/h = (4M_o/Rh)2b + w_t/2 \tag{8.3}$$

式（8.3）与式（8.2）类似，只是现在是以稳态作用力 P 的形式写出。根据试验结果，可以假定平均曲率半径 R 与腿的宽度 b 无关。对于材料相同而腿的宽度 b 不同的试验，按照式（8.3）绘出力 P 就可以得到撕裂能量 w_t 的值。

对于厚度为 1.6 mm 的低碳钢板和厚度为 2 mm 的 5251 铝合金板，Mai 等（1984）所绘制的这种曲线如图 8.5 所示。这样得到的撕裂能量值，对于低碳钢为 1 040 kJ/m^2，对于铝合金为 600 kJ/m^2。

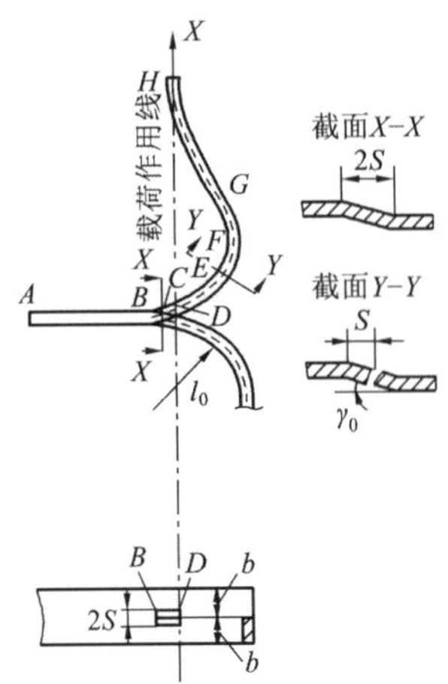

图 8.4　裤子形装置试验示意图（Mai et al.，1984）

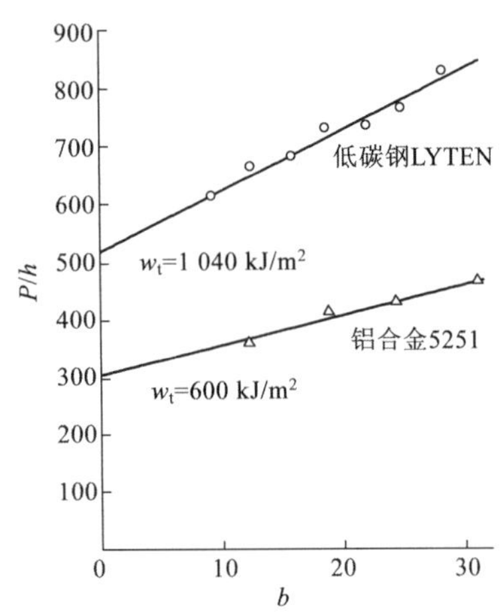

图 8.5　P/h 随 b 的变化图

与纵坐标交点给出撕裂能量 w_t 的一半的值

在这种方案中，弯曲半径不是一个已知的值，因此弯曲能量很难精确确定。Yu 等（1988）设计了一种装置，将金属板在一个半径已知的滚筒上弯曲，同时撕裂它。以这种方式，可以更为精确地估计弯曲能量，并由能量平衡给出撕裂能量。给出的撕裂能量的经验方程是板厚度的函数。

8.1.3　正方形金属管开裂时的撕裂能量

为了研究能量吸收能力，人们研究了金属管的开裂(Huang et al.,2002a;Stronge et al.,1984,1983)。为了预测总的能量耗散，需要知道撕裂能量的值。Lu 等（1994）设计了一个试验来测定正方形管沿四条棱撕裂所需的能量，见图 8.6。在这个装置中，正方形管的四条棱最初被锯开了一小段，正方形管的侧壁则附着在四个滚筒上，而这些滚筒被固定在基础板上。拉起四根附在滚筒上面的钢丝绳，使四个滚筒同时被驱动。这种运动使管壁在半径为 R 的滚筒上弯曲，同时又要求沿管的四条棱撕裂。这个方案的一个特点是一对对角的棱可以被预切一段长度。因此，这个过程开始时只有侧壁的弯曲。一旦这个预切的长度被用完，就需要更多的力来撕裂另外的两条棱。典型的载荷–位移轨迹如图 8.7（a）所示，试验后的试件如图 8.7（b）所示。

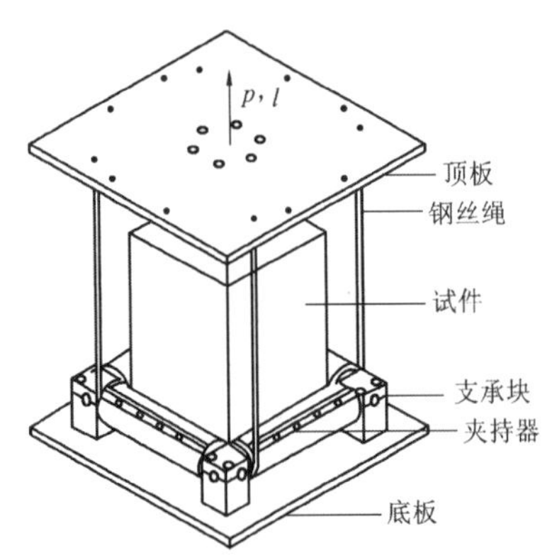

图 8.6　实验装置示意图(Lu et al.,1994)

底板和基础相连接，顶板和试验机的加载头连接，绳子和顶板的详图未给出

对于试验中每一种稳定状态，由能量的平衡可得

$$P_n v_r = \frac{1}{1-\mu}(4W_b + nw_t h)\,v_s \tag{8.4}$$

式中：n 为被撕裂的棱的数目；P_n 为相应的外载荷；$W_b = M_p / P$ 为四个侧壁中每个侧壁单位进

料长度的弯曲能量；h 为厚度；v_s 为滚筒的线速度；v_r 为钢丝绳速度（等于横梁速度）。μ 反映了滚筒轴承摩擦的影响，经试验测定其数值大约为 0.1。

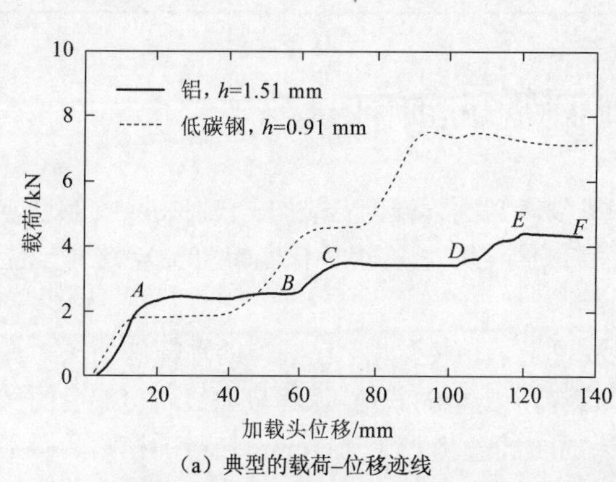

（a）典型的载荷–位移迹线

（b）试验后试件的照片

图 8.7　典型的载荷–位移迹线和试验后试件的照片（Lu et al.，1994）

稳定状态 AB、CD 和 EF 是三个平台，分别对应于只有弯曲、弯曲附带有两条棱的撕裂及弯曲带有四条棱的撕裂这三个阶段

根据上述方程和试验，容易得到 w_t 的值。对厚度为 0.7 mm、0.91 mm 和 1.67 mm 的正方形低碳钢管，以及厚度为 0.47～1.51 mm 的正方形铝管都进行了试验。由试验结果发现有

$$w_t = \begin{cases} 1360h^{0.61}, & \text{钢管} \\ 211h^{0.43}, & \text{铝管} \end{cases} \tag{8.5}$$

式中：h 为管的厚度；w_t 为比功。

注意，这个撕裂能量与金属板的厚度有关，而不仅仅是材料的性质。考虑到撕裂能量主要被裂纹尖端周围的塑性变形所耗散，可以将它与材料韧性（断裂应变 ε_f）和极限应力（σ_u）联系起来。因此有如下经验公式

$$w_t = \begin{cases} 8.8\sigma_u\varepsilon_f, & \text{钢管} \\ 37.2\sigma_u\varepsilon_f, & \text{铝管} \end{cases} \tag{8.6}$$

注意，式（8.6）中常数 8.8 和 37.2 有单位 mm，当 σ_u 的单位为 N/m^2 时，w_t 的单位为 $J/m^2\times10^{-3}$。这个方程将用在 8.3 节。

8.1.4　关于撕裂能量数值的评论

8.1.1～8.1.3 小节已经介绍了在不同加载情况下三种测定撕裂能量的试验方法。Lu 等（1998）设计了另一种多次拉伸测试法（multiple tensile tests，MTT），使用标准的拉伸试验试件，但是有各种不同的标距长度。这个方法被 Mohammadi 等（2001）成功应用。在远处区域分离撕裂能量和塑性能量的思想类似于 DENT 试验。尽管如此，对于名义上相同的材料，所得到的撕裂能量数值一般要比 DENT 试验得到的要高。低碳钢试件撕裂能量的典型数值如表 8.1 所示。很明显，在不同的加载条件下，它们可能有不同的量级。在平面应力情况下，已经提出了一个描述模式混合的参数，来解释这种很大的变化（Fan et al.，2002）。

表 8.1 不同试验得到的低碳钢试件撕裂能量典型数值

试验方法	MTT（Lu et al.，1998）	DENT（Cotterell et al.，1977）	裤子形试验（Mai et al.，1984）	管子劈裂试验（Lu et al.，1994）
撕裂能量/（kJ/m^2）	1 520	240	1 040	1 826

8.2 金属圆管的轴向劈裂

圆管劈裂问题涉及塑性弯曲/拉伸和撕裂。当圆管轴向劈裂时，它们在吸收能量方面是很有效的，可以在几乎不变的载荷下维持很长的行程（长达管子长度的 90%），这对于能量吸收器来说是很理想的。

一种试验设计方案是将圆管的一端放置于一个模具上，在圆管的顶部施加压力。应用一个卷曲抑制板防止卷曲形成，以增大轴向载荷。典型的载荷–压缩量曲线和变形后的试件如图 8.8 所示，试件材料为低碳钢，圆管直径为 50.8mm，壁厚为 1.6 mm，使用的模具具有不同的半径值 R_{di}（Reddy et al.，1986）。注意，为了启动劈裂过程，可以在圆管上预先切割，切割的条数为 n_i。

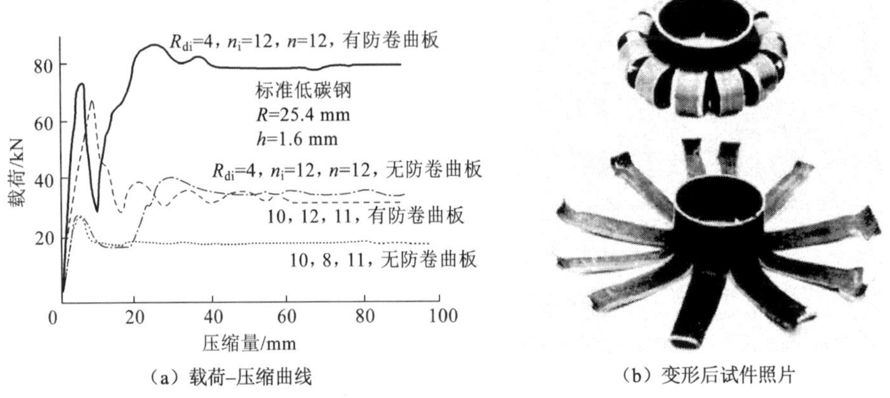

（a）载荷–压缩曲线　（b）变形后试件照片

图 8.8 低碳钢管的载荷–压缩曲线和变形后试件照片（分别为出现卷曲和卷曲被阻止）（Reddy et al.，1986）

下面介绍稳态加载情况下的简化分析，见图 8.9，图中没有绘出卷曲抑制板。初始半径为 R_0 厚度为 h 的圆管以速度 v 对着半径为 R_{di} 的模具压下去，管壁沿轴向（子午线）弯曲。在这过程中伴有周向的伸长，这种伸长在材料发生颈缩前是均匀的，在半径为 R_f 时产生裂纹，这里 R_f 是断裂时对应的半径（图 8.9）。这里有五种能量耗散机制：裂纹尖端前方的拉伸、轴向的塑性弯曲、周向的塑性弯曲、裂纹传播及摩擦。周向应变增量为 $d\varepsilon_\phi = dR/R$，因而累积的总周向应变为 $\varepsilon_\phi = \ln(R_f/R_0)$。假定管壁屈服时在轴向和周向都达到塑性极限弯矩，在周向有塑性极限膜力（$N_0 = Yh$）。因此总的拉伸能量的变化速率 $\dot{W}_s$ 为

$$\dot{W}_s = N_0 \ln(R_f/R_0) 2\pi R_0 v \tag{8.7}$$

当模具半径为 R_{di} 时，轴向塑性弯曲能量的变化速率为

$$\dot{W}_{b1} = 2\pi R_0 M_0 v / R_{di} \tag{8.8}$$

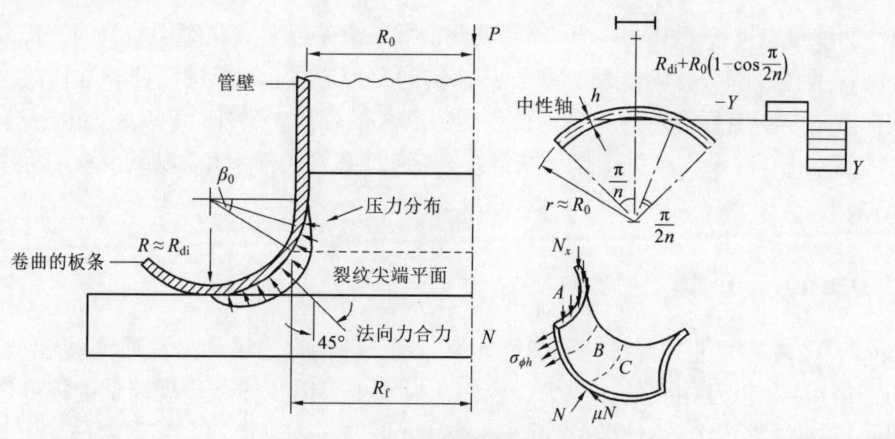

图 8.9 圆管劈裂示意图

弯曲前周向曲率为 $1/R_0$。假定开裂后金属条带是平直的，周向弯曲时塑性弯曲能量的变化速率为

$$\dot{W}_{b2} = 2\pi R_0 M_0 v / R_0 \tag{8.9}$$

n 条裂纹传播所耗散能量的变化速率为

$$\dot{W}_t = n w_t h v \tag{8.10}$$

最后考虑摩擦效应。假定作用在每个条带上的法向合力与水平成 45°。由垂直方向平衡得到，作用在每个条带上的法向力为 $\sqrt{2}P/n$。因此摩擦耗散能量的变化速率为

$$\dot{W}_{fri} = n\mu(\sqrt{2}P/n)v = \sqrt{2}\mu P v \tag{8.11}$$

式中：μ 为摩擦系数。

外载荷的功率为 Pv，它被上述五种能量分量[式（8.7）～式（8.11）]之和所耗散。由此得出的外载荷为

$$P = \frac{1}{1-\sqrt{2}\mu}\left(2\pi Y h R_0 \ln\frac{R_f}{R_0} + \frac{\pi Y h^2}{2}\frac{R_0}{R_{di}} + \frac{\pi Y h^2}{2} + n w_t h\right) \tag{8.12}$$

在式（8.12）中，R_f 和 w_t 的值未知。R_f 可以由试验后的试件估计得到。另外，令 $\varepsilon_\phi = \ln(R_f/R_0)$ 等于单轴拉伸试验出现颈缩时的应变，可以估计出它的值。撕裂能量的值 w_t 需要单独测定，可以利用 8.1 节中描述的适当方法。裂纹的数目通过试验观察得到；应当注意到，它不一定等于预切割的初始裂纹的数目。对于给定材料和尺寸的每一个圆管，似乎有一个特征裂纹数，它与管子预切割的数目多少无关。Atkins 试图对此给出一个解释（Atkins，1987）。Huang 等（2002b）给出了裂纹数目的另一个分析，见 8.2.1 小节。

上述分析主要是 Reddy 等（1986）给出的。在与试验比较中，w_t 大约取为 40 kJ/m^2，要比方管劈裂中得到的值小很多。上述分析与试验结果之间是很一致的。要得出更为逼真的分析首先需要有一种测定撕裂能量值的方法，然后再将管子的屈服行为适当地考虑进去。

如果卷曲被阻止，能量公式中还将出现两项：一项对应于轴向弯曲的展平，它有着与式(8.8)相同的形式；另一项对应于限制器与卷曲区间的摩擦。法向接触力可以由卷曲的塑性展平条件求出。应当指出，大部分能量被径向塑性弯曲和摩擦所耗散，当 $\mu=0.4$ 时，摩擦使总能量的增加高达 2.3 倍。在 Reddy 等（1986）的分析中，撕裂能量总共只占大约 2%。这是因为对颈缩

发生前的拉伸能量已进行了单独估计，而在某些情况下它可以看成是撕裂能量的一部分。

这种圆管劈裂过程吸收的能量略多于其他轴向变形形式，如渐进屈曲和翻转。这种方案的一个大优点是在初始峰值之后有恒定的作用力和长的行程。另外，可以通过改变模具半径，调节作用力的水平。进一步改进工作还在继续，如通过圆管端部倒角，以减少或消除不希望发生的峰值力。

8.2.1 Huang 等的理论分析

Huang 等（2002b）进一步研究了圆管开裂问题。他们提出了另一种理论模型，以试图解释裂纹的特征数目，以及相关的作用力。他们在模型中引用了估计撕裂能量的临界裂纹张开位移 δ 的概念。取无量纲临界分离（critical separation）$\gamma=\delta/h$ 作为一个参数；除非另外说明，通常取 $\gamma=1.0$。这实际上是将裂纹前方的周向拉伸能量集中到撕裂能量中。于是，图 8.9 中的 β_0 可以由几何关系和 γ 值唯一确定，即

$$\beta_0=\cos^{-1}\left(1-\frac{n\gamma h}{2\pi R_{\mathrm{di}}}\right) \tag{8.13}$$

式中：n 为裂纹（即撕开的板条）的数目。

所施加的力可以由能量平衡求出。当圆管以速度 v 向下运动（同时裂纹在传播）时，由能量平衡给出

$$Pv=\dot{W}_{\mathrm{b}}+\dot{W}_{\mathrm{t}}+\dot{W}_{\mathrm{fri}} \tag{8.14}$$

式中：$\dot{W}_{\mathrm{b}}$、$\dot{W}_{\mathrm{t}}$ 和 $\dot{W}_{\mathrm{fri}}$ 分别为塑性弯曲、撕裂和摩擦耗散能量的变化速率。

在这个模型中，所有的塑性弯曲和拉伸都局限于周向半径为 R_0、沿轴向被弯成半径为 R 的曲板长条之内。塑性弯曲耗散能量的变化速率变成

$$\dot{W}_{\mathrm{b}}=\frac{2\pi R_0 m_{\mathrm{p}}}{R_{\mathrm{di}}+R_0\left(1-\cos\dfrac{\pi}{2n}\right)}v \tag{8.15}$$

式中：$R_{\mathrm{di}}+R_0\left(1-\cos\dfrac{\pi}{2n}\right)$ 是截面中性轴的弯曲半径，以板条的弧形宽度归一化得到的一根板条的塑性极限弯矩为

$$\begin{aligned}M_{\mathrm{p}}&=\frac{nYR_0h^2}{2\pi}\left[\int_{\frac{\pi}{2n}}^{\frac{\pi}{n}}\left(\cos\frac{\pi}{2n}-\cos\theta\right)\mathrm{d}\theta+\int_0^{\frac{\pi}{2n}}\left(\cos\theta-\cos\frac{\pi}{2n}\right)\mathrm{d}\theta\right]\\&=\frac{nYR_0h}{\pi}\left(2\sin\frac{\pi}{2n}-\sin\frac{\pi}{n}\right)\end{aligned} \tag{8.16}$$

因此，塑性弯曲耗散能量的变化速率为

$$\dot{W}_{\mathrm{b}}=2nYR_0^2h\frac{\left(2\sin\dfrac{\pi}{2n}-\sin\dfrac{\pi}{n}\right)}{R_{\mathrm{di}}+R_0\left(1-\cos\dfrac{\pi}{2n}\right)}v \tag{8.17}$$

撕裂能量包括尖端附近区域内的塑性功，它以周向拉伸形式出现在裂纹尖端的前方。因此，

撕裂耗散能量的变化速率为

$$\dot{W}_t = \int_V \sigma_\theta \dot{\varepsilon}_\theta \mathrm{d}V \quad 或 \quad \dot{W}_t = Yn\delta_t h^2 v \tag{8.18}$$

式中：V 为体积。

摩擦耗散能量的变化速率为

$$\dot{W}_{fri} = 2\pi R_0 \mu N v \tag{8.19}$$

式中：N 为单位长度的法向力。

对于圆弧状模具，假定法向接触力的合力与水平成 45°。N 与作用力 P 之间的关系为

$$N = \frac{P}{\sqrt{2}\pi R_0 (1+\mu)} \tag{8.20}$$

将式（8.17）～式（8.20）代入式（8.14），并引入三个无量纲参数 $\bar{f} = \dfrac{P}{2\pi R_0 hY}$、$\bar{d} = \dfrac{2R_0}{h}$ 和 $\bar{R} = \dfrac{2R_{di}}{h}$，无量纲作用力则为

$$\bar{f} = \frac{1+\mu}{1-(\sqrt{2}-1)\ \mu}\left(\frac{\pi^2 \bar{d}}{8n^2 \bar{R}} + \frac{n\gamma}{\pi \bar{d}}\right) \tag{8.21}$$

于是，作用力是无量纲卷曲半径（$\bar{R}$）和裂纹数（n）的函数。当存在圆弧状模具时，可以假定板条的卷曲半径与模具半径相同。假定裂纹数目将使总作用力最小，即有 $\mathrm{d}\bar{f}/\mathrm{d}n=0$，则有

$$n = \left(\frac{\bar{d}^2}{4\gamma \bar{R}}\right)^{\frac{1}{3}} \pi$$

将这个表达式代入式（8.21），并取摩擦系数 $\mu=0.2$，得到作用力为

$$\bar{f} = 1.23\left(\frac{\gamma^2}{\bar{d}\bar{R}}\right)^{\frac{1}{3}}$$

当 $\mu=0.4$ 时，上式中的系数将为 1.58。

所预测的裂纹数目和作用力同无量纲模具（或卷曲）半径之间的关系如图 8.10（a）和（b）所示，图 8.10 中还给出了 Reddy 等（1986）的试验结果。比较 n 和 $\bar{f}$ 会使人想到，退火处理

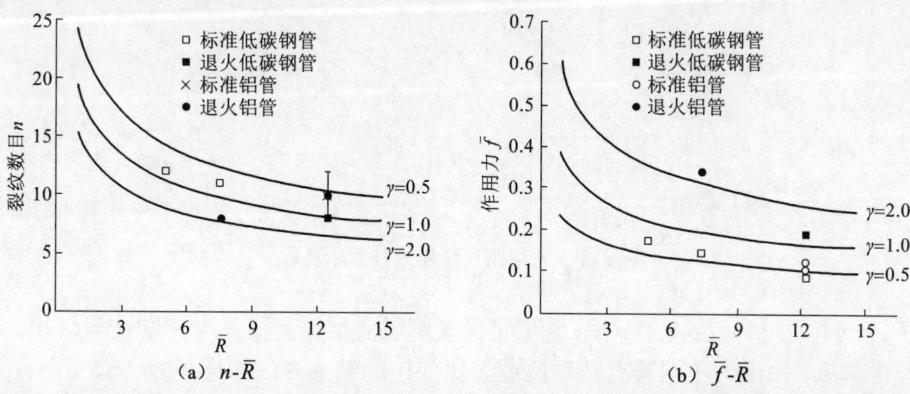

图 8.10 理论与试验的裂纹数目和作用力与无量纲模具半径的关系（Huang et al., 2002b）

增强了铝管和低碳钢管的韧性，导致一个较大的γ值：对于退火铝管大约是 2，对于其他是 0.5～1.0。在这些情况下，撕裂能量在总的耗散能量中处于支配地位，它大约是塑性弯曲能量的两倍。

8.2.2 利用圆锥形模具使圆管劈裂

可以设计使用其他模具来使圆管劈裂，如圆锥形模具（Huang et al., 2002b）。在这种情况下，载荷的大小可以通过改变锥形模具的半角来调整，而不是像弧形模具那样改变半径 R_{di}。以前的理论分析可以类似地用于现在的情况。然而，此时卷曲半径和裂纹数目都是未知的。通过考虑系统的平衡可以得到另外一个方程。在这种情况下没有封闭形式的解答，相对于观察到的裂纹数目，数值计算结果如图 8.11（a）所示。虽然对于不同半角模具的试验结果难以区分开来，但是它们处于与所考虑半角相应的理论曲线范围内。

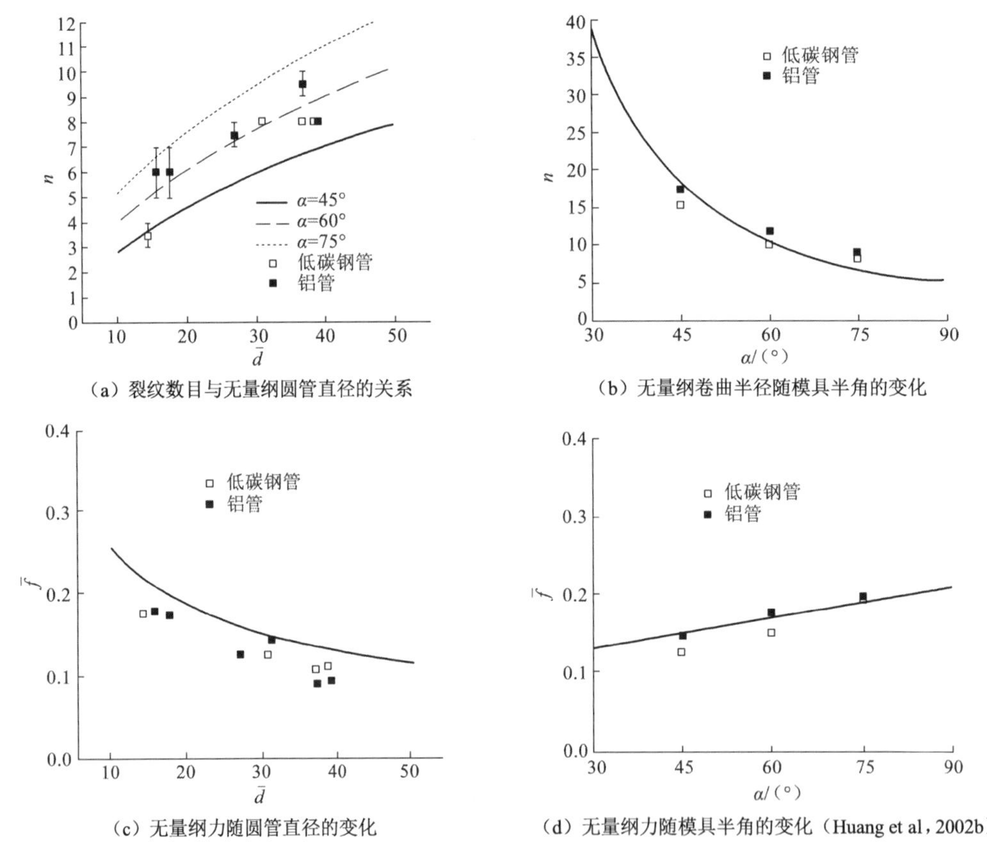

（a）裂纹数目与无量纲圆管直径的关系

（b）无量纲卷曲半径随模具半角的变化

（c）无量纲力随圆管直径的变化

（d）无量纲力随模具半角的变化（Huang et al, 2002b）

图 8.11 利用圆锥形模具使管子劈裂

对于 $\bar{d}=31$ 的圆管，图 8.11（b）给出了无量纲卷曲半径随模具半角的变化情况。对于半角 $\alpha=45°$的模具，作用力随圆管直径与厚度之比变化的关系曲线如图 8.11（c）所示。当半角在 30°～90°时，作用力几乎随模具半角 α 线性增加[图 8.11（d），$\bar{d}=31$ 的圆管]。对于所有情况，理论预测和试验结果基本上是一致的。

8.3 正方形金属管的轴向劈裂

作为另一种塑性变形和撕裂组合的例子，我们下面讨论正方形管的开裂问题。这些正方形管可以被放置于一个平的表面上，或者放置于弧形模具（Stronge et al.，1984，1983）或角锥形模具上（Huang et al.，2002a），然后轴向施压，见图 8.12。典型的载荷–位移曲线如图 8.13 所示，试验后的试件如图 8.14 所示。在大多数情况下，在初始 10*h* 的位移后，变形达到一种相当稳定的状态，具有几乎恒定的载荷。

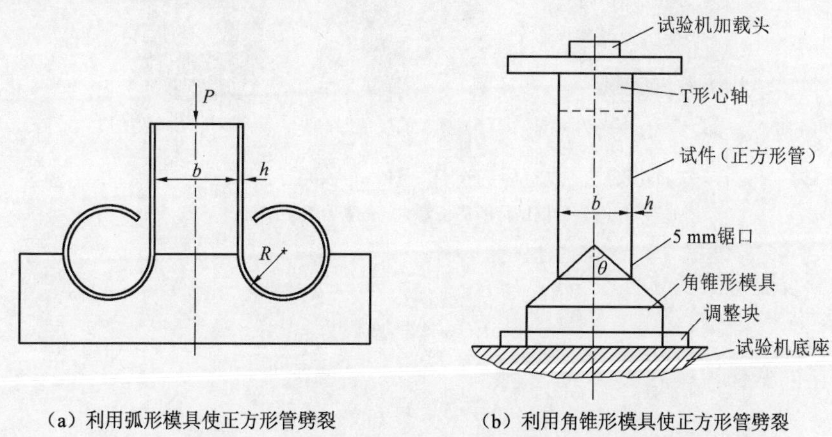

（a）利用弧形模具使正方形管劈裂　（b）利用角锥形模具使正方形管劈裂

图 8.12　利用弧形模具和角锥形模具使正方形管劈裂

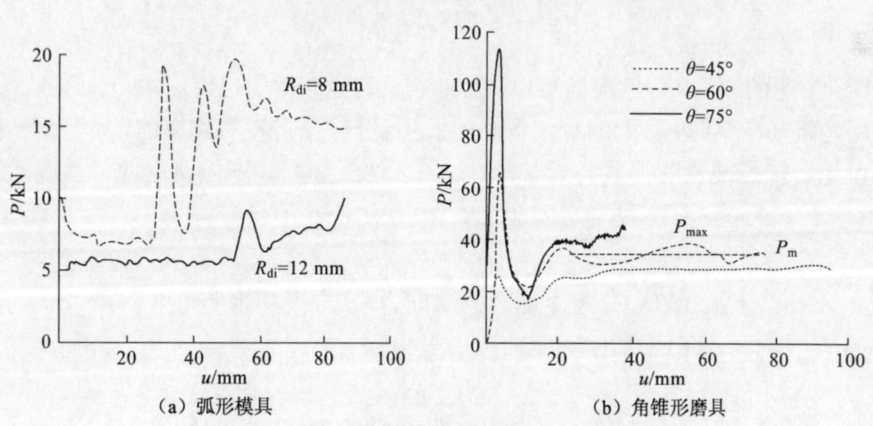

（a）弧形模具　（b）角锥形磨具

图 8.13　正方形管劈裂的典型的载荷–位移曲线

总的外功被三种主要机制所耗散：四个侧壁的塑性弯曲、四条棱处的撕裂及管子与模具之间的摩擦。对于半径为 R_{di} 的弧形模具，在没有发生管壁展平的情况[图 8.12（a）]下，弯曲能量的速率可以简单地写成

$$\dot{W}_b = 4M_o c \frac{1}{R_{di}} v \tag{8.22}$$

式中：c 为正方形管的侧面边长。

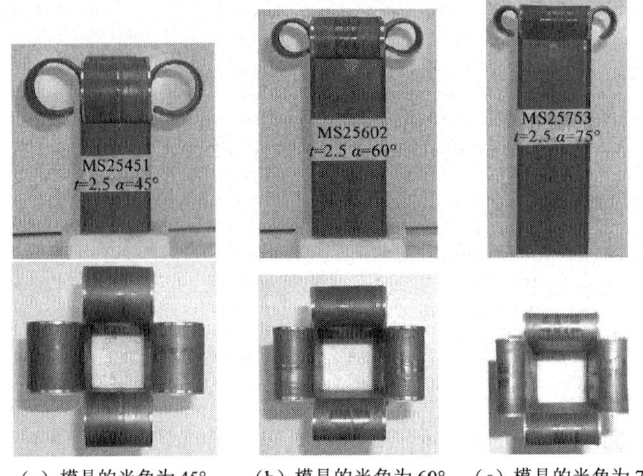

（a）模具的半角为 45°　（b）模具的半角为 60°　（c）模具的半角为 75°

图 8.14　试验后的试件（Huang et al.，2002a）

所有低碳钢试件的边长为 50 mm，厚度为 2.5 mm

四条棱撕裂能量的变化速率为

$$\dot{W}_{\mathrm{t}} = 4w_{\mathrm{t}}hv \tag{8.23}$$

摩擦耗散能量的变化速率为

$$\dot{W}_{\mathrm{fri}} = P\mu v \tag{8.24}$$

这里假定管子与模具之间接触力的合力垂直于底座。因此，由能量平衡得到外力 P 为

$$P = \frac{4}{1-\mu}(M_{\mathrm{o}}c / R_{\mathrm{di}} + w_{\mathrm{t}}h) \tag{8.25}$$

根据 8.1 节所描述的方法，w_{t} 值应当可以独立得到，其他参数值也可以求得。

当使用角锥形模具时，管壁的塑性弯曲的发生是自然的、没有约束的，其卷曲半径 R 的值将在下面讨论。撕裂能量的形式与式（8.23）的表达式相同。摩擦引起的耗散能量变化速率则为

$$\dot{W}_{\mathrm{fri}} = 4\mu Nv \tag{8.26}$$

这里 $N = P / 4(\sin\theta + \mu\cos\theta)$，是每个侧面的法向力，$\theta$ 是模具的半角。

同样，由能量平衡可以证明所要求的作用力为

$$P = \frac{4(M_{\mathrm{o}}c / R + w_{\mathrm{t}}h)}{1-\mu / (\sin\theta + \mu\cos\theta)} \tag{8.27}$$

由试验发现，卷曲半径主要取决于模具的半角，而管子的壁厚和材料对它没有什么影响，见图 8.15（a）和（b）。这里，当 $\theta = 45°$ 时，平均半径为 20.4 mm；当 $\theta = 60°$ 时，平均半径为 12.1 mm；当 $\theta = 75°$ 时，平均半径为 7.8 mm。可以得到关于卷曲半径的如下经验公式

$$R = \frac{32.7}{\sin\theta} - 25.7 \tag{8.28}$$

式中：两个系数带有单位 mm。

这个公式只能用于外形尺寸为 50 mm×50 mm 的正方形管，没有足够证据说明卷曲半径

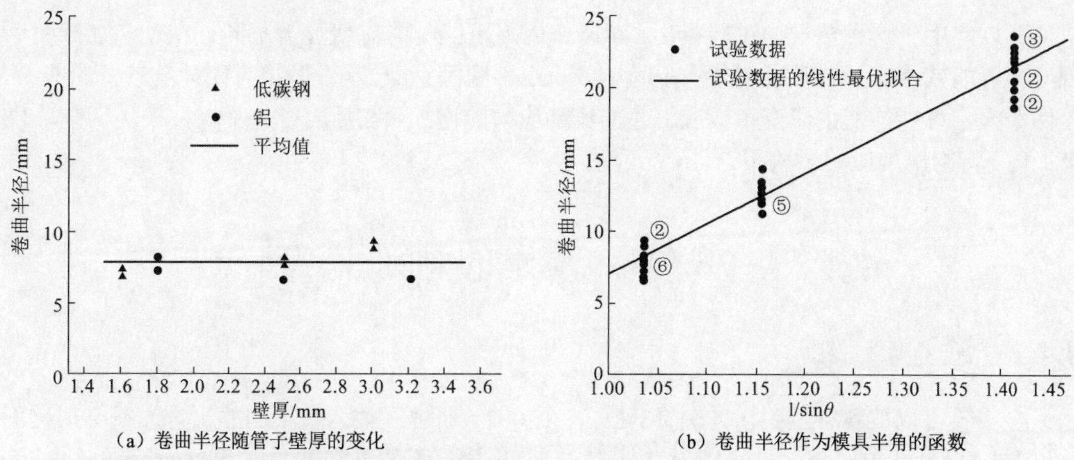

（a）卷曲半径随管子壁厚的变化　（b）卷曲半径作为模具半角的函数

图 8.15　卷曲半径随管子壁厚的变化和卷曲半径作为模具半角的函数（Huang et al., 2002a）

与整体尺寸有关。撕裂能量的数值可利用式（8.6）估计。将式（8.28）代入式（8.27），所施加的轴向载荷 P 便可以直接算出。

计算得到的低碳钢管轴向载荷随模具半角的变化情况如图 8.16 所示。总体来说，理论与试验结果符合很好，但是对于 $h=3.0$ mm 和 $\theta=45°$ 的低碳钢管，试验值比理论值高，而对于 $\theta=75°$ 的低碳钢管则偏低。较大的模具半角导致卷曲曲率有较大的改变，因此增加了工作载荷。所以对于给定的管子，特别是铝制的管子，可以通过改变模具角度在不同载荷水平时产生劈裂。例如，对于 $h=1.8$ mm 的铝管在 $\theta=75°$ 模具上的劈裂载荷大约是 $\theta=45°$ 模具的两倍，对于 $h=3.2$ mm 的铝管大约是三倍，见 Huang 等（2002a）的报道。

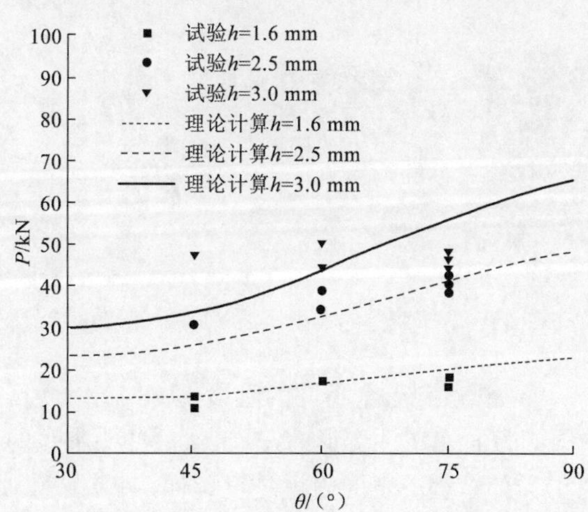

图 8.16　低碳钢管轴向载荷随模具半角变化的理论与试验值（Huang et al., 2002a）

可以对每一种能量耗散机制的贡献做出估计。例如，将 $h=2.5$ mm 的低碳钢管放置于 $\theta=45°$ 模具上使之开裂，分别由塑性弯曲、断裂和摩擦贡献的能量耗散百分比数为 43:28:29；而对于类似的铝管，它们的比例为 47:17:36。

当一个完整卷曲完成时，由于卷曲前缘与管壁接触或碰撞导致塑性展平，稍加修改上述分析便可以应用于这种情况。试验指出，动态作用力可能与静态值显著不同。在动态加载时断裂应变可能减小，导致撕裂能量的减少。此外，由于摩擦系数减小，摩擦可能耗散较少的能量。这两个因素可能补偿由应变率效应引起的流动应力的增加。在后面讨论平板被楔块切割（8.5节）时，将给出类似的试验和论证。

8.4 金属管的刺穿

8.4.1 试验

金属管可以被各种压头横向刺穿。Lu 等（2002）研究了被六种不同的正方形或圆形截面（边长或直径为 12.7 mm）的锥形冲头刺穿时正方形管的能量吸收。正方形管的边长为 c=40 mm，厚度为 h=1.6 mm 或 2.5 mm。管长 L 从 40 mm（=c）变化至 340 mm（=8.5c）。对于 h=1.6 mm 的管子，测得的屈服应力 Y=350 MPa，极限应力 σ_u=370 MPa，断裂应变 ε_f=0.2；对于 h=2.5 mm 的管子，屈服应力 Y=420 MPa，极限应力 σ_u=450 MPa，断裂应变 ε_f=0.2。

图 8.17 给出了 h=1.6 mm，L=2.5c 的试件和半角 θ=30°的冲头试验结果。试验后试件如图 8.17（a）所示，相应的载荷–位移曲线如图 8.17（b）所示。这里，能量吸收的三种形式为贯穿、随之形成的花瓣和摩擦。塑性变形局限于中部区域；因此这种刺穿模式称为局部贯穿模式（local penetrating mode）。

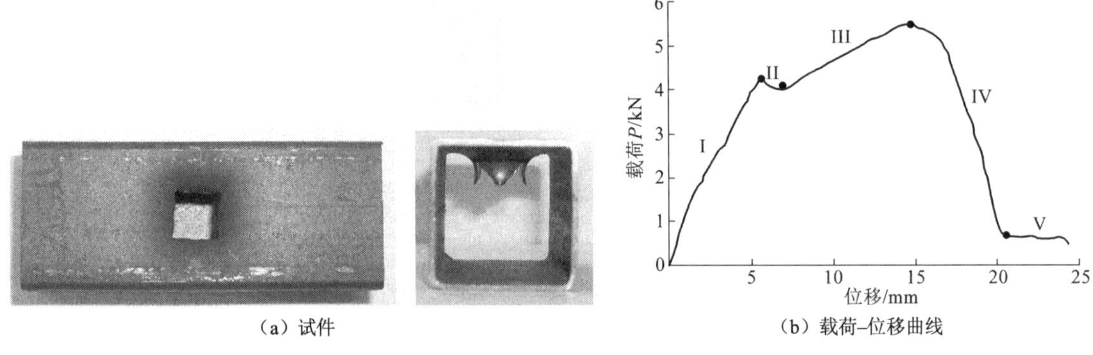

（a）试件　　（b）载荷–位移曲线

图 8.17　管子刺穿的典型结果（Lu et al.，2002）

在载荷–位移曲线中，可以观察到五个不同的阶段[图 8.17（b）]。在第 I 阶段，载荷逐渐增加，与之相伴的是试件顶部表面弹塑性变形的发展，然后冲头尖锐的头部少许挤入试件顶部的管壁。在第 II 阶段，由于顶部管壁下表面附近过度延伸，冲头穿破顶部管壁，载荷进入平稳状态。第 III 阶段，载荷再次稳定增加，这对应于四条裂纹由冲头尖角处传播开来；在这些裂纹之间，四个侧壁花瓣开始形成。由于花瓣扩展，接触面积增大，作用于冲头的摩擦力增加。当冲头柄进入变形区后，载荷达到最大。然后由于接触面积逐渐缩减，在第 IV 阶段载荷迅速减少。最后在第 V 阶段，只有冲头柄侧面和侧壁花瓣之间的接触，载荷再次在低得多的水平进入平稳状态，这种载荷是冲头柄侧面和花瓣之间的摩擦引起的。

同样厚度（h=1.6 mm）但是要短得多（L=c=40 mm）的管子的试验结果如图 8.18 所示。

在这种情况下，发生了整个结构的坍塌，见图 8.18（a）。对应的载荷–位移曲线表现出与先前的长管不同的特性，见图 8.18（b）。这里有明显的四个阶段（A、B、C 和 D）。这个变形行为称为整体坍塌模式（global collapse mode）。

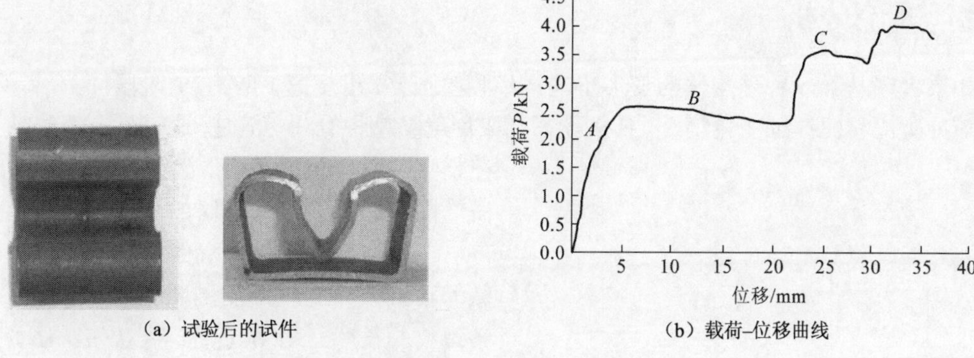

（a）试验后的试件 （b）载荷–位移曲线

图 8.18 短管的整体弯曲（Lu et al., 2002）

长度不同而其他条件相同的管子的载荷–位移曲线如图 8.19 所示。由一系列试验发现，失效模式主要取决于管子的长度。对于 h=1.6 mm，L=100 mm 和 75 mm 的两根管子，变形模式为具有局部塑性变形的贯穿，两条曲线几乎相同。对于 58 mm 长的管子，贯穿过程和整体结构坍塌之间的交互作用很复杂。在冲头穿透管子顶部管壁后，结构变形似乎遍及整个管子。因此，失效模式由初始贯入到结构坍塌，可能是由何种路径要求的载荷最小所决定的。当管长减少至 40 mm 时，管子以整体坍塌形式失效。对于厚度为 2.5 mm 的试件，可以观察到类似的现象。

冲头半角的影响如图 8.20 所示。图 8.20 说明，当锥形冲头半角增加时，最大载荷也增加。这主要归因于形成花瓣的塑性变形速率，具有较大半角的冲头要求有更大的最大载荷以刺穿管子。但是对应于最大载荷的冲头位移，随冲头半角的增大而减少。这是因为冲头完全穿过管壁材料（以用尽冲头柄长度）所需移动的距离较小。尽管如此，半角小的冲头不能达到半角大的冲头那样高的载荷，载荷在贯入过程中保持一段较长时间，耗散的总能量可能是类似的。

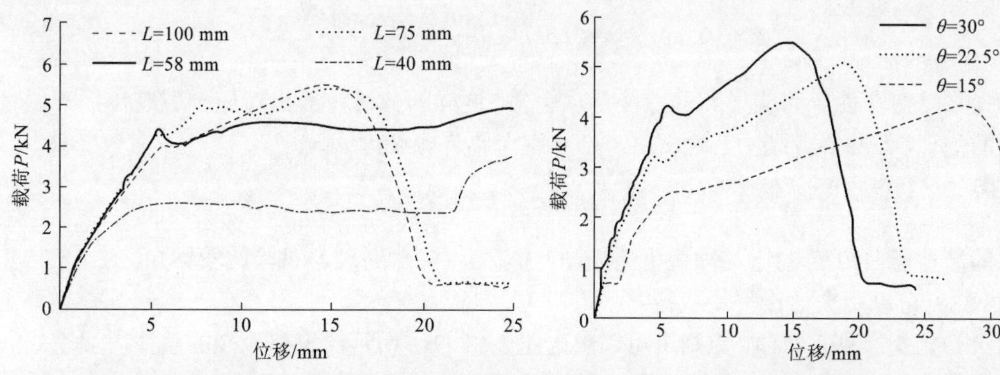

图 8.19 四种不同长度管子的载荷–位移曲线图

图 8.20 三种不同半角的冲头的载荷–位移曲线（Lu et al., 2002）

在半角大小相同的情况下，冲头的几何形状，不管是棱锥形还是圆锥形，对载荷–位移曲线的影响都不大。同样，当棱锥形冲头关于冲头轴转动 45°时，其结果变化也不大。整体能量吸收行为看来是类似的。

8.4.2 理论分析

如果希望基于一种理想化的变形机理，从理论上计算出从第 I 至第 IV 阶段[图 8.17（b）]载荷随冲头位移的详细变化情况，那么就需要采用增量塑性分析。但是，这里只介绍一种关于在贯穿阶段（即第 III 阶段）平均力及第 II 阶段（图 8.21）裂纹出现时的作用力的简单分析方法。令 u 为锥形冲头总的贯穿量。外载荷所做的功 $w=Pu$ 与内部能量耗散所平衡。假定四条裂纹的长度与 u 成正比，为 $\sqrt{2}u\tan\theta$，则总撕裂能量可以写成

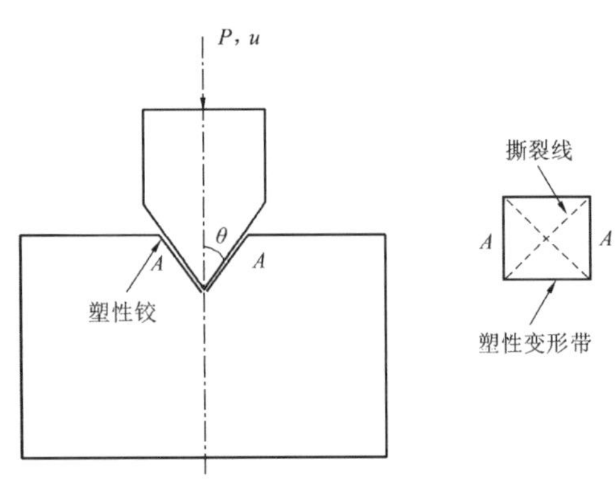

图 8.21 总体能量计算中的塑性弯曲和撕裂示意图

$$W_t = 4w_t h\sqrt{2}u\tan\theta \tag{8.29}$$

式中：W_t 由式（8.6）求出。塑性弯曲主要以移行铰形式出现。假定平均曲率半径为 R，四个侧面的总的塑性弯曲能量为

$$W_b = 4M_o\frac{1}{2}u\tan\theta\, u\frac{1}{R} = 2M_o u\tan\theta\beta \tag{8.30}$$

式中：β 为塑性铰转动的总角度。

摩擦耗散的能量为

$$W_{fri} = 4N\mu u/\cos\theta \tag{8.31}$$

式中：$N = P/[4(\sin\theta+\mu\cos\theta)]$，为每个接触边的法向力；$\mu$ 为摩擦系数，其平均值假定为 0.2；$u/\cos\theta$ 是总的滑移距离。

根据能量平衡及式（8.29）～式（8.31），半角为 θ 的正方形截面锥形冲头贯穿试件表面所需的载荷为

$$P = (0.05\sigma_u\varepsilon_f h + 0.5Yh^2\beta)\frac{\sin\theta+\mu\cos\theta}{\cos\theta-\mu\sin\theta} \tag{8.32}$$

如果将管壁塑性弯曲能量和摩擦能量项舍去，这样的分析将给出对应于裂纹传播开始时作用力的估计，即临界撕裂力。由式（8.32），这个临界撕裂力为

$$P_{cr} = 0.05\sigma_u\varepsilon_f h\tan\theta \tag{8.33}$$

假定总的塑性弯曲角 β 的值与冲头半角相同，并取 $\mu=0.2$，通过与试验比较可知，式（8.32）和式（8.33）可以用来估计平均载荷。

由于初始变形只有弯曲，原则上可以求出图 8.18（b）所示的没有撕裂的整体坍塌模式的平台应力。同样，对于局部和整体变形之间的模式转化的临界长度，可以建立一个方程（这是基于如下假定：一根管子接受一种特殊模式时，与其他可能模式相比，它对应的能量是最小

的）。对于 1.6 mm 厚的试件，Lu 等（2002）得到的临界长度为 44 mm（≈1.1c）。注意到如下现象是很有趣的：当实际管长在临界值附近时，坍塌模式可能以带有花瓣的局部贯穿开始，接着发生整体结构坍塌，如在 h=1.6 mm 和 L=58 mm 的正方形管试验中所观察到的就是如此。

Johnson 等（1979）在更早的时候就完成了在圆管上的静态刺穿试验。圆管的行为与上面讨论的正方形管十分相似，具有两个不同的模式。此外，对于某种长度的圆管，管子两端可能会发生反向的椭圆化。

8.5 尖楔切割金属板

下面的例子有关被楔块切割的金属板（Lu et al., 1990）。这个问题是一艘船的船头切入另一艘船侧面甲板或者一艘船搁浅（Jones et al., 1987）的简化模型。典型的试验装置如图 8.22 所示。典型的试件及载荷–位移曲线如图 8.23 所示。在初始切割阶段，两条曲线都显示作用力快速增加至一个较高的初始峰值力。这说明楔块进入仍然是平直的未弯曲的板的切割运动。这个过程持续至切割长度 L 大约是 $3h$ 为止。取决于板相对楔块（垂直）运动方向的倾角，可以观察到两种不同的变形模式。当板取为垂直（β=0°）时，切割时伴有切开的折板的向前和向后弯曲，因此作用力–切割长度曲线表现出相应的周期性波动。当板处于倾斜状态时，如 β=10°，两块折板向一个方向连续弯曲。在初始切割阶段之后，作用力逐渐增加。

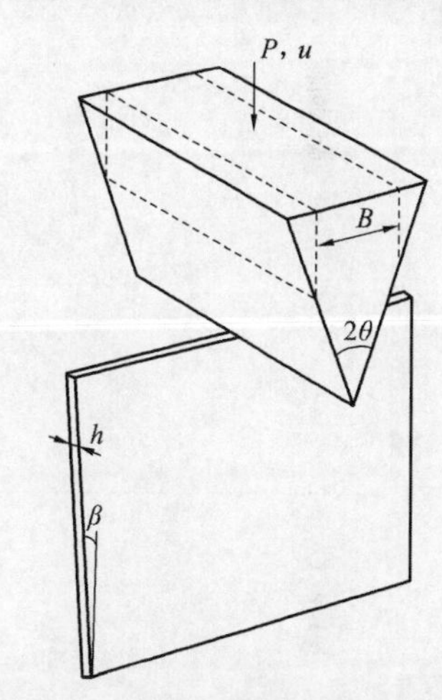

图 8.22 尖楔切割薄板的试验装置示意图（Lu et al., 1990）

在这个过程中，能量耗散于两块折板的塑性弯曲、裂纹尖端附近的塑性变形和撕裂及摩擦。尽管如此，尖端的切割作用与之前已经遇到的韧性撕裂不完全一样。实际上，在板的整个厚度上，一部分被切割，类似于金属冲头压入的过程，另一部分是由于过度拉伸应变而撕裂。所以从分析角度来看，它要比以前的问题复杂得多，这里只是介绍试验结果及其量纲分析。

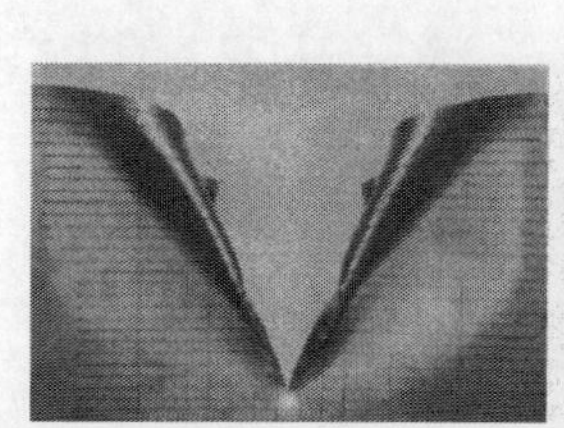
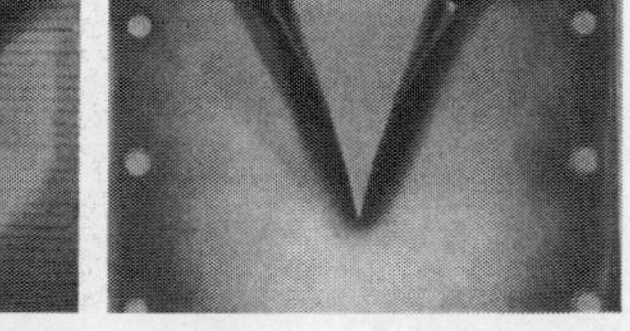

（a）β=0°和 β=10°的试件

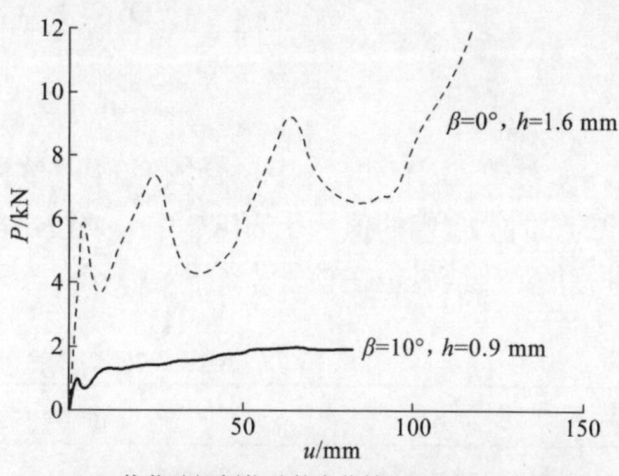

（b）载荷随切割位移的变化情况（Lu et al., 1990）

图 8.23 典型的试验结果

弯曲和拉伸都以塑性变形方式耗散能量。这里韧性切割与撕裂也主要是塑性应变过程。此外，在楔尖与撕裂前沿之间的接触力非常大，这可以假定摩擦是微观层次塑性变形的结果。因此，只有屈服应力 Y 是最重要的材料性质。当给定倾角 β 和楔角 2θ，外力耗散的能量 W 只与 Y、板厚度 h 及切割长度 L 有关。它与板面的尺寸没有关系，因为变形是局部的，没有涉及夹持板面的框架。此外，弹性能量非常小，因此弹性模量是不重要的。

根据 3.1 节介绍的量纲分析，这里有四个物理变量和两个主要（基本）量纲：力和长度（在这个静态问题中，没有涉及时间和质量）。根据白金汉定理，只有两个（4 减 2）独立的无量纲组。这里选取无量纲组 W/Yh^3 和 L/h。将试验结果都相应绘出时，对于夹角为 $2\theta=40°$的楔如图 8.24 所示，所有的曲线都靠拢到一条曲线[注意，这里 Y 值通过维氏硬度（Vickers hardness）数除以 3 得到]。这意味着上面的量纲分析是成功的。特别是，在这个问题中将屈服应力作为唯一的材料性质（如最初假定那样）是足够的，没有实际的需要再去明确地选取另一个材料参数，如撕裂能量或者临界裂纹张开位移 δ。

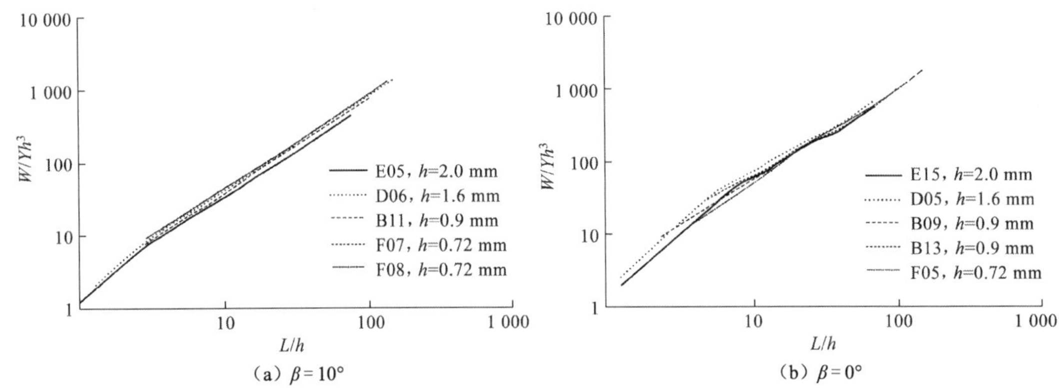

图 8.24 无量纲能量随切割长度的变化（Lu et al.，1990）

图中 B、D、E、F 表示不同钢板试样

注意，图 8.24 是以双对数形式表示的，而对于 $L/h\geqslant 5$，所有曲线都可以用斜率为 1.3 的单一直线近似。这就立即可以假定有如下的能量经验方程

$$\frac{W}{Yh^3}=C\left(\frac{L}{h}\right)^n=C_{1.3}\left(\frac{L}{h}\right)^{1.3} \tag{8.34}$$

或

$$W=C_{1.3}YL^{1.3}h^{1.7} \tag{8.35}$$

式中：常数 C、n 和 $C_{1.3}$ 由拟合图 8.24 中数据的一条最佳的直线得到。对于不同材料和试验条件的试件，它们的值列于表 8.2 中。某些试验是用端部两侧被截成宽度为 B（图 8.22）的楔块进行的，其结果也在该表中给出。

表 8.2 平板切割试验结果汇总（Lu et al.，1990）

参考文献	材料	β/（°）	2θ/（°）	B/mm	静态（S）或动态（D）	试件数量	C	n	$C_{1.3}$
Lu 等	低碳钢	0	40		S	2	3.5	1.2	2.4
（1990）		10	40		S	6	1.9	1.3	2.0

续表

参考文献	材料	β/(°)	2θ/(°)	B/mm	静态(S)或动态(D)	试件数量	C	n	$C_{1.3}$
Lu 等(1990)	低碳钢	0	20		S	5	3.1	1.2	2.3
		10	20		S	5	1.9	1.3	1.9
		0	20	20	S	2	2.8	1.2	2.2
		0	20	10	S	4	2.5	1.2	1.9
		10	20	10	S	8	2.1	1.2	1.9
		20	20	10	S	3	0.9	1.4	1.1
	铝	10	20		S	1	1.0	1.5	2.2
	黄铜	10	20		S	1	1.4	1.3	1.4
	铜	10	20		S	1	1.4	1.4	2.2
	硬铝	10	20		S	1	1.6	1.2	1.2
Goldfinch(1986),Prentice(1986)	低碳钢	10	20		D	11	0.9	1.5	2.0
	铝	10	20		D	13	1.9	1.2	1.5
	黄铜	10	20		D	13	0.6	1.4	1.0
	铜	10	20		D	7	2.2	1.2	1.4
	硬铝	10	40		D	3	2.8	1.0	0.8
Jones 等(1987)	低碳钢	0	15		D	5	3.8	1.4	5.4
		0	30		D	25	3.9	1.3	4.6
		0	45		D	29	4.8	1.3	4.5
		0	60		D	27	4.3	1.3	4.6

将这个能量 W 对切割长度 L 取导数，得到切割力 P 为

$$P=\frac{\partial W}{\partial L}=1.3C_{1.3}Yh^{1.7}L^{0.3} \tag{8.36}$$

例如，用 $2\theta=40°$ 的楔块切割低碳钢板，有

$$W=\begin{cases}2.0YL^{1.3}h^{1.7}, & \beta=10°\\ 2.4YL^{1.3}h^{1.7}, & \beta=0°\end{cases} \tag{8.37}$$

由落锤的动态试验发现，一般来说动态能量吸收要少于静态情形，见表 8.2 和图 8.25（这种情况的一个例外是低碳钢板，它的动态和静态的 $C_{1.3}$ 值是很接近的）。很典型地，动态试验时吸收的能量为静态试验的 75%。这是出乎意料的，因为应变率和惯性效应都是在动态加载时出现的，它们倾向于提高能量吸收能力。这种情况的主要原因是在这个问题中摩擦起了重要作用。

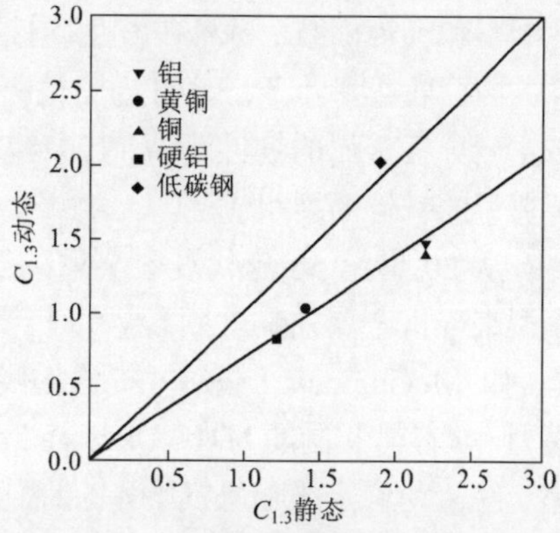

图 8.25 动态与静态试验结果的比较（Lu et al., 1990）

众所周知，在动态情况下摩擦效应减小，从而减少了能量耗散。所以从能量耗散观点来看总的动态效应，无论是提高或者是降低，它取决于相对贡献的程度。当应变率和惯性效应大于摩擦引起的减小时，总的能量吸收不会有太多改变，如对有很强应变率敏感性的低碳钢就是如此。另外，摩擦引起的耗散能量减少可能超过应变率和惯性效应导致的增加，从而在动态情况下总的能量耗散比其静态相应情形要少。这似乎解释了出现在图 8.25 中大多数材料的整体能量耗散减少的情况（这些材料如铝，是应变率相对不敏感的）。同样，对于 $\beta=0°$的板，在动态情况下 $C_{1.3}$ 的减少是不明显的。这表明有更强的惯性效应在起作用，类似于 7.2 节介绍的第 II 类结构。

对于静态加载情况下的理论分析，已经采用断裂参数临界裂纹张开位移（crack opening displacement，COD）进行研究，参见 Wierzbicki 等（1993）。理论模型给出了上述的经验公式，但是仍然未能解释试验中观察到的许多细节（Calladine，1993）。

8.6　金属的韧性断裂

在结构变形和吸收能量的过程中，金属材料通常将发生较大的塑性变形，然而由于金属材料的韧性是有限的，结构大变形过程中往往会产生裂纹或结构的整体断裂破坏。在前面的章节中，如薄壁结构的横向弯曲和轴向压溃变形分析中，都没有考虑材料断裂的影响。实际上，结构材料的断裂将对结构整体的能量吸收能力产生决定性的影响。例如，泡沫充填薄壁金属管在横向弯曲变形过程中，底部受拉区金属材料的开裂将直接导致结构的崩塌和能量吸收能力的丧失。8.1～8.5 节已经描述和分析了结构大变形同韧性断裂相伴的若干典型情形，本节再从材料微观层面来认识金属韧性断裂的主要特征和发生条件（即断裂准则），这有助于理解伴有韧性断裂的结构变形和吸收能量的过程，从而有助于建立更有理论依据据的结构失效理论模型。

经典弹塑性断裂力学主要研究含裂纹结构的裂纹扩展规律和断裂准则，而吸能结构中材料的断裂则主要涉及初始无裂纹结构的裂纹形成和扩展。材料中裂纹的形成机制非常复杂，与材料的微观结构、结构的构型和加载条件都息息相关。大体来说，材料的断裂可以划分为脆性断裂和韧性断裂。材料在发生脆性断裂前几乎没有塑性变形；工程上一般规定，光滑拉伸试样的断面收缩率小于 5%时为脆性断裂。沿晶断裂和解理断裂都是脆性断裂的典型机制。本节主要分析金属的韧性断裂，其中纯剪切断裂和韧窝断裂（微孔洞的形核、长大和聚合）是两种典型的韧性断裂机制。

从 20 世纪 50 年代观察金属拉伸试样中的孔洞生长至今，研究人员提出了许多理论分析模型来分析金属的韧性断裂。这些模型又分为两类：一类是基于物理变形机制的孔洞生长模型，如 McClintock（1968）提出的经典圆柱孔洞生长模型，Rice 等（1969）的球形孔洞生长模型，材料微孔洞的 GTN（Tvergaard et al.，1984；Gurson，1975）损伤演化模型；另一类则是基于经验和假定的唯象模型，包括损伤力学模型（Lemaitre，1996）和数量众多的经验断裂模型。从损伤是否影响材料本构的角度划分，韧性断裂又可分为耦合断裂模型和非耦合断裂模型。上述模型中，材料微孔洞 GTN 损伤演化模型和损伤力学模型属于耦合断裂模型，而其他模型则属于非耦合断裂模型。

绝大多数模型都需要通过试验来标定其中的参数。以 GTN 损伤演化模型为例，对于一种材料，其需要标定的参数多达九个以上，且这些参数之间相互耦合，这很大程度上限制了它的工程应用。相比较而言，经验断裂模型的运用往往更为方便，模型中参数的标定相对更加容易，这使它们在工程领域得到了更广泛的应用。

8.6.1 等效断裂应变的影响因素

最简单的经验断裂模型是等效塑性应变准则 $\bar{\varepsilon}$，即当材料的等效塑性应变达到某一极限值 $\bar{\varepsilon}_f$ 时，认为材料发生断裂。该断裂准则简单易行，许多大型商业有限元软件中仍在使用这一准则。然而，不同应力状态下材料断裂的等效塑性应变值是不同的，且加载历史也会对断裂应变产生决定性的影响。等效塑性应变准则显然不能准确预测大多数断裂的发生。

基于物理变形机制的理论模型（Tvergaard et al.，1984；Gurson，1975；Rice et al.，1969；McClintock，1968）和大量的试验研究（Bao，2003；Johnson et al.，1985）都表明断裂应变主要受静水压力的影响。而最近的试验研究（Korkolis et al.，2008；Barsoum et al.，2007；Bao et al.，2004）表明材料的延性既依赖于应力三轴度 η，也依赖于洛德（Lode）参数 ξ。应力三轴度 η 和洛德参数 ξ 为应力张量不变量相关的量，其定义为

$$\eta = \frac{\sigma_m}{\bar{\sigma}} \tag{8.38}$$

$$\xi = \frac{27J_3}{2\bar{\sigma}^3} = \cos 3\theta \tag{8.39}$$

式中：σ_m、$\bar{\sigma}$ 和 J_3 分别为应力第一不变量、应力第二不变量及偏应力第三不变量；θ 为洛德角参数。

θ 可进行归一化

$$\bar{\theta} = 1 - \frac{6\theta}{\pi} = 1 - \frac{2}{\pi}\arccos\xi \tag{8.40}$$

则有 $-1 \leqslant \bar{\theta} \leqslant 1$，这样的 $\bar{\theta}$ 也可称为洛德角参数。

早期的模型，如 Rice 等（1969）、Wilkins 等（1980）、Johnson 等（1985）、Bao 等（2004）的模型中只考虑了应力三轴度对断裂的影响。而近几年，由 Wierzbicki 等（2005a）及 Bai 等（2010，2008）提出的经验断裂模型都同时考虑了应力三轴度和洛德角参数的影响。图 8.26 是 Bao 等（2004）给出的等效断裂应变关于应力三轴度的断裂迹线图，图 8.27 则给出了 Bai 等（2008）提出的三维非对称断裂迹线图。

实际上与材料断裂相似，材料的塑性强化也与应力三轴度和洛德参数相关联。Bai 等（2008）对此进行了试验验证，并提出了相关塑性强化模型。材料的断裂或强化，与应力三轴度和洛德参数的具体关联性之强弱，都因材料的不同而异。对某种材料而言，关联性较弱时，可不考虑其影响。

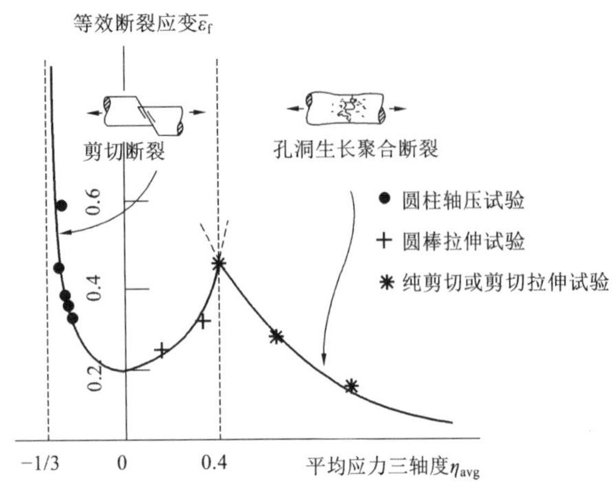

图 8.26 等效断裂应变对于应力三轴度的依赖性（Bao et al., 2004）

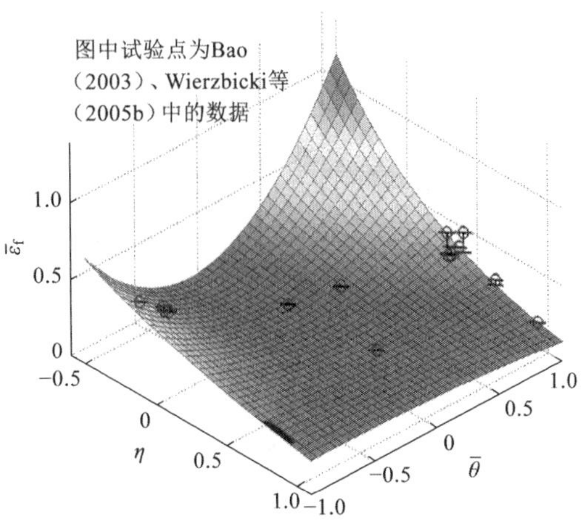

图 8.27 等效断裂应变对于应力三轴度和洛德角参数的依赖性（Bai et al., 2008）

8.6.2 几个重要的断裂模型

下面简要介绍 8.6.1 小节中提到的几种重要的断裂模型。需要注意的是，这些断裂模型中一些是基于应力的准则，而另外一些是基于应变或两者混合的准则。在一定条件下，断裂迹线（fracture locus）可在不同应力或应变空间进行相应的转换，如 Lee（2005）和 Bai 等（2010）所做的那样。

通常韧性断裂准则可表示为关于等效塑性应变积分的形式

$$\widehat{D}(\bar{\varepsilon}_p)=\int_0^{\bar{\varepsilon}_p} G(\text{应力状态，应力效率，温度，}\cdots)\,\mathrm{d}\bar{\varepsilon}_p \tag{8.41}$$

式中：$\widehat{D}$ 为损伤演化指标，可假定当 $\widehat{D}$ 等于临界值 $\widehat{D}_{cr}=1$ 时，材料发生断裂。当仅考虑准静态和等温状态，或应变率和温度影响较小时，可只考虑应力状态即应力三轴度和洛德角参数的影响。如假定损伤积累与等效塑性应变增量之间为线性关系（Wierzbicki et al., 2005b），式（8.41）可表示为

$$\widehat{D}(\bar{\varepsilon}_p)=\int_0^{\bar{\varepsilon}_f}\frac{d\bar{\varepsilon}_p}{f(\eta,\bar{\theta})} \tag{8.42}$$

若应力状态在加载过程中保持不变，则发生断裂时有

$$\bar{\varepsilon}_f=f(\eta,\bar{\theta}) \tag{8.43}$$

式（8.43）即为三维断裂迹线的函数表达式。

下面列出了一些重要的经验断裂模型所采用的函数表达式（Bai, 2007），以下式中 $\bar{T}$ 为温度，$\bar{T}_M$ 为熔融温度，$\bar{T}_0$ 为室内温度；c_1、c_2、c_3、c_4、D_1、D_2、D_3、D_4、D_5、D_6、A、a、m、M、λ、μ 均为材料参数，具体含义请参阅相关文献。

Rice 等（1969）

$$\bar{\varepsilon}_f(\eta)=c_1\mathrm{e}^{c_2\eta} \tag{8.44}$$

Wilkins 等（1980）

$$\bar{\varepsilon}_f=\widehat{D}_c(1-a\sigma_m)^{\lambda}(2-A)^{-\mu} \tag{8.45}$$

Johnson 等（1985）

$$\overline{\varepsilon}_{\mathrm{f}}(\eta,\dot{\varepsilon},\overline{T})=(D_1+D_2\mathrm{e}^{D_3\eta})\left[1+D_4\ln(\dot{\varepsilon}/\dot{\varepsilon}_0)\right]\left[1+D_5\left(\frac{\overline{T}-\overline{T}_0}{\overline{T}_M-\overline{T}_0}\right)^m\right] \tag{8.46}$$

Wierzbicki 等（2005a）

$$\overline{\varepsilon}_{\mathrm{f}}(\eta,\xi)=c_1\mathrm{e}^{-c_2\eta}-(c_1\mathrm{e}^{-c_2\eta}-c_3\mathrm{e}^{-c_4\eta})(1-\xi^M) \tag{8.47}$$

Bai 等（2008）

$$\overline{\varepsilon}_{\mathrm{f}}(\eta,\overline{\theta})=\left[\frac{1}{2}(D_1\mathrm{e}^{-D_2\eta}+D_5\mathrm{e}^{-D_6\eta})-D_3\mathrm{e}^{-D_4\eta}\right]\overline{\theta}^2+\frac{1}{2}(D_1\mathrm{e}^{-D_2\eta}-D_5\mathrm{e}^{-D_6\eta})\overline{\theta}+D_3\mathrm{e}^{-D_4\eta} \tag{8.48}$$

Bai 等（2010）将莫尔–库仑定律运用到韧性断裂的情形，其特点是可以同时预测断裂面的方向，且该准则可以退化为最大剪应力准则。通过转换到等效应变空间并采用 von Mises 屈服准则，其三维断裂迹线函数表达式为

$$\overline{\varepsilon}_{\mathrm{f}}(\eta,\overline{\theta})=\left(\frac{A}{c_2}\left\{\sqrt{\frac{1+c_1^2}{3}}\cos\left(\frac{\overline{\theta}\pi}{6}\right)+c_1\left[\eta+\frac{1}{3}\sin\left(\frac{\overline{\theta}\pi}{6}\right)\right]\right\}\right)^{-\frac{1}{n}} \tag{8.49}$$

此外，Bao 等（2004）提出了如图 8.26 所示的三阶段函数表达形式，其中一个重要概念是提出了关于应力三轴度截断值的概念。他们发现当应力三轴度小于−1/3（Bao et al.，2005）时，断裂应变值为无限大，即不会发生断裂。当考虑洛德角参数影响时，材料断裂的应力三轴度截断值变为一个应力状态截断区（Bai et al.，2010）。

在上述函数表达式中，除应力状态相关的量和应变率、温度外，都是需要进行标定的材料参数。为了进行参数标定，需要使试件在不同应力状态下进行断裂试验，目前常采用的一些试件如图 8.28 所示。这些试验包括开槽和光滑圆棒的拉伸、开槽平板的拉伸、不同尺寸圆柱的压缩、简单剪切和联合剪切拉伸、圆管和实心方柱的拉伸、带孔板和哑铃形试样的拉伸、圆管的胀形等。不同试验对应不同的应力状态，且在变形至断裂过程中，试件需要尽量保持恒定的应力状态。Wierzbicki 等（2005b）、Lee（2005）、Teng 等（2006）、Bai 等（2015）对上述一些经验断裂模型进行了参数标定和对比分析，有兴趣的读者可以参见原文。

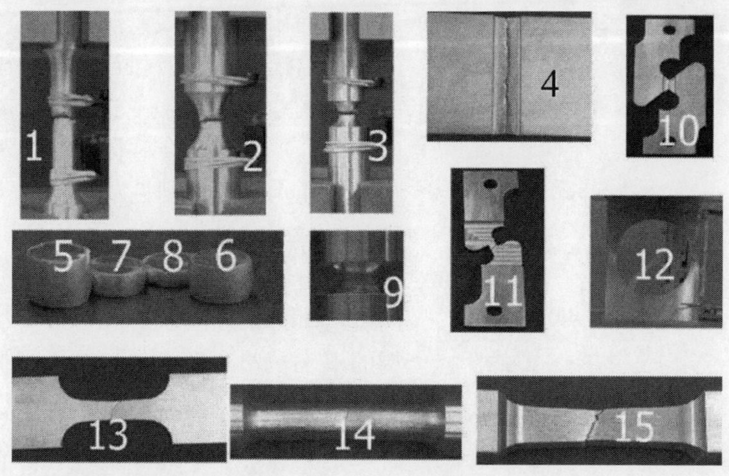

图 8.28　经验断裂模型参数标定常用试验试件（Bai et al.，2010）

需要强调的是，在通过各种试件进行加载断裂试验，并对断裂模型参数进行标定的过程中，试件的应力状态通常处于变化之中。因此参数的标定一般取加载过程中应力三轴度和 Lode 参数的平均值来进行。试验中断裂发生处的应力三轴度、洛德参数和等效塑性应变值无法直接测量得到，往往需要通过对试验过程进行数值模拟仿真来得到。

上面介绍的这些断裂模型都得到了大量的试验验证，并应用于工程中各种静动态断裂问题的模拟，取得了很好的效果，如：Lee 等（2004）、Teng 等（2005a，2005b）、Mae 等（2007）、Wang 等（2015a）、Gilioli 等（2015）。图 8.29 给出了 Lee 等（2004）对球形压头加载下薄板的断裂模拟与试验结果的对比图，周向裂纹的断裂位置和模式都得到了准确的预测。此外，压头载荷与加载位移关系曲线也与试验吻合良好。

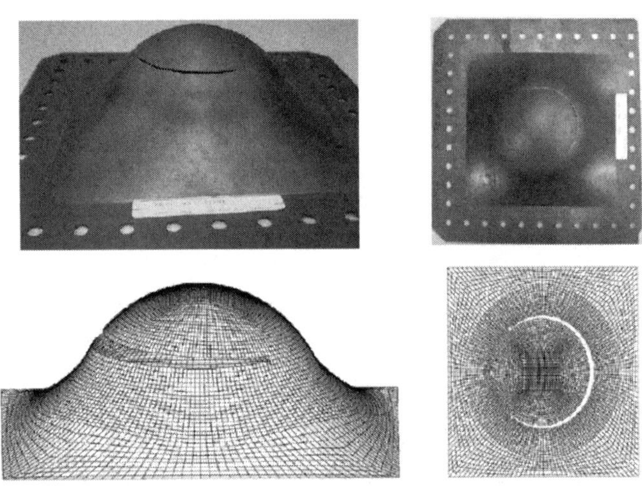

图 8.29　球形压头加载下薄板的断裂模拟与试验结果对比图（Lee et al.，2004）

8.6.3　加载历史的影响

结构材料在变形过程中可能经历复杂的加载历史（路径）。例如，实心梁在三点弯曲下随着裂纹的出现和扩展，一部分原本受压的区域转变为受拉区。再例如，轴压方管在压溃褶曲的过程中，角形区一边的材料先受到横向压缩后受到横向拉伸。加载历史会对材料的断裂产生重要的影响。然而上述金属韧性断裂模型及其参数标定一般都是基于单调加载条件，这种情况下断裂模型通常并不能有效预测复杂加载历史条件下材料的断裂。如图 8.30 所示，Johnson 等（1985）对无氧铜的双轴试验表明在先扭转后拉伸条件下，材料在损伤演化指标 $\widehat{D}$ 远小于 1 时就发生断裂。

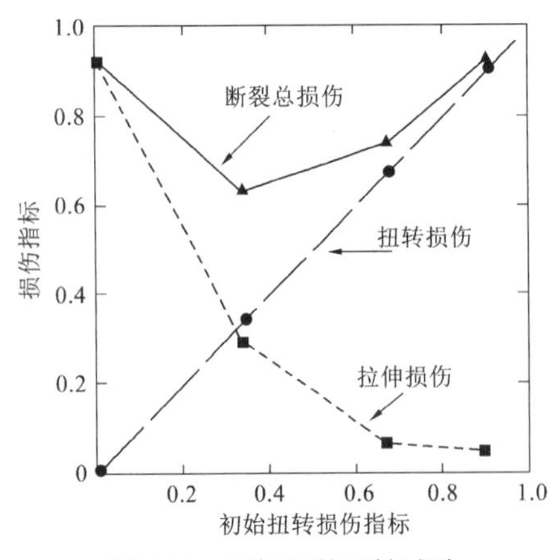

图 8.30　无氧铜的双轴试验（Johnson et al.，1985）

式（8.42）中假定损伤积累与等效塑性应变增量之间为线性关系，然而一般来说，即使在比例加载条件下损伤积累也不是线性的。当加载过程为非比例加载时，问题变得更为复杂。Bai（2007）提出在式（8.42）中引入两个权值函数 $g(\lambda)$ 和 $h(\widehat{D},\mu)$ 来考虑加载历史的影响，其损伤演化指标函数为

$$\widehat{D}(\bar{\varepsilon}_{\mathrm{p}})=\int_0^{\bar{\varepsilon}_{\mathrm{f}}} g(\lambda)\,h(\widehat{D},\mu)\frac{\mathrm{d}\bar{\varepsilon}_{\mathrm{p}}}{f(\eta,\bar{\theta})} \tag{8.50}$$

其中 $g(\lambda)$ 用于考虑比例加载条件下不同加载阶段的影响，$h(\widehat{D},\mu)$ 则用于考虑非比例加载的影响。Bao 等（2004）将这一方法用于预压开槽圆棒的受拉断裂预测。Bai 等（2006）则分析轴压方管的压溃断裂，准确预测了断裂发生时的加载距离和裂纹萌生的位置。

总体而言，关于加载历史对韧性断裂的影响，研究比较欠缺。然而，现代工业产品在制造过程中都会受到一定的预加载，并对产品的后期服役使用过程产生影响，因此考虑加载历史对材料断裂的影响是一个不可回避的课题。

8.7 进一步讨论

本章介绍了涉及塑性变形伴有韧性撕裂的研究状况和一些例子。所介绍的工作主要是试验方面的，由于问题的复杂性，理论分析是具有挑战性的。例如，一个主要困难是撕裂能量的估计，以及对它与其他形式塑性变形可能的交互作用的了解。除了圆管开裂的一个分析外，我们还不能建立有关的理论，因为目前在这方面的知识是非常有限的。另一个相关的工作是 Wierzbicki 等（1993）给出的，在他们的工作中，通过总能量的极小化处理，撕裂能量似乎会影响到远处的塑性变形。

在所介绍的例子中，已看到撕裂能量的贡献有时只占总耗散能量的一个很小的部分。但是，撕裂过程在维持所期望的能量耗散机制中是很重要的，如确保在长的行程中作用力处于稳定平台状态。另外，摩擦可能成为主要的能量耗散机制，这就导致如下的观点：与人们期望的相反，在动态情况下的能量吸收能力不一定优于相应的静态情形；相反地，它可能更差。这是因为在动态情形下摩擦要小于静态情形，如果摩擦对总的能量耗散贡献较大，就会发生上述情形。这一论点在设计和评估能量吸收系统时值得注意。

能量吸收结构在变形过程中总要经历较大的应力和变形，但即使是经过良好热处理的金属材料，其韧性也是有限的。8.6 节从另一层面介绍了金属材料韧性断裂的基本特征和模型，指出了影响断裂的各种影响因素，分析了这方面所面临的问题。

9 圆柱壳和球壳

本章再分析讨论五个涉及壳体结构塑性大变形的例子：圆管的翻转、管件鼻状成型、圆管的胀管、集中载荷作用下球壳的翻转和水下管道塌陷的传播。除管件鼻状成型外，这些情况中出现的是几乎为稳态传播的塑性区。对圆管的翻转和胀管之外的三种情况，应用平衡法求解。平衡法给出的结果比前面各章普遍使用的能量法与试验更为符合。

9.1 圆管翻转

圆管无论是向内还是向外翻转都要耗散能量。这种工艺过程可以用于设计可塌陷的驾驶杆或者其他能量吸收装置。这种装置的一个关键优点是能够获得作用力不变的稳定状态，这对于能量吸收来说是非常理想的。圆管翻转可以借助模具或者不需要模具实现[后者称为自由翻转（free inversion）]，见图 9.1。图 9.2 为在模具上外翻转和内翻转的照片（Al-Hassani et al.，1972）。典型的外翻转和内翻转的载荷–位移曲线分别如图 9.3（a）和（b）所示。对于这两种情况，铝管的壁厚为 1.6 mm，外径为 50.8 mm，长度为 89 mm。模具的半径为 4 mm。这两条曲线显示了非常相似的特点：它们都有两个初始峰值，随后是作用力基本恒定的稳定状态。当位移大约达到管径一半时，作用力开始变得恒定。在初始过渡阶段，管壁与模具面并不贴合，很可能开始是边缘接触，随后在离边缘一定距离处发生塑性弯曲，从而导致第一个峰值力。进入稳定状态前的后一个阶段，出现了管壁与模具之间的摩擦，以及管壁的塑性弯曲和拉伸。弯曲半径并不一定要等于模具半径。事实上，已经发现该半径并不是常数。利用有限元软件 ABAQUS（Reid et al.，1998b），这个过程已经被成功地再现。试验和 ABAQUS 计算得到的低碳钢管准静态内翻转的载荷–位移曲线如图 9.4 所示。计算中使用了轴对称固体连续单元，所使用的材料模型为弹–线性强化。为了与试验结果相配合，取摩擦系数为 0.15。

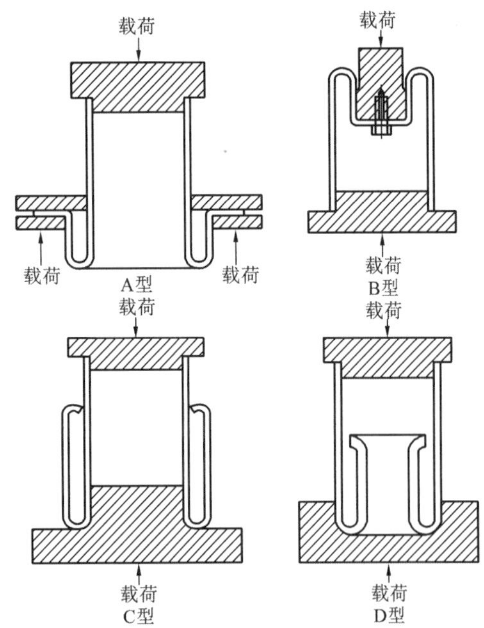

图 9.1 圆管翻转的四种类型示意图（Al-Hassani et al.，1972）

图 9.2 翻转圆管放在相应模具上的截面照片（Al-Hassani et al.，1972）

为了求出稳定状态下的作用力，可以进行简单的分析（Guist et al.，1966）。考虑如图 9.5 所示的圆管自由外翻转。当管子的内侧部分被向下推压时，材料首先由点 A 处进入环壳区，

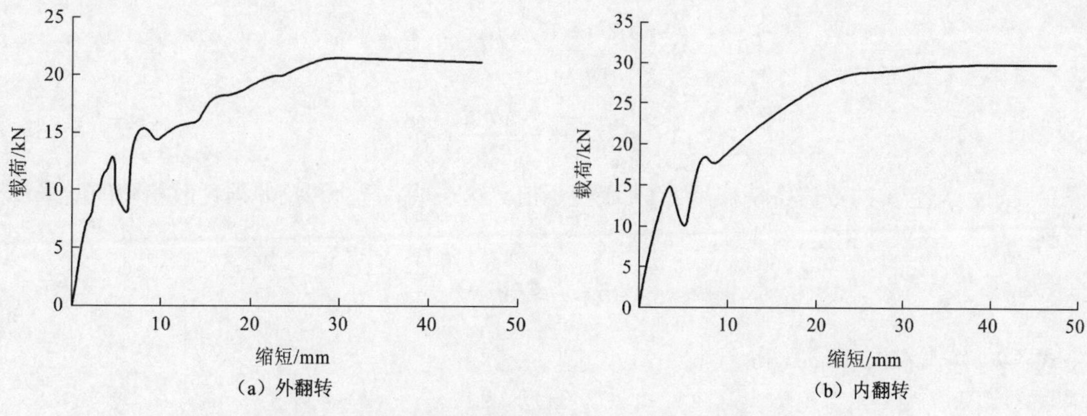

（a）外翻转　　（b）内翻转

图 9.3　典型的载荷–位移曲线（Al-Hassani et al.，1972）

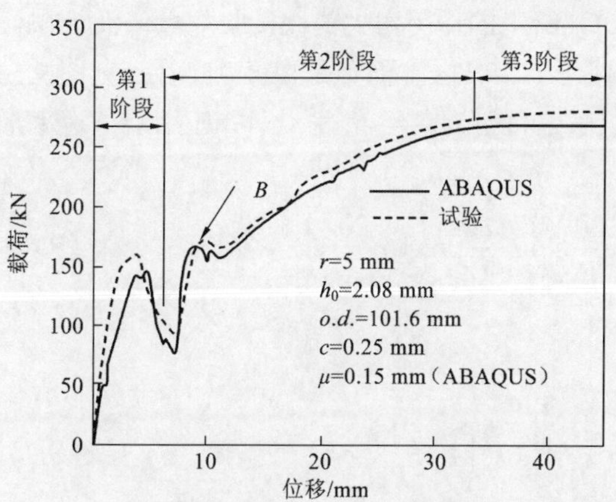

图 9.4　低碳钢管准静态内翻转的试验与 ABAQUS 计算结果（Reid et al.，1998b）

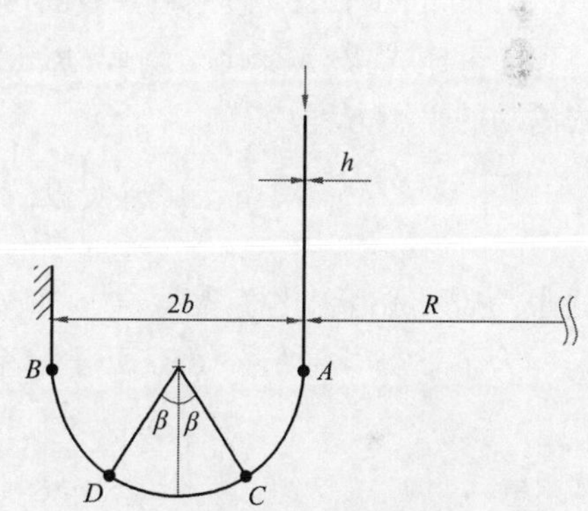

图 9.5　管壁自由外翻转示意图（Guist et al.，1966）

在这里发生沿子午线方向的弯曲。子午线方向自由成型的半径假定为常数（值为 b），它也称为卷曲半径（knuckle radius）。当材料在 B 点处退出这个环壳区时，它被沿子午线方向拉直，回到零曲率，但是圆管半径现在变为 $R+2b$，因此有应变为 $2b/R$ 的周向拉伸。假定材料服从特雷斯卡屈服准则，根据关联正交法则，子午线方向和周向的应变增量相等反号。厚度没有发生改变。

令内侧管子向下移动一个单位距离，则通过环壳区的表面面积为$(2\pi R)/2$。拉伸耗散的能量为

$$W_{\mathrm{s}} = \pi Rh\frac{2b}{R}Y = 2\pi hbY \tag{9.1}$$

式中：Y 为屈服应力，h 为厚度。

弯曲耗散能量为

$$W_{\mathrm{b}} = 2\pi R\frac{1}{b}M_{\mathrm{o}} = \frac{\pi h^2 R}{2b}Y \tag{9.2}$$

注意到 $M_{\mathrm{o}} = Yh^2/4$，令内部耗散能量等于外载荷 P 所做的功，有

$$P \cdot 1 = W_s + W_b$$

或

$$P = 2\pi hbY + \frac{\pi h^2 R}{2b} Y \tag{9.3}$$

现在要求，半径 b 的数值将使作用力 P 取极小值。这表明，弯曲和拉伸须耗散相同的能量。因此

$$b = \frac{1}{2}\sqrt{Rh} \tag{9.4}$$

将式（9.4）代入式（9.3），得

$$P = 2\pi Yh\sqrt{Rh} \tag{9.5}$$

式（9.4）所预言的卷曲半径 b 大约为试验测量值的两倍，而式（9.5）则低估了实际的稳定状态作用力。如果使用测量得到的 b 值，则式（9.3）给出的作用力大约比试验测量值低 15%。

Calladine（1986）假定塑性铰圆可能分别形成于 C 和 D 处，而不是在 A 和 B 处，见图 9.5。C 和 D 的位置随 b 变化。后来，Reddy（1992）假定材料为刚–线性强化，并应用能量速率形式的功的平衡方程，得到

$$P = 2\pi RYh\left\{\frac{h}{4b} + \frac{1}{\sqrt{3}}\ln\left(1+\frac{2b}{R}\right)\left[1+\frac{E_P}{2Y}\ln\left(1+\frac{2b}{R}\right)\right]\right\} \tag{9.6}$$

式中：E_P 为线性强化模量。

为了求得半径 b，令 $\mathrm{d}P/\mathrm{d}b = 0$，得到

$$\left(\frac{b}{R}\right)^2 \frac{8}{\sqrt{3}}\left[1+\frac{E_P}{Y}\ln\left(1+\frac{2b}{R}\right)\right] - \frac{h}{R}\left(1+\frac{2b}{R}\right) = 0 \tag{9.7}$$

可以通过数值求解式（9.7）得到 b 的值，将之代回式（9.6）给出稳定状态作用力。通过计算发现，分别对于 $h/R = 0.02$ 和 0.1，以及 $E_P/Y = 3.5$ 和 5.5 时，试验与理论结果之间符合得极好。

尽管在 Reddy（1992）的理论中，对于给定的 h/R 值，通过调整 E_P/Y 可以获得与试验中的作用力 P 和卷曲半径 b 吻合的理论值，但对于给定的材料而言，E_P/Y 却并非可以调整的参数。Qiu 等（2013）和 Yu 等（2015）基于理想弹塑性材料模型，运用 ABAQUS 进行了自由外翻的有限元分析。在这种情况下，Reddy（1992）模型与 Guist 等（1966）的预测结果基本一致，而与有限元结果存在显著差异：高估了卷曲半径，并且低估了加载作用力。基于 Colokoglu 等（1996）提出的“两阶段”理论，并考虑翻转不同阶段管壁厚度与速度的变化，Yu 等（2015）给出了更为精细的理论分析模型。

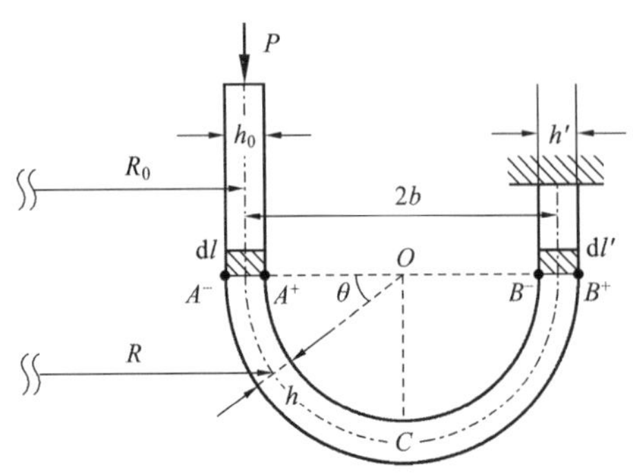

图 9.6 管壁自由外翻剖面图（Yu et al.,2015）

所谓“两阶段”理论，即将管壁材料从 A 到 B 的外翻过程分为 AC 和 CB 两个阶段。如图 9.6 所示，在 AC 阶段材料受到周向拉伸和轴向压缩，因此假定在此区域管壁厚度保持不变。由于材料质量守恒，显然随着管径的增大，材料在 AC 段的速度会逐渐变小。在 CB 阶段，假定材料速度保

持为常数，由于管壁材料同时受到周向和轴向拉伸，因此壁厚将逐渐变薄。Yu 等（2015）的模型中，假定管壁在 A、B 处的厚度分别为 h_0 和 h'，而材料在 A、B 处的速度分别为 v_0 和 v'。

圆管自由翻转变形的能量耗散可分为四个部分：周向（环向）拉伸、周向弯曲、轴向（子午线方向）弯曲和轴向拉伸。其中周向拉伸和轴向弯曲变形已在 Guist 等（1966）模型中介绍过，但由于这里需要考虑壁厚的改变，因而稍有变化。对于理想刚塑性材料，A、B 处的完全塑性弯矩分别为 $M_\mathrm{o}=Yh_0^2/4$ 和 $M_\mathrm{o}'=Yh'^2/4$，而完全塑性轴力分别为 $N_\mathrm{o}=Yh_0$ 和 $N_\mathrm{o}'=Yh'$。为了简化分析，不考虑弯矩和轴力之间的耦合作用，并采用 A、B 处完全塑性弯矩与轴力的平均值近似作为整个翻转过程的平均值。

圆管外翻的周向拉伸应变率为 $2b/R_0$，A、B 处的轴向弯曲曲率变化率为 $1/b$，则周向拉伸和轴向弯曲能量耗散率分别为

$$\dot{E}_\phi^\mathrm{s}=(N_\mathrm{o}+N_\mathrm{o}')\frac{b}{R_0} \tag{9.8}$$

$$\dot{E}_\mathrm{a}^\mathrm{b}=(M_\mathrm{o}+M_\mathrm{o}')\frac{1}{b} \tag{9.9}$$

式中：$\dot{E}$ 为单位面积材料通过 AB 区间时的能量耗散率，下标 ϕ 和 a 分别为周向和轴向，上标 s 和 b 分别为拉伸和弯曲。

周向弯曲和轴向拉伸是以前的模型中所忽略的部分，但轴向拉伸所耗散的能量却对理论预测结果具有十分重要的影响。对于周向弯曲，如图 9.6 所示，经过 A^-点的材料将通过 B^+点，而经过 A^+点的材料则通过 B^-点，显然存在周向弯曲。考虑到壁厚相对半径而言很小，忽略厚度引起的曲率差异，从 A 处到 B 处的周向曲率变化率为

$$\dot{\kappa}_\phi=\frac{1}{R_0}-\left(-\frac{1}{R_0+2b}\right)=\frac{2(R_0+b)}{R_0(R_0+2b)} \tag{9.10}$$

而对于轴向拉伸，考虑始末状态的材料速度变化，拉伸应变率为

$$\dot{\varepsilon}_\mathrm{a}=\frac{v_0-v'}{v_0} \tag{9.11}$$

因此周向弯曲和轴向拉伸的能量耗散率分别为

$$\dot{E}_\phi^\mathrm{b}=(N_\mathrm{o}+N_\mathrm{o}')\frac{v_0-v'}{2v_0} \tag{9.12}$$

$$\dot{E}_\mathrm{a}^\mathrm{s}=(M_\mathrm{o}+M_\mathrm{o}')\frac{(R_0+b)}{R_0(R_0+2b)} \tag{9.13}$$

外力的功率为

$$\dot{w}=P\cdot(v_0+v') \tag{9.14}$$

根据能量守恒

$$\dot{w}=(\dot{E}_\phi^\mathrm{s}+\dot{E}_\phi^\mathrm{b}+\dot{E}_\mathrm{a}^\mathrm{s}+\dot{E}_\mathrm{a}^\mathrm{b})\cdot 2\pi R_0 v_0 \tag{9.15}$$

得到

$$P=2\pi R_0\frac{v_0}{(v_0+v')}(\dot{E}_\phi^\mathrm{s}+\dot{E}_\phi^\mathrm{b}+\dot{E}_\mathrm{a}^\mathrm{s}+\dot{E}_\mathrm{a}^\mathrm{b}) \tag{9.16}$$

式（9.16）为卷曲半径 b 的函数，根据驻值条件（$\mathrm{d}P/\mathrm{d}b=0$）可得到一个关于 b 的隐式表达式，将求解的 b 值代入式（9.16）即可得到管外翻的稳态作用力。

根据材料体积守恒，如图 9.6 中对应 θ 角处的材料微元有

$$2\pi R_0 v_0 h_0 = 2\pi R(\theta)\cdot v(\theta)\cdot h(\theta) \tag{9.17}$$

式中：$R(\theta)$、$v(\theta)$、$h(\theta)$ 分别为微元距中心轴的距离、微元的速度和厚度。其中

$$R(\theta) = R_0 + b(1-\cos\theta) \tag{9.18}$$

根据两阶段假定，AC 段壁厚保持不变，CB 段材料速度保持恒定，得

$$v' = \frac{R_0}{R_0+b}v_0 \tag{9.19}$$

$$h' = \frac{R_0+b}{R_0+2b}h_0 \tag{9.20}$$

将式（9.19）、式（9.20）代入式（9.16），得到稳态翻转作用力为

$$P = \pi Y R_0 h_0 \frac{R_0+b}{2R_0+b}\left\{\frac{1}{4}\left[1+\left(\frac{R_0+b}{R_0+2b}\right)^2\right]\left(\frac{2h_0}{R_0}\frac{R_0+b}{R_0+2b}+\frac{2h_0}{b}\right)+\frac{2R_0+3b}{R_0+2b}\left(\frac{2b}{R_0}+\frac{b}{R_0+b}\right)\right\} \tag{9.21}$$

式（9.21）过于复杂，考虑到卷曲半径相对管径而言很小，通常 $b/R_0<0.15$，此时 $(R_0+b)/(R_0+2b)$ 和 $(R_0+b)/(R_0+b/2)$ 可约等于 1，式（9.21）简化为

$$P = \pi Y R_0 h_0\left(\frac{h_0}{2R_0}+\frac{h_0}{2b}+\frac{2b}{R_0}+\frac{b}{R_0+b}\right) \tag{9.22}$$

通过将载荷和卷曲半径进行无量纲化，定义 $\bar{P} = P/2\pi Y R_0 h_0$ 和 $\bar{b} = b/h_0$，它们相对于无量纲参数 h_0/R_0 的变化曲线绘于图 9.7。图 9.7 给出了由式（9.21）和式（9.22）得到的结果，同时也给出了假定 AB 翻转全过程中保持壁厚为常数和材料速度为常数时的结果。可以看到式（9.22）和式（9.21）的曲线几乎重合，说明简化过程对结果没有造成影响。通过与 ABAQUS 有限元和试验结果对比表明，采用式（9.22）时理论值与试验和有限元计算都吻合得较好。如果采用常厚度假定，卷曲半径显著高估，而作用力显著低估。如果采用常速度假定，卷曲半径吻合较好，而作用力则显著高估。

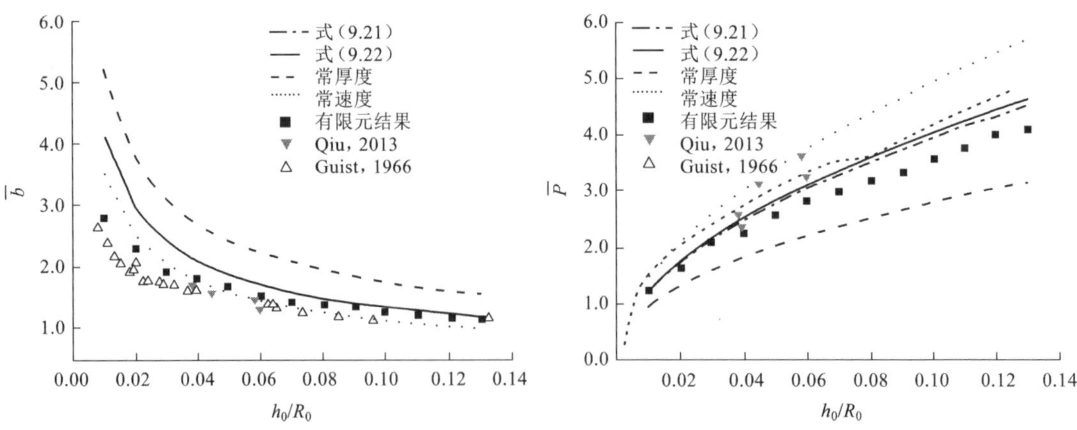

图 9.7 无量纲卷曲半径和作用力曲线（Yu et al.，2015）

对式（9.16）中各部分能量的进一步计算表明，周向弯曲能量耗散占总能耗的 3%～5%，而轴向拉伸变形能耗约占总能耗的 15%。显然忽略后者将对理论结果带来较大的影响。事实上忽略这部分能量是之前的理论模型不能对卷曲半径进行较好预测的根本原因。

Qiu 等（2016）进一步研究发现翻转区域内截面弯矩是不断变化的。图 9.6 中，在 AC 段上截面内力矩不断增大，C 点达到最大值，在 CB 段力矩逐渐减小。考虑到真实材料一般都具有强化特征，截面内力矩的变化必然导致翻转区曲率的变化。随后的有限元模拟结果也证实了这一点。基于这一考虑，Qiu 等（2016）利用材料的屈服面重新估计了翻转过程中的能量耗散，大大提高了对翻转半径的预测精度，所预测的稳态翻转力介于模拟值和试验值之间，足以适用于工程应用。

上述对圆管自由翻转的研究方法可以用于借助模具翻转的圆管的研究。例如，Al-Hassani 等（1972）研究了借助模具的圆管的外翻转。他们假定材料服从如下的应力–应变关系式为

$$\sigma = A(B + \varepsilon)^n \tag{9.23}$$

式中：A、B 和 n 为常数。

通过载荷的极小化得到卷曲半径，其结果与式（9.4）相同。相应的作用力为

$$P = \frac{4\pi RhA}{n+1}\left[B + \frac{2}{\sqrt{3}}\ln\left(1+\sqrt{\frac{h}{R}}\right)\right]^{n+1} \tag{9.24}$$

式（9.24）与试验结果符合很好。

对于借助模具的外翻转和内翻转，Lenard（1978）和 Reddy（1989）给出了过渡阶段的力–位移关系曲线。研究中假定了管壁与模具完全贴合，而且它们之间没有摩擦，稳态作用力也可以得到，有兴趣的读者可参看原始文献。另外，这个关系式可以利用平衡法得到，这种平衡法将在 9.2 节分析管子头部成型中应用。管子翻转中的动力效应也已经被研究过了（Reid et al.，1998b；Miscow et al.，1997；Colokoglu et al.，1996）。

此外，对于借助模具的翻转，理论分析一般认为在管末端卷曲半径应始终等于模具半径，即最佳模具半径应该与自由翻转半径相同。Yu 等（2016）则认为，管末端翻转过程分为两个阶段，管末端未脱离模具时，管子沿着模具轮廓翻转，管末端脱离模具后，会以一个新的曲率半径进行自由卷曲。他们据此建立了理论模型，得到了自由卷曲半径与模具半径之间的关系，并给出了最佳模具半径的计算方法。

9.2 管件向内的鼻状成型

与管件翻转有密切联系的是管件的鼻状成型（tube nosing）（见图 9.8，管件向内的鼻状成型）。载荷随管件端部位移的增加而增加（图 9.9）。当管子被向下压时，管壁贴合着模具沿子午线方向弯曲。与此同时，管壁沿周向发生压缩。若不考虑由于周向压缩引起的皱曲，可以进行下界和上界分析（Reid et al.，1998b）。

和 9.1 节一样，假定材料屈服遵从特雷斯卡准则，并假定膜力与弯矩之间没有交互作用。壁厚方向的应力很小，有 $\sigma_{\text{h}} \approx 0$。子午线方向应力 σ_{a} 和周向应力 σ_ϕ 都是压应力，并有 $\sigma_\phi \geqslant Y$。

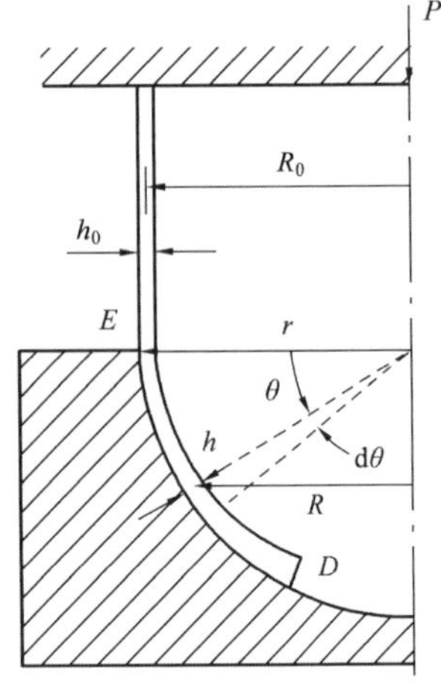

图 9.8 管壁内翻转和鼻状成型示意图

根据正交法则，子午线方向应变增量 $\dot{\varepsilon}_a$ 为零。因为变形过程中体积不变（即有 $\varepsilon_\phi+\varepsilon_h+\varepsilon_a=0$），有

$$\varepsilon_\phi=-\varepsilon_h \tag{9.25}$$

或

$$Rh=R_0h_0 \tag{9.26}$$

其中 R 和 h 为图 9.8 所示的当前半径和厚度。另外，假定摩擦系数 μ 等于 0.15。材料是刚–线性强化的。因此，周向应力为

$$\sigma_\phi=Y+E_P\left(1-\frac{R}{R_0}\right) \tag{9.27}$$

下界分析涉及平衡条件和屈服条件。考虑如图 9.8 所示的处于向内鼻状成型的管子，令管壁与模具之间的接触压力为 P。沿厚度和子午线方向的平衡方程分别为

$$Pr\left(R+\frac{h}{2}\cos\theta\right)=\sigma_a Rh+\sigma_\phi h\left(r-\frac{h}{2}\right)\cos\theta \tag{9.28}$$

和

$$-R_0h_0\frac{d\sigma_a}{d\theta}=uPr\left(R+\frac{h}{2}\cos\theta\right)+\sigma_\phi h\left(r-\frac{h}{2}\right)\sin\theta \tag{9.29}$$

从这两个方程中消去 P 得到

$$-\frac{d\sigma_a}{d\theta}=\mu\sigma_a+\frac{\sigma_\phi}{R}\left(r-\frac{h}{2}\right)(\mu\cos\theta+\sin\theta) \tag{9.30}$$

因为按照模具的几何形状知 R 与 θ 有关，而 σ_ϕ 在式(9.30)中以 R 的形式给出，所以在式(9.15)中，变量只有 σ_a 和 θ。边界条件为：在管子的前缘有 $\theta=\theta_0$ 和 $\sigma_a=0$。因此，可以通过数值积分式（9.30），得到沿 ED 线（图 9.8）的子午线方向应力 σ_a。特别是，可以由 E 点应力 $(\sigma_a)_E$ 给出轴力

$$N_L=2\pi R_0h_0(\sigma_a)_E \tag{9.31}$$

由能量守恒可以得到一个上界解。根据能量守恒，外力的功率必须等于塑性耗散功率，它来自子午线方向的塑性弯曲、周向压缩及界面之间的摩擦。如果管子端部移动的速率为 $\dot{s}$，相应的功率则为 $N\dot{s}$。因此有

$$N\dot{s}=\dot{W}_b+\dot{W}_c+\dot{W}_f \tag{9.32}$$

子午线方向塑性弯曲耗散的速率是

$$\dot{W}_b=\frac{2\pi R_0h_0^2Y\dot{s}}{4(r-h_0/2)} \tag{9.33}$$

当管子以速率 $\dot{s}$ 向下移动时，变形中的管壁以角速度 $\dot{s}/r$ 沿模具表面滑动。因此，周向应变增量为

$$\dot{\varepsilon}_\phi=\frac{\dot{R}}{R}=\frac{1}{R}\frac{dR}{d\theta}\frac{\dot{s}}{r} \tag{9.34}$$

能量耗散速率是整个变形体积上应力 σ_ϕ 和应变增量的乘积

$$\dot{W}_{\mathrm{c}} = 2\pi R_0 h_0 \dot{s} \int_{\theta_E}^{\theta_D} \frac{\sigma_\phi}{R} \left(\frac{\mathrm{d}R}{\mathrm{d}\theta} \right) \mathrm{d}\theta \tag{9.35}$$

由前面的平衡方程可以得到界面压力，则摩擦耗散能量的速率为

$$\dot{W}_{\mathrm{f}} = 2\pi R_0 h_0 \mu r \dot{s} \left(\int_{\theta_E}^{\theta_D} \frac{\sigma_{\mathrm{a}}}{r - h/2} \mathrm{d}\theta + \int_{\theta_E}^{\theta_D} \frac{r_\theta \cos\theta}{R} \mathrm{d}\theta \right) \tag{9.36}$$

这里的σ_ϕ和σ_{a}分别由式（9.27）和式（9.30）给出。将式（9.33）、式（9.35）和式（9.36）代入式（9.32），则可以给出作用力上界的一个估值。

对于不锈钢、铝合金和低碳钢试件，由下界和上界分析得到的数值结果如图9.9所示。它们与试验结果符合得很好。对于其他加载情况，如管子翻转的瞬变阶段，只要管壁的变形与模具表面贴合，便很容易仿效进行分析。

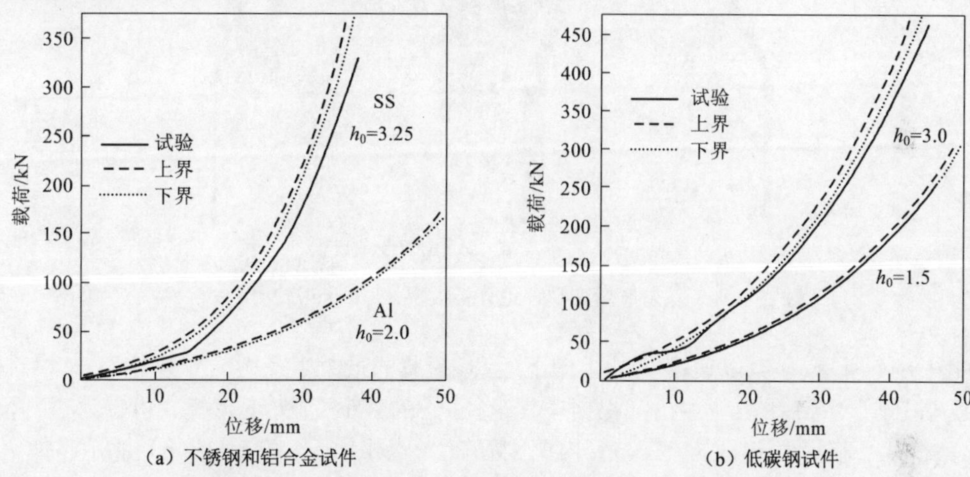

图9.9 圆管鼻状成型的试验和理论的载荷–位移曲线（Reid et al.，1998b）（模具半径为50 mm）

9.3 圆管的胀管

与鼻状成型减小管径相反的是圆管的胀管，即通过模具使圆管的直径扩大。与管的翻转一样，在胀管的稳定阶段，其作用力几乎保持不变，具有理想能量吸收器的特征。尽管这一机制很早就应用到航天器着陆缓冲装置及其他工程领域，其吸能机理的理论研究却并不多。胀管的早期研究主要集中在成形过程的可行性方面，Lu（2004）首先对采用锥形或圆弧形模具的胀管过程进行了分析，建立了模具加载行程、管径比和管端变形参数之间的理论关系。Daxner等（2005）和Almeida等（2006）基于试验分析了胀管过程中可能出现的断裂、颈缩、局部屈曲、褶皱等不稳定现象。

Shakeri等（2007）首次提出将胀管过程应用于能量吸收，而稳定变形阶段的驱动力则是能量吸收的关键。Fischer等（2006）给出了锥形模具胀管过程中模具驱动力与其位移之间的理论解。求解过程中他们假定在扩张区厚度线性变化，并忽略了材料强化和界面摩擦。Seibi等（2005）与Karrech等（2010）则给出了既考虑变形过程中管壁厚度变化，也考虑材料强化

及摩擦的理论分析模型。随后，其他研究人员（Yan et al., 2016; Al-Abri et al., 2013; Yang et al., 2010）也对模具胀管过程进行了试验、数值和理论研究。

胀管的轴对称理论分析模型中，管截面的变形特征通常由三段直线构成，如图 9.10（a）所示，分别代表未变形区、模具胀管区和已扩张区，然而最近 Liu 等（2016）及 Liu 等（2017）发现采用圆弧段进行过渡更为贴合实际变形，并提出了一个更全面的理论分析模型。如图 9.10（b）所示，根据数值计算结果，管截面的变形与两段圆弧几乎完全吻合。下面对这一圆弧理论模型进行介绍。

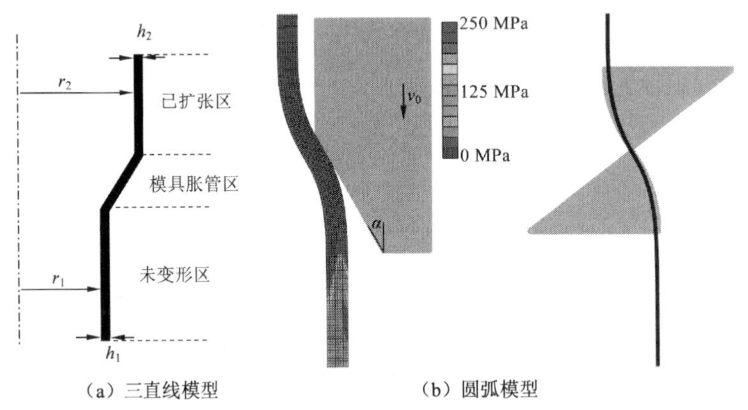

图 9.10　圆管胀管变形理论分析模型（Liu et al., 2016）

如图 9.11 所示，模具以速度 v_0 从上向下运动，模具的最大半径为 r_{die}，倾角为 α，管的初始半径为 r_0，胀管变形后的半径为 r_2。根据模具半径 r_{die} 的大小变化，变形模式可分为三种情况。当 r_{die} 等于某一临界值 r_{die}^{cr} 时，模具与管内壁刚好在 B 点相切，如图 9.11（b）所示。如 r_{die} 小于 r_{die}^{cr}，则在 B 点不相切（$\beta<\alpha$），如图 9.11（a）所示；反之，如 r_{die} 大于 r_{die}^{cr}，则如图 9.11（c）所示，模型由两段圆弧 AB^-、B^+C 和直线段 B^-B^+ 构成，在 B^- 和 B^+ 处管内壁与模具相切。上下两段圆弧处的曲率半径相等，此时可以使模具的加载力和变形能耗达到最小值。

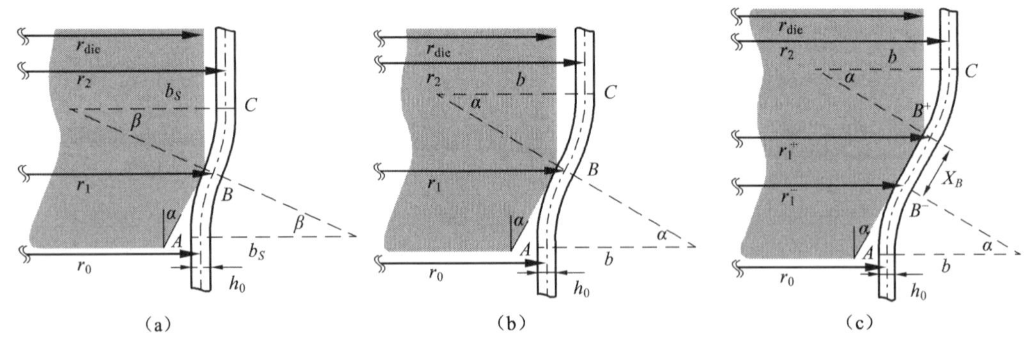

图 9.11　胀管圆弧理论分析模型（Liu et al., 2017）

胀管的能量耗散主要分为三个部分：周向（环向）拉伸、轴向（子午线方向）弯曲和摩擦耗能。有限元结果表明，胀管过程中圆管的厚度变化小于 5%，因此假定壁厚 h_0 在变形过程中保持不变。对于理想刚塑性材料，单位宽度全塑性轴力和弯矩分别为 $N_o = Yh_0$ 和 $M_o = Yh_0^2/4$。

胀管过程中，周向应变为

$$\varepsilon_\phi = \ln\left(\frac{r_2}{r_0}\right) \tag{9.37}$$

周向拉伸能量耗散率为

$$\dot{E}_\phi = 2\pi r_0 v_0 h_0 Y \ln\left(\frac{r_2}{r_0}\right) \tag{9.38}$$

对于图 9.11（b），变形过程中在 A、B 和 C 处均发生曲率变化，变化分别为 $1/b$、$-2/b$ 和 $1/b$。轴向弯曲变形能为

$$\dot{E}_{\mathrm{a}} = 8\pi M_{\mathrm{o}} \frac{r_0 v_0}{b} = 2\pi r_0 v_0 Y h_0^2 \frac{1}{b} \tag{9.39}$$

不考虑摩擦时，根据能量平衡有

$$P v_0 = \dot{E}_\phi + \dot{E}_{\mathrm{a}} \tag{9.40}$$

即模具加载力为

$$P = 2\pi r_0 h_0 Y \left[\ln\left(\frac{r_2}{r_0}\right) + \frac{h_0}{b}\right] \tag{9.41}$$

根据几何关系，有

$$b = \frac{r_2 - r_0}{2(1-\cos\alpha)} \tag{9.42}$$

将式（9.42）代入式（9.41），得

$$P = 2\pi r_0 h_0 Y \left[\ln\left(\frac{r_2}{r_0}\right) + \frac{2h_0}{r_2 - r_0}(1-\cos\alpha)\right] \tag{9.43}$$

胀管成形后的半径 r_2 应使模具作用力达到极小值，根据驻值条件 $\mathrm{d}P/\mathrm{d}r_2=0$，可得

$$r_2 = r_0 + h_0(1-\cos\alpha) + \sqrt{h_0^2(1-\cos\alpha)^2 + 2h_0 r_0(1-\cos\alpha)} \tag{9.44}$$

将式（9.44）代入式（9.43）即得到胀管作用力与圆管初始管径、壁厚、模具倾斜角和材料流动应力之间的关系式。上面得到的作用力只与模具倾斜角度有关，而与模具最大半径无关，这是因为目前只分析了图 9.11（b）的情况，此时模具与管内壁刚好在 B 点相切。如果定义此时的模具最大值半径为临界值 $r_{\mathrm{die}}^{\mathrm{cr}}$，则根据几何关系有

$$r_{\mathrm{die}}^{\mathrm{cr}} = \frac{r_2^{\mathrm{cr}} + r_0}{2} - \frac{h_0}{2}\cos\alpha \tag{9.45}$$

式中：r_2^{cr} 由式（9.44）给出。此时，将 r_2^{cr} 代入式（9.42）得到临界曲率半径为 b^{cr}

$$b^{\mathrm{cr}} = \frac{r_2^{\mathrm{cr}} - r_0}{2(1-\cos\alpha)} \tag{9.46}$$

当 r_{die} 小于和大于临界值 $r_{\mathrm{die}}^{\mathrm{cr}}$ 时，变形模式分别对应于图 9.11（a）和图 9.11（c）中的情况。当 r_{die} 小于 $r_{\mathrm{die}}^{\mathrm{cr}}$ 时，要确定 β 角，可合理假定圆弧曲率 $1/b$ 随 r_{die} 线性变化。显然，当 $r_{\mathrm{die}}=r_0-h_0/2$ 时，$1/b=0$；当 $r_{\mathrm{die}}=r_{\mathrm{die}}^{\mathrm{cr}}$ 时，$1/b=1/b^{\mathrm{cr}}$。因此

$$\frac{1}{b} = \frac{1/b^{\mathrm{cr}}}{r_{\mathrm{die}}^{\mathrm{cr}} - (r_0 - h_0/2)}(r_{\mathrm{die}}^{\mathrm{cr}} - r_0 + h_0/2) \tag{9.47}$$

这样根据几何关系有

$$\beta=\arccos\left(\frac{r_0-b-r_{\text{die}}}{b+h_0/2}\right) \tag{9.48}$$

假定上下弧段曲率相同，则有

$$r_2=2r_1-r_0 \tag{9.49}$$

式中：r_1 为 B 点的圆管半径

$$r_1=r_{\text{die}}+\frac{h_0}{2}\cos\beta \tag{9.50}$$

将式（9.47）和式（9.49）代入式（9.41）即得到模具作用力与几何参数 r_{die}、α、r_0 和 h_0 之间的关系式。

当 r_{die} 大于 $r_{\text{die}}^{\text{cr}}$ 时，圆弧段 AB^- 和 B^+C 与临界模具半径时曲率一致，均为 $1/b^{\text{cr}}$。如图 9.11（c）所示，此时

$$r_1^-=r_{\text{die}}^{\text{cr}}+\frac{h_0}{2}\cos\alpha \tag{9.51}$$

$$r_1^+=r_{\text{die}}+\frac{h_0}{2}\cos\alpha \tag{9.52}$$

根据几何关系，直线 B^-B^+ 段的长度及成形后的半径 r_2 分别为

$$X_B=\frac{r_{\text{die}}-r_{\text{die}}^{\text{cr}}}{\sin\alpha} \tag{9.53}$$

$$r_2=r_0+2b^{\text{cr}}(1-\cos\alpha)+X_B\sin\alpha \tag{9.54}$$

将式（9.54）和 $b=b^{\text{cr}}$ 代入式（9.41）即得到 r_{die} 大于 $r_{\text{die}}^{\text{cr}}$ 时驱动模具所需的作用力。

上述分析中未考虑摩擦的影响，考虑摩擦时的作用力可直接根据平衡方程得到。考虑到有摩擦与无摩擦时法向接触力相同，若滑动摩擦系数为 μ，则法向接触力为

$$N=P/\sin\alpha \tag{9.55}$$

此时模具驱动力为

$$P_{\text{fri}}=N(\sin\alpha+\mu\cos\alpha)=P(1+\mu\cot\alpha) \tag{9.56}$$

当需要考虑材料强化时，通过分析应变场分布并定义等效塑性应变，Liu 等（2017）也给出了模具驱动力的表达式，有兴趣的读者可参看原始文献。

基于这一理论模型预测的模具作用力与 Yang 等（2010）的试验结果对比在图 9.12 中给出，可以看到理论预测结果与试验吻合良好。与 ABAQUS 有限元结果对比表明，除一些特殊情况（局部屈曲或 $r_0/h_0\leqslant 10$ 的厚壁管）外，理论模型对模具作用力 F 和胀管后的半径 r_2 均能给出较精确的预测，特别是对 r_2 的预测偏差在 1.5%以内。

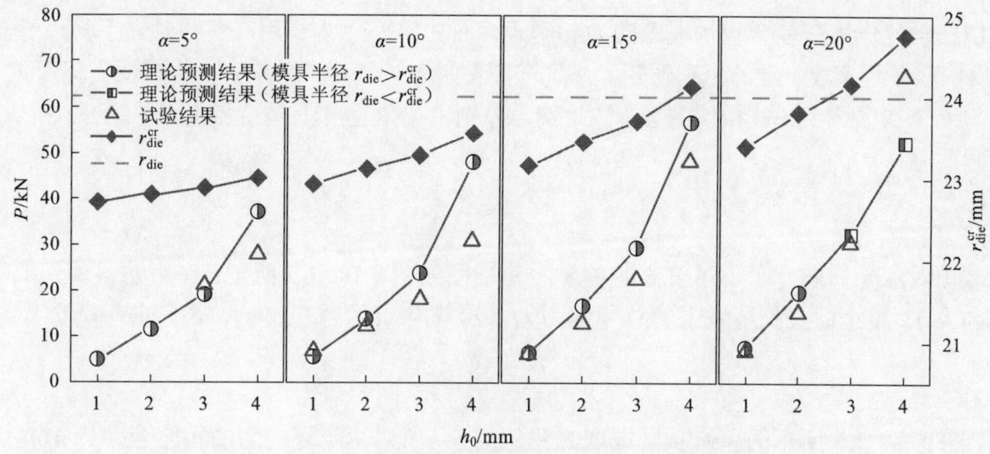

图 9.12 理论预测结果与试验对比（Liu et al., 2017）

9.4 球壳的翻转

球壳在集中载荷作用下的塑性变形（图 9.13）或者在刚性板作用下的压溃，都包含有管子翻转类似的特征：塑性变形集中在一个小的移动区域。这个问题已经被不少学者研究过（de Oliveira et al., 1982b; Updike, 1972; Morris et al., 1969; Leckie et al., 1968; Wasti, 1964）。这里介绍应用平衡法的一个分析（Calladine, 1986; Updike, 1972）。

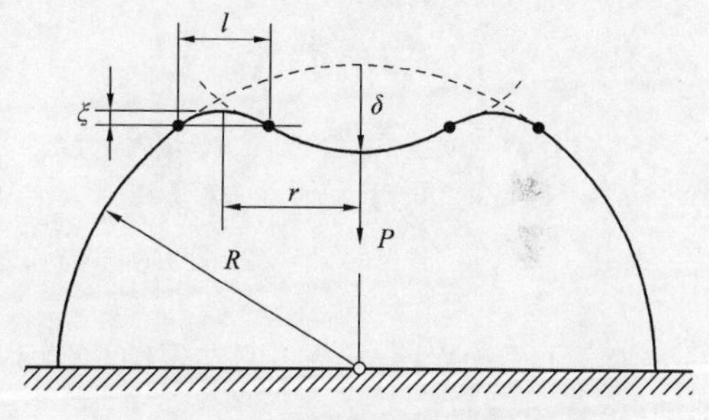

图 9.13 径向力 P 作用下球壳的内翻转

图 9.13 为球壳在一个径向力 P 作用下发生内翻转的示意图。塑性变形集中在一个小的屋脊状区域内，其大小与中点挠度 δ 无关，这在下面的分析中可以看到。壳体的其他部分保持刚性。因此，当挠度 δ 增加时，邻近的未变形材料逐渐进入这个发生塑性变形的屋脊状区域内。当它穿越外侧塑性铰圆时，在子午线方向发生塑性弯曲，因此获得一定曲率。同时，屋脊状区域内的某些材料向对称轴方向移动，当它通过内侧塑性铰圆时，被赋予反向曲率，导致中央部分的向下翻转。由试验得知，翻转部分的曲率大致与翻转前相同，但是方向相反。因此，翻转部分的剖面可以假定为原来球面形状的镜面影像。

壳体瞬态塑性变形可以看成是屋脊状区域关于外侧塑性铰圆的一个转动。因此，在这个区域内的所有材料都受到周向压缩，因为材料假定为理想刚塑性的，所以压缩应力等于屈服应力 Y。注意，内外侧塑性铰圆必须位于同一水平面上。

设屋脊状区域的当前位置可以用半径 r 表征，见图 9.13。这个区域的大小可以由 l 给定。铰点处的斜率为 r/R。假定屋脊状区域的剖面是抛物线，根据几何关系可以得到其高度 ξ 为

$$\xi=\frac{rl}{4R} \tag{9.57}$$

现在研究作用在屋脊状区域上的力和弯矩。图 9.14（a）为作用在对称轴右手边屋脊状区域（周向取单位宽度）上的力和弯矩。在每个塑性铰上，作用有单位宽度的塑性极限弯矩 M_o，以及与屋脊状区域子午线相切的膜力，此膜力分别由单位宽度上垂直和水平分力 F_V 和 F_H 表示。因此有

$$\frac{F_H}{F_V}=\frac{R}{r} \tag{9.58}$$

此区域中对应于周向一个小角度 θ 的单元的俯视图如图 9.14（b）所示。作用在该单元上的环向应力为 Y，整个屋脊状区域上的总环向力为 Ylh，其中 h 为球壳厚度。由径向平衡方程得到

$$F_H=\frac{Yhl}{2r} \tag{9.59}$$

注意，图 9.14（a）所示的屋脊状区域取为单位周长，所以两个环向力的相应合力为 Ylh/r。这个力的方向沿径向向外，作用于所假定的抛物线的中心，即从基线算起 $(2/3)\xi$ 处。

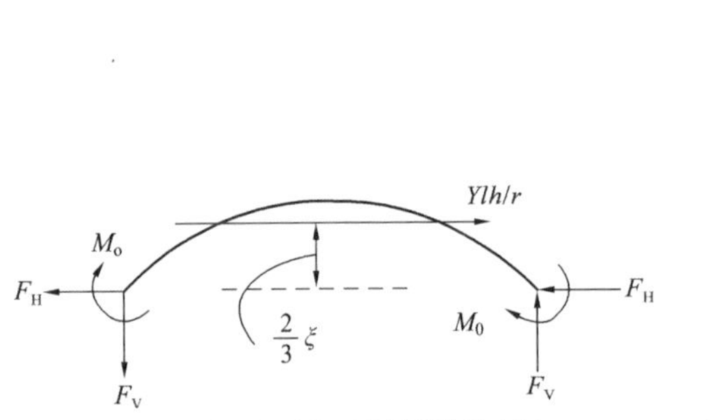

（a）图 9.13 中的右手边环壳区域的放大图及作用在其上的力和力矩

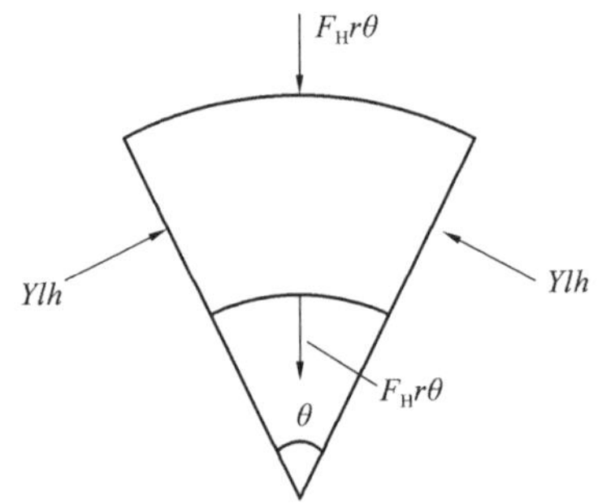

（b）同一环壳区域的顶视图，显示出水平面内的力

图 9.14　力和力矩（Calladine，1993）

对于这个轴对称问题，切向平衡自动满足，第二个平衡方程是由力矩平衡得到的。关于铰圆上任意一点取矩，得到

$$F_V l=2M_o+\frac{2\xi Yhl}{3r} \tag{9.60}$$

将式（9.57）代入式（9.60），得

$$F_V=\frac{2M_o}{l}+\frac{Yhl}{6R} \tag{9.61}$$

从式（9.58）和式（9.59）中消去 F_H，有

$$F_V=\frac{Yhl}{2R} \tag{9.62}$$

从式（9.61）和式（9.62）中解出 l 和 F_V，得

$$l=1.22R^{0.5}h^{0.5} \tag{9.63}$$

$$F_V=\frac{0.61Yh^{1.5}}{R^{0.5}} \tag{9.64}$$

所得到的结果表明，原来的 l 和 F_V 都与 r 无关。因此，屋脊状区域的尺寸不发生改变，单位宽度上的垂直力保持为常数。载荷 P 随挠度 δ 而增加，它只是塑性铰圆总周长增加的结果。从整体平衡得到的总的轴向载荷 P 为

$$P=2\pi rF_V \tag{9.65}$$

但是由浅弧的几何形状，可以得到

$$r=\delta^{0.5}R^{0.5} \tag{9.66}$$

从而有

$$P=\pi(1.5)^{0.5}Yh^{1.5}\delta^{0.5} \tag{9.67}$$

这个方程以实线绘在图9.15中。如果将该曲线向右移动一个厚度的距离，它同Morris等（1969）给出的结果符合得很好，后者是由十分细致的一步步上限分析得到的。他们在分析中没有假定屋脊状区域的形状。这是因为在上面介绍的分析中没有考虑早期靠近顶点处的局部变形，而这在 Morris 等（1969）的工作中是考虑了的。此外，当载荷刚施加上去时，球壳的响应就像是周边固定的平板一样。因此初始极限载荷［类似于式（5.1）］为 $P=4\pi M_o$，而式（9.67）只适用于 $P\geqslant 4\pi M_o$ 的情况。

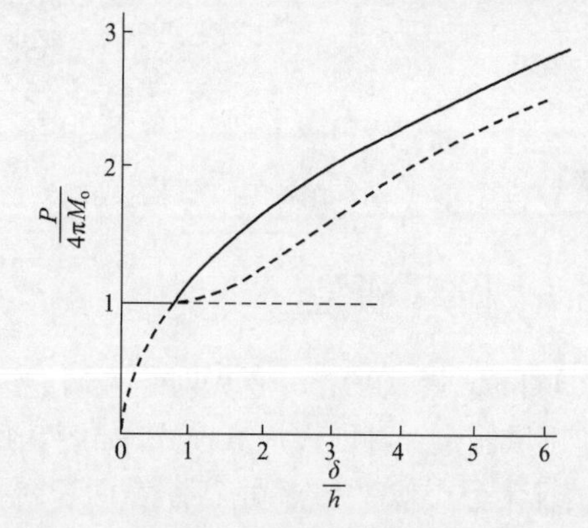

图 9.15　无量纲力–挠度曲线（Calladine，1986）
实线表示本书给出的分析解，虚线表示 Morris 等（1969）的分析解

上面的分析是针对集中载荷的。如果球壳是被刚性平板压溃，板的位移大约是 $\delta_p=0.5\delta$。

de Oliveira 等（1982b）应用与上述相同的运动学分析，但是随后采用的是能量法，而不是基于平衡的考虑。通过极小化垂直力 F_V 的值求出 l 的数值，得

$$l=1.73R^{0.5}h^{0.5} \tag{9.68}$$

$$F_v=\frac{0.58Yh^{1.5}}{R^{0.5}} \tag{9.69}$$

式（9.68）给出的 l 值比式（9.63）大约高 40%。因此，尽管总能量极小化与基于平衡考虑所得到的结果可能并不相同，总的作用力可能对变形的细节不敏感。

9.5 海底管道塌陷的传播

最后进行海底管道塌陷的分析。当海底管道由于意外撞凹而产生屈曲时，在外部压力作用下它可能会出现塌陷传播（propagating collapse）。图 9.16 为这种情况的示意图。长度为 L 的一个过渡塑性变形区在传播，原来的圆形截面在离开变形区时变成了犬骨状。现在的问题是，对于一个给定材料和尺寸的管道，如何求出引起这种塌陷传播的临界外压。

主要塑性能量耗散机制是周向弯曲和纵向拉伸/压缩，后者是因为母线变成曲线后其长度

显然要比原来长度 L 长。大多数早期分析都只涉及计算引起的类似于圆环周向弯曲的外部压力,所以首先介绍这种模型,然后介绍一种考虑到纵向伸长效应的简单塑性地基梁模型(plastic beam-on-foundation)。

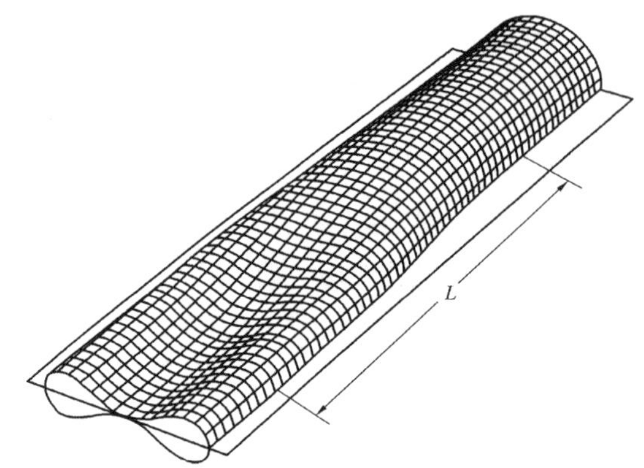

图 9.16 在外压作用下屈曲沿管道塌陷传播的示意图（Kamalarasa et al.，1988）

9.5.1 圆环模型

Palmer 等（1975）首先对这个问题进行了理论分析，他们假定管道的塌陷压力与圆环相同。可以假定一种四铰坍塌模式，如图 9.17 所示，它与 4.1 节中讨论的集中载荷作用下圆环坍塌情况十分类似。完全塌陷后，截面积减少了 $\Delta A=2R^2$，这里 R 是初始的管道半径。所以，外压做的功为 $P^{\mathrm{r}}\cdot\Delta A=P^{\mathrm{r}}\cdot 2R^2$。和以前一样，四个塑性铰总的转动为 $4\times\dfrac{\pi}{2}=2\pi$，耗散的塑性能量为 $2\pi M_{\mathrm{o}}$，这里 $M_{\mathrm{o}}=Yh^2/4$ 为单位宽度的塑性极限弯矩。由能量平衡得到

$$P^{\mathrm{r}}\cdot 2R^2=2\pi M_{\mathrm{o}} \tag{9.70}$$

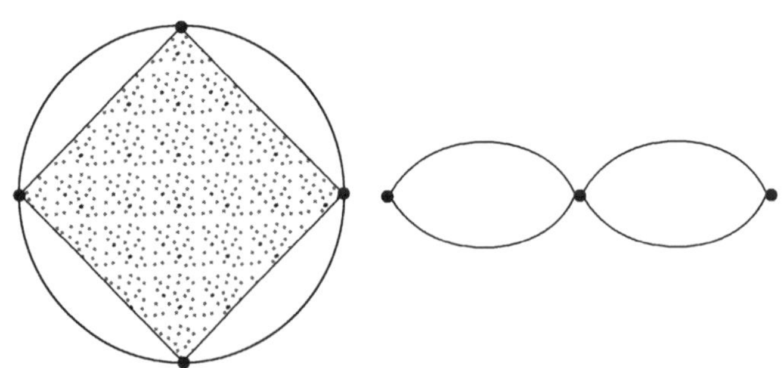

图 9.17 在外压作用下屈曲沿管道传播的简单圆环模型（Palmer et al.，1975）

由此，立即得到压力为

$$P_{\mathrm{pm}}^{\mathrm{r}}=\frac{\pi}{4}Y\left(\frac{h}{R}\right)^2 \tag{9.71}$$

式中：$P_{\mathrm{pm}}^{\mathrm{r}}$ 为 Palmer 理论得到的屈曲传播压力。

这个方程给出的值比由试验测得的实际压力要低，特别是对于 R/h 较小的情形。许多研究工作者都试图研究塌陷过程，以及应变强化的效应（Wierzbicki et al.，1986；Croll，1985；Chater et al.，1984；Kyriakides et al.，1984；Steel et al.，1983）。其中，Wierzbicki 等（1986）得到压力表达式为

$$\frac{P^{\mathrm{r}}}{P_{\mathrm{pm}}^{\mathrm{r}}}=\frac{3}{\pi}+1.09\left(\frac{E_{\mathrm{p}}}{Y}\right)^{0.7}\left(\frac{h}{R}\right)^{0.7} \tag{9.72}$$

其他研究者也考虑了应变强化效应，并给出了类似的表达式。尽管如此，另一重要效应，即沿母线的拉伸/压缩，在圆环模型中还是被忽略了，这要在下面进一步研究。

9.5.2 塑性地基上的塑性梁模型

塑性地基上的塑性梁模型（Kamalarasa et al.，1988）可以用来考虑圆环模型所忽略的拉伸效应（图 9.18）。梁代表拉伸效应，地基代表周向弯曲所产生的抗力。梁的曲线代表了图 9.16 中的过渡区。塑性地基是软化的，其特性假定如图 9.18（b）所示。梁中存在三个塑性铰（A、B、C），每一个都具有塑性极限弯矩 M_{p}。现在的任务就是求出以力的集度 q 表示的最小外压。

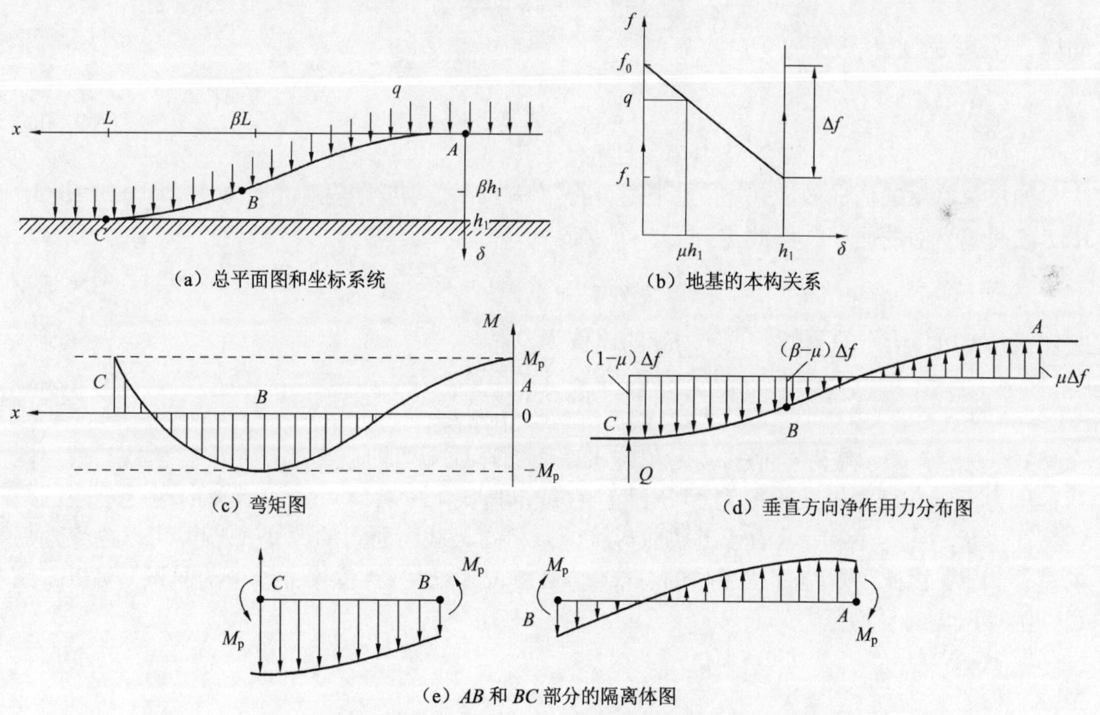

图 9.18 Kamalarasa 等（1988）提出的塑性地基梁模型

假定 AB 和 BC 都是抛物线。因为在 A、B 和 C 处斜率的连续性，B 的坐标可以给出为 $(\beta h,\beta h_1)$。这里 h_1 是总的高度，β 是数值系数。AB 和 BC 段弯矩图、垂直方向净作用力分布和隔离体图分别如图 9.18（c）～（e）所示。由于地基的线性，净作用力分布形状和梁的曲线形状相同。

由 AB 段的垂直方向平衡，有

$$\mu=\frac{\beta}{3} \tag{9.73}$$

式中：μ 的定义见图 9.18（b）。令 $\Delta f=f_0-f_1$，则 AB 段和 BC 段关于 C 的力矩平衡给出

$$24M_{\mathrm{p}}=\beta^3L^2\Delta f \tag{9.74}$$

和

$$24M_{\mathrm{p}}=(1-\beta^2)(3+\beta)L^2\Delta f \tag{9.75}$$

这两个方程给出关于 β 的一个二次方程

$$\beta^2-5\beta+3=0 \tag{9.76}$$

因此

$$\beta=0.697 \tag{9.77}$$

及

$$\mu=\frac{\beta}{3}=0.232 \tag{9.78}$$

所以外载荷集度 q 为

$$q=0.768f_0+0.232f_1 \tag{9.79}$$

同样，将 $\beta=0.697$ 代入式（9.74），有

$$L=8.4\left(\frac{M_{\mathrm{p}}}{\Delta f}\right)^{\frac{1}{2}} \tag{9.80}$$

如果忽略梁的弯曲效应，由能量平衡可得，外功 qh 必须等于基础的塑性功，即图 9.18（b）中 f-δ 曲线下面的面积。由此得到另一个 q 值

$$q'=0.5(f_0+f_1) \tag{9.81}$$

它比式（9.79）给出的更低。这个 q/q'的比值为

$$\frac{q}{q'}=1+0.536\frac{\Delta f}{f_0+f_1} \tag{9.82}$$

式（9.82）暗示实际传播压力是引起横截面圆环周向弯曲压力的一个固定倍数。该周向弯曲压力可以通过如下试验得到：利用两个曲线形压头（图 9.19）去压扁圆环，使之产生的最终截面形状与图 9.16 所示的管道屈曲形状近似相同。截面面积的改变（ΔA）可以由变形后的试件测出。因此由单位管长吸收的总能量 u（单位管长载荷–位移曲线下的面积）可以得到引起圆环压塌的平均压力为

$$P^{\mathrm{r}\prime}=\frac{u}{\Delta A} \tag{9.83}$$

这种研究方案实际上是通过试验考虑了应变强化效应。Kamalarasa 等（1988）通过试验证实，传播压力可以简单地由式（9.84）得

$$P^{\mathrm{r}}=1.4P^{\mathrm{r}\prime} \tag{9.84}$$

过渡区（transition zone）的长度由式（9.80）给出。注意到梁的弯曲实际上表示管道的纵向伸长效应，而地基代表周向弯曲，预期有

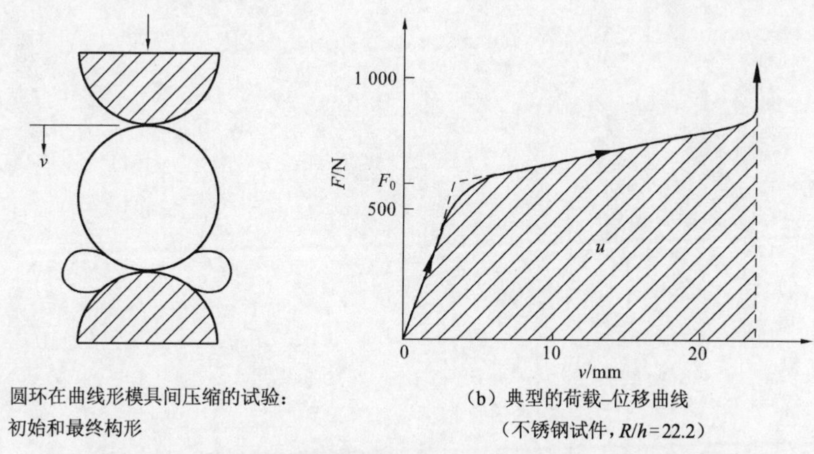

（a）圆环在曲线形模具间压缩的试验：初始和最终构形

（b）典型的荷载–位移曲线（不锈钢试件，$R/h=22.2$）

图 9.19 圆环受两个曲线形压头压缩构形及其典型荷载–位移曲线

$$M_{\mathrm{p}} \propto h \tag{9.85}$$

及

$$\Delta f \propto h^2 \tag{9.86}$$

因此，由式（9.80）有

$$L \propto h^{-1/2} \tag{9.87}$$

其他具有长度量纲的变量只有管的半径 R，所以根据量纲分析可以认为

$$L = C\frac{R^{3/2}}{h^{1/2}} \tag{9.88}$$

对于不锈钢管和铝管，常数 C 的经验值都为 3.6。

9.6 进一步讨论

本章分析的问题，除了管件的鼻状成型外，涉及的都是稳态塑性变形。能量法和静力平衡法都可以用来得到解析表达式，但是它们给出的解答并不一定相同。在某些情况下，通过总能量的极小化得出了塑性区的大小，但该结果并不十分准确。事实上，这个方法对于某些问题并不成功。本节的最后一个例子，即海底管道屈曲传播，就说明了这一点；虽然严格地说，该例子并不是本书所述的能量吸收范围内的问题。

在某些情况下，能量法确实能对压溃力给出很好的估计，但是它并不能很好预报塑性变形的细节。这表明，在这些情况下外力对于塑性变形的模式和量值不敏感，因此如果目标在于计算结构的能量吸收，能量法可能就足够了。但是，精确预报塑性变形的细节则需要加入平衡方面的考虑。

10 多胞材料

多胞材料具有良好的能量吸收特性。本章介绍它们的应力–应变关系，胞元层次的基础力学机理及它们对撞击加载的响应。所讨论的材料包括蜂窝材料、泡沫材料和木材等。

Gibson 等（1997）在他们的书中对多胞固体（cellular solids）的各种性质做了全面的论述。本章将介绍与能量吸收有关的蜂窝材料、泡沫材料和木材的基本性质和力学特性。

10.1 蜂 窝 材 料

蜂窝材料是典型的多胞材料。它们（及泡沫材料）广泛用作芯层结构，如夹层板的芯层。蜂窝材料还可以单独用作优良的能量吸收材料。它们的结构形式基本上是二维的、规则的。因此，它们要比有着三维胞元结构的泡沫材料容易分析。本节将描述蜂窝的压溃行为，在 10.2 节讨论泡沫材料的性质。

10.1.1 胞元结构、相对密度、应力–应变曲线和压实应变

大多数蜂窝材料的胞元截面是六角形的（图 10.1），但是也可能有其他形状，如三角形、正方形、菱形或者圆形（Chung et al.，2002a，2002b）。制成胞元的材料可以是人造的聚合物、金属、陶瓷或纸张。本小节主要讨论六角形胞元的蜂窝材料。

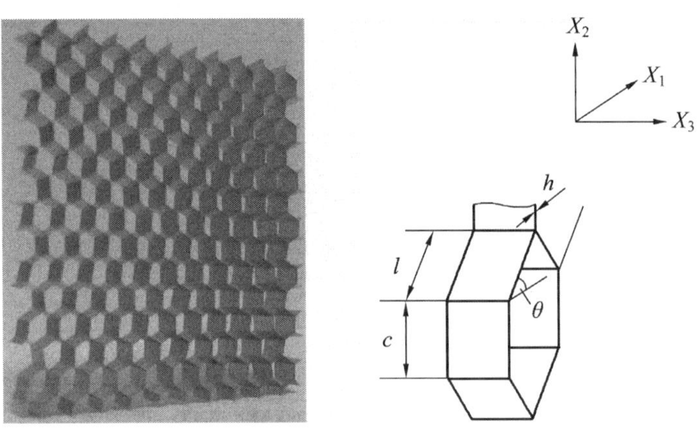

图 10.1 蜂窝材料及胞元的参数定义

如图 10.1 所示，典型的蜂窝材料由一系列六角形的胞元所组成，其几何特征由胞壁长度 l 和 c、两个胞壁间夹角 θ 及胞壁厚度 h 所确定。在蜂窝总体平面 X_1X_2 内加载引起的变形，称为面内响应；在 X_3 方向加载引起的变形，称为面外响应。下面分别讨论这两种响应。

描述多胞材料特性的一个最重要参数是相对密度，定义为 ρ' / ρ_{ce}，其中 ρ' 为多胞材料的表观密度，ρ_{ce} 为构成多胞材料即胞壁的固体材料的密度。相应的孔隙度，即多胞材料中孔隙部分体积所占的比值，为 $(1-\rho' / \rho_{ce})$。对于图 10.1 所示的蜂窝材料，当 $h \ll l$ 时，有

$$\frac{\rho'}{\rho_{ce}} = C_1 \frac{h}{l} \tag{10.1}$$

式中：C_1 是一个常数，取决于胞元的具体几何形状。更细致的分析给出（Gibson et al.，1997）

$$\frac{\rho'}{\rho_{ce}}=\frac{h/l(c/l+2)}{2\cos\theta(c+\sin\theta)} \tag{10.2}$$

对于等边的胞元，有 $l=c$，$\theta=30°$，则由式（10.2）可得

$$\frac{\rho'}{\rho_{ce}}=\frac{2}{\sqrt{3}}\frac{h}{l} \tag{10.3}$$

有些蜂窝材料的制作是首先将若干张冲压成型的板材沿特定条带黏结在一起，然后将它们展开，其结果是三分之一的胞元壁（即长度 c）是双层厚度的。这种蜂窝材料的密度是

$$\frac{\rho'}{\rho_{ce}}=\frac{8}{3}\frac{h}{l} \tag{10.4}$$

例如，当 $h=0.094\,\mathrm{mm}$，$l=9.53\,\mathrm{mm}$ 时，式（10.4）给出 $\rho'/\rho_{ce}=2.63\%$。

虽然可以得到更为精确的相对密度表达式，但是式（10.3）和式（10.4）使用简单，而且足够精确，除非 $h/l>1/4$，在大多数分析中都会采用它们。

无论是沿 X_1 方向还是沿 X_2 方向的单轴压缩，典型的应力–应变曲线大致如图 10.2 所示（Gibson et al.，1997）。每条曲线基本上由三个阶段组成。第一阶段响应是线弹性的。当达到临界应力时，第一阶段结束，而这个临界应力水平在很大的应变范围（即第二阶段）内几乎保持不变。第三阶段，由于胞元被压实，即发生密实化，应力随应变快速增加。

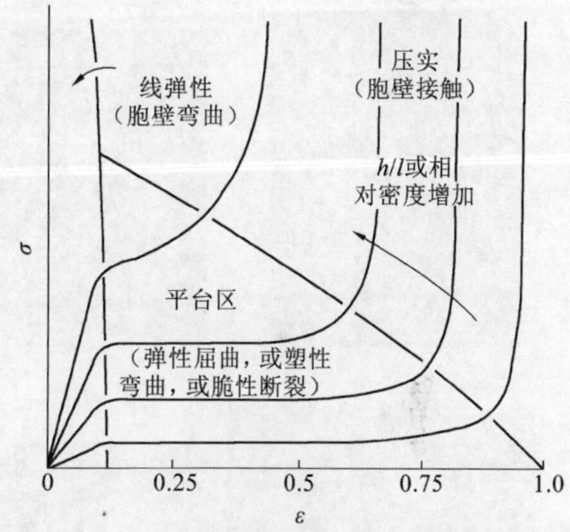

图 10.2 蜂窝材料面内加载的典型应力–应变曲线示意图

曲线形状随着相对密度或者 h/l 的增加而改变

（Gibson et al.，1997）

总体的外部载荷转移到胞元这一级的胞壁上，使它们如同板结构一样变形。板壁的弯曲变形在宏观上就表现为蜂窝材料的应变。因此，蜂窝胞元的结构响应确定了蜂窝材料块体的总体应力–应变曲线。在第一阶段，即线弹性阶段，胞壁只是小挠度弹性弯曲。

第二阶段可能受如下三种可能发生的胞壁失效机制中的一种所控制：弹性屈曲、塑性坍塌或者脆性断裂。前两种失效机制类似于压杆的失效，压杆的失效可能是欧拉屈曲或者是塑性屈服，取决于压杆的柔度（这里是 h/l）。因此，h/l 值较小的胞壁发生弹性屈曲，而 h/l 值较大的胞壁则出现屈服（即塑性坍塌）。对于基体材料为临界应变很小的脆性材料的蜂窝，胞壁出现太大的应变会导致脆性断裂。第三种失效机制通常伴有较大的平台应力波动。

蜂窝胞元的典型后屈曲行为的细节如图 10.3 所示（Papka et al.，1998，1994），这是一个 15 排 10 列的铝制蜂窝。图 10.3（a）为试验得到的载荷–位移曲线，图中数字与图 10.3（b）所示的连续压溃现象的照片相对应。最初，蜂窝的变形是弹性且均匀的。胞壁的弯曲变形是关于通过其中心的竖直轴对称的。当应力大约为 110 kPa 时，载荷–位移曲线变得软了一些，直到 121.9 kPa 时达到一个初始峰值应力。进一步压溃导致在一排胞元内的变形局部化（照片

②和③）。此时作用力从初始峰值减少，并发生波动，这是胞壁坍塌和相邻胞元几何约束的结果。一旦有一层胞元被完全压溃，胞壁彼此触及，这个局部化变形就传播到相邻的另一层胞元（照片④～⑦）。

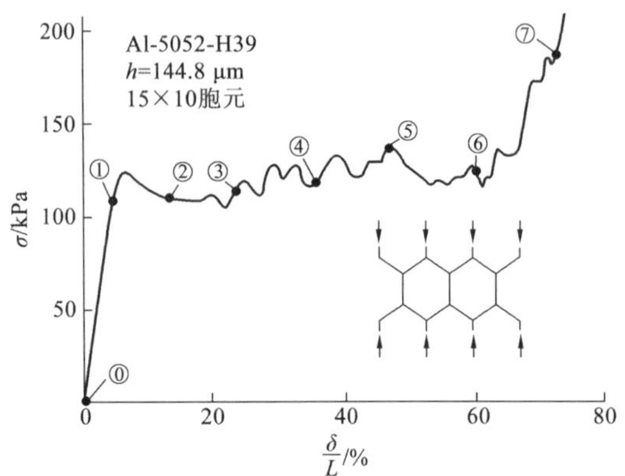

（a）蜂窝铝沿 X_2 方向压溃的试验载荷–位移曲线

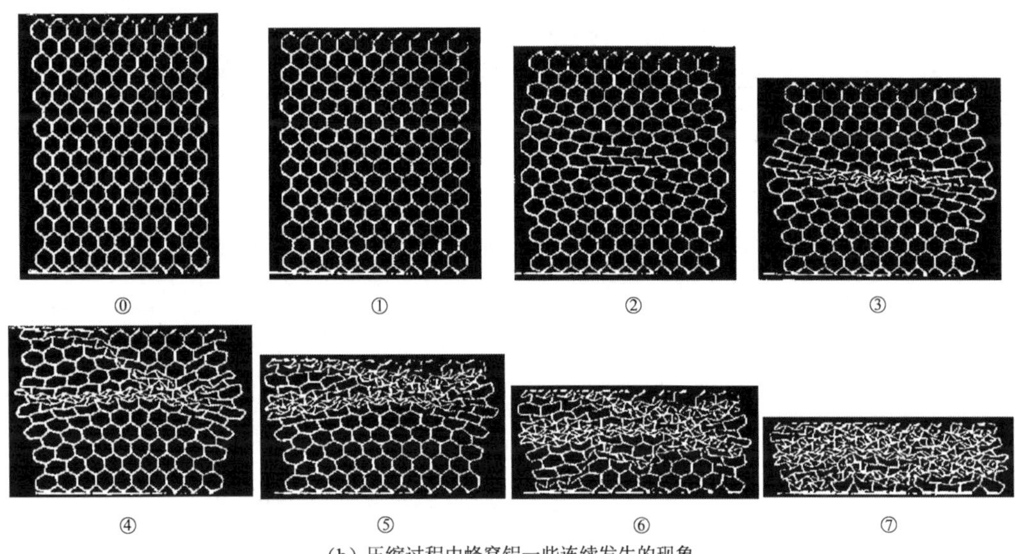

（b）压缩过程中蜂窝铝一些连续发生的现象

图 10.3 蜂窝胞元的典型后屈曲行为的细节（Papka et al.，1998）

这些压溃现象可以利用有限元软件包模拟。图 10.4（a）给出了有限元计算与试验得到的载荷–位移曲线，它们之间符合得很好。图 10.4（b）为有限元分析得到的连续压溃区域。在有限元模型中，胞壁使用梁单元，固体胞壁材料理想化为双线性（即弹性–线性应变强化），屈服后的强化模量取为 $E/100$（E 为弹性模量）。

与能量吸收关系最大的是平台应力（plateau stress）和压实应变（densification strain），也称为锁定应变（locking strain）ε_D。理论上压实应变应当等于孔隙度 p'，或者由式（10.2）有

$$\varepsilon_D = p' = 1 - \frac{(2 + c/l)h/l}{2\cos\theta(c/l + \sin\theta)} \tag{10.5}$$

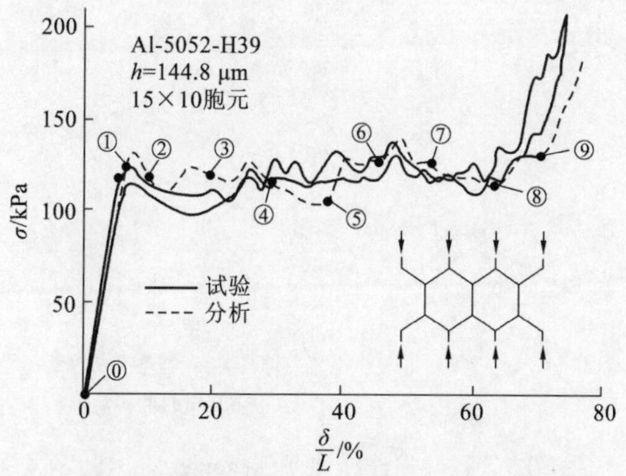

（a）两个试验和一个有限元分析得到的载荷–位移曲线

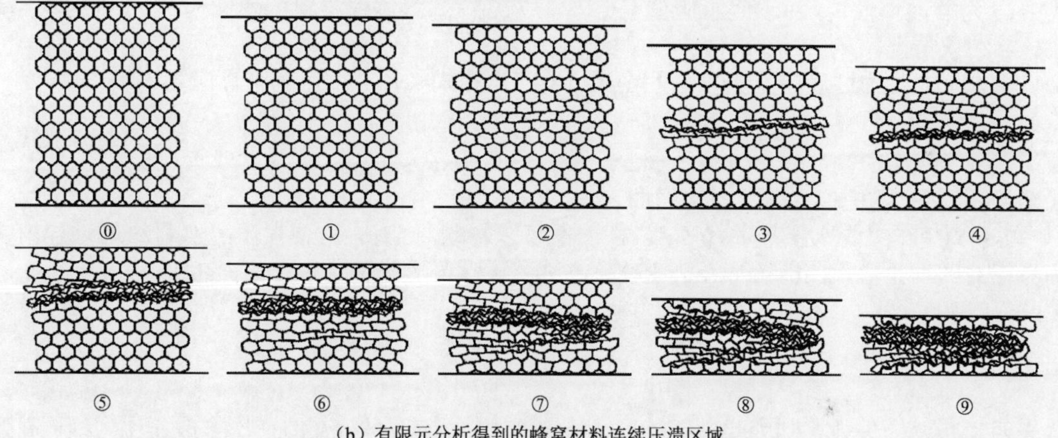

（b）有限元分析得到的蜂窝材料连续压溃区域

图 10.4 有限元软件包模拟（Papka et al.，1998）

但是在试验中发现，ε_{D}要比式（10.5）给出的小。取与泡沫材料相同的经验系数（后面将介绍），蜂窝材料的压实应变如下

$$\varepsilon_{\mathrm{D}}=1-1.4\frac{(2+c/l)h/l}{2\cos\theta(c/l+\sin\theta)} \tag{10.6}$$

10.1.2 面内加载下的平台应力

如前所述，平台应力是由胞元失效机制所决定的。对于小的 h/l 值，发生胞壁弹性屈曲，如图 10.5 所示。在这种情况下，竖直胞壁的行为与压杆非常相像。当外部应力为σ_2时，由竖直方向力的平衡可以得到对应的压杆作用力 P 为

$$P=2\sigma_2 bl\cos\theta \tag{10.7}$$

式中：b 为胞元的宽度。

压杆的欧拉屈曲载荷为（Timoshenko et al.，1961）

$$P_{\mathrm{cr}}=\frac{n^2\pi^2E_{\mathrm{ce}}I}{c^2} \tag{10.8}$$

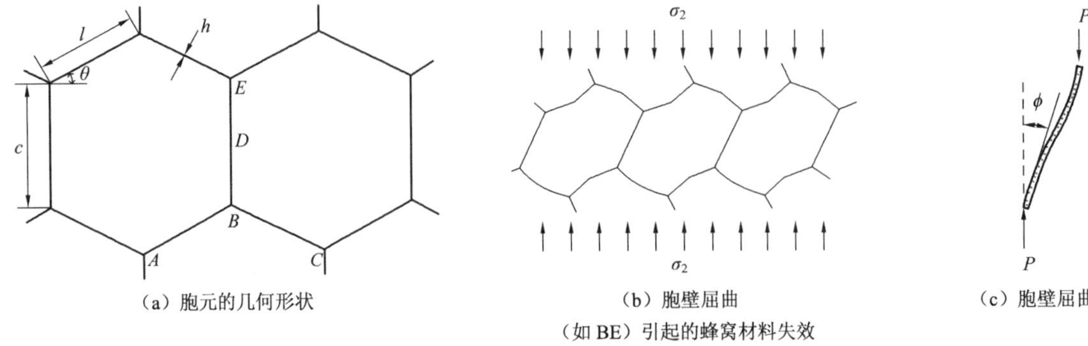

（a）胞元的几何形状 （b）胞壁屈曲（如 BE）引起的蜂窝材料失效 （c）胞壁屈曲

图 10.5 胞壁弹性屈曲（Gibson et al.，1997）

式中：I 为截面惯性矩，对于竖直胞壁有 $I = bh^3/12$；E_{ce} 为胞壁材料的弹性模量；n 为因子，反映杆端约束情况。

当 $P = P_{cr}$ 时弹性屈曲发生。因此由式（10.7）和式（10.8），得到临界应力为

$$\frac{\sigma_{e2}}{E_{ce}} = \frac{n^2\pi^2}{24}\frac{h^3}{lc^2}\frac{1}{\cos\theta} \tag{10.9}$$

式中：下标 e2 为在 X_2 方向的弹性屈曲。

若杆端可自由转动，有 $n = 0.5$；若杆端不可以转动，则有 $n = 2$。对于蜂窝材料可以导出其临界应力的理论值（Gibson et al.，1997）。对于正六角形蜂窝（$l = c, \theta = 30°$），有 $n = 0.69$。因此得

$$\frac{\sigma_{e2}}{E_{ce}} = 0.22\left(\frac{h}{l}\right)^3 \tag{10.10}$$

这表明当胞壁的失效机制为弹性屈曲时，无量纲的临界应力与 h/l 的三次方成正比。对于高弹体蜂窝，式（10.10）与试验数据符合得很好。注意，在 X_1 方向不发生弹性屈曲，因为在这个方向没有同方向的胞壁。

对于胞壁较厚的蜂窝，对平台应力起支配作用的失效机制将是塑性坍塌。因此，每一个六角形胞元要变成一个坍塌机构需要六个塑性铰（图 10.6）。当梁 AB 在应力 σ_1 作用下转过一个小角度 ϕ，点 B 相对于点 A 向内移动了 $l\sin\theta\phi$。σ_1 所做的外功应当等于塑性铰 A、B、C 和 D 所耗散的塑性功，即有

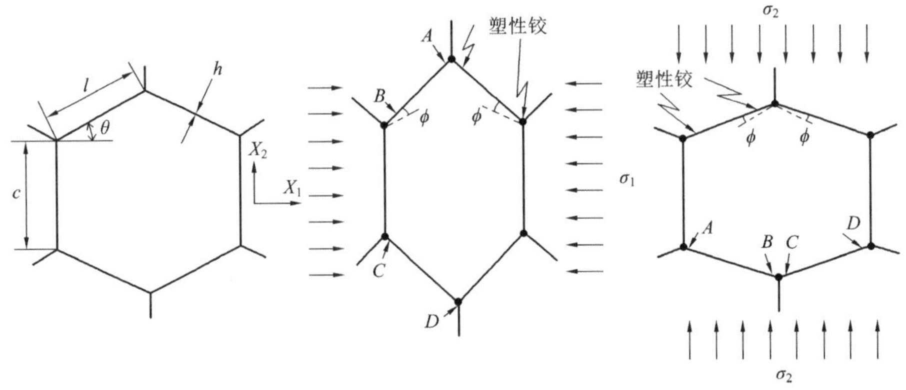

图 10.6 Gibson 等（1997）提出的因胞壁局部化塑性铰破坏引起的蜂窝材料失效

$$2\sigma_{p1}(c+l\sin\theta)bl\sin\theta\,\phi=4M_p\phi$$

式中：$M_p=(1/4)Y_{ce}h^2b$，Y_{ce} 为胞壁材料的屈服应力；σ_{p1} 为 X_1 方向的塑性屈曲应力，$\sigma_{p1}(c+l\sin\theta)b$ 是由 σ_{p1} 引起的在 B 点沿 σ_1 方向的作用力。

所以

$$\frac{\sigma_{p1}}{Y_{ce}}=\left(\frac{h}{l}\right)^2\frac{1}{2(c+l\sin\theta)\sin\theta} \tag{10.11}$$

当 $l=c,\ \theta=30°$ 时，

$$\frac{\sigma_{p1}}{Y_{ce}}=\frac{2}{3}\left(\frac{h}{l}\right)^2 \tag{10.12}$$

类似的分析可以给出 σ_{p2} 为

$$\frac{\sigma_{p2}}{Y_{ce}}=\left(\frac{h}{l}\right)^2\frac{1}{2\cos^2\theta} \tag{10.13}$$

将式（10.13）与弹性屈曲的式（10.9）比较，可以确定什么时候发生弹性屈曲，即 $\sigma_{e2}\leqslant\sigma_{p2}$。因此，胞元的临界厚度为

$$\left(\frac{h}{l}\right)_{cr}=\frac{12}{n^2\pi^2\cos\theta}\left(\frac{h}{l}\right)^2\frac{Y_{ce}}{E_{ce}}$$

当 $l=c,\ \theta=30°$ 时，则有

$$\left(\frac{h}{l}\right)_{cr}=3\frac{Y_{ce}}{E_{ce}} \tag{10.14}$$

以上给出的理论分析（Gibson et al.，1997）利用了塑性极限分析方法（上限解），它所得出的平台应力较试验结果高（图 10.7）。如果将外力所做的功直接表示为 σ_1 的函数，而不涉及力的计算，则可以得到另一种理论表达式。当 $l=c,\ \theta=30°$ 时，可以得到

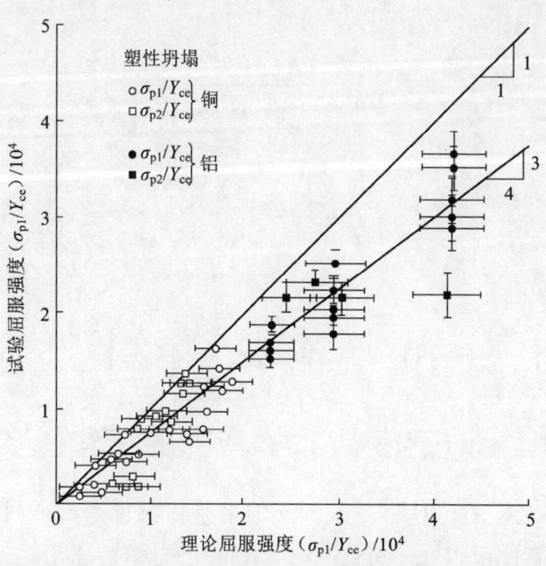

图 10.7　理论公式（10.12）与试验结果的比较（Gibson et al.，1997）

$$\frac{\sigma_{\mathrm{p1}}}{Y_{\mathrm{ce}}}=\frac{1}{2}\left(\frac{h}{l}\right)^2 \tag{10.15}$$

此式给出的值大约只有式（10.12）给出的 75%，这意味着式（10.15）给出的结果要更接近于图 10.7 所示的试验数据。

上述分析方法可以用于研究蜂窝材料在双轴应力下的压溃行为。有兴趣的读者可以参考有关文献，如 Gibson 等（1997）及 Klintworth 等（1989，1988）。

10.1.3 面外加载

当蜂窝材料从面外方向（X_3）压溃时，平台应力被弹性屈曲或者是塑性坍塌所控制。如同面内加载情况那样，通过研究胞壁行为可以得到简单的结果。

对于弹性屈曲，胞壁可以看成是带有适当转动约束的平板。将各个单独胞壁平板的屈曲载荷加起来，就可以求出总的弹性屈曲应力（Gibson et al.，1997）为

$$\sigma_{\mathrm{e3}}\approx\frac{2}{1-\nu^2}\frac{l/c+2}{(c/l+\sin\theta)\cos\theta}\left(\frac{h}{l}\right)^3$$

对于泊松比为 $\nu=0.3$ 的正六角形，有

$$\sigma_{\mathrm{e3}}=5.2\left(\frac{h}{l}\right)^3 \tag{10.16}$$

对于塑性坍塌，Wierzbicki（1983）进行了类似于轴向压力作用下矩形管（6.2 节）的分析，但有 $\psi=\pi/6$。这个分析同时考虑了拉伸和弯曲变形。当 $l=c$，$\theta=30°$时，平均压溃应力为

$$\frac{\sigma_{\mathrm{p3}}}{Y_{\mathrm{ce}}}=5.6\left(\frac{h}{l}\right)^{\frac{5}{3}} \tag{10.17}$$

这里幂次为 5/3，而不是 1 或者 2，这反映了弯曲和拉伸作用的联合效应。只考虑胞壁塑性弯曲的分析（Gibson et al.，1997）则给出

$$\frac{\sigma_{\mathrm{p3}}}{Y_{\mathrm{ce}}}\approx\frac{\pi}{4}\frac{h/l+2}{4(h/l+\sin\theta)\cos\theta}\left(\frac{h}{l}\right)^2 \tag{10.18}$$

当 $l=c$，$\theta=30°$时，有

$$\frac{\sigma_{\mathrm{p3}}}{Y_{\mathrm{ce}}}=2\left(\frac{h}{l}\right)^2 \tag{10.19}$$

10.2 泡 沫 材 料

10.2.1 胞元结构、相对密度、应力–应变曲线和压实应变

蜂窝材料的胞元是二维的。具有三维胞元的多胞材料称为泡沫材料。当胞元只通过类似于梁的棱边连接，或者流体可以在胞元之间流动时，它们称为开孔的（open-cell）泡沫。另外，当胞元完全被胞壁所封闭时，在胞元之间没有流体流动的通道，则称为闭孔的（closed-cell）

泡沫。例子如图 10.8 所示。一种泡沫材料可能同时有开孔和闭孔两种胞元。多面体胞元可以用来充填空间，这些胞元包括三角形、菱形和六角形柱体，菱形十二面体及四十面体（Gibson et al.，1997）。但是出于讨论的目的，用相对密度这个单一的参数就足以描述泡沫的特性。对于开孔泡沫，有

$$\frac{\rho'}{\rho_{ce}}=C_2\left(\frac{h}{l}\right)^2 \tag{10.20}$$

对于闭孔泡沫，有

$$\frac{\rho'}{\rho_{ce}}=C_3\frac{h}{l} \tag{10.21}$$

这与蜂窝材料的式（10.1）一样，这里 C_2 和 C_3 是与胞元形状有关的数值常数。

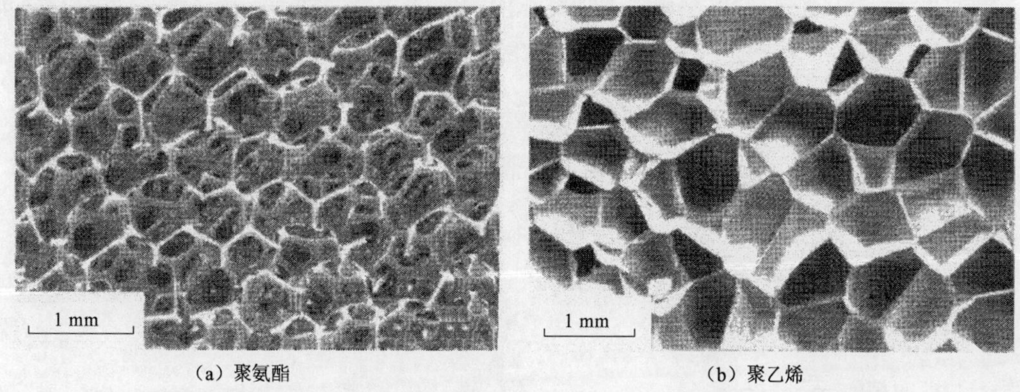

（a）聚氨酯 （b）聚乙烯

图 10.8 开孔与闭孔泡沫（Gibson et al.，1997）

泡沫材料的响应及其理论研究都和已经介绍过的蜂窝材料相类似。不同密度闭孔硬质聚氨酯（Maji et al.，1995）的典型受压应力–应变曲线如图 10.9 所示。一般地说，每条曲线都有三个阶段：线弹性响应、以平台应力为特征的屈服及应力随着应变快速增长的压实阶段。当密

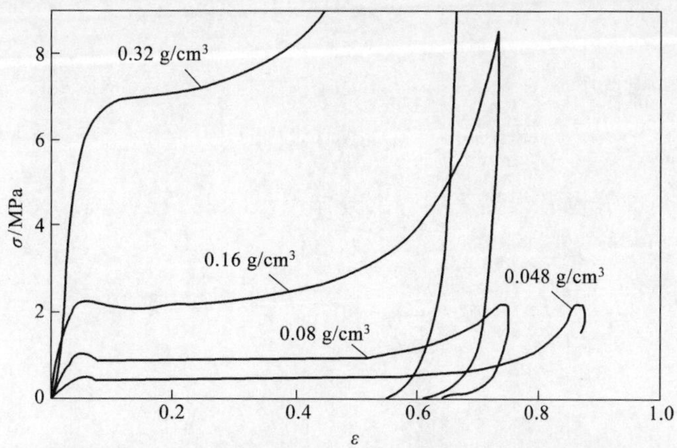

图 10.9 不同密度的闭孔硬质聚氨酯泡沫的应力–应变曲线（Maji et al.，1995）

度增加时，初始弹性模量和平台应力也随之增加，但是压实应变减小。如同蜂窝材料，开孔和闭孔泡沫材料的压实应变都可以近似表示为

$$\varepsilon_D = 1 - 1.4\left(\frac{\rho'}{\rho_{ce}}\right) \tag{10.22}$$

式中：系数 1.4 是由许多试验回归得到的。

10.2.2 金属泡沫材料的平台应力

类似于蜂窝材料，泡沫材料的平台应力是由泡沫胞元的失效机理决定的：它们可能是弹性屈曲、塑性坍塌或者断裂。对闭孔泡沫还要注意，封闭在胞元中的空气或液体的压缩，使平均平台应力增加。

开孔泡沫的弹性屈曲可以利用一个理想化的胞元结构[图 10.10（a）]进行研究（Gibson et al., 1997）。压杆的欧拉屈曲载荷由式（10.8）给出。因此，弹性阶段的名义应力为

$$\sigma_e \propto \frac{F}{l^2} \propto \frac{E_{ce}I}{l^4} \propto E_{ce}\left(\frac{h}{l}\right)^4$$

注意到这里应用了 $I \propto h^4$。因为对于开孔泡沫有 $\rho'/\rho_{ce} \propto (h/l)^2$，所以有

$$\frac{\sigma_e}{E_{ce}} \propto \left(\frac{\rho'}{\rho_{ce}}\right)^2$$

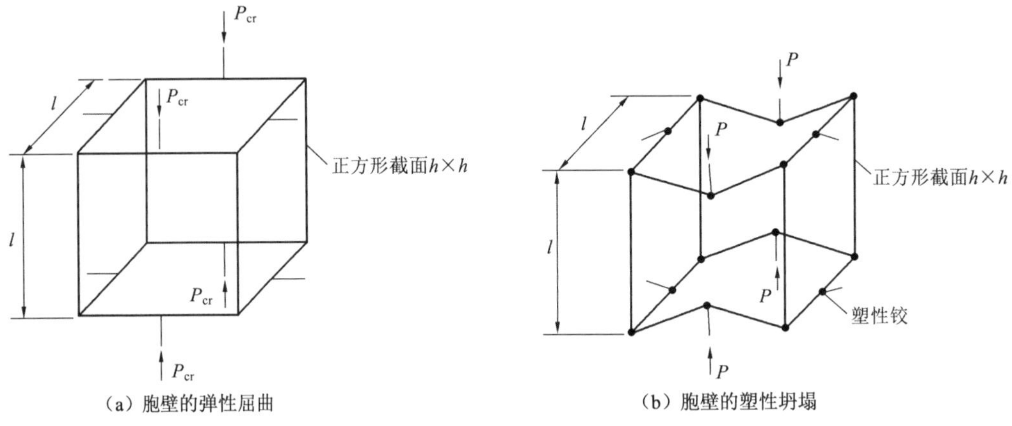

（a）胞壁的弹性屈曲　　（b）胞壁的塑性坍塌

图 10.10 一个高度理想化的开孔胞元

如果考虑到拐角部分占有很显著的一部分体积，上述方程可以加以改进。将理论分析同试验数据拟合，得到以下方程

$$\frac{\sigma_e}{E_{ce}} = 0.05\left(\frac{\rho'}{\rho_{ce}}\right)^2 \tag{10.23}$$

更精确地则为

$$\frac{\sigma_e}{E_{ce}} = 0.03\left(\frac{\rho'}{\rho_{ce}}\right)^2\left[1 + \left(\frac{\rho'}{\rho_{ce}}\right)^{\frac{1}{2}}\right]^2 \tag{10.24}$$

对于闭孔泡沫，胞内有初始压力 P_0，压力差 P_0-P_A 会引起胞壁的拉伸，其中 P_A 是大气压力。在引起胞壁屈曲之前，外加应力必须首先克服这个拉伸。因此，可以分别将式（10.23）和式（10.24）修改为

$$\frac{\sigma_e}{E_{ce}}=0.05\left(\frac{\rho'}{\rho_{ce}}\right)^2+\frac{P_0-P_A}{E_{ce}} \tag{10.25}$$

和

$$\frac{\sigma_e}{E_{ce}}=0.03\left(\frac{\rho'}{\rho_{ce}}\right)^2\left[1+\left(\frac{\rho'}{\rho_{ce}}\right)^{\frac{1}{2}}\right]^2+\frac{P_0-P_A}{E_{ce}} \tag{10.26}$$

当泡沫进一步被挤压时，由于胞元体积的减少，封闭在胞元内部的流体对胞壁施加更大的压力，其数值可以由玻意耳定律求出。因而应力也与应变 ε 联系起来

$$\frac{\sigma}{E_{ce}}=0.05\left(\frac{\rho'}{\rho_{ce}}\right)^2+\frac{P_0-P_A}{E_{ce}(1-\varepsilon-\rho'/\rho_{ce})} \tag{10.27}$$

图 10.10（a）所示的理想化的胞元也可以用来分析胞元的塑性坍塌，见图 10.10（b）。因为塑性极限弯矩 $M_p \propto Y_{ce}h^3/4$，所以力 $F \propto M_p/l \propto Y_{ce}h^3/l$。从而平台阶段的名义应力即平台应力 σ_{pl} 为

$$\sigma_{pl}\propto\frac{F}{l^2}\propto Y_{ce}\frac{h^3}{l^3}$$

因为 $\rho'/\rho_{ce}\propto(h/l)^2$［式（10.20）］，所以有

$$\frac{\sigma_{pl}}{Y_{ce}}\propto\left(\frac{\rho'}{\rho_{ce}}\right)^{\frac{3}{2}}$$

将所得到的这个关于开孔泡沫的方程（和它的改进形式）与试验结果进行拟合，得

$$\frac{\sigma_{pl}}{Y_{ce}}=0.3\left(\frac{\rho'}{\rho_{ce}}\right)^{\frac{3}{2}} \tag{10.28}$$

和

$$\frac{\sigma_{pl}}{Y_{ce}}=0.23\left(\frac{\rho'}{\rho_{ce}}\right)^{\frac{3}{2}}\left[1+\left(\frac{\rho'}{\rho_{ce}}\right)^{\frac{1}{2}}\right] \tag{10.29}$$

闭孔泡沫的塑性坍塌不仅涉及胞元棱边的弯曲，而且还涉及胞壁的拉伸，后者对应力的贡献正比于 ρ'/ρ_{ce}。设胞元棱边所占的体积率为 ϕ，则剩下的固体部分 $1-\phi$ 是属于胞壁的。闭孔塑料泡沫的压溃强度为

$$\frac{\sigma_{pl}}{Y_{ce}}=0.3\left(\phi\frac{\rho'}{\rho_{ce}}\right)^{\frac{3}{2}}+(1-\phi)\frac{\rho'}{\rho_{ce}}+\frac{P_0-P_A}{Y_{ce}} \tag{10.30}$$

Santosa 等（1998b）利用一个截头立方体作为理想化的闭孔胞元，进行了分析研究和有限元计算，得

$$\frac{\sigma_{pl}}{Y_{ce}}=0.63\left(\frac{\rho'}{\rho_{ce}}\right)^{\frac{3}{2}}+0.07\frac{\rho'}{\rho_{ce}}+0.80\left(\frac{\rho'}{\rho_{ce}}\right)^2 \tag{10.31}$$

还用式（10.32）来近似有限元的计算结果

$$\frac{\sigma_{pl}}{Y_{ce}}=1.05\left(\frac{\rho'}{\rho_{ce}}\right)^{1.52} \tag{10.32}$$

此式的幂次几乎与式（10.28）的相同，但是系数 1.05 则是式（10.28）中系数 0.3 的 3.5 倍。还有研究者提出了具有一般的应力–应变曲线的其他本构方程，如 Chang 等（1998）。

10.2.3 金属泡沫材料的能量吸收性能

发展迅速的金属泡沫，除了其他方面的应用外，作为能量吸收材料具有极大潜力。以铝或镍为母材的金属泡沫目前使用最为广泛。Ashby 等（2000）总结了已有的关于金属泡沫材料方面的知识。这里简要介绍一些有关金属泡沫能量吸收性能的结果。

典型的金属泡沫铝 CYMAT 及其应力–应变曲线如图 10.11 所示（Ruan et al.，2002）。以前讨论过的特性在这个图中也有所体现。此外，因为胞元不是均匀分布的，所以从最薄弱的位置开始出现变形局部化[图 10.11（c）]（Ruan et al.，2002）。注意到在这张图中，压溃区域 A、B 和 C 有着相同的初始尺寸。

（a）金属泡沫铝 CYMAT

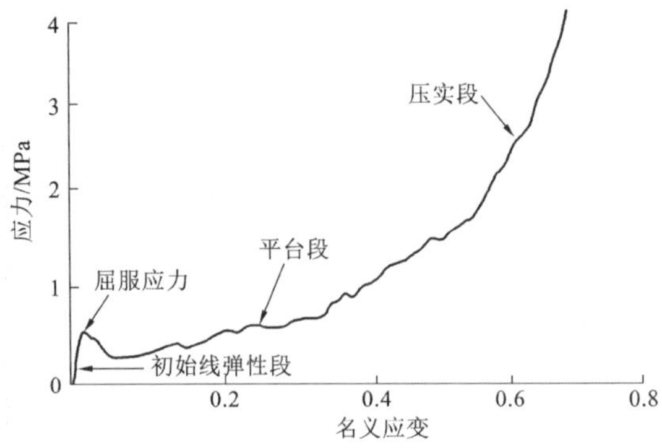

（b）应力–应变曲线

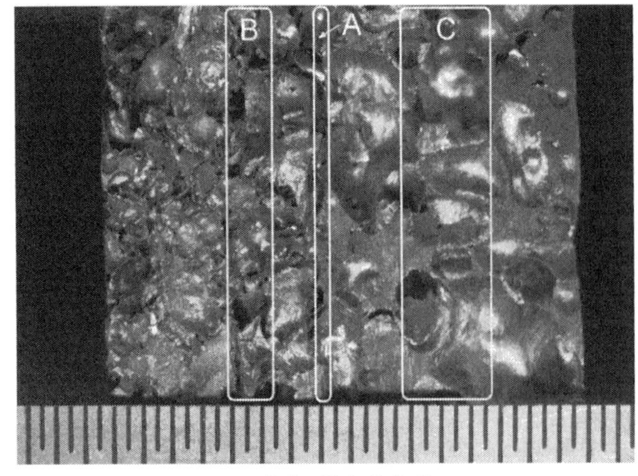

（c）发生不均匀的变形

图 10.11 金属泡沫铝 CYMAT 应力–应变曲线及发生不均匀的变形（Ruan et al.，2002）

在设计能量吸收结构时，主要考虑的是峰值载荷或峰值应力。例如，如果峰值应力或者平台应力太高，将会损坏它们所包装的货物，或者使车辆中的乘客严重受伤。所以，多胞材料的能量吸收性能可以通过绘制能量/单位体积随平台应力变化的曲线表示（对于金属泡沫见图 10.12）（Ashby et al.，2000）。因而对于实际应用来说，当给定了最大许用应力，可以容易地挑选出比吸能最佳的金属泡沫。关于这种类型的能量吸收图，在 12.2 节中还有更多的讨论。

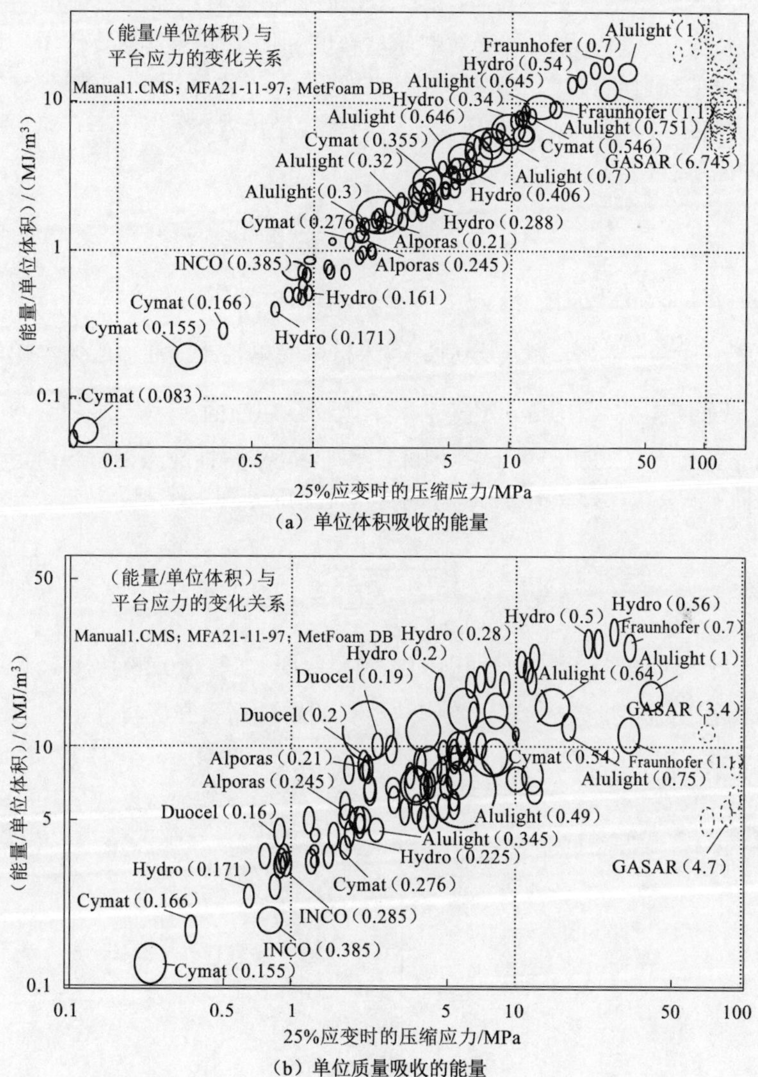

（a）单位体积吸收的能量

（b）单位质量吸收的能量

图 10.12 金属泡沫吸收的能量随平台应力（取为 25%应变时的压缩强度）的变化（Ashby et al.，2000）
图中密度的单位为 Mg/m^3

10.2.4 金属泡沫材料的本构关系

在实际工程应用中，由于服役工况通常不是单轴加载，金属泡沫材料往往处于复杂应力状态；同时，在对金属泡沫材料进行应用相关的模拟仿真时，通常难以根据泡沫材料的实际细观结构来建模，而只能将其等效为连续体来模拟，这就需要对金属泡沫材料的本构关系进行研究，并对相关本构参数进行标定。同时，由于泡沫材料内部存在非均匀性和各种几何缺陷，细观结构相当复杂，材料的变形机理和失效行为表现出很大的个体差异。因此，在表征金属泡沫材料的弹塑性行为时，从细观尺度建立材料的宏观本构方程及屈服失效准则十分困难，因而现有的大多数工作都是从宏观唯象的层面来建立金属泡沫材料的本构方程。

泡沫材料的一个突出特点是，它发生塑性变形时体积是可压缩的，因此，除了 von Mises 等效应力外，静水压力（即平均应力）对泡沫材料的屈服也会起到重要作用。这使描述塑性不可压的固体金属的屈服函数（如广为应用的 J2 理论）不再适用于金属泡沫材料。

Gibson 等（1989）从泡沫材料的正立方体胞元模型出发，提出了一个可以描述泡沫材料理论多轴失效的屈服准则为

$$\pm\frac{\sigma_{eq}}{Y}+0.81\left(\frac{\rho'}{\rho_{ce}}\right)\left(\frac{\sigma_m}{Y}\right)^2=1 \tag{10.33}$$

式中：σ_{eq}为 von Mises 等效应力；σ_m 为平均应力；Y 为单轴屈服强度。

这里可以取 $Y=\dfrac{\sigma_c+\sigma_s}{2}$，$\sigma_c$ 和 σ_s 分别是泡沫材料的单轴压缩屈服应力和单轴拉伸屈服应力。在 $\sigma_m-\sigma_{eq}$ 平面上，式（10.33）定义了一个抛物线屈服面。

其后，Deshpande 等（2000a）对闭孔泡沫铝和 Duocel 两种泡沫铝材料进行了单轴压缩和轴对称三轴压缩（$\sigma_1\neq 0$，$\sigma_2=\sigma_3$）试验，基于 von Mises 屈服准则，提出了一个泡沫材料的自相似本构模型

$$f=\sqrt{\frac{\sigma_{eq}^2+\alpha^2\sigma_m^2}{1+(\alpha/3)^2}}-Y\leqslant 0 \tag{10.34}$$

式（10.34）定义了一个在 $\sigma_m-\sigma_{eq}$ 平面上的椭圆屈服面，如图 10.13 所示。参数 α 定义了这个椭圆的长短轴之比，同时通过参数 α 将泡沫材料的单轴屈服强度与静水压力的关系表达为

$$|\sigma_m|=\frac{\sqrt{1+(\alpha/3)^2}}{\alpha}Y \tag{10.35}$$

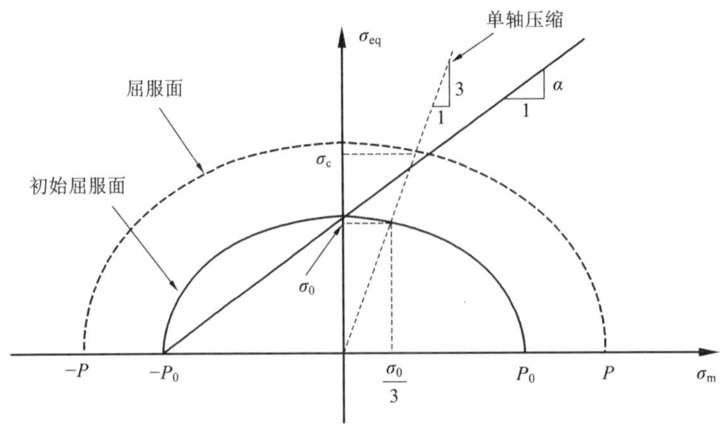

图 10.13 Deshpande-Fleck 模型的屈服面

关于参数 α 的确定，Deshpande 等（2000a）引入了塑性泊松比的概念，其数值定义为在材料塑性应变达到 5%时，材料的径向对数应变与轴向对数应变之比。椭圆度参数 α 与塑性泊松比 υ_p 的关系为

$$\alpha^2 = \frac{9}{2}\frac{(1-2\upsilon_p)}{(1+\upsilon_p)} \tag{10.36}$$

同时，Deshpande 等（2000a）提出了一个微分强化模型，定义了一个二次屈服面

$$\Phi = \left(\frac{\sigma_{eq}}{\sigma_S}\right)^2 + \left(\frac{\sigma_m}{\sigma_P}\right)^2 - 1 \leqslant 0 \tag{10.37}$$

式中：σ_S 为偏量屈服强度；σ_P 为静水压力屈服强度。由于屈服面不再按照几何自相似的模式演化，而是在主应力空间中沿着静水轴和应力偏量轴按照不同的速率伸长，从而定义了一个新的强化准则

$$\begin{pmatrix}\dot{\sigma}_P \\ \dot{\sigma}_S\end{pmatrix} = \begin{pmatrix} h_{11} & h_{12} \\ h_{21} & h_{22}\end{pmatrix}\begin{pmatrix}\dot{\varepsilon} \\ \dot{\gamma}\end{pmatrix} \tag{10.38}$$

式中：ε 和 γ 为分别与 σ_P 及 σ_S 共轭的运动学变量，其关系可以定义为 $\dot{\varepsilon} = \frac{\sigma_m}{\sigma_P}\dot{\varepsilon}_m$ 及 $\dot{\gamma} = \frac{\sigma_{eq}}{\sigma_S}\dot{\varepsilon}_e$，即运动学方程，其中 $\dot{\varepsilon}_m$ 为体积塑性应变率，$\dot{\varepsilon}_{eq}$ 为 von Mises 等效塑性应变率。

Deshpande 等（2000a）利用静水压缩及单轴加载试验数据对强化法则中的参量进行了标定。同时，将自相似模型与微分强化模型的预测结果与试验结果进行了对比，认为微分强化模型的预测结果精度更高，尤其是对于开孔的 Duocel 泡沫铝材料更是如此。

注意到材料拉压屈服不对称及在塑性阶段体积可压缩，Miller（2000）从 Drucker-Prager 屈服准则出发，提出了一个弹塑性本构模型，其表达式为

$$f = \sigma_{eq} - \gamma\sigma_m + \frac{\alpha'}{d_0\sigma_c}\sigma_m^2 - d_0\sigma_c \leqslant 0 \tag{10.39}$$

式（10.39）中的各个参数关系可以表示为

$$\beta = \frac{\sigma_c}{\sigma_s}$$

$$\gamma = \frac{6\beta^2 - 12\beta + 6 + 9(\beta^2-1)/(1+\upsilon_p)}{2(\beta+1)^2}$$

$$\alpha' = \frac{45 + 24\gamma - 4\gamma^2 + 4\upsilon_p(2+\upsilon_p)(-9+6\gamma-\gamma^2)}{16(\upsilon_p+1)^2}$$

$$d_0 = \frac{1}{2}\left[1 - \frac{\gamma}{3} + \sqrt{\left(1-\frac{\gamma}{3}\right)^2 + \frac{4\alpha'}{9}}\right]$$

Hanssen 等（2002）给出了单轴和静水压力加载下泡沫材料的应变强化模型

$$Y = \sigma_{pl} + \gamma\frac{\varepsilon_{eq}}{\varepsilon_D} + \alpha_2 \ln\left[\frac{1}{1-(\varepsilon_{eq}/\varepsilon_D)^\lambda}\right] \tag{10.40}$$

式中：ε_{eq} 为等效应变；α_2、γ 和 λ 为泡沫材料参数；σ_{pl} 和 ε_D 分别为平台应力和压实应变。

它们及弹性模量 E 都可以表示为泡沫密度的函数为

$$\left\{\sigma_{\mathrm{pl}}, \alpha_2, \gamma, \frac{1}{\lambda}, E\right\} = C_0 + C_1\left(\frac{\rho'}{\rho_{\mathrm{ce}}}\right)^n \tag{10.41}$$

其中压实应变 ε_{D} 可以表示为

$$\varepsilon_{\mathrm{D}} = -\frac{9+\alpha^2}{3\alpha^2}\ln\left(\frac{\rho'}{\rho_{\mathrm{ce}}}\right) \tag{10.42}$$

Hanssen 等（2002）给出了 1997～1998 年生产的泡沫铝的 C_0 和 C_1 的参数，并对各种不同的泡沫本构模型进行了数值验证。Reyes 等（2003）在 Deshpande 等（2000a）基础上考虑了泡沫的断裂及泡沫密度的统计变化，并给出了不同密度下金属泡沫铝的本构参数。Hanssen 等（2002）和 Reyes 等（2003）的工作在很大程度上推动了 Deshpande 等（2000a）的唯象本构模型的广泛应用。基于该模型，Tagarielli 等（2005）进一步发展了横观各向同性泡沫本构，并应用于模拟轻质木材。

值得注意的是，虽然 Deshpande-Fleck 模型及其改进形式已经被 ABAQUS、LS-DYNA 等商用程序所采用，新的研究成果仍不断涌现；其中，随着后继屈服面的演化，它的椭圆度参数 α 和塑性泊松比 υ_{p} 将如何变化？这仍然是不少研究者探讨的热点。例如，Xue 等（2004）、Liu 等（2004）、Reyes 等（2004）、Ruan 等（2007）、Alkhader 等（2010）、Su 等（2017）、Fang 等（2017）及 Li 等（2018）都在金属泡沫的本构及其应用方面进行了研究。

10.3 木　　材

木材是一种天然的多胞材料，可以用作能量吸收。它有三个正交的平面：径向、切向和轴向（图 10.14）。它在垂直于轴向的平面内的微结构与其他两个平面的很不一样。图 10.15 为杉木的微结构（Gibson et al., 1997）。它由拉得很长的细胞构成，其横截面通常是六角形的。在径向，有较小细胞束组成的射髓（rays），使径向的压缩强度高于切向（大约 40%）。

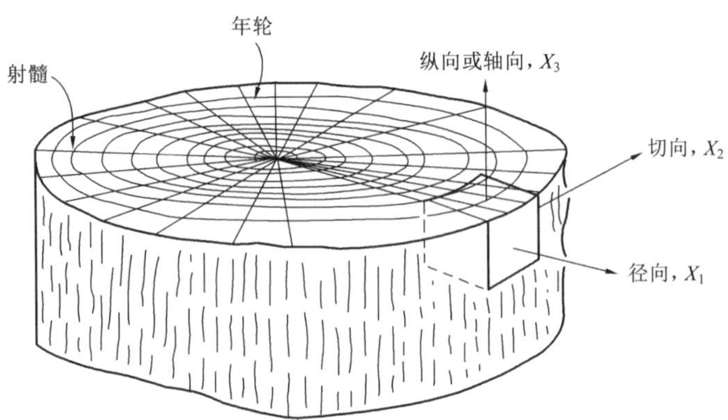

图 10.14　树干的轴向、径向和切向的定义（Gibson et al., 1997）

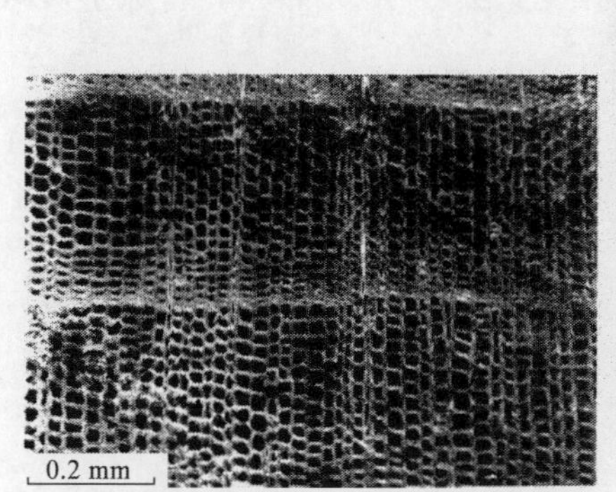

图 10.15 杉木的三个相互垂直方向的微观结构照片（Gibson et al.，1997）

对于橡木、红木、松木和软木，在轴向应力作用下典型的应力–应变曲线如图 10.16（a）所示，在径向应力作用下的曲线如图 10.16（b）所示（Reid et al.，1997）。它们展示了前面讨论的蜂窝和泡沫材料的应力–应变曲线的一般特性。可以注意到，当沿着轴向压缩时有一个初始峰值存在，这是杆状纤维（图 10.15）屈曲的结果。同样，与能量吸收有关的主要参数为平台应力和压实应变。

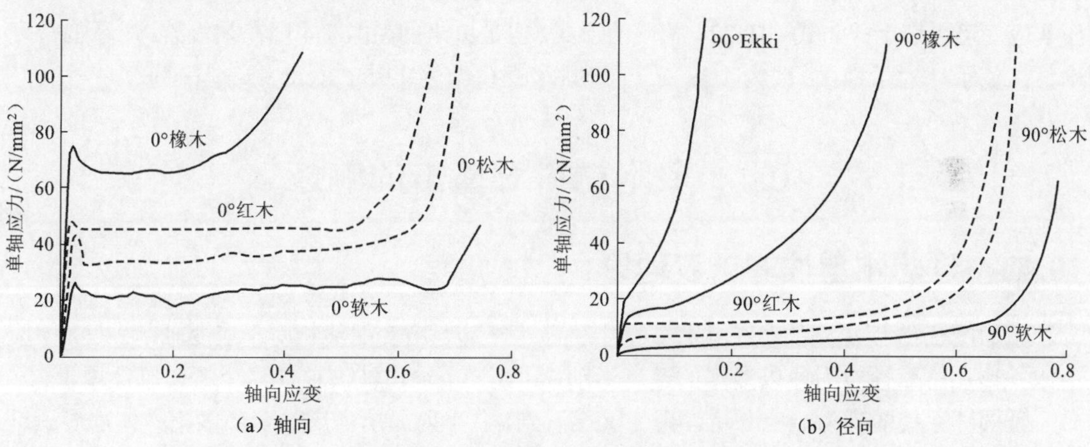

图 10.16 一些木材单轴压缩的应力–应变曲线（Reid et al.，1997）

轴向破坏的机理是非常复杂的。不过，大多数木材是高密度的，首先发生的是塑性屈服。因此，可以得出轴向应力$\sigma_a \propto \rho' / \rho_{ce}$（Gibson et al.，1997），或

$$\frac{\sigma_a}{Y_{ce}} = C\left(\frac{\rho'}{\rho_{ce}}\right) = 0.34\left(\frac{\rho'}{\rho_{ce}}\right) \tag{10.43}$$

式中：Y_{ce}为胞壁固体材料的屈服应力，系数 0.34 是由式（10.43）与试验结果拟合得到的。另外，如取σ_a的单位为 MN/m^2，则有

$$\sigma_a = 120\frac{\rho'}{\rho_{ce}} \tag{10.44}$$

Reid 等（1993）为了拟合他们的试验数据，在式（10.44）中用系数 150 代替 120。

径向和切向的破坏机理主要是由胞壁的塑性弯曲所控制。因此，如同蜂窝材料，关于切向强度，有

$$\frac{\sigma_t}{Y_{ce}} \propto \left(\frac{h}{l}\right)^2$$

或

$$\frac{\sigma_t}{Y_{ce}} \propto \left(\frac{\rho'}{\rho_{ce}}\right)^2$$

再一次得到经验公式

$$\frac{\sigma_t}{Y_{ce}} = 0.14\left(\frac{\rho'}{\rho_{ce}}\right)^2 \tag{10.45}$$

或

$$\sigma_t = 50\left(\frac{\rho'}{\rho_{ce}}\right)^2 \tag{10.46}$$

径向应力则为

$$\sigma_r = 1.4\sigma_t = 70\left(\frac{\rho'}{\rho_{ce}}\right)^2 \tag{10.47}$$

压实应变可以表示成与式（10.22）相同的形式，但是原来的系数 1.4 现在须修改：对于低密度木材，改为 2；对于橡木，改为 1.3；对于松木和红木，改为 1.35（Reid et al.，1993）。

10.4 多胞材料对撞击的响应

10.4.1 理想刚塑性冲击波理论

正如图 2.15 所提到的及在 4.6 节所讨论的，当应力–应变曲线相对于应变轴是外凸时，应力水平增加时塑性应力波以渐增的速度运动，导致一个冲击波波前。这个概念已经用于 4.6 节一维圆环系统的动力响应分析。现在又已看到，几乎前面所考虑的全部多胞固体都展示这种应力–应变曲线，因此冲击波理论应当也可以应用于此处（Reid et al.，1997）。

考虑一个速度为 V_0 的质量 G 撞击初始静止的圆柱[图 10.17（b）]。将圆柱材料的应力–应变曲线理想化为理想刚塑性的，并在压实应变 ε_D 处锁定[图 10.17（a）]。一个塑性波前可以称为一维压实波（1D compact wave）形成，并以速度 c_p 运动。这个波前的前方材料是静止的，应力为 σ_p；而在波前的后方，材料被压缩至压实应变 ε_D，并具有密度 $\rho_D = \rho/(1-\varepsilon_D)$。此部分材料以与质量 G 相同的瞬时速度运动，它随着时间减慢。考虑某一瞬间，被压实圆柱的瞬时长度为 x，对应的初始长度为 $x_0 = x/(1-\varepsilon_D)$，未变形的长度为 L，质量 G 的位移是 u。以运动学和质量及动量守恒，可以解出动态应力及质量块 G 的速度等随时间变化的关系。

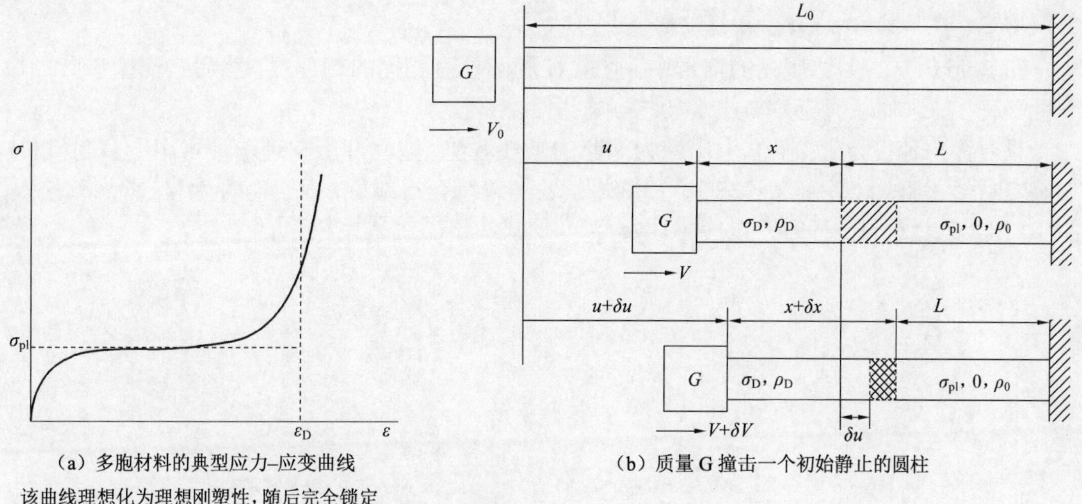

(a) 多胞材料的典型应力–应变曲线
该曲线理想化为理想刚塑性，随后完全锁定

(b) 质量 G 撞击一个初始静止的圆柱

图 10.17 理想刚塑性冲击波理论

由图 10.17，有

$$u + x + L = L_0$$

所以

$$\frac{\mathrm{d}L}{\mathrm{d}t} = -\left(\frac{\mathrm{d}x}{\mathrm{d}t} + \frac{\mathrm{d}u}{\mathrm{d}t}\right) = -\left(\frac{\mathrm{d}x}{\mathrm{d}t} + v\right) \tag{10.48}$$

式中：$\frac{\mathrm{d}u}{\mathrm{d}t} = v$。由于 $\varepsilon_\mathrm{D} = \frac{u}{u + x}$，得

$$\frac{\mathrm{d}x}{\mathrm{d}t} = \frac{1 - \varepsilon_\mathrm{D}}{\varepsilon_\mathrm{D}} v \tag{10.49}$$

由于在压实过程中质量不变，则

$$\frac{\rho}{\rho_\mathrm{D}} = 1 - \varepsilon_\mathrm{D} = \frac{x}{u + x} \tag{10.50}$$

经过一微小时间增量 δt 后，压实波前向前移动，同时新增一部分小单元材料压实，杆的压实长度增加 δx，相对应的质量增量为

$$\delta m = \frac{\rho_0 A \delta x}{1 - \varepsilon_\mathrm{D}} \tag{10.51}$$

式中：A 为截面面积，假定为常数。

在时间增量 δt 的过程中，这个小单元左边和右边的应力分别为 σ_D 和 σ_pl，这个小单元在时间 t 时速度为零，在 $t + \delta t$ 时速度为 v，由动量守恒可得

$$(\sigma_\mathrm{D} - \sigma_\mathrm{pl}) A\, \delta t = v\, \delta m \tag{10.52}$$

将式（10.49）和式（10.50）代入式（10.52），得

$$\sigma_\mathrm{D} = \sigma_\mathrm{pl} + \frac{\rho_0}{\varepsilon_\mathrm{D}} v^2 \tag{10.53}$$

这说明，在撞击载荷作用下，纯粹由于惯性效应，一旦形成一维压实波（冲击波），峰值应力就

会被增强，增加量（$\sigma_D - \sigma_{pl}$）正比于初速度的平方。

在 Reid 等（1997）研究的情形中，质量 G 和圆柱有相同的初速度，然后它们撞击到一块刚性平靶上，这时峰值应力与式（10.53）给出的相同。

只要撞击速度足够高，产生出应力间断的塑性波前，塑性冲击波理论便可用于多胞材料，如蜂窝材料、泡沫材料和木材。理论预测与试验结果符合得很好。对于两种木材：软木和松木，图 10.18（Reid et al.，1997）以应力比 σ_D / σ_{pl} 形式给出了结果比较。

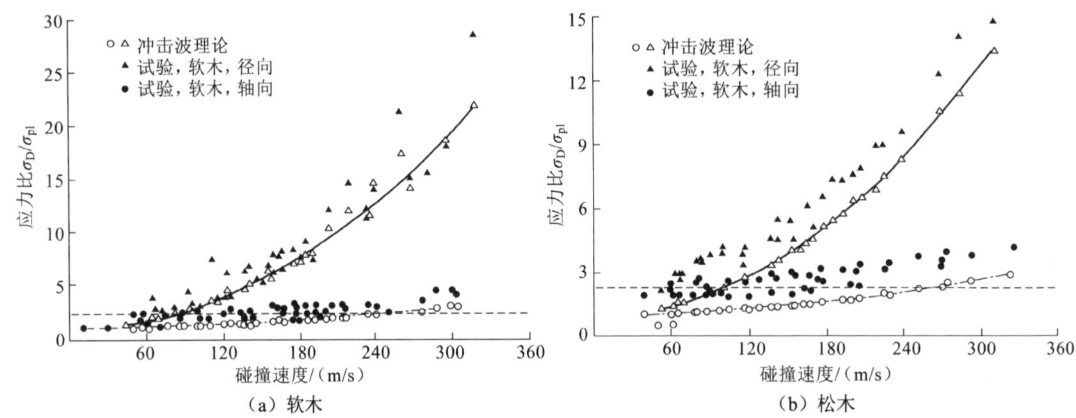

图 10.18 理论与试验的比较（Reid et al.，1997）

在 Reid 等（1997）给出式（10.53）后，许多研究者试图完善其分析模型。有的考虑了强化效应，有的假定压实波前有一定厚度，还有的用 Voronoi 模型试图更好地模拟泡沫材料。Shen 等（2014，2013）分析了有梯度的多胞材料的冲击响应，首次提出了在一定条件下同时出现双冲击波的解析模型；不仅探讨了此类材料的动态应力和能量吸收特征，还讨论了支承端的应力变化。随后这个双波模型被其他人在研究梯度多胞材料的其他情形时采用，做了类似的工作。所有这方面的工作，读者可参阅最近的一篇文献综述（Sun et al.，2018）。

10.4.2 一维质量–弹簧模型

如 10.4.1 节中论述的那样，低密度多胞材料压实前总的应力–应变曲线可以合理地理想化为理想刚塑性。尽管如此，这些材料的塑性压溃是渐进的，胞元的坍塌是一层接着一层进行的（图 10.3）。这引起了力的波动，其波动程度取决于胞元的几何形状和坍塌后的变形模式。为了捕捉变形局部化的详细情况，并考察这种系统的动力效应，Shim 等（1990）提出了一维质量–弹簧模型。这个模型可以看成是第 4 章介绍的圆环系统的普遍形式。

考虑图 10.19 所示的在质量 G 撞击下的质量–弹簧模型。每一个胞元的质量（如一个蜂窝胞元）凝聚成一个集中质量 m 和一个无质量的代表每个胞元压溃特性的弹簧。在一般情况下，弹簧特性如图 10.20 所示，并可以表示为

$$\frac{F}{F_0}=\begin{cases}\dfrac{z}{c}, & 0\leqslant z<c \quad (\text{弹性})\\[2mm] \exp\left[\dfrac{a(z-c)}{(a-z)^n}-b(z-c)\right], & c\leqslant z\leqslant a \quad (\text{屈服后})\end{cases} \tag{10.54}$$

式中：z 为胞元变形。所以，无量纲力 F/F_0 和胞元变形的形态是受参数 a、b、c 和 n 所控制的。调整它们的数值，可以得到不同的弹簧特性，如软化或者强化。

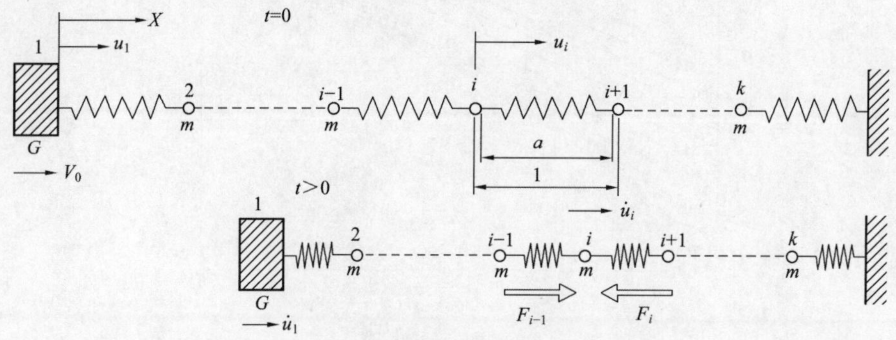

图 10.19　一维的质量–弹簧模型

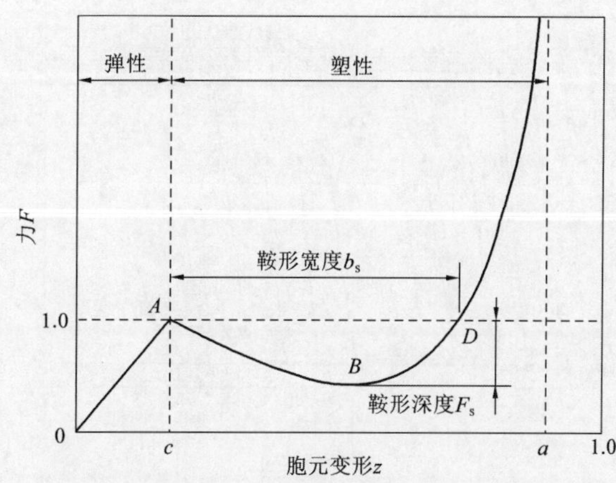

图 10.20　弹簧的力–位移特性（Shim et al.，1990）

控制方程为

$$\ddot{u}_1 + F(z_1) = 0 \tag{10.55}$$

$$\frac{m}{G}\ddot{u}_i + F(z_1) - F(z_{i-1}) = 0 \quad (i = 1, 2, 3, \cdots, k) \tag{10.56}$$

胞元压溃量为 $z_i = u_i - u_{i+1}$，u_i 项是弹簧局部坐标，总的位置坐标 x_i 为 $x_i = u_{i-1} + u_i$。初始条件为

$$\dot{u}_1(0) = V_0 \tag{10.57}$$

$$\dot{u}_i(0) = 0 \quad (i = 2, 3, \cdots, k) \tag{10.58}$$

$$x_i(0) = i - 1 \quad (i = 2, 3, \cdots, k) \tag{10.59}$$

假定在初始屈服后，任何卸载都是纯非弹性的。

式（10.54）～式（10.59）可以通过数值求解得到无量纲的质量位置、胞元变形和质量减速度，分别见图 10.21（a）～（c）。其中，胞元数量 $k = 10$，$m/G = 0.1$，$V_0 = 5\text{s}^{-1}$，鞍形宽度 $b_s = 0.507$（图 10.20）。

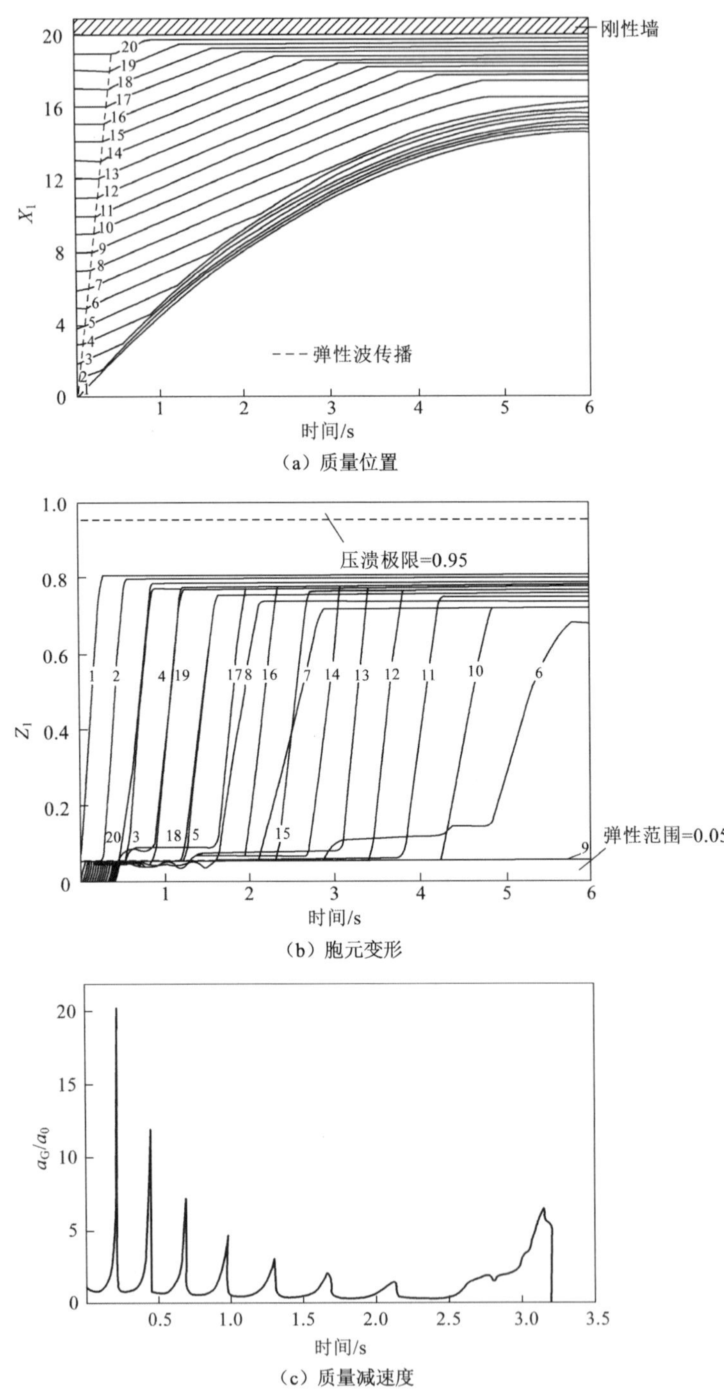

（a）质量位置

（b）胞元变形

（c）质量减速度

图 10.21　质量–弹簧模型分析给出的结果（Shim et al.，1990）

在这个模型中，质量 m 假定为常数。Gao 等（2005a，2005b）认识到一般形状胞元的有效质量和破坏机理可能变化，如 7.2 节中所述。因此，为了捕捉多胞材料的动态响应，他们提出了一个可变质量–弹簧模型。Stronge 等（1988）讨论了胞元的惯性效应（微惯性）。

10.4.3 蜂窝材料的动力压溃——有限元模拟

10.4.3.1 压溃模式

上述冲击波模型可以应用于一维压实塑性波前产生并传播的情况，它发生在撞击速度足够高的时候。在低速情况下，变形也可能局部化，但是发生在一个与撞击面倾斜的带状区域内。Ruan 等（2003b）应用有限元分析研究了蜂窝材料受到无质量刚性板以定常速度撞击时的面内响应。有限元模型在 X_1 方向使用了 16 个胞元，在 X_2 方向有 15 个胞元。对于所有情况，胞元尺寸皆为 s=4.7 mm 和 l=2.7 mm（对应于 θ=30°），胞壁厚度 h 则从 0.08 mm 变化至 0.5 mm。

动态分析使用软件 ABAQUS/EXPLICIT 完成。胞壁材料假定为理想弹塑性，杨氏模量为 69 GPa，屈服应力为 76 MPa。胞壁的每个棱边都用三个壳单元（单元类型 S4R）模拟。模型共由 2 280 个壳单元组成。每个六边形的胞元都被定义为一个单一的自接触表面（self-contact surface）。胞元的外表面之间也定义了自接触，因为在压溃过程中他们可能与其他胞元接触。

为了研究加载速率效应，刚性板撞击速度 v 在 3.5～280 m/s 变化。当沿 X_1 方向压溃时，试件左侧边的所有自由度都被固定，顶部和底部侧边是自由的。撞击板的右侧面作用有定常的水平速度（沿 X_1 方向）。类似地，当沿垂直方向（X_2）撞击时，底边全部固定，而左方和右方的侧边为自由的，撞击刚性板的顶面受到定常垂直速度作用。

图 10.22 和图 10.23 为 X_1 方向的变形模式，h=0.2 mm，撞击速度分别为 v=3.5 m/s 和 v=70 m/s。对于速度为 v=3.5 m/s 的撞击，当右侧边的位移还很小的时候，初始局部化就发生了[图 10.22（a）]。从撞击端开始产生了一个“X”形的变形带。随着位移增加，第二条“X”形变形带从固定侧边发展起来，它与第一条局部化变形带相交，在试件中心形成一个菱形[图 10.22（b）和（c）]。随着压溃的推进，又有一层胞元沿着“X”形变形带被压溃，从而形

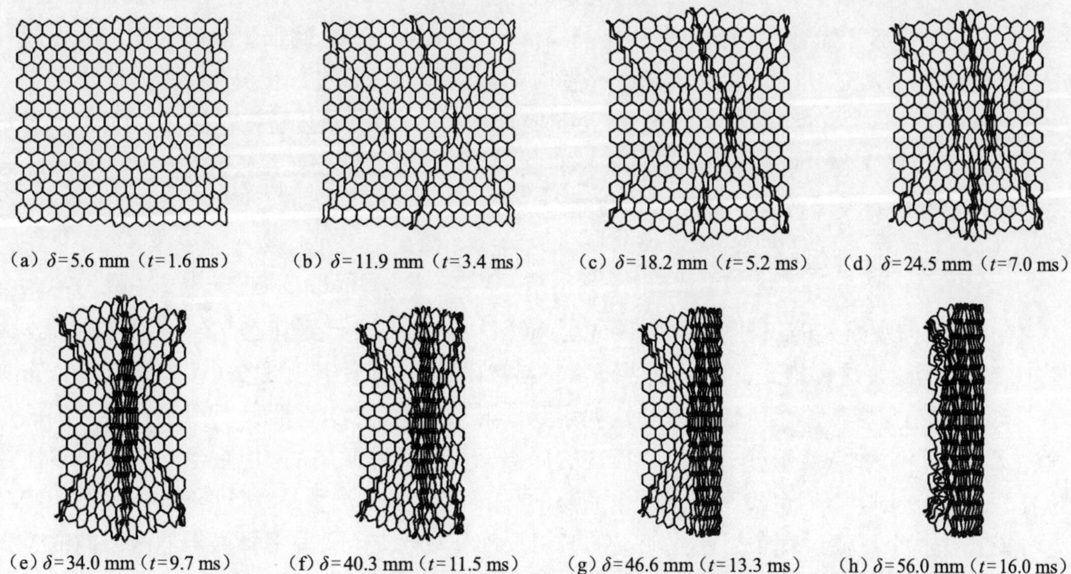

（a）δ=5.6 mm（t=1.6 ms） （b）δ=11.9 mm（t=3.4 ms） （c）δ=18.2 mm（t=5.2 ms） （d）δ=24.5 mm（t=7.0 ms）

（e）δ=34.0 mm（t=9.7 ms） （f）δ=40.3 mm（t=11.5 ms） （g）δ=46.6 mm（t=13.3 ms） （h）δ=56.0 mm（t=16.0 ms）

图 10.22 蜂窝沿 X_1 方向的压溃，h=0.2 mm，v=3.5 m/s，初始的变形局部化出现在一个“X”形的变形带内（Ruan et al.，2003）

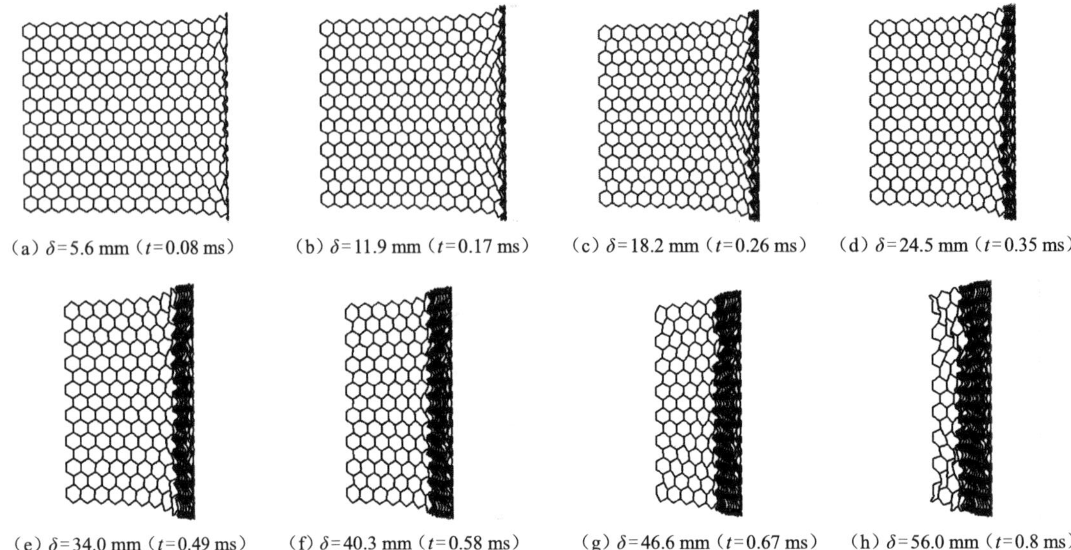

（a）δ=5.6 mm（t=0.08 ms） （b）δ=11.9 mm（t=0.17 ms） （c）δ=18.2 mm（t=0.26 ms） （d）δ=24.5 mm（t=0.35 ms）

（e）δ=34.0 mm（t=0.49 ms） （f）δ=40.3 mm（t=0.58 ms） （g）δ=46.6 mm（t=0.67 ms） （h）δ=56.0 mm（t=0.8 ms）

图 10.23 蜂窝沿 X_1 方向的压溃，h=0.2 mm，v=70 m/s（Ruan et al.，2003）

成更为局部化的变形带[图 10.22（d）]。此后，局部化在中心菱形内发生[图 10.22（e）和（f）]。最后，菱形内不能再变形了，更多的局部化带在加载侧边附近发生[图 10.22（g）]，直到蜂窝被完全压溃[图 10.22（h）]。这种“X”形局部化变形带在准静态试验中也曾观察到。

当撞击速度更高时，如 v=70 m/s，在整个压溃过程中试件块体内没有发现明显的局部化变形带（图 10.23）。只有在加载端的边缘附近观察到垂直于碰撞方向的横向局部化变形带，它一层接着一层地连续传播，直到固定边界。这种变形是以一维压实波的形式传播的。

当以中等速度碰撞时（这里未给出），靠近模型右边界的许多胞元在“V”形块的范围内被轻微压溃，变形开始时没有观察到明显的局部化变形带。然后，局部化变形带在加载端边界产生。变形带是“X”形的，但是比低速碰撞时略微弱些。随着进一步变形，逐渐产生了更多的局部化变形带。当位移增加至大约 40 mm 时，出现了一个新的倾斜的局部化变形带，但是它是从固定边界开始，朝已有的局部化变形带传播，此时后者似乎已经停止了发展。于是这些局部化变形带彼此交互作用，直至试件被完全压溃。

10.4.3.2 模式分类图

在 X_1 方向观察到的三种变形模式可以分成三种类型。第一类型是“X”形变形模式，如图 10.22（a）所示。这种模式的特征是当蜂窝材料被压缩时，即使其变形很小（如只有 5.6 mm），“X”形局部化变形带仍然可以被清楚地观察到。第二类型是“X”形和“I”形模式之间的过渡模式，也可称为“V”形模式。这种模式的局部化变形带是倾斜的，但是当蜂窝材料被压至位移为 5.6 mm 时，它们也没有形成一个完整的“X”形。第三类型是“I”形模式，见图 10.24。这种模式在整个压溃过程中看不到明显的倾斜局部化变形带，只发现垂直于加载方向的竖直变形带。其实，这种模式正是一维压实波的表现。这三种模式的示意图见图 10.24（a）。模式“I”和模式“X”之间的区别是清楚的，而同模式“V”的差别就不那么清晰了。

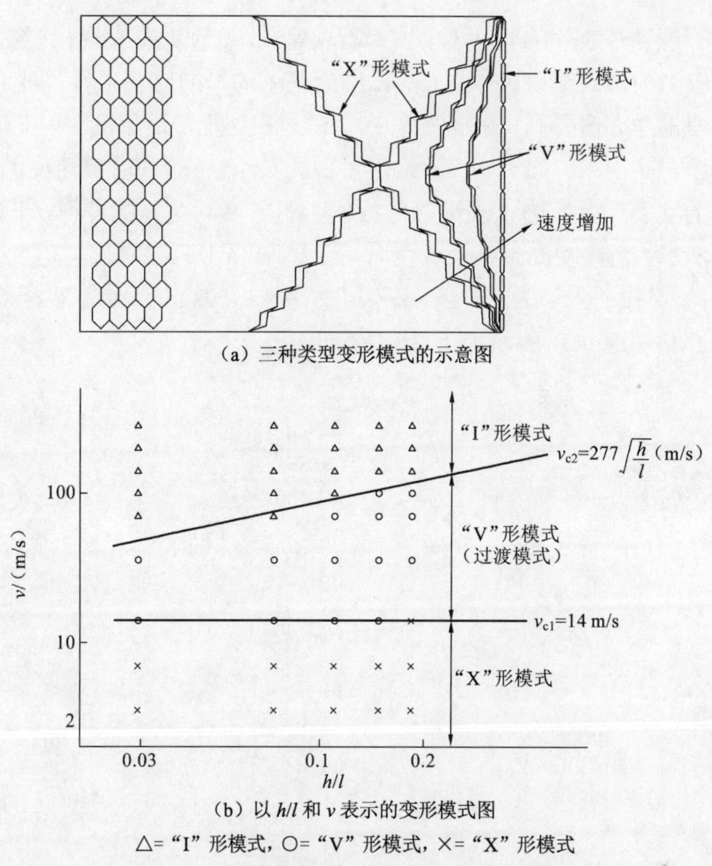

(a) 三种类型变形模式的示意图

(b) 以 h/l 和 v 表示的变形模式图

△="I" 形模式，○="V" 形模式，×="X" 形模式

图 10.24 三种变形模式（Ruan et al., 2003b）

根据这种分类方法，以对数坐标绘制了不同壁厚蜂窝材料沿 X_1 方向的变形模式，见图 10.24（b）。对于低速碰撞，变形全部是"X"形模式，在高速时是"I"形模式。从一种变形模式转换到另一种变形模式的临界速度取决于胞元壁厚。

根据量纲分析，对于固体动态响应，经常采用无量纲临界速度 $v/(\sigma/\rho)^{\frac{1}{2}}$。对整个蜂窝试件遵循类似的论点，这里假定蜂窝试件的尺寸是不重要的，该无量纲速度只取决于另外一组无量纲量，即 h/l。但是因为 $\sigma \propto (h/l)^2$ [式(10.12)]和 $\rho \propto h/l$ [式(10.3)]，可以期望有 $v \propto \sqrt{h/l}$，它对应于图 10.24（b）中的一条直线。由图 10.24 可以看出，v_{c1} 几乎与 h/l 无关，但是有 $v_{c2} \propto \sqrt{h/l}$。两个临界速度的经验方程分别为

$$v_{c1} = 14\,\mathrm{m/s} \tag{10.60}$$

和

$$v_{c2} = 277\sqrt{h/l} \tag{10.61}$$

10.4.3.3 平台应力

平台应力对于能量吸收是最重要的。动态平台应力值是从平台作用力与加载横截面积

之比计算出来的。理论静态平台应力按照 Gibson 等（1997）[式（10.12）]提出的公式计算，将他们计算平台应力的公式乘以因子 1.15，以考虑胞壁的平面应变条件。对于相同胞壁厚度，动态平台应力比理论静态值要高，冲击波式（10.53）在这里是适用的。

对于不同壁厚，图 10.25（a）～（c）给出了应力（$\sigma_D-\sigma_{pl}$）随碰撞速度的变化情况，图中有限元计算得到的动态平台应力以菱形符号标出。对于所有胞元壁厚值，平台应力都随着碰撞速度的增加而增加。当速度高于某个数值时，应力（$\sigma_D-\sigma_{pl}$）显示出与速度平方的良好关联性，在双对数图中，对应的斜率为 2。当 h 较小时，例如 0.08 mm，斜率小于 2；当 h 较大时，在这个算例中为 0.3～0.5 mm，斜率大于 2。

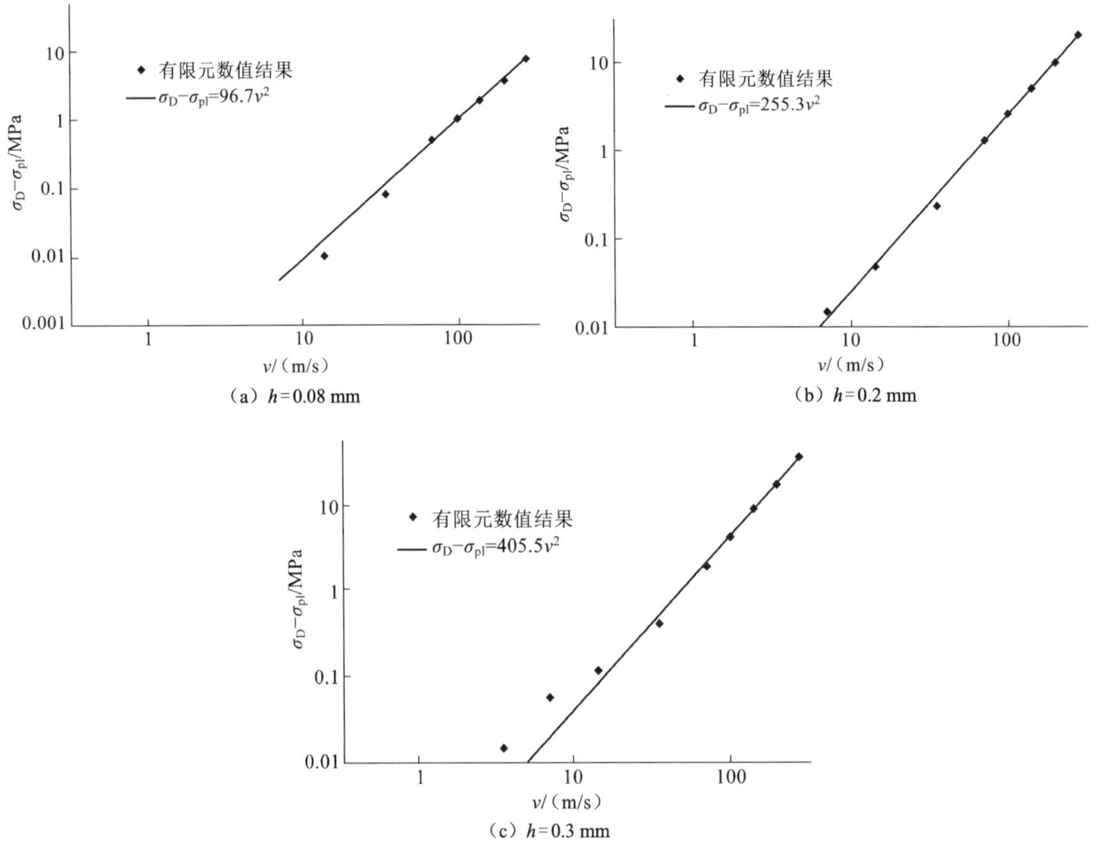

（a）h=0.08 mm （b）h=0.2 mm （c）h=0.3 mm

图 10.25 X_1 方向的平台应力随碰撞速度的改变（Ruan et al.，2003b）

由数值仿真得到的最后一个经验方程为

$$\frac{\sigma_D}{Y_{cs}}=0.8\left(\frac{h}{l}\right)^2+\left[62\left(\frac{h}{l}\right)^2+41\left(\frac{h}{l}\right)+0.01\right]\times10^{-6}v^2 \tag{10.62}$$

这个方程用于计算 X_1 方向高速碰撞下的平台应力，即用于“I”形模式的计算。对于 X_2 方向撞击的平台应力，可以观察到有类似的现象。

10.4.4 蜂窝材料的动力压溃——基于代表性单元变形历史的理论模型

Hu 等（2014，2013，2010）对蜂窝材料的动力压溃做了系统的细观分析。这种分析建模包括以下几个步骤：①进行蜂窝材料承受撞击的有限元动态模拟，从变形图像中仔细地跟踪观察典型胞元的大变形过程；②在此基础上归纳出代表性单元的周期性的变形历史并建立相应的运动许可速度场；③针对这个运动许可速度场应用极限分析的上限法，写出它所耗散的塑性功率；④在一个变形周期内，将以上耗散功率积分，得出耗散的能量，再加上代表性单元中构件在此期间增加的动能，应该同外载在此期间做的功相平衡；⑤求解这个功–能平衡方程，得到平台应力的理论预测值。

由 10.4.3 小节已经看到，蜂窝材料的矩形块在一条边界上受到面内撞击时，高速撞击与中速撞击产生的动态变形模式是不相同的，分别为图 10.24（a）中的“I”形模式和“V”形模式。因此，Hu 等（2010）的分析也分别考虑了高速撞击与中速撞击的不同细观变形机制。

当蜂窝材料的矩形块在一条边界上受到面内的高速撞击时，在细观（即代表性单元）尺度上，图 10.26 显示了有限元模拟得到的变形历史的典型截图（Hu et al.，2010）。

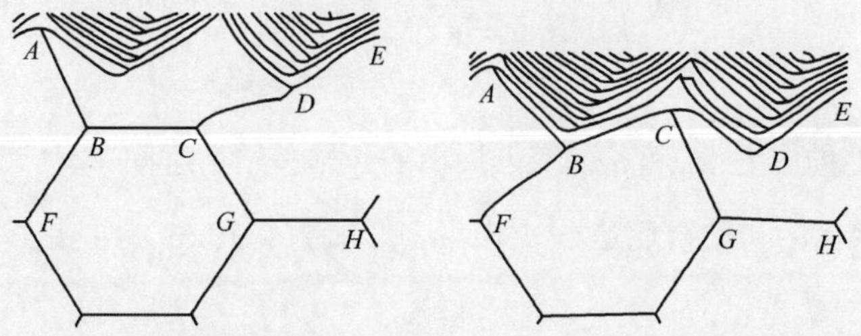

图 10.26 在面内的高速撞击下典型的六角形胞元及其相邻胞元的变形过程（Hu et al.，2010）

这样可以构建出图 10.27 所示的运动许可变形场。对这个场写出塑性能量耗散率，在一个变形周期内积分，加上构件新获得的动能（它同加载速度相关），然后令它等于外载在同一时间段内做的功，就能够得到动力压溃所需要的平均力，也就是高速撞击下的平台应力

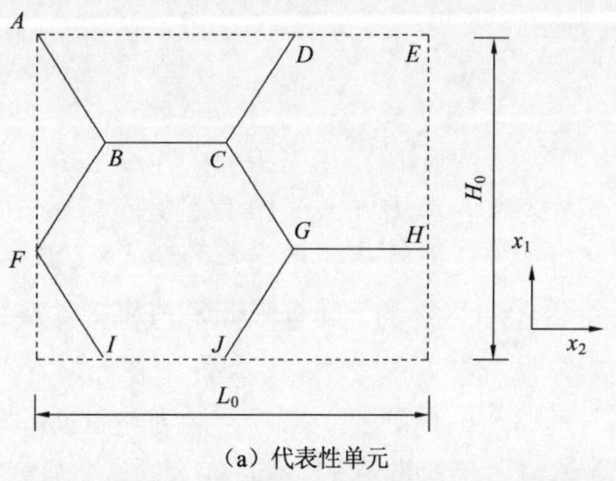

（a）代表性单元

图 10.27 基于图 10.26 变形机制构建的代表性单元在高速撞击下的运动许可变形场（Hu et al.，2010）

塑性变形主要集中在若干个塑性铰上，由此可以写出塑性能量耗散率

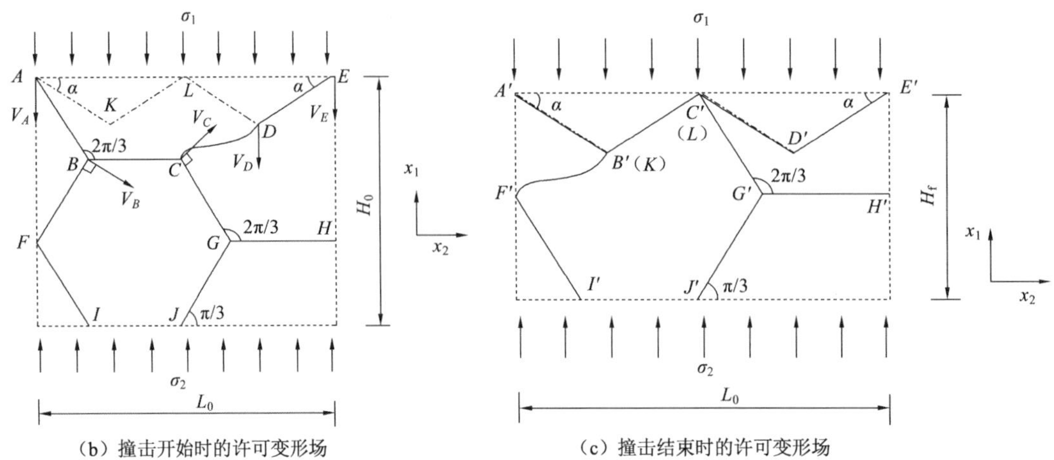

（b）撞击开始时的许可变形场

（c）撞击结束时的许可变形场

图 10.27 基于图 10.26 变形机制构建的代表性单元在高速撞击下的运动许可变形场（Hu et al., 2010）（续）

塑性变形主要集中在若干个塑性铰上，由此可以写出塑性能量耗散率

$$\sigma_{\mathrm{D}}=\frac{1}{t_{\mathrm{F}}-t_0}\int_{t_0}^{t_{\mathrm{F}}}\sigma_1\mathrm{d}t=\frac{2}{3}Y_{\mathrm{ce}}\left(\frac{h}{l}\right)^2+\frac{6\dfrac{h}{l}\rho_{\mathrm{ce}}}{3\sqrt{3}-8\dfrac{h}{l}}V^2 \tag{10.63}$$

式中：σ_1 为加载面上的应力；t_0 和 t_{F} 为变形周期的开始和结束时间。

注意，六角形蜂窝的初始密度是 $\rho'=\dfrac{2}{\sqrt{3}}\dfrac{h}{l}\rho_{\mathrm{ce}}$，则式（10.63）可以改写为

$$\sigma_{\mathrm{D}}=\frac{2}{3}Y_{\mathrm{ce}}\left(\frac{h}{l}\right)^2+\frac{\rho'}{1-\dfrac{4}{3}\dfrac{\rho'}{\rho_{\mathrm{ce}}}}V^2 \tag{10.64}$$

将式（10.64）同一维冲击波（压实波）理论得出的式（10.53）对照，发现对于六角形蜂窝而言，准静态平台应力和压实应变分别为

$$\sigma_{\mathrm{pl}}=\frac{2}{3}Y_{\mathrm{ce}}\left(\frac{h}{l}\right)^2 \tag{10.65}$$

和

$$\varepsilon_{\mathrm{D}}=1-\frac{4}{3}\frac{\rho'}{\rho_{\mathrm{ce}}} \tag{10.66}$$

显然，式（10.65）给出的准静态平台应力同式（10.13）完全一致；而式（10.66）给出的动态压实应变的理论值中的系数 4/3 仅比经验公式（10.6）中的 1.4 略小。这说明，基于代表性单元的细观模型的分析方法是合理和正确的。同有限元数值模拟结果的比较（图 10.28）也证实了理论预测的可靠性。

图 10.29 则给出了细观模型理论预测的动态平台应力与 Ruan 等（2003b）的有限元模拟结果的比较。显然，在蜂窝材料的相对壁厚 t/l 不是太大时，细观模型的理论预测完全合理。当 t/l 过大时，塑性铰的模型会产生误差。

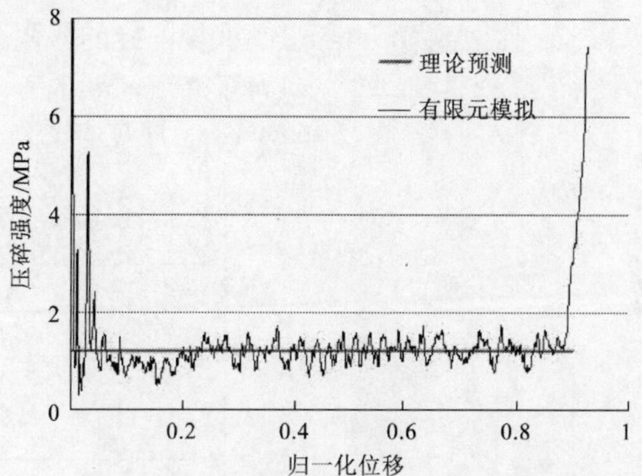

图 10.28　理论预测的动态平台应力[式（10.64）]与弹塑性有限元数值模拟结果的比较（Hu et al., 2010）

撞击速度 V=50 m/s

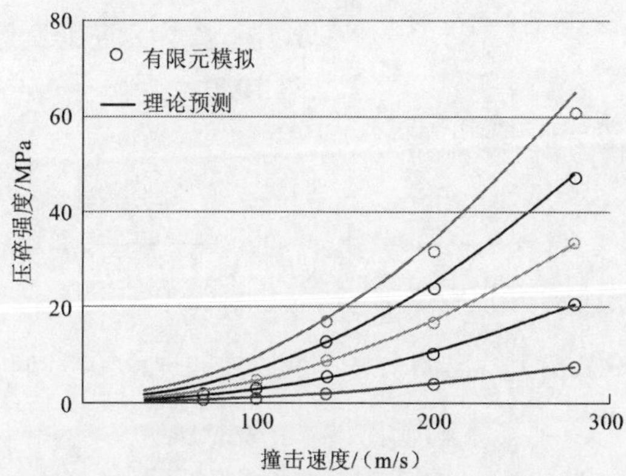

图 10.29　细观模型理论预测的动态平台应力[式（10.64）]与 Ruan 等（2003b）的有限元模拟结果的比较（Hu et al., 2010）

在中速撞击下，有限元得出的代表性单元的变形历史如图 10.30 所示，与图 10.26 和图 10.27 有所不同。相应的运动许可变形场如图 10.31 所示（Hu et al., 2013a）。

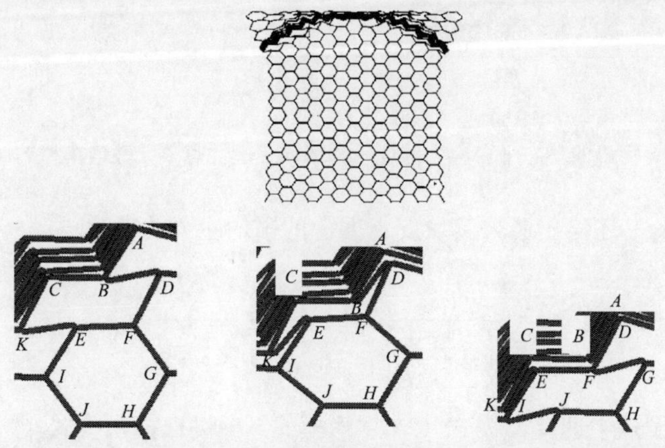

图 10.30　在面内的中速撞击下有限元模拟的图像（左）和典型的六角形胞元及相邻胞元的变形过程（右）（Hu et al., 2013a）

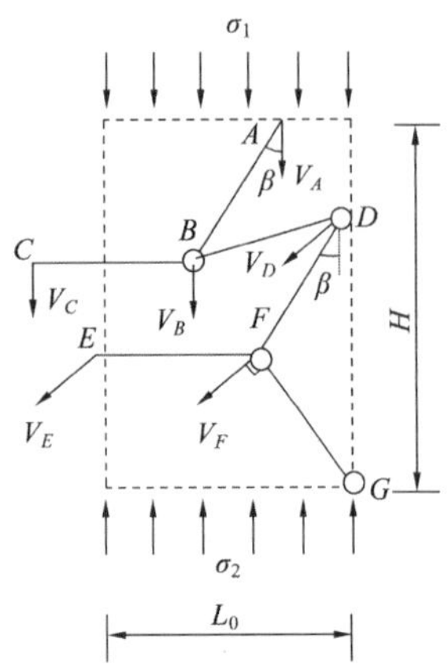

图 10.31 基于图 10.30 变形机制构建的代表性单元在中速撞击下的运动许可变形场（Hu et al., 2013a）

重复同样的极限分析，从这个变形场得到动力压溃所需要的平均力，也就是中速撞击下的平台应力为

$$\sigma_{\mathrm{D}}=\begin{cases}\dfrac{Y_{\mathrm{ce}}\left(\dfrac{h}{l}\right)^{2}(\pi-2\beta)+3\left(\dfrac{h}{l}\right)\rho_{\mathrm{ce}}V^{2}}{4\left(\cos\beta-\dfrac{h}{2l}\right)(1+\sin\beta)}, & \beta\leqslant\dfrac{\pi}{6}\\[2ex] \dfrac{Y_{\mathrm{ce}}\left(\dfrac{h}{l}\right)^{2}(\pi-2\beta)+3\left(\dfrac{h}{l}\right)\rho_{\mathrm{ce}}V^{2}}{4\left(\cos\beta-\dfrac{h}{l}\sin\beta\right)(1+\sin\beta)}, & \beta>\dfrac{\pi}{6}\end{cases} \tag{10.67}$$

式中：β 为六角蜂窝胞元的一个初始角度，见图 10.30。

对于正六角形蜂窝，$\beta=\pi/6$，于是有

$$\sigma_{\mathrm{D}}=\frac{2\pi}{9\left(\sqrt{3}-\dfrac{h}{l}\right)}Y_{\mathrm{ce}}\left(\frac{h}{l}\right)^{2}+\frac{\dfrac{h}{l}\rho_{\mathrm{ce}}}{3\left(\sqrt{3}-\dfrac{h}{l}\right)}V^{2} \tag{10.68}$$

图 10.32 证实，由式（10.67）得出的动态平台应力的理论预测同有限元数值模拟符合良好。

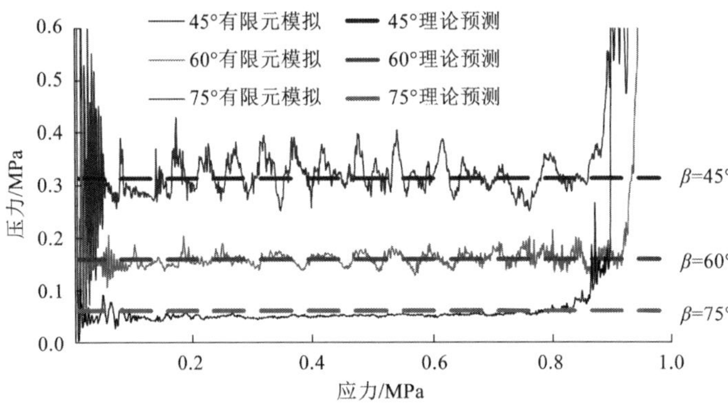

图 10.32 由式（10.67）得出的动态平台应力的理论预测同弹塑性有限元数值模拟的比较（Hu et al., 2013a）

Hu et al.（2013a）还给出了蜂窝块支承面上的平均应力的表达式

$$\sigma_{\mathrm{D}}=\frac{2\pi}{9\left(\sqrt{3}-\dfrac{h}{l}\right)}Y_{\mathrm{ce}}\left(\frac{h}{l}\right)^{2}-\frac{\dfrac{h}{l}\rho_{\mathrm{ce}}}{3\left(\sqrt{3}-\dfrac{h}{l}\right)}V^{2} \tag{10.69}$$

并且依据此式讨论了从中速撞击模式（“V”形模式）向高速撞击模式（“I”形模式）转变的条件。他们发现，这个转变的临界速度为

$$V_{cr}=\frac{\sqrt{2\pi}}{3}\sqrt{\frac{hY_{ce}}{l\rho_{ce}}} \tag{10.70}$$

上述研究都是考虑沿蜂窝材料的 x 方向(即图 10.1 的 X_1 方向)的面内撞击。Hu 等(2014)分析了沿蜂窝材料的 y 方向（即图 10.1 的 X_2 方向）的面内撞击所产生的动态变形模式和平台应力。Hu 等（2013b）则着重分析了胞元相邻壁板之间的夹角对动态压溃的影响。

10.4.5 应变率效应

应变率对于胞壁固体材料有着主要的影响，就像它对普通固体材料的影响一样，这在第 2 章中已有过讨论。这种效应一般会增强胞壁的屈服应力，从而提高总体的破坏应力。

对于开孔泡沫，应变率还起着另一种重要作用。当泡沫被压缩时，初始存留在胞元内的流体被挤。要克服流体与胞元棱边之间的摩擦，需要施加更多的外功。应变率越高，这种功就越大，从而导致平台应力的增加。对于线长度为 L 的块体，Gibson 等（1997）得到的对应力的最终贡献为

$$\sigma_g=\frac{C\mu\dot{\varepsilon}}{1-\varepsilon}\left(\frac{L}{l}\right)^2 \tag{10.71}$$

由于常数 $C\approx 1$，来自流体的贡献正比于流体的黏度 μ 和应变率 $\dot{\varepsilon}$，而与胞元尺寸 l 的平方成反比。

10.4.6 进一步讨论

关于多胞材料在动态加载条件下的响应研究，本章只介绍了其中的一部分工作，还有很多研究人员在这方面开展了大量的工作。例如，在多胞材料中冲击波的传播与增强效应方面，Tan 等（2005）、Li 等（2006）、Elnasri 等（2007）、Zou 等（2009）、Zhu 等（2011）、Tan 等（2012）、Liao 等（2013）、Zheng 等（2013）、Petel 等（2013）、Darvizeh 等（2015）、Sun 等（2016）及 Xi 等（2017）都开展了相关研究。

关于多胞材料的应变率效应的研究已有很多。例如，Zhao（1997）、Gilchrist 等（2001）、Ouellet 等（2006）、Song 等（2007）、Tagarielli 等（2008）及 Bouix 等（2009）研究了聚合物泡沫的应变率效应。Zhao 等（1998）、Wu 等（1997b）、Baker 等（1998）、Ruan 等（2001）、Li 等（2007）、Zou 等（2009）、Liu 等（2009）、Zhang 等（2010b）、Wilbert 等（2011）、Hou 等（2012）及 Sun 等（2013）都报道了关于蜂窝材料动态压溃的研究。Mukai 等（1999）、Deshpande 等（2000b）、Reid 等（2001）、Lu 等（2001）、Wang 等（2003，2001）、Mukai 等（2006）、Yu 等（2006）、Shen 等（2010）、Wang 等（2011）、Vesenjak 等（2012）、Irausquin 等（2013）、Zheng 等（2014）及 Wang 等（2015b）都进行了泡沫金属的动态响应和应变率效应方面的研究。

11 复合材料和复合材料结构

在过去的 50 年里，复合材料和复合材料结构受到了极大重视。例如，现在它们已经广泛应用于航空与航天工业。它们除具有很高的比强度与比刚度这些优良特性外，还具有良好的能量吸收性能。本章讨论纤维增强复合材料制成的薄壁管、以纤维作外增强的金属管和夹层板的能量吸收特性，以及纤维金属层合板和多胞纺织材料的动态力学响应。

11.1 影响能量吸收特性的因素

如人们都能想到的那样，复合材料及复合材料构件的能量吸收行为会受到很多因素的影响。这些因素大致可以分为如下几种类型：复合材料及其性质、制作条件、构件几何形状和尺寸及试验条件。纤维增强复合材料的性能则取决于纤维材料、基体材料、纤维/基体界面和纤维织物含量。此外，纤维的叠层顺序、纤维取向和纤维织物类型（是否为单向的，是机织织物还是编织织物）全都是重要因素。几何形状包括管子的截面形状（正方形、长方形或圆形）和长度方向形状（锥形的或不变的）。几何形状还可能包括触发系统，如管子端部引发压溃的沟槽。试验条件则包括相对于构件的加载方向（轴向或横向）和加载速率（静态或动态）。对于复合材料，大多数性质是与温度有关的，因此温度也是一个重要因素。

大多数有关复合材料能量吸收的研究是对圆管进行的，能够对复合材料单独进行的研究非常少。因此先讨论圆管的轴向压溃行为。

11.2 圆管的轴向压溃

11.2.1 能量耗散机理和特性

大多数复合材料管件是由高强度高刚度纤维（玻璃、碳或 Kevlar）埋置于刚性交互联结的热固性树脂（如聚酯和环氧树脂）中制成的。与韧性金属和热塑性塑料不同，纤维和树脂都是脆性的，它们在初始弹性变形后因断裂而破坏。

典型的玻璃纤维的断裂应变为 1.5%～2.0%，聚酯树脂则在 1.5%～3%。因此从表面上看，它们吸收的能量似乎要少于传统的金属材料。但是，如果以比能量吸收（specific energy absorption）（单位质量所吸收的能量）来比较，它们的实际表现要好得多。图 11.1 给出了某些金属和聚合物复合材料的比能量吸收的典型数值，即碳纤维增强的热塑性塑料（carbon/PEEK）、碳纤维增强的环氧树脂、玻璃纤维增强的环氧树脂及短切的玻璃纤维织物增强的聚酯复合材料（Ramakrishna et al.，1998）。碳纤维增强的聚醚醚酮（polyetheretherketone，PEEK）所吸收的能量（差不多为 200 kJ/kg）要比典型的碳–环氧树脂复合材料高两倍。其原因是：PEEK 基体的高断裂韧性阻止了裂纹的增长、在压溃区域内大量纤维的断裂及在压溃前沿以“散射”（splaying）模式失效出现的大量开裂（这种模式后面要详述）。对复合材料和结构的能量吸收行为已经做了大量的研究（Gupta et al.，1997；Thornton，1979），Mamalis 等（1997）和 Carruthers 等（1998）对这些研究工作已进行综述。Mamalis 等（1998）的书中详细描述了薄壁构件在不同加载条件下能量吸收行为，其中包括轴向压溃。下面的讨论基本上遵照 Hull（1991，1983）及 Farley 等（1992）的工作，研究复合材料管整体的压溃机理及它们壁内微裂纹的详细情况。

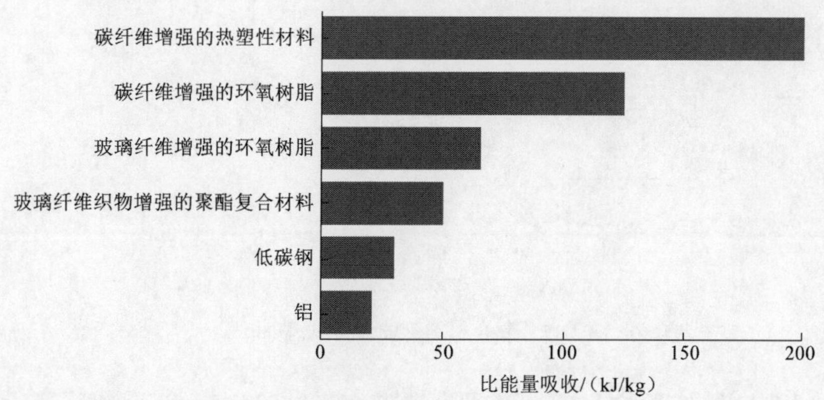

图 11.1 一些材料的比能量吸收的典型数值（Ramakrishna et al.，1998）

图 11.2 为单向叠层板在单轴拉伸和压缩试验中观察到的某些失效模式(Hull et al.,1996)。这些图自身是可以说明问题的。一个特定模式出现的关键取决于主应力相对于纤维方位的方向，纤维、树脂及纤维/基体界面的性质。在大多数情况下，裂纹平行于纤维方向。纤维的失效可能是因为拉伸断裂[图 11.2（c）]，或者是因为压缩引起的微屈曲[图 11.2（f）]。这些基本模式有助于描述复合材料管的失效模式。

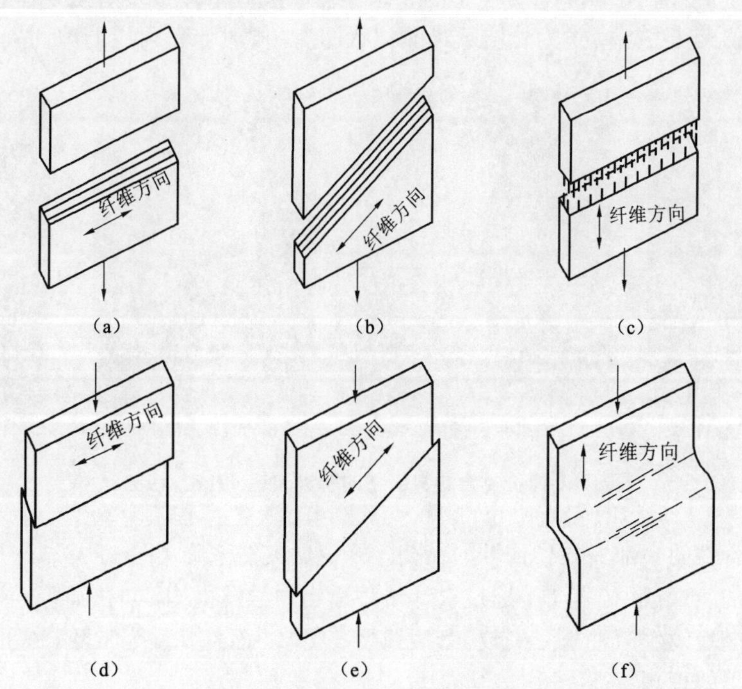

图 11.2 叠层板在单轴拉伸和压缩下的失效模式（Hull et al.，1996）

除金属管所出现的整体欧拉形式屈曲（图 6.2）外，有赖于圆管的几何形状、复合材料类型和加载条件，圆管在轴向压缩下还有两种可能的整体失效模式：环绕着圆管中部的突然断裂，或者渐进型的压溃。这两种失效类型的典型的载荷–位移曲线如图 11.3 所示。

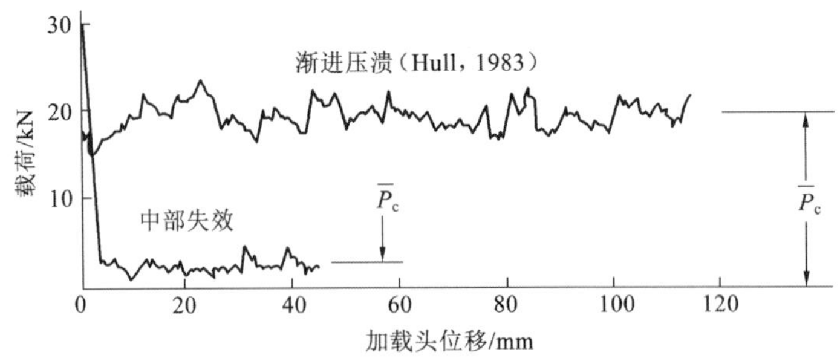

图 11.3 复合材料管的载荷–位移曲线

图 11.4 为复合材料管件中央破裂的四个实例（Hull，1983）。这四个管子都是由聚酯–玻璃纤维制成的，但是玻璃纤维的布置和体积率不同。简单地说，图 11.4（a）是热压制模法制造的板成型复合体（sheet moulding compound，SMC）。短纤维在管壁面内随机放置，使材料在该平面内的性质为各向同性。由于剪切作用，断裂首先在纤维束内形成核，然后迅速通过富含树脂的区域传播。在图 11.4（b）中，机织布的管子的经线和纬线纤维提供了轴向与周向的刚度及强度。失效首先从轴向纤维的局部压缩屈曲开始[图 11.2（f）]，并导致穿透管壁的剪切断裂。树脂中平行于纤维的剪切失效[图 11.2（a）～（e）]是造成图 11.4（c）所示的纤维缠绕管破坏模式的原因。图 11.4（d）中的拉挤成型管（pultruded tube）主要由多层机织布和随机放置纤维构成。其失效模式为外层纤维的柱状屈曲，同时伴有内层的剪切失效。

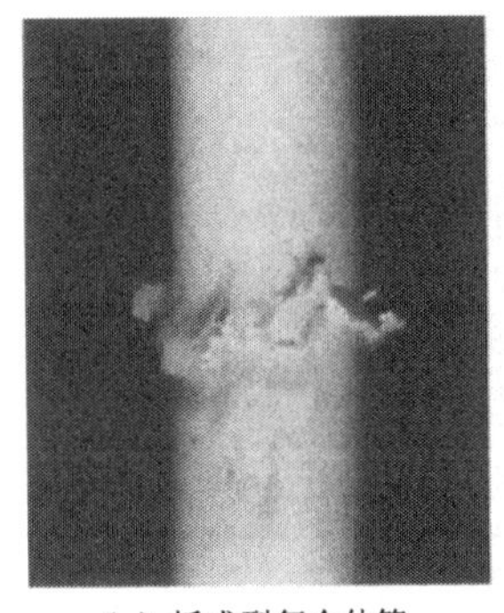
（a）板成型复合体管

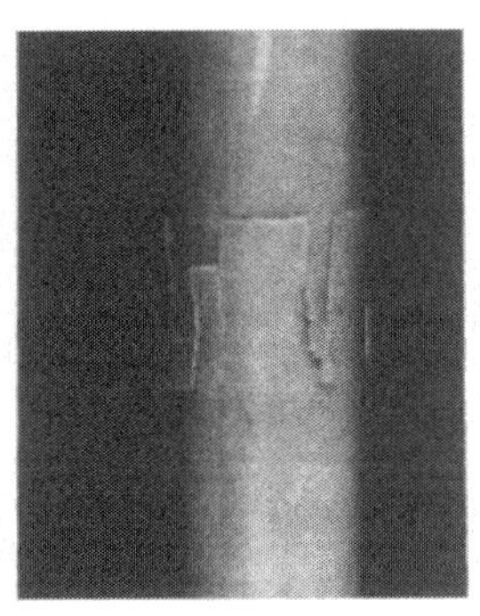
（b）机织布管

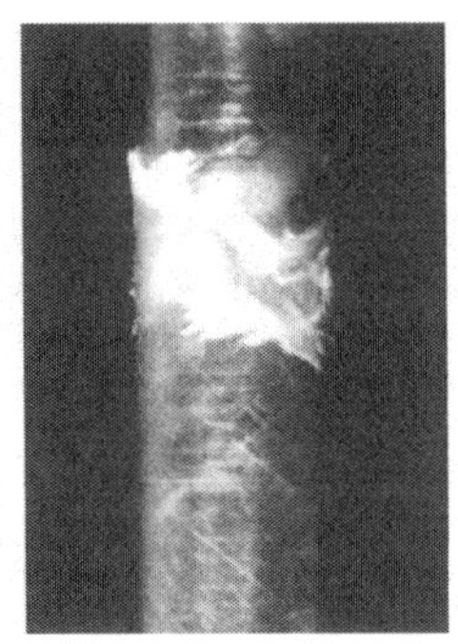
（c）螺旋形缠绕管

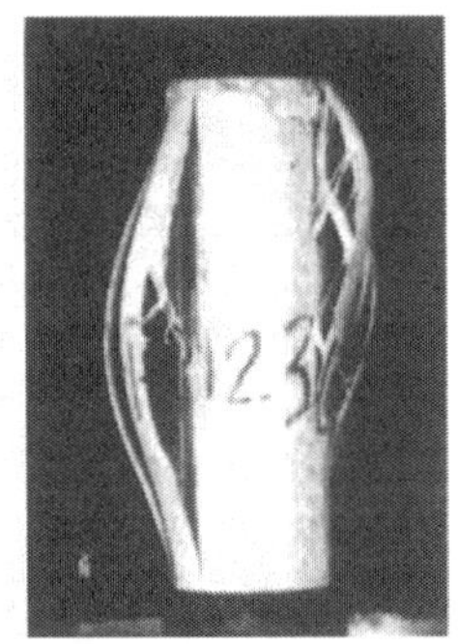
（d）拉挤成型管

图 11.4 四种复合材料管件的中央破裂（Hull，1983）

复合材料管件的中部失效导致轴力在初始峰值后突然下降（图 11.3）。这是灾难性的，这种模式所吸收的能量很少。但是，通过设计一种适当的触发机构，如在圆管一端预制沟槽，同样的圆管可能转而发生渐进压溃失效，其载荷要高得多，而且几乎为常数。这正是第一章所讨论的能量吸收器的理想特征。

脆性的纤维增强塑料（fiber reinforced plastic，FRP）管的渐进压溃示意图见图 11.5，其典型的载荷–位移曲线如图 11.6 所示。载荷–位移曲线的第 I 阶段对应于端部沟槽的压溃，以及随后形成的压溃区，这一压溃区在第 II 阶段得到发展。一旦有效行程被耗尽，管内的碎片开始压实，导致载荷在第 III 阶段再次迅速增长。

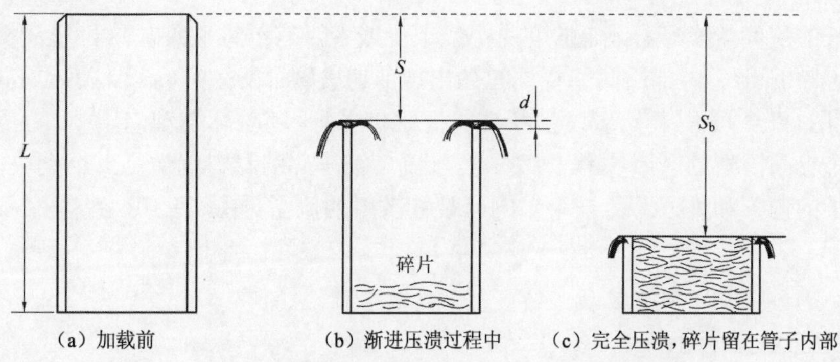

图 11.5　端部预制沟槽圆管轴向压溃示意图（Hull，1991）

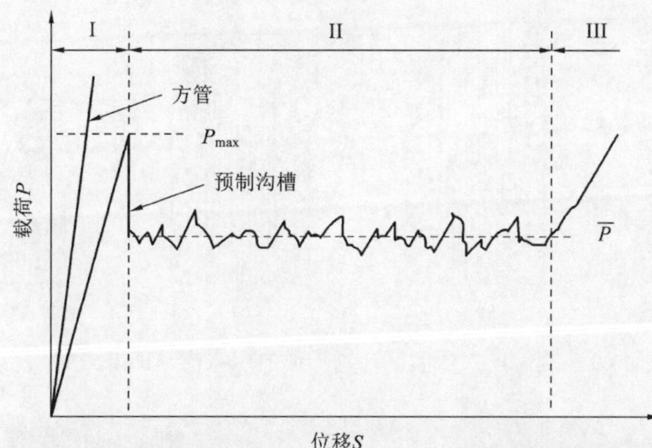

图 11.6　端部预制沟槽圆管的载荷–位移曲线（Hull，1991）

管壁的微裂纹和破裂已经被数位研究者所研究，特别是 Hull（1991）及 Farley 等（1992）。渐进压溃下的 FRP 管有两种微观层次的压溃机理，大多数试件的压溃都表现为这两种模式的组合。一种模式称为散射（或薄片弯曲），另一种称为碎裂（或横向剪切）。

散射式渐进压溃（splaying progressive crushing）如图 11.7 所示，其细节见图 11.8。主要

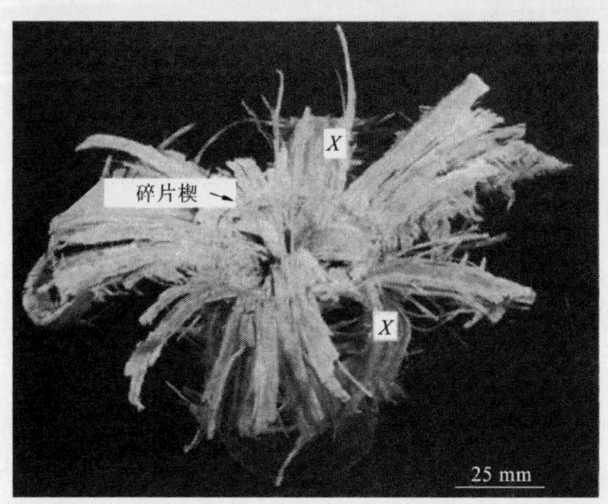

图 11.7　散射式渐进压溃的照片（Keal，1983）

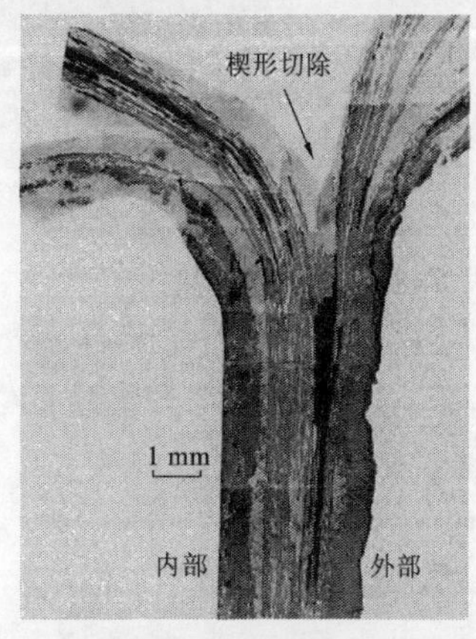

图 11.8　散射式渐进压溃中的碎片楔和胞壁破裂的细节（Keal，1983）

特征是很长的层间的及平行于轴向的裂纹，很少或者没有纤维破裂。这种压溃机理的发生与发展如图 11.9 所示。内部周向缠绕层首先出现剪切破裂[图 11.9（a）]，随后周向层与轴向层发生分离[图 11.9（b）]。然后发生纤维的折曲和屈曲，随着环绕轴向层中部的裂纹的形成，出现了一个界限清晰的区域[图 11.9（c）]。此后，被压碎的材料就像是一个楔块，从轴向将材料挤向管子的内部和外部。另一个轴向开裂和散射的例子见图 11.10，摄自机织玻璃布−环氧树脂管。

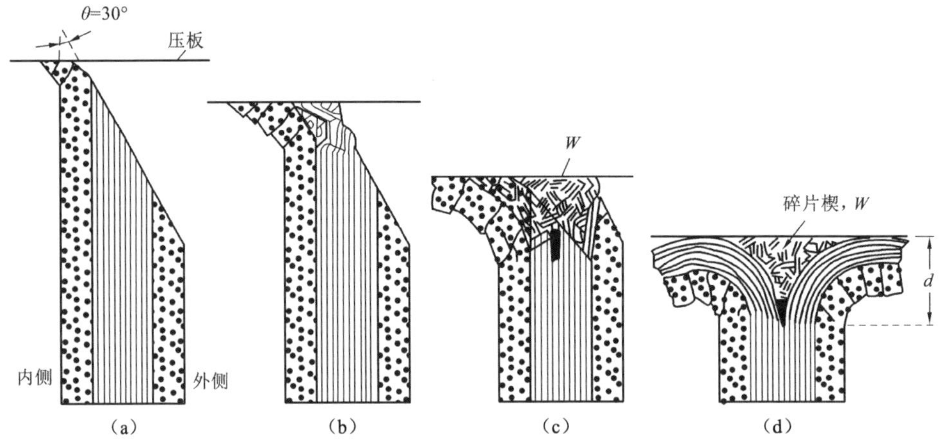

图 11.9 散射模式压溃区渐进形成的示意图（Hull，1991）

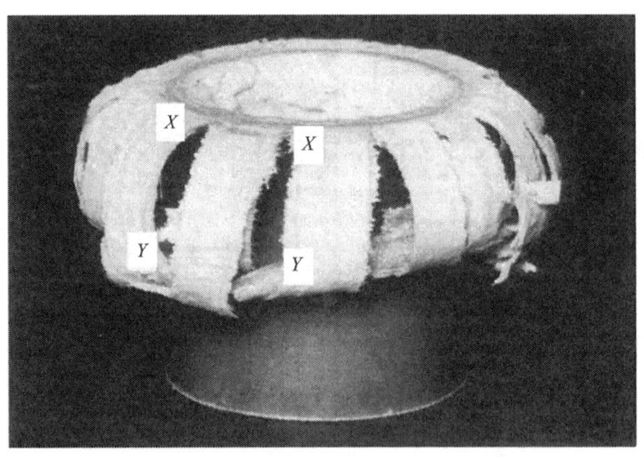

图 11.10 散射式渐进压溃的另一个例子：机织玻璃布−环氧树脂管（Hull，1991）

图 11.11 为碎裂模式（fragmentation mode）渐进压溃的例子，管子由机织 E−玻璃布和普通环氧树脂制成。由于很短的层间裂纹和纵向裂纹的出现，这个模式是以在压溃区形成碎片为特征的（图 11.12）。

压溃区的细节见图 11.13，图 11.14 为其碎裂发展顺序的示意图。简单地说，对于带有沟槽的（0/90/90/0）圆管[图 11.14（a）]，沟槽处首先由于周向和轴向的劈裂与屈曲而发生压溃[图 11.14（b）]，导致最初的碎裂。在周向，压缩屈曲发生在管壁的内侧，拉伸断裂发生在管壁的外侧。这个过程不断自我重复，直至整个截面碎裂[图 11.14（c）和（d）]。

图 11.11 机织 E-玻璃布和普通环氧树脂管的碎裂模式（Hull，1991）

图 11.12 压溃区内部碎片的细节（Berry，1984）

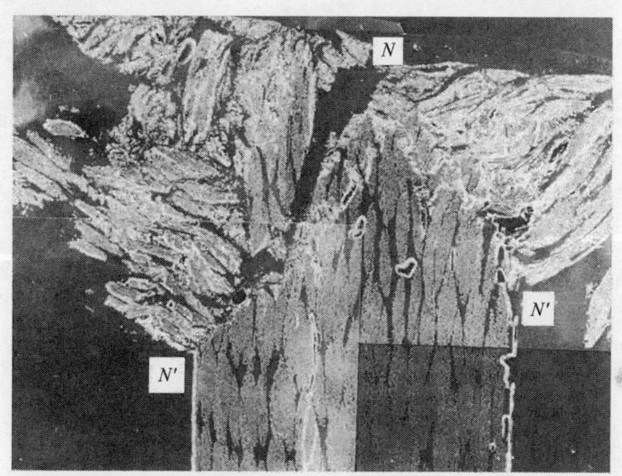

图 11.13 压溃区细节的照片（Berry，1984）

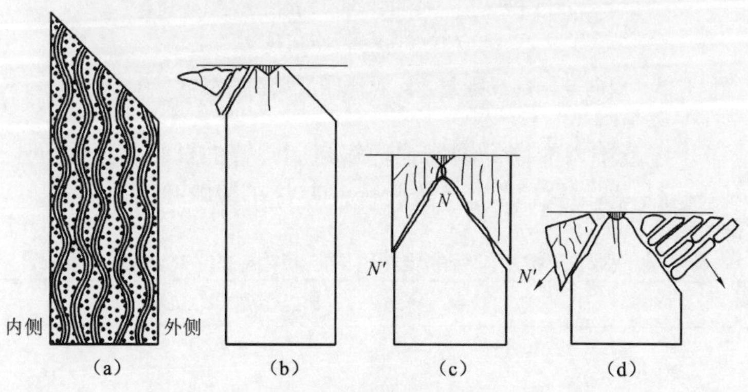

图 11.14 碎裂发展顺序示意图（Berry，1984）

无论是散射式渐进压溃还是碎裂模式的发生，都取决于叠层的构形和各个薄层失效模式的失效强度等因素。一个特定模式的发生是有助于发生这两种模式的参数之间竞争的结果。关键因素之一是轴向和周向的相对强度。

对于一系列由玻璃布–聚酯预浸渍处理材料制成的圆管，当周向纤维数（H）大于轴向纤维数（A）（如 $H:A$ 为 4:1～8.5:1）时，发生微碎裂。另外，当周向约束比较弱（$H:A$ 为 1:8.5～1:7）时，不会发生轴向纤维断裂和散射式渐进压溃。逐渐增加周向的抗力将导致更强烈的微弯曲（曲率半径很小），最终发生轴向纤维断裂。对于两种不同的加载速率（4 mm/s 和 4 m/s），图 11.15 给出了周向与轴向纤维数之比对比能量吸收的影响。注意，所有的圆管在 2 mm 壁厚内大约都有 10 层布。

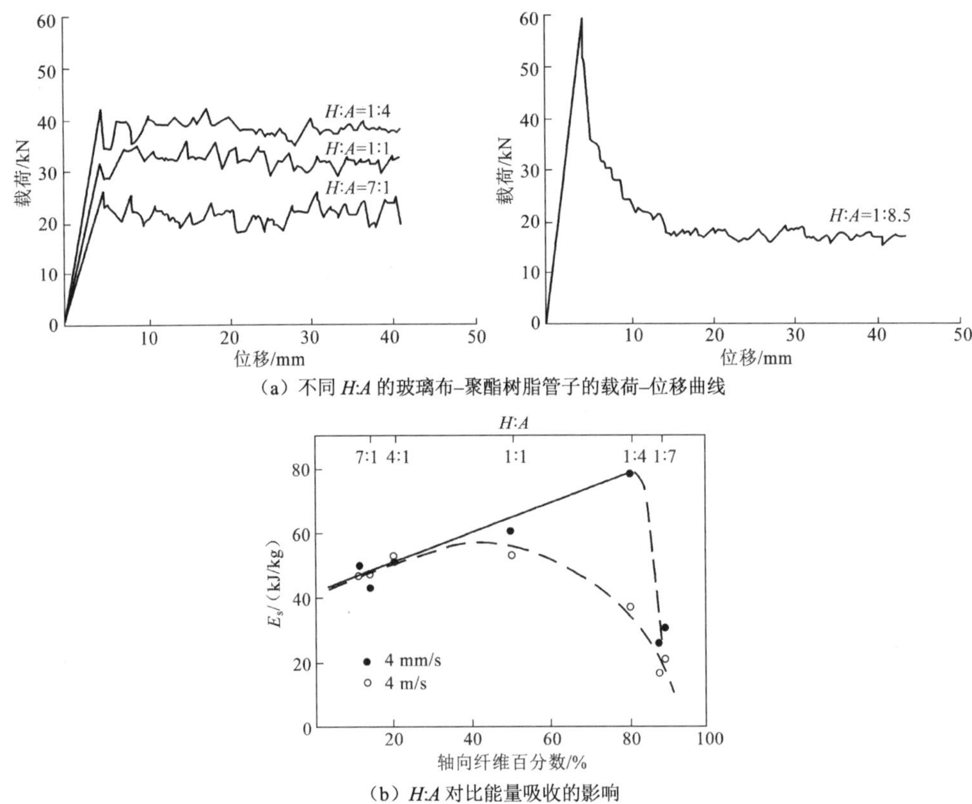

（a）不同 $H:A$ 的玻璃布–聚酯树脂管子的载荷–位移曲线

（b）$H:A$ 对比能量吸收的影响

图 11.15　周向与轴向纤维数之比对比能量吸收的影响（Berry，1984）

表 11.1 给出了一定范围内的碳纤维增强环氧树脂圆管的试验结果（Farley，1986）。较高的基体失效应变导致了碎裂模式，其能量吸收性能要优于散射式渐进压溃。

表 11.1　碳纤维增强环氧树脂圆管的比能量吸收和相应的失效模式（Farley，1986）

基体失效应变	敷层	比能量吸收/（kJ/kg）	失效模式
0.020	$[0/\pm15]^4$	125	碎裂
0.010	$[0/\pm15]^4$	94	散射（叠层弯曲）
0.020	$[0/\pm45]^4$	85	碎裂
0.010	$[0/\pm45]^4$	69	散射（叠层弯曲）
0.020	$[0/\pm75]^4$	74	碎裂
0.010	$[0/\pm75]^4$	54	散射（叠层弯曲）

11.2.2 纤维层方位的影响

玻璃纤维缠绕–聚酯树脂圆管的缠绕角度影响见图 11.16,其中 ϕ 是纤维方向与圆管纵轴之间的夹角。圆管有取向分别为±ϕ 的四层纤维，纤维的体积率大约为 0.45。最大比能量值发生在 ϕ=±65°。当 ϕ=90°时，在碎裂模式的压溃前沿发生贯穿管壁的剪切，环向纤维层从管壁剥离开来。必须强调的是，图 11.16 中的变化趋势仅仅对于这种特殊材料是正确的。对于石墨/环氧树脂管和 Kevlar/环氧树脂管，纤维取向的影响是不同的（图 11.17）。其他研究工作（Kindervater, 1990）给出了大致相同的趋势。

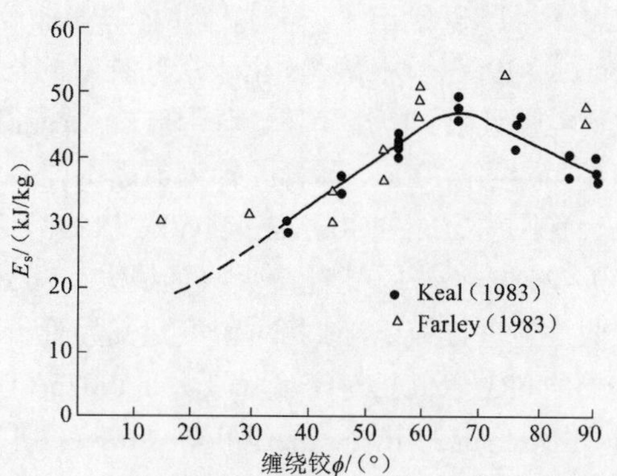

图 11.16 缠绕角度对玻璃纤维缠绕–聚酯树脂圆管的比能量吸收的影响（D=50 mm，h=3～4 mm）

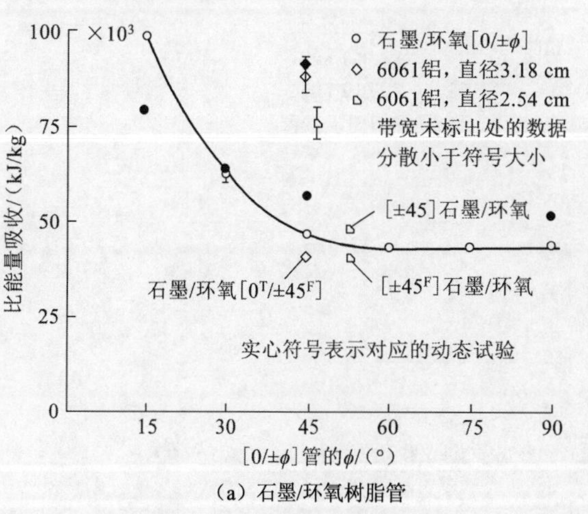

（a）石墨/环氧树脂管

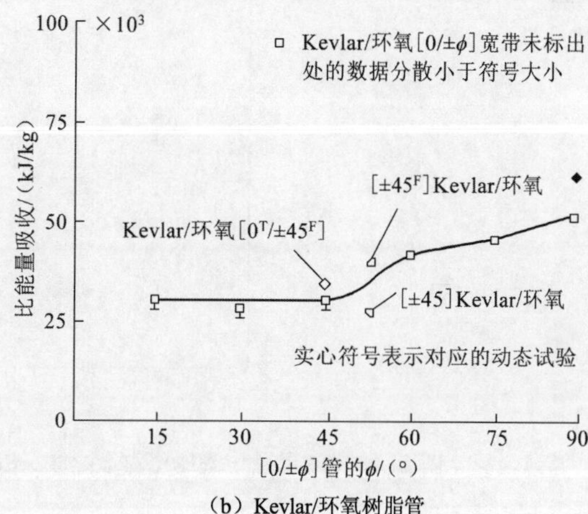

（b）Kevlar/环氧树脂管

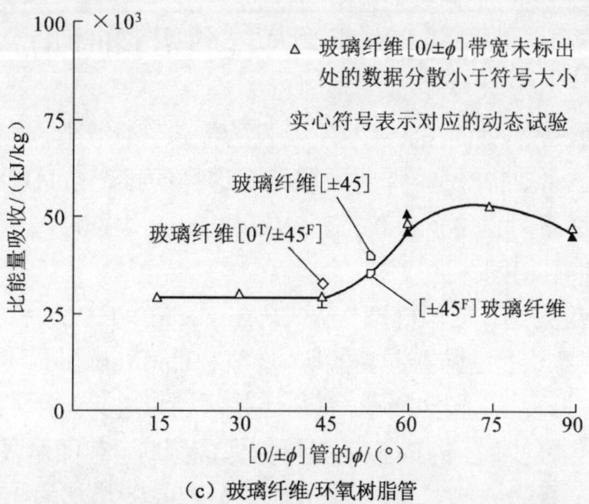

（c）玻璃纤维/环氧树脂管

图 11.17 纤维取向对 FRP 管的比能量吸收的影响（Farley, 1983）

11.2.3 直径与壁厚比（*D*/*h*）的影响

图 11.18 给出了$[\pm45]_N$碳–环氧树脂圆管的内直径与壁厚比 *D*/*h* 对比能量吸收的影响（Farley，1986）。很清楚，由于层间裂纹的长度和数目随失效强度降低而增加，增加 *D*/*h* 将导致比能量吸收大幅度下降。对于玻璃–聚酯圆锥台也存在类似的趋势（Mamalis et al.，1991b）。但是，碳纤维/PEEK 圆管的行为与之不同。它们的比能量吸收似乎主要是受 *h* 的绝对值的影响，而不是 *D*/*h*；在 Ramakrishna 等（1998）所进行的研究中，对于 *D*=35.5～96.0 mm 的圆管，当 *h*=2～3 mm 时，比能量吸收为最大。Thornton 等（1982）通过考察相对密度对圆管的能量吸收性能进行描述，该相对密度定义为管子的体积与相同外部尺寸的固体体积之比。当碳和玻璃的 FRP 管的相对密度分别大于 0.025 和 0.06 时，以及对于聚芳酰胺圆管相对密度低于 0.15 时，出现稳定的压溃。Fairfull 等（1987）研究了玻璃布/环氧树脂圆管的试件尺寸对于能量吸收能力的影响。

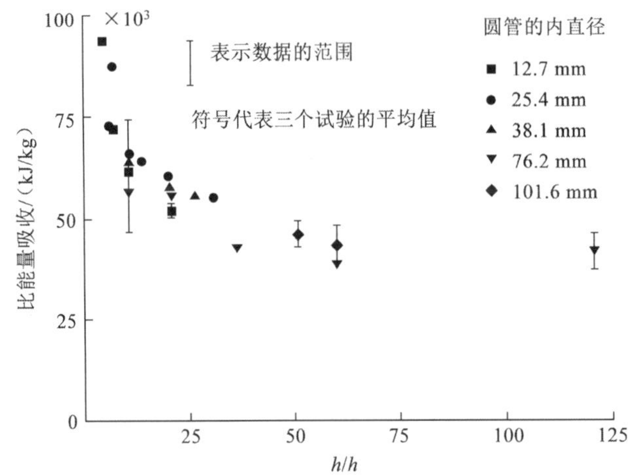

图 11.18 内直径与壁厚比对碳–环氧树脂管的比能量吸收的影响（Farley，1986）

11.3 其他几何形状管件的轴向压溃

当正方形和长方形管件沿轴向压溃时，所吸收的能量要比类似的圆管少（Mamalis et al.，1996a，1992；Thornton et al.，1982）。特别是曾经有这样的报道：正方形和长方形管件的能量吸收率分别为类似圆截面管件的 0.8 和 0.5 倍（Kindervater，1990）。这种实测结果类似于金属管件，虽然确切的机理并不相同。

另外两种研究过的截面是“近似椭圆”壳（Farley et al.，1992）和轨道梁（Mamalis et al.，1996a），见图 11.19。对于“近似椭圆”壳的碳–环氧树脂和 aramid–环氧树脂管件，在长轴端部附近的压溃模式主要是高能量脆性断裂，而在这些区域以外，则主要是较低能量的薄层板弯曲。当图中所示的内夹角减少时，即当管子变得更像椭圆时，其能量吸收能力增加。事实上，当内夹角从 180°（圆形）变为 90°时，所得到的比能量吸收的增加为 10%～30%。这可能是因为当内夹角较小时，较大部分材料因渐进压溃而破坏，导致较好的能量吸收性能。

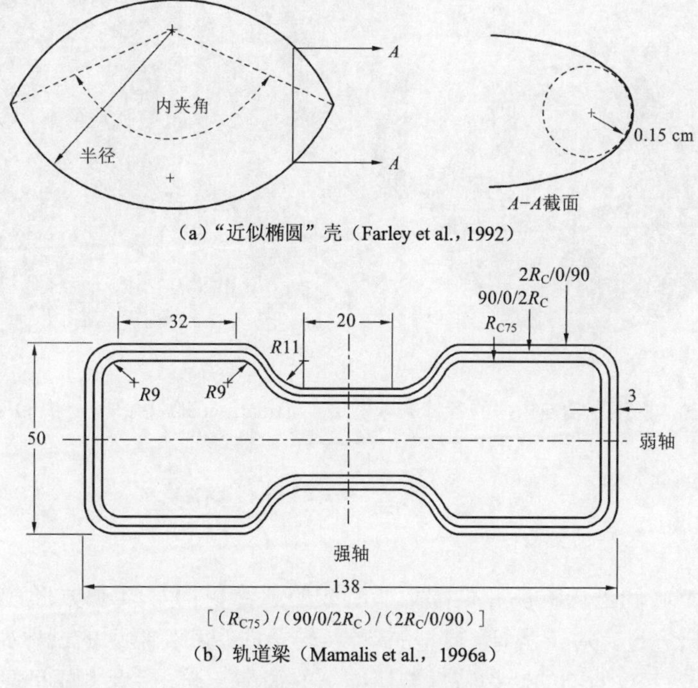

(a)"近似椭圆"壳(Farley et al., 1992)

(b)轨道梁(Mamalis et al., 1996a)

图 11.19 其他截面管

$2R_C/0/90$、$90/0/2R_C$ 为铺层方式，R_C 表示随机短切纤维材料层，R_{C75} 为比 R_C 更薄的层

图 11.19(b)中所研究的沙漏形截面汽车框架轨道梁是由玻璃纤维/乙烯树脂复合材料制成的。当厚度与轴向长度之比增加时，以渐进形式破坏的试件的比能量吸收几乎是不变的。此外，这种截面的比能量吸收比与其相当的正方形管要高。

复合材料制成的圆锥壳(如同金属圆锥壳)的能量吸收行为也已有人研究过。某些观察到的破坏模式如图 11.20 所示(Mamalis 等，1996b，1991a)。大体说来，圆锥台存在两种模式：渐进压溃和中部失效，这与圆管的情况类似(图 11.4)。当复合材料锥台的半角增加时，比能量吸收减少。而且，当半角大于在 15°～20°的一个临界角时，发生非稳定破坏。此外，与圆管不同，圆锥壳不需要破坏的触发机构。最后，轴向加载的正方形锥台的比能量吸收要比相似的圆锥台要小。对于复合材料锥台(Gupta et al., 1999)，以及编织复合材料管壁的圆管(Harte et al., 2000)，还研究了泡沫充填的效应。

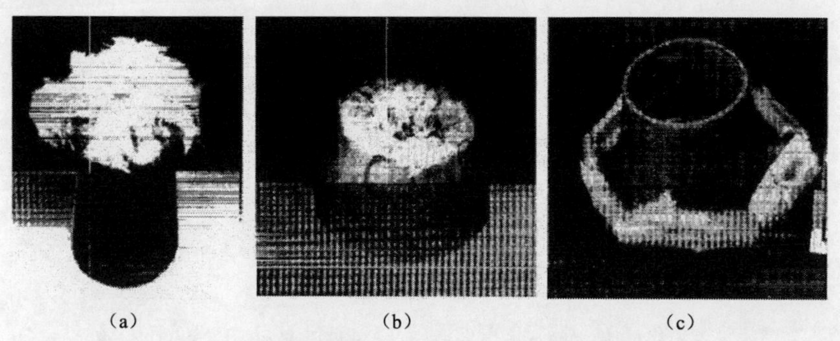

(a) (b) (c)

图 11.20 圆锥壳轴向压溃的各种破坏模式(Mamalis et al., 1996b, 1991b)

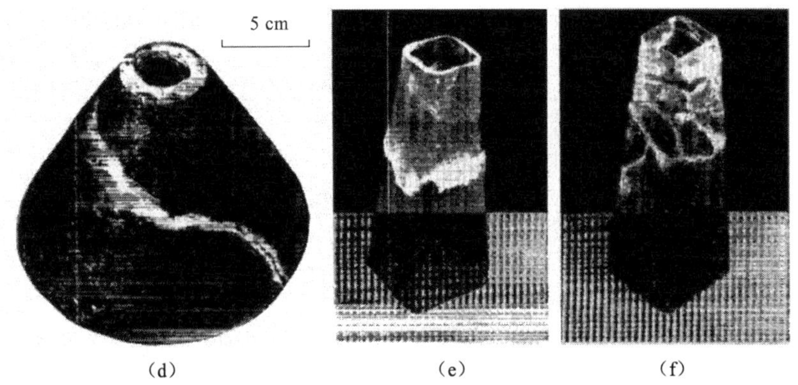

（d）（e）（f）

图 11.20 圆锥壳轴向压溃的各种破坏模式（Mamalis et al.，1996b，1991b）（续）

11.4 管件弯曲

由玻璃纤维增强的乙烯树脂和聚酯树脂制成的圆管和正方形/长方形管在弯曲时的能量吸收性能已经被研究过。对于圆管，典型的弯矩–转角曲线和变形后的试件如图 11.21 所示，对于方管见图 11.22。拉伸侧的断裂特性与压缩侧的很不一样，后者主要呈现出纤维的局部屈

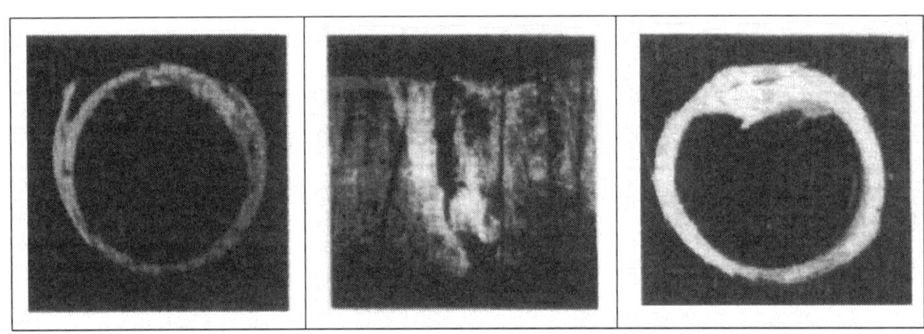

（a）压溃区域的左侧、正面和右侧视图

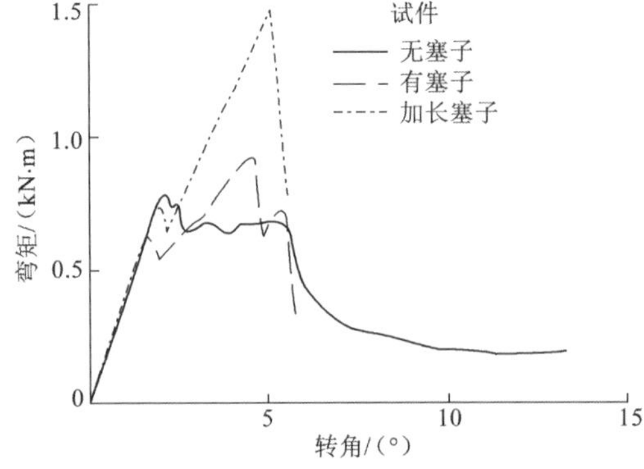

（b）相同尺寸但是不同支承条件的圆管的弯矩–转角曲线

（D=56 mm，h=2.3 mm，l=256 mm）

图 11.21 圆管的弯曲破坏（Mamalis et al.，1998）

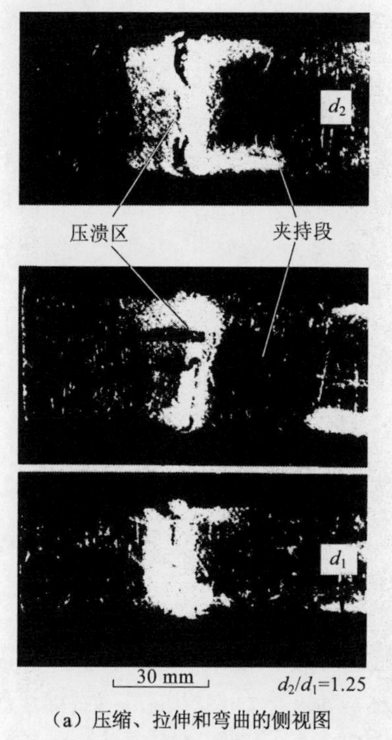

（a）压缩、拉伸和弯曲的侧视图

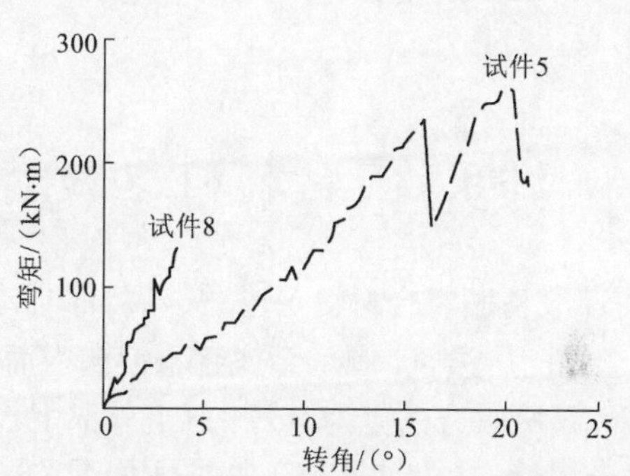

（b）关于两个不同轴弯曲的弯矩–转角曲线

图 11.22　方管的弯曲破坏（d_1=50.6 mm，d_2=41.0 mm，h=2.7 mm，双层）（Mamalis et al.，1998）

曲。此外，夹持端的边条件对弯矩–转角曲线影响很大[图 11.21（b）]。在夹持端插入塞子，将减少能量耗散，因为这样会减小压溃区域。带有圆角边缘的夹持装置将减少应力集中，从而推迟裂纹的产生和传播，导致较高的弯矩和能量吸收。

图 11.22（b）所示的两个管子的尺寸大致相同（40 mm×51 mm×2.7 mm），都有两层，但是关于不同的轴弯曲。当关于其强轴弯曲时，能量吸收较好。同时，能量吸收和峰值弯矩随着管壁增厚而增加（未在此图中给出）。有趣的是，在弯曲大变形时，长方形管的耐撞性要比尺寸类似的圆管为好。Mamalis 等（1994）也报道过沙漏形管的弯曲（图 11.19）。

11.5　关于复合材料管件压溃的评论

上面介绍的大部分内容都关于管件整体压溃行为（载荷–位移曲线和宏观的变形/断裂）的试验观察，以及详细的微观层次能量吸收机理的讨论。由于复杂的变形过程，对不同能量吸收构件的定量评估或预测是非常困难的。尽管如此，有兴趣的读者可以参阅 Mamalis 等（1998）书中有关管件在轴向加载或者弯曲作用下的一些分析论述。

其他两个还未提到的重要因素是：加载速率和温度。某些作者报道了比能量吸收随着加载速率的增加而增加，而另外一些作者指出它是减少的，或者对加载速率不敏感。所以，这方面目前尚无定论。理解这个问题的关键是估计每一种能量吸收机理对加载速率的相对敏感性，然后估计其整体响应。例如，摩擦可能是一种主要能量吸收机理，它产生相当数量的热，因此这种机理所吸收的能量的量值大多随加载速率变化。

温度影响断裂韧度、纤维和树脂的压缩强度，以及摩擦性质。纺织玻璃纤维织物/环氧树脂管在低温下试验能够比室温下吸收更多的能量（Ramakrishna et al.，1998）。对于玻璃纤维布/环氧树脂管和玻璃纤维/聚酯管也发现了类似的趋势，但是对于碳纤维/环氧树脂管并非如此，这种管件的比能量吸收在温度达到 150℃之前都是常数，然后快速减小（Thornton et al.，1985）。当温度在−60℃～150℃碳/PEEK 热塑性复合材料管发生渐进压溃时，它们以散射式渐进压溃失效。但是在低温情况下（−100℃和−80℃），它们因为管壁轴向开裂而突然失效，导致较低的比能量吸收（实际上在−60℃下的断裂韧度为 100℃时的一半）。在较高温度下（>20℃），由于复合材料压缩强度减小，摩擦力减小，以及纤维断裂的数量随着温度增加也减少，比能量吸收率减小。

11.6 复合材料包裹的金属管件的轴向压溃

纤维/环氧树脂复合材料可以与金属管结合起来，以吸收更多的能量。正如第 6 章中所讨论过的，当轴向压溃时，圆形金属管不但向内而且向外折叠。部分约束管壁向外的运动，可以使管子在能量吸收方面更为有效。对于外部由不同层数和方向的玻璃纤维/环氧树脂复合材料所包裹的金属管，它们的某些破坏模式如图 11.23 所示（Song et al.，2000）。当这个复合管内部金属管是韧性材料时，无论金属管的壁厚和包裹层的方向如何[图 11.23（a）]，它的变形是非对称的（如图 6.2 所示的钻石模式）。脆性的金属内管要经历多次断裂[图 11.23（b）]，并伴有纤维的碎裂。当缠绕角度很小、几乎平行于管轴时，复合材料发生轴向层裂，因而从金属内管分离开来[图 11.23（c）]。最后，很厚的复合材料以大角度（几乎是完全圆周方向的）包裹脆性金属内管。这时，可能发生不稳定的断裂破坏[图 11.23（d）]。

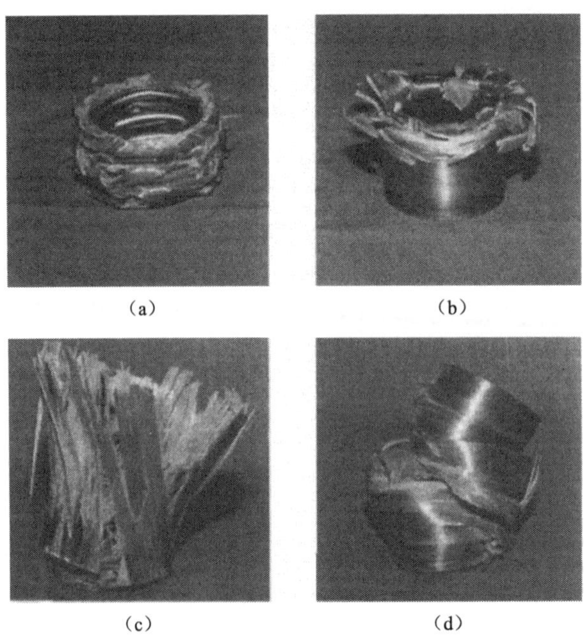

（a） （b）

（c） （d）

图 11.23 外部包裹玻璃纤维/环氧树脂复合材料的金属管的破坏模式（Song et al.，2000）

这种管子以非对称模式破坏的理论分析是复杂的。但是，在第 6 章中已注意到金属管的能量吸收与模式无关。因此通过类比，完全按照仅有金属管的分析步骤，对复合管的轴对称破坏的分析能够提供一些指导。对于轴对称模式，考虑图 11.24 所示的折叠机构。假定管壁弯曲时，处于拉伸且最终断裂的复合材料对能量吸收没有做任何贡献。而需要考虑的附加能量是处于压缩的复合材料的弯曲能量和复合材料的伸长能量。

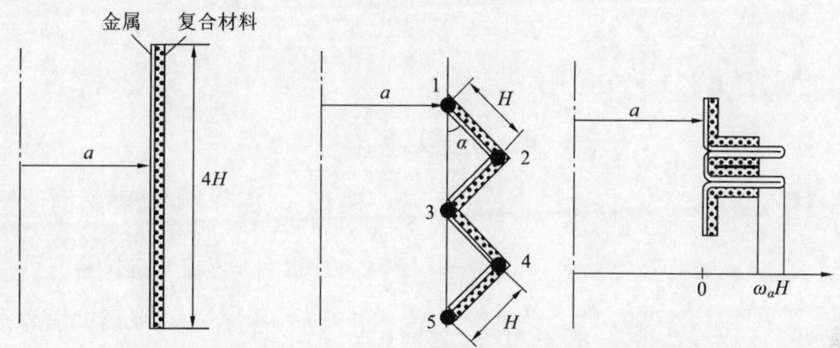

图 11.24 Hanefi 等（1996）所假定的复合材料/金属管壁的破坏模式

按照 Mamalis 等（1991c）的方法，假定复合材料在压缩时是理想塑性的，就可以估计出这种金属和复合材料的组合管的塑性极限弯矩。参照如图 11.25 所示的应力状态，两种材料的厚度和屈服应力分别为 h_1、h_2 和 Y_1、Y_2。根据截面上合力为零的条件，得到中性轴的位置为

$$x=\frac{Y_2(h+h_1)-Y_1h_1}{2Y_2} \tag{11.1}$$

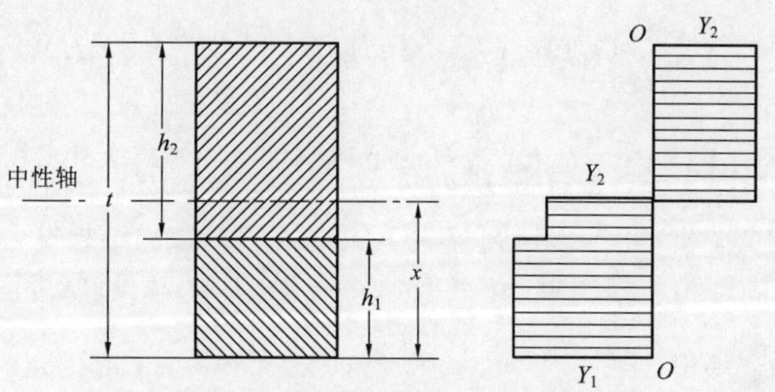

图 11.25 完全屈服的双材料截面的应力状态（Mamalis et al.，1991c）

关于这个中性轴取矩，得到塑性极限弯矩为

$$\begin{aligned}M_{\mathrm{p}}&=Y_2\frac{(h-x)^2}{2}+Y_2\frac{(x-h_1)^2}{2}+Y_1h_1\left(x-\frac{h_1}{2}\right)\\&=\frac{Y_2h_2^2}{4}\left[1+2\frac{Y_1h_1}{Y_2h_2}+2\frac{Y_1h_1^2}{Y_2h_2^2}-\left(\frac{Y_1h_1}{Y_2h_2}\right)^2\right]\end{aligned} \tag{11.2}$$

假定组合管的塑性极限弯矩的实际值为式（11.2）与仅有金属管时两者的平均，即有

$$M_0=C\frac{Y_{\mathrm{mt}}h_{\mathrm{mt}}^2}{4} \tag{11.3}$$

式中

$$C = \frac{1}{2}\left[2 + 2\frac{Y_{cm}h_{cm}}{Y_{mt}h_{mt}} + 2\frac{Y_{cm}h_{cm}^2}{Y_{mt}h_{mt}^2} - \left(\frac{Y_{cm}h_{cm}}{Y_{mt}h_{mt}}\right)^2\right]$$

式中：下标 cm 和 mt 分别为复合材料和金属。

于是，图 11.24 中塑性铰 1～5 所吸收的总的弯曲能量为

$$W_b = \pi^2 D \cdot C Y_{mt} h_{mt}^2 \tag{11.4}$$

和以前一样，金属管的周向伸长能量为

$$W_{mt} = \frac{\pi D}{2} Y_{mt} h_{mt} H^2 \tag{11.5}$$

设复合材料的应力–应变关系如图 11.26 所示，不计断裂部分，复合材料的伸长能量为

$$W'_{cm} = \pi D h_{cm} E_{cm} \varepsilon_{ct}^2 H \tag{11.6}$$

当向内折叠时，复合材料受周向压缩，则能量为

$$W''_{cm} = 2\pi h_{cm} Y_{cm} H^2 \tag{11.7}$$

复合材料总的薄膜能量为

$$\begin{aligned} W_{cm} &= W'_{cm} + W''_{cm} \\ &= 2\pi h_{cm} H\left(HY_{cm} + \frac{D}{2}E_{cm}\varepsilon_{ct}^2\right) \end{aligned} \tag{11.8}$$

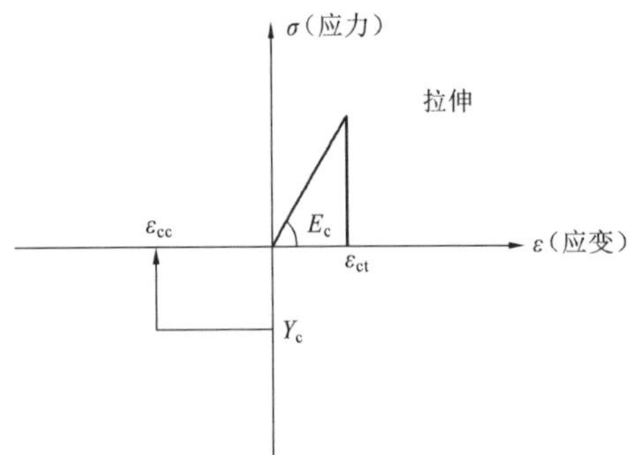

图 11.26　复合材料理想化的应力–应变关系

根据能量平衡，得到平均力为

$$P_m = \frac{1}{4H}(\pi^2 D Y_{mt} C h_{mt}^2 + 4\pi h Y_{eq} H^2 + \pi D h_{cm} E_{cm} \varepsilon_{ct}^2 H) \tag{11.9}$$

式中：等效应力 $Y_{eq} = \frac{1}{h}\left(Y_{mt}h_{mt} + \frac{1}{2}Y_{cm}h_{cm}\right)$。$H$ 的值可以通过令 $\frac{dP_m}{dH} = 0$ 求得，将 H 代回式（11.9）给出平均压溃力。这个分析是 Hanefi 等（1996）给出的，它与试验结果符合得很好（Wang et al.，1992）。将缠绕角度的影响包括进来，可以得到进一步改进的结果（Wang et al.，2002b）。

11.7　复合材料夹层板

叠层板和复合材料夹层板应用广泛，如应用在航空器上。它们对弹体撞击的抗力是很重要的，如在鸟撞情况下。碰撞速度（还有加载速率）可能比前面讨论的情况要高得多。它们能量吸收的行为不仅与材料有关，还与表层和芯层材料的尺寸有关。本节首先介绍有关叠层板的研究，然后再介绍夹层板。

11.7.1　复合材料表层的贯入能量

讨论两种可以用作夹层板表层的复合材料叠层板：E–玻璃机织叠层板和 Kevlar 叠层板。

图 11.27 为静态试验后的叠层板试件，它们是利用两种重量的 E-玻璃机织粗纱（800 g/m^2 和 1 500 g/m^2），通过手工敷层制成的（Roach et al.，1998），基体是聚酯树脂。正方形试件（200 mm×200 mm）四周完全夹持住，用直径为 20 mm 的平头圆柱压入。当达到最大贯入载荷时，静态试验停止。对于不同厚度，相应的静态能量都显示出与脱层面积直接相关（图 11.28）。当试件受到冲头撞击时（图 11.29，速度为 60 m/s），也存在类似的趋势。在静态加载下，脱层区是圆形的，但是在冲击加载下则不太圆。在所研究的范围内，冲击速度的影响似乎可以忽略不计。

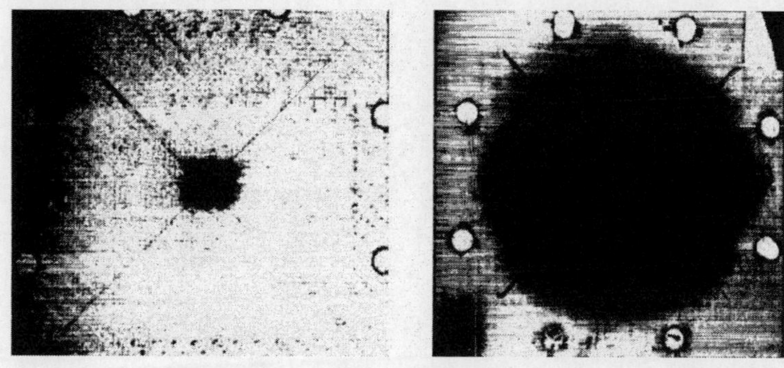

图 11.27 E-玻璃机织叠层板在静态压陷后的照片（Roach et al.，1998）

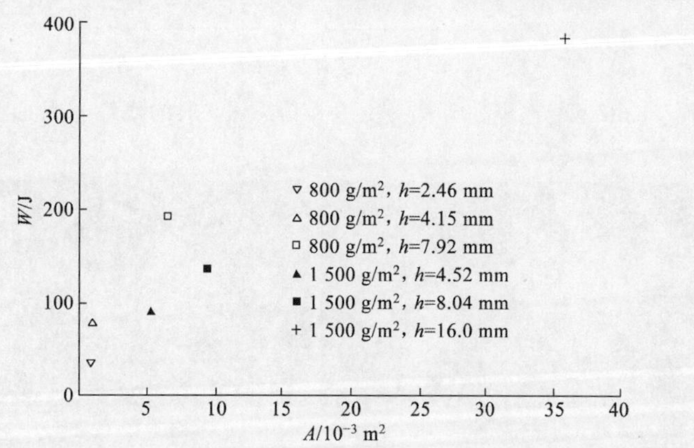

图 11.28 不同重量的 E-玻璃机织叠层板的静态能量与脱层面积的关系图（Roach et al.，1998）

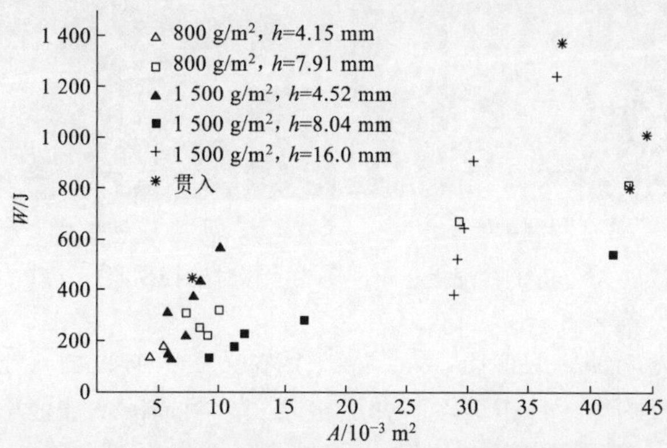

图 11.29 不同重量的 E-玻璃机织叠层板的静态能量与脱层面积的关系图（速度为 60 m/s）（Roach et al.，1998）

图 11.30 为直径 114 mm，周边完全夹持，不同厚度的 Kevlar/聚酯叠层板被钢制圆柱压头准静态压入时的载荷–位移曲线（Zhu et al., 1992a）。直径 12.7 mm 的压头有一个 60°的锥形尖端。叠层板以 0/90 和 0/45 敷层布置,总共有 5～24 层(层厚为 3.1～15 mm)。从一个 6.35 mm 厚的 Kevlar/聚酯叠层板的损伤照片（图 11.31）可以看到板的整体挠曲[图 11.31（a)]、纤维的逐步断裂和背面的隆起[图 11.31（b)～(d)]，以及相伴发生的脱层。载荷的第一个峰值(图 11.30）对应于纤维失效的开始。压头直径的增加并不改变载荷–位移曲线的初始斜率，但是所达到的峰值力大致与压头的直径成比例。圆锥体角度有类似的影响，当圆锥角从 60°变化至 120°时，峰值力和吸收的能量随之增加，峰值力增加大约 40%。

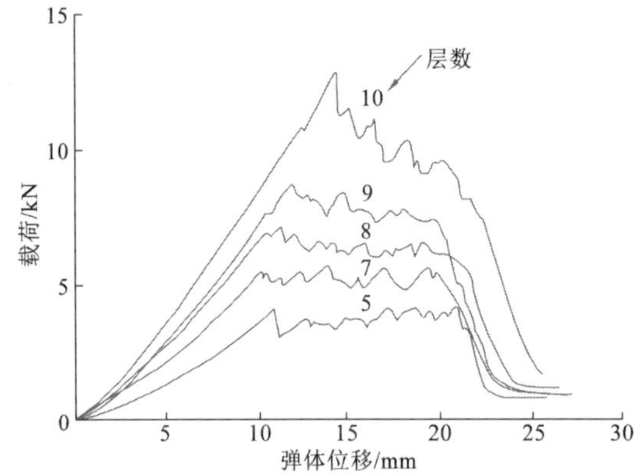

图 11.30 不同厚度的 Kevlar/聚酯叠层板，被压头准静态压入时的载荷–位移曲线（Zhu et al., 1992a）

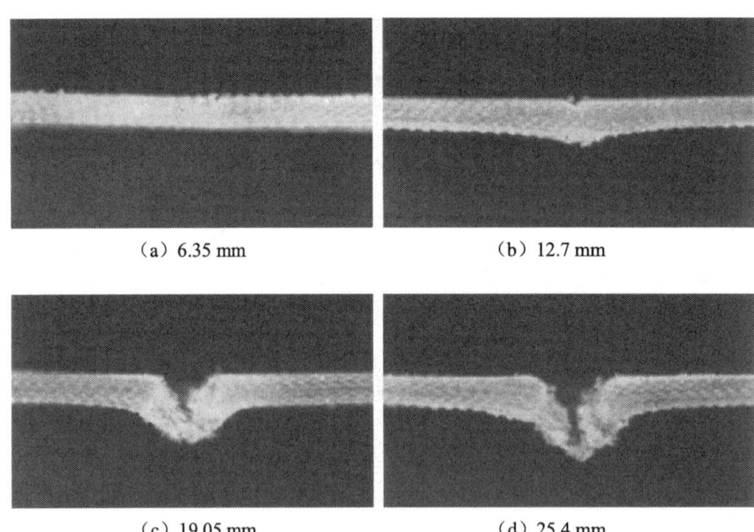

（a）6.35 mm （b）12.7 mm （c）19.05 mm （d）25.4 mm

图 11.31 厚度为 6.35 mm 的叠层板在不同压头位移时的损伤照片（Zhu et al., 1992a）

冲击试验产生更为局部化的损伤。弹道极限定义为当弹体或者是附着在靶板上，或者是以可忽略的速度离去时的相应冲击速度。弹道极限随总板厚的增加而增加（图 11.32）。Zhu 等（1992b）提出过一个分析模型，其结果与试验一致。

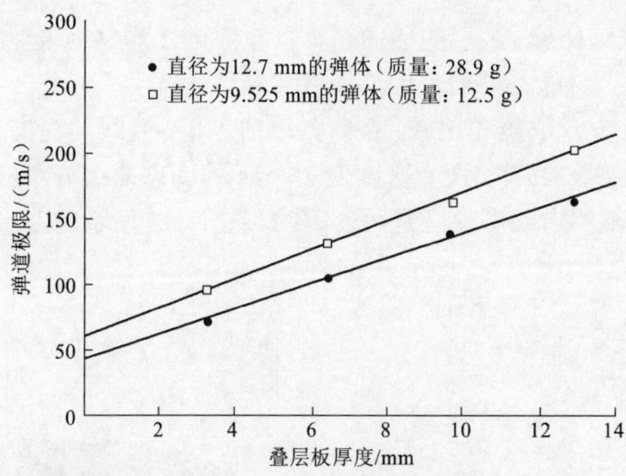

图 11.32 不同厚度的 Kevlar/聚酯复合材料的弹道极限（Zhu et al.，1992a）

11.7.2 复合材料夹层板

采用夹层构件可以获得好的能量吸收能力：外部能量通过表层的弯曲、拉伸和断裂，以及芯层的压溃而耗散。蜂窝材料和泡沫材料有着优良的能量吸收特性（第 10 章），它们通常用作夹层板的芯层。取决于它们的具体应用，这些夹层板可以完全在背面支承，或者在其边缘支承（简支或固支）。如果冲击能量比较低，表层和芯层将出现塑性变形，而表层并无穿孔或撕裂发生。表层和芯层之间可能发生脱层。对于高速弹体冲击，变形更为局部化并发生贯穿。

表层和芯层之间的联结起很大作用，这可以从背面完全支承的夹层板的静态载荷–位移曲线（图 11.33）得到证明。该板受到端部为凸面（半径 458 mm）的直径为 74 mm 的圆柱壳压入（Goldsmith et al.，1992）。表层为 0.81 mm 厚的铝板，芯层为铝蜂窝材料（胞元直径 3.18 mm，厚度 0.025 4 mm，密度 72 kg/m^3）。较弱联结的夹层板的压溃载荷几乎是无表层的蜂窝材料的两倍。这个增加来自上表层的弯曲和压头附近更多的芯层材料被立即压溃。正常联结的夹层板有高得多的载荷，但是上表层贯入失效比弱联结夹层板较早发生。压溃载荷和能量吸收随着芯层密度增加而增加。对于同样厚度的表层，铝制成的表层要比塑料（如玻璃纤维和 Lexan）产生的载荷和能量吸收高得多。

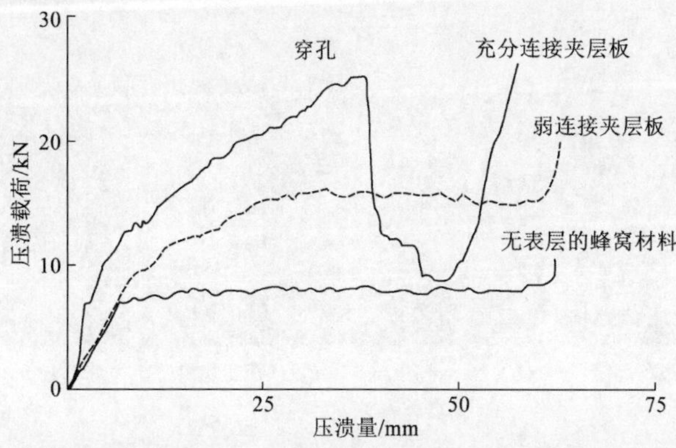

图 11.33 背面完全支承的夹层板被带有外凸面（半径为 458 mm）的圆柱壳准静态压入时的载荷–位移曲线（Goldsmith et al.，1992）

对于静态加载和低速碰撞，芯层的屈曲在夹层板厚度上均匀地发生。高速碰撞时，由于应力波传播和反射的结果，可能在前后表面都引发屈曲。

与相似的完全背面支承的板相比较，在贯入以前，中心受载的简支夹层板所产生的载荷–位移曲线是类似的（图 11.34）。此外，速度为 25 m/s 的动态曲线与对应的准静态曲线几乎相同，这表明在这个速度范围内动态效应是可忽略的。图 11.35 所示的变形后的试件与静态试验所得到的也是类似的。

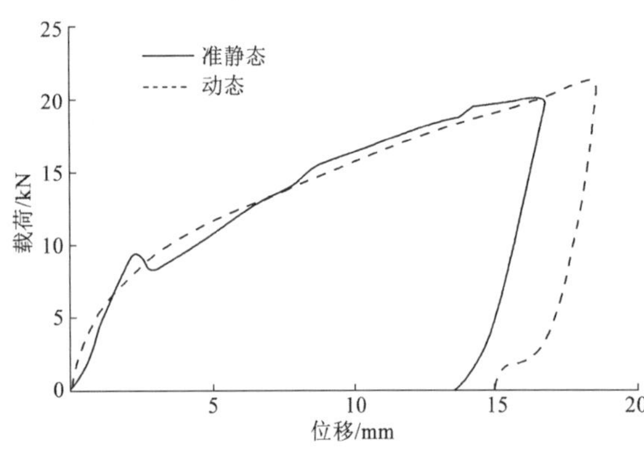

图 11.34 周边简支的夹层板被带有外凸面（半径为 458 mm）的圆柱壳准静态压入时的载荷–位移曲线

图 11.35 简支夹层板受到速度为 1 219 m/s 的抛射体的撞击后变形的照片（Goldsmith et al.，1992）

当冲击能量充分大时，夹层板发生穿孔。对于 Coremat 板和 Aerolam 板的穿孔例子如图 11.36 所示。分析这个复杂的过程是困难的。尽管如此，可以采用某些简化机理来估计所吸收的能量，如对于 Coremat 板的简化分析如图 11.37 所示。中心区域 X 处于压缩，区域 Y 处于剪切。这样，在 X 区域的能量可以根据芯层材料的应力–应变曲线和区域 X 的体积来估计。与剪切控制的区域 Y 有关的能量可以以类似的方法估计。剪切的应力–应变曲线可以由单轴压缩的应力–应变曲线得到，因为有

$$\tau_{xy} = \frac{\sigma}{\sqrt{3}}, \quad \gamma_{xy} = \frac{\varepsilon}{\sqrt{3}} \tag{11.10}$$

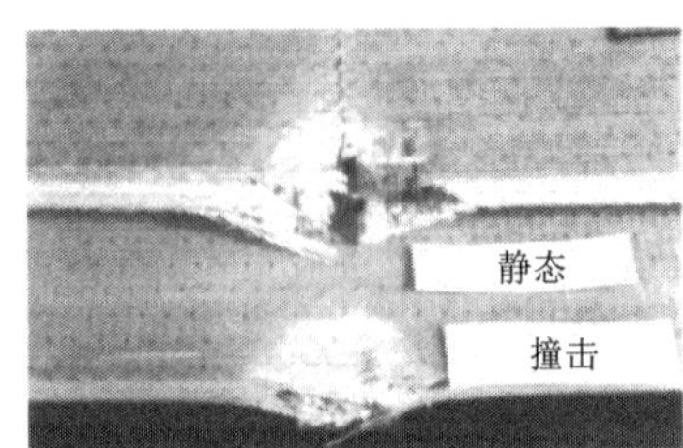

（a）Coremat 板（撞击质量/下落高度为 20 kg/3 m）

（b）26 mm 的 Aerolam 板（撞击质量/下落高度为 20 kg/3 m）

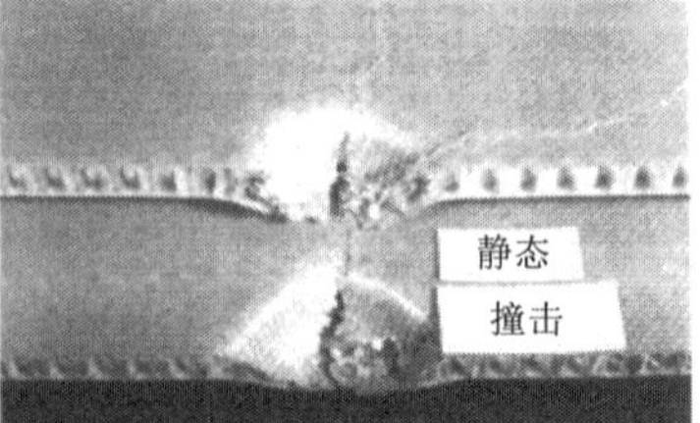

（c）13 mm 的 Aerolam 板（撞击质量/下落高度为 10 kg/3 m）

图 11.36 夹层板受静态和撞击贯入后的照片（制作方面细节见 Mines et al.，1998）

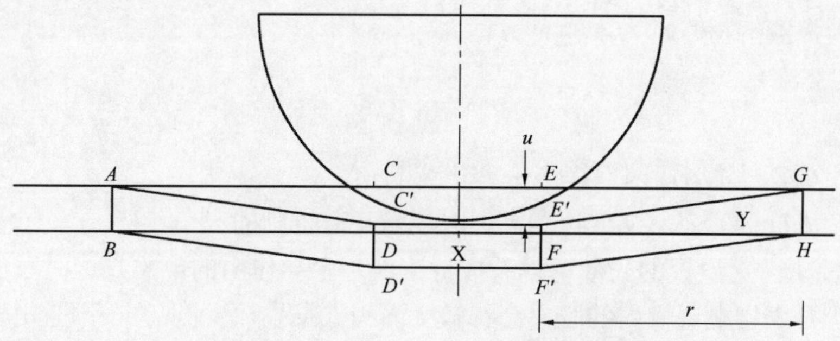

图 11.37 Mines 等（1998）提出的理想化的变形模式

剪切应变与中心位移 u 之间的关系为

$$\gamma_{xy}=\frac{u}{r} \tag{11.11}$$

这种分析要求知道 X 区域和 Y 区域的尺寸及穿孔处的挠度，这些数据只能通过试验得到。

下面进行 Reid 等（2000）的量纲分析。

因为这个问题本质复杂，所以采用量纲分析来推导静态情况下断裂吸收能量 E_f 的经验方程。这个能量可以假定为局部贯穿能量 E_l 和整体变形能量 E_g 之和（Reid 等，2000），即

$$E_f = E_l + E_g \tag{11.12}$$

整体变形的能量假定为

$$\frac{E_g}{\sigma_u D^3}=A\left(\frac{L}{D}\right)^{\beta_1}\left(\frac{T^t}{D}\right)^{\beta_2} \tag{11.13}$$

式中：σ_u 为叠层板拉伸时的失效应力；D 为压头的直径；T^t 为叠层板的总厚度；A、β_1 和 β_2 为需要由试验测定的常数。

对于半球形端面的压头，局部能量为

$$E_l=\frac{\pi D^2 T^t \sigma_u \varepsilon_f}{8} \tag{11.14}$$

式中：ε_f 为层合板的断裂应变。

对于平面冲头，有

$$E_l=\frac{\sigma_u T^t D^2\pi}{4}\left(\frac{K\sigma_c}{\sigma_u}\right)\left(\frac{C}{T^t}\right)\varepsilon_D+\frac{\sigma_u T^t D^2\pi}{2}\left(\frac{\tau_{13}}{\sigma_u}\right)\left(\frac{T^t}{D}\right)\left(\frac{h}{T^t}\right)^2+\frac{\sigma_u T^t D^2\pi\varepsilon_f}{8}\left(\frac{h}{T^t}\right) \tag{11.15}$$

式中：K 为一个系数，通常取为 2；σ_c 和 ε_D 分别为芯层的压缩强度和压实应变；C 和 h 分别为芯层和表层的厚度；τ_{13} 是表层叠层板的剪切强度。

式（11.15）右手边的三项分别表示芯层压溃、上表层剪切插入及下表层碎裂所吸收的能量。联立式（11.12）～式（11.15）可以给出将夹层板准静态加载至断裂所需的能量。

为了描述动态效应，可以再引入动态强化因子 ϕ。根据试验有

$$\phi=1+\beta\left(\frac{V_i}{V_0}\right) \quad (V_i<V_0) \tag{11.16a}$$

$$\phi=1+\beta \quad (V_i>V_0) \tag{11.16b}$$

式中：β 为试验常数，速度 V_0 为

$$V_0 = \sqrt{\frac{E_{\text{in}}^{\text{l}}}{\rho_{\text{l}}}}\varepsilon_{\text{f}} \tag{11.17}$$

式中：E_{in}^{l} 和 ρ_{l} 分别为叠层板面内杨氏模量和密度。

速度 V_0（≈80 m/s）表示从低速到高速时能量耗散机制的一个转变。

对于高速碰撞，夹层板的失效可以看成冲击波起主导作用的现象。这时表层和芯层之间的脱层较少，但是表层叠层板内的脱层会在较大面积上发生，这种现象在试验中可以明显地观察到。在这种情况下，动态应力增强可以看成与式（11.16）相同，即叠层板全壁厚压缩的静态线弹性极限为 σ_{e} 时，其动态抗力为

$$\sigma = \left(1 + \Gamma\sqrt{\frac{\rho_{\text{l}}}{\sigma_{\text{e}}}}V\right)\sigma_{\text{e}} \tag{11.18}$$

式中：Γ 为经验常数（对于平端面、半球形端面和圆锥端的弹体，分别为 2、1.5 和 $2\sin\theta/2$，θ 为圆锥角）。

所以，耗散能量为

$$E = \frac{\pi D^2 T^{\text{t}}\sigma}{4} = \frac{\pi D^2 T^{\text{t}}}{4}\left(1 + \Gamma\sqrt{\frac{\rho_{\text{l}}}{\sigma_{\text{e}}}}V\right)\sigma_{\text{e}} \tag{11.19}$$

令这个能量等于弹体的动能，便可求出弹道极限。

11.8　纤维金属层合板

纤维金属层合板（fiber metal laminates plates）是一种由金属层和纤维增强复合材料层交替叠合而成的复合结构。20 世纪 80 年代，荷兰代尔夫特理工大学首先研发出了具有高疲劳阻抗的芳纶纤维增强铝板（aramid reinforced aluminium laminate，ARALL）。由于芳纶纤维的抗压性能较弱，他们进一步发展了玻璃纤维增强铝板（glass reinforced aluminium laminate，GLARE）。到目前为止，根据铝合金牌号、层厚和纤维方向的不同，GLARE 发展了多个不同等级的标准化产品，并广泛应用于航空领域，如空客 A330 和波音 777 的机身与舱壁等部位。2004 年 GLARE 被应用于空客 A380 的机身蒙皮结构，并达到减重 794 kg 的效果。图 11.38 给出了纤维金属层合板 GLARE 3 的示意图，其中 1 层、3 层、5 层为铝合金层，中间为 0/90°玻璃纤维增强交叉层。

由于金属具有良好的韧性、抗冲击性能、耐久性和易修理性，而复合材料具有很高的强度和刚度、优良的抗疲劳与断裂性能，两者结合而成的纤维金属层合板具有优良的抗疲劳断裂和抗冲击特性、轻质高比强度和比刚度，以及良好的损伤可探测、抗腐蚀、防火等性能（Vlot et al.，2011）。图 11.39 给出了纤维金属层合板中纤维增强层约束和限制金属层中裂纹扩展的示意图。目前纤维金属层合板采用的金属层主要为铝、镁和钛的合金，而纤维增强层主要为玻璃纤维、碳纤维和 Kevlar 增强复合材料。

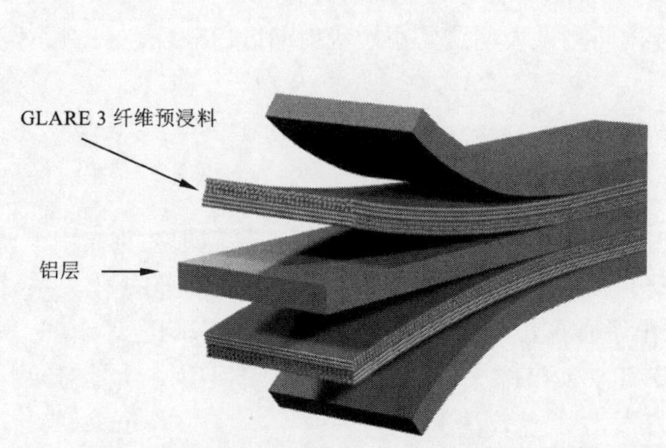

图 11.38　纤维金属层合板 GLARE 3 的示意图（Remmers，2008）

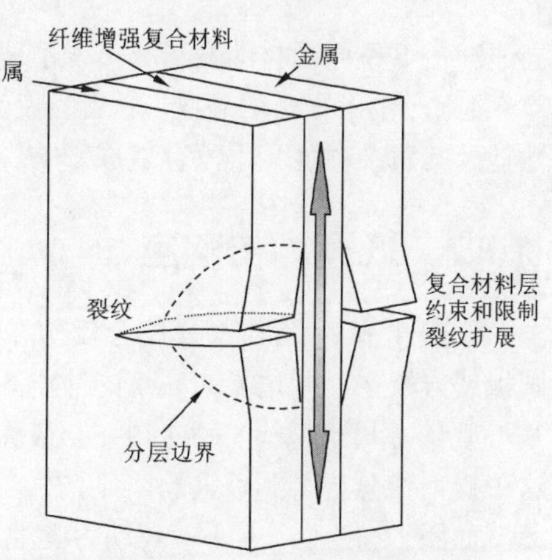

图 11.39　纤维增强复合材料层限制裂纹扩展示意图（Khan et al.，2009）

对于纤维金属层合板而言，由于包括了纤维增强复合材料层，其抗冲击性能的影响因素较多，主要包括材料性能、几何参数和加载条件几个方面。材料性能方面主要包括金属、纤维和基体的类别、铺层方向和厚度，金属和复合材料体分比，界面黏接和表面处理情况。几何参数和加载条件则主要包括冲头形状、尺度效应、预应力、后拉伸处理、边界条件和加载速率等。Sadighi 等（2012）和 Chai 等（2014）对上述各方面的影响因素进行了综合评述。

纤维金属层合板的抗冲击能量吸收性能的研究主要分为低速冲击和高速冲击两方面，其中多数研究集中于纤维金属层合板的低速冲击响应，而高速冲击贯入方面的研究较少。在航空结构上，低速冲击主要对应于与地面车辆的轻微碰撞、维护工具的坠落冲击等，高速冲击则包括鸟撞、冰雹撞击及弹道冲击等。Vlot（1993）对铝合金板和几种层合板在低速（最大 10 m/s）和高速（最大 100 m/s）冲击下的性能进行了对比试验研究。图 11.40 给出了最小开裂能的对比图。在各种加载速度下纤维金属层合板 GLARE 3 显示出优异的抗冲击性能，最小开裂能显著高于单一铝板 2024-T3、碳纤维/PEEK 复合材料板和 ARALL 2 层合板。图 11.41 给出了 100 J

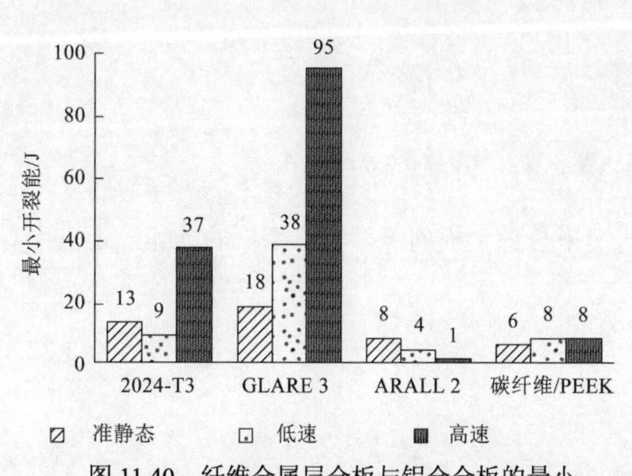

图 11.40　纤维金属层合板与铝合金板的最小开裂能对比（Chai et al.，2014）

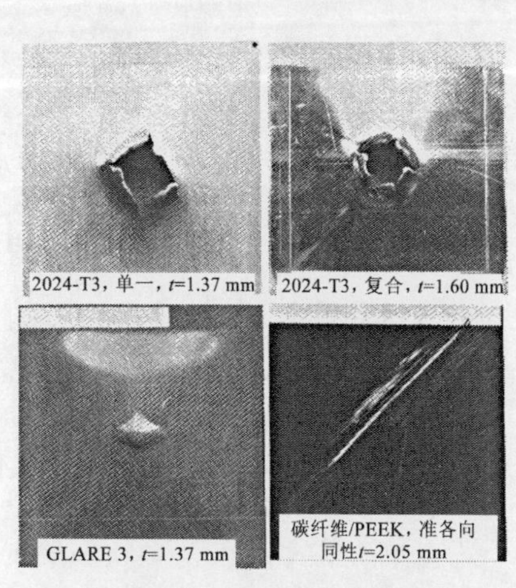

图 11.41　高速冲击下纤维金属层合板与铝合金板的变形对比（Vlot，1993）

高速冲击下不同板材的变形和贯入情况。可以看到只有纤维金属层合板 GLARE 3 没有被贯穿，且只产生了很小的裂纹。随后的疲劳和拉伸测试表明这些小裂纹对 GLARE 3 良好的疲劳性能及其残余强度几乎没有造成影响。

11.8.1　低速冲击响应

低速冲击下，纤维金属层合板动态响应的理论分析主要是研究球形或半球形冲头作用下，圆板或方板在不同边界约束下的冲击力、板中心挠度、速度、能量等物理量随时间的变化关系。基于质量–弹簧模型，Vlot（1993）最先给出了圆形纤维金属层合板的弹性动态响应理论解。这一模型使分析得到极大的简化，在 7.1 节和 10.4 节的分析中已得到很好的运用。质量–弹簧模型如图 11.42（a）所示，其动力学控制方程为

$$(m_{eq}+G)\ddot{\Delta}_0+\bar{K}\Delta_0=0 \tag{11.20}$$

式中：G 为锤头质量；m_{eq} 为层合板等效质量；$\ddot{\Delta}_0$ 为板中点挠度；$\bar{K}$ 为板的刚度系数。在分析中假定板的刚度与静刚度一致，且保持为常数。

$$\bar{K}=\frac{16\pi\bar{D}}{a^2}=\frac{4\pi Eh^3}{3(1-\upsilon^2)a^2} \tag{11.21}$$

式中：$\bar{D}$ 为弯曲刚度；a 为板的半径；h 为板厚；E 为材料模量；υ 为泊松比。

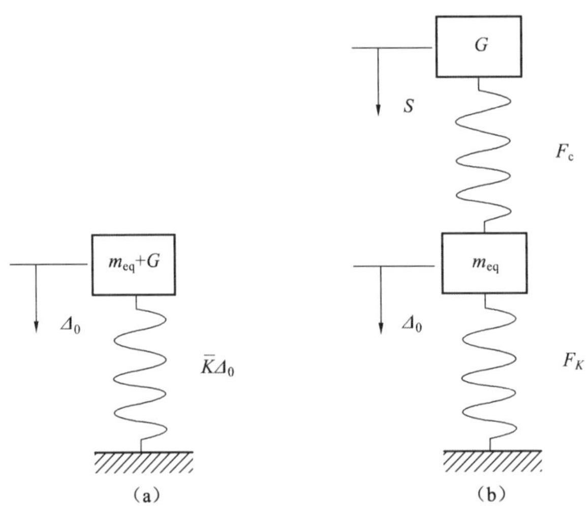

图 11.42　层合板的单自由度和双自由度质量–弹簧模型

实际上这一假定只在挠度小于板厚的情况下合理。板的等效质量由板的动能确定。中心受载板的挠度分布函数为

$$\Delta=\Delta_0\left\{1+\left(\frac{r}{a}\right)^2\left[2\ln\left(\frac{r}{a}\right)-1\right]\right\} \tag{11.22}$$

根据板的总动能和等效质量的定义

$$K=\frac{1}{2}m_{eq}\dot{\Delta}_0^2=\int_0^a\int_0^{2\pi}\frac{1}{2}\dot{\Delta}\rho rh\mathrm{d}\phi\mathrm{d}r=\frac{7}{108}\pi\rho ha^2\dot{\Delta}_0^2 \tag{11.23}$$

可得板的等效质量为板总质量的 7/54。

假定冲头与板接触后共同运动，系统初始速度由动量守恒定律得到

$$V_0' = \frac{G}{m_{eq} + G} V_0 \tag{11.24}$$

将式（11.21）和式（11.23）代入式（11.20），并以式（11.24）为初始条件容易求得中心挠度、速度、接触力随时间的变化关系，以及接触时长。这一模型假定材料为弹性，板的刚度不随变形发生改变，且忽略了板的局部凹陷。通过考虑板的刚度随变形的变化，Tsamasphyros 等（2011）采用单自由度系统进行了分析，其加载阶段的动力学控制方程为

$$(m_{eq} + G)\ddot{\Delta}_0 + \bar{K}_p \Delta_0 + \bar{K}_{el} \Delta_0^3 = 0 \tag{11.25}$$

式中：$\bar{K}_p$ 和 $\bar{K}_{el}$ 分别为铝层塑性变形和纤维层的薄膜变形刚度。

根据卸载阶段刚度的变化，还给出了卸载阶段的运动方程和初始条件。

当考虑冲头与板的相互接触变形时，可用如图 11.42（b）所示的双自由度系统描述系统的运动。假定 S 为冲头位移，Δ_0 为板中点挠度，则根据赫兹弹性接触理论两者的接触力 F_c 可表示为

$$F_c = k_c (S - \Delta_0)^{3/2} \tag{11.26}$$

其中

$$k_c = \frac{4}{3\pi} \sqrt{R} \frac{1}{\delta_1 + \delta_2} \tag{11.27}$$

$$\delta_1 = \frac{1 - \upsilon_1^2}{E_1 \pi}, \quad \delta_2 = \frac{1 - \upsilon_2^2}{E_2 \pi} \tag{11.28}$$

式中：k_c 为修正赫兹接触刚度；R 为冲头曲率半径；E_1，υ_1 和 E_2、υ_2 分别为冲头和板的杨氏模量和泊松比。

纤维金属层合板并非弹性，在冲击下会产生永久变形，因此在卸载阶段需对赫兹弹性接触理论进行修正（Sun et al.，1993）

$$F_{c,unload} = F_{max} \left(\frac{\alpha - \alpha_0}{\alpha_{max} - \alpha_0} \right)^{2.5} \tag{11.29}$$

式中：F_{max} 是最大接触力；$\alpha = S - \Delta_0$，是凹陷位移；α_{max} 和 α_0 分别为最大凹陷位移和永久凹陷位移。考虑赫兹弹性接触时的运动方程为

$$G\ddot{\Delta}_0 + F_c = 0 \tag{11.30}$$

$$m_{eq}\ddot{\Delta}_0 + F_K - F_c = 0 \tag{11.31}$$

式中：F_K 为板的变形反力，根据 Vlot（1993）的假定有 $F_K = \bar{K}\Delta_0$。

式（11.26）中力–接触位移曲线为非线性关系，求解需采用迭代法。Choi 等（2004）发现接触刚度对结构响应的影响较小，提出采用线性接触理论进行简化，即

$$F_c = k_1 (S - \Delta_0) \tag{11.32}$$

式中：$k_1 = F_{max}^{1/3} k^{2/3}$，$k$ 为赫兹弹性接触系数。

根据几何参数的不同，板的变形刚度可采用不同的理论模型，因此拥有不同的变形反力表

达形式。Lin 等（2006）基于瑞利–里茨法和最小势能原理给出了四边固支边长为 a 的复合材料方板在不同情形下的刚度形式。当挠度大于板厚的一半时，需要考虑弯曲和薄膜变形刚度

$$F_K = \bar{K}_{\mathrm{b}}\varDelta_0 + \bar{K}_{\mathrm{mem}}\varDelta_0^3 \tag{11.33}$$

式中

$$\bar{K}_{\mathrm{b}} = \frac{64}{45a^2}\left[9(D_{11}+D_{22})+10D_{12}+80D_{66}\right] \tag{11.34}$$

$$\bar{K}_{\mathrm{mem}} = \frac{128}{2205a^2}\left[49(A_{11}+A_{22})+90(A_{12}+2A_{66})\right] \tag{11.35}$$

式中：D_{ij} 和 A_{ij} 分别为板的弯曲刚度和薄膜刚度系数。

对于中厚板采用一阶剪切变形理论，此时主要考虑弯曲和剪切变形刚度

$$F_K = \bar{K}_{\mathrm{bs}}\varDelta_0 \tag{11.36}$$

式中：$\bar{K}_{\mathrm{bs}}$ 为弯曲和剪切刚度系数的复杂函数。

有兴趣的读者请参考 Hoo Fatt 等（2004）。对于纤维金属层合板，与上述情况一样，只是板的刚度中需考虑铝层。假定铝层为刚塑性，复合材料层为弹性，Hoo Fatt 等（2003）、Lin 等（2006）给出了纤维金属层合板相关刚度的表达式。

还有一些求解方法直接根据试验结果假定各种位移分布函数或载荷–位移曲线进行简化分析，如 Vlot（1996）根据试验假定圆板位移分布为

$$\varDelta = \varDelta_0\left[1-\left(\frac{r}{a}\right)^2\right]^2\left[1-1.2\frac{r}{a}+1.2\left(\frac{r}{a}\right)^2\right] \tag{11.37}$$

Caprino 等（2007）假定加载和卸载时冲头的载荷–位移曲线为如下多项式形式

$$F_{\mathrm{c}} = au^2 + bu \tag{11.38}$$

$$F_{\mathrm{c,unload}} = a_{\mathrm{u}}u^2 + b_{\mathrm{u}}u + c_{\mathrm{u}} \tag{11.39}$$

式中：a、b 根据试验曲线确定，a_{u}、b_{u} 和 c_{u} 可根据初始动能和相关假设条件计算得到。通过积分法，可以很容易得到载荷–时间关系、接触时长和最大位移与初始动能的关系曲线。图 11.43 给出了理论与试验的对比结果。

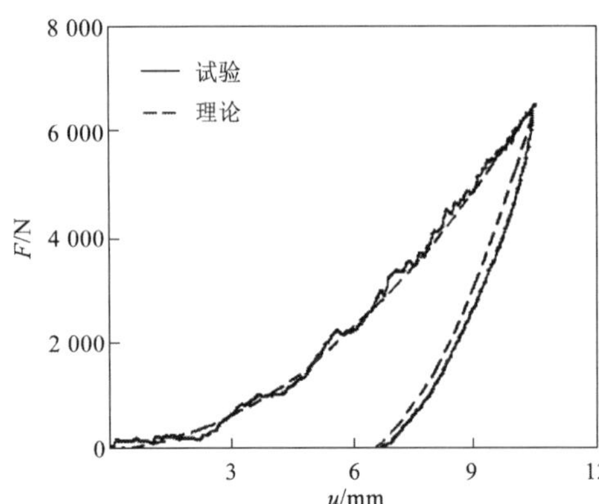

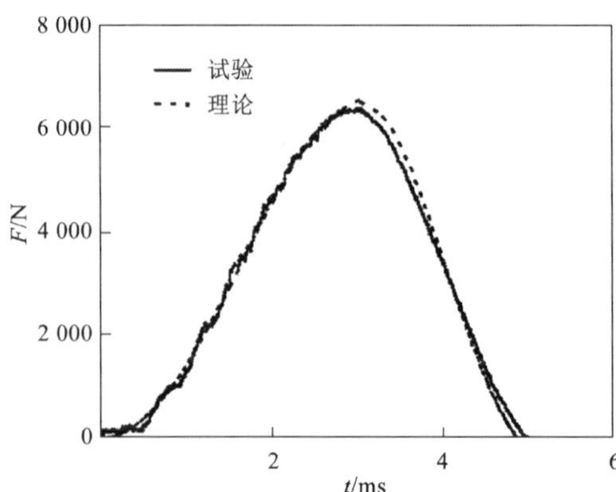

图 11.43 试验与理论载荷–位移和载荷–时间对比曲线

11.8.2　高速冲击响应

受到高速冲击加载时，如果接触时长小于横向剪切波传播至边界的时间，则板的响应由二维剪切波控制，此时分析模型如图 11.44 所示。设剪切波速为 c_s，则动力学方程为

$$\left[m_{eq}(\xi)+G\right]\ddot{\varDelta}_0+F(\xi)=0 \tag{11.40}$$

式中：$\xi=c_s t$ 为变形影响范围，$F(\xi)$ 为板的抗冲击力。

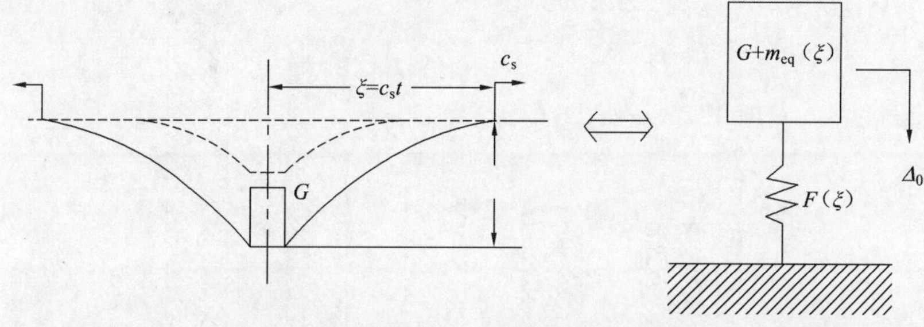

图 11.44　高速冲击波传播简图与质量–弹簧模型（Lin et al., 2006）

Hoo Fatt 等（2003）对高速冲击下 GLARE 板的能量耗散进行了分析

$$E_{tl}=E_{bm}+E_{del}+E_{deb}+E_{tf}+E_{pt} \tag{11.41}$$

总能量 E_{tl} 由弯曲和薄膜弹塑性变形能 E_{bm}、纤维复合材料分层能 E_{del}、铝和复合材料层脱黏能 E_{deb}、复合材料拉伸断裂能 E_{tf} 和铝的分瓣（petaling）能 E_{pt} 共同耗散。上述各部分的能量计算表达式请参见原文。图 11.45 所示为 GLARE 板在高速冲击下分瓣和分层的变形模式图。整个冲击贯入分析过程可分为复合材料层断裂前和断裂后两个阶段。断裂前的动力学分析方程为

$$\left[m_{eq}(\xi)+G\right]\ddot{\varDelta}_0+P_o(\xi)+\left[\bar{K}_b(\xi)+\bar{K}_{mem1}(\xi)\right]\varDelta_0+\bar{K}_{mem2}(\xi)\,\varDelta_0^3=0 \tag{11.42}$$

式中：P_o、$\bar{K}_{mem1}$ 为只与铝板相关的压陷载荷和薄膜刚度；$\bar{K}_b$、$\bar{K}_{mem2}$ 为与复合材料相关的层合板弯曲和薄膜刚度。

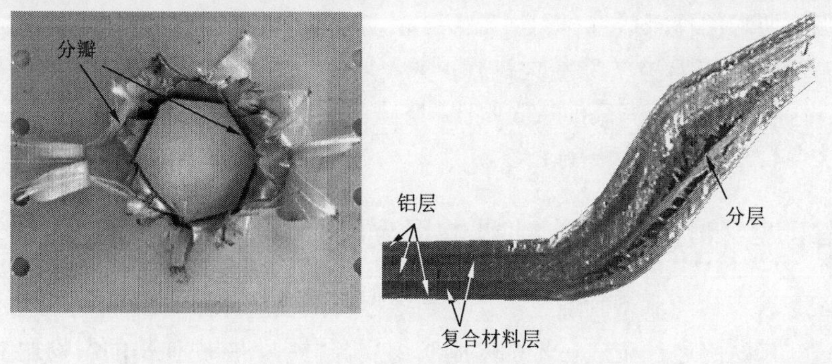

图 11.45　GLARE 板在高速冲击下的分瓣和分层变形模式图（Langdon et al., 2009）

断裂后方程基本不变，刚度 $\bar{K}_b$、$\bar{K}_{mem2}$ 需将纤维金属层合板中的复合材料层刚度置零得到。值得注意的是在发生复合材料分层或断裂时，求解的初速度条件需根据能量平衡进行重新计算。

Hoo Fatt 等（2003）的理论模型与实测的弹道极限数据对比误差范围在 13%以内，其中不同厚度纤维金属层合板 GLARE 5 在高速贯入过程中各部分的能量耗散情况如图 11.46 所示。对薄板来说，弯曲和薄膜弹塑性变形能 E_{bm} 耗散了总能量的 92%，对厚板这一数值为 84%。根据层数的不同，GLARE 5 分层能 E_{del}（和脱黏能 E_{deb}）耗散 2%～9%的能量，显然层数越多这部分能量越大。铝层分瓣能 E_p 和复合材料拉伸断裂能 E_t 共耗散约 7%的总能量。

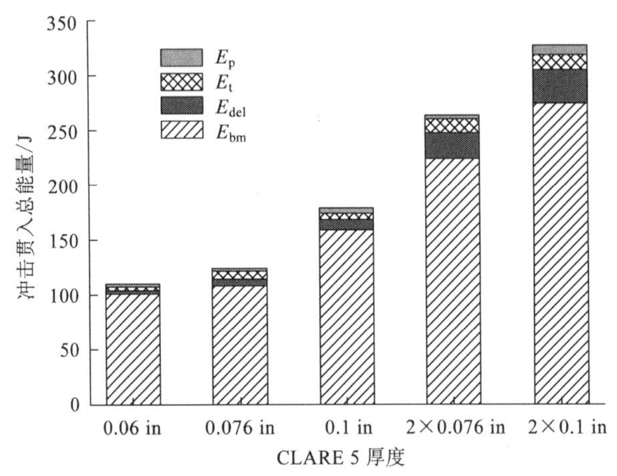

图 11.46　不同厚度纤维金属层合板 GLARE 5 贯入能量划分图

1 in=25.4 mm

11.9　多胞纺织复合材料

11.9.1　背景

正如 10.1 节所述，多胞结构或者多胞材料通常含有大量孔隙，显示出优良的能量吸收性能，所以非常适合用于以能量吸收为目的的场合。另外，纺织结构由给定方位的低充填密度的纤维组成，具有易成型的优点。所以，两者结合得到的多胞纺织复合材料是满足 1.3.2 小节所述各种能量吸收要求的理想候选材料（Xue et al.，2000a）。

余同希、陶肖明和薛璞率先系统地进行了关于多胞纺织复合材料能量吸收能力的研究（Yu et al.，2000）。他们发展了具有高能量吸收比的新型多胞纺织复合材料，并进行了详尽的研究。下面将对这类复合材料进行简要的介绍。

11.9.2　穹顶阵列纺织复合材料的两种构形研究

多胞纺织复合材料的典型制造方法是先用多根变形长丝纱线制成 1×1 双螺纹织物。原来平的织物通过二步法将之加工成三维的多胞纺织复合材料。首先使平的织物加工并热定型成具有特别设计的圆顶阵列胞元的织物板，然后将这些初步加工成的织物片涂上聚合物树脂，接着在 200℃温度下加热固化处理 5 min，最后在室内环境条件下熟化。

穹顶阵列纺织复合材料（grid-domed textile composite）的力学性质取决于所选择的材料

系统（即纤维的类型和尺寸、纺织结构、树脂材料和添加比，以及制造过程）和胞元构形。在研究中，针对两种胞元构形进行了详细的考察：构形 1，每个胞元由截头圆锥壳加上半球组成[图 11.47（a）]；构形 2 的每个胞元仅由平顶的截头圆锥壳构成[图 11.47（b）]。

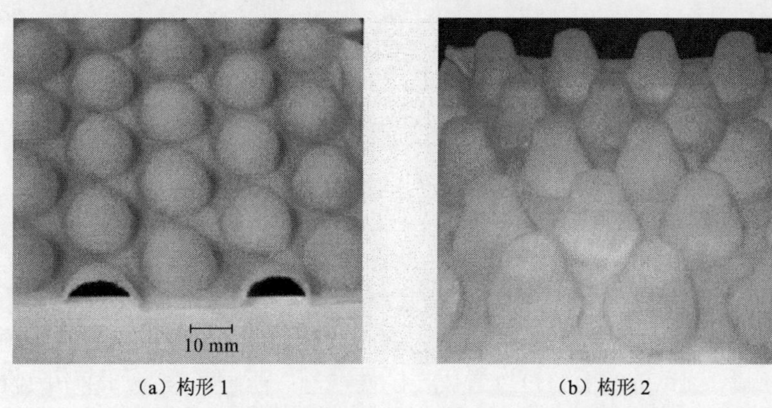

（a）构形 1　（b）构形 2

图 11.47　穹顶阵列纺织复合材料（Xue et al., 2000b）

试验和理论分析（Yu et al., 2000）都显示第一种构形的穹顶阵列纺织复合材料的大变形过程由三个阶段组成，即：半球形圆顶的翻转、球形帽的整体塑性坍塌和截头圆锥壳的塑性大变形。能量吸收主要是在膜力主导的塑性大变形阶段进行，这意味着就能量吸收而言，构形 2 的平顶截头圆锥壳应当更为有效。

构形 1 和构形 2 的试件都在相同的准静态和碰撞条件下进行了试验。试件尺寸和加载条件的详细情况可以参阅 Xue 等（2000b）。图 11.48（a）和（b）分别描绘了具有这两种胞元的试件在准静态压缩和碰撞加载条件下的载荷–位移曲线。可以看到，构形 2 试件的弹性变形阶段要比构形 1 试件短得多。对于构形 2 试件，随着变形的进展，载荷增加速率减小，塑性变形起到主导作用。变形所需的力几乎保持为常数，变形行程很长，而且变形模式稳定。

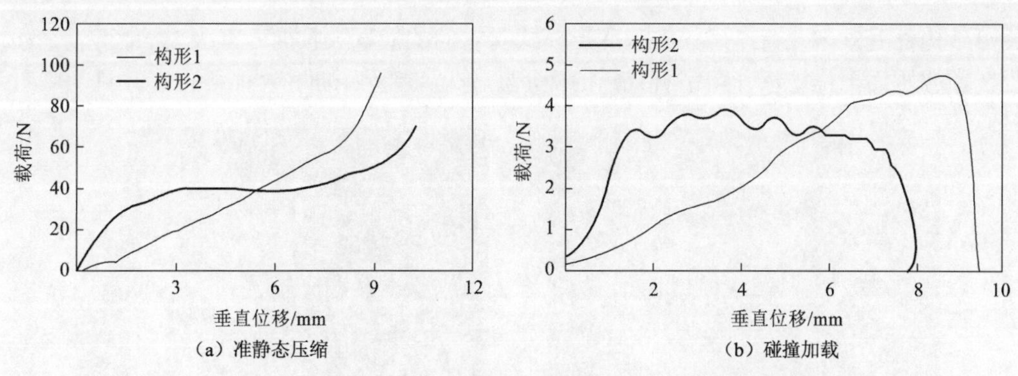

（a）准静态压缩　（b）碰撞加载

图 11.48　两种构形试件的载荷–位移曲线（Xue et al., 2000b）

与构形 1 相比，很明显，构形 2 的穹顶阵列纺织复合材料显示出更高的能量吸收能力，更稳定的变形模式，更低的峰值力，以及在大变形过程中几乎不变的力。因此，构形 2 的穹顶阵列纺织复合材料应当是理想的能量吸收候选材料。

11.9.3 胞元几何形状和胞元分布对能量吸收能力的影响

11.9.3.1 胞元几何形状

试验研究发现（Xue et al.，2000b），对于构形 2 的穹顶阵列纺织复合材料，控制能量吸收性能的有效参数是胞元的圆锥顶部直径对胞元的圆锥底部直径之比，或截头圆锥胞元的半顶角。如果顶部直径与底部直径相比太小，或者胞元的半顶角太大，将削弱穹顶阵列纺织复合材料的能量吸收能力。例如，对于相同的树脂添加百分比（170%），相同底部直径 18 mm 和相同胞元高度 13.8 mm 的试样，在所考察的参数范围内，最佳的顶部直径是 10 mm，对应的半顶角大约为 16°。

11.9.3.2 胞元分布

在试验中观察到，当圆锥壁受到大变形时，穹顶阵列纺织复合材料胞元圆锥顶面和底面没有显著变形。所以，圆锥壁的面积可以看成在轴向准静态压缩和碰撞加载下吸收能量的有效面积。为了验证这个观点，制作了两组试件，它们具有相同的树脂添加水平和相同的胞壁总面积，但有不同的胞元数和胞元尺寸。

试验结果指出，只要试件总的有效面积保持不变，改变胞元尺寸不会影响载荷的大小和试件的能量吸收能力。这就是说，当其他条件保持相同时，胞元的有效胞壁面积控制了穹顶阵列纺织复合材料的能量吸收能力。所以，应该在给定总面积的条件下尽量增加有效面积，从而增强整体能量吸收能力。增加胞元密度（即单位面积的胞元数）将在投影面积相同的情况下，增加用于能量吸收的有效面积，从而提高材料的能量吸收能力。但是，过度增加胞元密度将受到复合材料织物可成型性的限制。

11.9.4 轴向压缩下平顶圆锥壳的理论模型

11.9.4.1 试验观察到的宏观变形模式

薄壁构件受轴向载荷作用的宏观变形模式对它们的能量吸收能力有极大的影响。平顶圆锥壳在轴向压缩下呈现双叶瓣钻石式样的变形机构，从胞元正面和侧面照片（图 11.49）看到，

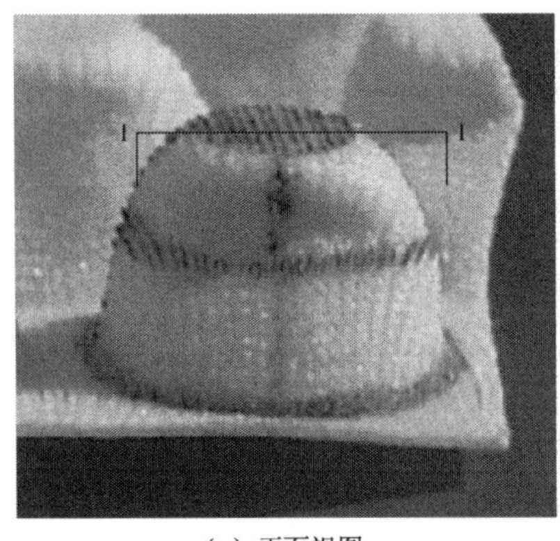

(a) 正面视图

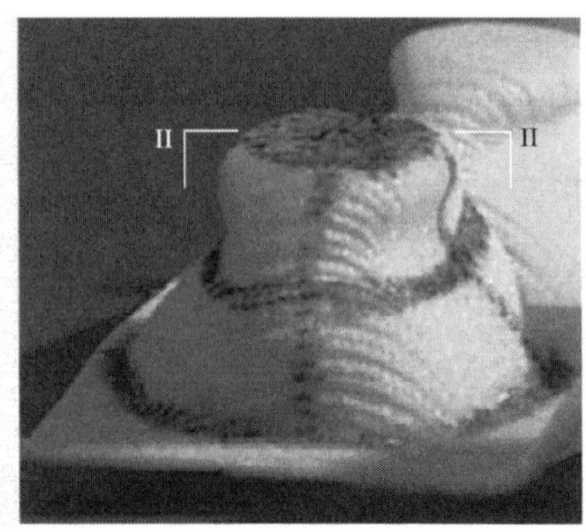

(b) 侧面视图

图 11.49 一个变形后的胞元（Xue et al.，2001a）

其主要变形特征是：

（1）顶部和底部圆的周线几乎保持不变。在壳体的大变形过程中，胞元顶部只是垂直地下沉。

（2）平顶圆锥壳发生塑性变形，形成了双叶瓣钻石式样。

（3）塑性铰线沿着胞元的顶部和底部圆周及三分之二高度处的水平周线形成，从而在胞元的正面和背面形成两个菱形。

11.9.4.2 理论模型

由于弹塑性变形转换及胞元几何形状改变的耦合所引起的复杂性，很难构造一个单一的分析模型来模拟轴压作用下平顶圆锥壳的弹塑性大变形全过程。但是，可以分别构造两个独立的模型：一个是弹性模型，用于壳体的早期变形；另一个是刚塑性模型，用于当壳体发生大变形并且弹性变形可以忽略的阶段。

平顶圆锥壳初始的行为是弹性的，其分析可以参考 Gould（1999）和 Xue 等（2001a）。因为能量吸收能力主要与大变形有关，下面的讨论着重于刚塑性模型。

随着竖直位移的增加，平顶圆锥壳进入塑性变形。根据试验观察，设定变形后的构形如图 11.50（a）所示。塑性铰线沿着顶部圆和底部圆及高度为$(1-\lambda)H$的水平圆周环线形成，此处λ是一个参数，待以后确定。另外，塑性铰线还沿着菱形 $ADBF$ 各边形成。当水平塑性铰线形成时，圆周线在平面内变形成一个被拉长的圆[图 11.50（b）]，假定沿圆周方向的周长保持不变（以减少薄膜变形），b 的大小必须满足

$$b = b_0(1 + \phi - \sin\phi) \tag{11.43}$$

式中：角度 ϕ 起了一个过程参数的作用。显然，水平塑性铰线 AA_1CB 的形状（一个拉长的圆）随着 ϕ 角的增加而演变。

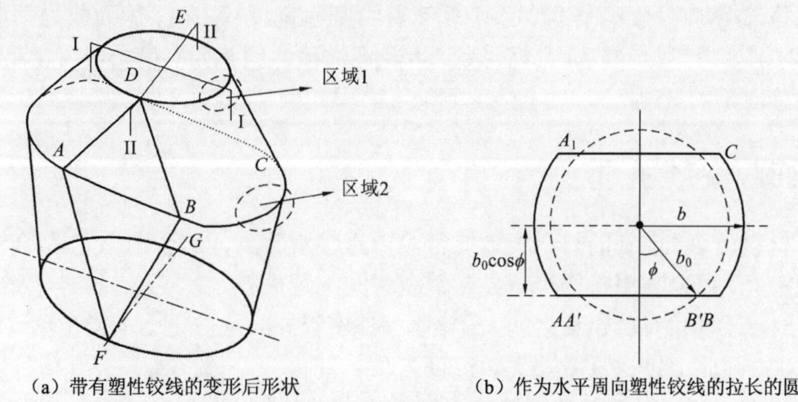

（a）带有塑性铰线的变形后形状　（b）作为水平周向塑性铰线的拉长的圆

图 11.50 平顶圆锥壳刚塑性变形模型（Xue et al.，2001a）

在这个大变形机构中，压力所做的功耗散在两个方面：沿塑性铰线的弯曲和两个塑性铰线之间壳壁段的拉伸。令这两部分耗散的能量等于变形过程中轴向压力 P 所做的外功，在 P 关于参数 λ 极小化后，平顶圆锥壳在轴向压缩下的载荷–位移曲线及其能量–位移关系都可以求得（详见 Xue et al.，2001a）。

11.9.4.3 数值例子及其与试验的比较

数值例子所选择的胞元参数与试验使用的试件参数相同，即顶部圆半径为 a=5 mm，底部圆半径为 c=9 mm，壳高为 H=13.8 mm，壳壁厚 h=1 mm，壳的半顶角 α=16.16°。材料参数见 Xue 等（2001a）。两阶段理论模型所预测的载荷–位移曲线和试验得到的曲线对比见图 11.51（a）。图中的“线弹性”是指弹性模型的数值预测结果，而“刚塑性”是指刚塑性模型的预测结果。

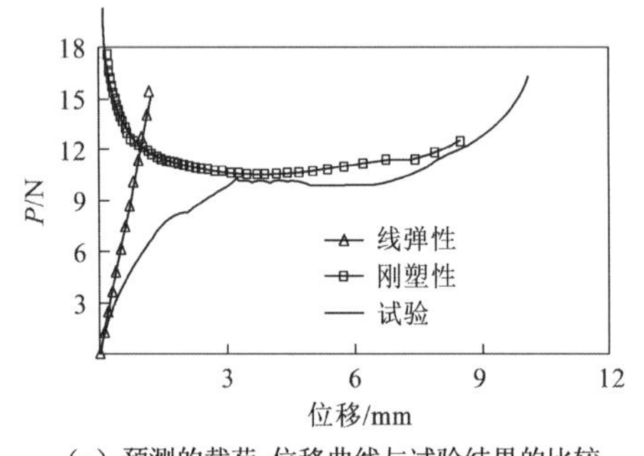

（a）预测的载荷–位移曲线与试验结果的比较

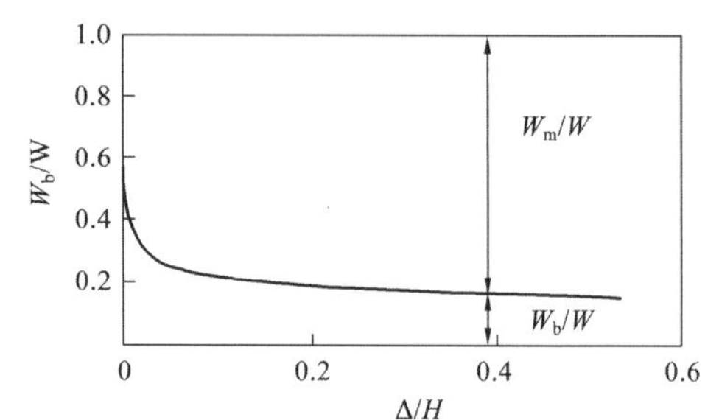

（b）刚塑性模型预测的能量耗散的分配

图 11.51 理论模型的预测结果（Xue et al.，2001a）

不难想象，在弹性变形向塑性大变形的过渡阶段，载荷–位移曲线应在这两条理论曲线间形成一段光滑的连接。这意味着，理论预测与试验结果在过渡阶段的差异应当比图 11.51（a）所显示的要小得多。同时，因为所提出的变形场对于平顶圆锥形胞元只是运动许可的，它们并不满足平衡方程，所以理论模型只提供载荷–位移曲线的一个上界，这从图 11.51（a）中得到印证。

图 11.51（b）给出了在总的能量耗散 W 中，弯曲变形耗散能量 W_b 所占的份额。很明显，随着竖直位移的增加，W_b/W 逐渐减少，意味着当胞元挠度较大时，胞元膜力耗散的能量将占支配地位。对于这里给出的胞元几何形状，当竖直位移达到胞元高度一半时，薄膜变形耗散的能量大约为总能量的 85%。

11.9.5 细观失效机理

对复合材料而言，内部的材料失效通常难以直接观察到。对于由尼龙/聚合物材料系统制成的平顶圆锥壳，可以利用扫描电子显微镜观察其细观失效过程（Xue et al.，2001b）。将表面镀金的试件放置于两块平行钢板之间，横梁压缩速度为 0.3 mm/min。横梁位移每增加 1 mm 就摄取一次影像，因此可以记录微观失效过程。

有两个具有不同显微特征的特殊区域值得注意：第一个区域靠近壳体顶部，在图 11.50（a）中标注为区域 1，材料主要是受压缩；第二个区域靠近塑性铰线 BC，在图 11.50（a）中标注为区域 2，材料主要是受到弯曲变形。控制这两个区域的细观变形机理大为不同。

考虑区域 1，那里材料主要是受压缩，相关的扫描电子显微镜图像如图 11.52 所示。当局部应变接近 12%时（这是基体聚合物材料的断裂应变），开始产生裂纹。随着变形的增大，这些裂纹逐渐传播。裂纹的传播首先通过复合材料结构中最弱的区域，即富含树脂的区域，或者

（a）Δ=0　（b）Δ=2 mm

（c）Δ=4 mm　（d）Δ=6 mm

图 11.52　扫描电子显微镜的图像（70 倍放大）（Xue et al.，2001b）

是纤维与基体之间的界面。在这个过程中，纤维与基体之间界面的失效导致脱层的发生。当裂纹沿垂直于纤维方向传播时，最后导致纤维的断裂。因此，在压缩过程中，区域 1 内能量耗散的主要显微特征可以这样描述：①裂纹在基体中发展和传播；②纤维/基体界面发生脱层；③纤维断裂。

在区域 2，即壳壁的中间部分，那里有显著的弯曲应变，观察到有局部面外屈曲和纤维组织的改变。发生在靠近顶部区域（即区域 1）的裂纹向圆锥壳的中部传播，而没有引起壳体的破裂。比较区域 1 和区域 2 的图像，很明显，区域 1 内的应变要比区域 2 内的应变增加快得多，因此区域 1 内的裂纹要比区域 2 内的裂纹发生得早。

在 11.9.4 小节中已经看到，对于所考察的三维纺织复合材料的平顶圆锥壳，胞元塑性压溃呈现图 11.50（a）所示的钻石式样。这种塑性压溃模式决定了总的能量吸收。由图 11.51（a）载荷–位移试验曲线下的面积积分，可以得到材料吸收的能量。在塑性阶段，载荷–位移曲线并没有很大的波动或者快速下降。这意味着细观损伤，即基体开裂、纤维断裂和纤维/基体脱层，对总的能量吸收能力的影响并不显著。只有当细观损伤累积到一定程度时，它对宏观力学行为的影响才凸显出来，直到胞元发生破裂。

11.9.6　进一步讨论

在设计用于能量吸收的多胞纺织复合材料时，希望材料具有非常大的塑性（即不可恢复的）变形，同时其反作用力保持较高的恒定水平，因此需要选择适当的材料系统和织物结构。与其组分（纤维或基体）相比，热固性和热塑性的纺织复合材料都具有更好的力学性质和更高的能量吸收能力。图 11.53 为典型的纤维[聚酯（polyester，PET）]、基体[聚丙烯（polypropylene，PP）]和热塑性聚酯/聚丙烯（PET/PP）纺织复合材料的拉伸曲线（Yu et al.，2001）。由图 11.53 可以很明显看出，虽然基体呈脆性，并且具有较大变形的纤维应力水平较低，但是纺织复合材料恰如其分地将适当的应力水平和很大的可变形性结合在一起，具备了优异的能量吸收能力。

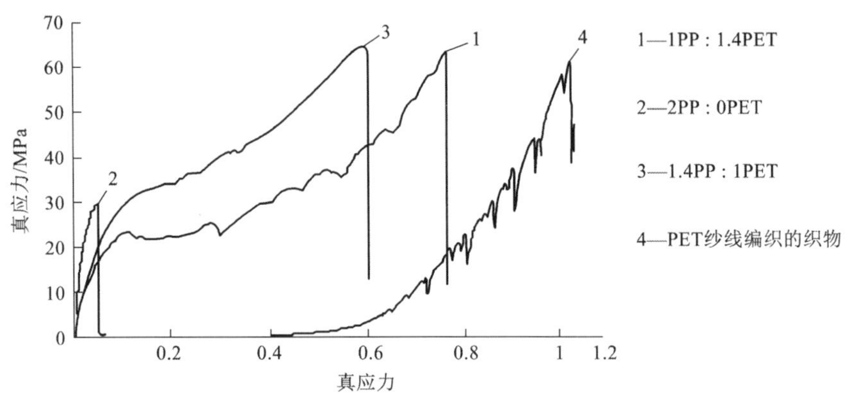

图 11.53 具有不同纤维含量的热塑性聚酯/聚丙烯（PET/PP）纺织复合材料的典型的拉伸应力–应变曲线（沿线圈纵行的方向）（Yu et al.，2001）

为了进一步提高穹顶阵列纺织复合材料的能量吸收能力，胞元构形和布局的设计是另一个关键问题。通过对几何参数进行系统的试验研究，可以实现胞元几何形状和胞元布局的最佳设计。另一种胞元优化设计的强有力工具是发展理论模型，准确地描述平顶圆锥壳胞元的大变形过程，并预测能量耗散特征。

与传统能量吸收材料（如聚酯和聚乙烯泡沫）相比，新型的穹顶阵列纺织复合材料具有许多优点。在准静态和撞击载荷作用下的大变形过程中，它们有更高的比吸能，更稳定的变形模式，而且在准静态和冲击引起的大变形过程中提供几乎恒定的力。这种类型的复合材料作为能量吸收设备，已在自行车、摩托车和极限运动员的头盔等安全产品中呈现出良好的应用前景（Tao et al.，2003）。

12 工程实例

本章通过五个典型工程实例，说明如何将前面各章中的理论模型和能量吸收元件的基本研究成果应用于实际工程问题，即如何选择材料和如何确定结构参数，使之达到有关结构或装置的能量吸收要求。此外还讨论了工程设计中的其他需要考虑的问题。

12.1 岩石滚落防护网

12.1.1 岩石滚落及其防护

当建筑物、水坝或者道路修建在山区或者丘陵地区时，一个重要的、需要关心的安全问题是如何保护这些结构不受滚落岩石的破坏。岩石滚落是指大卵石（从自然斜坡上）或者岩石块（从切割面上）沿坡而下的运动。如果滚落的岩石没有受到约束，则可能对其沿途的结构造成破坏或伤害，或者给公共交通网制造障碍。岩石从坡上滚落的运动可能由施工本身的扰动而触发，也可能由施工完成后发生的暴雨、大风或地震引起。

某些工地可能要求有由永久的水泥或者岩石制成的防护屏障、栅栏和/或沟槽，这些是与地质条件有关的。而其他一些工地可能只是需要一个防护网，它相对轻便，而且可以在施工结束后从一个工地移到另一个工地。图 12.1（a）为这种滚落岩石防护网中的一种。一般来说，理想的滚落岩石防护网应当能够安全地吸收滚落岩石的能量，不管撞击发生在网上的什么地方。它应当容易安装和维护，同时对支柱的碰撞不会导致结构的破坏。

（a）由相互连接的金属圆环制成的岩石滚落防护网

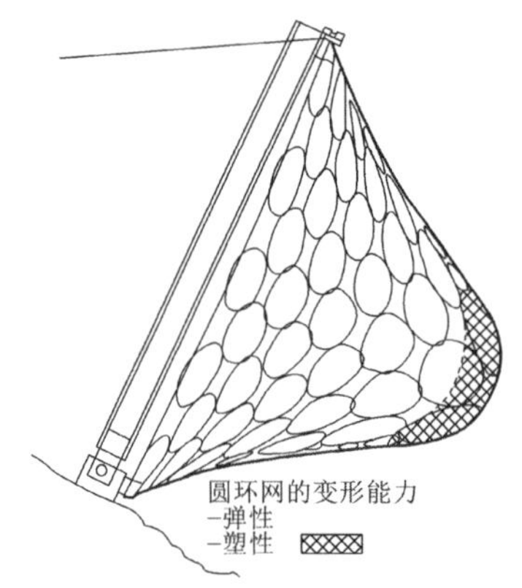

（b）当岩石从坡面上滚下时，防护网将捕捉滚落的岩石，并通过圆环的塑性变形耗散其动能

图 12.1 岩石滚落防护网

12.1.2 防护网的能量吸收能力

图 12.1（a）所示的防护网是由金属圆环制成的，每个圆环与其周围的四个相同圆环连接。当岩石从坡面上滚下时，防护网将阻止滚落的岩石，并通过圆环的塑性变形耗散其动能，如图 12.1（b）所示。

当网被拉伸时，在半径为 r 的拉伸区内的圆环逐渐由圆形变为正方形，其示意图如图 12.2 所示，这是相邻圆环在四个角处沿对角线方向作用的集中力引起圆环弯曲的结果。所以，在这个形状改变的过程中所耗散的总弯曲能量为

$$(W_{\mathrm{p}}^{0})_{\mathrm{b}} = 2\pi r M_{\mathrm{p}}\left(\frac{1}{r}-0\right)+4M_{\mathrm{p}}\frac{\pi}{2}=4\pi M_{\mathrm{p}} \tag{12.1}$$

式中：塑性耗散能量 W_{p} 的上标 0 表示单个圆环，而下标 b 表示弯曲变形。表达式中的两项分别表示拉直圆弧所需要的能量和在四个塑性铰处所耗散的能量，M_{p} 为圆环截面的塑性极限弯矩。显然，式（12.1）只考虑了弯曲变形，而没有考虑与圆环拉伸变形有关的能量，圆环拉伸变形将在 12.1.3 小节中讨论。

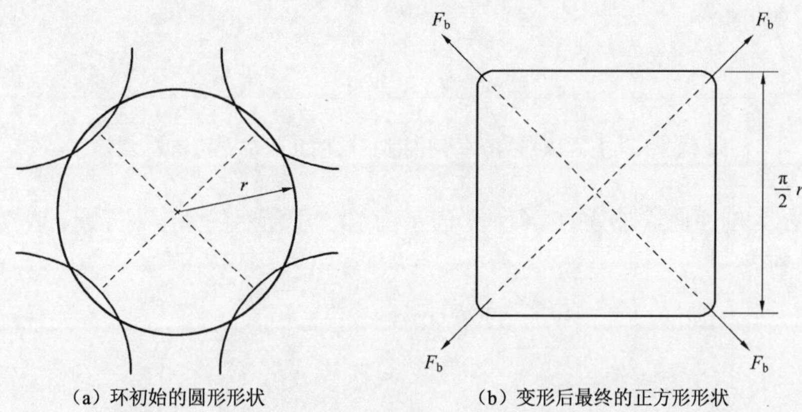

（a）环初始的圆形形状　　（b）变形后最终的正方形形状

图 12.2　圆环同时受到沿两个对角线方向拉伸的大变形机构

因此，如果一块滚落的岩石携带初始动能为 K_0，则被完全拉直的圆环数可以近似地估计为

$$n_{\mathrm{d}} = \frac{K_0}{(W_{\mathrm{p}}^{0})_{\mathrm{b}}} \tag{12.2}$$

这些严重变形的 n_{d} 个圆环分布在一个总面积为 $2\times(r\pi/2)^2\times n_{\mathrm{d}} = 4.93r^2\times n_{\mathrm{d}}$ 的圆形区域内，这里 $(\pi/2)r$ 是正方形框架的边长，如图 12.2（b）所示。因此，这个区域的半径可以估计为

$$s=\sqrt{\frac{4.93r^2\times n_{\mathrm{d}}}{\pi}}=\sqrt{\frac{\pi K_0}{2(W_{\mathrm{p}}^{0})_{\mathrm{b}}}}r=1.25\sqrt{\frac{K_0}{(W_{\mathrm{p}}^{0})_{\mathrm{b}}}}r \tag{12.3}$$

比较一个圆环和一个正方形框架的水平尺寸，可以发现，在变形前上述区域的半径为

$$s_0=\frac{\sqrt{2}r}{(\pi/2)r}s=\frac{\sqrt{2}}{\pi/2}s=0.90s \tag{12.4}$$

此外，容易看到当圆环变成正方形框架后，沿对角线方向长度的改变为（见图 12.2）

$$\delta=\sqrt{2}\frac{\pi}{2}r-2r=0.22r \tag{12.5}$$

图 12.3 为从上方俯视防护网的剖面形状图，两个支柱相隔 $2L$。虚线表示防护网变形前的剖面形状，实曲线表示防护网被滚落的岩石撞击后最终的剖面形状。由未变形剖面形状的几何关系给出

$$L=b+s_0=b+0.90s \tag{12.6}$$

由图 12.3 所示的变形后剖面形状给出

$$b\cos\alpha+R\sin\alpha=L \tag{12.7}$$

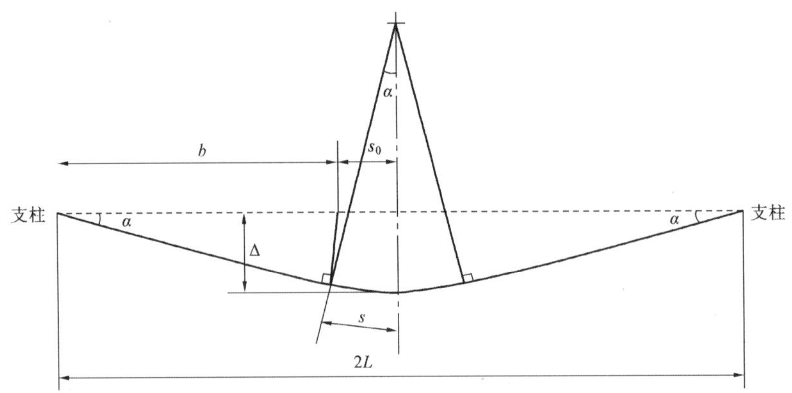

图 12.3　从上方俯视的防护网剖面形状图（两个支柱相隔 2L）

式中：$R = s/\alpha$ 为剖面曲线部分的半径，α 表示图 12.3 中所示的角度。于是，联立式（12.6）和式（12.7），有

$$(L-0.90s)\cos\alpha + s\frac{\sin\alpha}{\alpha} = L \tag{12.8}$$

当$\alpha^2 \ll 1$时，这个方程给出

$$\alpha^2 \approx \frac{s}{5L-2.8s} \tag{12.9}$$

式中：s 由式（12.3）计算得到。

最后，由图 12.3 可以看到，滚落岩石引起的防护网的最大总挠度为

$$\Delta_{\max} = b\sin\alpha + R(1-\cos\alpha) \approx (L-0.40s)\alpha \tag{12.10}$$

12.1.3　拉伸变形

在 12.1.2 小节中，只考虑了圆环的弯曲变形；换句话说，假定圆环是不可伸长的。当作用在网上的力不大时，这种假定是合理的。但是，当圆环在弯曲后变成正方形框架后，其进一步变形只能通过框架的拉伸变形来实现。

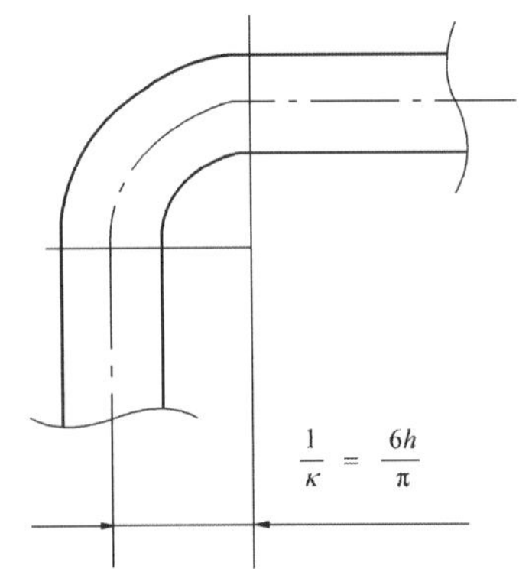

图 12.4　在圆环受到沿两个对角线方向拉伸的最后变形阶段，围绕拐角处塑性铰区域的几何形状

为了估计正方形框架在拉伸变形下的能量吸收能力，首先考虑在弯曲变形阶段所发生的拉伸应变。显然，在这个阶段最严重的弯曲变形发生在塑性铰周围。如 2.2.2 小节中所指出，塑性铰的有效长度为$\lambda = (2-5)h$，其中 h 为弯曲元件的厚度。由图 12.2 可以看到，在弯曲变形阶段，拐角处塑性铰总的转角为 $\pi/2$。如果λ取为 $3h$，则由图 12.4 指出，拐角处塑性铰段中性轴的最终曲率等于$\kappa = (\pi/2)/(3h) = \pi/6h$。注意到圆环最外层纤维的初始曲率为 $1/r$，所以发生在这一段上最外层纤维的最大弯曲应变为

$$(\varepsilon_b)_{max} = \left(\kappa - \frac{1}{r}\right)\frac{h}{2} = \frac{\pi}{12} - \frac{h/2}{r} \approx 0.26 - \frac{h}{2r} \qquad (12.11)$$

设刚塑性圆环（框架）的塑性极限轴力为 $N_p = YA$，其中 A 为圆环横截面面积（对于半径为 c 的圆的截面，$A = \pi c^2$）。当任一塑性铰发生拉伸失效时，四个塑性铰由于拉伸变形所耗散的总能量为

$$(W_p^0)_{mem} = 2\pi rYA(\varepsilon_f - 0.26 + h/2r) = 2\pi^2 rc^2 Y(\varepsilon_f - 0.26 + c/r) \qquad (12.12)$$

式中：下标 mem 表示拉伸（即膜力）模式，ε_f 为材料被拉断失效时的最大拉伸应变。对于低碳钢，一般有 $\varepsilon_f \approx 0.3$，所以式（12.9）指出，在拉伸变形阶段所耗散的能量不会太大，因为圆环可能很快会失效。

12.1.4 作用力的数值

假定每个圆环未变形前的半径为 r，圆形截面半径为 c。在弯曲变形阶段[图 12.2（b）]，作用在每个拐角处的平均力可以由式（12.1）和式（12.5）得

$$\overline{F}_{bm} = \frac{(W_p^0)_b}{2\delta} = \frac{4\pi M_p}{2\times 0.22r} = 38.1\frac{Yc^3}{r} \qquad (12.13)$$

在拉伸变形阶段，作用在每个拐角处的平均力为（图 12.5）

$$F_{sm} = \sqrt{2}N_p = \sqrt{2}\pi Yc^2 \qquad (12.14)$$

因此，这两个力之比为

$$\frac{F_{sm}}{\overline{F}_{bm}} = 0.117\frac{r}{c} \qquad (12.15)$$

这意味着，如果 $r/c < 8.5$，则拉伸变形模式中作用力的数值大致与弯曲变形模式中的平均力相同，甚至更小，所以拉伸失效可能在弯曲变形完全结束（即在圆环变成一个正方形框架）之前发生。这是我们不愿意看到的。所以建议圆环系统应当设计成 $r/c > 8.5$，以确保大部分能量被弯曲变形所耗散。

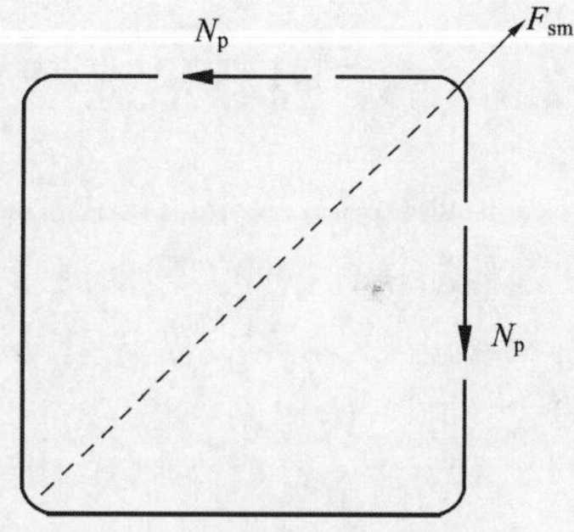

图 12.5 作用在拐角处的力

12.1.5 数值实例

假定一个钢制防护网，圆环半径 r=75 mm，圆环截面为圆形，半径为 c=2.5 mm，钢的屈服应力为 Y=240 MPa，则由式（12.1）得到单个圆环的能量吸收能力为

$$(W_p^0)_b = 4\pi M_p = 4\pi(4Yc^3/3) = (16/3)\pi Yc^3 = 62.8\ \mathrm{N\cdot m} = 62.8\ \mathrm{J}$$

假定防护网被相距为 $2L$=3.2 m 的两个支柱所支撑，一块质量为 100 kg 的岩石以 7 m/s（大约为 25 km/h）的速度滚落下来，于是该石块的初始动能为 $K_0 = 100\times(7)^2/2 = 2\,450\ \mathrm{J}$。根据式（12.2）和式（12.3），岩石对网的撞击将产生严重的变形（大约有 39 个圆环被拉直），变形区估计为 s=585 mm。

采用这个 s 值，式（12.9）给出 α=0.303=17.4°，式（12.10）给出防护网最终的最大挠度

为 Δ_{max}=414 mm。利用这些参数，容易绘出防护网的最终变形形状。

由式（12.13）可知，弯曲变形阶段圆环上的平均作用力为

$$\bar{F}_{bm} = 38.1\frac{Yc^3}{r} = 1.905\text{kN}$$

拉伸变形阶段的作用力为

$$F_{sm} = \sqrt{2}\pi Yc^2 = 6.664\text{kN}$$

此力是弯曲阶段平均力的3.5倍，所以在拉伸失效变形开始前，圆环已经几乎变成正方形框架了。事实上，式（12.12）给出

$$(W_p^0)_{mem} = 2\pi^2 rc^2 Y(\varepsilon_f - 0.26 + c/r) = 162.8\text{ J}$$

这是单个圆环弯曲耗散能量的 2.6 倍。这意味着在圆环已经被拉成正方形框架后，它仍然有足够的能量吸收能力。

图 12.6 为作用在圆环上的力与对角线位移之间关系的示意图。

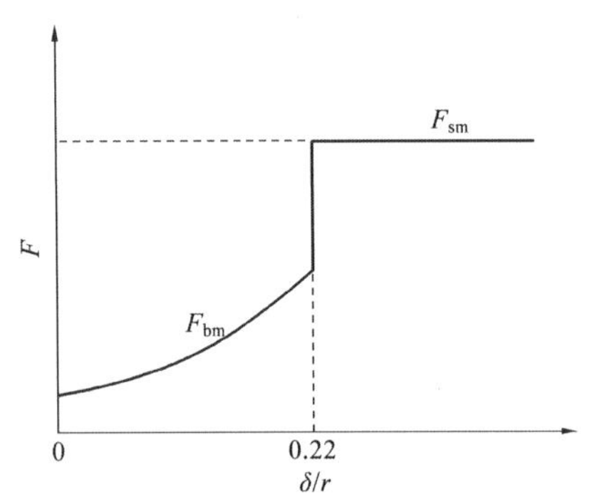

图 12.6 作用力与对角线位移的函数

12.1.6 与圆环沿直径方向拉伸的比较

正如在 4.2 节中所讨论的，在圆环沿直径拉伸的塑性大变形中观察到了类似的行为。刚塑性圆环沿直径拉伸的弯曲变形模式由四个刚性圆弧和两个直线段组成，它们之间由六个塑性铰相连接（图 4.3）。这些塑性铰的位置随着作用力 F 的增加而移动。力–位移关系由式（4.7）和式（4.8）给出。

在这种情况下，力 F 随位移 δ 而增加。事实上，当 $\theta \to \pi/2$ 时，有 $F \to \infty$ 和 $\delta/D \to (\pi/2) - 1 = 0.571$。所以，在达到这个极限之前，弯曲变形模式已经被塑性拉伸模式所替代。换句话说，圆环沿直径方向受拉伸中的模式转换与圆环网中所发生的转换（12.1.2～12.1.4 小节中所分析的）非常相似。显然，圆环网的载荷–位移关系可以参照 4.2 节中的圆环沿直径拉伸的简单分析来建立，其特点如图 12.6 所示。

12.2 利用塑料泡沫材料进行包装

12.2.1 脆性物品运输过程中的防护

脆性及贵重物品，如电子产品和瓷器，在运输中包装的目的是当物品坠落在坚硬表面上时能够保护物品免受损坏，因为在坠落时物品本身重量引起很大的碰撞力。低密度的塑料泡沫材料广泛用于这个方面，因为它们具有极好的能量吸收能力，而且重量又轻。在这些情况下，与静态和低频动态载荷相比，对碰撞的抗力和能量吸收就将成为主要的设计准则（Soroka，2002）。这里我们感兴趣的速度范围为 1～20 m/s，意味着对于厚度为 20～200 mm 的泡沫，其

应变率为 5～1 000 s^{-1}。这里不考虑弹道碰撞那一类的问题，又因为泡沫是低密度的材料，所以其动态响应中应力波的传播并不重要。

在包装易碎和贵重物品时，所使用的多数泡沫材料是闭孔的，因为封闭在胞内的气体能够起到气垫作用，对于许多应用来说，这种气垫作用恰好有益。开孔泡沫，如在第 10 章所讨论的，则没有这种能量吸收机制，虽然当空气通过胞体表面有限的孔洞时也会有气压的损失（Mills，1994）。

某些包装应用只使用简单的泡沫块，它们通过黏胶固定在包装盒的纸板上，然后组装成包装物，如图 12.7 所示，当包装箱掉落在坚硬的表面上时，这些泡沫块将受到压缩和剪切而变形。在这种情况下，挤压成型的泡沫板材坯料是价格最便宜的制造方法，许多聚合物都可以使用。本节将集中讨论这种简单的几何形状。由图 12.7 可见，当包装物坠落在坚硬表面上时，泡沫块的主要变形模式将是压缩和剪切。

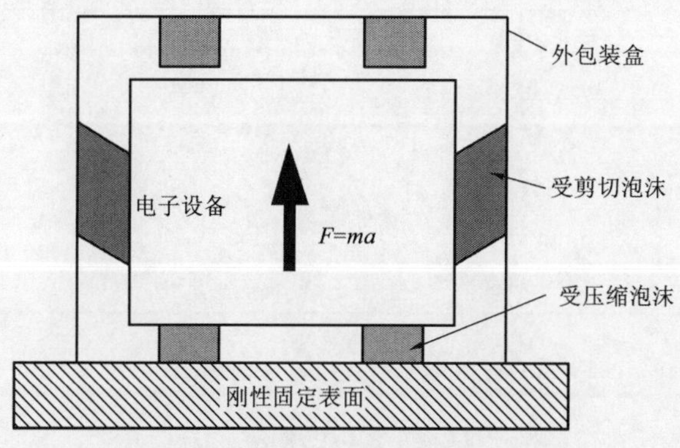

图 12.7 用于包装的简单泡沫块示意图

12.2.2 基于缓冲曲线的包装设计

对于运输精密易损物品的包装设计，广为接受的方法是使用缓冲曲线（cushion curves）。图 12.8 为一组典型的缓冲曲线，它们是通过将质量为 m 的长方形物体从高度为 H_1 处坠落在

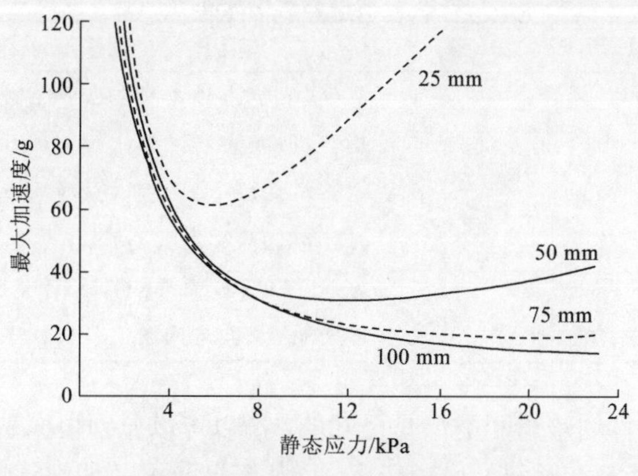

图 12.8 一组典型的缓冲曲线

具有不同厚度 h 的泡沫块体上得到的。峰值加速度以 g（重力加速度，9.81 m/s^2）为单位记录下来。图 12.8 的水平坐标是静态应力 $\sigma_{st}=mg/A$，这是当质量 m 静止地置放于泡沫块体上时作用在其上的压缩应力，其中 A 为质量块与泡沫块的接触面积。图 12.8 中的每条曲线表示峰值加速度 a_{max} 相对于 σ_{st} 的变化情况，这个加速度峰值 a_{max} 是通过在厚度为 h 的特定泡沫上的坠落试验得到的，而图中所有曲线都是在同一个特定高度 H_1 的条件下得到的。

试样尺寸和坠落高度等数值在相关试验标准（如 British Standard 4443-7:1992+A1:2008 和 AST M D 1596-14）中有规定。一般来说，试验块体的高度不能超过其宽度的两倍，否则在试验中它可能发生屈曲。物体坠落高度 H_1 与运输或搬运的类型有关，其中一些典型数值在表 12.1 中列出，表中从右数第二列的 H_1 值取自 Brown（1959），并已将其英制单位转换为米制。

表 12.1　典型的坠落高度

搬运类型	质量 m / kg	坠落高度 H_1/ m	式（12.16）中的 H_1/ m
一个人抛掷	0～9	1.05	1.80～1.18
一个人搬运	10～22	0.90	1.16～0.93
两个人搬运	23～110	0.75	0.92～0.48
轻型搬运设备	111～225	0.60	0.48～0.28
中等搬运设备	225～450	0.45	0.28～0.09
重型搬运设备	＞450	0.30	＜0.09

另外，在包装工程中也有的指南建议选取坠落高度为

$$H_1=1.8-0.28\ln(mg) \tag{12.16}$$

正如表 12.1 中最右边那一列所示，由式（12.16）所选取的 H_1 值低于 Brown（1959）所给出的值，特别是当 m 比较大时。

对于给定的物体，另一个包装设计中涉及的参数是 $\bar{a}$，称为脆弱性因子（fragility factor）。这个参数的值取决于物件的类型，见表 12.2（Mills，1994；Paine，1991）。

表 12.2 典型的脆弱性因子

类型	脆弱性因子 $\bar{a}$	物件
高度脆弱	15～25 g	具有灵敏的机械轴承、硬盘驱动器、陀螺仪等精密仪器
非常脆弱	20～40 g	电子–机械测量仪器
脆弱	40～60 g	电子–机械设备，如计算机监视器、电子打印机等
比较脆弱	60～80 g	音响和电视设备、软盘驱动器、光学投影仪
比较结实	80～100 g	家用设备和家具，如洗衣机、冰箱和炊事用具等
结实	100～120 g	散热器、缝纫机、机床等

在设计包装时，物件的重量和类型是已知的，所以可以分别根据表 12.2 和表 12.1 选取 $\bar{a}$ 和 H_1。如果包装材料（泡沫塑料）已经选定了，则支撑面积 A 和泡沫厚度 h 可以由这种泡沫材料的缓冲曲线（图 12.8）求出。

12.2.3 如何由泡沫材料的应力–应变曲线构造缓冲曲线

事实上，如果所关心的泡沫塑料的碰撞应力–应变行为遵循单一曲线规律[称为主曲线（master curve），即其应力–应变行为与应变速率无关]，则对于不同厚度的同一种缓冲材料，不需要进行多次的坠落试验。也就是说，只要对某一种厚度的泡沫材料进行坠落试验，得出缓冲曲线，则其他厚度的缓冲曲线就可以按照下述方法构造。

对于给定的坠落高度，物体在碰撞瞬间的动能为 MgH_1。当物体完全停止运动时，所有动能都必须被初始体积为 Ah 的泡沫块所吸收。所以，输入泡沫材料的能量密度 U 为

$$U = \frac{mgH_1}{Ah} = \int_0^{\sigma_{\max}} \sigma \mathrm{d}\varepsilon \tag{12.17}$$

这个积分表示从零到最大应力 $\sigma_{\max}$ 的应力–应变曲线[图 12.9（a）]下的面积，它给出一个最大应力的函数 $U(\sigma_{\max})$。另外，$\sigma_{st} = mg / A$ 表示物体放置于支持它的泡沫材料上所产生的静态压力。于是，由式（12.17）得到

$$U(\sigma_{\max}) = \frac{H_1}{h}\sigma_{st} \tag{12.18}$$

注意到 σ_{st} 为物体具有 $1g$ 加速度时（即它本身的重量）作用于泡沫材料上的静应力，在碰撞响应中压缩应力达到其最大值 $\sigma_{\max}$ 时，出现最大加速度 $a_{\max}$。所以，$a_{\max}$ 可以看成这两种情况下加速度的比值，它应当由式（12.19）给出

$$a_{\max} = \frac{\sigma_{\max}}{\sigma_{st}} = \frac{H_1}{h}\frac{\sigma_{\max}}{U(\sigma_{\max})} \tag{12.19}$$

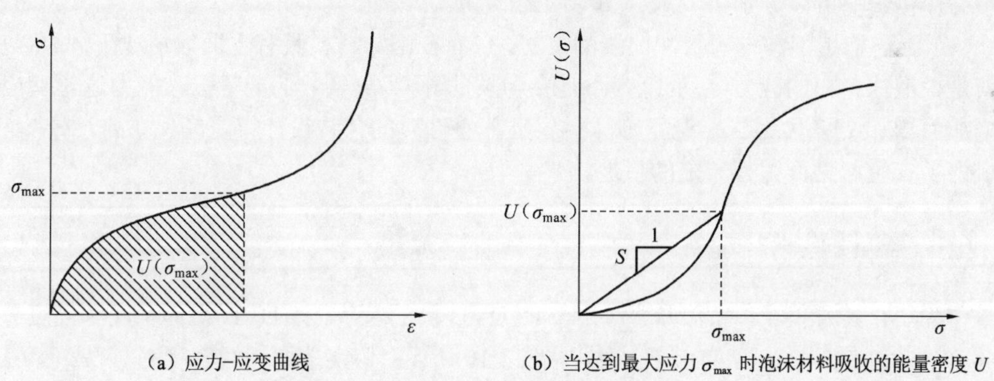

（a）应力–应变曲线　　（b）当达到最大应力 $\sigma_{\max}$ 时泡沫材料吸收的能量密度 U

图 12.9　用于包装的泡沫材料的行为

因此，可以根据泡沫材料的应力–应变主曲线和式（12.19）（它只涉及比值 H_1/h），将 $a_{\max}$ 作为 $\sigma_{st} = mg / A$ 的函数进行计算。

上述讨论可以与 10.2 节中讲述的能量吸收图联系起来。一般来说，能量吸收图可以由泡沫材料的应力–应变曲线构造出来。将泡沫材料的能量吸收表示成其名义应力的函数，由图 12.9（a）中给出的应力–应变曲线计算得到图 12.9（b）中的这样一条曲线。图 12.9 中采用了普通坐标（而不是第 10 章中采用的双对数坐标）。显然在此图中，$S = U(\sigma_{\max}) / \sigma_{\max}$ 表示图 12.9（b）中的曲线上一点与原点连线的斜率。由式（12.19），得

$$a_{\max}=\frac{H_1}{h}\times\frac{1}{S} \tag{12.20}$$

因此，对于图 12.9（b）中任意的$\sigma_{\max}$值，取对应点上的斜率，只要H_1和h给定，就可以由式（12.20）计算得到$a_{\max}$的值。这就解释了如何由图 12.9（b）所示的泡沫材料的单一能量吸收图构造出不同H_1和h值的整个系列缓冲曲线。

12.2.4 讨论

（1）如果在设计中需要一个安全系数 SF，如在某些应用中建议取 SF=1.10，则泡沫厚度h可以由式（12.21）计算

$$h=\mathrm{SF}\times\frac{H_1}{a_{\max}S} \tag{12.21}$$

或以给定的静态应力$\sigma_{st}=mg/A$和$a_{\max}/\mathrm{SF}$值，从所选择的泡沫材料的缓冲曲线（图 12.8）中选取。事实上容易看出，为了使包装材料价格极小化，静态应力$\sigma_{st}=mg/A$应当尽可能大，也就是对所包装的物体采用较大的支撑面是可取的做法。

（2）如果泡沫塑料具有接近不变的屈服应力Y，并且在塑性大变形中弹性能可以忽略，那么$\sigma_{\max}=Y$和$U(\sigma_{\max})\approx Y\varepsilon$直到达到压实应变$\varepsilon_D$之前都是成立的。所以，$S=U(\sigma_{\max})/\sigma_{\max}$的最大值为$S_{\max}=\varepsilon_D$。其结果表明，包装所选取泡沫材料的最小厚度可以由式（12.22）计算

$$h_{\min}=(\mathrm{SF})\times\frac{H_1}{a_{\max}\varepsilon_D} \tag{12.22}$$

式中：H_1和$a_{\max}$可以分别由表 12.1 和表 12.2 选取。

（3）上述构造泡沫材料缓冲曲线的方法，只有在泡沫材料具有主曲线情况下才可以应用，也就是说泡沫材料的应力–应变行为不是率相关的。因为聚合物的能量吸收能力通常随应变率的增加而增加（见 10.2 节），基于泡沫材料准静态性质的包装设计将是偏保守的，或者是可以看成为了安全起见而留有一定的余地。

12.2.5 数值实例

作为一个特殊例子，考虑质量为 5 kg 的 DVD 机的包装。该 DVD 机的宽度和高度分别为B=440 mm 和H_1=80 mm，包装的外形如图 12.10 所示。假定选取相对密度为$\rho'/\rho_{cc}=0.1$的聚

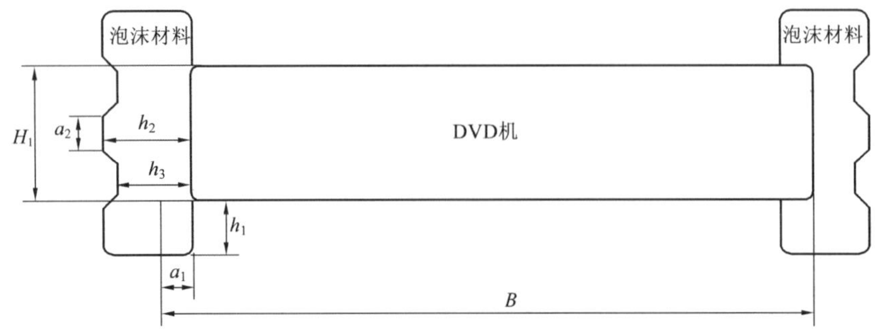

图 12.10 一个质量为 5 kg 的 DVD 机的包装构形

苯乙烯泡沫材料为候选材料。图 12.11（a）和（b）为这种泡沫材料在 $4\times10^{-3}\ \mathrm{s}^{-1}$ 的低应变率下的应力–应变曲线和能量吸收图，这些图引自 Gibson 等（1997）中的 8.6 节。

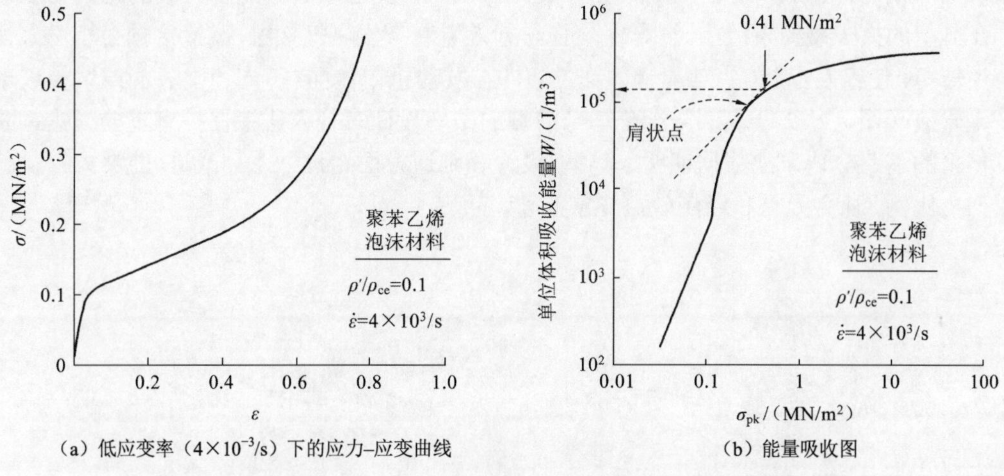

（a）低应变率（4×10^{-3}/s）下的应力–应变曲线　　（b）能量吸收图

图 12.11　相对密度为 $\rho'/\rho_{ce}=0.1$ 的聚苯乙烯泡沫材料（Gibson et al.，1997）

可以应用式（12.22）求出 DVD 机包装形状的最小厚度。选取 SF=1.10，对于音频设备的脆弱性因子 $\overline{a}=60\,g$（表 12.2），对于典型的一个人抛掷的坠落高度 H_1=1.35 m［表 12.1 和式（12.16)］。最后，由图 12.11（a）可以假定压实应变为 $\varepsilon_D=0.6$，由式（12.22）得

$$h_{\min}=4.2\ \mathrm{mm}$$

但是，这个计算基于整个 DVD 机的底面都由包装泡沫材料所支撑，而机器与泡沫材料之间沿宽度方向的实际接触长度只有 $2a_1$。于是最小泡沫厚度应当由下式决定

$$h_{1\min}=\frac{B}{2a_1}h_{\min}$$

如果 a_1 选取为 20 mm，则泡沫厚度应当是

$$h_{1\min}=46\ \mathrm{mm}$$

其他厚度，即图 12.10 所示的 h_2 和 h_3，可以类似求出。

12.3　吸收行人头部撞击能量的汽车发动机罩盖设计

12.3.1　人车碰撞事故与行人头部伤害

道路交通安全是世界范围内一项重大的公共安全与健康问题，而行人事故在汽车交通事故中占有很高的比例。世界道路交通与事故数据库（International Road Traffic and Accident Database，IRTAD）统计数据显示，欧洲各国、美国及日本等发达国家的行人死亡人数占交通事故死亡总人数的 12%～33%。世界卫生组织（World Health Organization，WHO）2009 年发布的《道路安全全球现状报告》中对世界各国交通事故总死亡人数的比例组成进行了分析，

其中“弱势道路使用者”占46%，包括行人、骑自行车人、摩托车驾驶员等，在某些低中收入国家中，甚至高达80%。中国作为世界第一大汽车消费国，由于人车混行道路大量存在，行人交通事故率较高。2004～2007年，中国行人死亡人数占交通事故总死亡人数的比例为25%。

在典型的人车碰撞事故中，汽车保险杠与行人下肢产生碰撞接触，碰撞接触力相对人体重心产生转矩，使行人上肢、头部等身体部位随即与发动机罩盖前缘、罩盖上表面或风挡玻璃等处产生碰撞（图 12.12）。因此，汽车车身前端的结构设计对行人碰撞保护有重要影响。欧洲十几年来的道路交通事故数据证明，车辆在设计和制造方面经过一系列改进，能够大幅度减小行人伤亡比例，社会效益和经济效益非常显著。

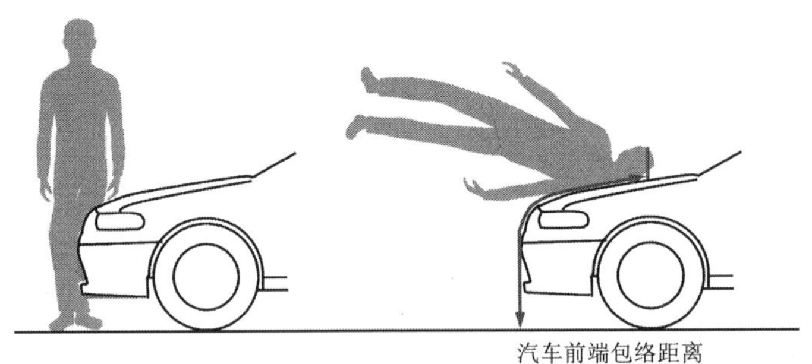

图 12.12 典型的行人交通事故中行人与汽车前端碰撞过程

头部损伤是行人事故中最致命的伤害形式。在本书 1.1.3 小节已经介绍过，头部伤害值通过 HIC 来表征，其计算公式由式（1.2）给出。

12.3.2 汽车发动机罩盖与行人头部碰撞保护

汽车发动机罩盖是行人头部的主要碰撞部件，其造型及结构设计对行人头部伤害有关键性的影响（Nie et al.，2014）。汽车发动机罩盖是车身前端覆盖在发动机机舱上方的板件，由翼子板等部件支撑（图 12.13）。出于汽车维护和修理的需要，发动机罩盖前端设计有锁钩，

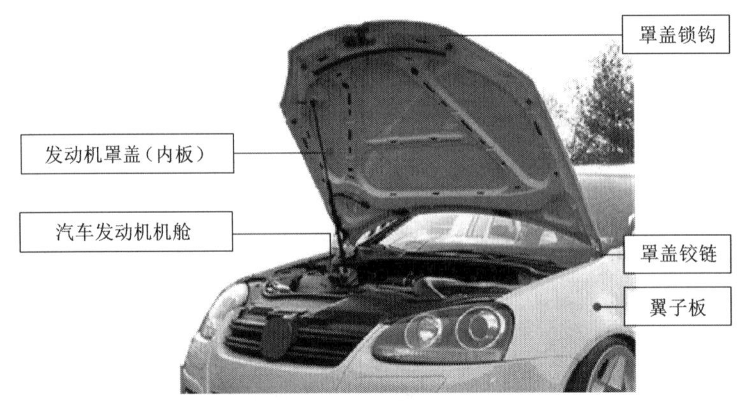

图 12.13 汽车的发动机罩盖结构

轿车图片改编自：http://blog.moddedeuros.com/vag-fan-friday

后端靠近风挡玻璃处通过铰链与车身其他部件相连，以便在需要开启发动机机舱时将罩盖向后翻转。传统的汽车产品设计中，对发动机罩盖的主要要求是对发动机机舱隔热减震，具备一定的结构刚度，造型美观。近年来，考虑到行人头部碰撞保护的需要，法规及相关标准中相应的测试方法也趋于严格。例如，EURO NCAP 提出采用网格点（grid points）的方法来确定车辆罩盖外表面的头部冲击器碰撞位置，它对测试位置的划分细致，测试位置密集，并覆盖罩盖外表面绝大部分。

12.3.3 头部冲击器撞击发动机罩盖的多峰波形特征

随着对汽车的行人头部碰撞保护性能的要求逐年提高，利用头部冲击器的评定方法也更加明确、客观。行人头部冲击器与发动机罩盖的碰撞过程如图 12.14 所示。其中行人头部冲击器以一定的初始速度 v_0（40 km/h），沿碰撞角 γ 与发动机罩盖产生碰撞。在发动机罩盖和其下方部件之间的距离被充分利用的情况下，头部冲击器沿着碰撞方向先后撞击到发动机罩盖和底部刚性部件。罩盖下方布置的部件包括发动机、电池、空气滤清器等，这些部件往往结构刚性较大，在行人头部冲击器的碰撞过程中不易产生变形，因此可视为底部刚性部件。定义罩盖与水平方向的夹角为发动机罩盖倾角，记为 θ，它由罩盖自身的造型特性决定。

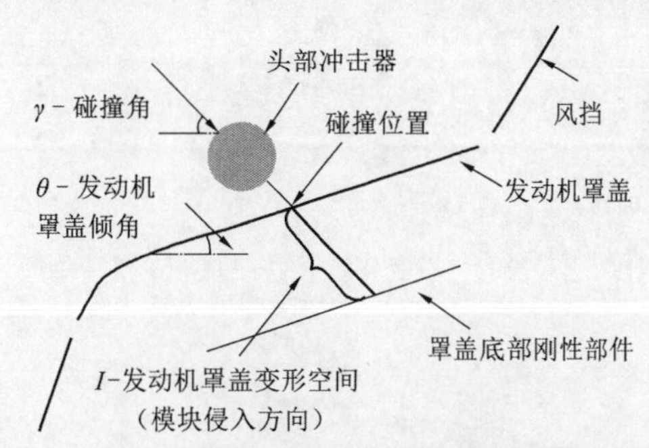

图 12.14 行人头部冲击器侵入距离和发动机罩盖底部空间示意图（聂冰冰等，2017）

在针对行人碰撞保护的汽车车型开发过程中，一般假定头部冲击器为一维运动，发动机罩盖的变形吸能空间可以由罩盖与底部刚性部件沿头部冲击器碰撞侵入方向的距离 I 表示。为方便表述，记 I 为发动机罩盖变形空间，它代表了头部冲击器与罩盖碰撞过程中，沿碰撞方向所允许的最大侵入距离。发动机罩盖变形空间 I 的确定需要平衡汽车造型、罩盖下方部件布置、空气动力学、驾驶员视野等诸多因素。实际的车型罩盖结构方案开发通常以一定的发动机罩盖变形空间 I 作为设计约束条件，以分离出罩盖造型因素的影响；以一定的头部冲击器 HIC 限值作为设计目标，记为 HIC_t。

头部冲击器的碰撞波形主要受到由惯性效应产生的动质量和罩盖结构刚度等因素的影响，往往呈现出多峰特征。图 12.15 中给出了在发动机底部罩盖吸能空间得到充分利用的情况下一个较为典型的头部冲击器碰撞波形，与之相应的头部冲击器运动及汽车罩盖结构的变形过程如图 12.16 所示。

阶段 1 内，头部冲击器与罩盖结构产生碰撞接触，自身外覆橡胶材料（头皮）开始产生挤压变形，并带动罩盖上的部分质量共同运动，产生了加速度的第一个峰值 a_1（a_1=133 g）。撞击点附近在碰撞接触与惯性效应下产生运动的罩盖质量被定义为随动质量（active mass）。由于罩盖本身还未产生较大变形，此阶段内罩盖结构刚度的介入不明显。因此，尽管第一峰是随动质量和结构的初始变形刚度共同作用的结果，但其中随动质量起着主导作用。随动质量的大小与碰撞位置和冲击器侵入距离有关，表现为罩盖中心区域随动质量较大，非中心区域随动质

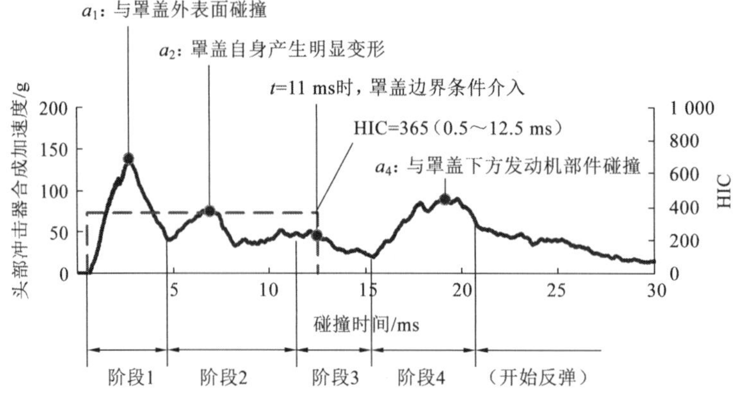

图 12.15 典型的头部冲击器与汽车罩盖的碰撞波形（聂冰冰 等，2017）

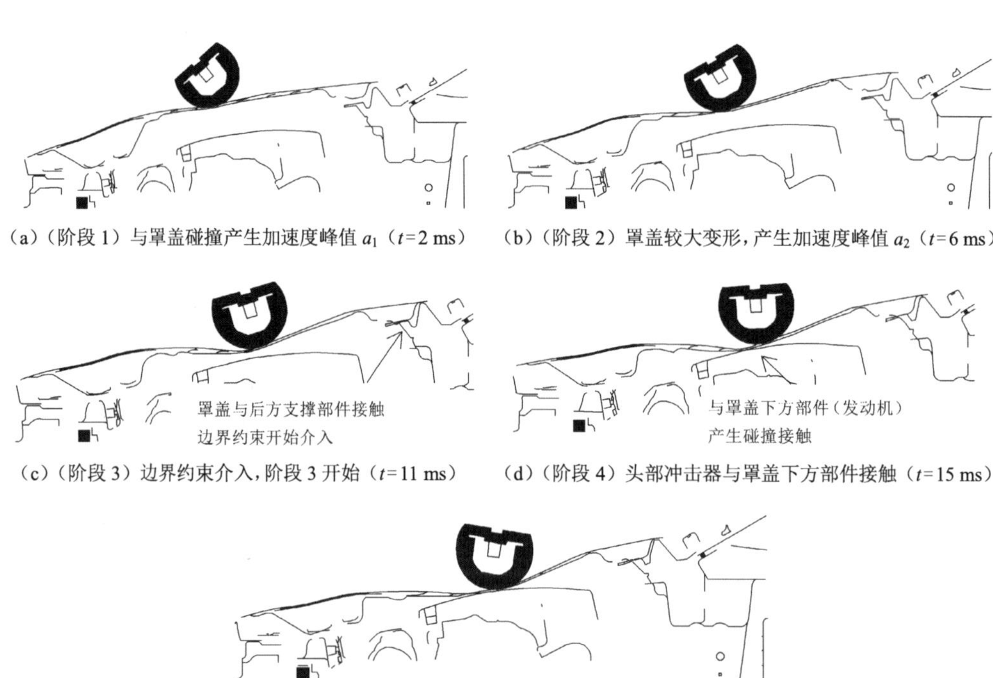

（a）（阶段 1）与罩盖碰撞产生加速度峰值 a_1（t=2 ms）（b）（阶段 2）罩盖较大变形，产生加速度峰值 a_2（t=6 ms）

（c）（阶段 3）边界约束介入，阶段 3 开始（t=11 ms）（d）（阶段 4）头部冲击器与罩盖下方部件接触（t=15 ms）

（e）头部冲击器开始反弹，碰撞结束（t=20 ms）

图 12.16 头部冲击器运动与汽车罩盖结构变形过程（聂冰冰 等，2017）

量较小；在同一碰撞位置，随动质量随冲击器侵入距离增大而逐渐增加，其速度也随着行人头一起逐渐降低。第一峰的作用时间较短，一般情况下，阶段 1 的持续时间为 3～5 ms。记阶段 1 为“随动质量区间”。

阶段 2 内，罩盖结构在头部冲击器的冲击作用下与之共同运动，自身逐渐产生较大变形，结构刚度开始介入。此时头部冲击器受到的碰撞接触反力往往在某一水平附近，阶段 2 内对应的加速度峰值为 a_2（a_2=75 g）。罩盖一般具有向外凸起的造型特征，在头部冲击器的碰撞冲击作用下，罩盖逐渐变平并向下凹陷，如前文所述，罩盖结构可以视为边缘约束的板壳结构，在自身产生较大变形的时候，将抵抗变形并产生膜力的作用，即罩盖弯曲、膜力是分阶段引入的，其中膜力主要在板壳结构变形较大的过程中才会起主导作用，并由其垂直方向相对于自身跨度的变形量决定。记阶段 2 为“结构刚度区间”。

阶段 3 内，头部冲击器受到的碰撞接触反力主要由罩盖的边界约束决定，出现波形平台区。记该平台对应的加速度峰值为 a_3。应当指出的是：位于罩盖中心区域的碰撞位置远离边缘支撑，边界约束的作用并不明显；而位于非中心区域的碰撞位置往往靠近边界支撑，包括翼子板、铰链、罩盖锁钩等，边界约束则可能对罩盖变形及相应的头部冲击器碰撞波形起到主导作用。记阶段 3 为“边界约束区间”。

阶段 4 内，随着头部冲击器的进一步侵入，在发动机罩盖变形空间 I 被完全用尽的情况下，头部冲击器将以一定的速度与罩盖下方部件产生接触，如发动机、电池等，定义头部冲击器带动罩盖与罩盖下方部件产生碰撞接触时的速度为残余速度，记为 v_r。尽管此时头部冲击器的速度 v_r 已经明显低于其初始碰撞速度 v_0，但由于罩盖下方部件结构刚度和质量较大，因此产生了碰撞波形的第二个较高的峰，记其峰值为 a_4。在发动机罩盖变形空间 I 足够大时，头部冲击器不与罩盖下方部件接触，此时没有阶段 4 的出现。记阶段 4 为“二次碰撞区间”。

由 HIC 计算公式（1.2）可知，HIC 值的大小对加速度时间历程敏感，并且计算的时间窗口不超过 15 ms，由于其中平均加速度项以 2.5 次方的形式出现，加速度峰值往往对 HIC 值起到关键影响作用。记头部冲击器碰撞过程中的加速度峰值为 a_{pk}，则有

$$a_{pk} = \max(a_1, a_2, a_3, a_4) \tag{12.23}$$

12.3.4 基于 HIC 的最优碰撞波形

根据表征头部损伤程度的 HIC 计算公式式（1.2），可以通过数学推导得出头部冲击器在给定的初始碰撞速度下对应不同 HIC_t 值的最小侵入距离。在理论最小侵入距离对应波形的基础上，针对发动机罩盖的碰撞变形过程，提出了可作为实际工程设计目标的最优波形，如图 12.17 所示。这个“最优波形”包括两段曲线：第一段为从初始 t=0 时刻到 t_{pk} 时刻的上升段，其中 t_{pk} 时刻对应加速度峰值 A；第二段为曲线从 t_{pk} 时刻起呈指数函数衰减。以最优波形为参考，可以计算出不同的头部冲击器初始速度、发动机罩盖倾角等条件下，不超过设定的 HIC_t 值时所需要的发动机罩盖变形空间，作为结构设计的约束条件。相应地，发动机罩盖结构应通过合理的质量、刚度分布和边界支撑设计，控制头部冲击器的碰撞波形形状，使其尽可能接近最优的碰撞波形，即初始峰值较高，之后迅速下降至足够低的、近似恒定加速度水平的类三角波。在最优波形中，受时间窗口不超过 15 ms 的限制，HIC 计算窗口将以初始峰值为主，而不计入其余各个峰值。

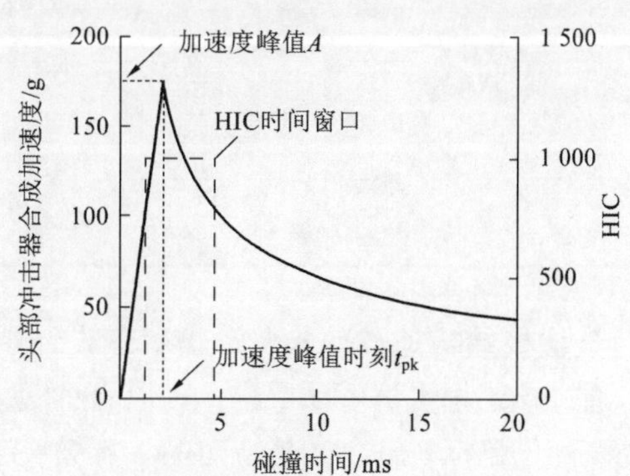

图 12.17 考虑实际发动机罩盖变形特点的最优波形（聂冰冰 等，2017）

12.3.5 工程实例：具有夹层板结构的发动机罩盖设计

基于某款已量产的 C 级轿车车型，下面给出考虑头部冲击器碰撞历程各阶段影响因素及罩盖不同位置结构特性的设计实例。该车型发动机罩盖选用铝材料，原设计为传统的内板加强筋结构，新结构设计为中心区域（连接内外罩盖的减震胶范围内的区域）布置夹层板结构，并考虑实际加工和装配需要等需求。以 I=95 mm 为例，原罩盖结构设计与优化设计得到的夹层板结构的罩盖对比如图 12.18 所示。

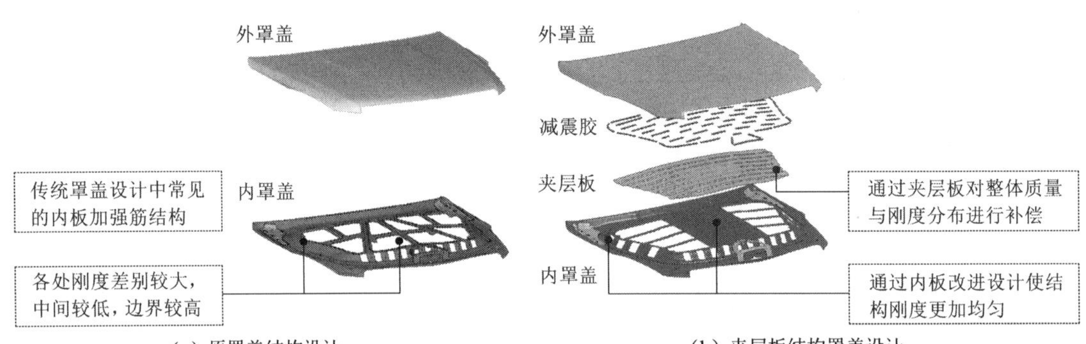

图 12.18 原罩盖结构设计与夹层板结构罩盖设计对比（聂冰冰 等，2017）

对新旧方案的评估以 EURO NCAP 试验方法为依据，考虑罩盖表面所有网格点的冲击器碰撞结果并计算各点得分，计分标准如表 12.3 所示。工业界往往在 EURO NCAP 规定的基础上取 10%的裕量作为产品设计要求，即以 HIC＜585 作为最高分的计分标准。采用夹层板方案的罩盖结构设计相比原结构的质量增加了 0.94 kg；罩盖中心区域共包括 56 个碰撞位置，原始方案的各点平均得分为 0.86，夹层板方案的各点平均得分为 0.95。

表 12.3 EURO NCAP 网格点单点碰撞结果的得分计算标准

得分	颜色	EURO NCAP 标准	工业设计要求
1.00	浅灰色	HIC＜650	HIC＜585
0.75	白色	650≤HIC＜1 000	585≤HIC＜900
0.50	中灰色	1 000≤HIC＜1 350	900≤HIC＜1 215
0.25	黑色（白字）	1 350≤HIC＜1700	1 215≤HIC＜1 530
0.00	黑色（黑字）	1 700≤HIC	1 530≤HIC

夹层板结构是被动式发动机罩盖设计中能够实现头部模块最优碰撞波形的设计方案之一。通过该工程实例可以看出，在实际的车型开发过程当中，夹层板方案设计本身是一个优化问题，优化目标（输出）是特定的头部模块 HIC 值要求，即 HIC_t，约束条件为车辆发动机罩盖下方的变形吸能空间（I 值）。待优化的输入参数是夹层板设计参数；同时还应考虑实际的材料供给、制造装配、生产成本等要求。尤其对于在行人头部碰撞保护中由于结构强度较低而造成明显二次碰撞的车辆而言，夹层板结构设计明显改善了原有的罩盖设计。

图 12.19 给出了原罩盖结构和采用夹层板结构的罩盖设计的头部模块碰撞结果对比。其中虚线标出了夹层板区域，可以看出，在夹层板设计区域内，头部模块的碰撞结果得到明显改善。在采用夹层板结构的罩盖设计中，夹层板厚度方向上的自身变形对初期罩盖变形贡献较大，头部模块的第一峰得到提升并主导了 HIC 计算窗口，HIC 值也明显降低，夹层板区域内大部分变成了代表安全良好的浅灰色点，白色点的数量减少很多。

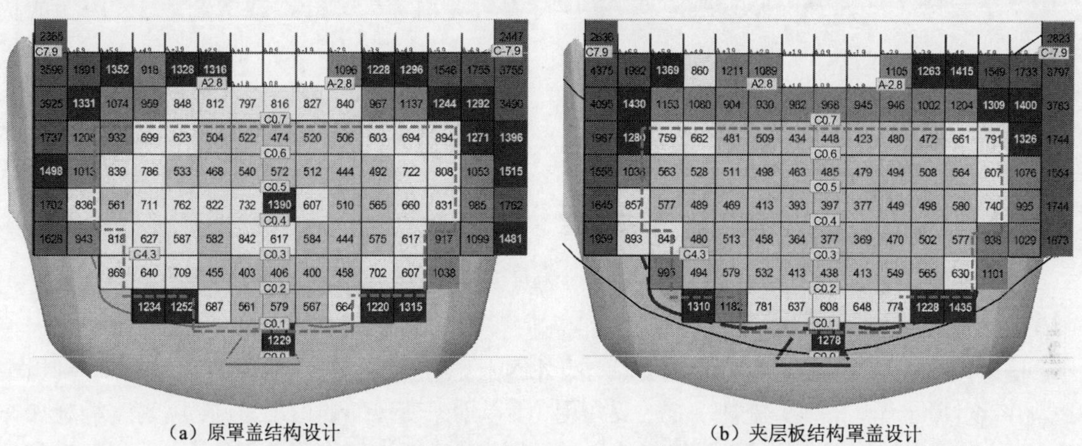

（a）原罩盖结构设计　　（b）夹层板结构罩盖设计

图 12.19　罩盖结构改进设计结果对比（I=95 mm）（聂冰冰 等，2017）

由此可见，罩盖结构设计策略应考虑不同位置的结构特性，在给定的变形吸能空间等设计约束下，对各主导因素进行补偿，将能够最小化 HIC 的最优波形作为目标。设计实例中采用了具有夹层板结构的罩盖设计方案，对行人头部碰撞保护性能进行了量化评估，在使用夹层板结构的罩盖中心区域，按 EURO NCAP 的评分方案，大部分区域达到了浅灰色得分的水平。

12.4　保护桥墩的柔性防撞装置

近年来，我国大江大河上修建了越来越多的大桥，繁忙的水路运输使船舶撞桥的事故时有发生。为了保护通航孔附近桥墩的安全，理想的防护设施应能使桥墩和船在相撞时都不毁坏。以此为目标，宁波大学的研究组近年来从冲击动力学的角度出发，提出了柔性防撞技术并阐明它在保护桥梁和环境方面所具有的优越性。该装置的优越性一方面表现在降低瞬时冲击应力峰值上，另一方面表现在延长较低撞击力下的撞击过程上，使船舶有足够的时间和空间转向，偏离桥墩，从而带走船的大部分动能，大大减轻撞击破坏力（最大撞击力能够降低 75%以上），既能提升桥梁抗船撞能力，又能有效保护来撞之船舶。

12.4.1　柔性防撞装置的设计理念和典型结构

柔性防撞装置的抗船撞设计理念是“以柔克刚”“四两拨千斤”。该防撞设施结构形式可以采用浮式，即防撞装置随潮位的涨落而浮动；也可以采用非浮式的固定结构。柔性防撞装置主要由防撞圈、外钢围和内钢围构成。船舶撞击在外钢围的外表面上，外钢围的作用是传递、

图 12.20 象山港大桥主桥墩柔性抗船撞装置结构

分散撞击力，拨转船舶航行方向；防撞圈起降低撞击力，缓冲船撞过程和耗能作用；内钢围则为支撑防撞圈而设计。图 12.20 是一个典型的防撞装置，用于浙江象山港大桥主桥墩的防护。根据桥梁设计方的要求，主桥墩的设防条件是航速为 4 m/s、载重量为 5×10^4 t 的货船；辅助墩的设防条件是航速为 2 m/s、载重量为 5×10^4 t 的货船；过渡墩的设防条件是航速为 4 m/s、载重量为 3 000 t 的货船。

12.4.2 柔性防撞装置的工作原理

当船舶撞到防撞设施的外钢围时，外钢围需要有足够而又不至于过高的刚度，使撞击过程中所有的防撞装置中的防撞圈共同受力，即撞击过程中，外钢围有很大的整体位移，但变形很小。同时，外钢围还需要提供一定的支撑，即外钢围具有抗整体位移的能力，使其在受到撞击过程中，对撞击体（船舶）施加一定的反作用力，以期改变船舶的运动方向；因为这种施加在船舶–外钢围间的相互作用力，最终将传递到桥墩上，所以这一作用力不能太大，使传递到桥墩上的力不超过桥墩允许的最大横向撞击力。

当船舶撞到防撞设施时，防撞设施还需要有很好的柔性（即外钢围能够产生足够大的位移），这种柔性由防撞圈提供。在受到撞击过程中，由于外钢围后面的防撞圈表现出足够的柔性，撞击体推着外钢围运动。由防撞圈的力学行为所决定，在外钢围后退的初期，产生的力较小（防撞圈的力–位移曲线有一较大范围的低作用力平台），后退相当一段距离，在防撞圈压扁后，作用力才会加大。船舶在这种较低作用力下，有足够时间和空间改变其运动方向，使船舶的大部分动能保留在船舶上，继续沿着外钢围外表侧向前滑动，从而能使船舶的大部分动能（已有的实例可达 80%以上）在撞击过程中不参加交换。这样，既可降低桥墩所受到的撞击力、有效保护桥梁，又可保护船舶，参见李桂花等(2010)。图 12.21 是一个典型的设计示意图。

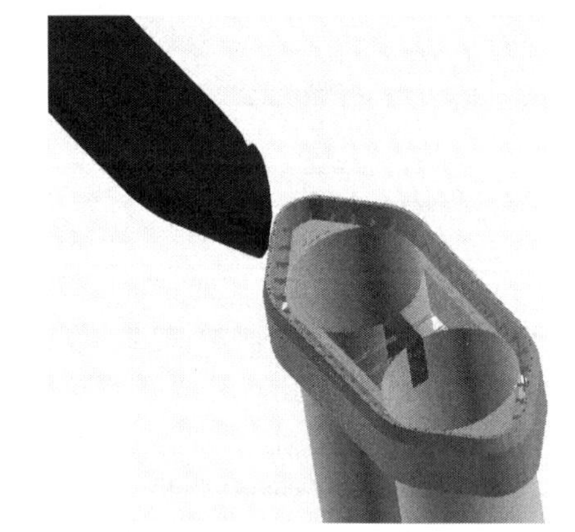
图 12.21 柔性防撞装置的典型设计示意图（Zhou et al.，2012）

12.4.3 柔性抗船撞装置设计和研究中的主要科学技术问题

12.4.3.1 撞击桥梁的船舶所具有的巨大动能的转化与吸收问题

这是研究船撞桥防护技术要解决的一个重要问题，也是一个主要的难点。船桥相撞是一个包含巨大能量交换、在秒量级的短时历程中完成的动态过程，本质上是一个冲击动力学问题。与国内外传统上采用的准静态分析不同，需要采用冲击动力学的应力波理论研究桥梁受船舶撞击前期的响应和防护技术，并且采用结构动态响应分析方法研究撞击过程中船舶整体动载引起的撞击后期的破坏效应和防护方法，并计及材料的动态响应特征。

12.4.3.2 桥梁墩柱的柔性–刚性综合防护技术

由于船舶具有巨大的动量，若采用刚性的防护方法，即要在很短时间内改变船舶的速度（大小、方向），需要巨大的力作用在船舶上，这需要设计强度很大的防船撞设施，工程造价高，并且还会造成船舶严重损毁的灾难性后果。柔性防撞装置利用其结构内各部件的共同作用，使船撞桥产生的冲击波不直接传到桥墩，而是经过柔性的防撞圈后传到桥墩，柔性部件起到隔阻强冲击波、减少撞击力、延长低载荷下撞击过程时间、吸收撞击能的多重效果。尤其是延长较低载荷下撞击过程时间和防撞装置外钢围较大的移动，可使船舶有时间和空间转向，再利用水流的升力作用，将船舶推离桥墩，使船舶沿防撞装置外侧滑走，从而带走船的大部分动能，大大降低了船–桥撞击过程中的能量交换，从而实现既保护桥梁，又能避免（或大大降低）船舶受到伤害的目的。

12.4.3.3 水流对船舶运动和撞击力的影响

船撞到桥墩后船舶在水中的运动受到水流阻力和升力的作用，假定船做平面运动（暂时忽略船的上下运动），水流则随着船位置的改变连续地变化流动形式。建立固–流耦合动力学分析的数理模型：固体受到的水流作用力通过沿固体边界积分求得，采用浸没式边界方法（immersed boundary method）来处理固体；由数值计算得到船撞到桥墩后在水中运动的非定常动力学过程。

12.4.4 简化理论模型及其分析

为了理解和掌握柔性抗船撞装置受到船舶撞击时变形与能量的转化原理，首先建立一个弹性地基上的圆环的简化力学模型，如图 12.22 所示。

当这个弹性地基上的圆环在 $\theta=0$ 的外侧受到一个沿 x 方向的集中力 F 作用时，考虑几何关系、微元受力平衡及沿环向的周期性条件，最终可以得到以下控制方程（Zhou et al.，2012）

$$u^{(5)}(\theta)+2u^{(3)}(\theta)+\left(1+\frac{kR^3}{EI}\right)u'(\theta)=0 \qquad (12.24)$$

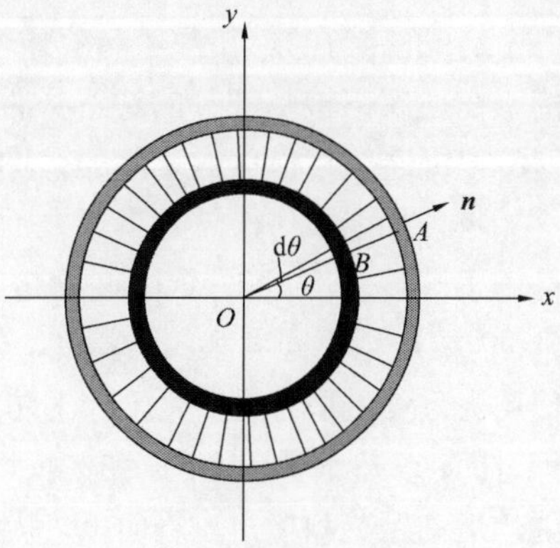

图 12.22 弹性地基上的圆环
（Zhou et al.，2012）

式中：u 为径向位移；R 为圆环的半径；EI 为圆环的弯曲刚度；k 为弹性地基的刚度（即单位长度的法向载荷与径向位移之比）；u 对 θ 的一阶和高阶导数分别用右上角的撇和括号数字表示。

从式（12.24）看出，它的解的性质由以下无量纲参数决定

$$\lambda^2 = kR^3/EI \tag{12.25}$$

图 12.23 画出了几个典型 λ 取值时弹性地基上的圆环的变形形态。各个圆环的初始半径均为环壁厚的 25 倍，加载点的最终位移均为环壁厚的 5 倍。

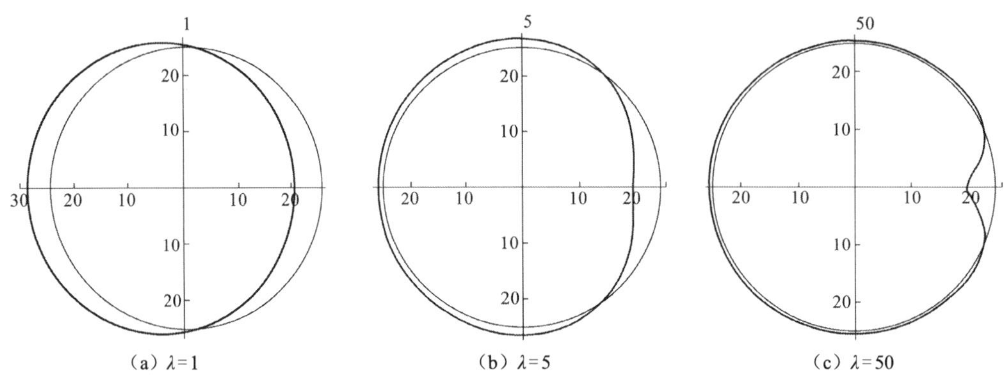

图 12.23　几个典型 λ 取值时弹性地基上的圆环的变形形态

图中坐标数字为圆环壁厚的倍数

显然，参数 λ 的取值控制了系统总体位移（主要是弹性地基的变形）同局部变形（主要是圆环的局部弯曲变形）之比。尽管弹性地基上的圆环只是一个十分简化的模型，它的力学行为，特别是鉴定出 λ 起到控制参数的作用，对于柔性抗船撞装置设计中如何配置外钢围和防撞圈的相对刚度，可以起到指导性作用。

12.4.5　设计和试验

在有限元数值模拟中，船、防撞装置和桥墩均采用实际尺寸的物理模型。材料模型为：船体和防撞装置的钢结构部分为应变率相关的黏弹塑性模型，桥墩为弹性体，防撞圈为黏弹性体（Yu et al., 2010）。在数值计算中，采用非线性黏弹性有限单元模型模拟防撞圈的力学行为，桥墩在地底下桩基部分的边界条件由桥梁工程中常用的“土弹簧”模型模拟，船体有限元模型将根据造船厂提供的实际船体图纸构建。

将各种因素作出统筹考虑之后，通过数值模拟，着重研究了外钢围刚度设计、防撞装置的总体柔性要求，以及外钢围迎撞角的影响。对不同的桥梁，受到具有不同动能量级的船舶撞击时，需要选用不同大小的防撞圈。例如，对于受到具有高动能船舶撞击的桥墩设防装置，需要使用大尺寸的防撞圈；大尺寸的防撞圈可以使外钢围有相对大的运动距离和相对长的撞击过程时间，以及承受较大的撞击力。根据需要，还可以将多个防撞圈串联起来使用，以延长外钢围的运动距离和撞击过程时间，从而达到更好地缓冲吸能和拨转船头的目的。

外钢围在迎撞击方向上做成一定角度的尖形（如 90°、60°等，如图 12.21 所示），使船舶碰撞到防撞设施的外钢围时，受到偏离原方向的向外分力，从而使船舶向离开桥墩的方向运动；经历一定时间之后，船舶将改变其运动方向，带着尽可能多的剩余动能沿外钢围的外侧滑走。结合数值计算结果，分析在给定的船舶撞击条件下外钢围迎撞角的有效取值范围。

为了检验我国自主创新研发的“桥梁抗船撞柔性防护技术”的有效性和可靠性，在宁波象山白墩港组织实施了国内外首次采用实船撞击柔性防撞装置的试验（图 12.24）。

图 12.24　实船撞击试验

试验证明，上述柔性抗船撞装置的概念和设计都是成功的。试验也为改进设计参数提供了大量的数据。象山港大桥上装设这种柔性防撞装置后，桥墩和船舶受到的最大撞击力降低40%以上，在大幅提高桥梁防船撞能力的同时，也起到了保护来撞之船舶的作用。

12.5　飞机结构适坠性及能量吸收分析实例

如今，民机已成为世界主要交通工具之一，提高民机性能、寿命、可靠性、经济性、安全性和舒适性已成为各国关注的重要课题。来自空客公司的背景数据表明：民机事故主要且经常发生在起飞和着陆阶段，但大多数情况下乘客能够生存。因此，研究飞行器结构耐撞性及发展抗坠撞能量吸收安全防护装置，对有效耗散冲击能量、降低传递到乘员身上的载荷、提高飞行器的安全性非常重要。

12.5.1　机身框段坠撞分析

在飞机结构中，地板及上部机身结构刚度较大，而客舱地板以下结构一般有较大变形空间，应将其设计成具有较强能量吸收能力的结构形式，从而最大限度地吸收结构的坠撞动能，降低冲击造成的伤害和损失。薛璞等（Xue et al.，2014，2010）以某机身框段为例，建立了典型机身段有限元模型，并分析了机身框段结构及附加质量在竖直方向以 9 m/s 的速度坠撞过程中，整体和部件的变形特点及冲击能量吸收情况、典型位置的加速度变化等，评估机身结构的吸能特性和耐撞性。

所考虑的机身框段结构包括客舱地板、框结构、货舱地板、客舱地板支撑、货舱地板支撑等。框段中座椅及乘员用三维实体质量块代替，地面用刚性板代替。该机身的有限元模型（图 12.25）总共包括 153 504 个节点，136 702 个单元；其中有 2 196 个三维实体单元用来模拟座椅及乘员的质量。

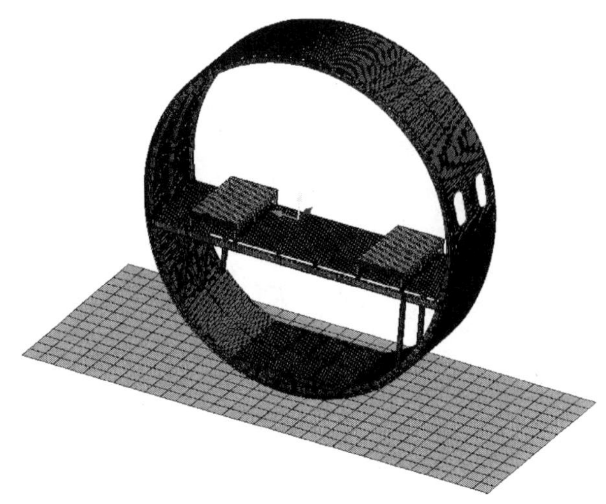

图 12.25 某机身框段结构的有限元模型（Xue et al., 2014）

运用大型有限元动力学分析软件 PAM-CRASH 对典型机身结构进行了计算分析，得到以下几方面的结果。

12.5.1.1 撞击过程中客舱地板加速度及变形

在撞击过程中两个典型节点的加速度变化如图 12.26 所示。为了清楚地展现撞击区域局部的变形情况，在分析典型时刻变形图中只给出了机身模型的下半机身段。图 12.27 给出了典型时刻所对应的结构变形状态。综合加速度过载曲线和典型时刻的结构变形图，可以看出，机身结构与地面接触时间发生在 7.5 ms[图 12.27（a）]。撞击发生后加速度幅值迅速增加，当坠撞过程进行到 17.1 ms 时，加速度载荷出现初始峰值，其数值大约为 16.54 *g*。此时结构出现局部塑性变形，货舱支撑处应力幅值较大，同时在撑杆与框的连接处也出现应力集中[图 12.27（b）]。随后座椅上的载荷幅值降低，在 23.4 ms 时出现了加速度的最小值（7.42 *g*），这个阶段对应于框结构发生塑性变形，框底部上翻，整体结构呈现卸载趋势，如图 12.27（c）

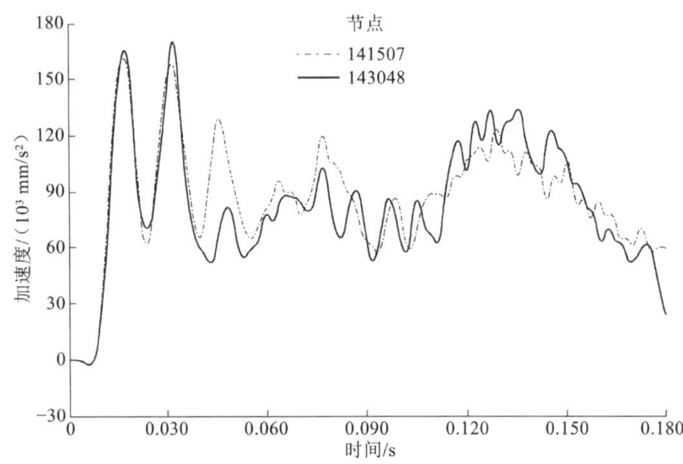

图 12.26 座椅中心处加速度过载曲线（Xue et al., 2014）

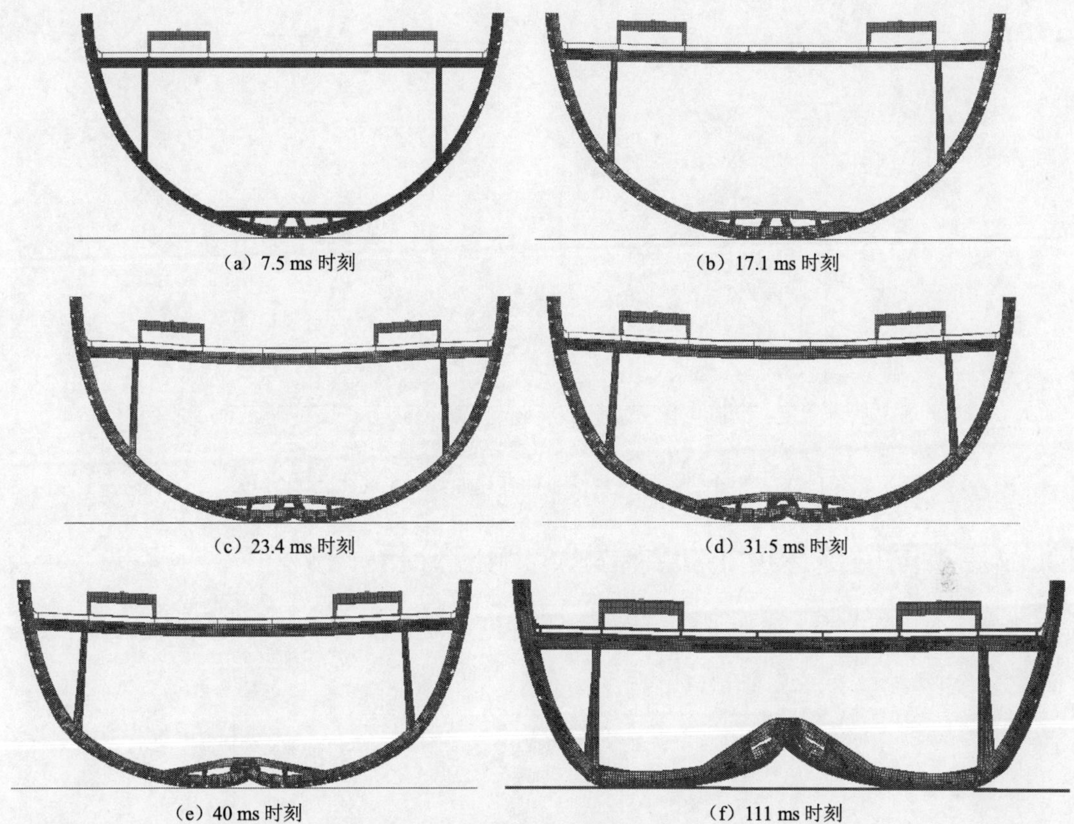

图 12.27 各个典型时刻所对应的结构变形(Xue et al.,2014)

所示。接着载荷又持续增加到比初始峰值稍大的载荷，在坠撞进行到 31.5 ms 时，载荷幅值为 17.06 *g*，对应于图 12.27（d）。从 40 ms 以后，加速度维持在一个相对稳定的值变化，其数值大约为 9 *g*，此阶段结构继续压溃变形[图 12.27（e）]。在坠撞进行到 111 ms 时，与客舱支撑件连接的框区域开始撞击地面，加速度载荷幅值又开始增加[图 12.27（f）]。

12.5.1.2 结构吸能分析

图 12.28 所示为整个机身模型中动能、内能及总能量随时间的变化曲线。在机身框段模型接触地面以后，动能逐渐减小，同时结构开始发生弹塑性变形，内能持续增加。结构的总能量在整个计算分析过程中基本保持不变。

通过部件能量吸收的分配统计分析可以看出，Z 型主框段及剪切角片吸收的能量要远远大于其他部件，其次是蒙皮、货舱横梁及货舱支撑，客舱支撑件在最后发生了塑性变形，其吸收的能量也明显增加。框结构组件吸能占机身结构总吸能的 59.08%，可见，Z 型主框段及剪切角片在坠撞过程中变形最为明显，吸收了大部分的冲击动能；货舱地板组件发生了较大的塑性变形，是吸能仅次于框结框组件的结构部件，其吸能占机身结构总吸能的 16.33%；蒙皮和长桁组件吸能占机身结构总吸能的 13.59%，蒙皮、长桁结构的吸能主要体现在下部结构的塑性变形；客舱横梁支撑件的吸能占机身结构总吸能的 7.96%。

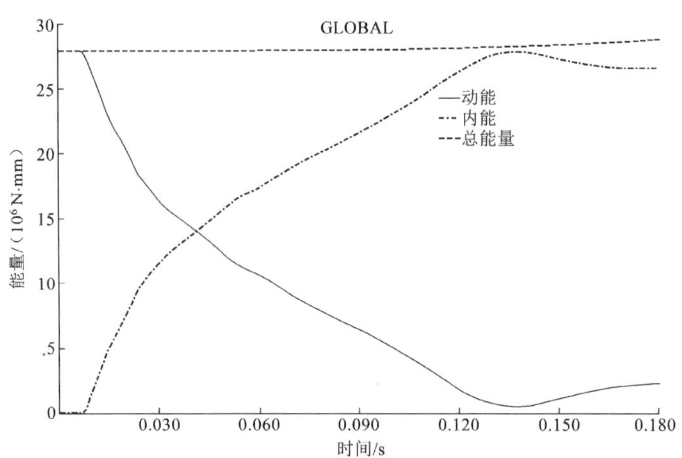

图 12.28　整个机身模型中能量的变化曲线（Xue et al.，2014）

12.5.2　不同撞击速度下机身框段的响应分析

考虑三个不同的垂直撞击速度，分别为 6 m/s、9 m/s 和 12 m/s。机身框段的加速度响应如图 12.29 所示。

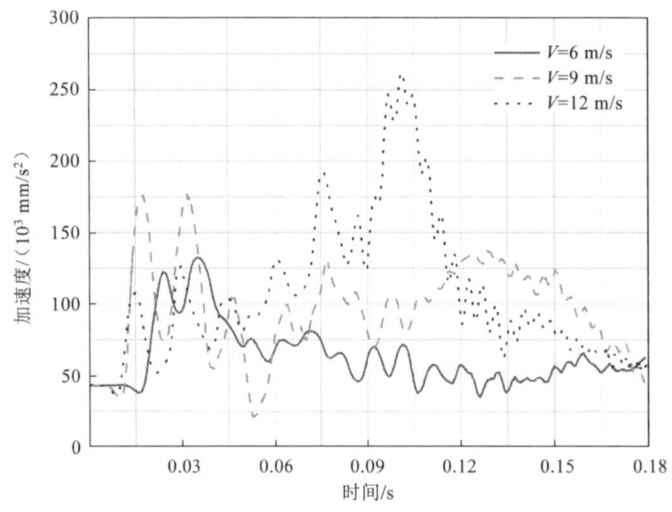

图 12.29　不同坠地速度下座椅中心处加速度过载历程（Xue et al.，2014）

虽然在不同速度下幅值略有不同，但一般都会出现两个加速度峰值区域。第一个峰值区域为框段初始撞击地面所产生，可通过在地板梁下填充泡沫材料、减小货仓地板支撑等方法降低其峰值。第二个峰值区域出现在框段变形至客舱地板支撑处直接接触地面的时段，其影响随着冲击速度的增大而加大。可通过减小客舱地板支撑结构刚度或选用吸能元件来减小该二次峰值。同时设计中应尽量合理安排构件位置及分配刚度，避免在框段逐渐压溃接触地面过程中有较大的刚度突变，使加速度曲线比较平顺。

为了清楚地分析不同垂直撞击速度下机身框段的加速度响应，图 12.30 描述了框段塑性应变环向分布情况与坠地速度关系，其中 0°为水平方向，90°为铅垂方向。16°附近框与客舱地板相连，44°附近与斜支撑连接，68°附近则与货仓地板连接。从图 12.30 中可以看到，塑性变形峰值出现在客舱地板支撑件附近，同时框段与客舱地板梁、货仓地板梁连接位置附近也有较大塑性变形产生；这是由于在这些连接处刚度发生突变，产生应力集中。另外，可以看到从支撑件连接处到货仓地板梁连接处这段框结构的塑性变形量较大，这是因为地板梁、支撑等这些结构的存在使原有连续的框结构独立出若干小闭盒结构，如图 12.31 中的 I、II、III 区域所示。闭盒结构整体刚度较大，稳定性好，结构内部不容易出现失稳，而这些闭盒结构之间的区域则较弱，容易产生塑性变形。

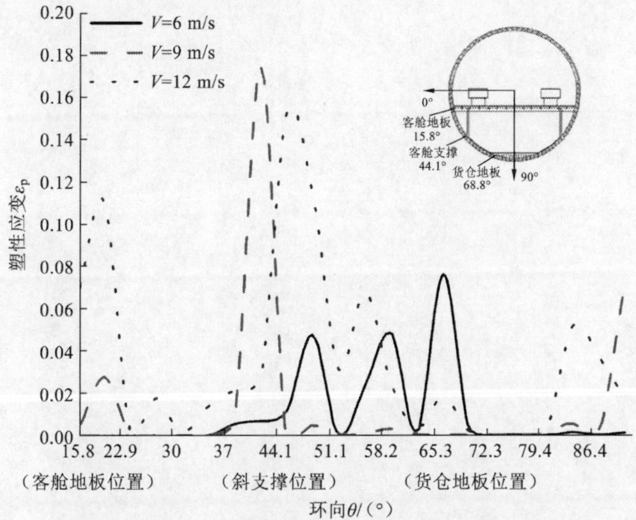

图 12.30 不同坠地速度下框段塑性应变环向分布曲线（Xue et al., 2014）

图 12.31 客舱地板下局部闭盒结构示意图（Xue et al., 2014）

图 12.32 显示了不同坠地速度下的框段最终变形。当撞击速度为 V=6 m/s 时，货仓地板与框形成的闭盒结构 III 区域未被破坏，导致随后框段变形产生不对称性。当撞击速度增加到 V=9 m/s 时，冲击载荷较大，货仓地板与框形成的闭盒结构 III 区域被破坏，框段按典型破坏模式发生破坏——框中央产生一个塑性铰，两侧支撑附近各产生一个塑性铰，两边上翻。当增加至 V=12 m/s 时，框段变形模式没有改变，但变形程度加深。同时由于该机身结构的主要质量

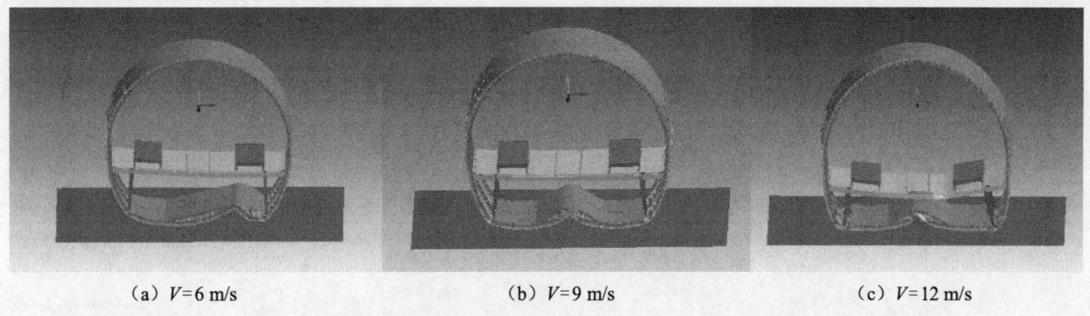

（a）V=6 m/s （b）V=9 m/s （c）V=12 m/s

图 12.32 不同坠地速度下框段最终变形（Xue et al., 2014）

分布在客舱地板上的座椅滑轨上，在惯性效应的影响下，此时客舱地板及横梁结构发生较为显著的弯曲变形。

机身段抗坠撞性能要同时满足保证客舱地板上部结构完整性和减小乘客座椅处加速度峰值的要求。从上述分析可以看到，I、II 区域的闭盒结构依然保持了其完整性，这保证了在撞击下凹陷的客舱地板与上凸的货仓地板之间能留有足够的安全空间。因此，由支撑件、机身框和客舱地板梁构成的三角形闭盒结构 I 和 II 对于防止客舱地板直接受到撞击发生破坏，保证上部结构完整性具有重要意义。

参 考 文 献

李凤云, 吴志鹏, 郑宇轩, 等, 2018. 弹性圆环在刚壁上的撞击回弹. 振动与冲击, 37(11): 12-17.

李桂花, 丁伟鹏, 杨黎明, 等, 2010. 弹性基础上封闭型梁的等效刚度及其动态响应.力学季刊, 31(4): 511-520.

聂冰冰, 周青, 夏勇, 2017. 行人头部撞击汽车发动机罩盖的多波峰特征与结构设计. 汽车安全与节能学报, 8(1): 65-71.

余同希, 1979. 对径受拉圆环的塑性大变形. 力学学报, 11(1): 88-91.

余同希, 邱信明, 2011. 冲击动力学. 北京: 清华大学出版社.

余同希, 项燕飞, 王敏, 等, 2015. 管状结构能量吸收性能的评估指标体系//虞吉林, 余同希, 周凤华. 材料和结构的动态吸能. 合肥: 中国科技大学出版社: 1-9.

ABRAMOWICZ W, 1983. The effective crushing distance in axially compressed thin-walled metal columns. Int. J. Impact Eng., 1(3): 309-317.

ABRAMOWICZ W, 1994. Crush Resistance of T, Y, and X Sections. Cambridge: Massachusetts Institute of Technology.

ABRAMOWICZ W, JONES N, 1984a. Dynamic axial crushing of square tubes. Int. J. Impact Eng., 2(2): 179-208.

ABRAMOWICZ W, JONES N, 1984b. Dynamic axial crushing of circular tubes. Int. J. Impact Eng., 2(3): 263-281.

ABRAMOWICZ W, JONES N, 1986. Dynamic progressive buckling of circular and square tubes. Int. J. Impact Eng., 4(4): 243-270.

ABRAMOWICZ W, WIERZBICKI T, 1989. Axial crushing of multicorner sheet metal columns. ASME J. Appl. Mech., 56(1): 113-120.

ABRATE S, 1998. Impact on composite structures. Cambridge: Cambridge University Press.

AL-ABRI O S, PERVEZ T, 2013. Structural behavior of solid expandable tubular undergoes radial expansion process – analytical, numerical, and experimental approaches. Int. J. Solids Struct., 50(19): 2980-2994.

ALEXANDER J M, 1960. An approximate analysis of the collapse of thin cylindrical shells under axial loading. Q. J. Mech. Appl. Math., 13(1): 10-15.

AL-HASSANI S T S, JOHNSON W, LOWE W T, 1972. Characteristics of inversion tubes under axial loading. J. Mech. Eng. Sci., 14(6): 370-381.

ALKHADER M, VURAL M,2010. A plasticity model for pressure-dependent anisotropic cellular solids. Int. J. Plasticity, 26(11): 1591-1605.

ALMEIDA B P P, ALVES M L, ROSA P A R, et al., 2006. Expansion and reduction of thin-walled tubes using a die: experimental and theoretical investigation. Int. J. Mach. Tools Manuf., 46(12): 1643-1652.

ANDREWS K R F, ENGLAND G L, GHANI E, 1983. Classification of the axial collapse of cylindrical tubes under quasi-static loading. Int. J. Mech. Sci., 25(9/10): 687-696.

ASHBY M F, EVANS A G, FLECK N A, et al., 2000. Metal foams: a design guide. Boston: Butttterworth-Heinemann.

ATKINS A G, 1989. Tearing of thin metal sheets//WIERZBICKI T, JONE N. Structural failure. New York: John Wiley & Sons: 107-132.

ATKINS A G, 1987. On the number of cracks in the axial splitting of ductile metal tubes. Int. J. Mech. Sci., 29(2): 115-121.

ATKINS A G, 1988. Scaling in combined plastic flow and fracture. Int. J. Mech. Sci., 30(3/4): 173-191.

AYA N, TAKAHASHI K, 1974. Energy absorption characteristics of vehicle body structure. Trans. Soc. Autom. Eng. Jpn., (7): 65-74.

BAI Y, 2007. Effect of loading history on necking and fracture. Cambridge: Massachusetts Institute of Technology.

BAI Y, BAO Y, WIERZBICKI T, 2006. Fracture of prismatic aluminum tubes under reverse straining. Int. J. Impact Eng., 32(5): 671-701.

BAI Y, WIERZBICKI T, 2008. A new model of metal plasticity and fracture with pressure and Lode dependence. Int. J. Plasticity, 24(6): 1071-1096.

BAI Y, WIERZBICKI T, 2010. Application of extended Mohr-Coulomb criterion to ductile fracture. Int. J. Fracture, 161(1): 1-20.

BAI Y, WIERZBICKI T, 2015. A comparative study of three groups of ductile fracture loci in the 3D space. Eng. Fract. Mech., 135: 147-167.

BAKER W E, TOGAMI T C, WEYDERT J C,1998. Static and dynamic properties of high-density metal honeycombs. Int. J. Impact Eng., 21(3): 149-163.

BAO R H, YU T X, 2015a. Impact and rebound of an elastic–plastic ring on a rigid target. Int. J. Mech. Sci., 91: 55-63.

BAO R H, YU T X, 2015b. Collision and rebound of ping pong balls on a rigid target. Mater. Design, 87: 278-286

BAO Y, 2003. Prediction of ductile crack formation in uncracked bodies. Cambridge: Massachusetts Institute of Technology.

BAO Y, Treitler R, 2004. Ductile crack formation on notched Al2024-T351 bars under compression–tension loading. Materials Science & Engineering A (Structural Materials:, Properties, Microstructure and Processing), 384(1-2): 385-394.

BAO Y, WIERZBICKI T, 2004. On fracture locus in the equivalent strain and stress triaxiality space. Int. J. Mech. Sci., 46(1): 81-98.

BAO Y, WIERZBICKI T, 2005. On the cut-off value of negative triaxiality for fracture. Eng. Fract. Mech., 72(7): 1049-1069.

BARSOUM I, FALESKOG J, 2007. Rupture mechanisms in combined tension and shear-experiments. Int. J. Solids Struct., 44(6): 1768-1786.

BELINGARDI G, CHIARA A, VADORI R, 1992. Experimental verification of the axial crushing behaviour of thin walled columns with different sections//Proceedings of 3rd International Conference Innovation and Reliability in Automotive Design and Testing: 59-68.

BERRY J P, 1984. Energy absorption and failure mechanisms of axially crushed GRP tubes. Liverpool: University of Liverpool.

BIRCH R S, JONES N, 1990. Dynamic and static axial crushing of axially stiffened cylindrical shells. Thin. Wall. Struct., 9(1/2/3/4): 29-60.

BODNER S R, SPEIRS W G, 1963. Dynamic plasticity experiments on aluminium cantilever beams at elevated temperature. J. Mech. Phys. Solids, 11(2): 65-68.

BODNER S R, SYMONDS P S, 1960. Plastic deformations in impact and impulsive loading of beams//LEE E H, SYMONDS P S. Plasticity: proceedings of the second symposium of naval structural mechanics. New York: Pergamon Press: 488-500.

BODNER S R, SYMONDS P S, 1962. Experimental and theoretical investigation of the plastic deformation of cantilever beams subjected to impulsive loading. ASME J. Appl. Mech., 29(4): 719-728.

BOOTH E, COLLIER D, MILES J, 1983. Impact scalability of plated steel structures//JONES N, WIERZBICKI

T.Structural crashworthiness. London: Butterworths.

BOUIX R, VIOT P, LATAILLADE J L, 2009. Polypropylene foam behaviour under dynamic loadings: strain rate, density and microstructure effects. Int. J. Impact Eng., 36(2): 329-342.

BRIDGMAN P W, 1922. Dimensional analysis. New Haven, CT: Yale University Press.

BROWN J C, TIDBURY G H, 1983. An investigation of the collapse of thin-walled rectangular beams in biaxial bending. Int. J. Mech. Sci., 25(9/10): 733-746.

BROWN K, 1959. Package design engineering. New York: Wiley.

BUCKINGHAM E, 1914. On physically similar systems; illustrations of the use of dimensional equations. Phy. Rev., 4(4): 345-376.

BURTON R H, CRAIG J M, 1963. An investigation into the energy absorbing properties of metal tubes loaded in the transverse direction. Bristol: University of Bristol.

CALLADINE C R, 1968. Simple ideas in the large-deflection plastic theory of plates and slabs//HEYMAN J, LECKIE F A. Engineering plasticity. Cambridge: Cambridge University Press: 93-127.

CALLADINE C R, 1983b. An investigation of impact scaling theory//JONES N, WIERZBICKI T. Structural crashworthiness. London: Butterworths: 169-174.

CALLADINE C R, 1983a. Theory of shell structures. Cambridge: Cambridge University Press.

CALLADINE C R, 1986. Analysis of large plastic deformations in shell structures//BEVILACQUA L, FEIJÓO R, VALID R. Inelastic behaviour of plates and shells. Berlin/Heidelberg: Springer: 69-101.

CALLADINE C R, 1990. Teaching of some aspects of the theory of inelastic collisions. Int. J. Mech. Eng. Educ., 18(4): 301-310.

CALLADINE C R, 1993. Some problems in propagating plasticity//GUPTA N K. Plasticity and impact mechanics. New Delhi: Wiley Eastern Ltd:1-12.

CALLADINE C R, ENGLISH R W, 1984. Strain-rate and inertia effects in the collapse of two types of energy-absorbing structure. Int. J. Mech. Sci., 26(11/12): 689-701.

CAPRINO G, LOPRESTO V, IACCARINO P, 2007. A simple mechanistic model to predict the macroscopic response of fibreglass–aluminium laminates under low-velocity impact. Compos. Part A-appl. S, 38(2): 290-300.

CARNEY III J F, 1993. Motorway impact attenuation devices: past, present and future//JONES N, WIERZBICKI T. Structural crashworthiness and failure. Amsterdam: Elsevier: 423-466.

CARNEY III J F, AUSTIN C D, REID S R, 1982. Energy dissipation characteristics of steel tube clusters// 23th Structures, Structural Dynamics and Materials Conference. USA: New Orleans, Louisiana.

CARRUTHERS J J, KETTLE A P, ROBINSON A M, 1998. Energy absorption capability and crashworthiness of composite material structures: a review. Appl. Mech. Rev., 51(10): 635-649.

CAVANAUGH J M, 1993. The biomechanics of thoracic trauma//NAHUM A M, MELVIN J W. Accidental injury - biomechanics and prevention. New York: Springer-Verlag.

CHAI G B, MANIKANDAN P, 2014. Low velocity impact response of fibre-metal laminates - a review. Compos. Struct., 107: 363-381.

CHANG F S, SONG Y, LU D X, et al., 1998. Unified constitutive equations of foam materials. J. Eng. Mater. Technol. Trans. ASME, 120(3): 212-217.

CHATER E, HUTCHINSON J W, 1984. On the propagation of bulges and buckles. ASME J. Appl. Mech., 51(2): 269-277.

CHEN W F, ATSUTA T, 1976. Theory of beam-columns. New York: McGraw-Hill.

CHEN W, NARDIHI D, 2000. Experimental study of crush behaviour of sheet aluminium foam-filled sections. Int. J. Crashworthiness, 5(4): 447-468.

CHEN W, WIERZBICKI T, 2001b. Relative merits of single-cell, multi-cell and foam-filled thin-walled structures in energy absorption. Thin. Wall. Struct., 39(4): 287-306.

CHEN W, WIERZBICKI T, BREUER O, et al., 2001a. Torsional crushing of foam-filled thin-walled square columns. Int. J. Mech. Sci., 43(10): 2297-2317.

CHEN W, WIERZBICKI T, SANTOSA S,2002. Bending collapse of thin-walled beams with ultralight filler: numerical simulation and weight optimization. Acta Mech., 153(3/4): 183-206.

CHOI I H, LIM C H, 2004. Low-velocity impact analysis of composite laminates using linearized contact law. Compos. Struct., 66: 125-132.

CHOU C C, HOWELL R J, CHANG B Y, 1988. A review and evaluation of various HIC algorithms// SAE International Congress and Exposition. DOI: 10.4271/ 880656.

CHUNG J, WAAS A M, 2002a. Compressive response of honeycombs under in-plane uniaxial static and dynamic loading, Part 1: experiments. AIAA J., 40(5): 966-973.

CHUNG J, WAAS A M, 2002b. Compressive response of honeycombs under in-plane uniaxial static and dynamic loading, Part 2: simulations. AIAA J., 40(5): 974-980.

CIMPOERU S J, MURRAY N W, 1993. The large-deflection pure bending properties of a square thin-walled tube. Int. J. Mech. Sci., 35(3/4): 247-256.

COLOKOGLU A, REDDY T Y, 1996. Strain rate and inertial effects in free external inversion of tubes. Int. J. Crashworthiness, 1(1): 93-106.

CORBETT G G, REID S R, AL-HASSANI S T S, 1990. Static and dynamic penetration of steel tubes by hemispherically nosed punches. Int. J. Impact Eng., 9(2): 165-190.

COTTERELL B, REDDEL J K, 1977. The essential work of plane stress ductile fracture. Int. J. Fracture, 13(3): 267-277.

COWPER G R, SYMONDS P S, 1957. Strain hardening and strain-rate effects in the impact loading of cantilever beams. Providence: Brown University.

CROLL J G A, 1985. Analysis of buckle propagation in marine pipelines. J. Constr. Steel Res., 5(2): 103-122.

CROZIER W D, HUME W, 1957. High-velocity, light-gas gun. J. Appl. Phys., 28(8): 892-894.

CRUPI V, EPASTO G, GUGLIELMINO E, 2013. Comparison of aluminium sandwiches for lightweight ship structures: honeycomb vs. foam. Mar. Struct., 30: 74-96.

CRUPI V, MONTANINI R, 2007. Aluminium foam sandwiches collapse modes under static and dynamic three-point bending. Int. J. Impact Eng., 34(3): 509-521.

DARVIZEH R, DAVEY K, 2015. A transport approach for analysis of shock waves in cellular materials. Int. J. Impact Eng., 82: 59-73.

DAXNER T, RAMMERSTORFER F G, FISCHER F D, 2005. Instability phenomena during the conical expansion of circular cylindrical shells. Comput. Method. Appl. M, 194(21): 2591-2603.

DE OLIVEIRA J G, WIERZBICKI T, ABRAMOWICZ W, 1982a. Plastic behaviour of tubular members under lateral concentrated loading. Det Norske Veritas Tech Rep, 1982, 2: 82.

DE OLIVEIRA J G, WIERZBICKI T, 1982b. Crushing analysis of rotationally symmetric plastic shells. J. Strain Anal. Eng., 17(4): 229-236.

DERUNTZ J A, HODGE P G, 1963. Crushing of a tube between rigid plates. ASME J. Appl. Mech., 30: 391-395.

DESHPANDE V S, FLECK N A, 2000b. Isotropic constitutive models for metallic foams. J. Mech. Phys. Solids, 48(6): 1253-1283.

DESHPANDE V S, FLECK N A, 2000a. High strain rate compressive behaviour of aluminum alloy foams. Int. J. Impact. Eng., 24(3): 277-298.

DEWALT W J, HERBEIN W B, 1972. Energy absorption by compression of aluminium tubes. Alcoa Research Laboratories Engineering Design Division, Report, 23: 12-72.

DONG X L, GAO Z Y, YU T X, 2008. Dynamic crushing of thin-walled spheres: an experimental study. Int. J. Impact. Eng., 35(8): 717-726.

DOYOYO M, WIERZBICKI T, 2003. Experimental studies on the yield behavior of ductile and brittle aluminum foams. Int. J. Plasticity, 19(8): 1195-1214.

DUFFEY T A, 1971. Scaling laws for fuel capsules subjected to blast, impact and thermal loading// Proceedings of the Intersociety Energy Conversion Engineering Conference. SAE: 775-786.

ELNASRI I, PATTOFATTO S, ZHAO H, et al., 2007. Shock enhancement of cellular structures under impact loading: part I experiments. J. Mech. Phys. Solids, 55(12): 2652-2671.

FAIRFULL A H, HULL D, 1987. Effects of specimen dimensions on the specific energy absorption of fibre composite tubes// Proceedings of ICCM-VI: 336-345.

FAN H, WANG B, LU G, 2002. On the tearing energy of a ductile thin plate. Int. J. Mech. Sci., 44(2): 407-421.

FAN Z, LU G, LIU K, 2013a. Quasi-static axial compression of thin-walled tubes with different cross-sectional shapes. Eng. Struct., 55: 80-89.

FAN Z, LU G, YU T, et al., 2013b. Axial crushing of triangular tubes. Int. J. App. Mech., 5(1): 1350008.

FANG H, BI J, ZHANG C, et al., 2017. A constitutive model of aluminum foam for crash simulations. Int. J. Nonlinear Mech., 90: 124-136.

FARLEY G L, JONES R M, 1992. Crushing characteristics of composite tubes with “near-elliptical” cross sections. J. Compos. Mater., 26(12): 1741-1751.

FARLEY G L, 1983. Energy absorption of composite materials. J. Compos. Mater., 17(3): 267-279.

FARLEY G L, 1986. Effect of specimen geometry on the energy absorption capability of composite materials. J. Compos. Mater., 20(4): 390-400.

FISCHER F D, RAMMERSTORFER F G, DAXNER T, 2006. Flaring: an analytical approach. Int. J. Mech. Sci., 48(11): 1246-1255.

FOK W C, LU G, SEAH L K, 1993. A simplified approach to buckling of plain C channels under pure bending. Proc. Inst. Mech. Eng. Part C: J. Mech. Eng. Sci., 207(4): 255-262.

FORRESTAL M J, SAGARTZ M J, 1978. Elastic-plastic response of 304 stainless steel beams to impulse loads. ASME J. Appl. Mech., 45(3): 685-687.

FORRESTAL M J, WESENBERG D L, 1977. Elastic plastic response of simply supported 1018 steel beams to impulse loads. ASME J. Appl. Mech., 44: 779-780.

FRISCH-FAY R, 1962. Flexible bars. London: Butterworths.

GAO Z Y, YU T X, LU G, 2005a. A study on type II structures. part I: a modified one-dimensional mass-spring model. Int. J. Impact. Eng., 31: 895-910.

GAO Z Y, YU T X, LU G, 2005b. A study on type II structures. part II: dynamic behaviour of a chain of pre-bent plates. Int. J. Impact. Eng., 31: 911-926.

GIBBINGS J C, 1982. A logic of dimensional analysis. J. Phys. A: Math. Gen., 15(7): 1991-2002.

GIBSON L J, ASHBY M F, 1997. Cellular solids: structure and properties. 2nd ed. Cambridge: Cambridge University Press.

GIBSON L J, ASHBY M F, ZHANG J, et al., 1989. Failure surfaces for cellular materials under multiaxial loads-I. modelling. Int. J. Mech. Sci., 31(9): 635-663.

GILCHRIST A, MILLS N J, 2001. Impact deformation of rigid polymeric foams: experiments and FEA modelling. Int. J. Impact Eng., 25(8): 767-786.

GILIOLI A, MANES A, GIGLIO M, et al., 2015. Predicting ballistic impact failure of aluminium 6061-T6 with the rate-independent Bao–Wierzbicki fracture model. Int. J. Impact Eng., 76: 207-220.

GILL S S, 1976. Large deflection rigid-plastic analysis of a built-in semi-circular arch. Int. J. Mech. Eng. Educ., 4(4): 339-355.

GIOUX G, MCCORMACK T M, GIBSON L J, 2000. Failure of aluminum foams under multiaxial loads. Int. J. Mech. Sci., 42(6): 1097-1117.

GOLDFINCH A C, 1986. Plate tearing energies. Part II project report. Cambridge: Cambridge University.

GOLDSMITH W, SACKMAN J L, 1992. An experimental study of energy absorption in impact on sandwich plates. Int. J. Impact Eng., 12(2): 241-262.

GOULD P L, 1999. Analysis of shells and plates. New Jersey: Prentice Hall.

GREENWALD R M, GWIN J T, CHU J J, et al., 2008. Head impact severity measures for evaluating mild traumatic brain injury risk exposure. Neurosurgery, 62(4): 789-798.

GRZEBIETA R H, 1990. An alternative method for determining the behaviour of round stocky tubes subjected to axial crush loads. Thin. Wall. Struct., 9: 66-89.

GRZEBIETA R H, MURRAY N W, 1985. The static behaviour of struts with initial kinks at their centre point. Int. J. Impact Eng., 3(3): 155-165.

GRZEBIETA R H, MURRAY N W, 1986. Energy absorption of an initially imperfect strut subjected to an impact load. Int. J. Impact Eng., 4(3): 147-159.

GUILLOW S R, LU G, GRZEBIETA R H, 2001. Quasi-static axial compression of thin-walled circular aluminium tubes. Int. J. Mech. Sci., 43(9): 2103-2123.

GUIST L R, MARBLE D P, 1966. Prediction of the inversion load of a circular tube. Technical note TN-D-3622. Washington: National Aeronautics and Space Administration.

GUO L, YU J, 2011. Dynamic bending response of double cylindrical tubes filled with aluminum foam. Int. J. Impact Eng., 38(2/3): 85-94.

GUPTA N K, RAY P,1998. Collapse of thin-walled empty and filled square tubes under lateral loading between rigid plates. Int. J. Crashworthiness, 3(3): 265-285.

GUPTA N K, SINHA S K, 1990a. Lateral compression of crossed layers of square-section tubes. Int. J. Mech. Sci., 32(7): 565-580.

GUPTA N K, SINHA S K, 1990b. Transverse collapse of thin-walled square tubes in opposed loadings. Thin. Wall. Struct., 10(3): 247-262.

GUPTA N K, VELMURUGAN R, 1999. Axial compression of empty and foam filled composite conical shells. J. Compos. Mater., 33(6): 567-591.

GUPTA N K, VELMURUGAN R, GUPTA S K, 1997. An analysis of axial crushing of composite tubes. J. Compos. Mater., 31(13): 1262-1286.

GURDJIAN E S, LISSNER H R, LATIMER F R, et al., 1953. Quantitative determination of acceleration and intracranial pressure in experimental head injury; preliminary report. Neurology, 3(6): 417-423.

GURSON A L, 1975. Plastic flow and fracture behavior of ductile materials, incorporating void nucleation, growth, and interaction. Providence: Brown University.

HACKNEY J R, MONK M W, HOLLOWWELL W T, et al., 1984. Results of the national highway safety administration's thoracic side impact protection research program// SAE Government Industry Meeting and Exposition. DOI: 10.4271/840886.

HANEFI E H, WIERZBICKI T, 1996. Axial resistance and energy absorption of externally reinforced metal tubes. Compos. Part B-Eng., 27(5): 387-394.

HANSSEN A G, HOPPERSTAD O S, LANGSETH M, et al., 2002. Validation of constitutive models applicable to aluminium foams. Int. J. Mech. Sci., 44(2): 359-406.

HANSSEN A G, LANGSETH M, HOPPERSTAD O S, 1999. Static crushing of square aluminium extrusions with aluminium foam filler. Int. J. Mech. Sci., 41(8): 967-993.

HANSSEN A G, LANGSETH M, HOPPERSTAD O S, 2000. Static and dynamic crushing of circular aluminium extrusions with aluminium foam filler. Int. J. Impact Eng., 24(5): 475-507.

HARRIS H G, SABNIS G M, 1999. Structural modeling and experimental techniques. 2nd ed. Boca Raton: FL CRC Press.

HARTE A M, FLECK N A, ASHBY M F, 2000. Energy absorption of foam-filled circular tubes with braided composite walls. Eur. J. Mech. A. Solids, 19(1): 31-50.

HAYDUK R J, WIERZBICKI T, 1984. Extensional collapse modes of structural members. Comput. Struct., 18(3): 447-458.

HILL R, 1950. The mathematical theory of Plasticity. Oxford: Oxford University Press.

HODGE P G, 1959. Plastic analysis of structures. London: McDraw Hill.

HONG W, FAN H, XIA Z, et al., 2014. Axial crushing behaviors of multi-cell tubes with triangular lattices. Int. J. Impact Eng., 63(1): 106-117.

HÖNIG A, STRONGE W J, 2000. Dynamic buckling of an imperfect elastic, visco-plastic plate. Int. J. Impact Eng., 24(9): 907-923.

HOO FATT M S, LIN C, 2004. Perforation of clamped, woven E-glass/polyester panels. Compos. Part B-Eng., 35(5): 359-378.

HOO FATT M S, LIN C, REVILOCK JR D M, et al., 2003. Ballistic impact of GLARE™ fiber-metal laminates. Compos. Struct., 61(1/2): 73-88.

HOPKINSON B, 1914. A method of measuring the pressure produced in the detonation of high explosives or by the impact of bullets. Phil. Trans. Roy. Soc., 213(10): 437-452.

HOU B, ZHAO H, PATTOFATTO S, et al., 2012. Inertia effects on the progressive crushing of aluminium honeycombs under impact loading. Int. J. Solids Struct., 49(19): 2754-2762.

HOU W J, YU T X, SU X Y, 1995. Elastic effect in dynamic response of plastic cantilever beam to impact. Acta Mech. Solida Sin., 16: 13-21.

HU L L, YU T X, 2010. Dynamic crushing strength of hexagonal honeycombs. Int. J. Impact Eng., 37(5): 467-474.

HU L L, YU T X, 2013a. Mechanical behavior of hexagonal honeycombs under low-velocity impact – theory and simulations. Int. J. Solids Struct., 50(20): 3152-3165.

HU L L, ZENG Z H, YU T X, 2016. Axial crushing of pressurized cylindrical tubes. Int. J. Mech. Sci., 107: 126-135.

HU L L, YOU F, YU T, 2013b. Effect of cell-wall angle on the in-plane crushing behaviour of hexagonal honeycombs. Mater. Design, 46: 511-523.

HU L L, YOU F, YU T, 2014. Analyses on the dynamic strength of honeycombs under the y-directional crushing. Mater. Design, 53: 293-301.

HUANG X, LU G, 2003. Axisymmetric progressive crushing of circular tubes. Int. J. Crashworthiness, 8(1): 87-95.

HUANG X, LU G, YU T X, 2002a. Energy absorption in splitting square metal tubes. Thin. Wall. Struct., 40(2): 153-165.

HUANG X, LU G, YU T X, 2002b. On the axial splitting and curling of circular metal tubes. Int. J. Mech. Sci., 44(11): 2369-2391.

HUANG Z, ZHANG X, 2018. Three-point bending collapse of thin-walled rectangular beams. Int. J. Mech. Sci.,

144: 461-479.

HUANG Z, ZHANG X, WANG Z, 2017. Transverse crush of thin-walled rectangular section tubes. Int. J. Mech. Sci., 134: 144-157.

HUBBARD M, STRONGE W J, 2010. Bounce of hollow balls on flat surfaces. Sports Eng., 4(2): 49-61.

HUH H, KIM S B, SONG J H, et al., 2008. Dynamic tensile characteristics of TRIP-type and DP-type steel sheets for an auto-body. Int. J. Mech. Sci., 50(5): 918-931.

HUI S K, YU T X, 2000. Large plastic deformation of W-beams used as guardrails on highways In Key Engineering Materials, 177: 751-756.

HULL D, 1983. Axial crushing of fibre reinforced composite tubes//JONES N, WIERZBBICKI T. Structural crashworthiness. London: Butterworths.

HULL D, 1991. A unified approach to progressive crushing of fibre-reinforced composite tubes. Compos. Sci. Technol., 40(4): 377-421.

HULL D, CLYNE T W, 1996. An introduction to composite materials. 2nd ed. Cambridge: Cambridge University Press.

HUNTER S C, 1957. Energy absorbed by elastic waves during impact. J. Mech. Phys. Solids, 5(3): 162-171.

IRAUSQUÍN I, PÉREZ-CASTELLANOS J L, MIRANDA V, et al., 2013. Evaluation of the effect of the strain rate on the compressive response of a closed-cell aluminium foam using the split Hopkinson pressure bar test. Mater. Design, 47: 698-705.

JOHNSON G R, COOK W H, 1985. Fracture characteristics of three metals subjected to various strains, strain rates, temperatures and pressures. Eng. Fract. Mech., 21(1): 31-48.

JOHNSON K L, 1985. Contact mechanics. Cambridge: Cambridge University Press.

JOHNSON W, 1972. Impact strength of materials. London: Edward Arnold.

JOHNSON W, 1983. Structural damage in airship and rolling stock collisions//JONES N, WIERZBICKI T. Structural crashworthiness. London: Butterworth.

JOHNSON W, 1990. The elements of crashworthiness: scope and actuality. Proc. Inst. Mech. Eng. Pt. D: J. Automobile Eng., 204: 255-273.

JOHNSON W, GHOSH S K, MAMALIS A G, et al., 1979. The quasi-static piercing of cylindrical tubes or shells. Int. J. Mech. Sci., 9: 9-20.

JOHNSON W, MAMALIS A G, 1978. Crashworthiness of vehicles. London: Mechanical Engineering Publications Ltd.

JOHNSON W, MAMALIS A G, REID S R, 1982. Aspects of car design and human injury//GHISTA D N. Human body dynamics, impact, occupational and athletic aspects. Oxford: Clarendon Press: 164-180.

JOHNSON W, MELLOR P B, 1983c. Engineering plasticity. Chichester: Ellis Horwood.

JOHNSON W, REID S R, 1977a. Metallic energy dissipating systems. ASME Appl. Mech. Rev., 31: 277-288.

JOHNSON W, REID S R, 1986. Update to 'Metallic energy dissipating systems'. ASME Appl. Mech. Rev., 39: 315-319.

JOHNSON W, REID S R, REDDY T Y, 1977b. The compression of crossed layers of thin tubes. Int. J. Mech. Sci., 19(7): 423-428.

JOHNSON W, SODEN P D, AL-HASSANI S T S, 1977c. Inextensional collapse of thin-walled tubes under axial compression. J. Strain Anal. Eng., 12(4): 317-330.

JOHNSON W, WALTON A C, 1983a. Protection of car occupants in frontal impacts with heavy lorries: frontal structures. Int. J. Impact Eng., 1(2): 111-123.

JOHNSON W, WALTON A C, 1983b. An experimental investigation of the energy dissipation of a number of car bumpers under quasi-static lateral loads. Int. J. Impact Eng., 1(3): 301-308.

JOHNSON W, YU T X, 1981. Approximate calculations on the large plastic deformation of helical springs and their possible application in a vehicle arresting system. J. Strain Anal. Eng., 16(2): 111-121.

JOHNSON W, YU T X, 1989. An outline of engineering dynamic elasticity and plasticity//BLAZYNSKI T Z .Plasticity and modern metal-forming technology. Amsterdam:Elsevier: 73-114.

JONES N, 1989a. Structural impact. Cambridge: Cambridge University Press.

JONES N, 1989b. On the dynamic inelastic failure of beams//WIERZBICKI T, JONES N. Structural failure. New York:John Wiley: 133-159.

JONES N, BIRCH R S,1990. Dynamic and static axial crushing of axially stiffened square tubes. Proc. Inst. Mech. Eng. Part C: J. Mech. Eng. Sci., 204(5): 293-310.

JONES N, BIRCH S E, BIRCH R S, et al., 1992a. An experimental study on the lateral impact of fully clamped mild steel pipes. Proc. Inst. Mech. Eng. Part E: J. Process Mech. Eng., 206(2): 111-127.

JONES N, JOURI W S, 1987. Study of plate tearing for ship collision and grounding damage. J. Ship. Res., 31(4): 253-268.

JONES N, SHEN W Q, 1992b. A theoretical study of the lateral impact of fully clamped pipelines. Proc. Inst. Mech. Eng. Part E: J. Process Mech. Eng., 206(2): 129-146.

KAMALARASA S, CALLADINE C R, 1988. Buckle propagation in submarine pipelines. Int. J. Mech. Sci., 30(3/4): 217-228.

KARAGIOZOVA D, ALVES M, JONES N, 2000. Inertia effects in axisymmetrically deformed cylindrical shells under axial impact. Int. J. Impact Eng., 24(10): 1083-1115.

KARAGIOZOVA D, JONES N, 1995a. Some observations on the dynamic elastic-plastic buckling of a structural model. Int. J. Impact Eng., 16(4): 621-635.

KARAGIOZOVA D, JONES N, 1995b. A note on the inertia and strain-rate effects in the tam and calladine model. Int. J. Impact Eng., 16(4): 637-649.

KARAGIOZOVA D, ZHANG X W, YU T X, 2012. Static and dynamic snap-through behaviour of an elastic spherical shell. Acta Mech. Sin., 28(3): 695-710.

KARDARAS C, LU G, 2000. Finite element analysis of thin-walled tubes under point loads subjected to large plastic deformation In Key Engineering Materials, 177: 733-738.

KARRECH A, SEIBI A, 2010. Analytical model for the expansion of tubes under tension. J. Mater. Process Tech., 210(2): 356-362.

KEAL R, 1983. Post failure energy absorbing mechanisms of filament wound composite tubes. Liverpool: University of Liverpool.

KECMAN D, 1983. Bending collapse of rectangular and square section tubes. Int. J. Mech. Sci., 25(9/10): 623-636

KECMAN D, 1984. Theoretical determination of the maximum bending strength in the car body components// International Conference on Vehicle Structures, Bedford: 16-18.

KECMAN D, SUTHURST G, 1984. Theoretical determination of the maximum bending strength in the car body components//International Conference on Vehicle Structures held at Cranfield Institute of Technology, Bedford, England.

KHAN S U, ALDERLIESTEN R C, BENEDICTUS R, 2009. Post-stretching induced stress redistribution in fibre metal laminates for increased fatigue crack growth resistance. Compos. Sci. Technol., 69(3/4): 396-405.

KIM C S, LEE Y R, CHUNG T E, et al., 1997. A study on large deflection of thin-walled tubes under pure bending. Int. J. Crashworthiness, 2(3): 273-286.

KIM H S, 2002. New extruded multi-cell aluminum profile for maximum crash energy absorption and weight efficiency. Thin. Wall. Struct., 40(4): 311-327.

KIM T H, REID S R, 2001a. Bending collapse of thin-walled rectangular section columns. Comput. Struct., 79(20/21): 1897-1911.

KIM T H, REID S R, 2001b. Multiaxial softening hinge model for tubular vehicle roll-over protective structures. Int. J. Mech. Sci., 43(9): 2147-2170.

KINDERVATER C M, 1990. Developments in the science and technology of composite materials, energy absorption of composites as an aspect of aircraft structural crash-resistance. Amsterdam: Elsevier: 643-651.

KLINTWORTH J W, STRONGE W J, 1988. Elasto-plastic yield limits and deformation laws for transversely crushed honeycombs. Int. J. Mech. Sci., 30(3/4): 273-292.

KLINTWORTH J W, STRONGE W J, 1989. Plane punch indentation of a ductile honeycomb. Int. J. Mech. Sci., 31(5): 359-378.

KOLSKY H, 1953. Stress waves in solids. Oxford: Clarendon Press.

KORKOLIS Y P, KYRIAKIDES S, 2008. Inflation and burst of anisotropic aluminum tubes for hydroforming applications. Int. J. Plasticity, 24(3): 509-543.

KYRIAKIDES S, YEH M K, ROACH D, 1984. On the determination of the propagation pressure of long circular tubes. J. Press. Vess-t. Asme., 106(2): 150-159.

LANGDON G S, CHI Y, NURICK G N, et al., 2009. Response of GLARE© panels to blast loading. Eng. Struct., 31(12): 3116-3120.

LECKIE F A, PENNY R K, 1968. Plastic instability of a spherical shell//HEYMAN J, LECKIE F A. Engineering plasticity. Cambridge: Cambridge University Press: 401-411.

LEE E H, SYMONDS P S, 1952. Large plastic deformations of beams under transverse impact. ASME J. Appl. Mech., 19(19): 308-314.

LEE E H, TUPPER S J, 1954. Analysis of plastic deformation in a steel cylinder striking a rigid target. ASME J. Appl. Mech., 21(1): 63-70.

LEE Y W, 2005. Fracture prediction in metal sheets. Cambridge: Massachusetts Institute of Technology.

LEE Y W, WOERTZ J C, WIERZBICKI T, 2004. Fracture prediction of thin plates under hemi-spherical punch with calibration and experimental verification. Int. J. Mech. Sci., 46(5): 751-781.

LEMAITRE J, 1996. A course on damage mechanics. Berlin Heidelberg: Springer-Verlag.

LENARD J G, 1978. On the eversion of a superplastic, thin walled tube. J. Eng. Mater. Technol. Trans. ASME, 100(4): 428-430.

LI K, GAO X L, WANG J, 2007. Dynamic crushing behavior of honeycomb structures with irregular cell shapes and non-uniform cell wall thickness. Int. J. Solids Struct., 44(14): 5003-5026.

LI P, GUO Y B, SHIM V P W, 2018. A constitutive model for transversely isotropic material with anisotropic hardening. Int. J. Solids Struct., 138: 40-49.

LI Q M, REID S R, 2006. About one-dimensional shock propagation in a cellular material. Int. J. Impact Eng., 32(11): 1898-1906.

LI Z, LU F, 2015. Bending resistance and energy-absorbing effectiveness of empty and foam-filled thin-walled tubes. J. Reinf. Plast. Comp., 34(9): 761-768.

LI Z, ZHENG Z, YU J, et al., 2013. Crashworthiness of foam-filled thin-walled circular tubes under dynamic bending. Mater. Design., 52: 1058-1064.

LIAO S, ZHENG Z, YU J, 2013. Dynamic crushing of 2D cellular structures: local strain field and shock wave velocity. Int. J. Impact. Eng., 57: 7-16.

LIM B B, 2001. Transient response of pipe to shock loading. Singapore: Nanyang Technological University.

LIN C, FATT M S H, 2006. Perforation of composite plates and sandwich panels under quasi-static and projectile loading. J. Compos. Mater., 40(20): 1801-1840.

LIU Q, SUBHASH G, 2004. A phenomenological constitutive model for foams under large deformations. Polymer Engineering and Science, 44(3): 463-473.

LIU Y, QIU X, 2016. A theoretical study of the expansion metal tubes. Int. J. Mech. Sci., 114: 157-165.

LIU Y, QIU X, WANG W, et al., 2017. An improved two-arcs deformational theoretical model of the expansion tubes. Int. J. Mech. Sci., 133: 240-250.

LIU Y, ZHANG X C, 2009. The influence of cell micro-topology on the in-plane dynamic crushing of honeycombs. Int. J. Impact. Eng., 36(1): 98-109.

LOWE W T, AL-HASSANI S T S, JOHNSON W, 1972. Impact behaviour of small scale model motor coaches. Proceedings of the Institution of Mechanical Engineers, 186(36/72): 409-419.

LÖWENHIELM P, 1974. Dynamic properties of the parasagittal bridging beins. Zeitschrift Für Rechtsmedizin Journal of Legal Medicine, 74(1): 55-62.

LU G, 1993a. The equivalent structure technique including axial force effect in the plastic large deformation analysis of structures. Int. J. Mech. Eng. Educ., 21: 54-64.

LU G, 1993b. A study of the crushing of tubes by two indenters. Int. J. Mech. Sci., 35(3/4): 267-278.

LU G, CALLADINE C R, 1990. On the cutting of a plate by a wedge. Int. J. Mech. Sci., 32(4): 293-313.

LU G, FAN H, WANG B, 1998. An experimental method for determining ductile tearing energy of thin metal sheets. Met. Mater. Int., 4(3): 432-435.

LU G, ONG L S, WANG B, et al., 1994. An experimental study on tearing energy in splitting square metal tubes. Int. J. Mech. Sci., 36(12): 1087-1097.

LU G, WANG B, ZHANG T, 2001. Taylor impact test for ductile porous materials - part 1: theory. Int. J. Impact. Eng., 25(10): 981-991.

LU G, WANG X, 2002. On the quasi-static piercing of square metal tubes. Int. J. Mech. Sci., 44(6): 1101-1115.

LU G Y, HAN Z J, LEI J P, et al., 2009. A study on the impact response of liquid-filled cylindrical shells. Thin. Wall. Struct., 47(12): 1557-1566.

LU Y H, 2004. Study of tube flaring ratio and strain rate in the tube flaring process. Finite Elem. Anal. Des., 40(3): 305-318.

MA J, HOU D, CHEN Y, et al., 2016. Quasi-static axial crushing of thin-walled tubes with a kite-shape rigid origami pattern: numerical simulation. Thin. Wall. Struct., 100: 38-47.

MA J, YOU Z, 2013. Energy absorption of thin-walled square tubes with a prefolded origami pattern-part I: geometry and numerical simulation. ASME J. Appl. Mech., 81(1): 0110031-01100311.

MACAULAY M A, REDWOOD R G, 1964. Small scale model railway coaches under impact. The Engineer, 2: 1041-1046.

MAE H, TENG X, BAI Y, et al., 2007. Calibration of ductile fracture properties of a cast aluminum alloy. Mat. Sci. Eng. A, 459(1/2): 156-166.

MAGEE C L, THORNTON P H, 1978. Design consideration in energy absorption by structural collapse. //Proceedings of Conference of Exposition, Detroit: 4-34.

MAI Y W, COTTERELL B, 1984. The essential work of fracture for tearing of ductile metals. Int. J. Fracture, 13: 267-277.

MAJI A K, SCHREYER H L, DONALD S, et al., 1995. Mechanical properties of polyurethane-foam impact limiters. J. Eng. Mech., 121(4): 528-540.

MAMALIS A G, JOHNSON W, 1983. The quasi-static crumpling of thin-walled circular cylinders and frusta under axial compression. Int. J. Mech. Sci., 25(9): 713-732.

MAMALIS A G, MANOLAKOS D E, BALDOUKAS A K, et al., 1989. Deformation characteristics of crashworthy thin-walled steel tubes subjected to bending. Proc. Inst. Mech. Eng. Part C: J. Mech. Eng. Sci., 203(6): 411-417.

MAMALIS A G, MANOLAKOS D E, BALDOUKAS A K, et al., 1991a. Energy dissipation and associated failure modes when axially loading polygonal thin-walled cylinders. Thin. Wall. Struct., 12(1): 17-34.

MAMALIS A G, MANOLAKOS D E, DEMOSTHENOUS G A, et al., 1991c. Axial plastic collapse of thin bi-material tubes as energy dissipating systems. Int. J. Impact Eng., 11(2): 185-196.

MAMALIS A G, MANOLAKOS D E, DEMOSTHENOUS G A, et al., 1994. On the bending of automotive fibre-reinforced composite thin-walled structures. Composites, 25(1): 47-57.

MAMALIS A G, MANOLAKOS D E, DEMOSTHENOUS G A, et al., 1996a. The static and dynamic axial collapse of fibreglass composite automotive frame rails. Compos. Struct., 34(1): 77-90.

MAMALIS A G, MANOLAKOS D E, DEMOSTHENOUS G A, et al., 1996b. Energy absorption capability of fibreglass composite square frusta subjected to static and dynamic axial collapse. Thin. Wall. Struct., 25(4): 269-295.

MAMALIS A G, MANOLAKOS D E, DEMOSTHENOUS G A, et al., 1998. Crashworthiness of composite thin-walled structural components. Lancaster, PA: Technomic Publishing Co.

MAMALIS A G, MANOLAKOS D E, VIEGELAHN G L, et al., 1991b. On the axial crumpling of fibre-reinforced composite thin-walled conical shells. Int. J. Vehicle Des., 12(4): 450-467.

MAMALIS A G, ROBINSON M, MANOLAKOS D E, et al., 1997. Crashworthy capability of composite material structures. Compos. Struct., 37(2): 109-134.

MAMALIS A G, YUAN Y B, VIEGELAHN G L, 1992. Collapse of thin-wall composite sections subjected to high speed axial loading. Int. J. Vehicle Des., 13(5/6): 564-579.

MARTIN J B, 1975. Plasticity: fundamentals and general results. Cambridge, MA:M.I.T. Press.

MARTIN J B, 1964. Impulsive loading theorems for rigid-plastic continua. ASCE J. Eng. Mech. Div., 90: 27-42.

MCCLINTOCK F A, 1968. A criterion for ductile fracture by the growth of holes. ASME J. Appl. Mech., 35(2): 363-371.

MENG Q, AL-HASSANI S T S, SODEN P D, 1983. Axial crushing of square tubes. Int. J. Mech. Sci., 25(9/10): 747-773.

MERCHANT W, 1965. On equivalent structures. Int. J. Mech. Sci., 7(9): 613-619.

MEYERS M A, 1994. Dynamic behaviour of materials. New York: John Wiley & Sons.

MILLER R E, 2000. A continuum plasticity model for the constitutive and indentation behaviour of foamed metals. Int. J. Mech. Sci., 42(4): 729-754.

MILLS N J, 1994. Impact response//HILYARD H C, CUNNINGHAM C. Low density cellular plastics. London: Chapman & Hall.

MINES R A W, WORRALL C M, GIBSON A G, 1998. Low velocity perforation behaviour of polymer composite sandwich panels. Int. J. Impact Eng., 21(10): 855-879.

MISCOW F P C, AL-QURESHI H A, 1997. Mechanics of static and dynamic inversion processes. Int. J. Mech. Sci., 39(2): 147-161.

MOHAMMADI R, MAHMUDI R, 2001. Ductile tearing energy of sheet metals determined by the multiple tensile testing (MTT) method. Int. J. Plasticity, 17(11): 1551-1562.

MORRIS A J, 1971. Experimental investigation into the effects of indenting a cylindrical shell by a load applied through a rigid boss. J. Mech. Eng. Sci., 13(1): 36-46.

MORRIS A J, CALLADINE C R, 1969. The local strength of a thin spherical vessel loaded radially through a rigid boss//BERMAN I. Proc. 1st International conference on pressure vessel technology: vol. 1. New York: ASME: 35-44.

MORRIS A J, CALLADINE C R, 1971. Simple upper-bound calculations for the indentation of cylindrical shells. Int. J. Mech. Sci., 13(4): 331-343.

MUKAI T, KANAHASHI H, HIGASHI K, et al., 1999. Energy absorption of light weight metallic foams under dynamic loading//BANHART J, ASHBY M F, FLECK N A. Metal foams and porous metal structures. Bremen: Verlag MIT Publishing: 353-358.

MUKAI T, MIYOSHI T, NAKANO S, et al., 2006. Compressive response of a closed-cell aluminum foam at high strain rate. Scr. Mater., 54(4): 533-537.

MURRAY N W, 1973. Das aufnehmbare moment in einem zur richtung der normalkraft schräg liegenden plastischen Gelenk. Die Bautechnik, 50(2): 57-58.

MURRAY N W, 1983. The static approach to plastic collapse and energy dissipation in some thin-walled steel structures//JONES N, WIERZBICKI T. Structural crashworthiness. London: Butterworths.

MURRAY N W, KHOO P S, 1981. Some basic plastic mechanisms in the local buckling of thin-walled steel structures. Int. J. Mech. Sci., 23(12): 703-713.

NAJAFI A, RAIS-ROHANI M, 2011. Mechanics of axial plastic collapse in multi-cell, multi-corner crush tubes. Thin. Wall. Struct., 49(1): 1-12.

NIE B, ZHOU Q, XIA Y, et al., 2014. Influence of feature lines of vehicle hood styling on headform kinematics and injury evaluation in car-to-pedestrian impact simulations. SAE Int. J. Trans. Safety, 2(1): 182-189.

NONAKA T, 1967. Some interaction effects in a problem of plastic beam dynamics. ASME J. Appl. Mech., 34: 623-643.

OHKUBO Y, AKAMATSU T, SHIRASAWA K, 1974. Mean crushing strength of closed-hat section members// 1974 Automotive Engineering Congress and Exposition, New Yourk DOI: 10.4271/740040.

OMAR T A, KAN C, BEDEWI N E, 1996. Crush behaviour of spot welded hat section components with material comparison//Proceeding of the crashworthiness and occupant in transportation systems. ASME,WMD, 218: 65-78.

ONG L S, LU G, 1996. Collapse of tubular beams loaded by a wedge-shaped indenter. Exp. Mech., 36(4): 374-378.

OUELLET S, CRONIN D, WORSWICK M, 2006. Compressive response of polymeric foams under quasi-static, medium and high strain rate conditions. Polym. Test., 25(6): 731-743.

PAINE F A, 1991. The packaging users' handbook. New York: Glasgow, Blackie.

PALMER A C, MARTIN J H, 1975. Buckle propagation in submarine pipelines. Nature, 254(5495): 46-48.

PAPKA S D, KYRIAKIDES S, 1994. In-plane compressive response and crushing of honeycomb. J. Mech. Phys. Solids, 42(10): 1499-1532.

PAPKA S D, KYRIAKIDES S, 1998. Experiments and full-scale numerical simulations of in-plane crushing of a honeycomb. Acta Mater., 46(8): 2765-2776.

PAQUETTE J A, KYRIAKIDES S, 2006. Plastic buckling of tubes under axial compression and internal pressure. Int. J. Mech. Sci., 48(8): 855-867.

PARKES E W, 1955. The permanent deformation of a cantilever struck transversely at its tip. Proc. R. Soc. London, Ser. A, 228(1175): 462-476.

PERRONE N, 1972. Biomechanics: its foundations and objectives. Englewood Cliffs, NJ:Prentice-Hall.

PETEL O E, OUELLET S, HIGGINS A J, et al., 2013. The elastic–plastic behaviour of foam under shock loading. Shock Waves, 23(1): 55-67.

PRAGER W, HODGE P G, 1951. Theory of perfectly plastic solids. New York: John Wiley.

PRENTICE J, 1986. Wedge drop tests to investigate plate tearing characteristics. Cambridge: Part II Project Report, Engineering Department, Cambridge University.

PUGSLEY A, MACAULAY M, 1960. The large-scale crumpling of thin cylindrical columns. Q. J. Mech. Appl. Math., 13(1): 1-9.

QIU X, HE L, GU J, et al., 2013. A three-dimensional model of circular tube under quasi-static external free inversion. Int. J. Mech. Sci., 75: 87-93.

QIU X, YU X, LI Y, et al., 2016. The deformation mechanism analysis of a circular tube under free inversion. Thin. Wall. Struct., 107: 49-56.

RAMAKRISHNA S, HAMADA H, 1998. Energy absorption characteristics of crash worthy structural composite materials. Key Eng. Mater., 141-143 (143): 585-620.

REDDY T Y, 1989. Tube inversion- an experiment in plasticity. Int. J. Mech. Eng. Educ., 17(4): 277-291.

REDDY T Y, 1992. Guist and marble revisited-on the natural knuckle radius in tube inversion. Int. J. Mech. Sci., 34(10): 761-768.

REDDY T Y, AL-HASSANI S T S, 1993. Axial crushing of wood-filled square metal tubes. Int. J. Mech. Sci., 35(3/4): 231-246.

REDDY T Y, REID S R, 1979. Lateral compression of tubes and tube-systems with side constraints. Int. J. Mech. Sci., 21(3): 187-199.

REDDY T Y, REID S R, 1986. Axial splitting of circular metal tubes. Int. J. Mech. Sci., 28(2): 111-131.

REDDY T Y, REID S R, BARR R, 1991. Experimental investigation of inertia effects in one-dimensional metal ring systems subjected to end impact-II. free-ended systems. Int. J. Impact Eng., 11(4): 463-480.

REDDY T Y, REID S R, CARNEY III J F, et al., 1987. Crushing analysis of braced metal rings using the equivalent structure technique. Int. J. Mech. Sci., 29(9): 655-668.

REDDY T Y, WALL R J, 1988. Axial compression of foam-filled thin-walled circular tubes. Int. J. Impact Eng., 7(2): 151-166.

REDDY T Y, YU T X, EL-DUFANI A I, 1996. Plastic collapse of circular tubes under combined bending and torsion//Engineering Plasticity and its Applications (AEPA1996): 827-832.

REDWOOD R G, 1964. Discussion of DeRuntz JA & Hodge PG 1963, ASME J. Appl. Mech, 31(31): 357-358.

REID S R, 1983. Laterally compressed metal tubes as impact energy absorbers//JONES N, WIERZBICKI T. Structural crashworthiness. London: Butterworths.

REID S R, BELL W W, 1984. Response of 1-D metal ring systems to end impact//HARDING J. Mechanical properties at high rates of strain. Bristol: Institute of Physics Coference Series, 70: 471-478.

REID S R, BELL W W, BARR R, 1983c. Structural plastic model for one-dimensional ring systems. Int. J. Impact Eng., 1: 185-191.

REID S R, DREW S L K, CARNEY III J F, 1983a. Energy absorbing capacities of braced metal tubes. Int. J. Mech. Sci., 25(9/10): 649-667.

REID S R, GOUDIE K, 1989b. Denting and bending of tubular beams under local loads//WIERZBICKI T, JONES N.Structural failure. New York: John Wiley & Sons.

REID S R, GUI X G, 1987. On the elastic-plastic deformation of cantilever beams subjected to tip impact. Int. J. Impact Eng., 6(2): 109-127.

REID S R, HARRIGAN J J, 1998b. Transient effects in the quasi-static and dynamic internal inversion and nosing of metal tubes. Int. J. Mech. Sci., 40(2/3): 263-280.

REID S R, JOHNSON W, REDDY T Y, 1980. Pipe whip restraint systems. Chartered Mechanical Engineer, 27(6): 55-60.

REID S R, PENG C, 1997. Dynamic uniaxial crushing of wood. Int. J. Impact Eng., 19(5/6): 531-570.

REID S R, REDDY T Y, 1978. Effect of strain hardening on the lateral compression of tubes between rigid plates. Int. J. Solids Struct., 14(3): 213-225.

REID S R, REDDY T Y, 1983b. Experimental investigation of inertia effects in one-dimensional metal ring systems subjected to end impact - I. fixed-ended systems. Int. J. Impact Eng., 1(1): 85-106.

REID S R, REDDY T Y, 1986b. Static and dynamic crushing of tapered sheet metal tubes of rectangular cross-section. Int. J. Mech. Sci., 28(9): 623-637.

REID S R, REDDY T Y, 1986c. Axial crushing of foam-filled tapered sheet metal tubes. Int. J. Mech. Sci., 28(10): 643-656.

REID S R, REDDY T Y, GRAY M D, 1986a. Static and dynamic axial crushing of foam-filled sheet metal tubes. Int. J. Mech. Sci., 28(5): 295-322.

REID S R, REDDY T Y, PENG C, 1993. Dynamic compression of cellular structures and materials//JONES N, WIERZBICKI T. Structural crashworthiness and failure. Amsterdam: Elsevier: 295-340.

REID S R, TAN P J, HARRIGAN J J, 2001. The crushing strength of aluminium alloy foam at high rates of strain//CHIBA A, TANIMURA S, HOKAMOTO K. Impact engineering and applications. Amsterdam: Elsevier: 15-22.

REID S R, WANG B, 1995a. Large-deflection analysis of whipping pipes. I: rigid, perfectly-plastic model. J. Eng. Mech., 121(8): 881-887.

REID S R, WEN H M, 2000. Perforation of FRP laminates and sandwich panels subjected to missile impact//REID S R, ZHOU G. Impact behaviour of fibre-reinforced composite materials and structures. Cambridge: Woodhead Publishing.

REID S R, YU T X, YANG J L, 1995b. Response of an elastic, plastic tubular cantilever beam subjected to a force pulse at its tip-small deflection analysis. Int. J. Solids Struct., 32(23): 3407-3421.

REID S R, YU T X, YANG J L, 1998a. An elastic-plastic hardening-softening cantilever beam subjected to a force pulse at its tip: a model for pipe whip. Proc. R. Soc. London, Ser. A, 454(1972): 997-1029.

REID S R, YU T X, YANG J L, et al., 1996. Dynamic elastic-plastic behaviour of whipping pipes: experiments and theoretical model. Int. J. Impact Eng., 18(7/8): 703-733.

REID S, PRINJA N, 1989a. The mechanics of pipe whip. Proc. Conf. on Pipework Engng and Operation: 315-326.

REMMERS J C, 2008. Discontinuities in materials and structures: a unifying computational approach. Delft: Delft University of Technology.

REYES A, HOPPERSTAD O S, BERSTAD T, et al., 2003. Constitutive modeling of aluminum foam including fracture and statistical variation of density. Eur. J. Mech. A. Solids, 22(6): 815-835.

REYES A, HOPPERSTAD O S, HANSSEN A G, et al., 2004. Modeling of material failure in foam-based components. Int. J. Impact Eng., 30(7): 805-834.

RICE J R, TRACEY D M, 1969. On the ductile enlargement of voids in triaxial stress fields∗. J. Mech. Phys. Solids, 17(3): 201-217.

ROACH A M, JONES N, EVANS K E, 1998. The penetration energy of sandwich panel elements under static and dynamic loading. Part II. Compos. Struct., 42(2): 135-152.

RUAN D, LU G, CHEN F L, et al., 2002. Compressive behaviour of aluminium foams at low and medium strain rates. Compos. Struct., 57(1/2/3/4): 331-336.

RUAN D, LU G, ONG L S, et al., 2007. Triaxial compression of aluminium foams. Compos. Sci. Technol., 67(6): 1218-1234.

RUAN D, LU G, WANG B, 2001. A study of dynamic deformation modes of intact and damaged aluminium honeycombs//CHIBA A, TANIMURA S, HOKAMOTO K. Impact engineering and applications. Amsterdam: Elsevier: 719-724.

RUAN D, LU G, WANG B, et al., 2003b. In-plane dynamic crushing of honeycombs: a finite element study. Int. J. Impact Eng., 28(2): 161-182.

RUAN H H, GAO Z Y, YU T X, 2006. Crushing of thin-walled spheres and sphere arrays. Int. J. Mech. Sci., 48(2): 117-133.

RUAN H H, YU T X, 2003a. Local deformation models in analyzing beam-on-beam collisions. Int. J. Mech. Sci., 45(3): 397-423.

RUAN H H, YU T X, 2016. The unexpectedly small coefficient of restitution of a two-degree-of-freedom mass-spring system and its implications. Int. J. Impact Eng., 88: 1-11.

SADIGHI M, ALDERLIESTEN R C, BENEDICTUS R, 2012. Impact resistance of fiber-metal laminates: a review. Int. J. Impact Eng., 49: 77-90.

SANTOSA S, BANHART J, WIERZBICKI T, 2000. Bending crush resistance of partially foam-filled sections. Adv. Eng. Mater., 2(4): 223-227.

SANTOSA S, BANHART J, WIERZBICKI T, 2001. Experimental and numerical analyses of bending of foam-filled sections. Acta Mech., 148(1/2/3/4): 199-213.

SANTOSA S, WIERZBICKI T, 1997. Effect of an ultralight metal filler on the torsional crushing behaviour of thin-walled prismatic columns. Int. J. Crashworthiness, 2(4): 305-331.

SANTOSA S, WIERZBICKI T, 1998b. On the modeling of crush behavior of a closed-cell aluminum foam structure. J. Mech. Phys. Solids, 46(4): 645-669.

SANTOSA S, WIERZBICKI T, 1998a. Crash behavior of box columns filled with aluminum honeycomb or foam. Comput. Struct., 68(4): 343-367.

SANTOSA S, WIERZBICKI T, 1999. Effect of an ultralight metal filler on the bending collapse behavior of thin-walled prismatic columns. Int. J. Mech. Sci., 41(8): 995-1019.

SEDOV L I, 1993. Similarity and dimensional methods in mechanics. 10th ed. Boca Raton, FL: CRC Press.

SEIBI A C, AL-HIDDABI S, PERVEZ T, 2005. Structural behavior of a solid tubular under large radial plastic expansion. J. Energy Res. Technol., 127(4): 323-327.

SHAKERI M, SALEHGHAFFARI S, MIRZAEIFAR R, 2007. Expansion of circular tubes by rigid tubes as impact energy absorbers: experimental and theoretical investigation. Int. J. Crashworthiness, 12(5): 493-501.

SHEN C J, LU G, YU T X, 2014. Investigation into the behavior of a graded cellular rod under impact. Int. J. Impact Eng., 74: 92-106.

SHEN C J, YU T X, LU G, 2013. Double shock mode in graded cellular rod under impact. Int. J. Solids Struct., 50(1): 217-233.

SHEN J, LU G, RUAN D, 2010. Compressive behaviour of closed-cell aluminium foams at high strain rates. Compos. Part B-Eng., 41(8): 678-685.

SHEN W Q, CHEN K S, 1998. An investigation on the impact performance of pipelines. Int. J. Crashworthiness, 3(2): 191-209.

SHIM V P W, STRONGE W J, 1986a. Lateral crushing of thin-walled tubes between cylindrical indenters. Int. J. Mech. Sci., 28(10): 683-707.

SHIM V P W, STRONGE W J, 1986b. Lateral crushing in tightly packed arrays of thin-walled metal tubes. Int. J. Mech. Sci., 28(10): 709-728.

SHIM V P W, TAY B Y, STRONGE W J, 1990. Dynamic crushing of strain-softening cellular structures-a one-dimensional analysis. J. Eng. Mater. Technol. Trans. ASME, 112(4): 398-405.

SILVA-GOMES J F, AL-HASSANI S T S, JOHNSON W, 1978. The plastic extension of a chain of rings due to an axial impact load. Int. J. Mech. Sci., 20(8): 529-538.

SINGACE A A, 1999. Axial crushing analysis of tubes deforming in the multi-lobe mode. Int. J. Mech. Sci., 41(7): 865-890.

SINGACE A A, 2000. Collapse behaviour of plastic tubes filled with wood sawdust. Thin. Wall. Struct., 37(2): 163-187.

SINGACE A A, EL-SOBKY H, 1996. Further experimental investigation on the eccentricity factor in the progressive crushing of tubes. Int. J. Solids Struct., 33(24): 3517-3538.

SINGACE A A, EL-SOBKY H, 1997. Behaviour of axially crushed corrugated tubes. Int. J. Mech. Sci., 39(3): 249-268.

SINGACE A A, EL-SOBKY H, 2001. Uniaxial crushing of constrained tubes. Proc. Inst. Mech. Eng. Part C: J. Mech. Eng. Sci., 215(3): 353-364.

SINGACE A A, ELSOBKY H, REDDY T Y, 1995. On the eccentricity factor in the progressive crushing of tubes. Int. J. Solids Struct., 32(24): 3589-3602.

SONG B, CHEN W, LU W Y, 2007. Compressive mechanical response of a low-density epoxy foam at various strain rates. J. Mater. Sci., 42(17): 7502-7507.

SONG H W, WAN Z M, XIE Z M, et al., 2000. Axial impact behavior and energy absorption efficiency of composite wrapped metal tubes. Int. J. Impact Eng., 24(4): 385-401.

SONG J, CHEN Y, LU G, 2012. Axial crushing of thin-walled structures with origami patterns. Thin. Wall. Struct., 54: 65-71.

SONG J, CHEN Y, LU G, 2013. Light-weight thin-walled structures with patterned windows under axial crushing. Int. J. Mech. Sci., 66: 239-248.

SOROKA W, 2002. Fundamentals of packaging technology. 2nd ed. Horndon: Institute of Packaging Professionals.

STEEL W J M, SPENCE J, 1983. On propagating buckles and their arrest in sub-sea pipelines. Proc. Inst. Mech. Eng. Part A: J. Power Energy, 197 A: 139-147.

STRONGE W J, 1985. Metal forming and impact mechanics. Impact and penetration of cylindrical shells by blunt middiles: 289-302.

STRONGE W J, 1993. Impact on metal tubes: indentation and perforation//Norman J, Tomasz W. Structural crashworthiness and failure. Amsterdam: Elsevier.

STRONGE W J, 2000. Impact mechanics. Cambridge: Cambridge University Press.

STRONGE W J, SHIM V P W, 1987. Dynamic crushing of a ductile cellular array. Int. J. Mech. Sci., 29(6): 381-406.

STRONGE W J, SHIM V P W, 1988. Microdynamics of crushing in cellular solids. J. Eng. Mater. Technol. Trans. ASME, 110(2): 185-190.

STRONGE W J, YU T X, 1993. Dynamic models for structural plasticity. London:Springer-Verlag.

STRONGE W J, YU T X, JOHNSON W, 1983. Long stroke energy dissipation in splitting tubes. Int. J. Mech. Sci., 25(9/10): 637-647.

STRONGE W J, YU T X, JOHNSON W, 1984. Energy dissipation by splitting and curling tubes//MORTON J. structural impact and crashworthiness. Amsterdam: Elsevier: 576-587.

SU B, ZHOU Z, XIAO G, et al., 2017. A pressure-dependent phenomenological constitutive model for transversely isotropic foams. Int. J. Mech. Sci., 120: 237-248.

SU X Y, YU T X, REID S R, 1995a. Inertia-sensitive impact energy-absorbing structures part I: effects of inertia and elasticity. Int. J. Impact Eng., 16(4): 651-672.

SU X Y, YU T X, REID S R, 1995b. Inertia-sensitive impact energy-absorbing structures part II: effect of strain rate. Int. J. Impact Eng., 16(4): 673-689.

SUN C T, DICKEN A, WU H F, 1993. Characterization of impact damage in ARALL laminates. Compos. Sci. Technol., 49(2): 139-144.

SUN D, ZHANG W, ZHAO Y, et al., 2013. In-plane crushing and energy absorption performance of multi-layer regularly arranged circular honeycombs. Compos. Struct., 96: 726-735.

SUN G, TIAN X, FANG J, et al., 2015. Dynamical bending analysis and optimization design for functionally graded thickness (FGT) tube. Int. J. Impact Eng., 78: 128-137.

SUN G, XU F, LI G, et al., 2014. Crashing analysis and multiobjective optimization for thin-walled structures with functionally graded thickness. Int. J. Impact Eng., 64: 62-74.

SUN Y, LI Q M, 2018. Dynamic compressive behaviour of cellular materials: a review of phenomenon, mechanism and modelling. Int. J. Impact Eng., 112: 74-115.

SUN Y, LI Q M, MCDONALD S A, et al., 2016. Determination of the constitutive relation and critical condition for the shock compression of cellular solids. Mech. Mater., 99: 26-36.

SYMONDS P S, 1965. Viscoplastic behavior in response of structures to dynamic loading// HUFFINGTON N. Behavior of materials under dynamic loading. New York:ASME:106-124.

SYMONDS P S, FLEMING JR W T,1984. Parkes revisited: on rigid-plastic and elastic-plastic dynamic structural analysis. Int. J. Impact Eng., 2(1): 1-36.

TABOR D, 1948. A simple theory of static and dynamic hardness. Proc. R. Soc. London, Ser. A, 192: 247-274.

TAGARIELLI V L, DESHPANDE V S, FLECK N A, 2008. The high strain rate response of PVC foams and end-grain balsa wood. Compos. Part B-Eng., 39(1): 83-91.

TAGARIELLI V L, DESHPANDE V S, FLECK N A, et al., 2005. A constitutive model for transversely isotropic foams, and its application to the indentation of balsa wood. Int. J. Mech. Sci., 47(4): 666-686.

TAKHOUNTS E G, RIDELLA S A, ROWSON S, et al., 2011. Kinematic rotational brain injury criterion (BRIC)//Proceedings of the 22nd enhanced safety of vehicles conference, Paper No. 11-0263.

TAM L L, CALLADINE C R, 1991. Inertia and strain-rate effects in a simple plate-structure under impact loading. Int. J. Impact Eng., 11(3): 349-377.

TAN P J, REID S R, HARRIGAN J J, 2012. On the dynamic mechanical properties of open-cell metal foams – a re-assessment of the 'simple-shock theory'. Int. J. Solids Struct., 49(19): 2744-2753.

TAN P J, REID S R, HARRIGAN J J, et al., 2005. Dynamic compressive strength properties of aluminium foams. Part II -'shock' theory and comparison with experimental data and numerical models. J. Mech. Phys. Solids, 53(10): 2206-2230.

TANG Z, LIU S, ZHANG Z, 2013. Analysis of energy absorption characteristics of cylindrical multi-cell columns. Thin. Wall. Struct., 62(1): 75-84.

TANI M, FUNAHASHI A, 1978. Energy absorption by the plastic deformation of body structural members//1978 Automotive Engineering Congress and Exposition, Warrendale. DOI: 10.4271/780368.

TAO X M, XUE P, YU T X, 2003. New development of cellular textile composites for energy-absorption applications. J. Ind. Text., 33(1): 15-31.

TAYLOR G I, 1948. The use of flat-ended projectiles for determining dynamic yield stress. Proc. R. Soc. London, Ser. A, 194: 289-299.

TENG X, WIERZBICKI T, 2005b. Numerical study on crack propagation in high velocity perforation. Comput. Struct., 83(12/13): 989-1004.

TENG X, WIERZBICKI T, 2006. Evaluation of six fracture models in high velocity perforation. Eng. Fract. Mech.,

73(12): 1653-1678.

TENG X, WIERZBICKI T, HIERMAIER S, et al., 2005a. Numerical prediction of fracture in the Taylor test. Int. J. Solids Struct., 42(9/10): 2929-2948.

THOMAS S G, REID S R, JOHNSON W, 1976. Large deformation of thin walled circular tubes under transverse loading-I. Int. J. Mech. Sci., 18(2): 325-333.

THORNTON P H, 1979. Energy absorption in composite structures. J. Compos. Mater., 13: 247-262.

THORNTON P H, 1980. Energy absorption by foam-filled structures//1980 Automotive Engineering Congress and Exposition, USA. DOI: 10.4271/800081.

THORNTON P H, EDWARDS P J, 1982. Energy absorption in composite tubes. J. Compos. Mater., 16(6): 521-545

THORNTON P H, HARWOOD J J, BEARDMORE P, 1985. Fiber-reinforced plastic composites for energy absorption purposes. Compos. Sci. Technol., 24(4): 275-298.

THORNTON P H, MAGEE C L, 1977. The interplay of geometric and materials variables in energy absorption. Journal of Engineering Materials & Technology, 1977, 99(2):114.

TIMOSHENKO S P, GERE J M, 1961. Theory of elastic stability. 2nd edition. Tokyo: McGraw-Hill.

TIMOSHENKO S P, WOINOWSKY-KRIEGER S, 1959. Theory of plates and shells. 2nd ed. Tokyo: Mc-Graw-Hill.

TING T,1964. The plastic deformation of a cantilever beam with strain-rate sensitivity under impulsive loading. ASME J. Appl. Mech., 31: 38-42.

TOKSOY A K, GÜDEN M, 2005. The strengthening effect of polystyrene foam filling in aluminum thin-walled cylindrical tubes.Thin. Wall. Struct., 43(2): 333-350.

TRAN T, HOU S, HAN X, et al., 2014. Theoretical prediction and crashworthiness optimization of multi-cell triangular tubes. Thin. Wall. Struct., 82: 183-195.

TSAMASPHYROS G J, BIKAKIS G S, 2011. Dynamic response of circular GLARE fiber-metal laminates subjected to low velocity impact. J. Reinf. Plast. Comp., 30(11): 978-987.

TVERGAARD V, NEEDLEMAN A, 1984. Analysis of the cup-cone fracture in a round tensile bar. Acta Metall., 32(1): 157-169.

UPDIKE D P, 1972. On the large deformation of a rigid-plastic spherical shell compressed by a rigid plate. J. Eng. Ind. Trans. ASME, 94(3): 949-955.

VESENJAK M, VEYHL C, FIEDLER T, 2012. Analysis of anisotropy and strain rate sensitivity of open-cell metal foam. Mat. Sci. Eng. A, 541: 105-109.

VIANO D C, LAU I V, 1988. A viscous tolerance criterion for soft tissue injury assessment. J. Biomech., 21(5): 387-399.

VLOT A, 1993. Impact properties of fibre metal laminates. Compos. Eng., 3(10): 911-927.

VLOT A, 1996. Impact loading on fibre metal laminates. Int. J. Impact Eng., 18(3): 291-307.

VLOT A, GUNNINK J W, 2011. Fibre metal laminates: an introduction. New York: Springer Science & Business Media, B.V.

WADLEY H N G, 2006. Multifunctional periodic cellular metals. Philosophical Transactions: Mathematical Physical and Engineering Sciences, 364(1838): 31-68.

WANG B, KLEPACZKO J R, LU G, et al., 2001. Viscoplastic behaviour of porous bronzes and irons. J. Mater. Process. Tech., 113(1/2/3): 574-580.

WANG B, LU G, 2002a. Mushrooming of circular tubes under dynamic axial loading. Thin. Wall. Struct., 40(2): 167-182.

WANG B, ZHANG J, LU G, 2003. Taylor impact test for ductile porous materials - Part 2: experiments. Int. J. Impact Eng., 28(5): 499-511.

WANG B, ZHOU C, 2017b. The imperfection-sensitivity of origami crash boxes. Int. J. Mech. Sci., 121: 58-66.

WANG K, GREVE L, WIERZBICKI T, 2015a. FE simulation of edge fracture considering pre-damage from blanking process. Int. J. Solids Struct., 71: 206-218.

WANG P, XU S, LI Z, et al., 2015b. Experimental investigation on the strain-rate effect and inertia effect of closed-cell aluminum foam subjected to dynamic loading. Mat. Sci. Eng. A, 620: 253-261.

WANG X G, BLOCH J A, CESARI D, 1992. Static and dynamic axial crushing of externally reinforced tubes. J. Mech. Eng. Sci., 206(5): 355-360.

WANG X, LU G, 2002b. Axial crushing force of externally fibre-reinforced metal tubes. J. Mech. Eng. Sci., 216(9): 863-874.

WANG Y, YANG Y L, WANG S, et al., 2018. Dynamic behavior of circular ring impinging on ideal elastic wall: analytical model and experimental validation. Int. J. Impact Eng., 122: 148-160.

WANG Z, SHEN J, LU G, et al., 2011. Compressive behavior of closed-cell aluminum alloy foams at medium strain rates. Mat. Sci. Eng. A, 528(6): 2326-2330.

WANG Z, ZHANG X, LI Z, 2017a. Bending collapse of multi-cell tubes. Int. J. Mech. Sci., 134: 445-459.

WASTI S T, 1964. Finite deformation of spherical shells. Cambridge: University of Cambridge.

WATSON A R, REID S R, JOHNSON W, et al., 1976. Large deformations of thin-walled circular tubes under transverse loading-II. Experimental study of the crushing of circular tubes by centrally applied opposed wedge-shaped indenters. Int. J. Mech. Sci., 18(7/8): 387-388,IN11-IN14,389-397.

WHITE M D, JONES N, 1999b. Experimental quasi-static axial crushing of top-hat and double-hat thin-walled sections. Int. J. Mech. Sci., 41(2): 179-208.

WHITE M D, JONES N, ABRAMOWICZ W, 1999a. A theoretical analysis for the quasi-static axial crushing of top-hat and double-hat thin-walled sections. Int. J. Mech. Sci., 41(2): 209-233.

WIERZBICKI T, 1983. Crushing analysis of metal honeycombs. Int. J. Impact Eng., 1(2): 157-174.

WIERZBICKI T, ABRAMOWICZ W, 1983. On the crushing mechanics of thin-walled structures. ASME J. Appl. Mech, 50(4a): 727-734.

WIERZBICKI T, BAO Y, LEE Y W, et al., 2005b. Calibration and evaluation of seven fracture models. Int. J. Mech. Sci., 47(4/5): 719-743.

WIERZBICKI T, BHAT S U, 1986. Initiation and propagation of buckles in pipelines. Int. J. Solids Struct., 22(9): 985-1005.

WIERZBICKI T, BHAT S U, ABRAMOWICZ W, et al., 1992. Alexander revisited-a two folding elements model of progressive crushing of tubes. Int. J. Solids Struct., 29(24): 3269-3288.

WIERZBICKI T, MOLNAR C, MATOLSCY M, 1978. Experimental-theoretical correlation of dynamically crushed components of bus frame structures//Proceedings of the Seventeenth International FISITA .Congress: Budapest.

WIERZBICKI T, RECKE L, ABRAMOWICZ W, et al., 1994a. Stress profiles in thin-walled prismatic columns subjected to crush loading-I. Compression. Comput. Struct., 51(6): 611-623.

WIERZBICKI T, RECKE L, ABRAMOWICZ W, et al., 1994b. Stress profiles in thin-walled prismatic columns subjected to crush loading-II. Bending. Comput. Struct., 51(6): 625-641.

WIERZBICKI T, SUH M S, 1988. Indentation of tubes under combined loading. Int. J. Mech. Sci., 30(3/4): 229-248.

WIERZBICKI T, THOMAS P, 1993. Closed-form solution for wedge cutting force through thin metal sheets. Int. J. Mech. Sci., 35(3/4): 209-229.

WIERZBICKI T, XUE L, 2005a. On the effect of the third invariant of the stress deviator on ductile fracture. Cambridge, MA: Massachusetts Institute of Technology.

WILBERT A, JANG W Y, KYRIAKIDES S, et al., 2011. Buckling and progressive crushing of laterally loaded honeycomb. Int. J. Solids Struct., 48(5): 803-816.

WILKINS M, STREIT R, REAUGH J, 1980. Cumulative-strain-damage model of ductile fracture: simulation and prediction of engineering fracture tests. San Leandro, CA (USA): Science Applications, Inc.

WU E, JIANG W S, 1997b. Axial crush of metallic honeycombs. Int. J. Impact Eng., 19(5/6): 439-456.

WU K Q, YU T X, 2001. Simple dynamic models of elastic-plastic structures under impact. Int. J. Impact Eng., 25(8): 735-754.

WU L, CARNEY III J F, 1997a. Initial collapse of braced elliptical tubes under lateral compression. Int. J. Mech. Sci., 39(9): 1023-1036.

WU L, CARNEY III J F, 1998. Experimental analyses of collapse behaviors of braced elliptical tubes under lateral compression. Int. J. Mech. Sci., 40(8): 761-777.

XI C Q, LI Q M, 2017. Meso-scale mechanism of compaction shock propagation in cellular materials. Int. J. Impact Eng., 109: 321-334.

XIANG X M, YOU Z, LU G, 2018. Rectangular sandwich plates with Miura-ori folded core under quasi-static loadings. Compos. Struct., 195: 359-374.

XIANG Y, WANG M, YU T, et al., 2015. Key performance indicators of tubes and foam-filled tubes used as energy absorbers. Int. J. App. Mech., 7(4): 1550060.

XU F, ZHANG X, ZHANG H, 2018. A review on functionally graded structures and materials for energy absorption. Eng. Struct., 171: 309-325.

XU S, RUAN D, LU G, 2014. Strength enhancement of aluminium foams and honeycombs by entrapped air under dynamic loadings. Int. J. Impact Eng., 74: 120-125.

XU S, RUAN D, LU G, et al., 2015. Collision and rebounding of circular rings on rigid target, Int. J. Impact Eng., 79: 14-21.

XUE P, DING L, QIAO F, et al., 2014. Crashworthiness study of a civil aircraft fuselage section. Latin American Journal of Solids and Structures, 11: 1615-1627.

XUE Z, HUTCHINSON J W, 2004. Constitutive model for quasi-static deformation of metallic sandwich cores. International Journal for Numerical Methods in Engineering, 2004, 61(13): 2205-2238.

XUE P, QIAO C F, YU T X, 2010. Crashworthiness study of a keel beam structure. Int. J. Mech. Sci., 52(5): 672-679.

XUE P, TAO X M, YU T X, 2000a. Progress in the studies of energy absorption behaviour of textile composites (in Chinese). Adv. in Mech., 30(2): 227-238.

XUE P, TAO X M, YU T X, 2001b. Cellular textile composite: configuration and energy absorption mechanisms//ZHANG L C. Engineering plasticity and impact dynamics. Singapore:World Scientific.

XUE P, YU T X, TAO X M, 2000b. Effect of cell geometry on the energy-absorbing capacity of grid-domed textile composites. Compos. Part A-appl. S., 31(8): 861-868.

XUE P, YU T X, TAO X M, 2001a. Flat-topped conical shell under axial compression. Int. J. Mech. Sci., 43(9): 2125-2145.

YAN J, YAO S, XU P, et al., 2016. Theoretical prediction and numerical studies of expanding circular tubes as energy absorbers. Int. J. Mech. Sci., 105: 206-214.

YANG J L, YU T X, REID S R, 1998. Dynamic behaviour of a rigid, perfectly plastic free-free beam subjected to step-loading at any cross-section along its span. Int. J. Impact Eng., 21(3): 165-175.

YANG J, LUO M, HUA Y, et al., 2010. Energy absorption of expansion tubes using a conical-cylindrical die: experiments and numerical simulation. Int. J. Mech. Sci., 52(5): 716-725.

YANG K H, HU J, WHITE N A, et al., 2006. Development of numerical models for injury biomechanics research: a review of 50 years of publications in the Stapp Car Crash Conference. Stapp Car Crash J., 50: 429-490.

YU J L, LI J R, HU S S, 2006. Strain-rate effect and micro-structural optimization of cellular metals. Mech. Mater., 38(1): 160-170.

YU T X, 2002. Dynamic response and failure of free-free beams under impact or impulsive loading//NURICK G N, BREBBIA C A. Advances in dynamics and impact mechanics. Ashurst, Southampton: WIT Press: 235-263.

YU T X, JOHNSON W, 1982. Influence of axial force on the elastic-plastic bending and springback of a beam. Journal of Mechanical Working Technology, 6(1): 5-21.

YU T X, QIU X M, 2018. Introduction to impact dynamics. New Fersy: Wiley.

YU T X, REID S R, WANG B, 1993. Hardening-softening behaviour of tubular cantilever beams. Int. J. Mech. Sci., 35(12): 1021-1033.

YU T X, TAO X M, XUE P, 2000. The energy-absorbing capacity of grid-domed textile composites. Compos. Sci. Technol., 60(5): 785-800.

YU T X，TEH L S, 1997. Large plastic deformation of beams of angle-section under symmetric bending. International Journal of Mechanical Sciences, 1997, 39(7):829-839.

YU T X, XUE P, TAO X M, 2001. Design and construction of cellular textile composites for energy absorption// ICCM-13 Beijing.

YU T X, YANG J L, REID S R, 1997. Interaction between reflected elastic flexural waves and a plastic 'hinge' in the dynamic response of pulse loaded beams. Int. J. Impact Eng., 19(5/6): 457-475.

YU T X, ZHANG D J, ZHANG Y, et al., 1988. A study of the quasi-static tearing of thin metal sheets. Int. J. Mech. Sci., 30(3/4): 193-202.

YU T X, ZHANG L C, 1996. Plastic bending: theory and applications. Singapore: World Scientific.

YU T X, ZHOU F H, YANG L M, 2010. Dynamic response of a ring on viscoelastic foundation to impact. Perth, Australia: The 6th Australasian Congress on Applied Mechanics (ACAM 6).

YU X, QIU X, YU T X, 2015. Analysis of the free external inversion of circular tubes based on deformation theory. Int. J. Mech. Sci., 100: 262-268.

YU X, QIU X, YU T X, 2016. Theoretical model of a metal tube under inversion over circular dies. Int. J. Mech. Sci., 108/109: 23-28.

ZHANG J, 1989. The mechanics of foams and honeycombs, in engineering department. Cambridge :University of Cambridge.

ZHANG L, YANG K H, KING A I, 2004. A proposed injury threshold for mild traumatic brain injury. J. Biomech. Eng., 126(2): 226-236.

ZHANG T G, YU T X, 1989. A note on a 'velocity sensitive' energy-absorbing structure. Int. J. Impact Eng., 8(1): 43-51.

ZHANG X C, LIU Y, WANG B, et al., 2010b. Effects of defects on the in-plane dynamic crushing of metal honeycombs. Int. J. Mech. Sci., 52(10): 1290-1298.

ZHANG X W, FU R, YU T X, 2009b. Experimental study on static/dynamic local buckling of ping pong balls compressed onto a rigid plate. Singapore: 4th Int. Conf. Exp. Mech. 2009 (ICEM 2009): SPIE.

ZHANG X W, TIAN Q D, YU T X, 2009d. Axial crushing of circular tubes with buckling initiators. Thin-walled structures, 47(6): 788-797.

ZHANG X W, SU H, YU T X, 2009c. Energy absorption of an axially crushed square tube with a buckling in itiator. International Journal of impact Engineering. 36(3): 402-417.

ZHANG X W, TAO Z, ZHANG Q M, 2014d. Dynamic behaviors of visco-elastic thin-walled spherical shells impact onto a rigid plate. Latin American Journal of Solids & Structures, 11(14): 2607-2623.

ZHANG X W, YU T X, 2009a. Energy absorption of pressurized thin-walled circular tubes under axial crushing. Int. J. Mech. Sci., 51(5): 335-349.

ZHANG X, CHENG G, YOU Z, et al., 2007. Energy absorption of axially compressed thin-walled square tubes with patterns. Thin. Wall. Struct., 45(9): 737-746.

ZHANG X, CHENG G, ZHANG H, 2006. Theoretical prediction and numerical simulation of multi-cell square thin-walled structures. Thin. Wall. Struct., 44(11): 1185-1191.

ZHANG X, HUH H, 2010a. Crushing analysis of polygonal columns and angle elements. Int. J. Impact Eng., 37(4): 441-451.

ZHANG X, WEN Z, ZHANG H, 2014e. Axial crushing and optimal design of square tubes with graded thickness. Thin. Wall. Struct., 84: 263-274.

ZHANG X, ZHANG H, 2012a. Experimental and numerical investigation on crush resistance of polygonal columns and angle elements. Thin. Wall. Struct., 57: 25-36.

ZHANG X, ZHANG H, 2012b. Numerical and theoretical studies on energy absorption of three-panel angle elements. Int. J. Impact Eng., 46: 23-40.

ZHANG X, ZHANG H, 2013a. Energy absorption of multi-cell stub columns under axial compression. Thin. Wall. Struct., 68: 156-163.

ZHANG X, ZHANG H, 2013b. Energy absorption limit of plates in thin-walled structures under compression. Int. J. Impact Eng., 57: 81-98.

ZHANG X, ZHANG H, 2013c. Theoretical and numerical investigation on the crush resistance of rhombic and kagome honeycombs. Compos. Struct., 96: 143-152.

ZHANG X, ZHANG H, 2014b. Axial crushing of metallic tubes with complex cross section. Hangzhou: The 4th International Symposium on Impact Energy Absorption.

ZHANG X, ZHANG H, 2014c. Axial crushing of circular multi-cell columns. Int. J. Impact Eng., 65: 110-125.

ZHANG X, ZHANG H, 2015a. The crush resistance of four-panel angle elements. Int. J. Impact Eng., 78: 81-97.

ZHANG X, ZHANG H, 2015b. Some problems on the axial crushing of multi-cells. Int. J. Mech. Sci., 103: 30-39.

ZHANG X, ZHANG H, 2015c. Relative merits of conical tubes with graded thickness subjected to oblique impact loads. Int. J. Mech. Sci., 98: 111-125.

ZHANG X, ZHANG H, 2016b. Crush resistance of square tubes with various thickness configurations. Int. J. Mech. Sci., 107: 58-68.

ZHANG X, ZHANG H, WANG Z, 2016a. Bending collapse of square tubes with variable thickness. Int. J. Mech. Sci., 106: 107-116.

ZHANG X, ZHANG H, WEN Z, 2014a. Experimental and numerical studies on the crush resistance of aluminum honeycombs with various cell configurations. Int. J. Impact Eng., 66: 48-59.

ZHANG X, ZHANG H, WEN Z, 2015d. Axial crushing of tapered circular tubes with graded thickness. Int. J. Mech. Sci., 92: 12-23.

ZHAO H, 1997. Testing of polymeric foams at high and medium strain rates. Polym. Test., 16(5): 507-516.

ZHAO H, GARY G, 1998. Crushing behaviour of aluminium honeycombs under impact loading. Int. J. Impact Eng., 21(10): 827-836.

ZHAO X L, HANCOCK G J, 1993. Experimental verification of the theory of plastic-moment capacity of an inclined yield line under axial force. Thin. Wall. Struct., 15(3): 209-233.

ZHENG Z, WANG C, YU J, et al., 2014. Dynamic stress–strain states for metal foams using a 3D cellular model. J. Mech. Phys. Solids, 72: 93-114.

ZHENG Z, YU J, WANG C, et al., 2013. Dynamic crushing of cellular materials: a unified framework of plastic shock wave models. Int. J. Impact Eng., 53: 29-43.

ZHOU C, ZHOU Y, WANG B, 2017. Crashworthiness design for trapezoid origami crash boxes. Thin. Wall. Struct., 117: 257-267.

ZHOU F, YU T X, YANG L, 2012. Elastic behavior of ring-on-foundation. Int. J. Mech. Sci., 54(1): 38-47.

ZHOU Q, 2001. Applications of cellular materials and structure in vehicle crash-worthiness and occupant protection//ZHANG L C. Engineering plasticity and impact mechanics. Singapore: World Scientific.

ZHOU Q, WANG D M, YU T X, 1990. Energy absorption capacity of box structures under impact (in Chinese). Chinese J. Appl. Mech., 7(3): 51-57.

ZHU F, 2008. Impulsive loading of sandwich panels with cellular cores. Melbourne: Swinburne University of Technology.

ZHU F, CHOU C C, YANG K H, 2011. Shock enhancement effect of lightweight composite structures and materials. Compos. Part B-Eng., 42(5): 1202-1211.

ZHU F, LU G, RUAN D, et al., 2010a. Plastic deformation, failure and energy absorption of sandwich structures with metallic cellular cores. Int. J. Prot. Stru., 1(4): 507-541.

ZHU F, WANG Z, LU G, et al., 2010b. Some theoretical considerations on the dynamic response of sandwich structures under impulsive loading. Int. J. Impact Eng., 37(6): 625-637.

ZHU F, ZHAO L, LU G, et al., 2008. Deformation and failure of blast-loaded metallic sandwich panels-experimental investigations. Int. J. Impact Eng., 35(8): 937-951.

ZHU F, ZHAO L, LU G, et al., 2009. A numerical simulation of the blast impact of square metallic sandwich panels. Int. J. Impact Eng., 36(5): 687-699.

ZHU G, GOLDSMITH W, DHARAN C K H, 1992a. Penetration of laminated Kevlar by projectiles-I. Experimental investigation. Int. J. Solids Struct., 29(4): 399-420.

ZHU G, GOLDSMITH W, DHARAN C K H, 1992b. Penetration of laminated Kevlar by projectiles-II. Analytical model. Int. J. Solids Struct., 29(4): 421-436.

ZOU Z, REID S R, TAN P J, et al., 2009. Dynamic crushing of honeycombs and features of shock fronts. Int. J. Impact Eng., 36(1): 165-176.

符 号 表

符号	含义	符号	含义
A	面积	k	弹簧常数
a	加速度	k'	接触刚度
a_c	接触圆半径	k_c	修正赫兹接触刚度
a_m	接触圆的最大半径	L	长度
$\bar{a}$	脆弱性因子	l	胞元长度
B	边长	M	弯矩
b	宽度	M_e	最大弹性弯矩
c	方管的边长	M_o	单位宽度的塑性极限弯矩
c_L	纵向弹性应力波波速	M_p	塑性极限弯矩
c_p	纵向塑性应力波波速	m	质量
c_s	剪切波速	$\bar{m}$	无量纲弯矩，M/M_e
$\bar{D}$	弯曲刚度	N	轴力
$\widehat{D}$	损伤演化指标	N_o	板壳单位宽度的塑性极限轴力(膜力)
$\bar{d}$	无量纲圆管直径	N_p	塑性极限轴力
E	杨氏弹性模量	n	裂纹数
E_{bm}	弯曲和薄膜变形能	$\bar{n}$	无量纲轴力
E_{deb}	脱黏能	P	载荷
E_{del}	复合材料分层能	P^r	压力
E_{max}^e	模型可储存的最大弹性能	P_A	气压
E_{pt}	分瓣能	P_u	极限载荷（力）
E_{tf}	复合材料拉伸断裂能	P_m	平均载荷（力）
E_P	强化模量	P_{mt}	修正的平均载荷（力）
e	恢复系数	P'	等效合力
F	力	p	冲量
F_H	水平力分量	p_o	过载冲量
F_V	竖直力分量	p'	孔隙度
f	吸能效率	Q	广义力
$\bar{f}$	无量纲力	q	分布载荷
G	（集中）质量	R	半径
H	皱褶的半波长	R_{er}	能量比，E_{in}/E_{max}^e
h	厚度	R_M	质量比
I	截面惯性矩	R_p	原型半径
J	转动惯量	$\bar{R}$	无量纲卷曲半径
K	动能	$\bar{R}_p$	塑性耗散能量与输入能量之比，W/E_{in}
$\bar{K}$	变形刚度	r	滚动半径

续表

S	比例因子	θ	角/洛德（Lode）角参数
S_c	压缩位移/行程	κ	曲率
S_{cE}	有效压缩行程	κ_e	最大弹性曲率
S_l	线性尺度的比例因子	κ'	赫兹接触系数
S_m	材料的比例因子	λ	塑性铰的等效长度
s	距离	μ	摩擦系数
T	总时间	υ	泊松比
T^t	叠层板的总厚度	ξ	洛德参数
$\bar{T}$	温度	γ	塑性铰处转动的半角
$\bar{T}_M$	熔融温度	ρ	密度
$\bar{T}_0$	室温	$\bar{\rho}$	无量纲端头尺寸
t	时间	ρ'	多胞材料的表观密度
u	位移	ρ_{ce}	胞壁固体材料的密度
V	弹体的速度	σ	应力
v	速度	σ_P	静水压力屈服强度
v_y	屈服速度	σ_{pl}	平台应力
v_t	切线速度	σ_r	径向应力
W	能量	σ_S	偏量屈服强度
W_e	总吸收能	σ_t	切向应力
w	功	τ	剪切强度
w_p	单位体积的塑性功	$\bar{\phi}$	密实度
w_t	比功	$\bar{\varphi}$	无量纲曲率，κ/κ_e
Y	屈服应力	ω	角速度
α	角加速度	上标	
Δ	（特征）位移/挠度	c	芯层
δ	（局部）位移/挠度	cr	临界值
δ_{eq}	等效长度	d	动态
ε	应变	e	弹性
ε_D	压实应变	ep	弹塑性
ε_I	入射应变	f	面板
ε_R	反射应变	o	静力许可
ε_T	透射应变	p	塑性
ε_y	屈服应变	rp	刚塑性
η	应力三轴度	s	静态
η_E	有效压缩距离因子	+	上界
$\bar{\eta}$	结构有效率	−	下界

续表

*	运动许可	load	加载
下标		loss	损失
a	轴向	m	平均
b	弯曲	max	最大
c	压缩	md	模型
cc	复合材料压缩	mem	膜
ce	胞壁	min	最小
circular	圆管	mt	金属
cm	复合材料	p	塑性
ct	复合材料拉伸	pk	峰值
cr	临界	pl	平台
d	动态	pr	原型
de	传递	r	恢复
die	模具	re	回弹
E	有效	s	延展（拉伸）的
e	弹性	shock	冲击
eq	等效	square	方管
F	最终	st	静态的
f	断裂	t	撕裂的
fl	翼缘	tl	总的
fm	泡沫	u	终极的，极限的
fri	摩擦	unload	卸载
g	整体	w	腹板
in	输入	y	屈服
L	纵向	ϕ	周长/周向
l	局部	0	初始

名词术语表

（按汉语拼音为序）

摆锤	pendulum
白金汉 π 定理	Buckingham π theorem
包装	packaging
抱合	wrap around
崩落	spalling
比功	specific work
比例因子	scaling factor
比能量吸收	specific energy absorption
闭孔泡沫材料	closed-cell foam
变厚度	variable thickness
变形模式	deformation mode
变形影响区	deformation zone
波形梁护栏系统	W-beam guard rail system
玻璃纤维增强铝板	glass reinforced aluminium laminate
车辆	vehicle
车辆事故统计	vehicle accident statistics
尺度效应	size effect
冲击波	shock wave
冲量	impulse
初始缺陷	initial imperfection
初始坍塌机构	incipient collapse mechanism
船舶撞击	ship impact
纯剪切断裂	pure shear fracture
脆弱性因子	fragility factor
脆性断裂	brittle fracture
大变形	large deformation
弹道极限	ballistic limit
弹–幂次强化	elastic-power hardening
弹–塑性压陷	elastic-plastic indentation
弹性应力波	elastic stress wave
等效断裂应变	equivalent fracture strain
等效结构技术	equivalent structure technique
地基梁模型	beam-on-foundation model
第 II 类结构	type II structure
动力学恢复系数	kinetic coefficient of restitution
动态变形过程	dynamic deformation process
动态强化因子	dynamic enhancement factor
断裂迹线	fracture locus
断裂应变	fracture strain
对心正碰撞	direct central collision
多胞薄壁构件	multi-cell thin-walled member
多胞纺织复合材料	cellular textile composite
翻滚防护结构	roll over protective structures
翻转屈曲	rolling-over buckling
芳纶纤维增强铝板	aramid reinforced aluminium laminate
飞行器	aircraft
非弹性碰撞	inelastic collision
分离式霍普金森压杆	split Hopkinson pressure bar
蜂窝夹层板	honeycomb sandwich panel
复合材料	composite
复合材料包裹的金属管	composite wrapped metal tubes
刚塑性理想化	rigid plastic idealization
固（刚性）壁	rigid wall
管道甩动	pipe whip

续表

管件鼻状成型	tube nosing	静水压力（平均应力）	hydrostatic pressure
惯性敏感能量吸收结构	inertia-sensitive energy-absorbing structures	局部贯穿模式	local penetrating mode
广义力	generalized force	卷曲半径	knuckle radius
广义塑性铰	generalized plastic hinge	开孔泡沫材料	open-cell foam
滚动半径	rolling radius	孔洞生长	void growth
过渡区	transition zone	裤子形装置	trousers-type-setup
赫兹接触系数	Hertz contact coefficient	理想弹塑性材料	elastic, perfectly plastic material
赫兹理论	Hertz theory	理想刚塑性	rigid, perfectly plastic
滑轨	sled rail	量纲齐次性	dimensional homogeneity
环壳	toroidal shell	临界分离	critical separation
恢复系数	coefficient of restitution	临界模具半径	critical die radius
回弹	rebound	流体填充管	fluid-filled tube
混合压溃模式	mixed collapse mode	落锤	drop hammer
机身结构	fuselage structure	洛德参数	Lode parameter
基本量纲	fundamental dimensions	洛德角参数	Lode angle parameter
基础功	essential work	落体防护结构	falling object protective structure
极限曲面	limit surface	帽形结构	top hat structure
极限应力	ultimate stress	密实度	solidity ratio
极限载荷	limit load	耐撞性	crashworthiness
极限状态	limit state	能量比	energy ratio
加速度脉冲	acceleration pulse	能量分配	energy distribution
加载历史	loading history	能量耗散率	energy dissipation rate
夹层梁	sandwich beam	能量恢复系数	energetic coefficient of restitution
夹芯	sandwich core	能量吸收图	energy absorption diagram
角形单元	corner element	扭转和弯曲组合	combined torsion and bending
接触弹簧	contact spring	扭转坍塌	torsional collapse
结构承载能力	load-carrying capacity	泡沫材料	foam
结构有效率	structural effectiveness	泡沫材料缓冲曲线	cushion curves of foam
解理断裂	cleavage fracture	泡沫材料主曲线	master curve of foam
金属泡沫材料	metal foam material	泡沫充填管	foam-filled tube
浸没式边界方法	immersed boundary method	泡沫铝	aluminum foam
经验断裂模型	empirical fracture model	泡沫铝夹层板	aluminum foam sandwich panel
静力许可应力场	statically admissible stress field	碰撞	collision

续表

碰撞的恢复相	restitution phase of collision	塑性极限弯矩	fully plastic bending moment
碰撞的压缩相	compression phase of collision	塑性铰	plastic hinge
碰撞能量比	impact energy ratio	塑性铰的等效长度	effective length of plastic hinge
碰撞中的能量损失	energy loss in collision	塑性应力波	plastic stress wave
偏心因子	eccentricity factor	随动质量	active mass
平面应变	plane strain	碎裂模式	fragmentation mode
平台应力	plateau stress	损伤力学	damage mechanics
评价指标体系	evaluation index system	损伤演化指标	damage evolution index
气炮	gas gun	锁定应变（压实应变）	locking strain（densification strain）
气压	pressure	塌陷传播	propagating collapse
强化模量	hardening modulus	泰勒理论	Taylor theory
桥墩	pier	坍塌机构；压溃机构	collapse mechanism
穹顶阵列纺织复合材料	grid-domed textile composite	坍塌模式；压溃模式	collapse mode
屈服	yield	条带法	strip method
屈服速度	yield velocity	头部损伤判据	head injury criterion
屈服应变	yield strain	头盔	helmet
屈服应力	yield stress	推力作用线	line of thrust
权值函数	weight function	椭圆管	elliptical tubes
韧窝断裂	dimple fracture	弯矩–曲率关系	moment-curvature relationship
韧性断裂	ductile fracture	弯曲坍塌	bending collapse
韧性撕裂	ductile tearing	弯曲坍塌机构	bending collapse mechanism
柔性防撞装置	flexible anti-collision device	完全弹性碰撞	complete elastic collision
瑞利–里茨法	Rayleigh-Ritz method	韦恩州立大学忍受度曲线	Wayne State university tolerance curve
赛璐珞	celluloid	唯象本构模型	phenomenological constitutive model
三板角单元	three-panel angle element	温克勒地基	Winkler foundation
散射式渐进压溃	splaying progressive crushing	无量纲端头尺寸参数	non-dimensional boss size parameter
深边切口拉伸	deep edge notched tension	无量纲组（π 组）	dimensionless groups（π groups）
失效机理	failure mechanism	物理变量	physical variables
双帽形结构	double hat structure	吸能效率	energy absorption efficiency
双轴弯曲	biaxial bending	吸能有效率	effective energy absorption
塑性凹陷深度	plastic dent depth	下界定理	lower bound theorem
塑性泊松比	plastic poisson's ratio	纤维金属层合板	fiber metal laminate
塑性大挠度曲线	plastica	小尺度模型	small scale model

续表

斜压缩	oblique compression	胀管	tube expansion
胸部损伤判据	chest injury criterion	折板	crooked panel
胸廓损伤指数	thoracic trauma index	折纸结构	origami structure
压陷	indentation	整体坍塌模式	global collapse mode
压陷引起的能量耗散	energy dissipation due to indentation	正方形 / 六角形堆砌	square / hexagonally packed
岩石滚落防护	rock fall protection	质量–弹簧模型	mass-spring model
沿晶界断裂	intergranular fracture	轴力效应	axial force effect
一维冲击波	one-dimensional shock wave	轴向压缩阻抗	axial crush resistance
移行（塑性）铰	moving/traveling（plastic）hinge	皱褶的半长	half-length of a fold
应变率敏感性	strain rate sensitivity	驻值条件	stationary condition
应变强化	strain hardening	转动中心	pivot point
应力波	stress wave	锥壳	conical shell
应力波的阻抗	impedance of stress wave	坠落高度	drop height
应力三轴度	stress triaxiality	自由翻转	free inversion
有效行程比	effective stroke ratio	自由梁	free beam
有效泡沫充填长度	effective foam filling length	组成单元法	constituent element method
有效压溃长度	effective crush length	钻石压溃模式	diamond collapse mode
有效压缩行程	effective compression stroke	最大弹性曲率	maximum elastic curvature
原型	prototype	最大弹性弯矩	maximum elastic bending moment
圆环网	ring net	最大弯矩	maximum bending moment
圆环压溃模式	ring collapse mode	Gadd 严重性指数	Gadd severity index
运动许可速度 / 位移场	kinematically admissible velocity / displacement field	GTN 损伤演化模型	GTN damage evolution model
运动学恢复系数	kinematic coefficient of restitution	Miura 折纸结构	Miura origami structure
载荷波动度	undulation of load-carrying capacity	T 形单元	T-shaped element
载荷空间	load space		

后　记

在构思关于结构和材料的能量吸收的第一部英文专著（Lu G 和 Yu T X，*Energy Absorption of Structures and Materials*，Woodhead，2003）的过程中，两位作者早年在英国剑桥大学各自的研究生导师，Johnson W 教授（已故）和 Calladine C R 教授，无疑是我们科学研究的明灯和学术思想的源泉。

过去三十多年，我们对这个课题的理解和研究逐渐加深，得益于许多朋友、同事与学生的参与和帮助。在本专著的撰写中，我们要特别感谢 Steve Reid、Norman Jones、Bill Stronge、Yella Reddy、Jason Brown、Majid Sadeghi、Raphael Grzebieta、Yunlong Hua（华云龙）、Jialing Yang（杨嘉陵）、Xiaoming Tao（陶肖明）、Bin Wang（王彬）、Qing Zhou（周青）、Dongwei Shu（舒东伟）和 Xi Wang（王熙）等诸位教授的启发与讨论。当年的博士生 Pu Xue（薛璞）、Faliang Chen（陈发良）、Dong Ruan（阮冬）、Haihui Ruan（阮海辉）、Ziyang Gao（高子阳）和 Jacquelin Hui（许庭茵）为本书绘制了部分图片和曲线。Stephen Guillow 仔细阅读了书稿，并提出了宝贵的意见，Xiaodong Huang（黄晓东）绘制了许多高质量的插图。该书部分内容是在余同希的学术休假年和卢国兴的研究休假里完成的，因此要对香港科技大学机械及航空航天工程系和斯威本科技大学工程与科学学院分别表示感谢。

在本书的准备过程中，除了上面提到的同事、朋友和学生外，我们还要感谢程耿东（他也是本书第三作者张雄的研究生导师）、方岱宁和周青三位教授对本书出版的支持和推荐；还要感谢许多专家学者为本书提供的新近研究成果和应用实例，尤其是：杨黎明和周风华（12.4 节：保护桥墩的柔性防撞装置）、薛璞（12.5 节：飞机结构适坠性及能量吸收分析实例）、周青和聂冰冰（12.3 节：吸收行人头部撞击能量的汽车发动机罩盖设计）、邱信明（9.1 节的部分内容）、胡玲玲（10.4.4 小节）、项新梅（5.5 节）、张越（10.2.4 小节）。张雄对所在单位华中科技大学力学系和国家自然科学基金（11372115）的相关支持表示感谢。本书得到了国家科学技术部学术著作出版基金的资助，我们表示由衷的感谢。最后，我们感谢我们各自的妻子，李世莺、王珏和张晖，感谢她们多年来的理解和支持。

余同希、卢国兴、张雄

2019 年 6 月